合成革化学品

曲建波  主编

化学工业出版社

·北京·

本书介绍了合成革工业常用的纤维材料、基础树脂、特种树脂、加工用助剂、后整理剂、表面处理剂等不同化学品，并对主要化学品的种类、结构、性能及应用进行了详细介绍，突出了原理性、科学性、适用性和广泛性。

本书可作为轻化工程专业合成革方向本科教学用书，也可作为轻纺、皮革、精细化工方向的辅助教材，还可作为合成革行业的科研人员及工程技术人员的参考用书。

图书在版编目（CIP）数据

合成革化学品/曲建波主编. —北京：化学工业
出版社，2019.12
ISBN 978-7-122-35193-7

Ⅰ.①合⋯ Ⅱ.①曲⋯ Ⅲ.①人造革–制革化学
Ⅳ.①TS565

中国版本图书馆 CIP 数据核字（2019）第 198629 号

责任编辑：韩霄翠 仇志刚　　　　　　装帧设计：史利平
责任校对：宋 玮

出版发行：化学工业出版社（北京市东城区青年湖南街 13 号 邮政编码 100011）
印 　装：大厂聚鑫印刷有限责任公司
787mm×1092mm 1/16 印张 25½ 字数 635 千字 2020 年 1 月北京第 1 版第 1 次印刷

购书咨询：010-64518888　　　　　售后服务：010-64518899
网 　址：http://www.cip.com.cn
凡购买本书，如有缺损质量问题，本社销售中心负责调换。

定 　价：128.00 元　　　　　　　　　　　　　　　　版权所有　违者必究

目 录

前 言

　　合成革工业是轻工领域的一个分支。中国合成革工业从 20 世纪 80 年代开始发展，经过 90 年代的积累，进入 21 世纪后出现爆发式增长，中国迅速成为世界第一合成革制造国。合成革制造充分借鉴了纺织、化工、造纸、皮革与塑料行业的先进技术，同时发挥自身特点，加上装备自动化程度高，已经成为一个自成体系的高技术产业，形成了基本完整的产业结构，在局部地区形成了特色区域经济体系。

　　合成革制造过程中用到的化学品有几百种，大致可分为基础树脂、基布加工助剂、表面与后处理化学品、染料与功能整理助剂几大部分。随着合成革工业的迅速发展，合成革化学品已经逐渐形成一个单独的精细化工门类。合成革产品的种类、风格和质量基本依赖于化学品的应用，因此相关化学品的开发设计、结构与性能研究、材料与工艺的关系等对合成革制造显得愈加重要。

　　为了适应我国合成革工业快速发展的要求，并结合轻化工程专业本科教学的要求，笔者编写了本书。本书以合成革化学品的结构与性能为主，兼顾化学品的工艺应用，主要包括纤维材料、树脂、加工助剂、表面处理剂、整理剂几大部分。全书由曲建波组织编写，其中第一、三、五章及第六～九章由曲建波编写，第二、四章由王建勇、张海涛、罗晓民李辉共同编写，全书由曲建波审校。

　　本书编写过程中得到了齐鲁工业大学（山东省科学院）的支持，参考和使用了多家企业及相关研究机构提供的大量文字资料、研究成果、工艺与产品说明等，在此深表感谢。书中所引用的著作、文献、论文和研究资料，由于多种原因无法在书中一一对应列出，仅在本书最后主要参考文献中统一列出。

　　由于笔者水平有限，本书的不完善之处在所难免，特别是对近年来在合成革化学品领域所出现的新技术、新工艺、新材料的介绍难免存在遗漏，恳请广大读者不吝赐教，批评指正。

编者

2019 年 4 月于济南

第三章　聚氨酯树脂 ——————————————————39

第七章 表面处理剂 —————————————————————255

合成革基本工艺

一、定义与分类

合成革是一种新型柔性复合材料。合成革的定义相对于天然皮革，它是通过特殊"合成"技术而得到的"革"，强调材料的"合成"性能。目前通过"合成"技术得到的"革"主要有人造革和合成革两大类。

人造革是一种外观、手感似革并可部分代替其使用的塑料制品。通常以机织物或针织物为底基，涂覆聚氨酯（PU）、聚氯乙烯（PVC）、聚烯烃、丙烯酸树脂等合成树脂而制成。包括 PVC 人造革、PU 人造革、聚烯烃人造革、PVC-PU 复合人造革等。

合成革是模拟天然皮革的微观结构及理化性能，作为真皮代用材料的塑料制品。通常以非织造布为网状层，以湿法微孔膜或干法膜结构的聚氨酯为粒面层，其外观与性能都与天然皮革相似。合成革包括超细纤维合成革与普通合成革两大类，国内对两者有严格的区分，以构成纤维的种类与编织方式进行定义。

在我国，习惯将以 PVC 树脂为原料制造的人造革称为 PVC 人造革；用 PU 树脂为原料生产的人造革称为 PU 人造革；用 PU 树脂与普通非织造布为原料的革称为 PU 合成革，简称合成革；以超细纤维与 PU 为基础的革称为超细纤维合成革，简称超纤革。

二、主要生产工序

合成革的制造工艺比较复杂，根据产品种类不同，一般有几十个到上百个工序。按照生产的特点与管理的方便，通常将合成革生产划分为四个大的工序：纤维制造工序、非织造布制作工序、基布加工工序、成革加工工序。这四个工序构成合成革的主要工艺过程，其中每个工序都有其相对的独立性，根据产品要求可以进行取舍组合。

（1）纤维制造

纤维是构成合成革的基础。纤维制造是超纤革特有的工序，普通合成革的基体层纤维主要是涤纶、锦纶或黏胶等普通纤维，而超纤革所需的海岛纤维需要进行特殊制造，包括不同组分高聚物的共混纺丝及复合纺丝。

（2）非织造布制作

通过针刺、水刺或黏合等手段，将纤维进行三维交联形成缠绕的立体结构。非织造布模拟真皮胶原纤维的交联结构，构成了合成革的基本骨架。

（3）基布加工

主要是高分子树脂与非织造布的复合技术。是在非织造布的立体结构上，复合特殊结构的聚氨酯弹性体。通常有浸渍和涂层两大类工艺，一般采用湿法凝固技术，在聚氨酯成膜的同时形成特殊的微细孔结构。

（4）成革加工

对基布进行加工、整理与修饰，赋予合成革表面一定的颜色、花纹、光泽及手感等，达到外观与内在使用性能的要求。主要有移膜、表面处理、压花、染色、整理等加工技术。

三、工艺流程

1. 超纤革生产工艺流程

① 纤维制造工序。切片→共混→螺杆挤出→纺丝→集束→拉伸→上油→卷曲→热定型→切断→打包

② 非织造布制作工序。纤维开包→开清混合→计量→梳理→成网→铺网→预针刺→主针刺→打卷

③ 基布加工工序。非织造布→浸渍→凝固→水洗→减量→洗涤→扩幅干燥→上油→松式干燥→检验→打卷

④ 成革加工工序

造面型：基布→造面→（熟化）→剥离→检验→成品

绒面型：基布→磨皮→除尘→染色→整理→检验→成品

2. 普通合成革生产工艺流程

① 非织造布制作工序。纤维开包→开清混合→计量→梳理→成网→铺网→预针刺→主针刺→打卷

② 基布加工工序。非织造布→浸渍或涂层→预凝固→主凝固→水洗→干燥→检验→打卷

③ 成革加工工序

造面型：基布→造面→剥离→检验→成品

印刷型：基布→凹版印刷（或平纹纸）→压花→检验→成品

合成革生产的自动化程度很高，原料、设备、技术等都可以实现生产标准化。在实际生产中，各工序不仅有其独立性，而且前后工序关系紧密，任何工序的操作不当或质量问题都会给下道工序带来影响。

第二节 合成革化学品的分类与作用

合成革与真皮不同之处在于它是完全建立在合成材料的基础上，从人造革到合成革到超纤革，每次产品升级换代或技术的重大突破总是伴随新的合成材料的出现，所以对合成革的研究首先是对其材料和化学品的研究。

合成革化学品根据用途可分为几大类：合成树脂、基布加工助剂、表面处理剂、染料与染色助剂、后整理剂等。

一、合成树脂

合成树脂是合成革生产中使用量最大也是最重要的化学品，包括通用型聚氨酯、聚氯乙烯树脂、丙烯酸树脂、聚烯烃、硅树脂、特种聚氨酯（TPU、PUD、PUA、无溶剂型聚氨

酯）等种类，其中最主要的是聚氨酯与聚氯乙烯树脂两大类。

1. 通用型聚氨酯

通用型聚氨酯是指目前广泛使用的以溶剂为载体的聚氨酯树脂，主要应用于湿法和干法工艺，是合成革的基本原料。合成革的各类树脂膜的功能不同，对聚氨酯的要求也就不同。

（1）干法面层树脂

面层树脂是合成革最表面的树脂膜，承担着主要的使用性能，因此要求其具有一定的耐磨耐划性、耐水解性、耐溶剂性、耐寒性等，还要有良好的重涂性和展色性。

面层树脂为一液型聚氨酯，为反应完全的聚氨酯，有较高的分子量和黏度。当树脂中的溶剂挥发后，聚氨酯分子相互缠绕并产生较强的相互作用，形成富有弹性的强韧皮膜。树脂载体一般采用混合溶剂，以二甲基甲酰胺（DMF）为主，辅助丁酮、甲苯、乙酸乙酯等调节体系黏合和挥发速度。

（2）黏合剂

黏合剂的作用是将面层树脂膜与基体层黏合在一起，形成一个整体。分为单组分黏合剂和双组分黏合剂两大类。

单组分黏合剂为反应完全的聚氨酯，经过调配后可直接使用，要求有很好的初黏性和最终黏结强度。黏合后溶剂干燥挥发，可直接从离型纸剥离。

单组分黏合剂具有配料简单，无使用时间限制，成本低等优势。单组分胶黏剂分子量大，结晶性较强，因此分子本身具有很大的内聚力，无须加入交联剂进行固化，由于没有交联结构，因此耐热和耐溶剂性相对较差。

双组分黏合剂属于在线反应型树脂，主要组分是由长链多醇和异氰酸酯反应生成的末端含有羟基的预聚体，它和末端有异氰酸基的架桥剂混合，在加热干燥过程中进行反应固化。

预聚体的合成原料主要是多元醇和二异氰酸酯，多元醇通常分为聚醚和聚酯两类，由聚醚多元醇制得的预聚体有良好的水解稳定性，较好的柔韧性和延伸性，且耐低温性能好。而聚酯多元醇型预聚体内聚力大，黏结强度高。

双组分黏合剂自身分子量很小，不能成膜，需交联反应后形成高分子量聚合物才能体现出其物理化学性能。双组分黏合剂反应后形成体型交联结构，强度高，耐热耐溶剂性好。

（3）湿法树脂

湿法树脂为反应完全型的一液型聚氨酯。要求在 H_2O/DMF 凝固浴中能快速凝固，并在凝固过程中产生一定的泡孔结构。通常关注其手感、软硬度、成膜性、剥离强度、耐水解性及泡孔结构等指标。

湿法树脂分子结构由软段相与硬段相两部分组成，这两相的结构、组分、分子量及分布、含量等都直接影响聚氨酯的宏观性能。以模量为例，树脂的模量低，则软段多而硬段少，树脂膜的手感柔软，伸长率大，但树脂分子间的内聚力较弱，因此凝固速度较慢，撕裂强度、耐热性等理化性能也降低。因此，湿法树脂是以使用性能为目标进行分子设计，以满足特定产品性能要求。

（4）架桥剂和架桥促进剂

架桥剂和架桥促进剂与二液型树脂配合使用。

架桥剂一般是平均官能度为 3 左右的低分子量的聚异氰酸酯。架桥剂的添加量和架桥条件对皮膜物性影响很大。随着添加量的增加，交联度增大，皮膜变硬，抗张力增加，伸长度下降，但是添加超过一定量，抗张力反而会下降。根据二液型聚氨酯树脂的种类、架桥剂种类、温度条件、加工条件、熟化条件等，通常设定异氰酸酯略过剩。

架桥促进剂有普通型和高速型两种。高速型比普通型能更进一步提高高温下的促进效果，即使在常温下也能发挥出很强的催化效果，但黏合剂调配液的可使用时间很短。普通型架桥促进剂促进效果相对缓慢，黏合剂调配液的可使用时间长，架桥效果除羟基与异氰酸酯基的反应外，氨基甲酸酯与异氰酸酯基的反应（网状化）也是重要因素，促进网状化一般使用碱性叔胺。

2. 聚氯乙烯树脂

聚氯乙烯（PVC）是氯乙烯单体在过氧化物、偶氮化合物等引发剂，或在光、热作用下按自由基聚合反应机理聚合而成的一类热塑性高分子聚合物。氯乙烯均聚物和氯乙烯共聚物统称为聚氯乙烯树脂。

聚氯乙烯聚合方法可分为四大类：悬浮法、乳液法、本体法、溶液法。悬浮法是产量最大的一种方法，悬浮法生产的PVC约占PVC总产量的80%。

PVC分子结构主要特点：

① PVC分子链中含有强极性的氯原子，属于强极性聚合物，分子间作用力较大，其刚性、硬度、力学性能较好，并有优异的阻燃性。

② PVC树脂中含有聚合反应残留的少量双键、支链和引发剂端基，加上两相邻碳原子之间含有氯原子和氢原子，对光和热的稳定性差，在100℃以上或经长时间阳光曝晒，会分解产生氯化氢，并进一步自动催化分解引起变色，物理机械性能也迅速下降。

③ PVC分子链上氯、氢原子空间排列基本无序，因此结晶度很低，一般只有5%～15%。

PVC玻璃化转变温度为77～90℃，170℃左右开始分解，因此PVC材料在实际使用中通常加入稳定剂、润滑剂、辅助加工剂、色料、补强剂及其他添加剂。

聚氯乙烯人造革是人造革的主要品种，生产过程一般包括基布处理、胶料制备、涂覆、贴合、凝胶化、表面处理、压花、冷却、卷取等工序。其主要生产方法有四种：直接涂覆法、转移涂覆法、压延贴合法、挤出贴合法。

二、基布加工助剂

1. 湿法凝固助剂

在合成革湿法凝固过程中，表面活性剂能显著改善凝固界面的表面张力，从而影响DMF/H_2O之间的扩散速率，对聚氨酯膜结构的影响很大。通过适度调配不同作用的表面活性剂含量，可得到所需要的泡孔结构。湿法凝固助剂主要有以下几类：

① 占据式。分为亲水性与疏水性两类。亲水性如聚乙烯醇类和多糖类，在占据的同时可加快凝固的扩展速度，形成不规则较大泡孔，孔壁薄，成膜松软。疏水性代表为长链烷基醇类，如十八醇类，可降低凝固速度，同时利用结晶形成大量细小泡孔，成膜绵密。

② 阴离子表面活性剂。代表产品为顺丁烯二酸二辛酯磺酸钠（OT-70）。它是一种亲水性的表面活性剂，由于其亲水性降低了凝固界面的表面张力，使水更容易进入聚氨酯膜的内部，从而加快了凝固过程。表面致密层薄，过渡层的泡孔较大并向下延伸，泡孔细长，为"指"形孔。

③ 非离子表面活性剂。代表产品为司盘系列（Span-60、Span-80），是一种疏水性表面活性剂。由于具有疏水性，减缓了表面的急剧凝固，阻碍了水向内部的扩散速度，延缓了表面致密层的形成时间，因此致密层较厚，有明显细小泡孔的过渡层，下层的泡孔大而略扁，

为"梨"形孔。

④ 聚醚改性有机硅类。聚醚改性有机硅类表面活性剂的结构变化较多，有亲水性的，疏水性的，有的还具备一定的乳化作用，因此它在凝固过程中所起到的作用随结构的变化而不同。如疏水性的结构能减缓湿法凝固时表面的凝固速度，形成表面稠密多孔而内部形状变大的湿法膜；亲水性强的可加快凝固速度，使撕裂作用快速进行，形成比较均一绵密的微孔，一般用于超纤革湿法工艺。

2. 填料

在合成革湿法成膜过程中，为了降低成本或增加功能，一般会在聚氨酯树脂中加入一定量的填料。其中，微晶纤维素（350～400 目过筛的细度）应用最为普遍，其次是碳酸钙（轻质）、硫酸钙、硅灰石、白炭黑等。

微晶纤维素的微观形态呈树叶状空心结构或呈短圆柱状，相对密度小，增黏效果非常明显。而碳酸钙、硅灰石等无机填料呈球形结构，相对密度大，填充效果好但增黏效果很小。

填料的细小颗粒均匀分布在湿法料中，为聚氨酯大分子线团凝集提供了成核点，加快了以成核点为中心的局部凝固速度，改善了聚氨酯的凝固效果。另外功能材料（如纳米材料）的应用要考虑到实际生产对湿法成膜的影响。由于填料的种类、粒径、成分及添加量不同，对聚氨酯的黏度与凝固成膜性能的影响有显著的不同。

3. 着色剂

着色剂可分为染料和颜料两大类，一般都做成色浆、油墨或色粉，便于颜色的调配。合成革用色浆主要是以颜料、载体树脂和助剂三种成分组成的分散体系。

常用的着色剂有炭黑、钛白粉、大分子黄、铅铬黄、氧化铁红、立索尔宝红、酞菁颜料、偶氮颜料、金属络合染料等，是主要的发色物质。载体树脂选择与颜料相容性好的聚氨酯树脂，包覆颜料颗粒并形成稳定的分散体系。助剂最主要的是润湿分散剂，它是颜料充分分散的关键。

着色剂应具备如下条件：

① 耐迁移性好，在树脂膜中不发生色迁移；

② 色泽鲜艳、着色力强、分散性好，不凝集；

③ 耐热性好，在高温下有良好的热稳定性，不变色、不分解；

④ 化学稳定性好，有良好的耐酸碱性，与树脂中其他助剂不发生化学反应。

4. 消泡剂

消泡剂分为破泡剂和阻泡剂两种。破泡剂是指能够破除已经存在泡沫的物质，阻泡剂则是阻止泡沫生成的物质。它们都必须有足够低的表面张力，能够在已有或将要有的泡沫上自动铺展。良好的消泡剂应该是用量低，消泡能力强，作用时间持久，稳定性好，对所消泡体系的物质没有化学反应，耐温，无毒。

合成革消泡剂主要有有机硅类、聚醚类及聚醚改性硅氧烷类。目前主要品种有硅油聚乙烯醇复合物、聚氧化丙烯甘油醚、聚氧乙烯聚氧丙烯醚和聚二甲基硅氧烷。

典型的消泡剂为聚二甲基硅氧烷，它是线型结构的非极性分子，具有与 DMF 相容的硅氧醚键及与聚氨酯相亲的甲基，可显著降低界面张力，适宜做消泡剂。低黏度硅油消泡效果快但持续性差；高黏度硅油消泡效果慢但持续性好。一般规律是起泡液黏度越低，选用的硅油黏度应越高；起泡液黏度越高，选用的硅油黏度应越低。

5. 流平剂

能改善湿涂膜流动特性的物质称为流平剂。其作用是降低涂料组分间的表面张力，增加表面流动性，使其光滑平整，并且无针孔、缩孔、刷痕和桔皮等表面缺陷。

流平剂通过调整涂膜表面性质来起作用，在聚氨酯表面能形成单分子层，以提供均一的表面张力。流平剂以相容性受限制的长链硅材为主要成分，主要作用是改善基布表面的平整性，增加树脂与基布间的亲和性。常用的有二苯基聚硅氧烷、甲基苯基聚硅氧烷、烷基改性硅氧烷、氟化硅氧烷等。

三、表面处理剂

1. 印刷油墨

油墨是具有一定黏度和流动性的有色胶体。主要包含色料和连接树脂两部分，通过树脂的黏结作用，将色料固着在革的表面，形成一定的颜色和风格。

树脂的主要作用有三个：

① 作为颜料的载体，将粉末状的颜料等固体颗粒混合连接起来；

② 使油墨能够被转移到基布上，并使颜料最终能够固着在基布表面；

③ 作为成膜物质，给予油墨一定的光泽、耐摩擦性和耐冲击性等物理性能。

颜料是着色物质，在油墨中起到显色的作用。它是一种不溶于水也不溶于树脂，却能够均匀地分散在树脂中的有色物质。根据颜料的属性和化学成分，颜料分为无机颜料和有机颜料两类。

无机颜料具有较好的耐光耐热性，且密度大，遮盖力强，但不适应多色、高速的印刷要求。新型无机颜料的开发方向主要是复合颜料及颜料颗粒表面处理技术。

有机颜料具有较好的着色力、颗粒小、密度低、色泽鲜艳和浓度高等优点，是彩色油墨的主要原料。

2. 手感剂

手感剂是赋予合成革产品触感的化学品，按有效成分可分为蜡感材料、有机硅材料、绒感材料和其他类型复合手感材料。

① 有机硅手感剂。有机硅手感剂是品种最多、应用最广、发展最快的手感剂类型，应用于合成革的表面处理中，可获得滑爽性和疏水性，同时能够有效降低表面涂层的摩擦系数，减少涂层的摩擦损失，提高表面耐磨性和抗划伤性。

目前有机硅类手感剂大致可分为反应型与非反应型两大类。非反应型有机硅主要以共混的方式添加于表面整饰材料中，不与其他化学品反应；反应型有机硅分子链上含有可与其他化学品反应的活性基团，如端羟基硅油，可在树脂的合成过程中作为二元醇组分参与到树脂反应中去，也可在后期添加进表面化学品中，与相应基团反应。

② 蜡感剂。通常是以天然蜡或合成蜡为原料的蜡乳液，或者是有机溶剂的分散液。蜡浆一般为饱和烷烃混合物，蜡感剂用于面层后，革面会产生滋润腻滑、湿涩、棉滑等手感和吸汗发黏的感觉，以满足一些品种的手感要求。蜡感剂品种很多，包括聚乙烯蜡、蜂蜡、棕榈蜡、石蜡、微晶蜡、聚四氟乙烯蜡等。

③ 绒感处理剂。绒感处理剂是一类特殊的手感剂，通过在处理剂中加入微胶囊、玻璃微珠、短纤维、树脂微球等赋予革表面磨砂、丝绒等手感。

微胶囊发泡剂是一种微米尺寸的核-壳结构微球，微球壳体是一种热塑性聚合物，内核为低沸点烷烃、过氟氯烃等化合物（发泡剂）。当加热到某一温度时，热塑性壳体软化，壳体里面的发泡剂气化膨胀，微球体积几十倍增大，触感柔软顺滑，产生"羊巴"效果。

树脂微球俗称绒毛粉，是由弹性聚合物微球组成的粉体，常用的有聚氨酯和丙烯酸树脂弹性微球。聚氨酯微球具有柔软的触感和优异的弹性，处理后的合成革抗刮伤性能和耐低温性能好。丙烯酸微球手感较硬而粗糙，理化性能好，处理后的合成革具有优良的抗刮伤性、耐候性、耐磨损性、耐热性和抗冲击能力。二者可配合使用。

3. 光泽处理剂

光泽处理剂主要有增光剂和消光剂。

增光剂是增加涂层光泽的组分。有些物质既具有成膜性能，又具有一定的光泽。合成革增光剂使用树脂种类较多，有溶剂型聚氨酯、水性聚氨酯、湿气固化树脂、硝化纤维素树脂、丙烯酸树脂等。改性丙烯酸树脂及水性聚氨酯是近年发展的性能优良的增光剂，在合成革工业中广泛使用。湿汽固化产品的涂布量大，形成较厚的涂膜，产品高亮且具有水晶感，颜色鲜艳透明。

消光剂主要由高分子成膜物质及高细度的颗粒材料组成，能够形成具有微观不平整表面的非均相膜，光在不平整的表面上将产生漫反射，产生消光效果。可作为消光剂的材料有硅藻土、二氧化硅、钛白粉、高分子蜡、金属硬脂酸盐、树脂微球、热固性树脂等。目前应用最广泛的是各种二氧化硅（白炭黑）及水性聚氨酯自消光材料。

二氧化硅消光是依靠无数颗粒"栽种"在表面树脂上，依靠树脂形成有效附着，通过控制粒径的大小和分布，对表面性能进行控制。在涂膜干燥时，它们的微小颗粒会迁移到涂膜表面，使膜表面产生预期的粗糙度。超微细颗粒对光波有吸收作用，同时也具有散射作用，能明显地降低表面树脂的光泽，达到消光效果。

"自消光"是指在不添加消光粉体的情况下，依靠树脂自身的特性，使其干燥成膜后即具有很强的消光性能。自消光是水性树脂特有的性能，通过控制聚合时的亲水基含量、扩链程度、分子量大小及分布等参数，进而控制乳液的粒径及分布状态，产生一种类似微球结构的规整的聚氨酯粒子。当乳液粒径到达一定尺寸时，在干燥过程中会快速失去稳定性而成膜，粒子原位固定及干燥应力作用使表面膜呈凹凸状态，产生强烈的消光效果。

4. 视觉效应处理剂

视觉效应处理剂的种类繁多，包括特殊效应着色剂、抛光变色处理剂、变色材料、裂纹材料等。

特殊效应着色剂如珠光颜料和金属颜料，能使成革在光的照射下发生明亮度、角度变化及多重折射等变化，发出柔和的珠光或闪烁的金属光泽。

抛变效应又称抛光变色，利用革的涂饰底层、效应层及表面层颜色强度不同，抛擦后可产生变色效果。效应层是其中的核心部分，通常由特殊树脂、油、蜡、粉体等组成，效应层与工艺进行组合后可产生很多的特殊效果。

变色效应是指合成革表面在受到外力作用、温度变化、压力等条件时，革面原来的颜色会出现局部深浅、浓淡不一的变化。主要有拉变效应、温感效应和压变效应。

裂纹材料通常选择高模量的丙烯酸树脂，成膜硬，通过后期干摔或揉纹，可产生"碎玻璃"或"龟裂纹"效果，主要用于生产仿古风格的产品。

四、后整理剂

后整理剂是超纤革用量最大的助剂，通过助剂与纤维的作用，赋予成革柔软爽滑的手感和防水、防油、防污、抗菌、阻燃等功能。

1. 柔软整理剂

是指能吸附于纤维表面并使纤维平滑，增加纤维柔软性的助剂。柔软整理剂不仅可以改善手感，而且能大幅度提高合成革的理化性能。目前常用的有阳离子型表面活性剂和有机硅类柔软剂两大类。

有机硅类柔软剂具有润滑性、柔软性、疏水性及成膜性等优点，氨基改性硅氧烷中的氨基能与纤维表面的酰氨基、羧基等相互作用，使硅氧烷主链定向地附着于纤维的表面，降低摩擦系数，从而达到很好的柔软平滑效果，并提高撕裂强度。氨基/羟基改性硅油乳液是目前使用最多的柔软剂。

阳离子型表面活性剂的代表是季铵盐类柔软剂，它在相对较低的用量时就能获得较高的柔软性，几乎适用于各类纤维，具有消费者欢迎的特征手感，并能提高撕裂强度和耐磨性能。其缺点是易泛黄变色，与其他助剂的相容性较差。常用的有双烷基二甲基季铵盐、十八烷基三甲基氯化铵、咪唑啉季铵盐等。

2. 拒水拒油整理剂

在纤维表面吸附一层物质，使其原来的高能表面变为低能表面，就可以获得具有拒水效果的合成革，且表面能愈小拒水效果愈好。常用的拒水剂主要有有机硅和含氟化合物，拒油剂则是含氟化合物。

有机硅主链是一种易挠曲的螺旋形结构，硅氧链为极性部分，与硅原子剩余两键相连的有机基团为非极性部分。在高温和催化剂作用下，硅氧主链发生极化，极性部分向纤维上的极性基团接近，主链上的氧原子可与纤维形成氢键，羟基硅油上的羟基可与纤维上的某些基团发生缩合反应形成共价键，将有机硅固定在纤维的表面。极性基团定位的同时，非极性部分的甲基定向旋转，连续整齐地排列在纤维的表面，使纤维疏水化，改变其表面能，产生拒水效果。

氟化物具有最低的表面能，单分子吸附层的表面能很低且非常稳定。在纤维周围包裹形成油膜或在纤维表面形成氟树脂薄层，能使成革具有防水防油抗污等特性。现在一般用中等链长的全氟烷基磷酸盐、全氟辛酸甲基丙烯酰氯共聚物、氟丙烯酸酯共聚物对手套革、绒面革和服装革进行处理，效果很好。

3. 阻燃整理剂

对纤维和聚氨酯进行阻燃处理后，可不同程度地降低其可燃性，在燃烧过程中能显著延缓其燃烧速率，纤维和聚氨酯在离开引起着火的火源后能迅速自熄，从而具有不易燃烧的性能。阻燃剂种类很多，根据阻燃剂的元素可分为：磷系阻燃剂、卤系阻燃剂、氮系阻燃剂、硼系阻燃剂、混合阻燃剂等。

合成革用的阻燃剂大多是卤系和磷系阻燃剂，它的蒸发温度和聚合物分解温度相同或相近，当聚合物受热分解时，阻燃剂也同时挥发出来，受热分解生成卤化氢等含卤素气体，此时含卤阻燃剂与热分解产物同时处于气相燃烧区，卤素一方面捕获自由基，另一方面含卤素气体密度比较大，生成的气体覆盖在燃烧物表面，起隔绝作用。磷系阻燃剂对含碳、氧元素的合成纤维具有良好的阻燃效果，主要通过促进聚合物炭化，减少可燃气体生成量，起凝聚相阻燃作用。

五、染料与染色助剂

常规合成革基布通常为白色，如果成品为绒面革或者面底同色产品，就需要对基布进行染色。染料种类很多，染料种类的选择主要根据被染物的性质确定。合成革的组分主要是锦纶、涤纶及聚氨酯，因此最常用的为酸性染料、中性染料、分散染料三大类。

① 酸性染料。是一类结构上带有酸性基团的水溶性染料，绝大多数染料以磺酸钠盐的形式存在，少数为羧基，易溶于水，在水中电离成为有色的阴离子和无色的阳离子。酸性染料染色鲜艳，但湿牢度偏低。

② 中性染料。1:2型酸性含媒染料，即两个染料分子和一个金属原子络合而成的染料，由于染色在接近中性的介质中进行，习惯称为中性染料。中性染料分子中不含有磺酸基等水溶性基团，而只含有水溶性较低的亲水性基团，如磺酰氨基、甲砜基等。中性染料色牢度高，但不易染深色。

③ 分散染料。是一类分子结构简单，几乎不溶于水的非离子型染料，染色时依靠分散剂的作用以微小颗粒状态均匀地分散在染液中。分散染料结构简单，分子量小，一般为含有两个苯环的单偶氮染料，或者是比较简单的蒽醌衍生物，杂环结构很少。分散染料对涤纶需要高温染色，对聚氨酯则上染剧烈，易色花，易迁移。

染色产品不但要色泽均匀，而且必须具有良好的染色牢度及性能。考虑到合成革的匀染性、同色性、透染性、染料的配伍性和相容性等诸多因素，因此在染色过程中需要用到匀染剂、渗透剂、固色剂、释酸剂、增深剂等不同种类的助剂，选择合适的助剂以有利于染色效果。

匀染剂通过降低染料的上染速度或增进染料的移染性来达到匀染和透染的目的。根据作用原理主要有两种形式：一是匀染剂与染料对纤维表面染座的竞争；二是匀染剂与染料的作用。主要分为亲纤维型与亲染料型两大类。

当纤维和染料的亲和力弱时，为使染料更加有效地固着于纤维，增加染色坚牢度而所使用的助剂称为固色剂。

a. 阳离子聚合物固色剂。对染料阴离子有较大的反应性，依靠阳离子基团与染料分子的阴离子基团以离子键结合，使染色物上的染料分子增大，形成不溶性的高分子色淀而沉积在纤维内外，达到封闭染料分子中的水溶性基团，降低染料水溶性的目的。

b. 树脂型固色剂。利用树脂成膜性能来提高染色牢度。固色剂分子的活性反应基团与纤维的活性基团发生交联反应，同时固色剂自行交联反应，形成具有一定强度的保护膜，把形成了色淀的染料和没形成色淀的染料固着在纤维表面，使其不易脱落。

c. 反应性固色剂。固色剂既具有活性反应基团又具有阳离子基团，最常用的反应性基团为环氧基，不但能与染料和纤维"架桥"，树脂自身也可交联成大分子网状结构，从而与染料一起构成大分子化合物，使染料与纤维结合得更牢固。

六、有机溶剂

在合成革生产中，溶剂有很重要的作用。常使用的溶剂有 DMF、甲苯、二甲苯、丙酮、丁酮、乙酸乙酯等。主要用途：

① 在使用时调整聚氨酯浆料至合适的黏度和含量，利于加工；

② 配制湿法凝固液，使基布有合理的凝固速度，调整微细孔结构；

③ 甲苯作为不定岛型纤维的萃取溶剂大量使用；

④ 一些溶剂可作为制备聚氨酯树脂的反应介质；

⑤ 用来配制色浆油墨，达到适合的挥发速度，用于产品的着色、印刷、涂饰等。

第三节 聚氨酯树脂的发展趋势

合成革化学品是合成革工业的基础，合成革的每次更新换代都是建立在基础化学品取得重大突破的基础上，因此化学品的研发方向决定了合成革的发展方向。

经过几十年的发展，早期的干法、湿法技术已无法满足市场对合成革产品的要求。从政策要求和引导方向看，环保型聚氨酯将是行业未来发展的方向。根据国务院建设资源节约型和环境友好型社会的政策，以及《国家环境保护"十二五"规划》提出的大力推行清洁生产和发展循环经济等的要求，属于环境友好型的热塑性聚氨酯（TPU）、无溶剂聚氨酯、水性聚氨酯、高固聚氨酯等将是聚氨酯未来发展的方向。

一、热塑性聚氨酯

TPU 是热可塑性聚氨基甲酸酯，是一种低聚物多元醇软段二异氰酸酯-扩链剂硬段构成的线型嵌段共聚物。不同链段结构的 TPU 具有不同的性能，而链段的结构主要由原料种类决定。热塑性聚氨酯属 AB 型线型共聚物，靠分子间氢键交联或大分子链间轻度交联，这两种交联随着温度的升高或降低发生可逆转化，从而实现热塑性聚氨酯结构的可逆变化，表现出线型聚氨酯链段的假交联状态。在熔融状态或溶液状态时分子间力减弱，而冷却或溶剂挥发之后又由强分子间力连接在一起，恢复原有固体的性能，因此可进行热塑加工。

TPU 的主要特性：

① 硬度范围广。通过改变 TPU 各反应组分的配比，可以得到不同硬度的产品。而且随着硬度的增加，其产品仍保持良好的弹性和耐磨性。

② 耐磨性能优越，机械强度高，承载能力、抗冲击性及减震性能突出。

③ 耐寒性突出。TPU 的玻璃化转变温度比较低，在零下 35℃仍保持良好的弹性、柔顺性和其他物理性能。

④ 可采用常见的注塑、挤出、压延等加工方法进行加工。

⑤ 相容性好。可与某些高分子材料共混加工，得到性能互补的聚合物合金。

TPU 可以通过流延、吹膜、压延或涂层做成薄膜。由于 TPU 具有优异的耐磨、拉伸强度、伸长率、阻燃、耐油、耐寒性能，并且在生产的过程中不使用溶剂，对人体和环境都无害，可制作高耐磨性、高拉伸强度的合成革，用于服装、家具、运动用品、军用产品、汽车内饰及装饰材料。

TPU 薄膜可进行干法贴合，可随意定型，纹路丰富，后加工性能出色。TPU 的热塑性还可使片材实现无缝贴合，可直接与各类鞋底及网布等轻易黏合，具有良好的相容性，成品质量稳定。

二、无溶剂聚氨酯

无溶剂聚氨酯属于双组分聚氨酯，包括异氰酸酯预聚体与羟基预聚体。其原理是基于预聚体混合涂布后的在线快速反应成型。将两种或两种以上的预聚体及组合料，以设定比例分别加注到混合头中，混合均匀后注射、涂布到基布或离型纸上。进入干燥箱后，低分子的预聚体开始反应，逐步形成高分子聚合物，并在反应过程中成型。

无溶剂聚氨酯成型过程包括异氰酸酯基与羟基的链增长反应、交联反应，还包括异氰酸酯与水的反应，反应中还伴随着低沸点溶剂的挥发等物理过程。

① 链增长反应。无溶剂聚氨酯采用的都是低分子量预聚体，因此在成型中最主要的反应是异氰酸酯预聚体与羟基预聚体之间的链增长反应，通常采用 NCO 过量法。

② 交联反应。为了提高成型树脂的性能，一般加入一定量三官能度的交联剂，形成内交联，在扩链反应的同时进行部分凝胶化交联反应，最终得到体型结构的聚氨酯。

③ 发泡。有物理发泡和化学发泡两种，物理发泡是利用气化低沸点烃类或直接混入微量空气产生气泡，化学发泡是利用异氰酸酯与水反应生成的 CO_2 气体发泡。

无溶剂液体物料在离型纸或基布上快速进行链增长、支化交联、发泡等各种化学反应，在十几秒内完成从液体向固体的物质形态转变，借助聚合物的交联和相分离作用完成合成革涂层的快速成型。

无溶剂聚氨酯有很多优点：无溶剂树脂有效含量 100%，不使用也不释放任何溶剂，因此在生产环节上更加安全节能；交联型树脂的剥离强度、耐折性、耐溶剂性与耐磨性极佳；具有成本优势，包括材料成本与制造成本。

无溶剂聚氨酯也有其自身的缺点：热固性树脂的花纹表现力僵硬，触感欠佳；交联后无法进行压纹或揉纹收缩，限制了应用领域；无溶剂生产对设备、工艺、原料、人员、环境、管理等都有很高的要求，因此生产与产品的稳定性非常重要。

三、水性聚氨酯

水性聚氨酯（PUD）是以水代替有机溶剂作为分散介质的新型聚氨酯体系，具有安全环保、性能优良、相容性好、易于改性等优点。水性化是聚氨酯工业发展的重要方向。

PUD 粒子可以看作是表面溶胀层带电荷的球形聚合物粒子，在水中相互之间依靠电荷排斥维持乳液稳定性。根据接入分子侧链或主链上离子基团的种类及带电性质的差异，可将 PUD 划分为阴离子型、阳离子型、非离子型及两性离子型四大类。

目前水性聚氨酯一般采用自乳化法制备，即采用亲水扩链剂，在聚氨酯预聚体进行扩链的同时引入离子基团或亲水链段，分散后形成均相水溶液。自乳化制备水性聚氨酯的方法很多，包括预聚体法、丙酮法、熔融分散缩聚法、酮亚胺和酮连氮法等，其中最常用的是预聚体法及丙酮法。

PUD 可根据性能要求进行改性。在聚氨酯主链上接枝多氟烷基，即可具备三防性能；在其主链上接枝卤素、磷等元素，也可制成优良的自阻燃树脂；在乳液中加入氮丙啶、碳化亚胺、多异氰酸酯等交联剂，可改变其交联密度、模量、分子量等。

水性聚氨酯成膜有干法成膜和湿法凝固成膜两种工艺：

① 干法成膜。干法成膜是利用热量使 PUD 中的载体水分挥发，聚氨酯乳液粒子逐渐失去稳定性，互相接近、碰撞、挤压、变形、缠绕，形成干法膜。代表性工艺是机械发泡涂层法，其在合成革上主要有离型纸转移法和直接刮涂法两种。

a. 离型纸转移法。通常将水性发泡涂层作为离型纸干法中间层，通过干法转移贴合的方式实现。

b. 直涂刮涂法。将水性发泡涂层直接涂覆于底布基材上，烘干后获得类似于湿法涂层的水性发泡涂层。

水性机械发泡以"涂层-干燥"代替了溶剂型的"涂层-凝固-水洗-干燥"工艺，对能源的消耗很低。由于生产过程无溶剂排放，因此设备防爆等级要求下降，运行安全性提高，同时消除了溶剂挥发对操作人员的伤害。由于采用涂层直接烘干技术，生产工艺简化，减少了湿法及 DMF 回收设备的投资，操作可控性好。从原料、生产、成品三个环节都实现了清洁化，符合环保要求。

② 湿法凝固成膜。湿法凝固成膜是利用水性聚氨酯的离子性，通过破坏其已经形成的稳定结构，使乳液中的分散粒子逐步失去稳定性，凝聚成固体从水中析出，干燥后成膜。代表性工艺为盐析法。

由于最常用的水性聚氨酯为阴离子型，以含羧基扩链剂或含磺酸盐扩链剂引入羧基离子或磺酸离子，因此理论上阳离子都可以影响其稳定性。Ca^{2+}、Al^{3+}、Fe^{3+}、Mg^{2+} 等盐类对其稳定性影响很大，达到一定浓度后，会迅速使 PUD 失稳析出，因此这些盐类常用作阴离子 PUD 的凝固剂。

可作为凝固剂的不仅仅是盐类，酸和有机胺类也表现出较强的正电性，过量加入也会导致乳液稳定性变差而析出。另外，部分溶剂会通过影响粒子表面的溶胀层，降低其结合水使边界层变薄，从而影响其稳定性，达到凝固的作用。

四、功能性聚氨酯

聚氨酯未来的发展趋势为高性能、低能耗、无污染及功能化，产品发展方向主要将集中在以下方面。

① 利用其他高分子材料对聚氨酯改性。通过共混或共聚等手段进行改性，可提高聚氨酯的耐水性、耐溶剂性和力学性能。如利用丙烯酸树脂耐光性、耐久性优异等特点，将其与聚氨酯进行物理共混、单体共聚、接枝互穿网络等，可提高聚氨酯的性能。还可以与环氧树脂、有机硅、纳米材料等进行复合改性，使聚氨酯具备特殊性能。

② 发展自带功能性如自清洁、自消光、自阻燃等新型聚氨酯，加强复合型改性聚氨酯的研究，利用分子的可设计性，在分子链上引入特殊功能的分子结构，如含氟、含硅、含磷等聚合物链，使涂膜具有防水、防油、阻燃等功能性。

③ 在表面材料方面重点开发高透湿透气树脂、四防型（防火、防水、防油、防静电）树脂、形状记忆型树脂、抗菌抑菌型聚氨酯。高物性和高耐久性也是聚氨酯发展的一个方向。

④ 利用可再生资源如植物油、纤维素、蛋白质等制备生物基聚醚多元醇，包括植物秸秆基多元醇和油脂基聚醚多元醇，部分甚至全部替代传统的聚醚多元醇来生产聚氨酯，实现合成材料天然化。另外，在催化剂存在下，通过对聚氨酯的醇解，得到质量稳定的聚醚多元醇产品，可部分代替新鲜聚醚多元醇进入生产体系。

⑤ 发展高性能、低 VOC 双组分水性聚氨酯，加强对高固含量和粉末状水分散型聚氨酯的研究，制备与高固体含量的聚氨酯固化剂相匹配的高固体含量或无溶剂羟基树脂，发展无残留异氰酸酯基的固化剂，从而在较低温度下大幅度提高涂膜的强度。加强复合改性水分散型聚氨酯，尤其是丙烯酸树脂改性、有机硅改性、有机氟改性的研究，提高水分散型聚氨酯的综合性能，开拓水性聚氨酯的应用领域。

第四节　功能助剂的发展方向

近年来随着绿色化学的兴起，生态合成革与清洁化生产成为行业发展趋势。合成革化学品的发展逐渐向高质量、特异功能、多品种、系列化、低成本、无污染的方向进行。

一、基础产品的开发

进行分子和原子一级设计，按需要合成具有特定官能团或链结构的聚合物。在分子层次上认识天然以及合成物质和材料的组成及结构，掌握和解释"结构-性质-功能"的关系，从而预测、设计和裁剪分子。通过改变合成工艺及共聚、共混、交联、接枝、嵌段等进行聚合物改性，达到高性能化。

基础理论研究是新产品开发的基础，只有新产品的开发才能带动合成革行业的发展和升级换代。如以聚氨酯代替聚氯乙烯，使合成革工业迈入新的阶段；以聚醚改性硅油代替普通表面活性剂，可大大改变湿法泡孔结构。目前日本已经成功研制出用于海岛纤维的可热水减量并循环利用的改性聚乙烯醇，实现了全生产体系的无溶剂化，把合成革工业带入彻底的"水性"时代。

合成革工业在我国的发展时间只有几十年，超常规的发展主要建立在实践经验的基础上，理论研究滞后，尤其对基础化学品的研究目前仍以应用技术为主，许多作用机理尚未研究清楚，使生产控制及产品质量的稳定受到影响。新时期应积极开展基础理论方面的研究，以科学的理论指导生产实践，这是我国合成革工业发展的重要战略。

基础产品开发还包括标准与评价体系的建立。性能测试及评价技术包括对化学品性能的评价和判定，以及应用技术评价两个方面，主要包括化学品的安全性能、极端应用环境、环境影响、实验方法等要素的测试与评价。

另外，标准代表着行业技术的制高点，也是企业间、国家间市场竞争的重要手段之一。今后中国合成革行业应加强标准化制订工作，按照国际市场惯例组织生产经营，特别是产品环保标准和产品安全标准，需要进行系统和有效的研究，以确保消费者的健康和国际市场的竞争力。

二、清洁化制造过程

随着我国经济的发展和人民生活水平的不断提高，环保的价值日益凸显，环保权重将直接决定合成革企业的绩效、生存空间以及可持续发展能力。

合成革助剂生产技术的发展，主要体现在两个方面，一方面是改进原有品种的性能或者生产具有新功能的聚合物，另一方面必须在技术上着眼于工艺技术的合理化、自动化和最佳化，在生产中必须重视节省能源、消除污染。因此，产品质量的提高以及工艺技术的完善与最佳化，将成为今后合成革助剂生产技术的发展趋势。

主要是用环境友好的、对人类和生物无害的新化学品，取代现在使用的有害化学品；用新的工作方法代替原来的有害工作方法；改变现有生产的化学合成路线和工艺路线，包括环境友好原料、介质和反应条件及原子经济性，综合利用资源、强化生产、简化工艺，实现连续化、自动化、最佳化。

中国合成革行业已经形成了十几项涉及不同专业和用途的行业与国家标准，特别是吸收了世界上发达国家的标准并推行了环境强制性标准。目前行业正在推行《人造革合成革Ⅲ型环境标志技术标准》《人造革合成革清洁生产标准》和《绿色生态合成革标志》等的认证工作。当前合成革行业面临的任务是要进一步发展少污染、零污染的技术，进一步减少资源浪费、能源消耗，推动行业实现健康可持续的循环经济。国家推出《合成革工业污染物排放标准》，对于众多的合成革企业来说，环保将被置于法律名义下，成为企业绩效考核的又一强制标准。

三、新技术的应用

① 对现有化学品进行改性及复配是提高产品性能的有效途径。以后整理产品为例，使用氨基硅油乳液可以使基布具有良好的柔软性，但在高温下易发生黄变，将氨基硅油用环氧化合物与丙烯酸酯再改性，可使配制的柔软剂不泛黄，同时还可改善被整理物的亲水性及平滑性。

② 新型制造技术是提升合成革化学品功能化的关键。如目前广泛采用的纳米技术、微胶囊包覆技术、表面改性技术等。以纳米材料用于防水拒油整理为例，纳米材料的防水拒油机理与常规的氟硅系防水拒油整理剂不同，主要是降低材料的表面能和产生纳米的微观结构，在材料表面形成如荷叶的粗糙表面，从而起到防水拒油作用。

③ 加强与相关学科的交叉是新产品开发的捷径。如将化学品与现代信息技术相结合，开发功能化学品分子设计软件、计算机辅助合成路线选择软件、计算机辅助材料选择的系统以及建立功能材料数据库等，都能有效提升化学品的开发水平。

④ 新技术的应用主要体现在产品的差别化与市场的拓展方面。突破性的发展必须要保持产品开发和市场开发齐头并进，不断研究开发新的功能，使产品和市场多样化，更好地满足消费者的需求，如健康功能、安全功能、舒适功能、卫生性能等。

第二章 ▶▶

纤维材料

合成革的基本骨架由纺织材料构成，纤维是构成革基布的基本单元，按其来源可分为天然纤维与化学纤维两大类。纺织纤维必须具有一定的物理机械性能与化学性能，以满足工艺加工和使用时的要求。

目前革基布行业采用的纤维材料主要有涤纶、锦纶、黏胶、棉、丙纶、维纶等，包括长丝、短纤、纱线等，按织造种类可分为机织布、针织布、非织造布三大类。

第一节 基础纤维材料

一、涤纶

涤纶是我国聚酯纤维的商品名称。聚酯纤维是指由二元醇和芳香族二元羧酸或其酯经缩聚生成的高聚物，经纺丝和后处理制成的纤维。聚酯基本链节之间以酯键连接而得名，其种类很多，由于聚对苯二甲酸乙二醇酯是其主要品种，因此通常所称的聚酯纤维即指聚对苯二甲酸乙二醇酯纤维。采用熔融法纺丝制成的一般聚酯纤维，其截面为圆形，纵向均匀而无条痕。

1. 分子结构

聚酯的化学名称为聚对苯二甲酸乙二醇酯，简写为 PET，分子量 $18000 \sim 25000$，分子结构如下：

$$H \left[O-\overset{H_2}{C}-\overset{H_2}{C}-O-\overset{O}{C}- \underset{}{\bigcirc} -\overset{O}{C} \right]_n O-\overset{H_2}{C}-\overset{H_2}{C}-OH$$

PET 为线型大分子，分子链的两端各有一个羟基，其基本链节之间以酯键连接，中间每个单元链节由苯环通过酯基与乙基相连，没有大的支链，分子链易于保持线型，易于沿着纤维拉伸方向取向而平行排列。

聚酯纤维的基层组织是原纤，原纤之间有较大的微隙，并由一些排列不规则的分子相连。而原纤本身由高有序度的分子所组成的微原纤（即微晶、结晶区）堆砌而成，微原纤之间存在的较小的微隙由一些有序度较差的分子联系起来。

由于分子链上的碳-碳键内旋转，因此分子存在两种空间构象：无定形 PET 为顺式，结晶 PET 为反式。

$$-\bigcirc-\overset{O}{C}-O-\overset{H_2}{C}\overset{H_2}{C}-O-\overset{O}{C}-\bigcirc-$$

顺式

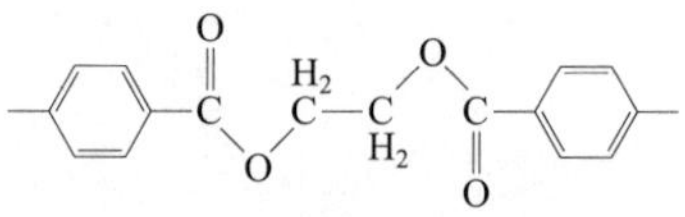

反式

聚酯分子中有不能内旋转的苯环，所有苯环几乎处于一个平面上，大分子易于平行排列，因此 PET 分子链的结构具有高度立体规整性，结晶度和取向性较高。经过拉伸和热处理后的结晶度可达 $40\% \sim 60\%$，取向度双折射值可达 0.188，密度为 $1.38g/cm^3$。

分子中的苯环结构刚性很大，因此聚酯大分子基本为刚性分子，但其基本结构单元中存在的一定数量的亚甲基，能比较容易地绕单键内旋转，有一定的柔韧性，聚酯分子链易于在此处发生折叠，形成折叠链结晶，因此 PET 是伸直链和折叠链晶体共存的体系。热处理可以提高折叠链的结晶含量，并增大聚酯纤维中大分子之间的微隙尺寸。

PET 分子中基本不含亲水基团，极性较小，在水中膨化程度低，因此 PET 纤维属于疏水性纤维。

PET 大分子中各链节通过酯基相连，其化学性质主要与酯键有关。如高温水解和强碱作用都是发生的酯键水解，分子链断裂，聚合度下降。

2. 合成方法

PET 在工业生产中是以对苯二甲酸双羟乙二酯（BHET）为原料，经缩聚反应脱除乙二醇（EG）来实现的。缩聚反应如下：

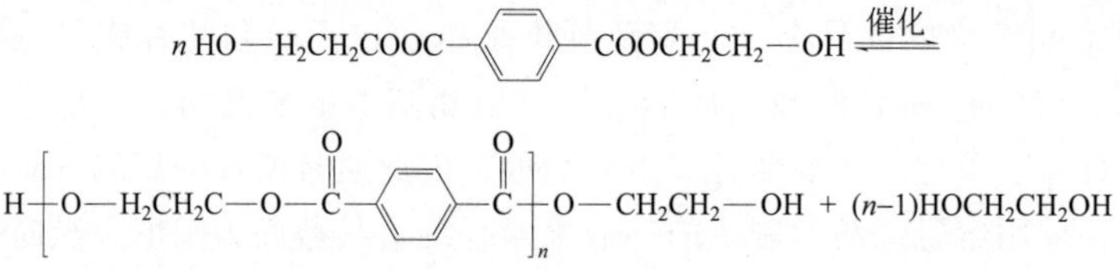

BHET 缩聚后生成具有一定聚合度的 PET，并释放出乙二醇。该反应为可逆反应，乙二醇的排出速率是控制反应速度和分子量的关键因素。

BHET 目前主要有酯交换法和直接酯化法。

① 酯交换法。在催化剂（Mn、Zn、Co、Mg 等的醋酸盐）作用下，对苯二甲酸二甲酯（DMT）与乙二醇（EG）进行酯交换反应，生成 BHET。被取代的甲氧基与 EG 中的氢结合，生成甲醇。反应式如下：

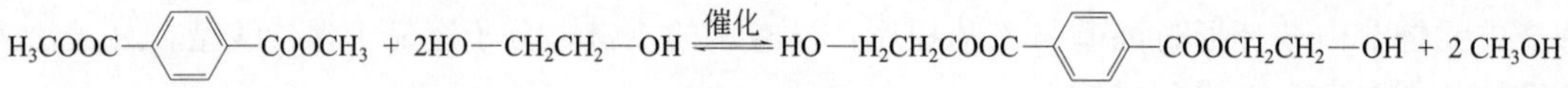

② 直接酯化法。由对苯二甲酸（TPA）和乙二醇（EG）单体在催化作用下直接进行酯化反应，一步法制得 BHET。直接酯化体系为固相 TPA 与液相 EG 共存的多相体系，酯化反应只发生在已溶解于 EG 中的 TPA 和 EG 之间。

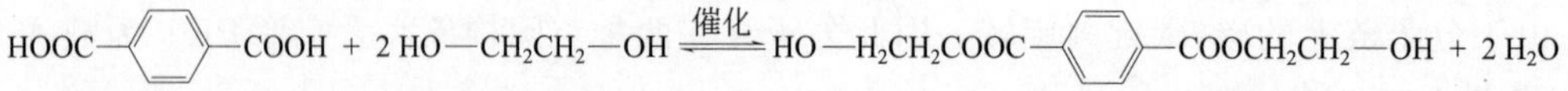

涤纶一般采用熔融纺丝，熔体温度 $285 \sim 290℃$。长丝的后加工包括热拉伸、加捻、热定型、络丝等。短纤的后加工包括集束、拉伸、上油、卷曲、热定型和切断等工序。

3. 纤维性能

涤纶是目前合成纤维中的最大类属，其产量居所有化学纤维之首。涤纶分长丝和短纤维两种型式。涤纶长丝是长度为千米以上的丝，长丝卷绕成团，涤纶长丝一般可分为 POY（预取向丝）、FDY（全牵伸丝）、DTY（低弹丝）三大类。涤纶短纤维是几厘米至十几厘米的短纤维，涤纶短纤维分棉型短纤和毛型短纤。

革基布大量使用涤纶的原因有三点：价格低、性能优、品种多。在革基布加工中，涤纶短纤维一般用于非织造布加工或者混纺，而长丝主要用于针织布。

（1）热性能

涤纶的玻璃化转变温度（T_g）随其聚集态结构而变化，完全无定形的 T_g 为 67℃，部分结晶的 T_g 为 81℃，取向并且结晶的 T_g 为 125℃。T_g 的高低标志着无定形区大分子链运动的难易程度，所以玻璃化转变温度对纤维的弹性回复和染色性能有很大影响。

涤纶的软化点 T_s 为 230～240℃，熔点 T_m 为 255～265℃，分解温度 T_d 为 300℃左右。

涤纶的热稳定性优异，能在 -70～170℃ 内使用，涤纶在 170℃ 以下短时间受热所引起的强度损失，在温度降低后可以恢复。涤纶的热稳定性是常用合成纤维中最好的，在 150℃ 左右受热 168h 后，强度损失不超过 3%，1500h 后也仅稍有变色，强度损失不超过 50%。

（2）力学性能

涤纶的强度和拉伸性能与纤维生产的工艺条件有关，根据纺丝拉伸程度，可制成高模量（高强度低拉伸）、低模量（低强度高拉伸）和中等模量的纤维。一般生产中的拉伸倍数为 4～5 倍，短纤维强度为 2.6～5.7cN/dtex，高强力纤维为 5.6～8.0cN/dtex，是合成纤维中较高的。延伸度在 18%～50%，低于锦纶。由于其吸湿性低，所以干、湿态下强度与延伸度基本相等。耐冲击强度比锦纶高 4 倍，比黏胶纤维高 20 倍。

涤纶初始模量很高，对伸长、压缩、弯曲等形变均具有良好的弹性回复性能，受力不易形变，当伸长 5%～6% 时，几乎可以完全回复，形状稳定性好。

涤纶的耐磨性优异，仅次于锦纶，远优于其他合成纤维，在干态和湿态下的耐磨性基本相同。

（3）化学稳定性

PET 分子中约含有 46% 的酯基，酯基在高温时能发生水解及热裂解。酸、碱对酯键的水解起催化作用，以碱更为剧烈，导致聚合度降低。

涤纶耐酸性较好，无论对无机酸或有机酸都有良好的稳定性，尤其是在较低的温度下，其强度几乎无变化。例如，涤纶在 60℃ 以下，用 70% 硫酸处理 72h，其强度基本上没有变化。

涤纶只能耐弱碱，常温下与浓碱或高温下与稀碱作用会使纤维破坏，酯基会发生水解反应使分子链断裂。

涤纶的碱水解程度随碱的种类、浓度、温度、时间而不同。涤纶结构紧密，因此碱水解只能由外向内层层水解剥离，纤维表面不断水解失重，而纤维的芯层则影响不大，这种现象称为"剥皮现象"，涤纶碱处理获得仿丝绸效果就是利用该原理。

酯键不仅能发生水解反应，还能发生氨解反应，而且氨解不需任何催化剂在常温下即可进行，因此经常采用有机胺作为"剥皮反应"的催化剂。

氨解反应

涤纶对常用漂白剂（如次氯酸钠、亚氯酸钠、双氧水）和还原剂（如连二亚硫酸钠、二氧化硫脲）的稳定性很高，即使在浓度、温度较高，时间较长时，对纤维强度的损伤也不十分明显。

涤纶对一般非极性有机溶剂有极强的抵抗力，但丙酮、苯、三氯甲烷、苯酚-氯仿等常温下能使涤纶略微溶胀，高温下使其很快溶解。

（4）亲水性与染色性

① 亲水性。从分子组成来看，聚酯是由短脂肪烃链、酯基、苯环、端醇羟基所构成。聚酯分子中除存在两个端醇羟基外，并无其他极性基团。另外聚酯结晶度高，分子链排列紧密，因而涤纶纤维亲水性极差。

涤纶在标准条件下的回潮率仅为 $0.4\%\sim0.5\%$，相对湿度 100% 时的回潮率为 $0.6\%\sim0.8\%$，在水中的膨化度也低，因此干、湿状态下的纤维性能变化不大。低吸水率导致舒适性下降，但具有易洗快干的特点。

② 染色性。涤纶中聚酯分子链排列紧密，折叠长链分子间没有适当容纳染料分子的空隙，染料分子很难进入纤维内部。分子中也无特定的染色基团，而且极性较小，缺乏染座，因此染色较为困难。

涤纶不能采用一般方法进行染色，现多采用分散性染料，它是一类分子较小，结构简单，且水溶性很低的非极性染料。工艺一般是高温高压染色，设备复杂，成本也高。

（5）其他性能

涤纶仅在 $300\sim330nm$ 的紫外区有强烈的吸收带，因此其耐光性仅次于腈纶，优于天然纤维。

涤纶最大缺点之一是表面易起毛起球，且毛球不易脱落。

涤纶表面具有较高的比电阻，易积聚电荷产生静电，吸附灰尘。

涤纶与火焰接触时能燃烧，伴随着纤维发生卷缩并熔融成珠而低落，产生黑烟并有芳香味。

二、锦纶

锦纶是我国聚酰胺纤维的商品名称，美国称为尼龙（Nylon）。聚酰胺纤维是分子主链上含有重复酰氨基的一类合成纤维，是世界上出现的第一种合成纤维，简写为PA。

1. 化学结构

聚酰胺品种很多，一般可分为两大类：

① 由己二胺和己二酸缩聚而得的聚己二酸己二胺，其长链分子的化学结构式如下：

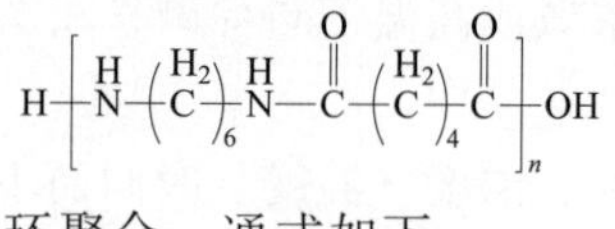

② ω-氨基酸缩聚或内酰胺开环聚合，通式如下：

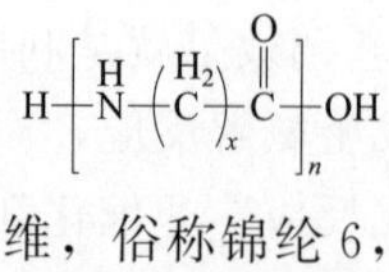

聚酰胺纤维中最常用的是PA6纤维，俗称锦纶6，其主要物质组成是聚己内酰胺，是由己内酰胺在熔融状态和开环剂存在下，经过开环聚合得到的，其分子结构式为：

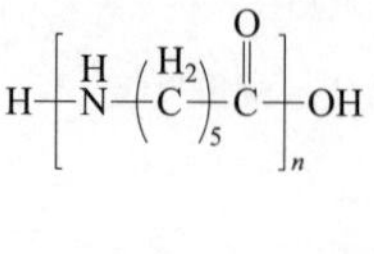

聚酰胺分子是由许多重复结构单元，通过酰胺键连接起来的线型长链分子。PA6 的链节结构为—NH(CH$_2$)$_5$CO—，链节数目（聚合度）决定了大分子链的长度和分子量，PA6 分子量通常控制在 13000～20000。

PA6 主链上有极性的酰胺键，酰氨基之间有一定数量的非极性的亚甲基。端基为氨基和羧基，在酸性介质中带阳电荷，在碱性介质中带有阴电荷，PA6 大分子的氨基端基数量为 0.098mg/g。

聚酰胺分子为平面锯齿状，亚氨基和羰基可以形成分子内氢键，也可与其他分子结合，形成较好的结晶结构。聚酰胺分子氢键形成有正平行和反平行两种。PA6 是由偶数碳原子的基本链节组成的，在晶体结构中，当大分子呈反向平行排列时，所有的酰氨基都能形成氢键，而顺向排列时只有一半的酰氨基能形成氢键。锦纶分子中的亚甲基之间只能产生较弱的范德华力，所以亚甲基链段部分的分子链卷曲度较大。

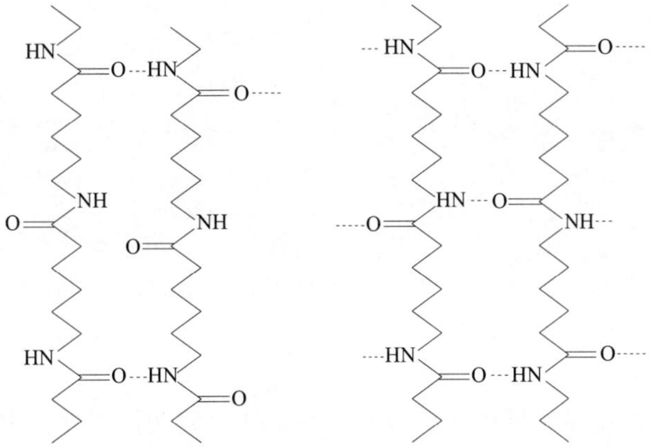

正平行　　　　　　　　反平行

PA6的氢键形成模型

PA6 经过熔融纺丝后，断面为圆形，纵向平滑。锦纶的聚集态结构与纺丝过程的拉伸及热处理有密切关系，为折叠链与伸直链晶体共存的体系，比较容易结晶。由于冷却成型时内外温度不一致，纤维的皮层取向度较高，而结晶度较低，而芯层则相反。

2. 合成方法

PA6 在工业生产中常以己内酰胺为原料，在熔融态和开环剂存在下，经开环聚合成聚己内酰胺。基本反应如下：

① 己内酰胺水解开环

$$(H_2C)_5 \overset{NH}{\underset{CO}{|}} + H_2O \Longrightarrow H_2N(CH_2)_5COOH$$

② 氨基己酸与己内酰胺加成聚合

$$(H_2C)_5 \overset{NH}{\underset{CO}{|}} + H_2N(CH_2)_5COOH \Longrightarrow H_2N(CH_2)_5CONH(CH_2)_5COOH$$

$$(H_2C)_5 \overset{NH}{\underset{CO}{|}} + H\text{---}[HN(CH_2)_5CO]_{n-1}OH \Longrightarrow H\text{---}[HN(CH_2)_5CO]_n OH$$

③ 大分子缩聚

$$\text{H}\!-\!\!\left[\text{HN(CH}_2)_5\text{CO}\right]_n\!\!-\!\!\text{OH} + \text{H}\!-\!\!\left[\text{HN(CH}_2)_5\text{CO}\right]_m\!\!-\!\!\text{OH} \Longrightarrow \text{H}\!-\!\!\left[\text{HN(CH}_2)_5\text{CO}\right]_{n+m}\!\!-\!\!\text{OH} + \text{H}_2\text{O}$$

由于聚合过程具有可逆平衡性质，并且链交换、缩聚和水解三个反应同时进行，所以最终产物是包含聚合物、单体、水、线型和环状低聚物的混合物。

3. 纤维性能

锦纶主要用途可分为衣料服装用、产业用和装饰地毯用三大方面。长丝可以作机织物、针织物和纬编织物等的原料，其短纤维可广泛用于非织造布。

① 热性能。PA6分子链中的顺、反式排列影响了酰氨基形成氢键的数量，因此氢键密度低，熔点及熔融热也低。玻璃化转变温度 T_g 为 $47\sim50℃$，软化点 T_s 为 $160\sim180℃$，熔点 T_m 为 $215\sim220℃$。

锦纶耐热性较差，150℃下受热5h，强度和延伸度显著下降，收缩率增加，安全使用温度为93℃。在高温条件下，会发生各种氧化和裂解反应，主要是—C—N—键断裂，进一步反应生成双键和氰基。

② 力学性能。聚酰胺大分子柔顺性好，分子间有一定量的氢键，容易结晶。纺丝拉伸后纤维的取向度和结晶度都比较高，纤维的强度超过涤纶，比棉花高 $1\sim2$ 倍、比羊毛高 $4\sim5$ 倍，是黏胶纤维的3倍。

锦纶初始模量低，比涤纶低很多，因此手感柔软，但在使用过程中容易变形。在所有合成纤维中锦纶的回弹性最高，当拉伸至 $3\%\sim6\%$ 时，弹性回复率可达100%，因此其结节强度好，耐形变性和疲劳性优异，最高可经受百万次的折挠，相同条件下比棉高 $7\sim8$ 倍，比黏胶纤维高几十倍。

高强度、低初始模量及弹性回复率高，使锦纶成为所有纤维中最耐磨的纤维，比棉纤维高10倍，比羊毛高20倍。

③ 化学稳定性。酰胺键使锦纶容易发生水解，在100℃下水解作用不明显，但超过100℃则水解反应显著增加。对于酸碱，锦纶最主要的表现是耐碱不耐酸。酸是水解反应催化剂，因此锦纶对酸是不稳定的，稀酸溶液中锦纶水解不严重，但对浓一点的无机酸很敏感，常温下浓硝酸、盐酸、硫酸都能使锦纶迅速水解。

锦纶对碱的稳定性较高，如锦纶在10%氢氧化钠液中100℃下浸泡128h，其强度下降不大，对其他碱及氨水的作用也很稳定。

锦纶对常规氧化剂稳定性也不好。次氯酸钠的氯原子能取代酰胺键上的氢，使纤维水解，对锦纶的损伤最严重，双氧水也能使聚酰胺大分子降解。而亚氯酸钠和过氧醋酸则对锦纶损伤很小。

④ 吸湿与染色性能。锦纶6、锦纶66及其他脂肪族锦纶都是由带有酰氨基的线型大分子组成。极性的酰氨基和非极性的亚甲基使锦纶具有较好的吸湿性，回潮率 $3.5\%\sim4.5\%$，在合成纤维中仅次于维纶。锦纶吸湿时发生溶胀，与其他纤维不同的是其溶胀是各向同性

的，主要是皮层结构限制了截面方向的溶胀。

锦纶中聚酰胺分子结构和组成较为简单，只在分子链的末端含有氨基或羧基，对染色最重要的氨基含量很低，只有羊毛的 1/10 左右。分子链中含有大量酰氨基和碳链，无侧链，这些基团提供了一定数量的染座，使得锦纶的可染性比较好，虽然不及天然纤维和再生纤维，但在合成纤维中是较容易染色的。

锦纶一般使用酸性、中性及分散染料染色。分散染料匀染性较好但色牢度较差，一般只用来做浅色或牢度要求不高的品种；1:2 络合染料牢度较好，但颜色较暗、色谱不全，且这种染料所带来的环保（重金属）问题也制约了其应用。

酸性染料色谱齐全、色泽鲜艳、匀染性较好、染深性适中，是锦纶染色使用最为普遍的一种染料。聚酰胺大分子链上含有大量亚氨基、氨基，在酸性条件下形成—NH_2^+—和—NH_3^+，这些阳离子基团可与染料分子的阴离子基团以离子键结合固着，但其色牢度尤其湿处理牢度不高。

⑤ 耐光性。锦纶耐光性也不佳，类似蚕丝。长时间日光照射，会引起大分子链断裂，强度下降，颜色泛黄。

可以看出，锦纶具有高强度、回弹好、高耐磨、染色性好等优点，但也存在耐热耐光差、初始模量低等缺点，需要加以改进，以适应各种用途的需要，如异性截面纤维、双组分纤维、混纤丝、抗静电导电纤维等。

三、棉纤维

棉纤维属于天然纤维，是我国纺织工业的主要原料，它在纺织纤维中占很重要的地位。棉纤维由棉花种子上滋生的表皮细胞发育而成的，先生长变长（增长期），后沉积变厚至成熟（加厚期）的单细胞物质。

1. 化学结构

棉纤维的基本组成是纤维素。纤维素是由 β-D-吡喃葡萄糖基彼此以 1,4-β-苷键连接而成的线型高分子，基本结构如下：

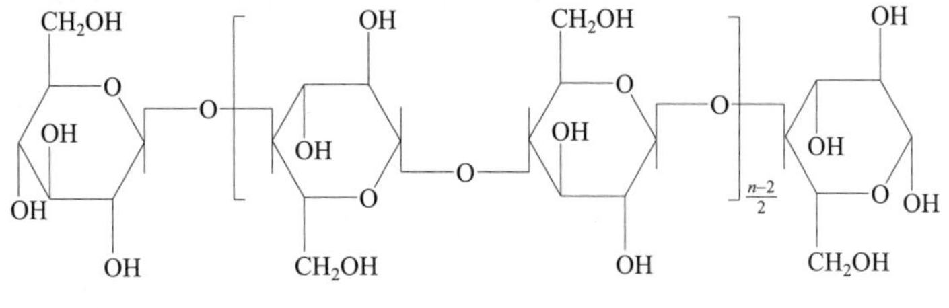

纤维素含碳 44.44%、氢 6.1%、氧 49.2%。棉纤维中纤维素大分子的聚合度为 6000～15000，分子量约 100 万～243 万。结构单元为葡萄糖基，基本连接单位是纤维素二糖。相邻两个葡萄糖基彼此的位置呈 180°扭转，使 1,4 碳位连接牢固，这种结构使纤维素在分子内及分之间形成牢固结合的氢键，以及晶区与非晶区共存的复杂结构。其六元环结构是固定的，但六元环之间夹角可以改变，所以分子在无外力作用的非晶区中，可呈自由弯曲状态。

纤维素大分子中的每个葡萄糖剩基上有三个自由羟基，2,3 碳上为仲醇基，6 位碳上连接一个伯醇基，它们具有一般醇基的特性，因此可发生氧化、酯化、醚化等反应。

2. 纤维结构

棉纤维为多层状带中腔结构，横断面由许多同心层组成，主要有初生层、次生层、中腔三个部分。稍端尖而封闭，中段较粗，尾端稍细而敞口，呈扁平带状，有天然的扭转，称"转曲"。截面常态为腰圆形，中腔呈干瘪状。

按棉花的品种可分为细绒棉和长绒棉。

细绒棉：又称陆地棉。纤维线密度和长度中等，一般长度为 $25\sim35$ mm，线密度为 $2.12\sim1.56$ dtex 左右，强力在 4.5cN 左右。

长绒棉：又称海岛棉。纤维细而长，一般长度在 33mm 以上，线密度在 $1.54\sim1.18$ dtex 左右，强力在 4.5cN 以上。

3. 纤维性能

① 纤维的长度。主要取决于棉花的品种、生长条件和初加工。通常细绒棉的手扯长度平均为 $23\sim33$ mm，长绒棉为 $33\sim45$ mm。棉纤维的长度与纺纱工艺及纱线的质量关系十分密切。一般长度越长、长度整齐度越高、短绒越少，可纺的纱越细、条干越均匀、强度越高，且表面光洁、毛羽少；棉纤维长度越短，纺出纱的极限线密度越高。

② 线密度。是指棉纤维的粗细程度，是重要品质指标之一，它与棉纤维的成熟程度、强力大小密切相关。棉纤维线密度还是决定纺纱特数与成纱品质的主要因素之一，并与织物手感、光泽等有关。纤维较细，则成纱强力高，纱线条干好，可纺较细的纱。

③ 强度和弹性。强度是纤维具有纺纱性能和使用价值的必要条件之一，纤维强度高，则成纱强度也高。棉纤维的断裂伸长率为 $3\%\sim7\%$，弹性较差。

④ 吸湿性。棉纤维是多孔性物质，且其纤维素大分子上存在许多亲水性的羟基基团，所以其吸湿性较好，回潮率可达 8.5% 左右，同时缩水率较大。

⑤ 化学稳定性。纤维素在受到化学、物理、光、热等作用时，分子中的苷键或其他共价键都可能受到破坏，并导致聚合度下降。大分子上的羟基还可以发生氧化、酯化、醚化等反应。

棉纤维主要组成物质是纤维素，所以它较耐碱而不耐酸。在酸存在下，纤维素发生水解，水解反应使纤维素中的 1,4-糖苷键断裂，断裂处与水分子结合，形成一个无还原性的自由羟基，一个具有还原性的醛基。氢离子在反应中起到催化作用，并且其浓度并不因反应程度的加深而降低，如果条件不变化，水解反应将持续进行下去。随着纤维素聚合度下降，棉纤维强度受到损伤。

酸水解反应

棉纤维对碱的抵抗能力较大，但浓碱会使纤维的晶格结构发生一定程度的改变，引起纤维横向膨化，使纤维的形态结构和聚集态结构发生不可逆的变化。纤维素大分子上的羟基可视为弱酸性基团，与浓碱作用时可能生成醇钠化合物，也可能生成加成化合物，反应如下：

$$[C_6H_7O_2(OH)_3]_n + n\,NaOH \xrightarrow{\text{放热}} \begin{cases} [C_6H_7O_2(OH)_2ONa]_n + n\,H_2O \\ \text{醇钠化合物} \\ [C_6H_7O_2(OH)_2OH \cdot NaOH]_n \\ \text{加成化合物} \end{cases}$$

在葡萄糖剩基中，2位的羟基酸性较强，与碱作用生成醇钠的可能性较大，而3位和6位上的羟基与碱结合生成化合物的可能性较大。生产中可利用稀碱溶液对棉布进行"丝光"整理，制品表面会变得平整光亮且染色性能大大改善。

纤维素对氧化剂是不稳定的，氧化作用主要发生在葡萄糖剩基的三个自由基和大分子末端的醛基上。一些氧化剂能使纤维素发生严重降解，如二氧化氮使纤维素上的伯羟基氧化成羧基，高碘酸能使仲羟基氧化成两个醛基。在基团被氧化的同时，一般伴随着分子链的断裂。

⑥ 耐光性、耐热性。棉纤维因光线照射引起的破坏作用有两种类型：一是光线对化学键的直接破坏作用，称为光解作用，波长340nm或更短的紫外线可直接使纤维素发生光降解；二是由于光敏物质（如染料、TiO_2、ZnO等）的存在，在氧及水分同时存在时会破坏纤维，称为光敏作用。通常使用过程中，光敏作用是纤维素光降解的主要因素。

棉纤维的耐热性较好。100℃以下纤维素是稳定的；140℃加热4h不发生显著变化；140℃以上开始出现聚合度降低，羰基和羧基增加；超过180℃纤维热裂解增加。长期高温作用会使棉纤维遭受破坏，但其耐受125～150℃短暂高温处理。

⑦ 卫生性。棉纤维主要成分是纤维素，还有少量的蜡状物质、含氮物与果胶质。与肌肤接触无任何刺激和负作用，久穿对人体有益无害，卫生性能良好。微生物对棉织物有破坏作用，表现在不耐霉菌。

四、黏胶纤维

黏胶纤维（viscose fiber）又称人造丝、冰丝、天丝，基本组成与棉相同，也是纤维素，黏胶纤维聚合度只有250～350，分子结构中因氧化作用导致羧基与醛基含量较高，结晶度较低，约为30%～40%。

1. 制造原理

天然纤维素经碱化而成碱纤维素，再与二硫化碳作用生成纤维素黄原酸酯，溶解于稀碱液内得到的黏稠溶液称黏胶。黏胶进入含酸的凝固浴，纤维素黄原酸酯分解，纤维素再生，称为湿法纺丝。再经水洗、脱硫、漂白、上油、干燥等一系列处理工序后即成黏胶纤维。

$$[C_6H_7O_2(OH)_3 \cdot NaOH]_n + n\,CS_2 \longrightarrow \left[C_6H_7O_2(OH)_2-O-\overset{\displaystyle S}{\overset{\|}{C}}-SNa\right]_n + n\,H_2O$$

碱纤维素　　　　　　　　　　　　　　黏胶

$$\downarrow n\,H_2SO_4$$

黏胶纤维 $\xleftarrow{\text{水洗、脱硫、漂白、上油、干燥}}$ $[C_6H_{10}O_5]_n + n\,NaHSO_4 + n\,CS_2$

再生纤维素

2. 纤维性能

黏胶纤维有长丝和短纤之分，从性能上可分为普通黏胶纤维、高湿模量黏胶纤维、强力黏胶纤维和改性黏胶纤维。普通黏胶纤维具有一般的物理机械性能和化学性能，又分棉型、毛型和长丝型，俗称人造棉、人造毛和人造丝，可与棉毛混纺。高湿模量黏胶纤维中国称富强纤维，简称富纤，具有较高的聚合度、强力和湿模量。强力黏胶纤维具有较高的强力和耐疲劳性能。

① 纤维结构。黏胶纤维的基本组成是纤维素，普通黏胶纤维的截面呈锯齿形皮芯结构，纵向平直有沟横；而富纤无皮芯结构，截面呈圆形。

② 强度和弹性。普通黏胶纤维的断裂强度比棉小，约为 $1.6 \sim 2.7 cN/dtex$；断裂伸长率大于棉，为 $16\% \sim 22\%$；湿强下降多，约为干强的 50%。其模量比棉低，在小负荷下容易变形，而弹性回复性能差，因此织物容易伸长，尺寸稳定性差。富纤的强度特别是湿强比普通黏胶高，断裂伸长率较小，尺寸稳定性良好。普通黏胶的耐磨性较差，而富纤则有所改善。

③ 吸湿性。具有良好的吸湿性，回潮率在 13% 左右。在 12 种主要纺织纤维中，黏纤的含湿率最符合人体皮肤的生理要求，具有光滑凉爽、透气、抗静电等特性。但吸湿后显著膨胀，直径增加可达 50%，所以下水后手感发硬，收缩率大。

④ 耐酸碱性。黏胶纤维的化学组成与棉相似，但耐碱耐酸性均较棉差，而富纤则具有良好的耐碱耐酸性。

⑤ 染色性。黏胶纤维的染色性与棉相似，染色绚丽，色谱全，染色性能良好。

黏胶纤维是最早投入工业化生产的化学纤维之一，由于吸湿性好，穿着舒适，可纺性优良，常与棉、毛或各种合成纤维混纺、交织，用于各类服装及装饰用纺织品。

3. 改性黏胶纤维

黏胶纤维的缺点是湿模量较低，缩水率较高而且容易变形，弹性和耐磨性较差。纤维素的大分子的羟基易于发生多种化学反应，因此，可通过接枝等方法，对黏胶纤维进行改性，提高黏胶纤维性能，并生产出各种再生纤维素纤维。

① Lyocell 纤维。是以 N-甲基吗啉-N-氧化物（NMMO）为溶剂，湿法纺制的再生纤维素纤维；具有完整的圆形截面、光滑的表面结构以及较高的聚合度；既具有纤维素吸湿性、抗静电性和染色性的优点，又具有普通合成纤维的强力和韧性，其干强与普通聚酯纤维相近，湿强仅比干强低 15% 左右；生产过程中的氧化胺溶剂可 99.5% 回收再用，自身可生物降解，故可称为"绿色纤维"。

② 铜氨纤维。将纤维素浆粕，主要是棉浆粕溶解在氢氧化铜或碱性铜盐的浓溶液内，制成铜氨纤维素纺丝溶液，在水或稀碱溶液的凝固浴中（湿法）纺丝成型。去除其中残留的铜迹，再经过洗涤、上油、干燥即可。

铜氨纤维的截面呈比较规则的圆形，没有皮芯结构，并且表面有均匀的凹槽和纵向条纹，且羟基含量很高，因此具有优良的触感和良好的吸湿性，回潮率可达 $11\% \sim 13\%$。由于铜氨纤维的纺丝液可以高度拉伸，所以可以得到较细的纤维。通常铜氨纤维线密度在 0.13dtex以下，最细的可达到 0.04dtex，因而具有极佳的悬垂感。

铜氨纤维的断裂强度比普通黏胶和棉要高，但断裂伸长率很低。铜氨纤维对碱和还原剂的稳定性较好，对酸和氧化剂的稳定性差。铜氨纤维的耐热性和热稳定性较差。

③ 醋酯纤维。是纤维素与醋酐发生反应生成的纤维素乙酸酯纤维，利用醋酸酐对羟基的作用使羟基被醋酸酐的乙酰基置换生成纤维素酯，泛指二醋酯纤维和三醋酯纤维。由于纤维葡萄糖结构上的羟基被乙酰化，因此从原料、加工过程及产品性能来看，醋酸纤维又被称为半合成纤维。

醋酸纤维生产广泛采用醋酸均相法工艺，先将木/棉浆进行酯化反应，制得三醋酯纤维素，再将三醋酯纤维素部分水解制得二醋酯纤维素，然后再制成醋片，最后经溶液纺丝并制成丝束。

五、其他纤维

1. 腈纶

腈纶是聚丙烯腈纤维（PAN）在我国的商品名。它是85％以上的丙烯腈和其他单体的共聚体纤维。目前腈纶生产一般是三元共聚。丙烯腈作为第一单体，是纤维的主体；第二单体（D_2）为结构单体，一般为丙烯酸甲酯、甲基丙烯酸甲酯、醋酸乙烯酯等，用于降低聚丙烯腈分子间作用力，改善弹性和手感；第三单体（D_3）为染色单体，一般为丙烯磺酸钠、苯乙烯磺酸钠、衣康酸等。三种单体在共聚体分子链上的分布是随机的，结构式：

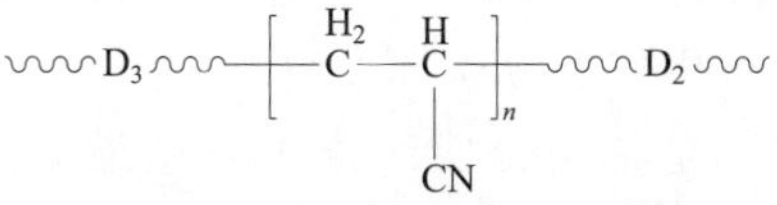

腈纶没有明显的结晶区和无定形区，没有明显的熔点，软化温度在190～240℃，在250℃以上出现热分解。

腈纶具有许多优良性能，如手感柔软、弹性好，有"合成羊毛"之称。腈纶的强度一般，不及涤纶和锦纶，但比羊毛高1～2.5倍。弹性较好，仅次于涤纶，有较好的保形性。耐光性是所有合成纤维中最好的，露天暴晒一年强度下降在20％以下。

腈纶回潮率为1.2％～2.0％，第二、三单体的引入不但降低了分子结构的规整性，而且由于引入了少量活性基团，因此具备较好的染色性。

腈纶耐酸、氧化剂和一般有机溶剂，但硫酸等强酸可使PAN水解。PAN纤维分子中的—C≡N基易发生水解，氰基在硫酸的作用下，首先水解为酰氨基，然后进一步水解为羧基，因此水解的主要产物是聚丙烯酸、聚丙烯酰胺的共聚物。随着酰氨基水解的加深，反应速度将逐渐加快，出现所谓自催化作用。这是由于水解生成的—COOH参与亲核进攻形成酸酐结构，而后急速水解的结果。

腈纶不耐碱，侧链氰基在催化作用下发生水解，水解的主要产物是丙烯酸盐和丙烯酰胺的共聚物，是一种水溶性聚电解质。水解是从溶液中的OH⁻进攻—C≡N中的碳原子，引起碳氮三键断裂生成电负性中间体的亲核加成反应开始的。OH⁻与碳原子形成共价键，负电荷则转移到电子云密度高的氮原子上，生成具有电负性的中间体。该中间体具有很强的亲核能力，能继续与相邻的氰基发生亲核加成反应，生成六元环状结构。在水存在的条件下，六元环物质与水结合，并发生互变异构，生成酰胺。酰胺在碱性环境中继续受到OH⁻的进攻，水解生成羧基钠，并放出氨气。

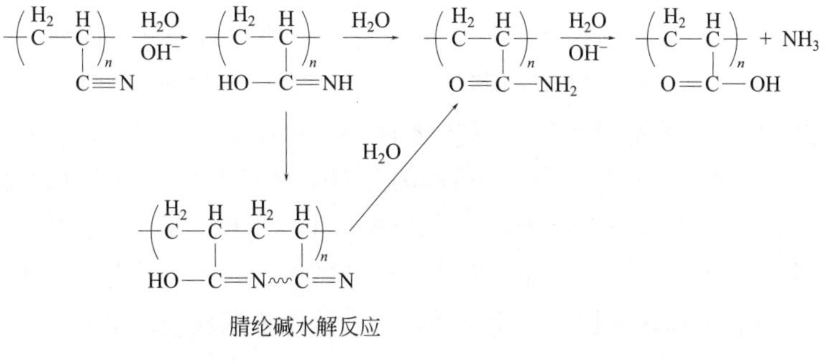

腈纶碱水解反应

通过控制氰基的水解程度，可使聚丙烯腈大分子上带有一定量的酰氨基、羧基，改善纤维的亲水性与染色性，达到腈纶纤维化学改性的目的。

2. 丙纶

丙纶是聚丙烯纤维的商品名称，是以丙烯聚合得到的等规聚丙烯为原料纺制而成的合成纤维。丙纶品种较多，有长丝、短纤维、膜裂纤维、鬃丝和扁丝等。

$$\begin{bmatrix} & \overset{H_2}{C} & \overset{H}{\underset{|}{C}} \\ & & CH_3 \end{bmatrix}_n$$

聚丙烯分子链呈立体螺旋构型，侧甲基在主链平面的同一侧，具有较高的立体规整性，比较容易结晶。聚丙烯因为其链上的取代基排列顺序不同，分为全同立构型 IPP、间同立构型 SPP、无规立构型 APP。大分子上不含有极性基团，微结构紧密。分子中的叔碳原子在受热状态下容易发生氧化裂解，生成低分子挥发物。

丙纶的密度为 $0.91g/cm^3$，是常用合成纤维中密度最小的品种。强度与涤纶、锦纶相近，但在湿态时强度不变化。耐平磨性仅次于锦纶，但耐曲磨性稍差。由于聚丙烯大分子结构为碳氢化合物，所以丙纶具有优良的耐腐蚀性，对高浓度的酸、碱及常规化学品有很好的稳定性。丙纶的吸湿性极小，回潮率只有 0.1%，但具有芯吸效应，它独具传导水汽的性能，使湿汽能迅速有效地转移到另一侧，加上丙纶不吸水，穿着时可保持皮肤干燥，大大提高了舒适性和卫生性。

丙纶的最大优点是成本低、强度较高，耐化学腐蚀性好。但丙纶的耐热性、耐光性、染色性较差。丙纶一般与多种纤维混纺制成不同类型的混纺织物。

3. 维纶

维纶又称维尼纶（Vinylon），是聚乙烯醇纤维的中国商品名，其主要成分是聚乙烯醇（PVA）。通常以醋酸乙烯为单体进行聚合，然后进行醇解制得聚乙烯醇。

$$n\,H_2C{=}\overset{H}{\underset{OCOCH_3}{C}} \xrightarrow{\text{引发剂}} *\begin{bmatrix} \overset{H_2}{C} & \overset{H}{\underset{OCOCH_3}{C}} \end{bmatrix}_n * \xrightarrow[\text{NaOH}]{CH_3OH} \begin{bmatrix} \overset{H_2}{C} & \overset{H}{\underset{OH}{C}} \end{bmatrix}_n + n\,CH_3COOCH_3$$
（PVA）

聚乙烯醇（PVA）纤维因存在大量羟基，具有水溶性，不能作为工业纤维使用。PVA纺丝后要进行缩醛化处理，封闭纤维无定形区中的部分羟基，提高其耐热水性。缩醛反应主要发生在分子内相邻羟基之间，少量发生在不同分子之间。

$$\sim\!\!\overset{H}{\underset{H_2}{C}}{-}\overset{H_2}{C}{-}\overset{H}{\underset{OH}{C}}{-}\overset{H}{\underset{OH}{C}}\!\!\sim + HCHO \longrightarrow \sim\!\!\overset{H}{\underset{H_2}{C}}{-}\overset{H_2}{C}{-}\overset{H}{\underset{O}{C}}{-}\overset{H}{\underset{O}{C}}\!\!\sim + H_2O$$
分子内缩合

从分子结构看，维纶的物质组成以聚乙烯醇为主，伴有部分分子内缩合。维纶截面是半月形，有明显的皮芯结构，皮层紧密而芯层有较多空隙。经过热处理后的结晶度在 $60\%\sim70\%$，缩醛化主要发生在无定形区及晶区的表面。大分子链中基本为"头-尾"结构，含有少量的"头-头"结构或"尾-尾"结构。羟基的分布影响聚乙烯醇的结晶性能。

维纶以短纤维为主，性能接近棉花，有"合成棉花"之称。维纶是合成纤维中吸湿性最大的品种，吸湿率为 $4.5\%\sim5\%$，接近于棉花（8%）。强度稍高于棉花，比羊毛高很多。维纶的化学稳定性好，耐腐蚀和耐光性好，耐碱性能强。维纶长期放在海水或土壤中均难以降解。

维纶的耐热水性与染色性与缩醛化程度紧密相关。缩醛化使无定形区羟基与甲醛反应，生成亚甲醚键，耐热水性能显著提高，但游离羟基的降低也使染色性能下降，引起上染率慢、染料吸收量低及颜色暗淡等问题。

第二节 特殊纤维材料

随着科学技术的发展，功能性纤维越来越丰富，人们的要求也越来越高，仿生化、功能化、高性能化纤维将是今后发展的方向。纤维功能化的主要方法有物理改性、化学改性及表面改性等。

物理改性是指采用改变纤维的物理结构使纤维性质发生变化的方法。目前物理改性的主要内容包括改进聚合与纺丝条件。

化学改性是指通过改变纤维原来的化学结构来达到改性的目的。改性方法包括共聚、接枝、交联、溶蚀、电镀等。

表面改性是指如采用高能射线（γ射线、β射线）、强紫外辐射和低温等离子体对纤维进行表面蚀刻、活化、接枝、交联、涂覆等改性处理，是典型的清洁化加工方法。

合成革所使用的高功能纤维一般都是应用高分子化合物改性、特殊异形截面化、超细纤维化、混纤化、表面处理等纤维制造高技术制得的。

一、不定岛纤维

1. 纤维结构与特点

不定岛纤维是复合纤维的一种。在一定条件下把两种（或以上）热力学不相容的高聚物共混，其中一种高聚物（分散相）以微小液滴形式分布在另一高聚物（连续相）中。当受到径向拉伸作用时，分散相液滴受力形变为微纤维，冷却定型后形成一种聚合物组分以微细短纤维的形式分散于另一种聚合物组分中的纤维结构，这种结构的纤维即为不定岛纤维，也称为海岛纤维。

不定岛纤维的断面结构如图 2-1 所示，由分散相和连续相两部分构成。目前国内超纤行业使用最广泛的是 PA6/LDPE 型纤维，由 PA6 构成分散相（成纤物），LDPE 构成连续相（载体）。

不定岛纤维从断面看，超细纤维组分呈点状分布于载体组分内，似"海-岛"形式；在纤维纵向上，超细纤维断续但密集分散在连续相中。从海岛纤维整体看，它具有常规纤维的纤度和长度，当"海"相被萃取后，得到由"岛"相构成的数量众多的束状超细纤维，如图 2-2 所示。当"岛"相被萃取后，得到由"海"相构成的蜂窝状的藕状纤维。

不定岛纤维的特点主要有：

① 分布不匀。由于分散相的大小、数量、分布都在一定范围内存在随机性，因此超细纤维的纤度也是在一定范围内分布。

② 低纤度。海岛纤维内通常包含几百根超细纤维，所以超细纤维纤度很小，一般在 0.01～0.001dtex 左右，甚至可达 0.0001dtex，是目前可用于工业化生产的最细的纤维之一。

③ 短纤维。由于是经过粒子拉伸而形成微纤，其拉伸长度受到限制，所以不能生产长丝，而只能生产短纤维。

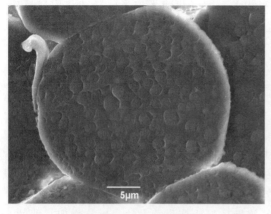

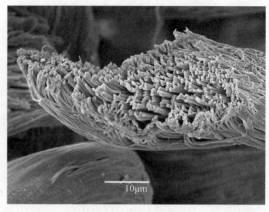

图 2-1　不定岛纤维结构　　　　　　　图 2-2　超细纤维结构

④ 仿胶原纤维结构。超细纤维呈束状，纤度与结构类似胶原纤维。

⑤ 萃取"岛"组分，纤维中形成大量的线型孔洞，得到"海"组分构成的藕状纤维。

2. PA6 切片

PA6 切片作为海岛纤维中的成纤物，是酰胺键与亚甲基构成的线型结构高聚物。PA6 切片分子量 14000～20000，分子量分布 $M_w/M_n=1.85$。海岛纺丝用切片的质量标准如表 2-1 所示。

表 2-1　PA6 切片指标要求

项目	规格	项目	规格
外观	透明无杂质，粒度均匀	热水可溶分/%	≤0.6
密度/(g/cm³)	1.14±0.02	灰分/(mg/kg)	≤20
相对黏度	2.81±0.05	微粉末/(mg/kg)	≤150
颗粒大小/mm	$\phi 2.5 \times L 2.5$	氨端基含量/(mmol/kg)	42±3
单体含量/%	≤0.6	堆放密度/(g/cm³)	0.7±0.1
水分含量/%	≤0.06	熔点/℃	215～225

① 单体影响。PA6 是由己内酰胺开环聚合制得，切片虽然经过萃取，但仍含有少量单体和低聚物。切片进入螺杆加热熔融后，自身存在的聚合平衡如下：

$$H\text{—}[NH(CH_2)_5CO]_m\text{—}OH + H\text{—}[NH(CH_2)_5CO]_n\text{—}OH + H\text{—}NH(CH_2)_5CO\text{—}OH \Longrightarrow$$
聚合物　　　　　　　　　低聚物　　　　　　　　单体

$$H\text{—}[NH(CH_2)_5CO]_x\text{—}OH + H\text{—}[NH(CH_2)_5CO]_y\text{—}OH$$
新聚合物

切片中单体含量增高，熔体会发生再聚合现象。而聚合物间的再聚合是无规的，分子量虽然有增有减，但分布变宽，熔体黏度也会随之发生变化。

② 水分影响。PA6 的吸水性很强，切片加热熔融后，存在分子链端基间的缩聚反应与水解反应的平衡，反应移动方向取决于切片的含水率。

$$H\text{—}[NH(CH_2)_5CO]_{m+n}\text{—}OH + H_2O \Longrightarrow H\text{—}[NH(CH_2)_5CO]_m\text{—}OH + H\text{—}[NH(CH_2)_5CO]_n\text{—}OH$$

含水率高导致分子量下降，熔体黏度减小，纺丝压力与初生丝黏度降低。同时由于水在高温下汽化，造成气泡丝、断头及熔体破裂现象。含水率低则缩聚程度加大，熔体整体黏度增大，纺丝组件压力升高，同时分子量分布变宽，熔体可纺性差。

③ 热氧化。PA6 热氧化降解包含了自由基在与酰氨基的羰基相连的亚甲基上的夺氢反应及一系列自由基加成环化和诱导断链的反应。PA6 在热氧化降解过程中端羧基含量逐渐增大而端氨基含量基本不变，说明在 PA6 热氧化降解过程中可能很少涉及酰胺键的断裂反应，而主要是碳碳键的断裂反应，所形成的碳自由基进一步与氧反应形成各种含氧基团，从而使端羧基含量不断增大。

3. LDPE 切片

低密度聚乙烯又称高压聚乙烯，简称 LDPE。分子结构为主链上带有长、短不同支链的支链型分子，在主链上每 1000 个碳原子中约带有 20～30 个乙基、丁基或更长的支链。

低密度聚乙烯为乳白色蜡质半透明固体颗粒，无味、无臭、无毒、表面无光泽，密度 $0.910～0.925 \text{g/cm}^3$。具有较低的结晶度（55%～65%），较低的熔点（104～126℃）。不溶于水，微溶于烃类，吸水性小，在低温时仍能保持柔软性。由于低密度聚乙烯的化学结构与石蜡烃类似，不含极性基团，所以具有良好的化学稳定性，对酸、碱和盐类水溶液具有耐腐蚀作用。纺丝切片质量标准见表 2-2。

表 2-2 LDPE 切片指标要求

项目	规格
外观	乳白色蜡质半透明,无杂质,粒度均匀
相对黏度	$0.76±0.06$
水分/%	≤0.10
灰分/%	≤0.01
颗粒大小/mm	$\phi 2.5 \times L2.5$
熔体流动速率/(g/10min)	$50±7$
密度(23℃)/(g/cm³)	$0.9162±0.015$

二、定岛纤维

1. 纤维结构与特点

定岛型纤维通常是将两种不同组分或不同浓度的纺丝流体分别由单独的螺杆挤压机进行熔融，通过一个具有特殊分配系统的喷丝头而制得。在进入喷丝孔之前，两种成分彼此分离，在进入喷丝孔的瞬间，两种液体接触，出喷丝孔时成为连续相中包含分散相的复合纤维。

定岛纤维断面结构如图 2-3 所示，呈规则的放射状结构，界面清晰。在纺丝成形过程中海岛间不分离，保持单丝形态，同时岛组分在成型过程中不粘连，保持良好的分离效果。岛成分在纤维长度方向上是连续均匀分布的，岛数固定且纤度一致。复合纺丝后是以常规纤度存在，只有将"海"成分溶解掉，才可真正得到超细纤维，结构如图 2-4，纤维光滑平直，尺径均匀一致。目前大多用在长丝上。

国内复合纺丝采用的大多是 37 岛，因此开纤之后形成的超细纤维纤度大概在 0.05～0.1dtex 左右。常见的主要有 PA6/COPET 和 PET/COPET 型。

2. 碱溶性涤纶的结构与特性

碱溶性聚酯切片（COPET）是一种改性聚酯，通过在常规聚酯中添加亲水性基团制备而成，具有在热的碱溶液中水解的特性。常引入的第三单体是 5-磺酸钠-间苯二甲酸乙二酯（SIPE），也有的引入亲水性的聚乙二醇（PEG），可降低水解温度。引入间苯二甲酸（IPA）的目的是破坏结晶性能，使碱液易于渗透。

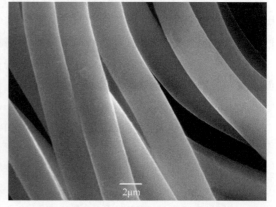

图 2-3 定岛纤维   图 2-4 超细纤维

间苯二甲酸磺酸钠具有特殊的间位结构及磺酸官能团。磺酸钠有效提高了聚酯的亲水性，磺酸基在共聚酯中的比例对 COPET 的溶解性有很大的影响，随磺酸基比例增加，COPET 易溶性增强。间位结构增大了聚合物分子的空间位阻，破坏了聚酯分子链的规整性，使其易于在碱溶液中溶解。

COPET 作为纤维的载体结构，对其黏度、熔点、结晶及碱溶性有一定的要求。

① 特性黏度。可纺性是复合纤维要求的重点，COPET 的熔体表观黏度应与岛组分 PET 或 PA 相匹配，以便于与岛组分复合成纤。但 COPET 中的醚键使其在熔融时的耐热性有所下降，导致切片干燥、纺丝过程中会产生一定的降解，因此实际中 COPET 黏度选择要略微高一些。

② 熔点与结晶。COPET 是一种由高熔点、高硬度结晶性聚酯硬链段和非结晶性低玻璃化转变温度的聚醚或聚酯软链段组成的嵌段共聚物。为保证纤维的后加工性能，一般要求 CO-PET 有较高的熔点。COPET 熔点太低在卷曲和热定型时易产生疵点和并丝，通常要求其熔点在 230～250℃。为保证切片的干燥顺利进行，要求 COPET 具有良好的结晶性能。

③ 碱溶性。COPET 在氢氧化钠溶液中的溶解，实际上是氢氧化钠催化水解过程，在 NaOH 水溶液中聚酯纤维表面的大分子链的酯键水解断裂，水解后生成羧酸和乙二醇，羧酸与氢氧化钠反应成为水溶性的羧酸钠盐。碱溶解性直接关系到复合纤维的开纤。

酯化物的碱水解速率取决于中间体亲核加成速率。COPET 大分子链上含有间苯二甲酸磺酸钠改性链节，苯环上磺酸基团的存在，使形成四面中间体时的空间位阻有所增加。但由于磺酸基团具有强烈的吸电子性，且又处于间位，比对位的吸电子效应更显著，它的存在使苯环的电子云密度明显减小，羰基碳原子的正电性增强，导致羰基碳与氢氧根离子间的静电力增大，有利于 OH⁻ 的进攻，促进了酯键水解速率。

三、改性聚酯纤维

聚酯纤维性能优异，是目前用量最大的纤维。但常规涤纶也有缺陷，和天然纤维相比，常规涤纶存在含水率低、透气性差、染色性差、容易起球起毛、易沾污等缺点。为改善涤纶的性能，采取了很多措施，如与其他组分共缩聚、共熔纺丝、复合纺丝及异形纤维等途径。

（1）PTT 纤维

PTT 纤维是聚对苯二甲酸 1,3-丙二醇酯纤维的简写，它是由对苯二甲酸（PTA）和 1,3-丙二醇（PDO）缩聚后，经熔融纺丝而制成的新一代聚酯纤维。PTT 纤维是一种高熔点聚酯，其制备方法与涤纶纤维相似，第一步是将 1,3-丙二醇与对苯二甲酸或二甲基对苯二甲酸酯进行酯交换，第二步是将酯化或经酯化的产品缩聚，以去除缩聚物，达到理想的分子量。

$$\text{H} \left[\text{O-C-C-C-O-C} \underset{\text{O}}{\overset{\text{O}}{\parallel}} \text{-}\underset{}{\bigcirc} \text{-C-O-C-C-C} \right]_n \text{OH}$$

PTT

PTT 分子链中每个亚甲基基团中的亚甲基与分子链呈一定倾斜角排列，从而迫使分子链形成一个延伸的锯齿形结构。三个亚甲基使其具有"奇碳效应"，奇数个亚甲基不能与苯环在一个平面内，而是成一定夹角排列，这种特殊的结构使分子链呈现类似蛋白质分子链的螺旋结构，碳基是呈"对式-旁式-旁式-对式"的"Z"字形构象排列。

PTT 独特的结构特征使其具有涤纶的稳定性和锦纶的柔软性，具有优于其他聚酯纤维的回弹性能、较低的拉伸模量、较高的断裂伸长率。在外力的作用下，PTT 纤维的分子链容易拉伸变形，而且很容易恢复原状，具有良好的形变和回复能力。

PTT 纤维具有较低的玻璃化转变温度（45～65℃）和熔融温度（228℃）、较高的沸水缩率（14％左右）。PTT 纤维的分子链折叠程度较大，不易形成结晶区，无定形区比例较大，染料容易从无定形区进入纤维内部，染色性能较好。

（2）PBT 纤维

PBT 纤维是聚对苯二甲酸丁二酯纤维的简称。由高纯度对苯二甲酸（PTA）或对苯二甲酸二甲酯（DMT）与 1,4-丁二醇酯化后缩聚的线型聚合物，经熔体纺丝制得的纤维，属于聚酯纤维的一种。

$$\text{OH} \left[\text{C-C-C-C-O-C} \underset{\text{O}}{\overset{\text{O}}{\parallel}} \text{-}\underset{}{\bigcirc} \text{-C-O-C-C-C-C} \right]_n \text{OH}$$

PBT

PBT 纤维的分子结构中既有与聚酯相同的芳香环，又具有与锦纶相同的较长次甲基链段，因此它兼有涤纶的优良力学性能以及锦纶的柔软和耐摩擦性，而其可染性和着色性超过涤纶和锦纶。可用普通分散染料进行常压沸染，而无需载体，染得纤维色泽鲜艳，色牢度及耐氯性优良。

PBT 大分子基本链节上的柔性部分较长，使 PBT 纤维的熔点和玻璃化转变温度较普通聚酯纤维低，纤维大分子链的柔性和弹性有所提高。

PBT 纤维的最大特点是有良好的回弹性，其卷曲弹性良好，延伸性接近氨纶，均比普通涤纶高出 40%～50%，PBT 纤维的弹性来自分子结构的伸缩性。PBT 纤维的强度较低，初始模量明显较低，断裂伸长较大。

（3）ECDP 纤维

普通涤纶纤维需要高温高压染色，生产效率低且成本较高。在常规涤纶二元单体的基础上增加少量 3,5-间苯二甲酸二甲酯磺酸钠（SIPM）作为第三单体，SIPM 可电离出磺酸离子，形成阳离子染料的染座，再增加少量的聚乙二醇作为第四单体，增加分子链的柔性，降低玻璃化转变温度，可以使纤维在较低的温度下染色。通过缩聚方式聚合，并经熔融纺丝所制得的涤纶新品种，就是阳离子易染纤维（ECDP）。

ECDP

第三单体和第四单体的加入，破坏了聚酯纤维结构的规整性，提高了染色性能和固色率，达到低温染色的效果。ECDP 纤维可用阳离子染料在常压沸染条件下染色，染色不仅方便，而且上染率高，色彩鲜艳。

ECDP 纤维与普通涤纶相比，手感更为柔软，纤维力学性能更趋向于中强中伸型或低强高伸型。但其最大的缺点是耐热性较差，反复受热后强力损失比较明显。

四、其他特殊纤维

① 变形丝。利用合成纤维受热塑化变形的特点，在机械和热的作用下将表面平滑、伸直的长丝赋予永久的卷曲，仿造羊毛的卷曲特征，这种卷曲的纤维称做变形丝。

② 异形纤维。异形纤维是相对于圆形纤维而言，它是用特殊几何形状的喷丝板挤压成型，截面呈一定几何形状的纤维。目的是改善合成纤维的手感、光泽、抗起毛起球性、蓬松性等特性。目前生产的异形纤维主要有三角形、五角形、三叶形、四叶形、五叶形、扇形、中空形等。

③ 复合纤维。是将两种或两种以上的高聚物通过一个喷丝孔纺成的纤维。通过复合纺丝，可以在同一纤维得到复合结构。根据制造复合纤维聚合物种类、组分以及在其横截面上配置形式的不同，出现了上百种纤维品种。根据横截面和纵向排布情况，将复合纤维分为皮芯型、并列型、木纹型、海岛型和裂片型等。

④ 超细纤维。是指细度＜0.9dtex 的纤维。超细纤维由于纤度极低，大大降低了纤维刚度，成品手感极为柔软。超细纤维增大了纤维的比表面积，具有毛细效应，使纤维具有真丝般的高雅光泽，并有良好的吸湿放湿性能。

⑤ 高收缩纤维。是指纤维在热或热湿作用下，长度有规律弯曲收缩或复合收缩的纤维，一般通过降低纤维分子结构的结晶度实现。常规纤维的收缩率最高通常不超过 10%，而高收缩纤维的收缩率一般在 20% 以上，甚至高达 60%～70%。

⑥ 吸水吸湿纤维。指能够吸收水分并能将水分向临近纤维输送的纤维。它主要是利用亲水性聚合物纺丝，通过改变喷丝孔形状制备异形纤维，然后在异形纤维纵向产生沟槽，从而提供纤维的吸湿、排汗性能。制备的异形纤维主要有"十"、"Y"、"U" 等形状。

第三节 纤维助剂

一、纺丝油剂

合成纤维是高分子聚合物，不含有天然纤维具有的脂肪类物质（棉蜡、羊毛脂等），因此摩擦系数较高，回潮率较低，导电性差，在后纺加工中容易因摩擦和静电使纤维受到损伤，因此需要在纺丝过程中加入以表面活性剂为主的纺丝油剂。

1. 油剂的作用

油剂的作用就是在化学纤维表面形成定向的吸附层，增强纤维的可纺性，提高纺丝效率，保证纤维的质量。

① 抗静电作用。合成纤维表面具有疏水性和电绝缘性，在加工过程会造成电荷积累而产生静电作用。油剂的疏水基吸附在纤维表面，亲水基趋向空气而形成一层亲水性膜，降低了纤维的摩擦系数使其难以产生静电，同时亲水基吸收空气中的湿气，在纤维表面形成连续的水膜，使带电离子在水膜上泳移，增加导电作用，减少静电荷积累。

② 平滑柔顺性。纤维在通过各种设备时，纤维/纤维、纤维/金属之间的摩擦严重影响加工性能，产生起毛、断丝和缠辊等现象。纤维表面吸附一层平滑剂后，摩擦发生在相互滑动的憎水基之间，因此可获得柔软平滑的效果，避免纤维在摩擦过程中损伤。

③ 纤维的抱合性。通过油剂对纤维的渗透、吸附及纤维自身的黏合作用，可使纤维的抱合性提高。纤维与纤维间的静摩擦大，抱合力强，有利于进行后拉伸，卷曲后丝束成型良好。若静摩擦过大，丝束抱合过紧，就不利于梳棉的顺利进行；若静摩擦过小，丝束抱合力差，又会使丝束发散，卷曲时易卡死。

2. 油剂的组成

合成纤维所用油剂的主要成分为表面活性剂，由抗静电剂、平滑剂、柔软剂、乳化剂、消泡剂、防腐剂等构成，根据需要将各组分按比例混合，配制成乳液或溶液。

① 润滑成分

a.矿物油与动植物油。主要有工业白油、环烷烃蜡、椰子油、菜籽油、牛脂等。矿物油类是润滑剂的重要品种，一般为精制的含有芳烃成分的石蜡油。低黏度的矿物油多为石蜡系的碳氢化合物，高黏度的矿物油含有较多的环烷烃。

b.脂肪酸酯类。合成脂肪族酸醇酯平滑剂由于凝固点低、黏温性好、黏度指数高、挥发性小、抗氧性好、易于乳化等优点，目前在油剂中使用较多。采用 C_{18} 以上的长链烷基酸和醇类合成酯，按分子结构可分为三个类型：脂肪族酸醇合成酯；含有芳香基团的脂肪族酸醇合成酯；含有聚氧乙烯脂肪族酸、醇、酰胺的合成酯。代表性的产品有三油酸甘油酯和聚乙二醇双月桂酸酯：

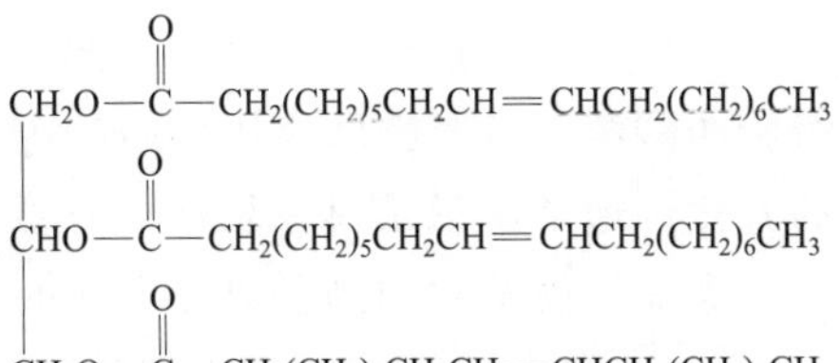

三油酸甘油酯

聚乙二醇双月桂酸酯

合成酯类的润滑性与其极性基团种类、数目、有无芳香族基团、直链或支链的种类和长度有关。一般选择有较好流动性的液态酯，优先考虑分子量适中、含有不饱和键、带有支链、具有非对称结构的酯。同种酯类的润滑性与黏度有关，黏度越大则润滑性越差；分子量相同的酯类化合物与矿物油相比，酯类的润滑性好。

c. 聚醚类。聚氧乙烯-聚氧丙烯嵌段型聚醚，通常是指带有活泼氢的引发剂在碱或酸的催化下，EO 和 PO 开环共聚而成的高分子表面活性剂，共聚合比和分子量可根据需要进行调整。由于 EO 亲水性好，PO 亲油性好，因此可通过调节 PO/EO 之比来制备不同性能的聚醚。它兼有润滑、集束、耐热、抗静电等性能。

② 抗静电成分。抗静电作用主要通过提高纤维的吸湿性、减少摩擦、中和静电三种方法实现。抗静电剂的主要种类是表面活性剂，它具有定向结构，容易排走产生的静电荷，使纤维表面具有吸湿性并使电荷容易移动，还能中和产生的电荷，达到消除或防止静电的产生。

a. 阴离子类。羧酸类、琥珀酸酯类、磷酸酯类、烷基醚磷酸类。

b. 阳离子类。脂肪族胺类、脂肪族季铵盐类、胺醚类。

c. 两性表面活性剂。羧基甜菜碱类与咪唑啉甜菜碱类。

d. 混合型表面活性剂。高级烷烃中的活性氢引进聚氧化乙烯基团，在端羟基上引入磺酸基、磷酸基或阳离子基团。

脂肪醇聚氧乙烯醚磷酸酯钾盐

甜菜碱型

③ 集束成分。以非离子表面活性剂为主，利用非离子化合物的黏度特性，非离子类不会离解离子，可自由溶于水中。主要有聚氧化乙烯烷醇酰胺类、聚氧化乙烯醚类、聚氧化乙烯酯类。此外，硫酸化蓖麻油、高级脂肪醇三乙醇胺盐等也是常用的品种。

④ 乳化成分。表面活性剂分子上有亲水基团，起到乳化作用。通常采用以非离子表面活性剂为主，阴离子、阳离子和两性表面活性剂为辅的乳化剂。

非离子表面活性剂包括聚氧化乙烯基团型和多元醇酯型两种。聚氧化乙烯基型主要有高级醇醚（正醇醚、叔醇醚）、烷基酚聚氧乙烯醚、高级脂肪酸-多元醇醚、高级烷基胺、高级烷基酰胺、PO/EO 嵌段型聚醚。多元醇酯型主要有甘油脂肪酸酯、季戊四醇脂肪酸酯、山梨糖醇或山梨糖醇酐的高级脂肪酸酯、烷基醇胺高级脂肪酸等。

合成纤维油剂中所采用的乳化剂通常不只是单一品种，需要几种乳化剂配合使用。另外还要考虑它对油剂的热稳定性、摩擦性能及对油剂各成分之间的相容性等影响。

⑤ 添加成分。根据不同需求，油剂中往往还需要添加特殊组分。如有机硅乳液、蜡乳液、防腐剂、防氧化剂、水合剂、增湿剂、扩散剂、消泡剂、黏合剂、具有特殊机能的环氧

化物。

3. 油剂的调配

纺丝油剂要均匀施加于纤维表面，加热后水分蒸发，油剂均匀地黏附在纤维表面上。因此需要选用不溶于水的润滑剂、抗静电剂及其他成分，加入合适的乳化剂配成乳液，才能保证油剂中各有效成分充分发挥作用。

纺丝油剂的乳液多为水包油型（O/W），即在连续水相中分散着微小的油滴。为了得到稳定的油剂乳液，水相中的微粒油粒子就必须足够细小，否则容易与水层分离，产生漂油现象。油剂中油粒大小控制在 $0.2\sim0.5\mu m$，呈蓝光乳白色。生产中要得到稳定的乳液，通常采用比要求 HLB 值稍低的乳化剂与少量稍高的乳化剂混合使用。

乳液不稳定是油剂生产中最常见的情况，主要有三类，即分层、变型和破乳。分层发生时，乳状液并未真正破坏，而只是分为两种乳状液；变型是乳状液突然自水包油（或油包水）型变成油包水（或水包油）型；破乳时，乳状液完全破坏。乳液不稳定的最主要原因是配方不合理、乳化剂选择不当或用量不合理。

二、色母粒

色母粒是一种把超常量的颜料或染料均匀载附于树脂之中而制得的聚集体。在助剂的作用下，将颜料或染料混入载体，通过加热、塑化、搅拌、剪切作用，最终使颜料粉的分子与载体树脂的分子充分地结合起来，制成颗粒，这种高浓度着色剂称为色母粒。

色母原液着色技术也称纺前着色，该工艺优点是着色与纺丝可连续进行，着色均匀且色牢度好，生产周期短、成本低、污染少。

1. 色母粒组成

色母粒由着色剂、载体和分散剂三种基本要素所组成。

（1）着色剂

着色剂是色母的核心组分，纺丝色母要求颜料或染料颗粒细，浓度高，着色力强，耐热、耐光性好。通常有以下基本要求：

① 耐热性与稳定性。由于有些载体在熔融时显示出还原性，因此其着色剂必须有很好的耐温性。长时间接触热、光或高温时颜料不会与纤维反应。

② 分散性。颜料在色母粒中要分散均匀，使用的分散剂不会降低纤维的品质。对于海岛纤维，由于分散相纤度很小，如果颜料颗粒过大或分散不匀，则纤维易断裂。

③ 耐光性。有些颜料有光敏作用，使着色纤维褪色和脆损，所以在制作色母粒时要充分注意颜料的耐光性，必要时添加紫外线吸收剂。

炭黑是最常用的着色剂，它是一种无定型炭，分散困难又很容易絮凝。炭黑的原生粒子越细，粒径越小，则比表面积和活化能越大，越难湿润和分散，但是粒径越小，可以体现出更高的黑度。

（2）载体

载体是色母粒的基体，起着承载着色剂，并在适当分散剂作用下均匀包覆、分散着色剂的作用。基本要求有以下几点：对颜料颗粒的润湿性好；与被着色树脂的相容性好；制成的色母粒对被着色树脂主要性能的影响小。

选择载体时必须考虑载体与纺丝切片的相容性，专用色母一般选择与制品纤维相同的切片作为载体，两者的相容性最好，但同时也要考虑载体的流动性。

（3）分散剂

分散剂的作用是在色母粒的生产过程中润湿颜料表面，以提高与各种极性化合物的相容性，促使颜料能细微、稳定、均匀地分布，并不再凝聚。良好的分散剂应满足以下几点：

① 与载体树脂的相容性好，有利于被打碎的颜料颗粒表面被分散剂层包覆，并使细化后的颜料粒子稳定、均匀地分布于载体中。对载体有一定的润滑作用，从而提高色母粒的熔融流动性，增强色母粒的分散性。

② 与颜料润湿性好。熔融后的分散剂能迅速吸附于颜料粒子表面，并渗透、扩散至颜料团聚体的内表面，降低其表面能，以利于颜料颗粒被打碎。

③ 分散效果好。分散剂属于低分子物质，在色母粒中的含量过高，将会对最终制品的性能造成影响，分散剂要能够达到添加量低而又能复合分散的要求。

最常用的分散剂为聚乙烯低分子蜡与硬脂酸盐。聚乙烯蜡有聚合、裂解、副产物三种类型，聚合型聚乙烯蜡是用聚合技术生产的低分子量聚乙烯，由于分子量分布窄、质量稳定等一系列优异性能主要占据着色母粒的高端市场。

2. 色母粒制造

颜料的分散过程一般可分为四步：

① 用分散剂使颜料湿润，减少颜料间的凝聚力；

② 使颜料细化，通过颗粒间的运动和团聚体周围的介质的应力，将团聚体凝聚成的颜料商品粒子粉碎细化；

③ 将细化后的颜料表面包覆，形成新的稳定的界面，使体系稳定，避免在进一步加工时使细化后的颜料粒子产生再聚集；

④ 细化后的颜料粒子在熔体中均匀混合分散。

为了使树脂着色均匀，必须满足两个条件：颜料颗粒充分细；均匀地分散到树脂中。这里的细化分散指的是将颜料的凝聚体或团聚体破碎，并使其粒径减至最小的过程。色母粒通常采用湿法工艺，粒料经水相研磨、转相、水洗、干燥、造粒而成。在颜料研磨处理的同时，还需测定浆液的细度、扩散性能和含量等。

色母粒料生产的工艺流程有四种方法：

① 油墨法。通过三辊研磨的方式在颜料表面包覆一层低分子保护层，研磨后的细色浆再和载体树脂混合，通过塑炼机进行塑化，最后通过螺杆挤出机进行造粒。

② 冲洗法。颜料、水和分散剂通过砂磨，使颜料颗粒小于 $1\mu m$，并通过相转移法，使颜料转入油相，然后干燥制得色母粒。

③ 捏合法。将颜料和油性载体混合，利用颜料的亲油性，通过捏合使颜料从水相冲洗进入油相。同时由油性载体将颜料表面包覆，使颜料分散稳定，防止凝聚。

④ 金属皂法。颜料经过研磨后粒度达到 $1\mu m$ 左右，在一定温度下加入皂液，使每个颜料颗粒表面层均匀地被皂液所润湿，形成一层皂化液，当金属盐溶液加入后与在颜料表面的皂化层发生化学反应而生成一层金属皂的保护层（硬脂酸镁），这样就使经磨细后的颜料颗粒不会引起絮凝现象。

3. 色母应用

色母粒用于着色纤维纺丝，是一种特殊"原液着色"纺丝技术。通过在线添加色母粒共混纺丝，着色剂均匀地分散在纤维中，称为"在线添加熔体熔纺技术"。海岛纤维因存在后续减量工艺，一般只生产黑色品种。

使用时，将母粒按比例与纺丝切片进行物理混合，再进入挤压机中熔融共混即可。

以纺丝级黑色母为例，炭黑含量一般在 35% 左右，以 PA6 为载体，耐热在 $300℃$ 以上，过滤性（DF 值）小于 $0.1MPa \cdot cm^2/g$。添加量一般为主料的 $3\%\sim5\%$，过多会影响微纤结构与强力。

三、相容剂

PA6 因大分子链节中含有酰氨基，是一种极性很强的高聚物，LDPE 则是一种非极性的高聚物，大分子链上无可反应的基团，PA6/LDPE 是一个极不相容的共混体系。为了提高分散相的比例，改善粒子的均匀度，可适当加入相容剂对两相界面进行调整，使其具备一定的相容性，从而改变分散相的粒子大小及分散状态。马来酸酐接枝聚乙烯（LDPE-g-MAH）带反应性官能团，通常作为 PA6/LDPE 共混体系的相容剂使用。

LDPE-g-MAH 是马来酸酐与聚乙烯的反应物，通过化学反应的手段在聚乙烯分子链上接枝数个马来酸酐分子，可使产品既具有聚乙烯的良好加工性和其他优异性能，又具有马来酸酐极性分子的可再反应性和强极性。

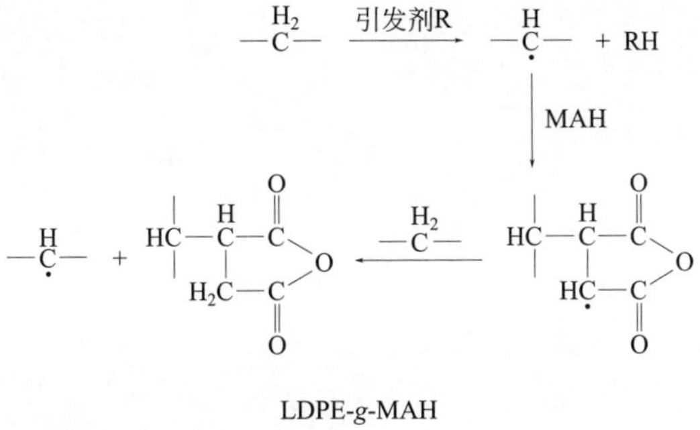

LDPE-g-MAH

LDPE-g-MAH 中的酸酐与 PA6 的端氨基发生化学反应，生成接枝共聚物。相容剂分子结构中的聚乙烯分子链结构又与 LDPE 相似，能够很好相容，从而在共混体系中起到改善界面状态及两相结合力的作用，有利于作为连续相的 LDPE 对分散相的 PA6 的剪切力的传递，从而减小作为岛相的 PA6 的颗粒尺寸及其均匀程度。LDPE-g-MAH 对 PA6/LDPE 共混体系的反应增容，其方程式为：

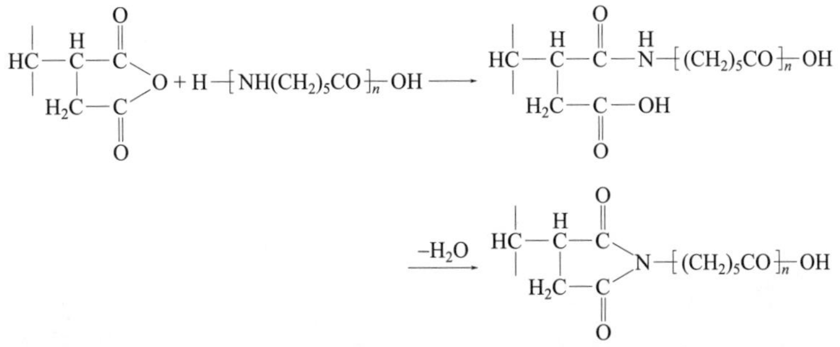

在 PA6/LDPE 共混物中加入增容剂 LDPE-g-MAH 后，增容剂主要集中在相界面上，产生一种强的物理相互作用，类似于液-液不相容体系的乳化机制，LDPE-g-MAH 可视为一种高分子界面活性剂，可降低界面张力，使分散相分散均匀，提高分散度，且增强了分散相与基体间的相互作用，为界面模型。

在增容 PA6/LDPE 共混体系的两相界面上存在着增容剂中酸酐、羧基与 PA6 中的端氨基反应所形成的酰胺键。这说明 LDPE-*g*-MAH 不仅在 PA6 与 LDPE 的界面产生了明显的增容作用，并且增容作用已渗透到 PA6、LDPE 的内部，分别分散在 PA6 相、LDPE 相之中，为分散相模型。

增容剂对不相容共混物体系的增容机理中，既存在界面张力的物理作用，又有界面反应的化学作用，但化学偶联比乳化作用更大，因此 LDPE-*g*-MAH 对 PA6/LDPE 共混物的增容作用机理为界面-分散相复合模型。

第三章

聚氨酯树脂

聚氨酯（PU）全称聚氨基甲酸酯，是主链上含有重复氨基甲酸酯基团的高分子化合物的统称。它是由有机二异氰酸酯或多异氰酸酯与二羟基或多羟基化合物加聚而成。聚氨酯大分子主链上含有大量氨基甲酸酯基，还含有醚、酯、脲、缩二脲、脲基甲酸酯等基团。大分子间的缠绕、交联、氢键等结构使它既具有塑料的高强度，又具有橡胶材料的弹性和韧性。

聚氨酯综合性能优异，成型方法多样，可制成塑料、弹性体、纤维、涂料、黏合剂、合成革等，在军工、轻纺、交通、石油、机械、矿山、水电、冶金、建筑、医疗、航海、体育和文教等方面都有广泛应用，被公认为六大合成材料之一。

聚氨酯树脂是构成合成革的主要材料，具有高强度、耐磨、耐溶剂、耐低温等特点。本章重点介绍目前在合成革中广泛应用的溶剂型聚氨酯，主要包括湿法树脂、干法树脂及聚氨酯黏合剂。

第一节 基本原料

合成聚氨酯的原料主要是多元醇与二异氰酸酯化合物，另外还有扩链剂、交联剂、交联促进剂以及其他功能助剂。

一、异氰酸酯

异氰酸酯构成聚氨酯分子中的硬链段，其化学活性主要表现在特性基团—NCO 上，该基团具有重叠双键排列的高度不饱和键结构，它可以与各种含活泼氢的化合物进行反应，化学性质极其活泼。聚合用异氰酸酯分子内要含有两个或两个以上的—NCO 活性基团，即官能度数 $n \geqslant 2$。

异氰酸酯从结构上可分为芳香族系和脂肪（脂环）族两大类。代表性的为二苯基甲烷二异氰酸酯（MDI）及异佛尔酮二异氰酸酯（IPDI）。

1. 二苯基甲烷二异氰酸酯

二苯基甲烷二异氰酸酯，简称 MDI，国外也称 MMDI，别名二苯基亚甲基二异氰酸酯、二苯甲烷二异氰酸酯、单体 MDI 等。它是制造聚氨酯树脂的最主要的二异氰酸酯，还可用于热塑性聚氨酯弹性体、鞋底树脂、胶黏剂、氨纶、聚氨酯硬泡等。

MDI 分子式为 $C_{15}H_{10}N_2O_2$，分子量 250.25。一般有 4,4′-MDI、2,4′-MDI、2,2′-MDI 三种异构体，以 4,4′-MDI 为主，没有单独的 2,4′-MDI 及 2,2′-MDI 的工业品。结构式如下：

$$OCN-\!\!\!\bigcirc\!\!\!-\overset{H_2}{C}-\!\!\!\bigcirc\!\!\!-NCO$$

4,4′-MDI

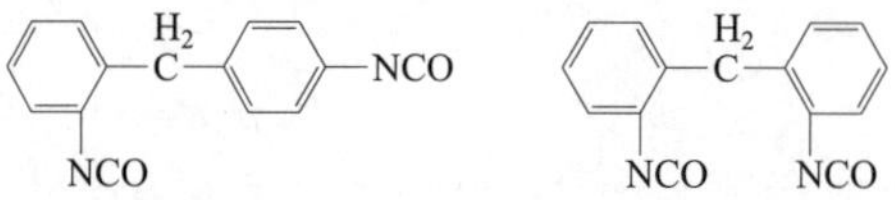

2,4'-MDI   2,2'-MDI

通常 MDI 是指 4,4′- MDI,纯度 99％以上,又称 MDI-100。常温下 4,4′- MDI 为白色固体,熔点 38～43℃,熔化后为无色至微黄液体,230℃以上易分解变质,可溶于丙酮、四氯化碳、苯、氯苯、硝基苯等。

由于 4,4′-MDI 的 NCO 基邻位无取代基,反应活性大,因此即使无催化剂存在时,在室温下也有部分单体缓慢自聚成二聚体。这就是 MDI 在室温储存不稳定、熔化时出现白色不熔物的原因,因此要求低温储存运输,建议在 5℃以下,最好是 0℃以下隔绝空气储藏,并尽快使用。4,4′-MDI 在常温下放置几个小时就会产生明显的二聚体沉淀,反复的溶解冷冻也会加速二聚体的产生,但低水平二聚体 (＜0.5％) 的存在通常不影响使用。

MDI-50 是 4,4′-MDI 与 2,4′-MDI 各 50％的混合物。与 4,4′-MDI 相比,2,4′-MDI 具有相对较低的反应活性,反应速率低一些,室温下黏度更小,其制品在柔顺性和伸长率方面优于 4,4′- MDI。2,4′-MDI 常温下是无色透明液体,5～15℃有细小针状结晶,低于 5℃几乎为固态,常用于弹性体、黏合剂及涂料的生产,代表性产品有 BASF MI。

MDI 是典型的芳香型二异氰酸酯,反应活性高。MDI 分子结构中含有两个苯环,并具有对称结构,因此制得的聚氨酯树脂具有优异的力学性能。其分子量比甲苯二异氰酸酯大,挥发性较小,对人体的毒性相对小,是目前合成革聚氨酯树脂使用最广泛的品种。

2. 甲苯二异氰酸酯

甲苯二异氰酸酯,简称 TDI,是重要的芳香型异氰酸酯原料,广泛用于聚氨酯泡沫、涂料、弹性体、胶黏剂、交联剂等产品。

TDI 分子式为 $C_9H_6N_2O_2$,分子量 174.15。有 2,4-TDI 和 2,6-TDI 两种异构体,结构式如下:

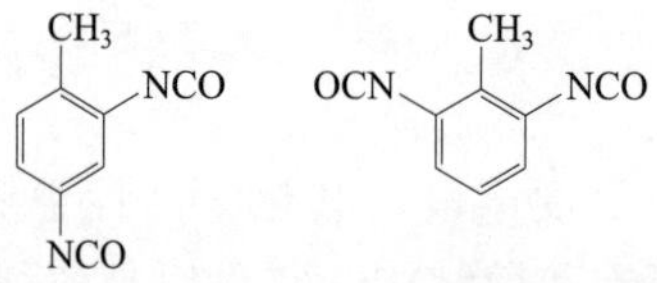

2,4-TDI   2,6-TDI

常用的 TDI 有三个牌号:TDI-80、TDI-100、TDI-65。TDI-80 使用量最大,是 2,4-TDI 与 2,6-TDI 质量比 8∶2 的混合物,用途广泛。TDI-100 为纯 2,4-TDI,结构规整,主要用于弹性体和涂料。TDI-65 为 2,4-TDI 与 2,6-TDI 质量比 65∶35 的混合物,主要用于聚氨酯软泡。

常温下 TDI 为无色或淡黄色有刺激气味的透明液体,溶于丙酮、乙酸乙酯、甲苯、卤代烃等。TDI-80 在 10℃以下会产生白色结晶。

TDI 是一种芳香型二异氰酸酯,NCO 基团与苯环直接相连,反应活性高于脂肪型,能与羟基化合物中的羟基、水、胺及具有活泼氢的化合物反应生成氨基甲酸酯、脲、氨基脲及双缩脲等。TDI 树脂的力学性能优异,但耐黄变性较差。

TDI 在加热或催化剂存在时会自聚成二聚体和多聚体。TDI 本身及其产品长期暴露在自然光下会发生黄变,具有易挥发、毒性大的特点,在运输及使用中有严格规定。

3. 脂肪 (脂环)族异氰酸酯

脂肪 (脂环)族异氰酸酯,简称 ADI,种类很多,其中 IPDI、HDI、H_{12}MDI 占全球

ADI 产量的 85％以上。主要生产商为德固萨、巴斯夫、拜耳、罗地亚、旭化成等公司。

（1）异佛尔酮二异氰酸酯

异佛尔酮二异氰酸酯，简称 IPDI。化学名称 3-异氰酸酯基亚甲基-3,5,5-三甲基环己基异氰酸酯。分子式 $C_{12}H_{18}N_2O_2$，分子量 222.29。工业品为 75％顺式和 25％反式异构体的混合物。结构式：

IPDI 为无色或浅黄色液体，有轻微樟脑气味，溶于酯、酮、醚、脂肪烃、芳香烃等。

IPDI 为脂环族异氰酸酯，分子中含有两个 NCO 基团，化学性质活泼，但反应活性比芳香族要低。IPDI 分子中 2 个 NCO 基团的位置不同，一个连在脂肪链上，一个连在脂肪环上，为不对称结构，其反应活性相差很大。有的学者通过实验测算出位于侧链上的 NCO 基团反应活性是脂环上 NCO 基团的 3 倍左右。但也有学者认为，侧链上的 NCO 基团受到环己烷环和 α-取代甲基的位阻作用，活性较低，而连在环己烷上的仲 NCO 基团反应活性高，该分子中的仲 NCO 基团比伯 NCO 基团反应活性高 1.3～2.5 倍。出现差异的原因可能与反应条件不同有关。

IPDI 分子中无苯环，因此硬段刚性比较低，但有一个六元环，因此其制品有较好的力学性能。NCO 基团连接在脂肪族碳原子上，不会形成醌式结构而黄变，因此制成的聚氨酯具有优异的光稳定型和耐化学性，一般用于制造不黄变、耐水解、耐寒等高档聚氨酯树脂。还可用于制备脂肪类聚异氰酸酯衍生物，如预聚物、三聚物和加合物。

（2）六亚甲基二异氰酸酯

六亚甲基二异氰酸酯，简称 HDI，别名己二异氰酸酯，分子式 $C_8H_{12}N_2O_2$，分子量 168.19。结构式：

$$OCN—CH_2CH_2CH_2CH_2CH_2CH_2—NCO$$
HDI

HDI 为无色或微黄色液体，有刺激性气味，工业品纯度在 99.5％以上，挥发性高，毒性较大。

HDI 具有特殊的直链饱和结构，端基为反应性很强的两个 NCO 基团，结构对称，反应活性相同。HDI 为脂肪族异氰酸酯，反应活性比芳香族二异氰酸酯小。不含芳环，树脂有明显的耐黄变的特性。分子为直链饱和结构，因此其聚氨酯制品柔韧性好，但线型的分子结构决定了其强度和硬度不高，一般用于制造涂层树脂。HDI 经常被做成缩二脲和三聚体，具有优异的耐候性和耐热性。

（3）4,4'-二环己基甲烷二异氰酸酯

4,4'-二环己基甲烷二异氰酸酯，简称 HMDI、$H_{12}MDI$、DMDI。分子式 $C_{15}H_{22}N_2O_2$，分子量 262.35。结构式：

$H_{12}MDI$ 常温下为无色至浅黄色液体，有刺激性气味，溶于丙酮等有机溶剂。

$H_{12}MDI$ 为脂环族异氰酸酯，结构与 MDI 类似。从分子结构的角度讲，氢化 MDI 是将 MDI 分子中的两个苯环氢化成为两个环己基，这可以从一定程度上解决 MDI 容易变黄的问题，同时由于苯环被氢化，以环己基六元环取代苯环，使得氢化 MDI 的活性低很多。

H_{12}MDI 的两个 NCO 结构对称，活性相同。H_{12}MDI 基聚氨酯树脂在力学性能上要优于 IPDI 和 HDI，相同硬段含量的 HMDI 基树脂具有更高的力学强度和模量，以及更高的微相分离。除了不黄变性能，还具有优异的耐水解和耐化学品性能。一般用于制造高性能的不黄变聚氨酯树脂、涂层树脂、弹性体、辐射固化聚氨酯涂料等。

4. 改性异氰酸酯

改性异氰酸酯类是指过量的异氰酸酯与含活泼氢类化合物反应，生成末端是—NCO 的预聚物。

（1）液化 MDI

液化 MDI 是合成聚氨酯最常用的改性异氰酸酯产品，简称 L-MDI、C-MDI。纯 MDI 常温下是固体，使用不方便。$4,4'$-MDI 在储存过程中，容易产生二聚物，储存稳定性差，在使用之前必须加热熔化成液体才可使用。反复加热将影响 MDI 的质量，而且使操作复杂化。液态 MDI 是 20 世纪 70 年代发展起来的一种改性 MDI，它克服了以上缺点。

最常用的液化技术是在 MDI 中引入氨基甲酸酯或碳化二亚胺基团，目前国内一般采用碳化二亚胺技术，将 MDI 液化的同时保持改性物具有与 MDI 相近的性质。

MDI 在加热催化作用下，异氰酸酯自身可发生缩聚反应，部分 MDI 单体先转化为含碳化二亚胺结构的多异氰酸酯，形成部分碳化二亚胺的液态混合物，一般质量分数在 $10\% \sim 20\%$。

碳化二亚胺

含碳化二亚胺结构的多异氰酸酯又可进一步与异氰酸酯加成环化，生成含脲酮亚胺基团的多异氰酸酯，得到的液化 MDI 是含部分碳化二亚胺基团和脲酮亚胺基团的多异氰酸酯混合物。通过控制脲酮亚胺的生成程度，可得到不同官能度的多异氰酸酯，其官能度大于 2，一般在 $2.15 \sim 2.20$，NCO 含量通常为 $28\% \sim 31\%$。

多异氰酸酯

若需制备低官能度的碳化二亚胺改性 MDI，即不含酮亚胺结构的、官能度约为 2 的碳亚胺改性 MDl，可加入特殊物质抑制 MDI 与碳化二亚胺的加成反应。

MDI 与碳化二亚胺生成脲酮亚胺的反应是可逆的，在 90℃ 以上时，脲酮亚胺分解为碳化二亚胺和异氰酸酯。典型产品有万华化学的 Wannate MDI-100LL 及 Wannate MDI-100HL。

（2）TDI 二聚体

TDI 二聚体又称 2,4-TDI 二聚体、TDI 脲二酮，是一种特殊的二异氰酸酯产品，简称 TD、TT。理论分子式 $C_{18}H_{12}N_4O_4$，分子量 348.3。结构式：

TDI二聚体

芳香族二异氰酸酯的 NCO 基团反应活性高，能自聚生成二聚体。TDI 二聚体是一种四元杂环结构，又称脲二酮。二聚反应是可逆反应，在加热条件下可分解成原来的异氰酸酯化合物，因此既可做常规反应，又可做高温交联。

TDI 二聚体是白色至微黄色固体粉末，降低了 TDI 单体的挥发性，熔点较高，室温下稳定，甚至可与羟基化合物混合在室温下稳定储存。

TDI 二聚体中的 NCO 基团活性较低，在 130℃下时可作为二官能度的异氰酸酯使用。在有强碱性催化剂，90℃以上温度时，或者在加热至 150～175℃时，无催化剂存在下，也能分解成 TDI 单体。解聚后成为两个 TDI 分子，反应活性基团增加一倍。因此也可利用二聚反应的可逆特性制备室温稳定的聚氨酯，在高温下，NCO 基团被分解，参与反应，生成交联型聚氨酯。

5. 特殊异氰酸酯

（1）萘异氰酸酯

萘-1,5-二异氰酸酯，简称 NDI，分子式 $C_{12}H_6N_2O_2$，分子量 210.19。结构式：

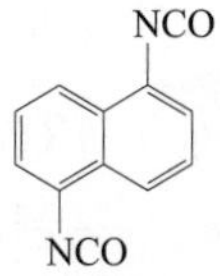

NDI 是高熔点芳香族二异氰酸酯，片状结晶固体。具有刚性芳香族萘环结构，用于高硬度高弹性的聚氨酯弹性体。具有优异的动态特征和耐磨性，阻尼小，永久变形小，应用于高动态载荷和耐热场所。

（2）对苯二异氰酸酯

对苯二异氰酸酯，简称 PPDI，分子式 $C_8H_4N_2O_2$，分子量 160.13。结构式：

PPDI 为白色片状固体。具有紧凑而对称的结构，在其聚氨酯树脂中可以形成紧密的硬段区，并产生高度的相分离，因此具有优良的动态力学性能，以及高温下的低压缩变形性能。

（3）苯二亚甲基二异氰酸酯

苯二亚甲基二异氰酸酯，简称 XDI，工业品主要是间苯二亚甲基二异氰酸酯（m-XDI）。分子式 $C_{10}H_8N_2O_2$，分子量 188.19。结构式：

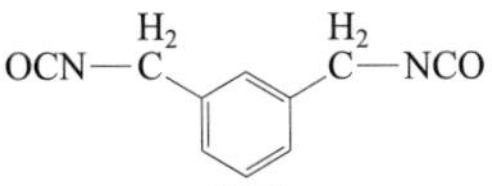

m-XDI 为无色透明液体。反应活性较高，由于其 NCO 基团是接在亚甲基上，而不是苯环上，因此避免了苯环与 NCO 之间的共轭现象，使得 XDI 树脂对光稳定，不黄变。一般用于涂料、涂层剂、胶黏剂等。

（4）二甲基联苯二异氰酸酯

二甲基联苯二异氰酸酯，简称 TODI，分子式 $C_{16}H_{12}N_2O_2$，分子量 264.28。结构式：

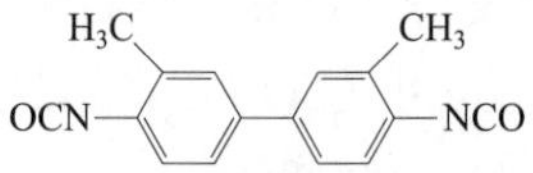

$$\text{TODI}$$

TODI 为白色固体颗粒。分子内的两个苯环具有对称结构，刚性较强。由于相邻甲基的位阻作用，NCO 的反应活性比 MDI 和 TDI 要低。成品树脂具有较好的耐水解、耐热及力学性能。

（5）1,4-环己烷二异氰酸酯

1,4-环己烷二异氰酸酯，简称 CHDI，分子式 $C_8H_{10}N_2O_2$，分子量 166.18。结构式：

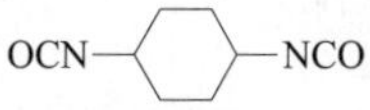

$$\text{CHDI}$$

CHDI 为白色蜡状固体，工业品为反式结构，属于特种异氰酸酯，具有紧凑而对称的分子结构，因此在其树脂中可形成紧密的硬段区。基于 CHDI 的树脂具有优异的高温动态力学性能、光稳定性、耐溶剂耐水解性。

（6）四甲基间苯二亚甲基二异氰酸酯

四甲基间苯二亚甲基二异氰酸酯，简称 TMXDI，分子式 $C_{14}H_{16}N_2O_2$，分子量 244.29。有间位和对位两种异构体，工业化生产的是 m-TMXDI，结构式：

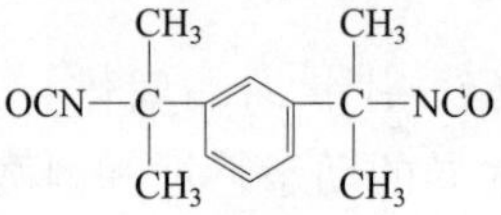

$$\text{TMXDI}$$

m-TMXDI 为无色液体。分子结构是 XDI 的两个亚甲基上的氢以甲基取代，NCO 连接在亚甲基上，不与苯环共轭。从结构上看，它具有芳香型和脂肪型两者的特点，其制品柔软而具有较高强度，黏附力、柔韧性及耐久性好。

由于甲基取代了氢，提高了耐老化和耐水解性能，减弱了氢键作用，提高了聚氨酯的延伸率。NCO 基团是叔位，立体位阻使 NCO 基团的反应活性降低，预聚体黏度低，因此特别适合制造无溶剂型聚氨酯。

（7）三甲基-1,6-六亚甲基二异氰酸酯

三甲基-1,6-六亚甲基二异氰酸酯，简称 TMHDI，分子式 $C_{11}H_{18}N_2O_2$，分子量 210.28。工业品是 2,2,4-三甲基-1,6-六亚甲基二异氰酸酯与 2,4,4-三甲基-1,6-六亚甲基二异氰酸酯的混合物，结构式：

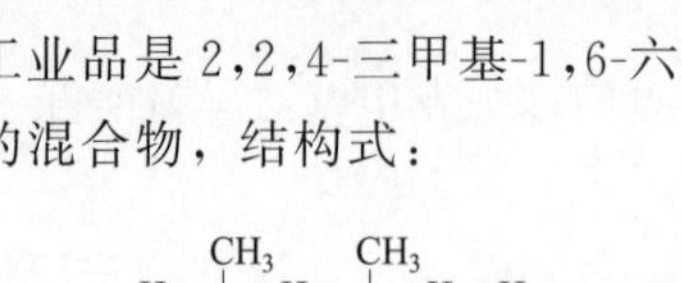

2,2,4-三甲基-1,6-六亚甲基二异氰酸酯 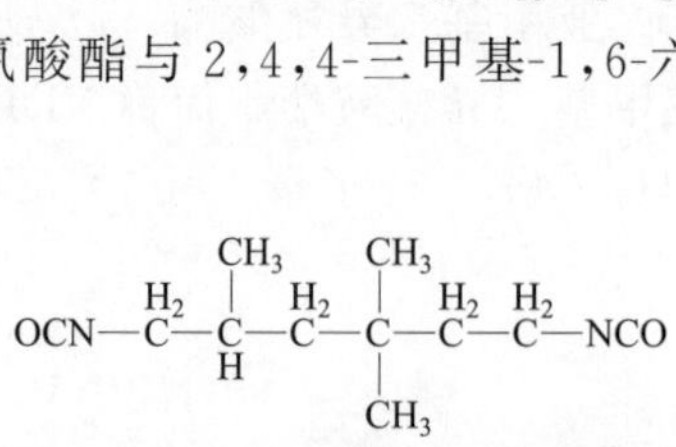　　　　2,4,4-三甲基-1,6-六亚甲基二异氰酸酯

TMHDI 为无色至浅黄液体，有刺激气味。其结构为直链 HDI 中的三个甲基取代氢。反应活性低，预聚体黏度要低于脂环型，产品具有很好的柔韧性、附着力、耐光性和耐候性，主要用于热固化及辐射固化树脂体系。

（8）环己烷二亚甲基二异氰酸酯

环己烷二亚甲基二异氰酸酯，又叫氢化 XDI，简称 HXDI。分子式 $C_{10}H_{14}N_2O_2$，分子

量 194.23。工业化产品为 *m*-HXDI，结构式：

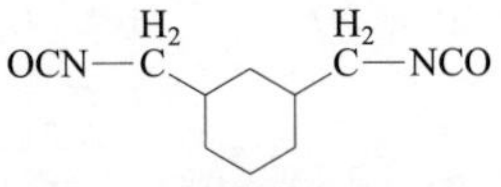

HXDI

m-HXDI 为无色透明液体。与 XDI 比，脂环型异氰酸酯结构中无苯环，进一步改善了耐光耐黄变性能，制品软而有韧性。

二、多元醇

多元醇化合物是合成聚氨酯的主要原料之一，约占原料总量的 50%～70%，构成聚氨酯的软链段。它依靠分子内的羟基与异氰酸酯基反应，生成氨基甲酸酯基团。作为聚氨酯的原料，多元醇化合物分子中的羟基数要≥2，最常用的是聚酯多元醇和聚醚多元醇。

1. 聚酯多元醇

聚酯多元醇是聚氨酯树脂使用最多的种类，通常是由有机二元羧酸（酸酐或酯）与多元醇（包括二醇）缩合（或酯交换）或由内酯与多元醇聚合而成。

制备聚酯醇的原料中，有机多元酸主要是二元酸，主要有己二酸（AA）、丁二酸、戊二酸、辛二酸、癸二酸、1,4-环己烷二甲酸；顺、反丁烯二酸或其酐等不饱和脂肪酸；邻苯二甲酸、对苯二甲酸、间苯二甲酸及其酸酐等芳香酸；其他还有亚油酸二聚体、二聚酸、混合二酸等。其中最常用的是己二酸。特殊多元醇也采用少量三官能度如偏苯三酸酐等。其中代表性二元酸结构如下：

$HOOC—CH_2CH_2CH_2CH_2—COOH$　　$HOOC—CH_2(CH_2)_6CH_2—COOH$　　$HOOC—CH{=}CH—COOH$

己二酸　　癸二酸　　顺丁烯二酸

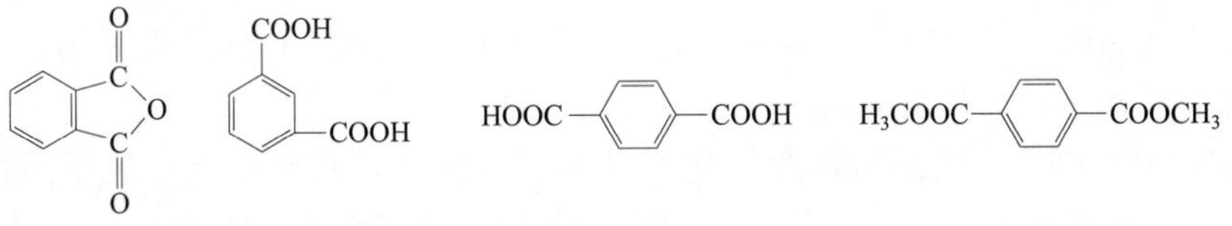

邻苯二甲酸酐　　间苯二甲酸　　对苯二甲酸　　对苯二甲酸二甲酯

原则上含伯羟基或仲羟基的脂肪族多元醇都可用于聚酯的合成。常用的二元醇化合物有乙二醇（EG）、1,2-丙二醇（1,2-PG）、1,4-丁二醇（BDO）、一缩二乙二醇（DEG）、2-甲基丙二醇（MPD）、新戊二醇（NPG）、1,6-己二醇（1,6-HDO）等。除此之外，1,3-丙二醇、1,3-丁二醇、1,5-戊二醇、3-甲基-1,5-戊二醇、2,4-二乙基-1,5-戊二醇、2,2,4-三甲基-1,3-戊二醇、一缩二丙二醇、1,4-环己二醇、2-丁基-2-乙基-1,3-丙二醇、2-乙基-1,3-己二醇等，也都用于聚酯多元醇的生产。典型的小分子二醇结构如下：

$HO—CH_2CH_2—OH$　　$HO—CH_2CH_2CH_2—OH$

乙二醇　　1,3-丙二醇

$HO—CH_2CH_2CH_2CH_2—OH$　　$HO—CH_2CH_2CH_2CH_2CH_2CH_2—OH$

1,4-丁二醇　　1,6-己二醇

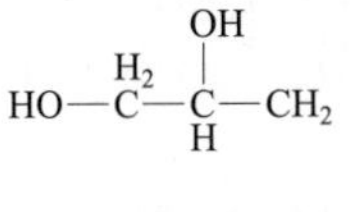

1,2-丙二醇

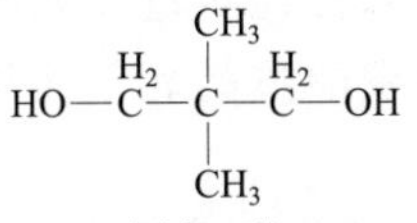

新戊二醇

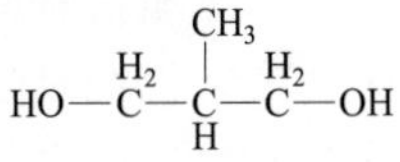

甲基丙二醇

$$HO—H_2CH_2C—O—CH_2CH_2—OH$$

一缩二乙二醇

$$HO—\overset{CH_3}{\underset{H}{C}}—\overset{H_2}{C}—O—\overset{H_2}{C}—\overset{CH_3}{\underset{H}{C}}—OH$$

一缩二丙二醇

三元醇化合物如三羟甲基丙烷（TMP）、三羟甲基乙烷（TME）、丙三醇、1,2,6-己三醇等也被广泛用于聚酯的合成。另外，像季戊四醇、山梨醇等高官能度多元醇也在特殊聚酯中被采用，起调节支化度的作用。一般情况下，引入三元醇能提高聚酯型聚氨酯的刚性、硬度、耐热及耐化学性，降低弹性。引入芳香系二元酸也可提高聚氨酯的耐热性及硬度。将卤素、磷、氮、硼或锑等元素引入聚酯醇结构中，能使聚氨酯的耐燃性显著提高。通过改变各种醇酸的不同配合，可分别合成各种歧化度、不同分子量、不同结构、不同用途的聚酯多元醇。

作为聚氨酯级聚酯多元醇必须具备酸值低（≤0.5mg KOH/g）、含水量低（≤0.03%）、色数低（≤50APHA）的特点。下面简述几类常用的聚酯多元醇。

（1）己二酸系聚酯二醇

是最常用的一系列聚酯醇，以聚酯二醇为主，一般由己二酸与乙二醇、丁二醇、丙二醇、戊二醇、己二醇等二醇中的一种或几种缩聚而成。基本结构式：

$$H\left[O\left(\overset{H_2}{C}\right)_mO—\overset{O}{\overset{\|}{C}}\left(\overset{H_2}{C}\right)_4\overset{O}{\overset{\|}{C}}\right]_nO\left(\overset{H_2}{C}\right)_mOH$$

己二酸系聚酯醇的柔软性是通过改变醇类化合物的品种来实现的。不同二元醇的柔软性与醇的分子量及结构有关。常用的几种二元醇的柔软性由大到小为：一缩二乙二醇＞丁二醇＞丙二醇＞乙二醇。醇类化合物的性质直接影响聚酯醇及聚氨酯树脂的物理性质。根据反应需要，可以通过选用不同的二元醇，或几种二元醇配合使用，制备出一系列不同牌号的聚酯二醇。

聚酯型聚氨酯因分子内含有较多的酯基、氨基等极性基团，内聚强度和附着力强，具有较高的强度、耐磨性，是其他多元醇很难替代的。直链型聚酯醇常温下为白色蜡状固体，熔点范围一般在30~60℃，使用时需要熔化，呈黏稠状液体，其聚氨酯一般结晶性强，力学强度好。带侧基的聚酯如甲基丙二醇等常温下为液体，其聚氨酯一般较软，附着力与耐水解性较好。

对于聚酯二醇来说，软段长度对强度的影响并不很明显，这是因为聚酯制成的聚氨酯含极性大的酯基，聚酯软段的分子量增加，酯基也增加，抵消了软段增加硬段减少对强度的负面影响。这种聚氨酯内部不仅硬段间能够形成氢键，而且软段上的极性基团也能部分地与硬段上的极性基团形成氢键，使硬相能更均匀地分布于软相中，起到弹性连接点的作用。在室温下某些聚酯可形成软段结晶，影响聚氨酯的性能。

聚酯型聚氨酯的耐水解性能随聚酯链段长度的增加而降低，这是由于酯基增多的缘故。聚酯易受水分子的侵袭而发生断裂，且水解生成的酸又能催化聚酯的进一步水解。聚酯种类对弹性体的物理性能及耐水性能有一定的影响。随聚酯二醇原料中亚甲基数目的增加，制得的聚酯型聚氨酯树脂的耐水性提高。酯基含量较小，其耐水性也较好。同样，采用长链二元酸合成的聚酯，制得的聚氨酯树脂的耐水性比短链二元酸的聚酯型聚氨酯好。因此聚酯型聚氨酯的强度、耐油性、热氧化稳定性比聚醚型的高，而耐寒性、耐水解性则不如聚醚型。

（2）芳香族聚酯多元醇

芳香族聚酯多元醇即含有苯环的聚酯多元醇。一般是指以芳香族二元酸（或者酸酐、酯）与二元醇或者三元醇（EG、PG、DEG、DPG、TMP、NPG、MPD、BDO、HDO）聚合得到的聚酯多元醇。典型产品如聚邻苯二甲酸酯二元醇结构式：

$$H\left[O-C^{H_2}_{\ \ \ \ }\right]_m O-\overset{O}{\overset{||}{C}}\quad\overset{O}{\overset{||}{C}}-O\left[C^{H_2}_{\ \ \ \ }\right]_m OH$$

目前行业使用的芳香族聚酯多元醇产品，以苯酐聚酯多元醇为主，合成方法与脂肪族聚酯类似，采用苯酐后缩聚过程产生的水较少。

聚酯醇结构中含有芳环结构可增加聚酯分子链的刚性，从而使制得的聚氨酯树脂具有较大的硬度和耐热性，且价格较己二酸聚酯便宜。因此用于替代或部分替代的己二酸聚酯，有增加制品强度、耐热性及降低成本的作用。但引入芳环二元酸或其酐会使聚酯醇黏度增大，聚合时预聚体黏度高，因此在制造时可以采用芳环二元酸与脂肪二元酸混合反应，制备混合型共聚酯。

芳香族聚酯多元醇具有高附着、低成本、耐热耐水解等特点，但是手感偏硬，在聚氨酯中一般做黏合剂使用。

（3）聚己内酯系二元醇

聚己内酯系二元醇（PCL）是由 ε-己内酯单体与起始剂经催化开环聚合而成，属于聚合型聚酯，而不同于己二酸系的缩合型聚酯。反应过程中无水分产生，所以操作比普通聚酯简单。以聚己内酯二元醇为主，其反应式为：

$$(m+n)\ \overset{O\ \ O}{\bigcirc} + HO-R-OH \xrightarrow{催化} HO\left[(CH_2)_5COO\right]_m R\left[OOC(CH_2)_5\right]_n OH$$

ε-己内酯　　　　　　　　　　　　聚己内酯二元醇

聚己内酯多元醇的官能度取决于所用多元醇起始剂的官能度，其分子量与歧化度可通过改变起始剂的种类和用量来决定，通过调整己内酯单体和多元醇的摩尔比，可合成与理论分子量相近的不同分子量的聚己内酯二醇、三醇等，从而合成适用于不同应用范围的己内酯聚酯醇。

聚己内酯多元醇一般具有低色素、高纯度、分子量分布窄、熔融黏度低等特点。用聚己内酯聚酯醇制造的树脂兼有聚酯和聚醚两种聚氨酯的性能，具有较好的热稳定性，分解温度达350℃，玻璃化转变温度达-60℃，低温柔韧性很好。PCL作为一种聚酯型的多元醇，具有较好的物理机械性能，特别表现在耐磨、弹性回复性等方面，且与聚醚多元醇相比具有较好的耐候性和耐热性，比己二酸聚酯具有更优异的耐水解性、耐光老化性、耐低温性。

（4）聚碳酸酯二元醇

聚碳酸酯多元醇是指分子主链中含有重复的碳酸酯基，链端为羟基的一类聚合物。根据主链结构的不同可分为脂肪族、芳香族和混合型三大类，最常用的是脂肪族聚碳酸酯二元醇。

小分子碳酸酯酯交换法是目前最成熟的合成聚碳酸酯二醇的方法，由小分子二元醇与小分子碳酸酯进行酯交换而制成。通过调整二元醇的种类可以合成多种结构的聚碳酸酯二醇，同时分子量的可调性高，催化剂使用量少，产品色度低，羟基官能度比较接近理论值。

常用的小分子二醇有1,6-己二醇、1,4-丁二醇、一缩二乙二醇等。常用的碳酸酯有碳酸二甲酯、碳酸二乙酯、碳酸二丙酯、碳酸二苯酯、碳酸亚乙酯等。如聚碳酸亚己酯二醇（PHCD）是由1,6-己二醇与碳酸二苯酯经过酯交换制成，分子结构式如下：

$$HO\left[(H_2C)_6-O-\overset{\overset{\displaystyle O}{\|}}{C}-O\right]_n(CH_2)_6-OH$$

目前国内已经开发了由二氧化碳与环氧丙烷、环氧乙烷为原料制备脂肪族聚碳酸酯二醇的技术。此方法可以使用温室气体 CO_2，来源广泛而且符合绿色标准，成本较低，是目前研究的重点。但是此方法只能合成特定环氧化物结构的聚碳酸酯二醇，并且在制备过程中需要使用大量的催化剂。

聚碳酸酯二元醇是合成聚氨酯的新一代原料，是目前多元醇中综合性能最优秀的品种之一。与传统型多元醇（如普通型聚酯、聚醚等）所合成的聚氨酯材料相比，聚碳酸酯型聚氨酯具有更优良的力学性能、耐水解性、耐热性、耐氧化性、耐摩擦性及耐化学品性，而且耐体内氧化性和微生物降解性，可用于医疗领域，适合有高耐久性要求的聚氨酯各个领域。

2. 聚醚多元醇

分子主链由醚键组成、分子端基或侧基含两个或两个以上羟基的低聚物统称为聚醚多元醇。通常以多羟基、含伯氨基化合物或醇胺为起始剂，以氧化丙烯、氧化乙烯等环氧化合物为聚合单体，开环均聚或共聚而成。根据性能和用途可分为通用型和特殊型。

常用起始剂主要有乙二醇、丙二醇、二乙二醇、二丙二醇、丙三醇、三羟甲基丙烷、三乙醇胺、季戊四醇、乙二胺、甲苯二胺、木糖醇、二乙烯三胺、山梨醇、甘露醇等，以丙二醇使用量最大。

常用的环状单体有环氧丙烷（PO）、环氧乙烷（EO）、环氧丁烷（BO）、四氢呋喃（THF）等，其中以环氧丙烷最为重要。

环氧丙烷   环氧乙烷   四氢呋喃

通用型聚醚多元醇以氧化烯烃开环聚合制得的有各种官能度和分子量的聚醚醇。它的官能度取决于所选用的起始剂的种类和性能，即活泼氢的数量。起始剂还起到调节聚醚醇分子量的作用，通过调节氧化烯烃与起始剂的质量比可合成不同分子量的聚醚醇。不同起始剂所含活泼氢的数目不同，从而与氧化烯烃聚合所生成的聚醚醇支链度也不同。

凡具有特殊性能和用途的聚醚称为特种聚醚。特殊聚醚品种很多，如接枝共聚醚、聚四氢呋喃醚、高活性聚醚、耐燃聚醚、耐热聚醚等。

（1）通用型聚醚二醇

最常用的普通聚醚二醇是聚氧化丙烯二醇（PPG），又称聚环氧丙烷二醇、聚丙二醇。结构式：

$$H\left(OCH\overset{\overset{\displaystyle CH_3}{|}}{}CH_2\right)_m OCH\overset{\overset{\displaystyle CH_3}{|}}{}CH_2O\left(CH_2CH\overset{\overset{\displaystyle CH_3}{|}}{}O\right)_n H$$

丙二醇的用量决定了聚醚醇的分子量。随着丙二醇用量的增大，合成的聚醚醇的分子量减少。分子量 1000 和 2000 的 PPG 是使用量最大的品种，为无色或淡黄色透明油状液体，稍有苦味，难溶于水，溶于乙二醇、甲苯等有机溶剂。除了聚氧化丙烯二醇，还有聚氧化丙烯-氧化乙烯二醇。

聚醚二醇是在分子主链接构上含有醚键、端基带有羟基的醇类聚合物或低聚物。因其结构中的醚键内聚能较低，并易于旋转，与二异氰酸酯反应生成的是线型直链聚氨酯，所以低温柔顺性能好，耐水解性能优良。随着聚醚分子量的增加，链更柔顺，聚氨酯的柔软度和伸长率就越高。软段分子量增加也就降低了硬链段的比例，聚氨酯中硬段的相对含量就减小，故强度下降。但聚醚型聚氨酯的耐水解性能随聚醚链段长度的增加而提高。

聚醚体系反应体系黏度低，易与异氰酸酯、助剂等组分互溶。但聚醚二醇中的醚键极性较弱，旋转位垒较小，分子规整性和形成氢键的能力差，因此在力学性能、耐油性、耐高温、弹性回复等方面不如聚酯型聚氨酯。

（2）通用型聚醚三醇

凡含有三个活性氢的化合物，如甘油、三羟甲基丙烷（TMP），1,2,6-己三醇及三乙醇胺等，均可作三羟基聚醚醇的起始剂。一般采用甘油和三羟甲基丙烷作起始剂，生成的聚醚分子中的羟基几乎都是仲羟基。结构式：

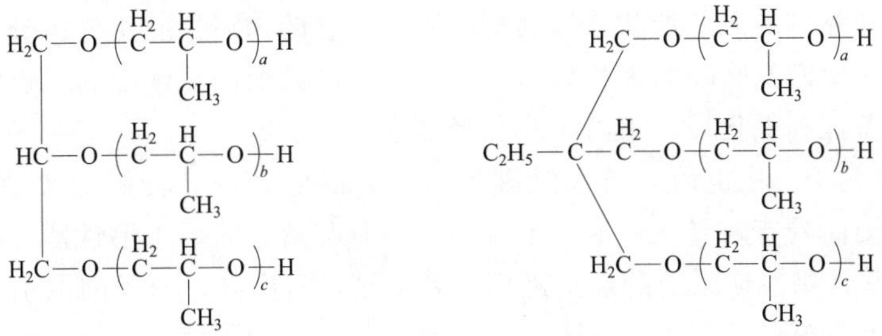

为了提高三羟基聚氧化丙烯醚的伯羟基含量，增加聚醚活性，一般需要在三官能度聚醚末端引进 10%～15% 的氧化乙烯链段。其方法是在氧化丙烯聚醚反应结束后，再加入所需量氧化乙烯单体继续反应，形成氧化乙烯-氧化丙烯嵌段共聚醚。

聚醚三醇反应形成的聚氨酯为体型交联网络，一般不单独使用，而是作为改变交联性能的辅助手段，配合聚醚二醇等使用。

（3）通用型聚醚四醇及高官能度聚醚多元醇

聚醚四醇由于所用的起始剂不同，通常有乙二氨基聚醚多元醇和季戊四醇基聚醚多元醇两类。以乙二胺为起始剂，氧化丙烯开环聚合所制得的四羟基聚醚俗称"胺醚"，具有叔胺碱性和多羟基性，因此能加快与异氰酸酯的反应速率。

季戊四醇聚醚官能团多，支链度大，作为结构聚醚使用。4 组对称链结构增加了分子链的刚性，赋予材料在使用过程中良好的机械强度，聚醚链段内旋转自由度高，可增加材料的韧性和塑性。

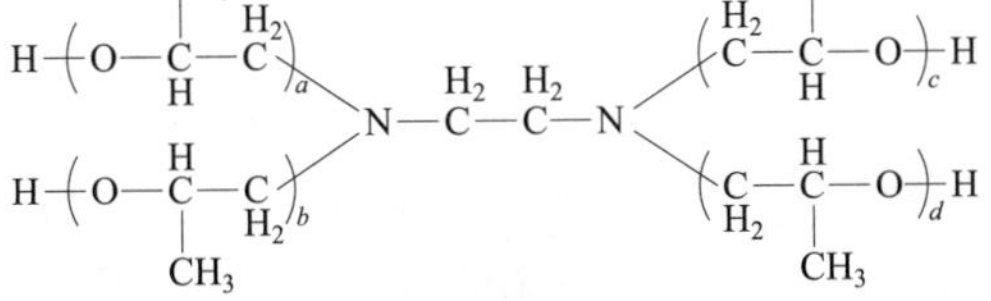

胺醚 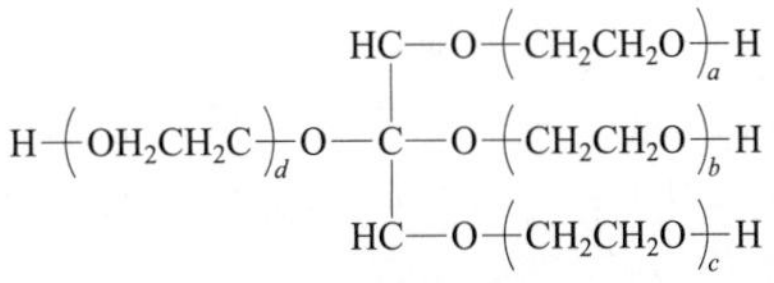   季戊四醇聚醚

官能度大于 4 的聚醚称为高官能度聚醚，主要有五羟基聚氧化丙烯醚，如以二乙烯三胺为起始剂制成的五羟基含氮聚氧化丙烯醚；以含五羟基的木糖醇为起始剂制成的聚氧化丙烯醚；此外，还有以山梨醇、甘露醇等为起始剂制得的六羟基聚氧化丙烯醚；以蔗糖为起始剂制得八羟基聚氧化丙烯醚。它们具有较多官能度，通常做交联剂使用。

（4）聚四氢呋喃醚二醇

聚四氢呋喃醚二醇，又称聚四亚甲基醚二醇、聚四甲撑醚二醇、四氢呋喃均聚醚等，简称 PTMG、PTMEG，结构式：

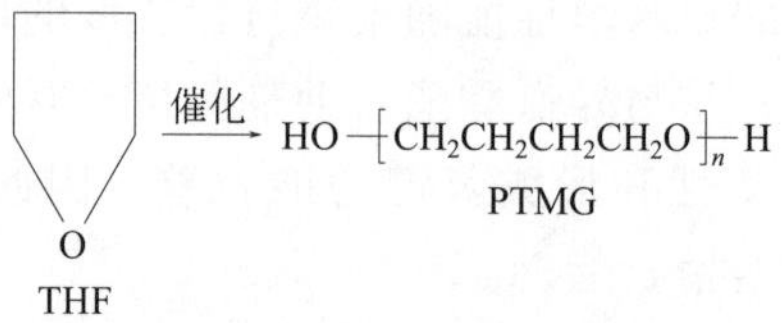

聚四氢呋喃是由单体四氢呋喃（THF）在催化剂的作用下，经阳离子开环聚合得到的均聚物，分子两端具有伯羟基的线型聚醚二醇。PTMG 分子呈直链结构，骨架上连接着醚键，两端为羟基，具有整齐排列的分子结构。

聚四氢呋喃按照分子量不同分为 250、650、1000、1400、1800、2000、3000 七种。状态随分子量的增加从黏稠的无色油状液体到蜡状固体，它的物理性质主要由分子量决定。在常温下，低分子量的聚四氢呋喃为无色液体，分子量较高的聚四氢呋喃为白色蜡状物。易溶解于醇、酯、酮、芳烃和氯化烃，不溶于脂肪烃和水。

在 PTMG 结构中，主链由碳链和醚键组成。醚键使其具有良好的柔顺性和耐水解性；不含不饱和键，因而具有耐老化性能；不含酯键，而有较好的耐水解性能；醚键之间是 4 个碳原子的直链烃基，偶数碳原子的烃基互相排列紧密，密度高，分子间的引力大，故 PTMG 类聚氨酯不仅具有良好的低温弹性和耐水解性能，而且机械强度也很高。聚四氢呋喃醚主链骨架中与氧原子连接的碳原子容易氧化，故易受紫外线影响，所以 PTMG 工业品中一般加有少量抗氧剂。

PTMG 是一种常用的特种聚醚多元醇，用作聚氨酯中的软段，由于价格较高，目前主要用于高端聚氨酯产品，能够提供良好的耐水解性、耐低温性及动态性质。

除了常规的 PTMG 外，目前还有采用四氢呋喃与环氧丙烷或环氧乙烷的共聚醚；由四氢呋喃和侧基取代四氢呋喃共聚得到的改性 PTMG；四氢呋喃与新戊二醇等共聚得到的共聚型二醇（如旭化成的 PTXG）；四氢呋喃与 1,3-丙二醇的共聚物二醇（DuPont 公司）。这些新型改进的二醇可有效改进 PTMG 的应用范围及性能。

（5）接枝共聚醚

它是通过用聚醚或含有不饱和双键的聚醚在烯烃类单体存在下，进行接枝共聚反应生成的。由于聚合方法和产品性能不一样，接枝共聚醚可分为两类。

一类是乙烯基单体在聚醚或其他多元醇中进行接枝聚合，得到一种聚合物分散状的接枝共聚醚（也称为聚合物多元醇）。整个分散状聚合物，由于部分接枝的缘故，分散体较为稳定。丙烯腈、苯乙烯、氯乙烯、偏氯乙烯、醋酸乙烯酯、丙烯酸酯、甲基丙烯酸酯、丁二烯等都可作为乙烯基单体。还可通过改变聚醚醇的组分、官能度、分子量及丙烯腈的接枝量等制造出不同用途的接枝共聚醚。代表性产品苯乙烯-丙烯腈接枝聚醚（POP）的结构如下：

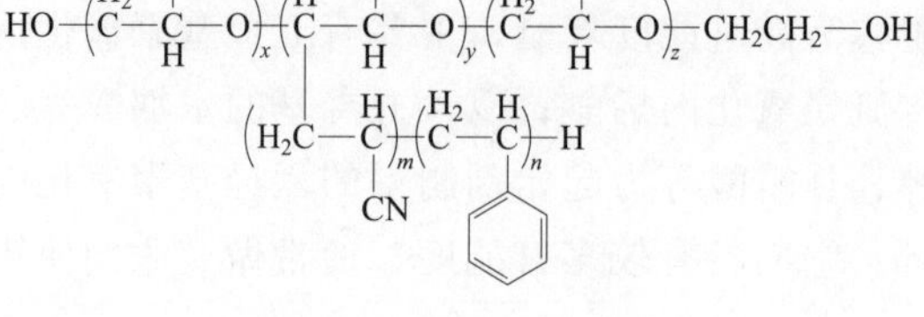

另一类是将不饱和双键引入聚醚醇的结构中，然后用乙烯基单体进行接枝共聚。例如，聚氧化丙烯醚低聚物与不饱和二羧酸酐（如顺丁烯二酸酐）或烯基甘油醚（如烯丙基甘油醚）先反应后，再与氧化烯烃反应，生成主链中含不饱和键的聚醚多元醇。将该聚醚醇再与乙烯基单体共聚，制成接枝型聚醚。

（6）聚氧化乙烯多元醇

聚氧化乙烯多元醇是由乙二醇或二甘醇为起始剂，由环氧乙烷聚合而成的聚醚二醇，又称聚乙二醇，简称 PEG，化学式：

$$HO—(CH_2CH_2O)_n—H$$

根据分子量不同，PEG 可从无色透明黏稠液体（分子量 200～700）到白色脂状半固体（分子量 1000～2000）直至坚硬的蜡状固体（分子量 3000～20000）。通常情况下 PEG 溶于水和多种有机溶剂，不溶于脂肪烃、苯、乙二醇等，不会水解变质，有广泛的溶解范围和优良的相容性。PEG 在正常条件下是很稳定的，但在 120℃ 或更高温度下能与空气中的氧发生氧化作用，加热至 300℃ 产生断裂或热裂解。

PEG 的吸湿性强、强度低，一般很少单独用于合成聚氨酯。通常是添加少量于其他多醇中，改善某些特殊聚氨酯产品的亲水性或透湿性。小分子量的 PEG 或多羟基起始剂的聚氧化乙烯多元醇可作为扩链剂和交联剂使用。

（7）聚三亚甲基醚二醇

聚三亚甲基醚二醇是一种特殊的聚亚丙基醚二醇，结构式：

$$HO—[CH_2CH_2CH_2O]_n—H$$

采用 1,3-丙二醇一步法缩聚工艺制得。其主要原料 1,3-丙二醇采用淀粉进行生化技术制造，属于可再生资源。

聚三亚甲基醚二醇具有与 PTMG 相似的性质，但由于是奇数碳链结构，常温下为液态，其聚氨酯突出的特点是低温柔韧性与耐冲击性。

（8）耐燃聚醚

耐燃聚醚指含磷、卤素、锑等阻火元素的有机多元醇，是提高聚氨酯耐燃、阻火性能的重要途径。实践证明，磷、卤素、锑、氮、硼等元素具有耐燃阻火作用。各种耐燃元素之间配合使用有协同作用，能使聚氨酯的耐燃性能成倍地提高。

耐燃聚醚的阻火作用原理随阻燃元素的成分不同而不同。对于含磷、锑、硼等元素的阻燃性聚醚，主要是在火焰下表面生成一层致密的"炭化防护层"，阻止火焰向内部穿透，防止进一步燃烧，达到阻火目的。对于含卤素的耐燃聚醚，主要是在高温条件下，首先通过热分解产生出卤代烃类气体，从而隔离外界空气中的氧进一步燃烧，起到阻火效果。

耐燃性聚醚中的活性氢参与聚氨酯的化学反应，所以制品耐燃稳定性好，它不会随制品的使用年限增加而下降。目前耐燃聚醚有下述几种类型。

① 磷酸酯、亚磷酸酯及焦磷酸酯类。它是以磷酸、五氧化二磷、三氯化磷、四羟甲基氯化磷为起始剂，与多羟基化合物，如乙二醇、甘油等反应，然后进一步与氧化丙烯或环氧氯丙烷反应而制成的含磷或含磷、氯的耐燃聚醚。

② 卤代耐燃聚醚。它是以氯代氧化烯烃类化合物（如三氯氧化乙烯、全氟氧化丙烯等）为单体，在酸性催化剂作用下，开环聚合而成。特别是以三氯氧化烯烃类化合物为单体，与各种羟基化合物为起始剂加聚制得的聚醚醇具有较大阻燃性能。

③ 含锑含氯耐燃聚醚。它是以氯化锑或三氧化二锑为原料与各种卤代聚醚或通用聚醚反应制得的，含锑含氯聚醚是一种耐燃性能优越的结构型阻燃剂。

(9) 芳香族或杂环系多元醇

采用芳香族或杂环系多元醇或多元胺为起始剂与氧化烯烃反应制得。芳香族、杂环系起始剂有双酚 A、双酚 S、苯酚-甲醛低聚物、三（2-羟乙基）异氰酸酯、甲苯二胺等。该起始剂会在聚醚多元醇结构中引入上述结构，酚醛结构芳环、叔胺基、苯环的引入使聚氨酯材料具有较好的尺寸稳定性。通过改变起始剂的品种，可以合成不同官能度、不同化学结构和不同功能的聚醚多元醇，以适应聚氨酯制品的多样性和性能要求。

代表性产品有双酚 A 聚氧化乙烯醚，其结构式：

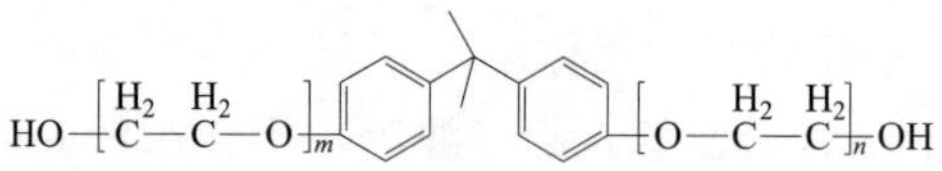

$$HO\left[CH_2-CH_2-O\right]\!\!\!\!—\!\!\!\!\bigcirc\!\!\!\!—C\!\!\!\!—\!\!\!\!\bigcirc\!\!\!\!—\left[O-CH_2-CH_2\right]_n OH$$

另外还有双酚 A 聚氧化丙烯醚，它们使聚氨酯具有良好的硬度、阻燃性、耐热和耐水性。除了用于聚氨酯外，还可用于环氧树脂和丙烯酸树脂。

3. 其他低聚物多元醇

除了以上的聚酯、聚醚类多元醇外，还有端羟基聚烯烃多元醇、植物油多元醇、端氨基聚醚、脂肪酸二聚体二醇等。

(1) 端羟基聚烯烃类化合物

端羟基聚烯烃类化合物一般是指每个大分子两端平均有两个以上羟基的丁二烯的均聚物或共聚物。主要以丁二烯为基本原料，有均聚物和共聚物两种形式。

均聚物主要是端羟基聚丁二烯（HTPB），结构式：

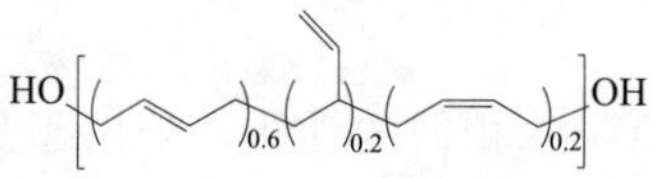

$$HO\!\!\!\!—\!\!\!\!\left[\right]_{0.6}\!\!\!\!\left[\right]_{0.2}\!\!\!\!\left[\right]_{0.2}\!\!\!\!—OH$$

HTPB 主链上有三种不同的链段，官能度在 2.1～2.6。将 HTPB 催化加氢，可得到主链为饱和结构的氢化端羟基聚丁二烯，具有更好的光稳定性和耐热性。

共聚物有丁二烯-苯乙烯共聚物（HTBS）、丁二烯-丙烯腈共聚物（HTBN），结构式：

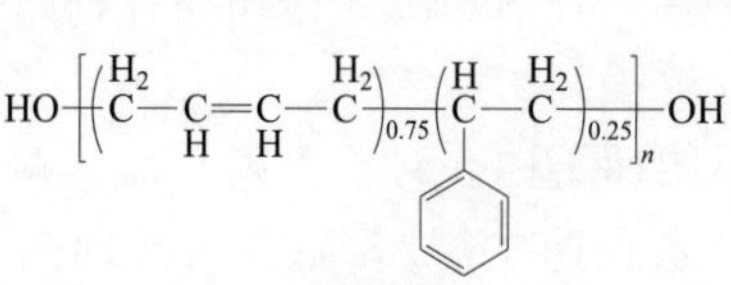

$$HO\left[CH_2-CH=CH-CH_2\right]_{0.75}\!\!\left(CH-CH_2\right)_{0.25}\Bigg]_n OH$$

HTBS

$$HO\left[CH_2-CH=CH-CH_2\right]_{0.85}\!\!\left(CH-CH_2\right)_{0.15}\Bigg]_n OH$$
$$CN$$

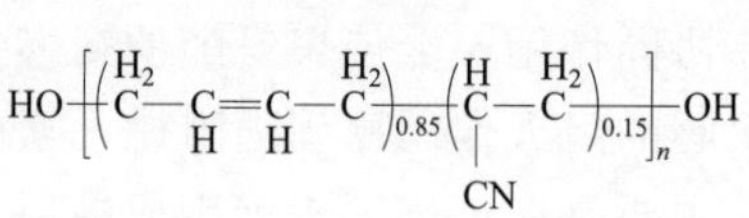

HTBN

端羟基聚烯烃类化合物的分子骨架中，不含有通常聚氨酯分子骨架中有的醚或酯键，而是与一般固体橡胶的分子骨架相似，因此耐低温和电绝缘性能突出，对非极性材料的黏结性能好。但该类材料价格高，主要应用于军工材料。

(2) 植物油及其衍生物多元醇

蓖麻油是较早广泛应用的植物油多元醇。它的成分是蓖麻油酸的甘油酯。其中 70% 是甘油三蓖麻酸酯，30% 是甘油二蓖麻酸酯。因此，蓖麻油大约有 70% 是三官能度的，30% 是二官能度的，羟基平均官能度为 2.7 左右。其化学结构通式为：

精制蓖麻油为无色至浅黄色透明液体，羟值为 163～164mg KOH/g，挥发度 0.02%～0.2%，酸值 1～2mg KOH/g。

作为聚氨酯的原料，除蓖麻油外，还可以使用蓖麻油经醇解、酯交换改性的衍生物，乙二醇、丙二醇、甘油、三羟甲基丙烷、季戊四醇、山梨糖醇都可作醇解剂。改性后的蓖麻油衍生物，不仅增加了产物的羟值及交联密度，而且还因伯羟基含量增加而提高了其反应活性。由蓖麻油及其衍生物合成的聚氨酯具有较好的低温柔软性，并提高了水解稳定性。它主要用于低模量的聚氨酯中，可直接使用，也可改性后使用。

传统聚醚多元醇受到石油资源的不可再生性的限制，具备环保和资源可再生性的植物油多元醇正越来越多地受到关注和应用。使用廉价的植物油如大豆油、棕榈油开发的系列植物油多元醇，成为很多公司研发的重点。

大豆油的成分是甘油三酸酯，不饱和脂肪酸含量大于80%，其中一个双键的油酸为20%～30%，两个双键的亚油酸为45%～55%，三个双键的亚麻酸为4%～10%。平均不饱和度4.6。

棕榈油是饱和脂肪、单不饱和脂肪、多不饱和脂肪三种成分混合构成的，具有平衡的不饱和酸与饱和酸比例，它含有40%油酸、10%亚油酸、45%棕榈酸和5%的硬脂酸。

大豆油、棕榈油上含有大量双键，首先利用过氧化物进行打开双键的反应，经环氧化后生成环氧化植物油。环氧化植物油多元醇有多重途径可以得到，其中醇解是最简单也是最成熟的工艺，即与活泼氢反应羟基化生成植物油多元醇，基本路线：

与传统的聚醚和聚酯多元醇相比，由植物油制备出的多元醇结构特殊，具有很长的碳链且支化度大，这种结构决定了植物油型多元醇的下游产品在耐水性方面更有优势，而且溶胀性低。由于植物油多元醇官能度比较大，其玻璃化转变温度比传统的石油型多元醇高，反应生成的下游产品交联度比较大，热稳定性也比较好。另外，植物油多元醇价格便宜，聚合产品还具有可生物降解性。

（3）端氨基聚醚

端氨基聚醚是一类主链为聚醚结构，末端活性官能团为氨基的聚醚多元醇，又称聚醚多胺、聚醚胺（PEA），简称 ATPE，是一种高活性聚醚。

端氨基聚醚是通过含伯羟基和仲羟基的聚醚多元醇在高温高压下氨化得到的。目前主要产品是端伯氨基的脂肪族聚醚胺，如端氨基聚氧化丙烯醚和端氨基聚氧化乙烯醚等。典型共聚醚二胺、三胺结构如下：

$$H_2N-HCH_2C \left(OCHCH_2 \right)_x \left(OCH_2CH_2 \right)_y \left(OCH_2CH \right)_z -NH_2$$

共聚醚二胺

共聚醚三胺

端氨基含有活泼氢，能与异氰酸酯起反应生成聚脲。由于氨基与异氰酸酯的反应活性比羟基高很多，使伯氨基与甲基相邻，可有效降低其与 NCO 的反应速率，或者将伯氨基变化为活性更低的仲氨基。通过选择不同的聚氧化烷基结构，可调节聚醚胺的反应活性、韧性、黏度以及亲水性等一系列性能，而氨基提供给聚醚胺与多种化合物反应的可能性。

特殊的分子结构赋予了聚醚胺优异的综合性能，目前商业化的聚醚胺包括单官能、双官能、三官能聚醚胺，主要用于室外工业材料，在聚氨酯树脂中更多的是作为交联剂或添加剂使用。

三、辅料与助剂

1. 扩链剂

聚氨酯类的高分子材料是由刚性链段和柔性链段组成的嵌段共聚物。当异氰酸酯与多元醇反应至一定程度时，需要使用扩链剂实现其链增长。扩链剂本质上是增加聚合物的分子量，把短链预聚体分子变成高分子聚合物。只有具备了一定的链长度及分子量后，聚氨酯才能达到优异的使用性能，因此扩链剂的选择和使用，对聚氨酯的性能有着直接影响。扩链剂的功能：

① 使反应体系迅速地进行扩链和交联；

② 通过改变品种及用量，能有效地调节体系的反应速度及黏度等工艺参数；

③ 扩链剂中的特性基团引入到聚氨酯主链中后，可改善聚氨酯的性能；

④ 扩链剂与二异氰酸酯反应后构成聚氨酯的硬链段。

本节所叙扩链剂，除包括能使分子链进行扩展的双官能基的低分子化合物外，同时也包括能使链状分子结构产生支化和交联的官能度大于 2 的低分子化合物。常用的扩链剂有醇类、胺类、醇胺类。

（1）低分子醇类

低分子醇类扩链剂使用最广泛。常用的二醇类扩链剂有 1,4-丁二醇、乙二醇、丙二醇、一缩二乙二醇、新戊二醇和己二醇。另外脂环类二醇有 1,4-环己二醇、氢化双酚 A 。芳香族二元醇主要有二亚甲基苯基二醇、对二苯酚二羟乙基醚、间苯二酚羟基醚。低分子多醇化合物有丙三醇、三羟甲基丙烷、季戊四醇等。

1,4-丁二醇是溶剂型聚氨酯使用量最多的小分子二醇。结构式：

$$HO-\overset{H_2}{\underset{}{C}}-\overset{H_2}{\underset{}{C}}-\overset{H_2}{\underset{}{C}}-\overset{H_2}{\underset{}{C}}-OH$$

1,4-丁二醇为直链端伯羟基结构，无色液体，易吸潮。具有适中的碳链长度，能使软、硬链段产生微区相分离，使氨基甲酸酯硬链段的结晶性更好，MDI 与 1,4-丁二醇硬链能较好地定向，结晶和定向排列使聚合物分子间更容易形成氢键，产生较好的有序结晶，结晶的阻旋作用和聚合物链段迁移，最终表现出聚合物优异的韧性和硬度。

常用的三官能或四官能醇有三羟甲基丙烷和季戊四醇，结构式：

$$H_3C-\overset{H_2C-OH}{\underset{H_2C-OH}{\overset{|}{\underset{|}{C}}}}-\overset{H_2}{\underset{}{C}}-OH \qquad HO-\overset{H_2C-OH}{\underset{H_2C-OH}{\overset{|}{\underset{|}{C}}}}-\overset{H_2}{\underset{}{C}}-OH$$

三羟甲基丙烷　　　　　　季戊四醇

三羟甲基丙烷和季戊四醇都为支链端伯羟基结构，它们在与异氰酸酯反应使分子链增长的同时，还会在生成的分子链中引出支链的反应点，使聚合物分子产生一定程度交联，形成网状结构。生产中常将它们与普通二元醇或二元胺配合使用，获得某些性能。

芳香族二醇一般用于改进聚氨酯的耐热性、硬度、强度和弹性，代表性的为对苯二酚二羟乙基醚（HQEE）和间苯二酚二羟乙基醚（HER），结构式为：

$$HO-H_2CH_2C-O-\underset{HQEE}{\bigcirc}-O-CH_2CH_2-OH$$

$$HO-H_2CH_2C-O-\underset{HER}{\bigcirc}-O-CH_2CH_2-OH$$

HQEE 能提高树脂的刚性和热稳定性，HER 能提高树脂的弹性和可塑性。HER 与 HQEE 都具有芳香族扩链剂的优点且不污染环境，但 HQEE 熔点高（102℃），所需要的反应温度更高，当使用温度稍微下降时，HQEE 有迅速结晶的趋势，因而限制了它的应用。HER 的熔点比较低（89℃），反应温度也较低，应用广泛。

（2）低分子胺类

胺类与异氰酸酯反应生成内聚能高的脲基。小分子二胺类化合物与异氰酸酯反应十分剧烈，成胶迅速，生产不易控制，使用较少。目前普遍采用受阻胺类化合物，其中使用最多的是 3,3′-二氯-4,4′-二氨基二苯甲烷（MOCA），结构式：

$$H_2N-\underset{}{\overset{Cl}{\bigcirc}}-\overset{H_2}{\underset{}{C}}-\underset{}{\overset{Cl}{\bigcirc}}-NH_2$$

MOCA

MOCA 为白色至浅黄色针状结晶体，有吸湿能力，易溶于各种溶剂。在 MOCA 的氨基邻位上存在氯原子取代基，氯原子的吸电子作用和位阻作用使氨基电子云密度降低，从而使氨基的反应活性降低，降低了与异氰酸酯的反应速率，较好地适应聚氨酯合成工艺，又能赋予材料优异的力学性能。

由于 MOCA 的安全性仍有争议，目前开发了取代 MOCA 的无毒型芳香族二胺扩链剂，如 3,5-二甲硫基甲苯二胺（Ethacure 300，E-300）、3,5-二乙基甲苯二胺（Ethacure 100，E-100）等芳香族二胺，都为混合物，常温下为液体，使用方便且毒性低。

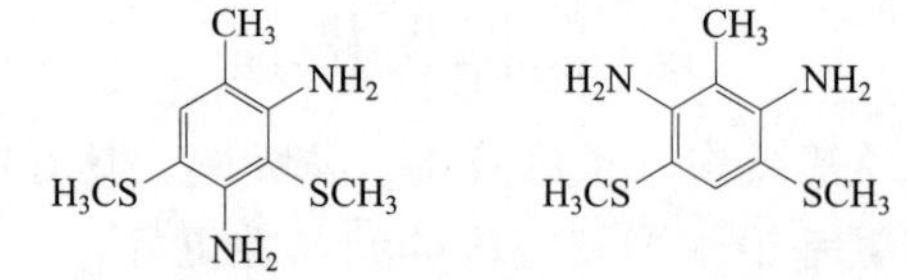

E-300

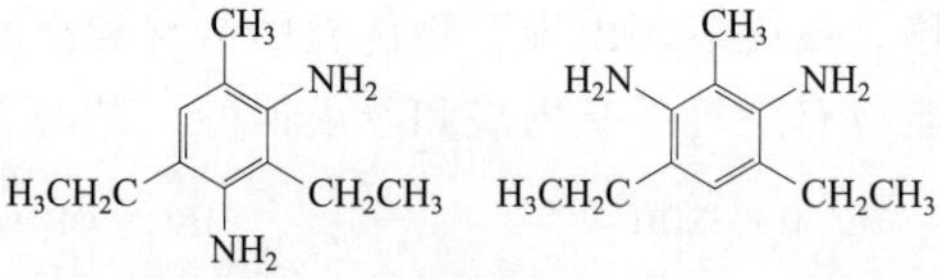

E-100

由于氨基与异氰酸酯反应速度快，因此大部分二胺类一般不用于聚氨酯树脂合成，而用于预聚体的固化剂。

（3）醇胺类

醇胺类指同时含有羟基和氨基的化合物，它们能对异氰酸酯反应产生影响。羟基与—NCO反应，扩链生成氨基甲酸酯基团。不同取代的氨原子具有不同的碱性，即对聚氨酯合成产生一定的催化作用。

目前使用较多的醇胺类扩链剂主要有乙醇胺、二乙醇胺、三乙醇胺、三异丙醇胺和 N,N-双（2-羟丙基）苯胺、N-甲基二乙醇胺（MDEA）等。

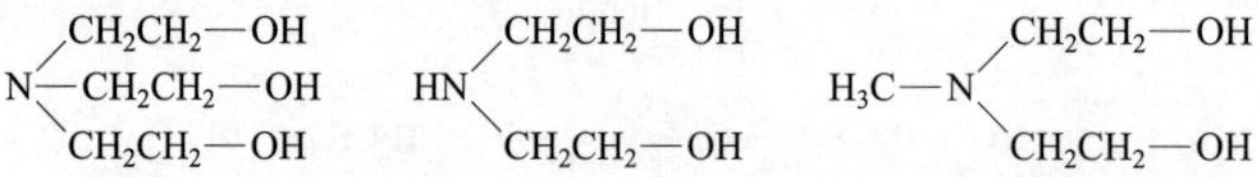

TGA DGA MDEA

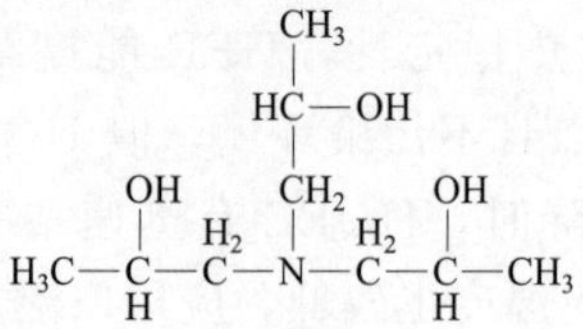

TIPA

2. 催化剂

合成聚氨酯时最主要的催化剂为有机金属类催化剂和叔胺类催化剂两大类。聚氨酯树脂合成主要是异氰酸酯与羟基的反应，通常使用有机金属类，可缩短树脂反应时间，提高合成效率。

有机金属化合物包括羧酸盐、烷基化合物等，所含的金属元素主要有锡、钾、铅、汞、锌、钛、铋等。有机锡类与有机铋类是使用最多的，常用的有辛酸亚锡、二月桂酸二丁基锡、羧酸铋等。

辛酸亚锡，化学名称 2-乙基己酸亚锡，为淡黄色透明黏稠油状液体，溶于多元醇和大多数有机溶剂，不溶于一元醇和水。结构式：

$$Sn^{2+} \left[O-\overset{\overset{\displaystyle O}{\|}}{C}-\overset{\overset{\displaystyle H}{|}}{\underset{\underset{\displaystyle CH_2CH_3}{|}}{C}}-CH_2CH_2CH_3 \right]_2$$

辛酸亚锡

二月桂酸二丁基锡，简称 DBTDL，DBTL，其烷基是通过碳-锡键直接连在锡原子上。淡黄色透明油状液体，溶于一般增塑剂及溶剂，不溶于水，结构式：

$$\begin{array}{c} H_3CH_2CH_2CH_2C \\ \\ H_3CH_2CH_2CH_2C \end{array} Sn \begin{array}{c} O-\overset{\overset{\displaystyle O}{\|}}{C}-C_{11}H_{23} \\ \\ O-\underset{\underset{\displaystyle O}{\|}}{C}-C_{11}H_{23} \end{array}$$

二月桂酸二丁基锡

有机锡类催化剂催化异氰酸酯与羟基的反应能力很强，如果需要调节催化速率，可选择不同取代基的有机锡。因为空间位阻对催化活性的影响随温度的升高而降低，用位阻较大的烷基代替位阻较小的基团，可使有机锡化合物具有较高的稳定性并延迟催化活性。如用二辛基锡代替二丁基锡，可起到延迟催化作用；用二烷基锡二马来酸酯、二硫醇烷基锡代替二丁基锡二月桂酸酯，可以提高水解稳定性。含大烷基基团的锡硫醇化物具有高稳定性和延迟催化两种功能，如硫醇二辛基锡等。二月桂酸二丁基锡类具有较强的毒性，操作时必须小心。

羧酸铋催化剂是近年来新发展的有机金属催化剂，用于聚氨酯的合成反应，替代因受到环保要求而限制使用的的有机锡、有机汞、有机铅类催化剂，主要有异辛酸铋、环烷酸铋、新癸酸铋等种类。

异辛酸铋

选择适用于聚氨酯及其原料的催化剂，不仅要考虑催化剂的催化活性（与最低使用浓度相关）、选择性，还要考虑物理状态、操作方便性、与其他原料组分的互溶能力、在混合原料体系中的稳定性、毒性、价格、催化剂残留等因素。

3. 溶剂

在聚氨酯合成中，预聚体随着反应进行分子链不断增长，黏度也不断增大，如果黏度增大到一定程度，则工艺操作很难进行，因此要加入一定溶剂来调节黏度。选择溶剂时要考虑溶剂的溶解力、极性、纯度、基团结构、挥发速率等各种因素。一般分为聚合溶剂与反应结束后的调节溶剂两类。

聚合溶剂在多元醇与异氰酸酯反应时使用，因此要求严格，需要溶剂在合成中不参与反应，而且能起到溶解、稀释、调节黏度的作用，即不能选用与 NCO 基起反应的醇、醚醇类溶剂；溶剂不允许含有超标水分，一般要求低于 $500\mu g/g$；也不得含有超标游离酸、醇、碱类物质等能与 NCO 基反应的基团,一般采用纯度高的"氨酯级溶剂"。

DMF 是聚氨酯的强溶剂,也是目前使用量最大的溶剂。一般合成中以精制 DMF 为主。反应结束后根据种类不同还需要进行黏度调整,此时的调整溶剂要求比聚合溶剂相对要低,如湿法聚氨酯可使用部分高品质的回收 DMF。

由于湿法树脂的凝固方式为 DMF 与水的交换,因此其合成与调整用的溶剂都是 DMF。其他常用的溶剂有甲乙酮、丙酮、甲苯、二甲苯、乙酸乙酯、乙酸丁酯、二醇醚类、环醚类等,主要是干法聚氨酯使用,常用溶剂的种类和性能见表 3-1。除了要调整树脂黏度外,由于是溶剂热挥发成膜,因此还要调整溶剂体系中高、中、低沸点溶剂的搭配,调整挥发速率以及成膜时的流平性。

表 3-1 各种溶剂的性能

溶剂名	结构式	沸点/℃	闪点/℃
甲苯	$C_6H_5CH_3$	110.6	4
二甲苯	$C_6H_4(CH_3)_2$	138~144	29
醋酸乙酯	$CH_3COOC_2H_5$	77	−4
醋酸丁酯	$CH_3COOC_4H_9$	126.3	22
丙酮	CH_3COCH_3	56.1	−20
丁酮	$CH_3COC_2H_5$	79.6	1.1
异丁基甲酮	$CH_3COCH_2CH(CH_3)_2$	117~118	15.6
四氢呋喃	$OCH_2CH_2CH_2CH_2$	66	−14
N,N-二甲基甲酰胺	$HCON(CH_3)_2$	153	58
甲醇	CH_3OH	64.7	12
异丙醇	$(CH_3)_2CHOH$	82.5	12
乙二醇甲醚	$CH_3OCH_2CH_2OH$	124.5	39
乙二醇乙醚	$C_2H_5OCH_2CH_2OH$	135.1	43
乙二醇丙醚	$C_3H_7OCH_2CH_2OH$	151.3	53
二氯甲烷	CH_2Cl_2	39.8	无
三氯甲烷	$CHCl_3$	61.3	不燃
环己酮		155	46

4. 助剂

聚氨酯作为高分子材料,在使用过程中会受到光、热、氧、水、微生物等影响而发生一定降解,导致聚合物性能下降。为了抑制降解,必要时需添加一些抗氧剂、光稳定剂、水解稳定剂等。

(1) 抗氧剂

有机化合物的热氧化过程是一系列的自由基链式反应,在热、光或氧的作用下,有机分子的化学键发生断裂,生成活泼的自由基和氢过氧化物。氢过氧化物发生分解反应,生成烃氧自由基和羟基自由基。这些自由基可以引发一系列的自由基链式反应,导致有机化合物的结构和性质发生根本变化。

抗氧剂的作用是消除产生的自由基,或者促使氢过氧化物分解,阻止链式反应进行,达到防止聚氨酯热氧降解的目的。能消除自由基的抗氧剂有芳香胺和受阻酚等化合物及其衍生物;能分解氢过氧化物的抗氧剂有亚磷酸酯和硫酯等。

受阻酚类抗氧剂是一些具有空间阻碍的酚类化合物，它们的抗热氧化效果显著，主要的产品有 2,6-二叔丁基对甲酚，即抗氧剂 264；2,2′-亚甲基双-（4-甲基-6-叔丁基苯酚），即抗氧剂 2246；四（3,5-二叔丁基-4-羟基）苯丙酸季戊四醇酯，即抗氧剂 1010。

抗氧剂 264 与抗氧剂 2246 都是具有消除自由基作用的传统通用型酚类抗氧剂，它们的抗热氧化效果显著，应用广泛。但抗氧剂 264 由于其分子量相对较小，具有较高的挥发性，较高的迁移性，并且高温下有黄变现象，近年来逐渐被其他低挥发性抗氧剂所取代。

抗氧剂 1010 是一种大分子的多功能受阻酚类抗氧剂，它的热稳定性高，适合于高温条件下使用，能有效防止聚合物在长期老化过程中的热氧化降解，是目前酚类抗氧剂中性能最优良的品种之一，在聚氨酯中一般做主抗氧剂。

芳香胺类抗氧剂，是生产数量最多的一类，这类抗氧剂价格低廉，抗氧效果优于酚类。但由于变色性和污染性原因，在聚氨酯树脂中使用较少。主要的芳香胺类抗氧剂有丁基或辛基化二苯胺、芳基对苯二胺、二氢喹啉等化合物及其衍生物或聚合物。

作为过氧化氢的分解剂，辅助抗氧剂亚磷酸酯类主要产品有亚磷酸三苯基酯、亚磷酸三壬基苯酯、亚磷酸苯二异辛酯、双十八烷基季戊四醇双亚磷酸酯、3,5-二叔丁基-4-羟基苄基二乙基磷酸酯等。硫酯类主要是硫代二丙酸双酯，主要产品有双十二碳醇酯（DLTP）、双十四碳醇酯和双十八碳醇酯（DSTDP）。该类稳定剂抗过氧化物分解的作用机理是将氢过氧化物还原成相应的醇，而自身则转化成酯。

抗氧剂作用机理各异，很少单独使用，一般复配使用。如果配方中各类稳定剂配合得当，稳定剂间产生了协同效应，就可以达到事半功倍的效果。

协同作用首先是主抗氧剂、辅助抗氧剂间的协同。聚合物热氧化降解机理是按链式自由基机理进行的自催化氧化反应。当添加主抗氧剂、辅助抗氧剂后，由于主抗氧剂可以捕获自由基，辅助抗氧剂能分解氢过氧化物，从而切断了自由基链式反应，所以不同程度地延缓了聚合物的降解。

结构不同也可相互促进。高位阻酚和低位阻酚由于反应活性不同，并用时高位阻酚可以使低位阻酚再生而有协同作用；基于高分子量稳定剂的耐久性、低迁移性和低分子量稳定剂的易损失性、高迁移性这一对矛盾，可以将此两类稳定剂复合使用，以此来达到最佳使用效果。抗氧化活性不同的胺类和酚类抗氧剂复合使用时均具有协同作用。

（2）光稳定剂

大部分聚氨酯树脂都是以芳香族异氰酸酯合成的，因此都存在长期黄变问题，添加光稳定剂可以有效减低黄变。光稳定剂主要有紫外线吸收剂与受阻胺光稳定剂。

紫外线吸收剂有苯并三唑、二苯甲酮、三嗪类等，是用于聚氨酯的重要的光稳定剂。二苯甲酮和苯并三唑稳定剂的光稳定机理基本相同，都由其分子结构中存在着分子内氢键构成的一个螯合环，当它们吸收紫外线能量后，分子热振动，氢键破坏，螯合环打开，分子内结构发生变化，将有害的紫外线变为无害的热能放出，从而保护了材料。

二苯甲酮类的光稳定性好，与树脂相容性好，毒性低，广泛用于各种合成材料中。如 2-羟基-4-正辛氧基二苯甲酮（UV531），能吸收 $240 \sim 340nm$ 紫外线。

苯并三唑类具有良好的光稳定性，挥发性小，对紫外线的吸收区域宽，几乎不吸收可见光，用途广泛。代表性产品有 2-(2′-羟基-3′,5′-二特戊基苯基)苯并三唑（UV328）。

受阻胺类光稳定剂（HALS）是一类新型光稳定剂，其稳定机理独特，它不吸收紫外线，而是发生热氧化和光氧化。HALS 可以转化成硝酰自由基，可以捕获自由基，起到稳定作用。代表性的高效受阻胺类光稳定剂为双（2,2,6,6-四甲基-4-哌啶）癸二酸酯（光稳定剂 770），结构如下：

光稳定剂770

一般来说，任何一种光稳定剂单独使用时往往效果较差，因此必须与其他稳定剂并用。在聚氨酯稳定体系中，抗氧剂的协同作用是显著的，只添加光稳定剂达不到理想的效果，必须 HALS、紫外线吸收剂、抗氧剂三者并用构成一个合理的稳定体系才能取得最好的效果。

（3）水解稳定剂

聚氨酯分子中的酯键比较容易发生水解，生成羧酸基团，而羧酸又是水解的促进剂，它能促进水解反应的进行。要改善聚氨酯的水解稳定性，加入水解稳定剂是一种有效的途径。常用的是碳化二亚胺及其衍生物、环氧化合物两类。

碳化二亚胺类水解稳定剂是含有不饱和—N＝C＝N—键的一类化合物，容易与水解产生的羧基反应生成稳定的酰脲以抑制羧基对水解的催化作用。对于因水解而导致的断链，聚碳化二亚胺还有一定的修补作用。碳化二亚胺的水解稳定机理：

$$R-N=C=N-R + R'-COOH \longrightarrow R-\overset{\overset{H}{|}}{N}-\overset{\overset{O}{\|}}{C}-\overset{\overset{O}{\|}}{C}-R'$$

这类水解稳定剂有两种：一是单碳化二亚胺，二是低分子量的聚碳化二亚胺。添加少量即可有很好的耐水解效果。为了防止异氰酸酯与碳化二亚胺发生成环反应，应选用在 N＝C＝N 邻位上有空间位阻的碳化二亚胺类水解稳定剂。

环氧类稳定剂中较常用的是缩水甘油醚类环氧化合物，如苯基缩水甘油醚、双酚 A 双缩水甘油醚、四（苯基缩水甘油醚基）乙烷、三甲氧基-3-（缩水甘油醚基）丙基硅烷等。环氧化合物的水解稳定机理如下：

$$-\overset{\overset{H}{|}}{\underset{O}{C}}-CH_2 + -R-OH \longrightarrow -\overset{\overset{OH}{|}}{\underset{\overset{|}{H}}{C}}-\overset{\overset{H_2}{|}}{C}-O-R-$$

$$-\overset{\overset{H}{|}}{\underset{O}{C}}-CH_2 + -R-COOH \longrightarrow -\overset{\overset{OH}{|}}{\underset{\overset{|}{H}}{C}}-\overset{\overset{H_2}{|}}{C}-O-\overset{\overset{O}{\|}}{C}-R-$$

一方面，环氧基与水解所产生的羧基发生反应，生成羟基，从而抑制了羧基对水解的催化作用；另一方面，环氧基还与羟基反应，使得由于水解产生的断链重新连接起来。与碳化二亚胺类水解稳定剂相比，环氧化合物水解稳定剂对聚氨酯的稳定作用更彻底，而且它们可用于聚醚型聚氨酯中。高温高湿下环氧类的稳定作用优于碳化二亚胺类，缺点是添加量较大。

第二节 异氰酸酯的化学反应

聚氨酯是异氰酸酯与羟基化合物反应生成的高聚物，其合成的关键在于异氰酸酯的高反应活性。

一、异氰酸酯的反应机理

由于异氰酸酯基（—N＝C＝O）是一高度不饱和基团，因此化学性质非常活泼。其电子共振结构如下：

$$R-\overset{..}{N}-C=\overset{..}{\overset{\ominus}{O}} \Longleftrightarrow R-\overset{..}{N}-\overset{\oplus}{C}=\overset{..}{O} \Longleftrightarrow R-\overset{..}{N}=C-\overset{..}{\overset{\ominus}{O}}$$

从共振结构看，异氰酸酯基中氧原子和氮原子上电子云密度较大，电负性很强，成为亲核中心，碳原子则成为亲电中心。由于其共振特性，它可以与进攻它的亲电中心的亲核试剂发生反应，典型的就是活泼氢化合物分子中的亲核中心进攻异氰酸酯基中的正电性很强的碳原子，这是一种亲核加成反应。加成反应主要是加成在碳-氮双键上，活泼氢原子进攻异氰酸酯基中的氮原子，与活泼氢相连的其他基团加成到碳原子上。

二异氰酸酯与二元醇的反应机理可如下表示：

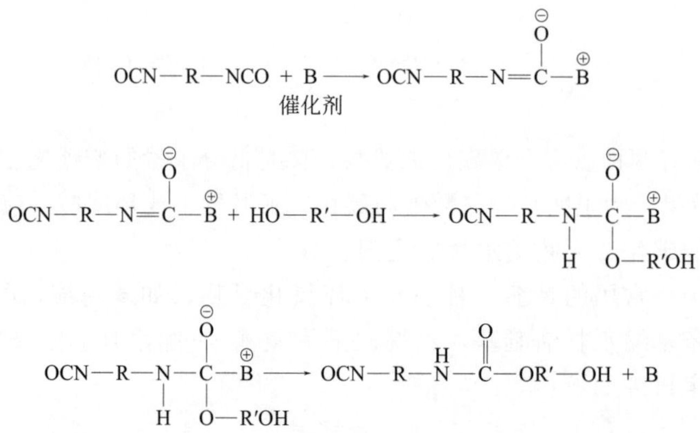

$$OCN-R-NCO + B \xrightarrow{催化剂} OCN-R-N=\overset{\overset{\displaystyle\ominus}{O}}{\underset{}{C}}-\overset{\oplus}{B}$$

$$OCN-R-N=\overset{\overset{\displaystyle\ominus}{O}}{\underset{}{C}}-\overset{\oplus}{B} + HO-R'-OH \longrightarrow OCN-R-N-\overset{\overset{\displaystyle\ominus}{O}}{\underset{\underset{O-R'OH}{|}}{C}}-\overset{\oplus}{B}$$

$$OCN-R-N-\overset{\overset{\displaystyle\ominus}{O}}{\underset{\underset{O-R'OH}{|}}{\underset{H}{C}}}-\overset{\oplus}{B} \longrightarrow OCN-R-\overset{H}{\underset{}{N}}-\overset{\overset{\displaystyle O}{}}{C}-OR'-OH + B$$

（1）诱导效应

在异氰酸酯基中若与其相连的 R 基团是吸电子基团，会进一步降低碳原子的电子云密度，使其正电性更强，更容易与亲核试剂反应。因此通常芳香族异氰酸酯的反应活性比脂肪族高，异氰酸酯的反应活性随 R 基团变化的基本顺序由大到小为：

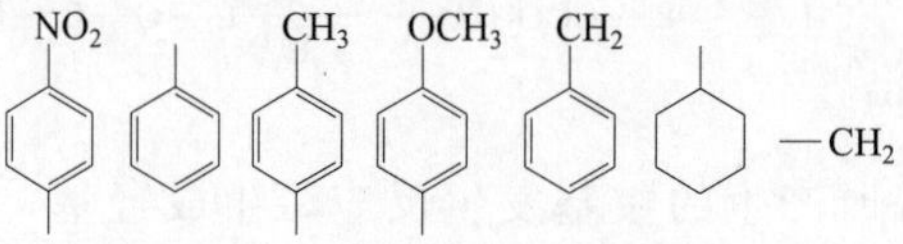

各种 R 基团的相对反应活性比较，如果以环己基为标准"1"的话，则有一个相对的速度比较：环己基（1）、对甲氧苯基（471）、对甲苯基（590）、苯基（1752）、对硝基苯基（145000）。

另外，芳香族异氰酸酯的芳环上引入吸电子取代基时，会增强该异氰酸酯的反应活性，反之则降低。如芳香族异氰酸酯中的两个 NCO 基团之间可以发生诱导效应，使其反应活性增加，第一个 NCO 基团参加反应时，另一个 NCO 基团则起到了吸电子取代基的作用。当其中一个反应后，其诱导效应降低。实际反应过程中表现为，随着反应的进行，二异氰酸酯的活性随反应程度的增大而降低。

（2）位阻效应

位阻效应也是影响异氰酸酯反应的一个重要因素。芳香族化合物的邻位取代基、脂肪族化合物的侧链、位于反应中心位置的庞大的取代基等都能降低反应活性。二异氰酸酯中两个 NCO 基团位置不同，其反应的先后顺序与反应活性也相差很大。

以 TDI 为例，2,4-TDI 的反应活性远高于 2,6-TDI，主要是 2,4-TDI 的 4 位 NCO 远离甲基与 2 位 NCO，几乎无位阻，而 2,6-TDI 的两个 NCO 都受到邻位甲基的位阻效应，因此反应活性受到影响。

二异氰酸酯的两个 NCO 基团活性一般不同，而且活性是变化的。2,4-TDI 的 4 位 NCO 反应活性比 2 位 NCO 高很多，对位的异氰酸酯与邻位的反应性相比约为 7～8∶1，邻位的活性受到邻位甲基的影响，要低得多。2,6-TDI 的两个 NCO 基团的初始反应活性一致，但当其中一个发生反应生成氨基甲酸酯后，失去了诱导效应，位阻效应占主导，剩下的一个 NCO 的反应活性就大大降低。

MDI 两个 NCO 基团相距远，结构对称，周围无取代基，因此反应活性都很高，其中一个基团反应后，对另一个基团的影响不大。

（3）不同活泼氢与异氰酸酯的反应活性

活泼氢分子中若亲核中心的电子云密度越大，电负性就越强，与异氰酸酯的反应活性就越高，反应速率就越快，即 R 基的性质会影响活泼氢化合物的反应活性。常规活泼氢与异氰酸酯反应活性顺序如下：脂肪胺＞芳香胺＞伯羟基＞水＞仲羟基＞酚羟基＞羧基＞取代脲＞酰胺＞氨基甲酸酯。

二、异氰酸酯与含羟基化合物的反应

1. 异氰酸酯与醇类反应

异氰酸酯与醇类化合物的反应是聚氨酯合成中最常见的反应，反应产物为氨基甲酸酯。多元醇与多异氰酸酯生成聚氨基甲酸酯。以二元醇与二异氰酸酯的反应为例，反应式如下：

$$n\,OCN-R-NCO + n\,HO-R'-OH \longrightarrow \left[\begin{matrix} O \\ \| \\ C \end{matrix} -\overset{H}{N}-R-\overset{H}{N}-\begin{matrix} O \\ \| \\ C \end{matrix}-OR'-O \right]_n$$

R 表示异氰酸酯核基，R′一般为长链聚酯或聚醚，也可以是小分子烷基、聚丁二烯等。

若反应物中异氰酸酯基与羟基的摩尔比大于 1，即异氰酸酯基过量，得到的是端基为 NCO 的聚氨酯预聚体。若羟基与异氰酸酯基等摩尔，理论上生成分子量无限大的高聚物。不过由于体系中微量水分、催化性杂质及单官能度杂质的影响，聚氨酯的分子量一般为几万到几十万。若羟基过量，则得到的是端羟基预聚体。

异氰酸酯与羟基化合物的反应活性受各自分子结构的影响。异氰酸酯与羟基化合物的反应中，各类羟基的反应活性基本顺序为：伯羟基＞仲羟基＞叔羟基。它们与异氰酸酯反应的相对速率大约为 1.0∶0.3∶0.01。

通常合成使用的羟基化合物结构复杂，位阻效应、极性因素、分子间作用力等都会引起反应活性的变化。就常用的聚酯和聚醚两种多元醇看，其基本反应速率有以下顺序：

$$RCH_2CH_2-OH > R_2R_1HC-OH > -\overset{H_2}{C}-O-CH_2CH_2-OH > -\overset{H_2}{C}-O-\overset{CH_3}{CH}-OH > R_3R_2R_1C-OH$$

含有相邻醚键的醇反应性降低多，可能和氢键有关。这也是通常端羟基聚酯二醇的反应速率快，而聚氧化丙烯二醇反应速率慢的原因。

同类型的醇，由于在反应中受醇本身的结构、反应物浓度、异氰酸酯指数、酸碱等因素的影响，其反应活性也不同。对于官能度相同的多羟基化合物，分子量小的反应速率大；羟基含量相同的情况，官能度大的速率大。

2. 异氰酸酯与水反应

异氰酸酯与水的反应活性相当于它与仲醇的反应活性，但其生成物较复杂，首先生成不稳定的氨基甲酸，然后氨基甲酸立即分解成胺类化合物与二氧化碳，胺类化合物再与异氰酸酯反应生成脲。其反应过程如下：

$$R-NCO + H_2O \xrightarrow{慢} R-\overset{H}{N}-\overset{O}{\overset{\|}{C}}-OH \xrightarrow{快} R-NH_2 + CO_2$$

$$R-NH_2 + R-NCO \xrightarrow{较快} R-\overset{H}{N}-\overset{O}{\overset{\|}{C}}-\overset{H}{N}-R$$

大多数异氰酸酯都能与水反应生成脲，少量的水即可消耗大量的二异氰酸酯，并产生大量气体。因此在合成聚氨酯树脂时，多元醇与溶剂中的水分应严格控制在很低的范围，并防止空气中水分进入反应体系。

异氰酸酯与水的反应活性受异氰酸酯结构、水的浓度、温度、催化剂等多种因素的影响。水与异氰酸酯的反应活性比伯羟基低，与仲羟基的反应活性相当。在无催化剂时，由于水和异氰酸酯的亲和度差，反应速率较慢。在有催化剂存在时，异氰酸酯与水的反应可加速进行。

3. 异氰酸酯与羧酸反应

异氰酸酯很容易与羧酸反应，但其反应活性小于伯醇和水，其反应产物取决于羧酸及异氰酸酯的结构。如果双方均为脂肪族，其反应产物首先是生成不稳定的酸酐，然后分解成酰胺与二氧化碳，反应过程如下：

$$R-NCO + R'-\overset{\overset{\displaystyle O}{\|}}{C}-OH \longrightarrow R-\overset{H}{\underset{}{N}}-\overset{\overset{\displaystyle O}{\|}}{C}-O-\overset{\overset{\displaystyle O}{\|}}{C}-R' \longrightarrow R-\overset{H}{\underset{}{N}}-\overset{\overset{\displaystyle O}{\|}}{C}-R' + CO_2$$

如果两者中有一个是芳香族的话，在常温下主要是生成酸酐和脲，反应过程如下：

$$Ar-NCO + R-\overset{\overset{\displaystyle O}{\|}}{C}-OH \longrightarrow Ar-\overset{H}{\underset{}{N}}-\overset{\overset{\displaystyle O}{\|}}{C}-O-\overset{\overset{\displaystyle O}{\|}}{C}-R \longrightarrow Ar-\overset{H}{\underset{}{N}}-\overset{\overset{\displaystyle O}{\|}}{C}-O-\overset{\overset{\displaystyle O}{\|}}{C}-\overset{H}{\underset{}{N}}-Ar + R-\overset{\overset{\displaystyle O}{\|}}{C}-O-\overset{\overset{\displaystyle O}{\|}}{C}-R$$

$$Ar-\overset{H}{\underset{}{N}}-\overset{\overset{\displaystyle O}{\|}}{C}-O-\overset{\overset{\displaystyle O}{\|}}{C}-\overset{H}{\underset{}{N}}-Ar \longrightarrow Ar-\overset{H}{\underset{}{N}}-\overset{\overset{\displaystyle O}{\|}}{C}-\overset{H}{\underset{}{N}}-Ar + CO_2$$

当温度达到 160℃时，脲与酸酐能进一步反应，生成酰胺与二氧化碳，如下：

$$Ar-\overset{H}{\underset{}{N}}-\overset{\overset{\displaystyle O}{\|}}{C}-O-\overset{\overset{\displaystyle O}{\|}}{C}-\overset{H}{\underset{}{N}}-Ar + R-\overset{\overset{\displaystyle O}{\|}}{C}-O-\overset{\overset{\displaystyle O}{\|}}{C}-R \longrightarrow 2\,Ar-\overset{H}{\underset{}{N}}-\overset{\overset{\displaystyle O}{\|}}{C}-R + CO_2$$

在一定条件下，反应中生成的酰胺还可与异氰酸酯反应生成酰基脲。

另外，由于酚中有羟基，所以酚还能与异氰酸酯反应。但由于苯环的共振效应使羟基氧原子的电子云密度降低，所以酚的反应活性很低。但反应中采用叔胺或氯化铝等催化剂，可以加快其与异氰酸酯的反应活性。

三、异氰酸酯与氨基化合物的反应

1. 异氰酸酯与胺的反应

氨基与异氰酸酯的反应是聚氨酯合成中较为重要的反应。含伯氨基及仲氨基的化合物，除具有较大位阻的外，基本都能与异氰酸酯反应，总体上氨基与异氰酸酯的反应比其他活性氢化合物高。异氰酸酯与氨基反应生成取代脲的反应如下：

$$R-NCO + R'-NH_2 \longrightarrow R-\overset{H}{\underset{}{N}}-\overset{\overset{\displaystyle O}{\|}}{C}-NHR'$$

$$R-NCO + \overset{R_1}{\underset{R_2}{\diagup}}N-H \longrightarrow R-\overset{H}{\underset{}{N}}-\overset{\overset{\displaystyle O}{\|}}{C}-NR_1R_2$$

异氰酸酯与氨基化合物的反应活性除了受异氰酸酯结构影响外，还受胺类化合物结构的影响。脂肪族伯胺与异氰酸酯的反应活性相当大，在 25℃下就能和异氰酸酯快速反应，生成脲类化合物，因反应太快而难以控制，脂肪族伯胺很少在合成时使用。

脂肪族仲胺和芳香族伯胺与异氰酸酯反应比脂肪族伯胺慢，芳香族仲胺更慢。对于芳香族胺，若苯环的邻位上有取代基，由于存在空间位阻效应，反应活性要比无邻位取代基的小，其中存在吸电子取代基者使氨基的活性大大降低。而对位存在吸电子取代基的芳胺的活性比无取代基的活性高，这是因为它通过苯环使得氨基的碱性增强，容易失去质子。

常用的二胺化合物是活性较缓和的芳香族二胺，如 3,3'-二氯-4,4'-二氨基二苯甲烷（MOCA），MOCA 的邻位氯原子的空间位阻及电子诱导效应使得 NH_2 的活性较低。

其他具有类似碱性的含氮化合物，如氨水、肼等都容易与异氰酸酯发生反应。氨基酸钠盐也可反应，在较低温度下，羧基不发生反应，也无其他副反应，生成的是脲的衍生物。

2. 异氰酸酯与脲、氨基甲酸酯、酰胺的反应

由于脲基具有酰胺的结构，两个氨基连在同一个羰基上，所以它的碱性比酰胺略强，具有中等反应活性。在 100℃ 以上温度或催化剂作用下，脲可继续与异氰酸酯基反应，生成缩二脲：

$$R{-}NCO + R_1{-}\overset{H}{N}{-}\overset{\overset{O}{\|}}{C}{-}\overset{H}{N}{-}R_2 \longrightarrow R{-}\overset{H}{N}{-}\overset{\overset{O}{\|}}{C}{-}\underset{\underset{R_1}{|}}{N}{-}\overset{\overset{O}{\|}}{C}{-}\overset{H}{N}{-}R_2$$

氨基甲酸酯与异氰酸酯的反应活性比脲基的反应性低，当无催化剂存在时，常温下几乎不反应，一般需在 120～140℃ 才能得到较为满意的反应速率，所得最终产物为脲基甲酸酯：

$$R{-}NCO + R_1{-}\overset{H}{N}{-}\overset{\overset{O}{\|}}{C}{-}O{-}R_2 \longrightarrow R{-}\overset{\overset{O}{\|}}{N}{-}\overset{\overset{O}{\|}}{C}{-}\underset{\underset{R_1}{|}}{N}{-}\overset{\overset{O}{\|}}{C}{-}O{-}R_2$$

酰胺分子中，羰基双键与氨基氮原子形成共轭，使氮原子上的电子云密度降低，从而减弱了酰胺的碱性，因此它与异氰酸酯的反应活性较低，反应产物为酰基脲：

$$R{-}NCO + R'{-}\overset{\overset{O}{\|}}{C}{-}NH_2 \longrightarrow R{-}\overset{H}{N}{-}\overset{\overset{O}{\|}}{C}{-}\overset{H}{N}{-}\overset{\overset{O}{\|}}{C}{-}R'$$

氨基甲酸酯、脲基、酰氨基中仍含有活性氢，可继续与异氰酸酯基反应，生成交联键。但其活性比醇、水、胺、酚等的活性低，大部分叔胺对这两个反应不呈现较强的催化作用，只有在强碱或某些金属化合物的存在下，才具有较强的催化作用。

异氰酸酯与氨基甲酸酯、脲基、酰氨基反应而分别形成脲基甲酸酯、缩二脲、酰基脲，实际上是异氰酸酯与已反应产物发生的加成反应。该反应属交联反应，使聚合物分子链产生支链或交联，少量产生的交联键，可以改善制品的强度及永久变形等性能，因此它是聚氨酯化学反应中非常重要的反应类型。

四、异氰酸酯的自聚反应

异氰酸酯可发生自加成反应和自缩聚，生成各种自聚物，包括二聚体、三聚体、多聚体及碳化二亚胺聚合物等。

1. 自加聚反应

由于亲核催化剂攻击异氰酸酯基中的碳原子，导致异氰酸酯基中氮原子的未共享电子对偏移到氮原子上，形成活性配合物，然后该活性配合物再与另外的异氰酸酯进行加成反应，形成异氰酸酯的聚合体，其反应历程如下：

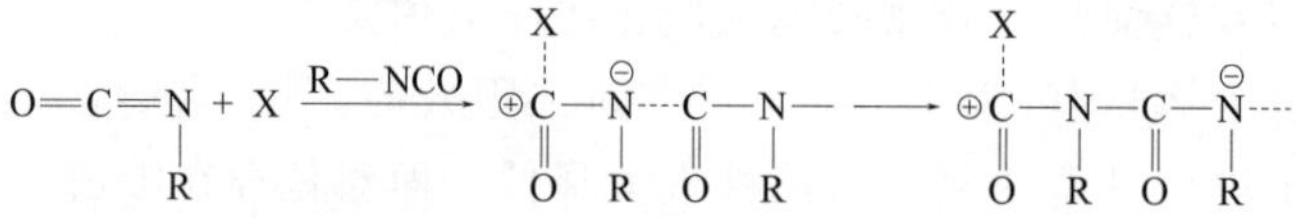

$$O=C=N + X \xrightarrow{R-NCO} \overset{\overset{\ominus}{\underset{O}{\parallel}}}{\overset{\oplus}{C}}-\overset{\overset{|}{\underset{R}{N}}}{N}-\overset{\overset{X}{\underset{O}{\parallel}}}{C}-\overset{\overset{|}{\underset{R}{N}}}{N} \longrightarrow \overset{\overset{\oplus}{\underset{O}{\parallel}}}{C}-\overset{\overset{|}{\underset{R}{N}}}{N}-\overset{\overset{X}{\underset{O}{\parallel}}}{C}-\overset{\overset{|}{\underset{R}{N}}}{N}$$

芳香族异氰酸酯的 NCO 基反应活性高,能生成二聚体、三聚体和多聚体,生成哪种聚合体取决于它在反应到某一时刻的反应速率。

通常只有芳香族异氰酸酯能自聚形成二聚体,自聚速率取决于苯环上取代基的电子效应和空间位阻效应。2,4-TDI 在室温下能缓慢自聚生成二聚体,但无催化剂存在时反应进行得较慢。对于 MDI,即使无催化剂存在,室温下也容易聚合成二聚体,因此要低温保存。2,4-TDI 二聚体是一种特殊的二异氰酸酯产品,使用广泛,制备反应式为:

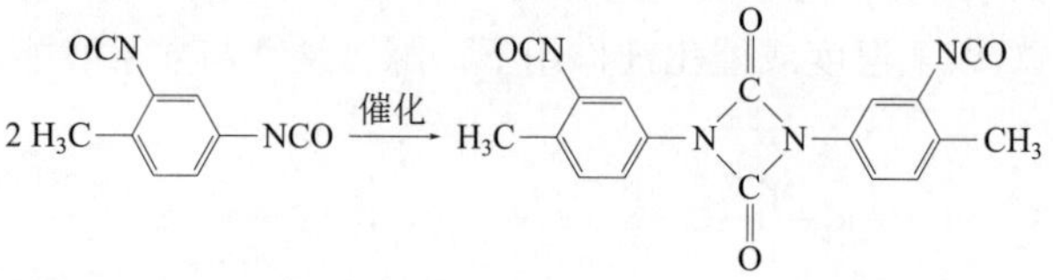

生成的二聚体是一种四元杂环结构,这种杂环称为二氮杂环丁二酮,又称脲二酮。二聚体可在催化剂存在时直接与醇或胺等活性氢化合物反应。芳香族异氰酸酯二聚反应是可逆反应,二聚体不稳定,在加热条件下可分解成原来的异氰酸酯化合物。

芳香族或脂肪族异氰酸酯均能于加热催化时自聚为三聚体,两种或两种以上的异氰酸酯单体在三烷氧基锡催化下可制得混合异氰脲酸酯。三聚反应式为:

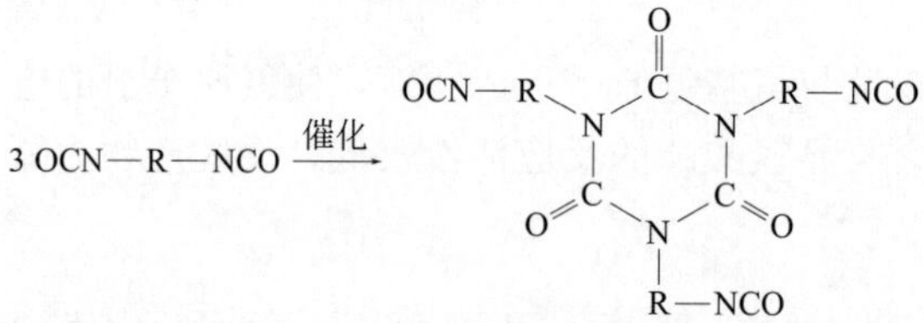

三聚体的核基是异氰脲酸酯六元杂环,在高温下仍然稳定,三聚反应是不可逆反应。和其他异氰酸酯的反应一样,电子效应和空间效应对异氰酸酯的三聚反应有较大的影响。苯环上的吸电子基团能加速三聚反应,而供电子剂则减慢三聚反应,空间效应也强烈地影响三聚反应速率。脂肪族异氰酸酯的三聚能力比芳香族异氰酸酯弱。

2. 自缩聚反应

在有机膦催化剂加热条件下,异氰酸酯可发生自身缩聚反应,生成含碳化二亚氨基($-N=C=N-$)的化合物,该反应是另一重要自聚反应。

单碳化二亚胺在常温下是黄色至棕色液体或结晶固体,可采用单异氰酸酯化合物制备。聚碳化二亚胺常温下为黄色或棕色粉末,一般可由 HMDI、MDI、TDI、IPDI 等二异氰酸酯制备。

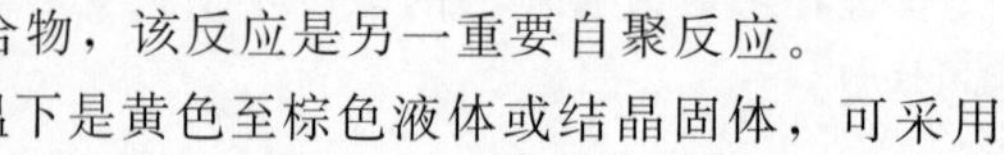

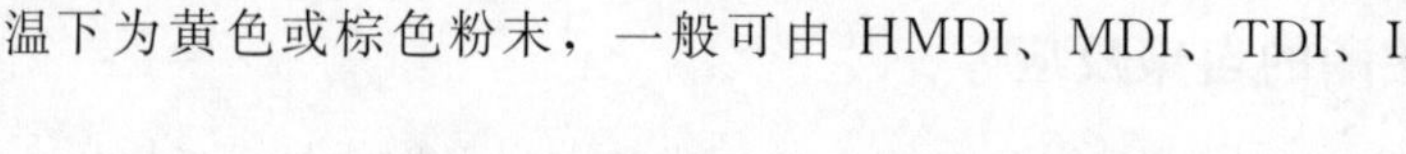

由于碳化二亚胺会与异氰酸酯进行反应生成脲酮亚胺环状物质,可在 NCO 基相邻原子上接一位阻基团以抑制副反应。为了得到贮存稳定性良好的聚碳化二亚胺,可采用两个 NCO 基

团活性不同的二异氰酸酯。

在聚氨酯工业中采用碳化二亚胺有两种方式：一种是碳化二亚胺类添加剂，包括单碳化二亚胺及聚碳化二亚胺，用途是聚酯型聚氨酯弹性体及其他体系的水解稳定剂，增加聚氨酯的水解稳定性；另一种是碳化二亚胺改性二苯基甲烷异氰酸酯，是液化 MDI 的主要品种。

五、异氰酸酯的封闭反应

1. 封闭反应机理

异氰酸酯封闭物就是通过化学方法将活性异氰酸酯基保护起来，使其在常温下失去反应活性。通常利用异氰酸酯可与一些弱反应性活性氢化合物反应，得到封闭型异氰酸酯，其内部形成的化学键相对较弱。使用时加热到一定温度时发生脱封反应，游离出活性异氰酸酯基团发生反应，达到使用目的。这就是"封闭"和"解封"反应，该反应在一定条件下是可逆的。异氰酸酯基的封闭与解封用化学式表示为：

$$R—NCO + BH \rightleftharpoons R—\overset{H}{\underset{\,}{N}}—\overset{O}{\underset{\,}{C}}—B$$

在实际使用中，由于封闭剂的种类及使用环境不同，解封与树脂固化反应往往是同时进行的，从解封到固化目前基本认可两种原理：

$$R—\overset{H}{N}—\overset{O}{C}—B \xrightleftharpoons{\text{加热}} HB + R—NCO \xrightarrow{HA} R—\overset{H}{N}—\overset{O}{C}—A$$

消去-加成解封固化机理

$$R—\overset{H}{N}—\overset{O}{C}—B + HA \xrightleftharpoons{\text{加热}} R—\overset{H}{N}—\underset{OH}{\overset{A}{C}}—B \longrightarrow R—\overset{H}{N}—\overset{O}{C}—A + HB$$

SN₂取代解封固化机理

目前使用的封闭剂主要有酚类、醇类、内酰胺、β-二羰基化合物、肟类、亚硫酸盐类等，大致可分为羟基型、亚氨基型及活泼亚甲基型。

2. 异氰酸酯与酚的反应

酚类化合物与异氰酸酯反应生成氨基甲酸苯酯。该反应与醇类相似，但由于苯环是吸电子基，降低了酚羟基氧原子的电子云密度，所以酚羟基的反应活性较低。异氰酸酯和酚类反应缓慢，通常需加热并催化以加速反应。反应式如下：

$$R—NCO + Ar—OH \rightleftharpoons R—\overset{H}{N}—\overset{O}{C}—O—Ar$$

上述反应是一个可逆反应，在一定条件下反应平衡可向左移动。苯酚或取代酚与异氰酸酯的反应是合成封闭型异氰酸酯的一种重要反应，生成的氨基甲酸酯在室温下稳定，但在150℃左右解封闭。芳香族异氰酸酯与酚的反应产物在 120～130℃ 开始解封，180℃ 以上可解封完全，重新生成异氰酸酯和酚。

若在氨基甲酸芳香族酯中加入脂肪族醇或胺等高活性反应物，封闭物即使在较低的反应温度下也会缓慢的反应，酚类化合物被转换出来。

$$R—\overset{H}{N}—\overset{O}{C}—O—Ar + R'—OH \longrightarrow R—\overset{H}{N}—\overset{O}{C}—O—R' + Ar—OH$$

3. 异氰酸酯与酰胺的反应

异氰酸酯与酰氨基化合物反应形成酰基脲。由于酰氨基中的羰基双键与氨基氮原子的未共享电子对共轭，使得氮原子的电子云密度降低，从而使酰氨基的反应活性较低。与伯氨基化合物相比，酰氨基化合物反应能力较差，一般反应温度需在100℃左右。

异氰酸酯能与酰胺或取代酰胺反应，最常使用的是己内酰胺与异氰酸酯反应生成的封闭体，解封温度160℃左右。

$$R-NCO + \quad \underset{}{\overset{O}{\underset{HN}{\bigcirc}}} \quad \rightleftharpoons \quad R-\overset{H}{\underset{}{N}}-\overset{O}{\underset{}{C}}-\overset{O}{\underset{N}{\bigcirc}}$$

4. 异氰酸酯与其他封闭剂的反应

① β-二羰基-α-氢化合物。活性氢位于两个羰基中间，属于活泼亚甲基，可以与异氰酸酯反应。主要有乙酰乙酸乙酯、乙酰丙酮、丙二酸二乙酯、丙二腈等。丙二酸二乙酯的解封温度在$130\sim140$℃，乙酰丙酮在140℃。

$$\underset{乙酰乙酸乙酯}{H_3C-\overset{}{C}-\overset{H_2}{C}-\overset{}{C}-O-C_2H_5} \qquad \underset{乙酰丙酮}{H_3C-\overset{}{C}-\overset{H_2}{C}-\overset{}{C}-CH_3} \qquad \underset{丙二酸二乙酯}{C_2H_5-O-\overset{}{C}-\overset{H_2}{C}-\overset{}{C}-O-C_2H_5}$$

② 酮肟类化合物。主要是丙酮肟、甲乙酮肟及环己酮肟等。甲乙酮肟的解封温度为$110\sim140$℃，丙酮肟与环己酮肟的解封温度高，超过160℃。

$$\underset{丙酮肟}{\overset{H_3C}{\underset{H_3C}{>}}C=N-OH} \qquad \underset{甲乙酮肟}{\overset{C_2H_5}{\underset{H_3C}{>}}C=N-OH}$$

③ 亚硫酸氢盐。亚硫酸氢钠（$NaHSO_3$）是最常用的封闭剂，异氰酸酯与亚硫酸氢钠的反应式为：

$$RNCO + NaHSO_3 \longrightarrow RNHCOSO_3Na$$

在众多异氰酸酯封闭剂中，亚硫酸盐类的解封闭温度最低，只有$50\sim70$℃，价廉易得，基本上不存在污染问题。

其他封闭剂还有咪唑类化合物、二异丙胺、3,5-二甲基吡唑等。

第三节　聚氨酯合成

一、聚氨酯合成基本方法

聚氨酯的合成工艺比较复杂，其制备过程通常包括低分子量预聚体的合成、扩链反应、交联反应、链终止几部分。

1. 预聚体的合成

预聚体通常是用二异氰酸酯与多元醇进行逐步加成聚合反应而制得，并可根据需要制得不同分子量和不同黏度的预聚体。在制备过程中，又可根据异氰酸酯基与羟基两者摩尔量的

比值 R 不同，制成端基为羟基或者端基为异氰酸酯基的预聚体。其反应方程式如下。

① 异氰酸酯基过量，生成端基为异氰酸酯基的预聚体：

$$OCN{-}R{-}NCO + HO{-}R'{-}OH \xrightarrow{\text{NCO过量}} OCN\sim R{-}\underset{H}{N}{-}\underset{O}{\overset{O}{C}}{-}O{-}R'{-}O{-}\underset{O}{\overset{O}{C}}{-}\underset{H}{N}{-}R\sim NCO$$

端NCO预聚体

② 羟基过量，生成端基为羟基的预聚体：

$$OCN{-}R{-}NCO + HO{-}R'{-}OH \xrightarrow{\text{OH过量}} HO\sim R'{-}O{-}\overset{O}{C}{-}\underset{H}{N}{-}R{-}\underset{H}{N}{-}\overset{O}{C}{-}O{-}R'\sim OH$$

端羟基预聚体

二异氰酸酯与二元醇之间的反应为二级反应，产物取决于原料组分间的摩尔比。R 值的大小控制了预聚体的分子量与端基的结构。从理论上有如下规律：

$R<0.5$，分子不扩链，端基为—OH，存在未反应的游离羟基；

$R=0.5$，分子不扩链，端基为—OH；

$0.5<R<1$，分子扩链，端基为—OH；

$R=1$，无限扩链，端基为—OH 与—NCO；

$1<R<2$，分子扩链，端基为—NCO；

$R=2$，分子不扩链，端基为—NCO；

$R>2$，分子不扩链，端基为—NCO，存在未反应的游离异氰酸酯基；

这样就能通过控制 R 值制备出具有不同分子量和不同端基的预聚体。

预聚体法可以保证多元醇与异氰酸酯的预聚反应平稳彻底进行，包括各种反应活性不同的多元醇，如低反应性聚醚多元醇也能完全反应；也可以有目的地制备某一种特殊链节结构。如果预聚体分子大小相对均匀，分子链分布规律，再与扩链剂反应，这种情况下就比较容易形成大分子的有规律排列。

2. 扩链反应

扩链反应是预聚物通过末端活性基团的反应使分子相互连接而增大分子量的过程。聚氨酯预聚体是低分子量聚合物，必须经过扩链或交联成高分子聚合物才具有优异的物理机械性能。

预聚体端基不同，所用的扩链剂也不同。例如端基为异氰酸酯基的预聚体，通常用小分子二元胺、二元醇等活泼氢化合物扩链。

以二元醇扩链为例，最简单的扩链结构是二醇与端异氰酸酯反应，生成氨基甲酸酯基连接键。如下所示：

$$OCN\sim R{-}\underset{H}{N}{-}\overset{O}{C}{-}O{-}R'{-}O{-}\overset{O}{C}{-}\underset{H}{N}{-}R\sim NCO + HO{-}R''{-}OH \longrightarrow$$

$$OCN\sim R{-}\underset{H}{N}{-}\overset{O}{C}{-}O{-}R'{-}O{-}\overset{O}{C}{-}\underset{H}{N}{-}R{-}NHC{-}O\,\overset{O}{|}$$
$$OCN\sim R{-}\underset{H}{N}{-}\overset{O}{C}{-}O{-}R'{-}O{-}\overset{O}{C}{-}\underset{H}{N}{-}R{-}NHC{-}O\,\overset{O}{|}\,R''$$

实际的扩链过程非常复杂。扩链剂有可能先与游离的异氰酸酯反应，如果预聚体本身就存在分子分布不均等因素，会导致软段与硬段的比例、排列方式、连接点不同，因此经过扩链后分子结构也非常复杂，性能也会发生变化。其基本分子结构可用下式表示：

$$OCN-R-\overset{\text{H}}{\underset{\text{O}}{N}}-\overset{}{\underset{\text{O}}{C}}-O-\boxed{X}-O\left(\overset{}{\underset{\text{O}}{C}}-\overset{\text{H}}{\underset{}{N}}-R-\overset{\text{H}}{\underset{}{N}}-\overset{}{\underset{\text{O}}{C}}-O-R'-O\right)_a\overset{}{\underset{\text{O}}{C}}-\overset{\text{H}}{\underset{}{N}}-R-\overset{\text{H}}{\underset{}{N}}-\overset{}{\underset{\text{O}}{C}}-O-R''-O\Big]_b\Big]_n\text{H}$$

式中，R 为异氰酸酯除—NCO 外的部分；R′ 为多醇中除—OH 外的部分；R″ 为扩链剂中除—OH 外的部分；X 为 R′ 或者 R″。

以二元胺扩链，扩链后生成取代脲基连接键：

$$OCN\!\!\sim\!\!R-\overset{\text{H}}{\underset{}{N}}-\overset{\text{O}}{\underset{}{C}}-O-R'-O-\overset{\text{O}}{\underset{}{C}}-\overset{\text{H}}{\underset{}{N}}-R\!\!\sim\!\!NCO + H_2N-R''-NH_2 \longrightarrow$$

$$OCN\!\!\sim\!\!R-\overset{\text{H}}{\underset{}{N}}-\overset{\text{O}}{\underset{}{C}}-O-R'-O-\overset{\text{O}}{\underset{}{C}}-\overset{\text{H}}{\underset{}{N}}-R-\boxed{NH\overset{\text{O}}{\underset{}{C}}-NH}$$
$$\boxed{R''}$$
$$OCN\!\!\sim\!\!R-\overset{\text{H}}{\underset{}{N}}-\overset{\text{O}}{\underset{}{C}}-O-R'-O-\overset{\text{O}}{\underset{}{C}}-\overset{\text{H}}{\underset{}{N}}-R-\boxed{NH\overset{\text{O}}{\underset{}{C}}-NH}$$

因二胺类反应速率太快，控制困难，因此合成时一般采用小分子二醇作为扩链剂。羟基与异氰酸酯基反应时，形成重复的氨基甲酸酯基，实现聚氨酯分子的增长。扩链后产物取决于异氰酸酯基团和羟基两者摩尔量的比值 R，R 决定了扩链反应的发生与否及反应进行程度。

扩链剂与异氰酸酯共同构成分子中硬段结构。扩链剂的分子量越小，硬链段的凝集力就越强，反之则越弱。与单独使用相比，扩链剂并列使用会导致凝集力下降，尤其是凝集速度显著下降。扩链剂的立体构型对硬段的凝聚速度有着重要影响，如 1,3-丙二醇、新戊二醇、1,5-戊二醇等立体构造面会大幅度降低硬段的凝集。

低分子二元醇类化合物作扩链剂时是逐渐加入的，这样反应平稳，有利于形成硬链段与硬链段及软链段与软链段之间较为有序的排列，大分子间具有较大的相互作用和微相分离程度。

3. 交联反应

交联反应是线型分子链之间进行的化学反应。聚氨酯的交联反应是在加热条件下，通过交联剂与主链上反应基团的作用，在分子链之间形成共价键，使线型聚合物转变为体型网状结构高聚物。交联后产物的性能取决于交联前分子链的长短、交联后交联点的数量与距离、交联基团的性质等因素。通过调整这些因素，可以改善交联后产物的物理机械性能。聚氨酯的交联方法大致有以下三种：交联剂交联、加热交联、氢键交联。目前大多采用既加交联剂又加热的方法实现交联。

（1）多元醇类交联剂的交联反应

多元醇如三元醇、四元醇等均可作为交联剂，常用的三羟甲基丙烷、甘油、季戊四醇、三元醇与氧化丙烯的加合物，在加热的情况下，生成氨基甲酸酯基的支化键而交联。以三元醇为例，它的三个羟基均可与预聚体的 NCO 基反应，以三个氨基甲酸酯键与不同预聚体分子形成连接，基本反应式如下：

$$3\ OCN\!\!\sim\!\!NCO + HO-\overset{\text{OH}}{\underset{}{R}}-OH \xrightarrow{\text{加热}} OCN\!\!\sim\!\!N-\overset{\text{O}}{\underset{\text{H}}{C}}-O-R-O-\overset{\text{O}}{\underset{\text{H}}{C}}-N\!\!\sim\!\!NCO$$

（交联结构含 NCO、NH、O=C 支链）

以上交联预聚体的端 NCO 基仍可与其他二醇或三醇反应，最后形成较大的体型结构。需要指出的是，交联结构属于热固性，很难溶解，通常在合成过程中一般是控制其交联度，避免过度交联而产生超高黏度导致报废。

（2）过量二异氰酸酯的交联反应

该法一般是在制备预聚体时，根据需要加入过量的二异氰酸酯，加热时剩余的异氰酸酯与聚合物中的脲基、氨基甲酸酯基、酰氨基等基团上的活泼氢反应，分别生成缩二脲基、脲基甲酸酯基和酰脲基的交联键。

过量异氰酸基与氨基甲酸酯基进行支化反应：

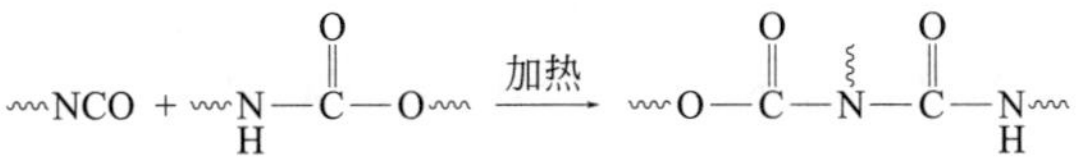

氨基甲酸酯基　　脲基甲酸酯基

过量异氰酸基与脲基反应生成二缩脲，比支化反应更易进行。反应式如下：

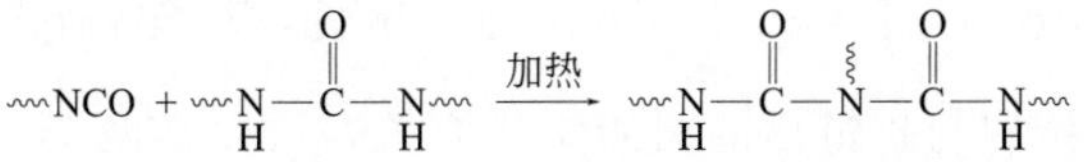

脲基　　缩二脲基

由上述副反应可知，即使双官能度的反应，过量的异氰酸酯存在也可借这些副反应产生支链，甚至形成部分体型结构。但上述交联反应活性较小，一般只有在加热和催化条件下才能发生。

（3）聚合物链段之间的氢键交联

聚氨酯分子链中含有很多脲基、缩二脲基及氨基甲酸酯基，其中羰基上的氧原子由于有活泼的未共享电子对存在，很容易与分子链上半径很小，又没有内层电子的氢原子接近，它们之间以一种很大的静电力相互吸引，形成氢键。

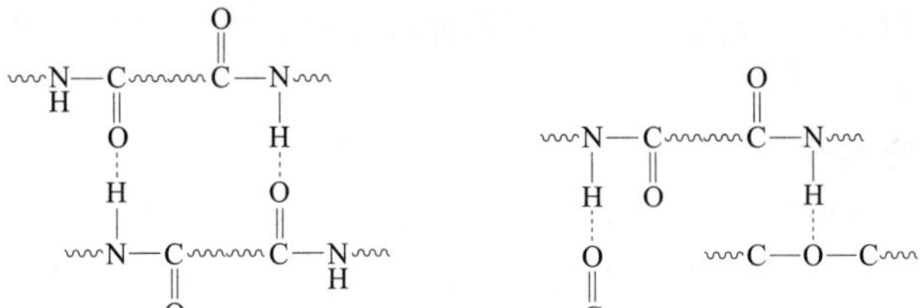

硬段-硬段　　硬段-软段

氢键多存在于硬段之间，聚氨酯中多种基团的亚氨基（NH）能形成氢键，而其中大部分是亚氨基与硬段中的羰基形成的，小部分是亚氨基与软段中的醚氧基或酯羰基形成的。与分子内化学键的键合力相比，氢键是一种物理吸引力，极性链段的紧密排列促使氢键形成，其能量比分子间作用力大，仅次于共价键，所以氢键交联又称为二级交联。在较高温度时，链段接受能量而活动，氢键消失。

氢键起物理交联作用，使聚氨酯弹性体具有较高的强度、耐磨性。氢键越多，分子间作用力越强，材料的强度越高。目前的一液型聚氨酯树脂主要靠分子间氢键交联或大分子链间轻度交联，随着温度的升高或降低，这两种交联结构具有可逆性。

4. 链终止反应

随着扩链反应的进行，体系中羟基和异氰酸酯含量都在不断减少，氨基甲酸酯含量则相应增加。随着分子链的增长，树脂黏度不断增大，达到设定的分子量后，就要终止反应。通常采用的方法是用单羟基醇对分子链进行封端。

单羟基醇一般采用小分子伯醇（甲醇、丁醇等）与聚氨酯分子链上的残留异氰酸酯反应，达到封端结束反应的目的。其分子结构中最后的端基是烷基，例如甲醇的链终止反应如下：

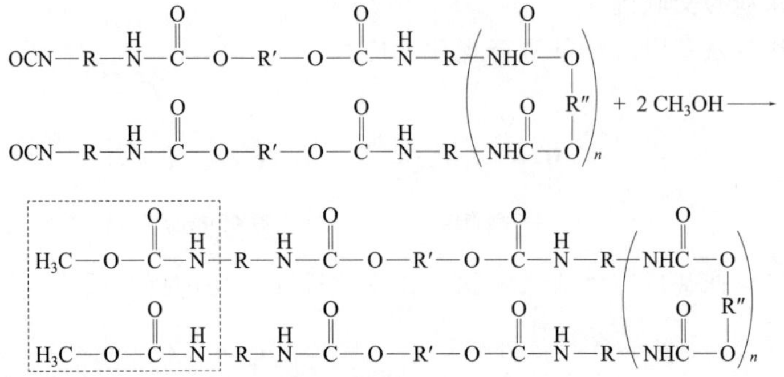

$$
\text{OCN—R—N—C—O—R'—O—C—N—R} \Big(\text{NHC—O} \Big)_n \quad + \ 2\,\text{CH}_3\text{OH} \longrightarrow
$$

$$
\text{H}_3\text{C—O—C—N—R—N—C—O—R'—O—C—N—R} \Big(\text{NHC—O} \Big)_n
$$

甲醇反应后的端基结构与扩链后的树脂结构有关，可以是两个—OCH$_3$，也可以是一个—OCH$_3$与一个—OH，还可以是两个—OH。

单醇加入后，扩链反应终止，树脂反应黏度停止增长，降温进行黏度调整即可出料。未反应的甲醇残存在体系中。单醇的加入要非常谨慎，加入量要控制精确，并根据原料的种类、官能度、分子量控制、水分含量、原料批次等进行调整。

还可以采用二醇进行封端，如1,3-丁二醇，利用其两个羟基的反应活性差异，用伯羟基与残留的—NCO反应，得到端仲羟基结构的树脂，利于进一步进行交联反应。一般二液型树脂合成时采用较多。

二、影响反应的主要因素

在聚氨酯合成过程中，有可能发生各种各样的反应，而且反应的类型和速度不同，这必然会对最终产物的性质产生很大的影响。

1. 异氰酸酯的反应活性

异氰酸酯与活泼氢之间发生的反应是按亲核加成历程进行的。异氰酸酯的反应活性取决于与异氰酸酯基相连基团的电子效应和空间效应。异氰酸酯基连有吸电子基团，则增大反应活性；而引入给电子基团则降低反应活性。常用异氰酸酯的基本规律：

① 芳香族异氰酸酯的反应活性比脂肪族高。苯环吸电高于脂环及烷基，因此 MDI、TDI 反应活性高于 IPDI、HMDI、HDI。

② 位置不同则活性不同。在同一芳香族异氰酸酯中，由于位阻效应，对位上的异氰酸酯基反应速度要比邻位上高5~8倍，2,4-TDI 的反应活性远高于 2,6-TDI，而 MDI 的活性高于 TDI。

③ 在二异氰酸酯中，第一个异氰酸酯基的反应速率都远高于第二个，不论异氰酸酯在哪个位置上。反应初期，两个—NCO 之间可以发生诱导效应，使其反应活性增加。反应后期，已经形成的氨基甲酸酯基则成为另一个—NCO 的位阻。

2. 多元醇对反应的影响

多元醇是制备聚氨酯的主要原料，其种类和性能影响聚合反应。多元醇主要有聚酯二醇、聚四氢呋喃醚二醇、普通聚醚二醇等，其反应羟基有伯羟基与仲羟基两种，另有小分子二醇作为扩链剂，其反应方式与聚醇类似。基本规律如下：

① 同等条件下，长链聚醇与二异氰酸酯的反应速率比低分子二元醇要快。如聚己二酸乙二醇酯二醇的反应速率是 1,4-丁二醇的 4 倍。若分子中引入不饱和碱，其反应速率也会下降。

② 相同羟值和官能度的二醇，聚酯二醇的反应速率最快，对应的预聚体黏度偏高。聚四氢呋喃醚二醇的反应速率略慢一点，与聚酯的相当，而聚丙二醇和聚乙二醇的反应速率要慢很多，相差约 10 倍。

③ 对同类型聚二元醇，分子量越大，反应速率越低。如分子量为 600 的聚丙二醇的反应速率是 2000 分子量的 2 倍。

④ 对于相同羟值和官能度的多元醇而言，伯羟基与异氰酸酯的反应速率比仲羟基高很多。分子结构中含有的伯羟基比例越高，合成时反应速率越快。

⑤ 同分子量的情况下，多官能醇的反应速率与聚醚二醇差不多，远低于聚酯二醇与聚四氢呋喃醚二醇。

不同种类多元醇对聚合反应速率影响不同，因此在制备时必须对所选择的多元醇结构进行必要的了解和分析，从而有针对性地确定其反应温度和反应时间等反应条件。

除了以上结构差异的影响，聚醇与异氰酸酯的反应速率在很大程度上取决于聚醇的纯度。纯度越高，反应速率越快。因此采用极少量催化剂和高纯度的聚醇，在聚氨酯合成中非常重要，最重要的控制指标是酸值和水分。

聚醇的酸值会影响到与异氰酸酯的反应性。酸值体现了残留的端羧基的量，端羧基与异氰酸酯反应生成酰胺，会造成链的终止，同时酸会对反应催化产生不良作用，而且降低制品的耐水解性能。

对于聚氨酯反应来说，反应体系中水分含量是必须严格控制的。水分含量高反应速率会增加，特别是在催化剂存在时，异氰酸酯与水的反应会加速进行。水与异氰酸酯反应活性虽然比伯羟基低，却与仲羟基相当，会生成不稳定的氨基甲酸，氨基甲酸容易再分解成二氧化碳和胺。在预聚体中，水分还会降低预聚体中—NCO 的含量。

水分的来源主要是聚醚/聚酯多元醇或其他醇类原料中所含的水分及空气中的潮气。反应器具中残酸酯发生反应，首先生成脲基，使得预聚体的黏度增大；其次，以脲为支化点进一步与异氰酸酯反应，形成缩二脲发生凝胶，导致预聚体黏度增大，流动性变差，难以与扩链剂混合均匀，最终影响产品的力学性能。因此为了降低水分对预聚体的影响，必须严格控制基础原料的含水量。

3. 催化剂的影响

催化剂可降低反应活化能，加快反应速率，控制副反应。在聚氨酯的聚合反应中，为了使体系内的两个或多个活性相差很大的活泼氢化合物都能加速到一定水平，需要采用一些选择性很强的催化剂。聚氨酯合成采用的催化剂按化学结构类型基本可分为叔胺类催化剂和金属烷基化合物类两大类。

目前关于催化反应的理论很多，较公认的机理是：异氰酸酯受亲核的催化剂进攻，生成中间配合物，再与羟基化合物反应。一般来说，金属化合物催化剂对—NCO 与—OH 的催化活性比—NCO 与水的反应要强。而叔胺对—NCO 与水的催化活性影响要大于—NCO 与—OH 的催化活性。作为促进聚氨酯链增长反应，金属化合物要比叔胺高出上百倍。

有机金属类催化剂对凝胶反应的选择性催化效果明显，主要有铋、铅、锡、钛、锑、汞、锌等金属烷基化合物。有机锡类如辛酸亚锡（T-9）和二月桂酸二丁基锡（T-12）使用最广泛，促进异氰酸酯基与羟基反应很有效，对芳香型与脂肪型异氰酸酯与羟基的反应都有很好的催化效果，但对水与异氰酸酯的反应也有一定的加速作用。

随着环保与安全要求的提高，有机锡、铅、汞等催化剂使用受到一定限制，现欧盟已经立法禁用。有机铋类是目前新兴的环保型催化剂，该类催化剂活性虽不及有机锡，但是无毒环保，能提供羟基反应，降低与水反应的选择性。

同类催化剂的催化效果相差很大。有机金属类中辛酸铅的效率最高，它能使反应体系的黏度在初期迅速增高，而环烷酸锌的效率则相对低；二价有机锡（辛酸亚锡）的催化效能高于四价锡（二月桂酸二丁基锡）。同一催化剂对不同异氰酸酯的活性也是不同的，如环烷酸锌对 HDI 的催化效率是对 TDI 的 6 倍。

需要指出的是，催化效果不是越快越好，而是根据不同要求确定催化效果。如辛酸铅催化速度很快，但会加速异氰酸酯与氨基甲酸酯的反应，形成交联，这是一液型树脂不需要的副反应，但对二液型树脂来说，交联是其形成高分子的关键。

另外，催化剂的浓度增加，则反应速率加快；两种不同的催化剂复合，催化活性比单一催化剂要高很多。催化反应是一个复杂反应，要根据具体的反应体系、反应类型、催化剂活性、成品要求、使用环境等进行调整。

聚氨酯反应所用的催化剂，由于特性不同，促进链增长与交联的能力也不同。因此，催化剂除了影响反应速率外，还密切影响反应混合物的流动性、平行反应的相对速率和固化物的物理机械性能。所以，由于催化剂种类与用量不同，即使在配方中其他组分相同的情况下，也会引起上述诸因素的不同，从而导致材料力学性能的差别。因此在同等用量的情况下，活性高的催化剂对微观结构的影响要高于活性低的催化剂，反映在宏观上即相应性能的变化幅度也较大。

4. 温度的影响

反应温度是聚氨酯树脂制备中一个重要的控制因素。合成过程中，温度不仅对反应速率有很大影响，而且对最终聚合物的结构与性质也有很大影响。

通常情况下，异氰酸酯与各类活性氢化合物的反应速率都是随着反应温度的升高而加快。但当反应温度达到 140℃ 时，所有的反应速率都几乎趋向一致。

当处于 130℃ 以上时，异氰酸酯基团与氨基甲酸酯或脲键反应，产生交联键，且在此温度以上所生成的氨基甲酸酯、脲基甲酸酯或缩二脲不是很稳定，可能会分解。

在相同反应温度下，随反应时间的延长，产物的黏度增加，—NCO 质量分数降低，到一定程度其变化趋于平缓。而长时间的加热状态下会导致物料的黄变。所以，当产物的黏度及—NCO 质量分数达到要求，就应及时降温终止反应。

对于常见的聚醚多元醇、聚酯多元醇、聚四氢呋喃多元醇等制备 MDI 型聚氨酯，温度低于 70℃ 则反应不充分，尤其扩链反应会不完全，分子量与黏度偏小，—NCO 残留高于理论值。温度高于 100℃，预聚反应后生成的部分氨基甲酸酯在催化作用下进一步与未反应的—NCO 发生交联反应，生成脲基甲酸酯支链，得到超高分子量的聚氨酯，甚至发生凝胶现象，体系黏度也会相应偏高。在 80~90℃ 的反应温度下，实验值基本与理论值吻合或稍微偏低，因为 MDI还会发生二聚、三聚以及与水等的副反应而消耗掉一部分 MDI，此温度能保证反应顺利进行。

三、聚氨酯树脂合成工艺

合成革所用聚氨酯从使用上可分为干法和湿法两大类，从合成角度可分为一液型与二液型两种。湿法树脂均为一液型，干法树脂分为一液型与二液型两种。一液型为反应结束的树脂，而二液型是预聚体，在使用时需要加入交联剂继续反应。

合成革用聚氨酯树脂通常称为聚氨酯浆料，其反应通常是在溶剂存在下的溶液反应。溶液法的优点是反应平衡缓慢易控制；均匀性好；获得线型结构的聚氨酯；能够更准确地控制分子量大小、交联度、分子的排列等。缺点是反应时间长；对溶剂纯度要求高，要求不含水、醇、胺、碱等杂质，否则可能产生副反应。

溶液聚合法一般分为一步法和预聚法。一步法就是将多元醇、异氰酸酯、扩链剂及助剂混合均匀，升温后逐步加成聚合生成聚氨酯树脂。预聚法是先使多元醇与异氰酸酯进行反应，生成具有端羟基或端异氰酸酯基的预聚体，预聚体再进行扩链反应，生成高分子量的聚氨酯树脂。

1. 一步法聚合

一步法工艺合成曲线如图 3-1 所示。反应过程如下：

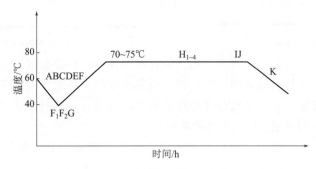

图 3-1　聚氨酯一步法合成曲线

① 按设计量在 60℃ 时依次将溶剂、多元醇、扩链剂、催化剂、助剂等加入到反应釜中，并进行充分搅拌，使之混合均匀。

② 降温至 40℃，加入计量的异氰酸酯、抗热氧化剂和阻聚剂。

③ 升温至 70～75℃，并保持恒温反应。随着反应的进行，树脂黏度不断增大，分批加入溶剂进行稀释。

④ 聚合反应达到要求后，加入链终止剂进行封端，结束反应。加入溶剂调整体系黏度，使之达到使用要求。

⑤ 降温，加入一定助剂，排料。

合成过程用到的原料如表 3-2 所示。在这些原料中，多元醇与 MDI 构成分子的主体，1,6-HD 与 EG 作为二醇扩链剂；DMF 作为高聚物的溶剂存在，不参与反应；BHT 是抗热氧化剂；而磷酸是阻聚剂，控制副反应发生；二乙基乙醇胺可与—NCO 反应，是反应的链终止剂；苹果酸（2-羟基丁二酸）的作用是防止树脂过度降黏。

表 3-2　聚氨酯合成投料表

序号	原料名称	序号	原料名称
A	DMF	F_2	H_3PO_4
B	多元醇	G	MDI
C	1,6-HD	$H_{1\sim4}$	DMF（×4）
D	EG	I	DMF
E	催化剂	J	二乙基乙醇胺
F_1	BHT	K	苹果酸

在反应设计上，一步法通常将—NCO/—OH设定在1.01～1.03/1，—NCO稍微过量。多元醇、扩链剂同时与异氰酸酯反应，即预聚与扩链同步进行。从理论上说，由于—NCO/—OH接近1，对异氰酸酯来说，在一个—NCO与—OH反应生成氨基甲酸酯基团后，另一个—NCO的反应活性就下降，因此反应初期大量存在的应是一个端羟基和一个端—NCO的分子，即：

A型　　　　　B型　　　　　异氰酸酯　多醇　　扩链剂

随着反应的进行，其端羟基和端—NCO基互相反应，形成的结构也复杂很多，形成的结构与各自的反应活性、分子量大小及多醇与扩链剂的比例有很大关系。

A-A型　　　　　　　B-B型　　　　　　A-B型

以上三种类型再继续混合反应，可生成更多的种类：可以生成类似预聚体型的结构，如A-A型与A-B型结合；也可以生成连续的硬段结构，如B-B型与B-B型反应。

A-A---A-B　　　　　　　　　B-B---B-B

类似预聚体型的结构是反应所需要的，但连续的硬段结构会形成偏分子排列，分子内会发生对于溶剂的溶解性相差很大的部分，使成膜膨润变形，也会影响其相分离形态，从而影响树脂的物理机械性能。如果是几种多醇和扩链剂同时反应，则其复杂程度更高。反应到最后，形成各种复杂结构的端NCO基团的树脂。

一步法降低了成本，增加了反应速率，但一步法聚合基本是无规则的反应，生成物复杂。一步法的生成物可通过原料性能、比例、条件等进行方向性调控，如控制反应温度相对较低，有利于反应的平稳进行，防止爆聚以及软硬段的排列。

2. 预聚法聚合

预聚法工艺合成曲线如图3-2所示，合成过程所需原料如表3-3所示。

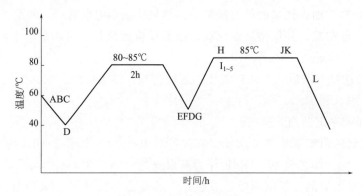

图3-2　聚氨酯合成曲线

表3-3　聚氨酯合成投料表

序号	原料名称	序号	原料名称
A	DMF	G	BHT
B	多元醇	H	增黏剂
C	H_3PO_4	$I_{1\sim5}$	DMF
D	MDI	J	DMF
E	DMF	K	甲醇
F	EG	L	苹果酸

其反应过程如下：

① 按设计量在 60℃ 时依次将溶剂、多元醇、催化剂、助剂等加入反应釜中，并进行充分搅拌，使之混合均匀。

② 降温至 40℃，加入计量的异氰酸酯。

③ 升温至 80℃ 左右，并保持恒温反应 2h。随着反应进行，树脂黏度不断增大，直到黏度达到一个基本稳定值，预聚反应结束。

④ 加入溶剂和扩链剂后，降低温度，加入计量的异氰酸酯。

⑤ 升温到 85℃ 左右，持续反应 2h，视黏度增长补充溶剂。

⑥ 扩链反应达到要求后，加入溶剂和链终止剂，反应结束。

⑦ 降温，加入一定助剂，排料。

在该反应中，多元醇与异氰酸酯首先进行反应，由于体系中—NCO 过量，因此反应生成的预聚体为轻度扩链的端—NCO 结构，分子量不太大，分子结构为规律的软硬段相间结构。

预聚体的反应程度是由异氰酸酯与多元醇的 R 值决定的。如果—NCO 过量较少，形成的"异氰酸酯-多醇"链节比较长，则预聚体分子量就比较大。如果做较硬的品种，通常异氰酸酯过量较大，则预聚体自身扩链度就小，超过 2 的话，理论上就不扩链了，每个多醇分子两端连接一个端异氰酸酯，还可能存在游离状态的—NCO。

作为聚氨酯浆料来说，更多是通过多醇分子量大小来调节软硬段比例，因此预聚体基本都是轻度扩链。基本结构如下：

后期通过加入扩链剂，使端基的—NCO 反应，形成高聚物。从理论上说，扩链剂加入后，首先将两个预聚体分子连接起来，形成端—NCO 的较大的分子，然后再继续把较大分子连接，形成更大的分子，直到形成所需的分子量。基本结构如下：

链段中的硬段有两类，一种是异氰酸酯独自形成的，来自预聚体；另一种是异氰酸酯与小分子扩链剂共同形成的，来自扩链反应。对于这两种硬段的比例，在同等 R 值时，即结合浓度相同时，多醇与扩链剂所提供羟基的比例直接影响反应物的结构与性能。

以上反应的预聚体中异氰酸酯过量，生成端—NCO 的结构，通常也称为 NCO 过量法。还有一种方法是 NCO 欠量法，即生成端羟基的预聚体，再进行扩链反应。其基本投料方法与过量法类似，反应的基本曲线如图 3-3 所示，用到的原料如表 3-4 所示。

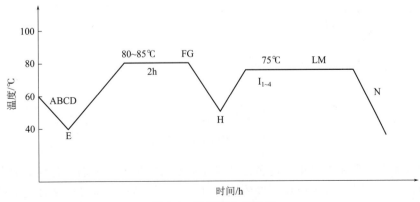

图 3-3　聚氨酯合成曲线

表 3-4 聚氨酯合成投料表

序号	原料名称	序号	原料名称
A	DMF	G	1,4-BG
B	多元醇	H	MDI
C	BHT	$I_{1\sim4}$	TOL（×4）
D	H_3PO_4	L	DMF
E	MDI	M	甲醇
F	DMF	N	DMF

该反应是先生成端羟基的预聚体，为保证预聚体反应的均匀性，通常将—NCO/—OH设定在0.75/1，因此生成的预聚体为轻度扩链的端羟基结构。从理论上说，该反应生成的预聚体结构为：

后期通过加入扩链剂与MDI，较均匀地接到预聚体羟基两端。在后加入的扩链剂与MDI中，—NCO是过量的，因此理论上首先是扩链剂与游离—NCO的反应：

该反应物与预聚体进行扩链反应，并继续反应下去：

通常—NCO/—OH设定在0.99/1，保证生成足够的分子量，后期可通过补充加入MDI的方式进行黏度调整。

两步法反应温度相对较高，有利于预聚体的形成及扩链反应的进行，两步法的优点是分子可控性强。

3. 二液型树脂

二液型聚氨酯树脂是在一个分子中最少有两个羟基的聚氨酯树脂。它需要与末端有异氰酸基的架桥剂混合，在加热或催化时进行反应。其基本反应曲线如图3-4所示，合成过程用到的原料如表3-5所示。

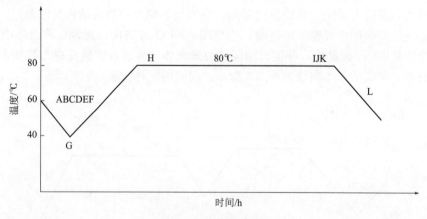

图 3-4 聚氨酯合成曲线

二液型聚氨酯树脂基本是由长链多醇和异氰酸酯反应生成的末端含有羟基的聚合物。其合成方法可以用一步法，也可以用预聚体法；可以是直链结构，也可以是带支链的结构，根据产品的用途而定。

表 3-5 聚氨酯合成投料表

序号	原料名称	序号	原料名称
A	甲苯	G	TDI-80
B	多元醇	H(×3)	辛酸亚锡
C	扩链剂	I	甲苯
D	H_3PO_4	J	MEK
E	BHT	K(×4)	1,3-BG
F	辛酸亚锡	L	甲苯/MEK

如果是预聚体法，基本上是 TDI 与多醇、TMP 预先混合反应，再用 EG、1,4-BG、MDA 等扩链，最后用 1,3-BG 封端。预聚体法通常 R 值设定接近 1，最后得到的是仲羟基封端产物，常用于快速固化产品。一步法是最常用的，包括增黏和封端两步。首先将 TDI、多醇、扩链剂一起反应，最后用 1,3-BG 封端，利用 TDI 两个 NCO 反应活性的差异进行控制，R 一般设定在 0.95~0.96。

二液型树脂的基本结构为：

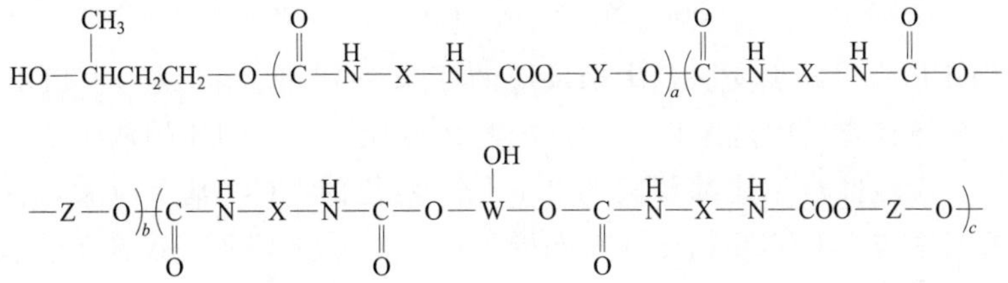

二液型树脂使用的异氰酸酯主要是 TDI，使用的多醇是共缩合聚酯多醇。由于分子量低，二液型树脂的性质极易受长链多醇自身性质的影响，结晶性高的聚酯多醇会形成硬膜，影响合成革的手感。

除特别要求外，一般不使用或少量使用链伸长剂，可根据需要将低分子量多醇作为链伸长剂使用。作为能够保持稳定溶液状态的聚氨酯树脂，一般二液型聚氨酯树脂的分子量要比一液型聚氨酯树脂小。因此，作为链伸长剂的一部分，少量使用三官能团的三羟甲基丙烷可提高架桥效率，提高初期黏着力。

二液型树脂在低极性溶剂中反应溶解，如甲苯、MEK 等，不包含像 DMF 那样本身具有催化作用的溶剂，需要加入催化剂。因为辛酸亚锡在聚氨酯树脂溶液中分解失去催化机能，因此反应中要分段加入。

二液型树脂的增黏停止剂与一液型不同，一液型采用甲醇在分子末端封锁，而二液型分子末端还需要有羟基，因此必须是 2 官能团，并且两个羟基的反应性不等。在二液型树脂的制造中采用 1,3-BG 作为增黏停止剂。

4. 二液型聚氨酯树脂交联剂

二液型聚氨酯树脂分子量低，本身缺乏凝集力，单独很难成膜，需要与交联剂配合使用，进行二次反应。使用的交联剂为一般是平均官能度约为 3 的低分子量聚异氰酸酯。如交联剂 NX，是在三羟甲基丙烷（TMP）和 1,3-BG 所构成的多醇中增加了 2,4-TDI（TDI-100S）的聚异氰酸酯的醋酸乙酯溶液，其反应物为混合物，反应式如下：

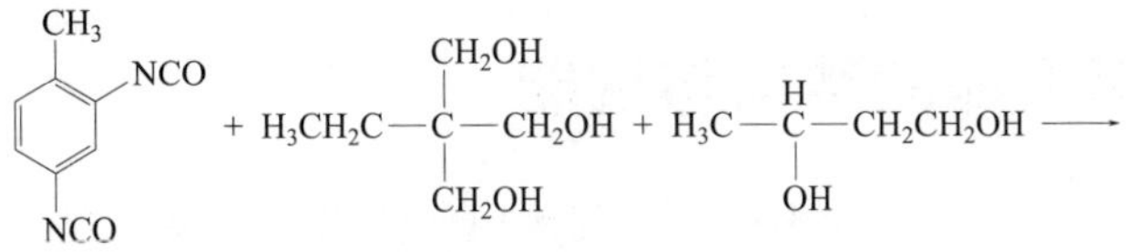

$$OCN-X-\overset{\text{H}}{\underset{|}{N}}-COO-W-OOC-\overset{\text{H}}{\underset{|}{N}}-X-NCO \qquad (A)$$

$$OOC-\overset{\text{H}}{\underset{|}{N}}-X-NCO$$

$$OCN-X-\overset{\text{H}}{\underset{|}{N}}-COO-Z-OOC-\overset{\text{H}}{\underset{|}{N}}-X-NCO \qquad (B)$$

$$OCN-X-\overset{\text{H}}{\underset{|}{N}}-COO-W-OOC-\overset{\text{H}}{\underset{|}{N}}-X-NCO$$

$$OOC$$
$$|$$
$$NH$$
$$|$$
$$X \qquad (C)$$
$$|$$
$$NH$$
$$|$$
$$COO$$

$$OCN-X-\overset{\text{H}}{\underset{|}{N}}-COO-W-OOC-\overset{\text{H}}{\underset{|}{N}}-X-NCO$$

$$OCN-X-\overset{\text{H}}{\underset{|}{N}}-COO-W-OOC-\overset{\text{H}}{\underset{|}{N}}-X-NCO$$

$$OOC-\overset{\text{H}}{\underset{|}{N}}-X-\overset{\text{H}}{\underset{|}{N}}-COO-Z-OOC-\overset{\text{H}}{\underset{|}{N}}-X-NCO \qquad (D)$$

使用 2,4-TDI 是为了减少交联剂中未反应的 TDI 残留量。未反应的 TDI 不但对交联效率有影响,而且分散在空气中危害作业人员的身体健康。2,4-TDI 的两个 NCO 基的反应性不同。常温下的反应活性对位比邻位高约 2.5 倍。对位的 NCO 基反应后,邻位的 NCO 基和伯羟基反应的概率与 2,6-TDI 相比(在同样条件下)低约 40%,这样未反应的 TDI 很少。因此,反应状态应采取往 TDI 中滴加多元醇的形式,同时注意反应的放热。如果向多元醇中滴加 TDI,那么在初期两个 NCO 基反应,到后期的 TDI 全部不反应。

多元醇的使用原则通常是三官能度与二官能度醇混合使用,伯羟基与仲羟基混合使用。最常用的三官能醇是三个伯羟基的三羟甲基丙烷,二官能醇一般是一个伯羟基一个仲羟基的 1,3-丁二醇。利用对位与邻位 NCO 与不同的羟基的反应活性,可使三羟甲基丙烷结晶性弱,提高生成物的溶液稳定性。

二液型聚氨酯树脂与交联剂的反应主要是羟基与 NCO 基的反应,生成线型与网状的分子。另外,氨基甲酸酯与 NCO 基的网状化反应也是重要因素。由于交联剂对聚氨酯树脂的羟基形成了数倍过剩的配方,网状结合容易形成,促进网状化一般使用作为碱性物质的叔胺。二液型树脂中作为链伸长剂的 N-甲基乙二醇在分子内也起了架桥促进剂作用。

交联剂的使用量和使用条件对最终的皮膜性能有非常大的影响。随着交联剂添加量的增加,聚氨酯皮膜变硬,抗张力增加,伸长度下降,但是添加超过一定量抗张力反而会下降。二者配比形成最平衡的配方可作为标准配方,这要通过大量实验和经验确定。另外还要考虑二液型聚氨酯树脂的种类、交联剂种类、气温温度等季节因素、加工条件、熟成条件等。通常交联剂和二液型聚氨酯树脂的 NCO 基:OH 基当量比不是 1:1,而是 3~5:1,NCO 基过剩。该条件不是一成不变的,如使用时有吸湿现象,则应适当提高交联剂用量,防止强度下降和手感变化。

第四节 聚氨酯的结构与性能

聚氨酯是一种复杂结构的嵌段聚合物,其使用性能最终取决于聚合物自身的分子结构,而分子结构主要取决于原材料的分子结构、反应特性及对反应条件的控制。

硬链段和软链段及其特性基团是决定聚氨酯性能的主要因素。多醇链段是软链段，含有较大软链段的聚氨酯具有良好的柔软度、弹性、挠曲性和较低的玻璃化转变温度；低分子二醇与异氰酸酯构成硬链段，提高硬链链节的比例有利于提高其熔点、玻璃化转变温度、硬度和强度。

影响聚氨酯性能的主要因素有软硬段种类、化学组成、链的长度、链的刚性、交联程度、支化程度、链间力等。

一、软链段对性能的影响

软链段的长链多元醇占一液型聚氨酯树脂的 60%～80%，占二液型聚氨酯树脂的 70%～90%，其种类、组成及分子量对聚氨酯树脂的弹性、力学、耐水解、低温性能等有着很大影响。作为长链的多元醇，通常使用聚酯多醇及聚醚多醇。

代表性的聚醚多醇有聚乙二醇（PEG）、聚丙二醇（PPG）及聚四氢呋喃醚二醇（PTMG）。常用聚醚与聚酯产品的性能比较如表 3-6 所示。

表 3-6　不同多醇产品性能表

种类	价格	耐光性	耐热性	耐水解	抗张强度	撕裂强度	耐折性	耐膨润变形性
聚酯	○	◎	◎	△	◎	◎	○	○
PEG	○	×	×	○	○	○	○	×
PPG	◎	×	×	○	×	×	○	×
PTMG	×	○	△	◎	○	◎	◎	×

注：×代表差；△代表一般；○代表良好；◎代表优异。下同。

对于聚酯多醇的酸成分，理论上二元酸都可以使用，但芳香族、脂环族系过硬，起不到软链段作用，因此一般不使用。其醇成分也是同样，聚酯多醇的正醇类成分一般使用碳数为2～6个。在脂肪族二元酸中，己二酸价格最低，并且性能平衡良好，大部分用在聚酯多醇上。脂肪族系聚酯多醇中的二元酸或正醇，以己二酸为基础的聚酯多醇的成分种类和特性关系大致如表 3-7 所示。

表 3-7　不同聚酯多醇产品性能表

特性	价格	溶解性	耐溶剂性	结晶性	耐水解性	颜料相容性	耐膨润变形性
乙二醇	◎	×	◎	○	×	×	×
二甘醇	◎	△	○	×	×	×	×
1,4-丁二醇	△	○	△	○	○	○	○
新戊二醇	○	○	×	×	○	○	◎
1,6-己二醇	×	◎	×	○	◎	○	◎

一般情况下聚酯型聚氨酯比聚醚型聚氨酯具有更好的物理机械性能，而聚醚型具有更好的耐水解性和低温柔顺性能。聚酯多醇制成的聚氨酯含极性大的酯基，这种聚氨酯内部不仅硬段间能够形成氢键，而且软段上的极性基团也能部分地与硬段上的极性基团形成氢键，使硬相能更均匀地分布于软相中，起到弹性交联点的作用。一般来说，聚醚型聚氨酯，由于软段的醚基较易旋转，具有较好的柔顺性和玻璃化转变温度，因而低温使用范围更广。聚醚中不存在相对易于水解的酯基，因此聚醚型聚氨酯的耐水解性比聚酯型好。聚醚软段的醚键的 α 碳容易被氧化，形成过氧化物自由基，产生一系列的氧化降解反应。

聚酯型聚氨酯的强度、耐油性、热氧化稳定性比 PPG 聚醚型的高，但耐水解性能比聚醚型的差。聚四氢呋喃（PTMG）型聚氨酯，由于 PTMG 规整结构，易形成结晶，强度与聚酯型的不相上下。

聚酯多醇可以与聚醚多醇可配合使用，具有较高的搭配自由性，对聚氨酯树脂的分子结构设计极为有利。两种多醇并用时，结晶性下降，柔软耐折性提高，但是耐膨润变形性下降，表面滑性降低。

软段的分子量对聚氨酯的力学性能有影响。一般来说，假定聚氨酯分子量相同，其软段若为聚酯，则聚氨酯的强度随聚酯二醇分子量的增加而提高；若软段为聚醚，则聚氨酯的强度随聚醚二醇分子量的增加而下降，不过伸长率却上升。这是因为聚酯型软段本身极性就较强，分子量大则结构规整性高，对改善强度有利；而聚醚软段极性较弱，若分子量增大，则聚氨酯中硬段的相对含量就减小，强度下降。

二、硬段对性能的影响

聚氨酯的硬段由异氰酸酯与扩链剂组成。硬段结构基本上是低分子量的聚氨酯基团，含有芳基、氨基甲酸酯基、取代脲基等强极性基团。这些基团的性质在很大程度上决定了主链间相互作用以及由微相分离和氢键作用带来的物理交联结构。提高硬链链节的比例有利于提高其熔点、玻璃化转变温度、硬度和强度，但其弹性和溶解度会相对降低。

异氰酸酯的结构影响硬段的刚性。芳族异氰酸酯分子中存在的刚性芳环，以及生成的氨基甲酸酯赋予聚氨酯较强的内聚力。芳香族异氰酸酯制备的聚氨酯由于硬段含刚性芳环，因而使其硬段内聚强度增大，强度比脂肪型聚氨酯大。对称二异氰酸酯可使聚氨酯分子结构规整有序，促进聚合物的结晶，所以对称结构的 MDI 比不对称的二异氰酸酯 TDI 合成的聚氨酯的内聚力大，模量和撕裂强度等物理机械性能高。脂肪族聚氨酯则不会泛黄。在耐久性方面，芳香族芳环上的氢较难被氧化，因此比脂肪族聚氨酯抗热氧化性能好。但脂肪族聚氨酯在柔性及抗黄变性能方面则优于芳香族聚氨酯。

扩链剂对聚氨酯性能也有影响。含芳环的二元醇与脂肪族二元醇扩链的聚氨酯相比有较好的强度和硬度。同类脂肪族二元醇相比，短链的刚性高于长链的，直链的高于支链的。二元胺扩链剂能形成脲键，脲键的极性比氨酯键强，因此二元胺扩链的聚氨酯比二元醇的具有较高的机械强度、模量、黏附性、耐热性，并且还有较好的低温性能。

硬链段通常影响聚合物的软化熔融温度及高温性能。由异氰酸酯反应形成的几种键基团，其热稳定性顺序如下：

脲基＞氨基甲酸酯基≫脲基甲酸酯基、缩二脲基

所以在聚氨酯的热分解过程中，首先是脲基甲酸酯基、缩二脲基交联键断裂，然后才是氨基甲酸酯基和脲基键的断裂。

氨酯键的热稳定性随着邻近氧原子、碳原子上取代基的增加及异氰酸酯反应性的增加或立体位阻的增加而降低。并且氨酯键两侧的芳香族或脂肪族基团对氨酯键的热分解性也有影响，稳定性顺序如下：

R—NHCOOR＞Ar—NHCOOR＞R—NHCOOAr＞Ar—NHCOOAr

三、聚氨酯的形态结构

聚氨酯的特殊性能受大分子链形态结构的影响，在很大程度上取决于软硬段的相结构及微相分离程度。硬段相区对材料的力学性能，特别是拉伸强度、硬度和抗撕裂强度具有重要

影响，软段相区主要影响材料的弹性及低温性能。

强极性和刚性的氨基甲酸酯基等基团由于内聚能大，分子间可以形成氢键，聚集在一起形成硬段微相区，室温下这些微区呈玻璃态次晶或微晶。极性较弱的聚醚链段或聚酯等链段聚集在一起形成软段相区。其相分离结构如图 3-5 所示。

由于硬段与软段热力学不相容，二者虽然有一定的混溶，但硬段之间的链段吸引力远大于软段之间的链段吸引力，硬相不溶于软相中，而是分布其中，形成一种不连续的微相结构，并且软段微区与硬段微区表现出各自的玻璃化转变温度。硬段的晶区在软段中起物理交联点的作用，硬段微区与软段存在氢键等形式的结合，起到活性填料的作用，这种微相结构提高了体系的强韧性、耐温性和耐磨性能。

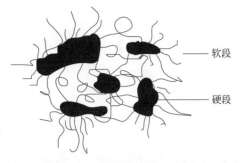

图 3-5 聚氨酯相分离示意图

聚氨酯中能否发生微相分离、微相分离的程度、硬相在软相中分布的均匀性都直接影响树脂的力学性能。影响聚氨酯微相分离的因素很多，包括软硬嵌段的极性、分子量、化学结构、组成配比、软硬段间相互作用倾向及合成方法等。

硬段和软段之间的相分离程度分别取决于硬段与硬段之间或硬段与软段之间的相互作用（亲和力）。聚醚型聚氨酯的相分离现象较聚酯型聚氨酯明显，由于聚醚软段的极性与硬段相差大，溶解在软段中的硬段少，即软段中的"交联点"少，这也是其强度比聚酯型聚氨酯差的原因之一。硬段间的亲和力在很大程度上也取决于二异氰酸酯的对称性及所用的扩链剂（二元醇或二胺）。形成的嵌段结构将影响硬段的对称性，而且还影响到组织结构的形成。主链上具有偶数亚甲基的扩链剂产生的硬段的熔点比具有奇数亚甲基的扩链剂要高。由低分子量二胺生成的含脲结构的硬段极性高于含有氨基甲酸酯结构的硬段。相互分离的微相中也存在链段之间的混合，从而导致软段玻璃化转变温度的提高和硬段玻璃化转变温度的降低，缩小了材料的使用温度范围，并导致材料的耐热性能下降。

四、交联度的影响

聚氨酯基本上属于具有线型分子特征的热塑性树脂，但也可由多官能度扩链剂方式引入一定程度的交联。当异氰酸酯与多元醇均为二官能团时，即可得到线型结构的聚氨酯；若其中的一种或两种，部分或全部具有三个或三个以上官能团时，则可得到体型结构聚氨酯。体型结构一般是由多元醇（偶尔多元胺或其他多官能度原料）原料或由高温、过量异氰酸酯而形成的交联键（脲基甲酸酯和缩二脲等）引起，交联密度取决于原料的用量。

交联有化学键的一级交联和分子间氢键形成的二级交联两类。一级交联为化学交联，如图 3-6 所示，分子间通过化学键联结成一个整体。形成的化学键是稳定的、不可逆的，只有在高温下，交联基团发生热分解才能使交联键断开，因此具有较好的热稳定性。二级交联是氢键形成物理交联，该交联是可逆的。通常所说的交联指一级交联。

在聚氨酯的交联中，一级交联增加时，会阻碍链段之间的紧密靠拢，二级交联就会减少。为全面平衡聚氨酯的性能，在合成时要考虑一级交联和二级交联的最佳平衡问题。对于无定形高聚物，高度交联将使聚合物变硬，软化温度和弹性模量提高，伸长率和溶胀度降低。对高度结晶聚合物，少量交联会导致结晶度降低，分子链节的定向度减弱，使原有的高

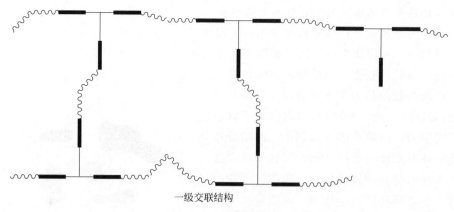

一级交联结构

图 3-6　聚氨酯交联结构

熔点、高硬度的结晶态聚合物变成具有弹性和柔软性的无定形高聚物。

适当交联可以改善材料的物理机械性能，提高耐水性和耐候性，降低形变和溶胀性。但若交联过度，树脂出现凝胶化，会导致使用性能变差，成品的拉伸强度、伸长率等性能下降。一液型树脂基本以二元醇和二异氰酸酯反应，形成线型分子的二级交联。只有个别品种在添加少量的三羟基化合物如 TMP 等时，会形成极少量的一级交联。二液型树脂成膜时大量使用三官能度的交联剂，形成以一级化学交联为主的体型结构。

五、基团的内聚能

聚氨酯的性能与其分子结构有关，而基团是分子的基本组成成分。由于聚氨酯的合成过程反应复杂，在实际制备时，分子结构中除氨基甲酸酯基团外，还有酯基、醚基、脲基、缩二脲、脲基甲酸酯、芳环等基团。各基团对分子内引力的影响可用组分中各不同基团的内聚能表示，如表 3-8 所示。

表 3-8　主要基团的内聚能

基团名称	内聚能/(kJ/mol)	基团名称	内聚能/(kJ/mol)
$-CH_2-$	2.84	$-COOH$	23.4
$-O-$	4.18	$-OH$	24.2
$-CO-$	11.12	$-CONH-$	35.53
$-COO-$	12.12	$-COONH-$	36.63
C_6H_5-	16.30	$-NCONH-$	>36.5

一般情况下，内聚能越高则基团的极性越强，分子间的作用力越大，对聚氨酯的物理机械性能的影响就越大。脂肪烃基和醚基的内聚能最低，氨基甲酸酯基、酰氨基及脲基的内聚能较高，因此聚酯型聚氨酯的强度高于聚醚型聚氨酯，而聚氨酯-聚脲型树脂的内聚力和软化点高于聚氨酯型。芳香环的存在对聚合物的刚性影响很大，表现为熔点、硬度提高，尺寸稳定性增加。因此，聚氨酯的性能与软硬段种类有关，也与基团的性质与密集度有关。

六、氢键、结晶性及分子量的影响

氢键是分子结构中的二级交联，属于物理交联。与分子内化学键的键合力相比，氢键是一种物理吸引力，极性链段的紧密排列促使氢键形成，该交联是可逆的。当温度升高，链段分子运动能量增加到某一极限值时，便可冲破氢键的束缚，使氢键断开；而当温度降低时，聚合物的氢键交联又重新形成。聚合物的极性基团越多，形成的氢键就越多，交联密度就越大，聚合物链段就具有较高的强度。

结构规整、含极性及刚性基团多的线型聚氨酯，分子间氢键多，材料的结晶程度高，从而影响聚氨酯的某些性能，如强度、耐溶剂性。随着结晶程度的增加，聚氨酯材料的强度、硬度和软化点增加，伸长率和溶解性则降低。

若在结晶性线型聚氨酯中引入少量支链或侧基，由于位阻作用，氢键弱，则材料结晶性下降。交联密度增加到一定程度时，软段失去结晶性，整个聚氨酯可由较坚硬的结晶态变为弹性较好的无定形态。

在材料被拉伸时，拉伸应力使得软段分子基团的规整性提高，结晶性增加，从而提高材料的强度。硬段的极性越强，越有利于材料的结晶。

聚醚或聚酯软链段的规整度能提高其结晶度，因而可改善材料的抗撕裂性能和抗拉强度。一般来说，结晶性对提高聚氨酯制品的性能是有利的，但有时结晶也会降低材料的低温柔韧性，并且结晶性聚合物常常不透明。为了避免结晶，可打乱分子的规整性，如采用共聚酯或共聚醚多元醇，或混合多元醇、混合扩链剂等。

对于线型聚氨酯，其分子量在一定程度内对制品力学性能有较大的影响，基本性能一般随着平均分子量的增加而提高，如抗张强度、伸长率、硬度及玻璃化转变温度等。随分子量的增加聚氨酯在有机溶剂中的溶解性下降。但分子量增加到一定的值后，对材料性能的影响就会减弱。对于高交联度的聚氨酯材料，分子量并非是影响其性能的主要因素。

第五节 无溶剂聚氨酯及应用

无溶剂合成革是近年来发展的一种新型清洁化生产工艺，以液体原料的输送、计量、冲击混合、快速反应和成型同时进行为特征。生产过程中不会使用到任何溶剂，也不会出现易燃易爆现象，因此不会对生态环境造成污染、伤害工人的身体健康，并大大降低了合成革企业生产的危险系数。无溶剂聚氨酯合成革具有力学强度高、耐磨、耐老化、弹性好、可再加工性强等优良性能。

一、无溶剂聚氨酯的制备

一般将在不使用任何有机溶剂的条件下，把两种或两种以上的液态聚氨酯单体或预聚体按照一定的比例混合后快速反应，聚合物分子量急剧增加并最终成型得到的树脂称为无溶剂聚氨酯树脂。

1. 原料

无溶剂聚氨酯树脂的基本原料与普通聚氨酯的原料基本相同，主要包括异氰酸酯、二元醇及扩链剂，较特殊的是无溶剂聚氨酯树脂需要在线使用交联剂和发泡剂。

交联剂是指能使链状分子结构产生支化和交联的官能度大于二的低分子化合物，包括多元羟基、氨基及异氰酸酯基化合物。

发泡剂就是使聚氨酯成孔的物质，它可分为化学发泡剂、物理发泡剂和表面活性剂三大类。无溶剂聚氨酯的生产中常使用低沸点的烃类和空气（物理发泡剂）以及能与异氰酸酯反应的水（化学发泡剂）作为发泡剂。

与普通聚氨酯的生产相似，无溶剂聚氨酯的生产中还会根据生产条件与制品性能的不同，添加适量的其他助剂，如催化剂、抗氧化剂、热稳定剂、流平剂、润湿剂等。

2. 制备原理

无溶剂聚氨酯合成革制造技术的基本依据为快速反应成型（reaction moulding，RM），该工艺所使用的原料为两种或两种以上液态聚氨酯预聚物或聚氨酯单体。将原料按一定比例分别输送至混合区域，在一定压力下混合均匀，并立即注射在基材上，并且通过刮涂的方式涂布成膜，然后进入干燥装置，此时液态预聚物迅速反应，聚合物分子量迅速增加，以极快的速度生成聚氨酯，直到完成最后的熟化成型。其制造原理如图3-7所示。

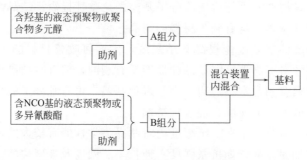

图 3-7　无溶剂聚氨酯制备原理

3. 制备方法

合成革用无溶剂聚氨酯的制备方法主要包括一步法和半预聚体法。

（1）一步法

按照一定加料比例，依次将多元醇、催化剂、填料、助剂加入干燥的料槽中搅拌均匀，然后再加入异氰酸酯组分，搅拌均匀后迅速倾倒并刮涂成膜。

一步法是完全的在线反应，涂层成膜与聚合反应同步进行。随着反应进行，物料逐渐失去流动性，反应只能原位进行，分子量增长受到限制。为达到高分子量的目的，就需要加入一定的多羟基交联剂，形成较多的体型结构，因此一步法所形成的涂层可看作是热固性树脂。

由于各组分原料黏度都很低，不需要稀释即可混合均匀，因此一步法可以做到无溶剂化。由于混合物中的异氰酸酯含量很高，因此对反应温度要求苛刻，对空气的湿度非常敏感，要求工艺条件与环境条件非常稳定。另外，原料的批次差、生产线运行速度、设备故障、温度波动等因素都直接影响反应成膜，因此目前做到大批量稳定生产还有一定的困难。

（2）半预聚体法

是介于预聚体法和一步法之间的一种方法，指在预聚物合成时，控制物料中的—NCO/—OH远大于2，通过这种方法得到的聚合物是端异氰酸酯和异氰酸酯单体的混合物，其分子量要比常规预聚体的小。

这种方法的优点是：游离的异氰酸酯在组分中扮演了有机溶剂的角色，降低了组分的黏度，在进一步聚合反应时有利于物料的计量和混合；组分中游离的异氰酸酯的量比一步法低得多，克服了一步法对湿气比较敏感的问题；涂层时气味较小，对环境和人体的危害也较小。另外，采用该方法制得的聚氨酯的力学强度通常比一步法制得的好。所以常将采用半预聚法合成的产物作为一个组分，即含异氰酸酯组分，然后与适当的活泼氢组分配合使用来制备聚氨酯产品。

半预聚体法本质上是将整个聚合反应分为两部分：一部分在树脂制造时进行，一部分是在线反应。该方法主要是为了减少在线反应中的各种影响因素，降低工艺条件、设备条件及环境因素对产品的影响，尽可能保证产品的稳定性和品质。该方法类似二液型黏合剂工艺，由于树脂聚合时具有了一定的分子量，黏度变大，因此需要加入少量溶剂进行稀释，一般在5%~10%。从严格意义上说，半预聚体法得到的树脂属于高固含量树脂。

二、无溶剂聚氨酯成型过程的反应

无溶剂合成革的基本原理是预聚体混合涂布后的在线快速反应成型。通过两种或两种以上的预聚体及组合料，以设定比例分别加注到混合头，混合均匀后注射、涂布到基布或离型纸上。进入干燥箱后，低分子的预聚体开始反应，逐步形成高分子聚合物，并在反应过程中成型。

无溶剂合成革成型过程是一个化学反应的过程，其中包括异氰酸酯基与羟基的链增长、交联反应，还包括异氰酸酯与水的反应，反应中还伴随着低沸点溶剂的挥发成泡等物理过程。

1. 链增长反应

无溶剂采用的都是低分子量预聚体，因此在成型中最主要的反应是异氰酸酯预聚体与羟基预聚体之间的链增长反应，通常采用 NCO 过量法。

扩链反应是无溶剂成型中的主反应，该过程与一液型聚氨酯反应机理基本相同，是形成高分子量聚氨酯的关键，决定了无溶剂聚氨酯成型后的机械强度、软硬度、拉伸率等重要指标。扩链反应主要发生在含 NCO 基的多官能度液态预聚体与含 OH 基的多官能度液态预聚体或多元醇之间，尤其是二官能度的液态预聚体和二元醇之间，反应式如下：

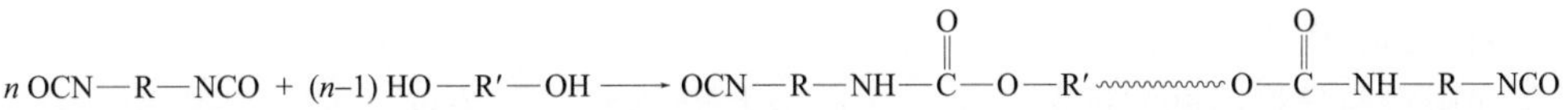

$$n\,\text{OCN—R—NCO} + (n\text{--}1)\,\text{HO—R}'\text{—OH} \longrightarrow \text{OCN—R—NH—}\overset{\overset{\displaystyle O}{\|}}{C}\text{—O—R}'\text{\small\sim\sim\sim\sim}O\text{—}\overset{\overset{\displaystyle O}{\|}}{C}\text{—NH—R—NCO}$$

反应初期，异氰酸酯和二元醇羟基的浓度高，并且具有流动性，因此链增长反应占据主导地位。随着反应进行，流动性和反应浓度降低，链增长逐渐变慢，扩链反应与多官能度的交联反应同步进行。反应后期则以交联反应为主，形成线型与体型共存的结构。

2. 交联反应

为了提高成型树脂的性能，一般需加入一定量的三官能度的液态预聚体或交联剂，形成内交联，在扩链反应的同时进行部分凝胶化交联反应，最终得到体型结构的聚氨酯。如果预聚体为端异氰酸酯基，则加入含活泼氢的交联剂；若为端羟基，则加入多异氰酸酯基交联剂。基本交联形式为：

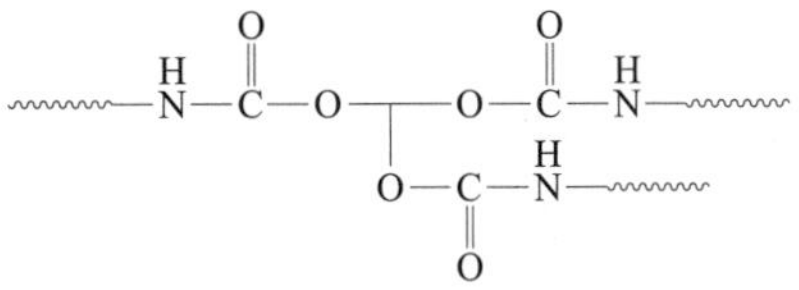

交联度及反应发生时间是控制的关键。凝胶作用过早过晚都会导致发泡涂层质量下降，最理想的状态是扩链、起泡反应与凝胶反应达到平衡，否则会出现泡孔密度偏大或塌泡的现象。这种高交联的结构能够提高涂层的拉伸强度、弯曲疲劳及耐磨耐刮性，但交联密度大也会使涂层的硬度高，回弹性与伸长率下降。

3. 发泡反应

无溶剂涂层有物理发泡和化学发泡两种。物理发泡是利用热量气化低沸点烃类或直接混入微量空气产生气泡。物理发泡无溶剂革断面结构如图 3-8 所示，泡孔密而均匀。物理发泡简单易控，是目前主要采用的方式。化学发泡是利用异氰酸酯与水反应生成的CO_2气体发泡，化学发泡无溶剂革断面结构如图3-9，化学发泡可一次成型，但泡孔大小不一且分布不匀。良好的泡孔结构可赋予合成革软弹的手感和细腻的仿真皮感。物理发泡和化学发泡的具体方式如下：

图 3-8　物理发泡　　　　　　　　　　　　　图 3-9　化学发泡

① 利用反应热气化低沸点烃类化合物，如 HCFC-141b、HFC-134a 和环戊烷等，也可以是含有低沸点烃类的微胶囊，在无溶剂料固化时产生气化泡。

② 利用压缩泵定量注入空气，与无溶剂料充分混合，形成大量微小的物理混合型气泡，并随物料固化时定型。

③ 利用水与异氰酸酯之间的化学反应产生大量 CO_2 气体发泡。

$$\sim\!\!\sim\!\!\sim NCO + H_2O \longrightarrow \sim\!\!\sim\!\!\sim NH_2 + CO_2\uparrow$$

该方法类似聚氨酯软泡产品的发泡工艺。以水作发泡剂时会带来大量刚性链段，由于反应生成的胺会立即再与异氰酸根反应生成极性大的脲类化合物，在高温下会继续与过剩的异氰酸酯反应生成缩二脲化合物，工艺较难控制。

无论采用哪种发泡方式，得到的都是封闭型泡孔结构，类似于 PVC 的 AC 化学发泡。封闭性泡孔不具备联通结构，可改善产品手感与弹性，但无法形成类似湿法涂层的传递孔道，因此对产品的透气透湿性并无帮助。

无溶剂合成革液体物料在离型纸或基布上快速进行链扩张、支化交联、发泡反应等各种化学反应，十几秒内完成从液体向固体的物质形态转变，借助聚合物的交联和相分离作用完成合成革涂层的快速成型，瞬间产生的化学反应与传统聚氨酯合成的化学反应基本相同。

三、无溶剂合成革生产工艺

无溶剂生产基本工艺包括配料、表涂、混料、涂层、复合、干燥、冷却、卷取等多个工序。无溶剂合成革关键技术有三点：

① 原料开发。目前已经有双组分原料、封闭型单组分原料、潜固化型单组分原料等。无溶剂原料要求是液态或者加热呈液态，存储过程中成分和状态保持不变，反应速率稳定且可调。

② 配料设备要求自动化程度高、计量准确、混合迅速均匀、便于清洗和维护。涂头装置刮涂精度高、摆料及供料均匀。

③ 工艺技术趋向标准化、简单化、整体化，减少人为因素和环境因素的影响。

生产线基本配置为"两涂三烘"，基本工艺路线如图 3-10 所示：

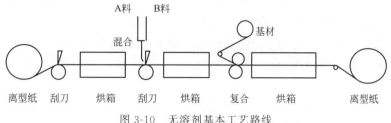

图 3-10 无溶剂基本工艺路线

① 面料涂层。由于无溶剂料不能直接刮涂在离型纸上，因此面层可根据需要使用溶剂型聚氨酯或水性聚氨酯，干燥成膜后再刮涂无溶剂料。面层可以是一刀，也可以设计为两刀法，配制两涂两烘的生产设备，通过不同的工艺设计，可以灵活的生产各类产品，提高无溶剂产品的应用领域。

② 无溶剂涂层。将异氰酸酯预聚体和多元醇预聚体分别贮存在 A、B 恒温储料罐中，经准确计量快速输送至混合头，通过 RM 机将混合料先喷在面层，然后经过刮刀涂布，刮涂在已带有干燥面层的离型纸载体上。烘箱温度 100~120℃，停留时间 1~3min，出烘箱时无溶剂料已经基本反应、发泡成型。

③ 复合。将所需贴合基布与无溶剂料进行压合，由于无溶剂料此时并未完全反应，热状态下仍具有很好的黏合性，因此无需再涂黏合剂。

④ 熟化。复合后基布进入第三烘箱，然后在 120℃下后固化 7~10min，无溶剂聚氨酯彻底完成反应，成型。第三烘箱要有足够的加热长度，保证熟化反应完全。

⑤ 冷却辊冷却后剥离离型纸，卷取。

无溶剂生产的关键是供料混合系统。可采用静态混合、低压冲击混合、高压冲击混合几种方法。目前高压法（high pressure impingement mixing，HPIM）最优，无须机械搅拌，依靠高压输送和小口径喷嘴产生的冲击实现混合，并且具有自清洁功能。供料混合系统要求温度、计量、压力精确，组分进入混合室要求不得出现超前或滞后误差。

预聚体经过计量后进入混合头。混合头通常会有一个空气定量注入系统，通过调节混合头压力和空气注入量，控制和调节泡孔数量与结构，达到控制成品手感的目的。无溶剂涂层断面和表面结构图如图 3-11、图 3-12 所示，泡孔多则手感软，但强度会随之下降，同时表面会有部分开放孔；泡孔少则力学性能好但手感板硬。

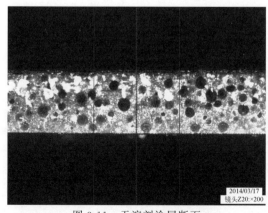

图 3-11 无溶剂涂层断面

图 3-12 无溶剂涂层表面

混合料一般要经过流体、凝胶和固化三个阶段。物料在混合初期即开始反应，此时混合料中的预聚体分子量较小，物料黏度开始增加但仍有很好的流动性，因此必须在具有流动性时刮涂，并实现物料的流平性。反应继续进行，聚合物的分子量快速变大，黏度上升，交联反应使混合料流动性降低，成为泛白的凝胶状。随着预聚体进一步的反应，发泡涂层凝胶化加聚，但仍保持一定的黏性，此时进行基布贴合。继续加热，反应进行完毕，形成体型交联的聚氨酯，固化完成。

由于无溶剂料在刮刀前必须保证一定的存料量，在新料补充后不断与存料混合，二者存在反应速率的差异，因此要根据涂刀前物料的存留量调节新料与留存料的比例。无溶剂料涂布后，离型纸运行的速度取决于供料的多少和生产线的长度。

生产中不同的原料要分罐贮存，并保持稳定温度，便于调整配比和实现反应速度稳定；尽量延长干燥线长度，降低物料反应速率；精确控制计量与温度参数，放宽工艺条件，防止暴聚及生产不稳定，平衡产能与质量的关系。

无溶剂聚氨酯有很多优点。首先是环保节能，无溶剂树脂有效含量100％，不使用也不释放任何溶剂，在生产环节上也更加安全节能；其次是物理性能好，交联型树脂强度大，剥离强度、耐折性、耐溶剂型与耐磨性极佳；第三是具有成本优势，包括材料成本与制造成本。

但无溶剂合成革也有其自身的缺点。热固性树脂的花纹表现力僵硬，触感欠佳，树脂交联后无法进行压纹或揉纹收缩，限制了应用领域，目前主要在汽车内饰、座垫革及部分鞋革等使用要求较为苛刻的领域中使用。另外，无溶剂生产对设备、工艺、原料、人员、管理等都有很高的要求，甚至车间温度湿度的变化都会产生较大影响，因此生产与产品的稳定性非常重要。

第四章 ▶▶
聚氯乙烯树脂

聚氯乙烯简称 PVC（polyvinyl chloride），1931 年德国 BASF 公司最早用乳液法实现了聚氯乙烯的工业化生产，是世界上最早实现工业化生产的塑料品种之一。

PVC 具有耐酸碱性、耐磨性、电绝缘性好以及难燃、自熄等优点，并且 PVC 较易加工成型，可采用注塑、挤塑、中空成型、压延成型、压塑等加工方法制成 PVC 制品。PVC 主要用于生产人造革、薄膜、电线护套、密封条、耐酸碱软管等塑料软制品，也可生产板材、门窗异型材、硬聚氯乙烯管材、管道、棒材、酸碱泵的阀门、焊条及容器等塑料硬制品。

PVC 人造革是指以人工合成方式在编织布或梭织布等材料上形成的结构为聚氯乙烯树脂膜层或类似皮革，外观像天然皮革的一种材料。PVC 人造革可通过刮涂法、压延法、挤出法等加工方法生产，具有外观鲜艳、质地柔软、耐磨、耐折、耐酸碱等特点，从 20 世纪 70 年代以来发展至今，已经有了相当大的规模。

第一节 聚氯乙烯的结构

聚氯乙烯作为高聚物，其分子结构、分子量及分布、聚集态、结晶性和颗粒形态等理化性能，对树脂的加工性能和制品的性能都有重要的影响，因此了解聚氯乙烯分子结构与性能非常必要。

一、聚氯乙烯的结构通式

PVC 是氯乙烯单体在过氧化物、偶氮化合物等引发剂，或在光、热作用下按自由基反应机理聚合而成的一类热塑性高分子聚合物。氯乙烯均聚物和氯乙烯共聚物统称为聚氯乙烯树脂，基本结构：

$$\begin{bmatrix} H_2 & Cl \\ C & | \\ | & C-H \end{bmatrix}_n$$

氯乙烯单体多数是以"头-尾"结构相连形成的线型聚合物，聚合度一般控制在 650~1800。碳原子为锯齿形排列，所有原子均以 σ 键相连，所有碳原子均为 sp^3 杂化。

在实际生产中，工业品 PVC 的结构远远比理论上复杂，除了线型主链外，还包括各种支链、双键、端基、残基、构型等变化。通过对工业生产的聚氯乙烯进行测定分析，获得如下的结构通式：

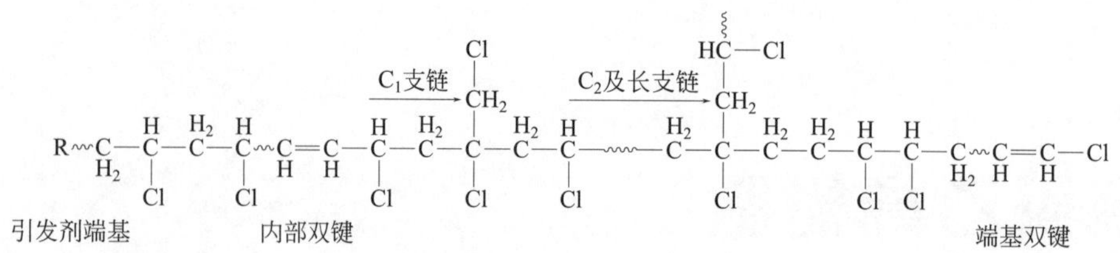

引发剂端基　　　　内部双键　　　　　　　　　　　　　　　　端基双键

① 引发剂端基。R 为引发剂残基形成的大分子端基，是引发剂自由基在产生部分大分子后，消亡时向单体链转移时所形成。

② 端基双键。自由基在链终止反应时向单体链转移，形成较多的端基双键。

③ 支链。在聚合转化率较高的情况下，自由基链终止时，常以向高聚物链转移的形式进行，形成部分支链结构。通常分子链中每千个碳原子中含有 $2 \sim 3$ 个 C_1 支链，$0.2 \sim 0.8$ 个 C_2 支链。

④ "尾-尾"结构。在聚合过程中存在偶合链终止的可能，形成一定的"尾-尾"相连的结构（—CHCl—CHCl—）。形成的数量与使用的引发剂种类有关，使用过氧化物时，每千个碳原子链中约有 $6 \sim 7$ 个，而使用偶氮类时可达到 15 个。

⑤ 内部双键。如果氯乙烯单体内掺杂了部分乙炔杂质，乙炔参加到聚合链增长反应中，会使 PVC 长链中存在数量较少的内部双键（—CH ＝CH—）。

二、聚氯乙烯的分子结构

聚氯乙烯的分子结构主要由链结构和凝聚态结构组成。聚氯乙烯的主链结构、支化链、不稳定结构、结晶态等，对聚氯乙烯的加工性能有重要影响。

1. 主链结构

聚氯乙烯是氯乙烯单体经过自由基聚合而成的聚合物，其单体氯乙烯是含有一个氯原子取代基的乙烯基单体，它在 PVC 的链结构上可能有几种不同的结合方式。在自由基聚合中，氯乙烯单体的键接方式存在着"头-头"相连和"头-尾"相连两种可能性。当氯原子处在相邻的碳原子上时为"头-头"结合，当氯原子沿着分子链均匀排列时为"头-尾"结合。

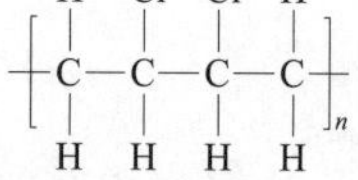

头-头结合 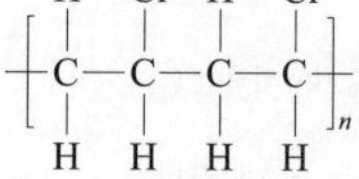　　　　　　　　　　　头-尾结合

在 α-烯烃单体自由基聚合时，由于取代基的电子效应和空间位阻效应，结构单元主要以"头-尾"顺序相连。因此，聚氯乙烯属于氯乙烯单体多数以"头-尾"结构相连的线型聚合物。

确定了氯原子的排列方式后，则需要考虑氯原子相互间的位置关系。聚氯乙烯分子链上每个结构单元都有一个不对称碳原子，因此每个结构单元可以有两种旋光异构体，它们在大分子链中可以有三种排列方式（见图 4-1）：

① 等规（全同）立构型。大分子链上所有结构单元都按相同构型排列，所有氯原子都排列在聚合物链的同一侧。

② 间规（间同）立构型。大分子链由 D 构型和 L 构型两种旋光异构单元交替排列组成，氯原子从一侧到另一侧交替排列。

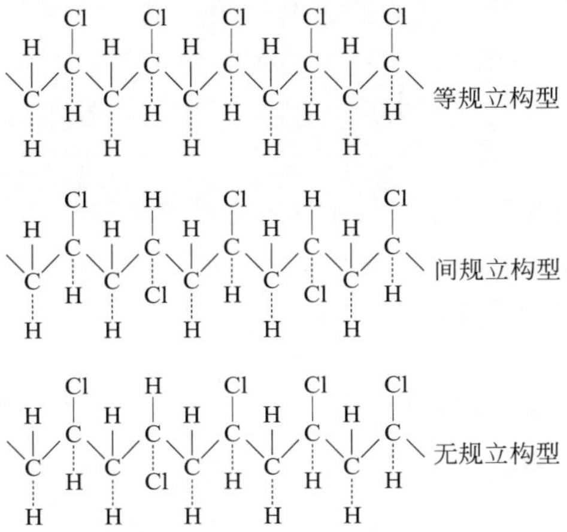

图 4-1 聚氯乙烯主链的立体构型

③ 无规立构型。大分子链上两种旋光异构单元无规排列。

由于等规立构型与间规立构型之间结构相差不大，故其反应概率相似。工业生产的聚氯乙烯的主体结构主要是无规立构型，为无定形聚合物。但主链中含有少量较短的间规立构晶体链段，使其具有约 5%～10% 的结晶度，所以聚氯乙烯属于低结晶度的无定形高聚物。

通过红外光谱（IR）和核磁共振（NMR）分析，发现随着聚合温度的降低，PVC 结构中间规立构型的比例提高，产品的结晶度亦随聚合温度的下降而上升。同时还发现，降低聚合温度，较长链段的间规立构型的比例也增加。后期增塑加工时，增塑剂易渗透到无定形区，而晶区只有在较高温度下才逐渐塑化。

2. 支化链

如果聚氯乙烯分子结构是主要以"头-尾"结构相连排列的简单线型结构，都是由仲碳原子和氯原子相结合，那么聚氯乙烯就会相当稳定。然而实际上聚氯乙烯分子是许多不同结构的复杂混合物，支化链就是一个重要的不稳定弱结构。

当聚合转化温度较高，自由基链终止反应时，常以向高聚物链转移的形式进行，形成部分支链结构。Cotman 用还原氢化法，把 PVC 转变成类似于聚乙烯的聚烯烃，然后以研究聚乙烯的方法研究 PVC 的支化程度，发现聚合度为 1523 的 PVC 树脂，每个大分子平均有 20 个支链，这就是说约 70 个单体单元就有一个支链。支链的数量随转化率的提高而增多，因为大分子自由基向大分子链转移的概率增大。聚合温度越高，总支化度越大。

红外研究显示，支链是含有四个碳原子的丁基，另有研究认为是甲基支链，而核磁共振研究显示是两种支链共存，每 1000 个碳链上有约有三个甲基支链和一个丁基支链，并且甲基支链是氯甲烷基团。而另有研究认为，在 PVC 主链上主要含有乙基支链和丁基支链，PVC 链支化结构中可能出现的两种结构形式如下：

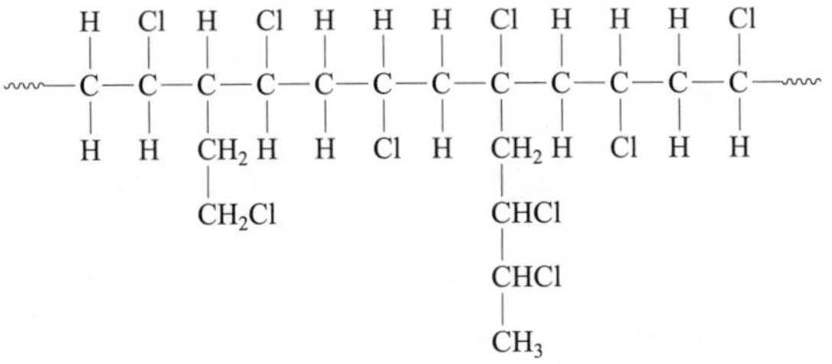

支链结构

显然这种结构较为合理，因为氯乙烯由两个碳组成，应更多出现偶数碳支链。研究表明，在 50～70℃的聚合温度范围内，支链数与聚合温度关系不大，但在 50℃以下，随着温度的降低，支链数目减少。在-50℃聚合，PVC 基本上可看作为线型分子，与这一变化同时发生的是结晶度提高。

脱氯化氢的降解反应首先发生在大分子链上不稳定的弱结构上。存在于支化点上的叔氯化物为脱氯化氢的起点，未支化的聚合物脱氯化氢起点的数目仅有小部分，因此可认为聚氯乙烯支化是其热稳定性下降的重要因素。

3. 不稳定结构单元

在聚氯乙烯分子链中，存在多种易降解的不稳定单元。形成的主要原因是在其聚合过程中自由基反应的活性高，而氯乙烯单体的反应活性低，多种反应单元竞争，就容易形成不稳定结构。

氯乙烯单体经自由基聚合成聚氯乙烯过程包括链引发、链增长、链终止和链转移等过程。在链增长过程中，大分子自由基与氯乙烯单体可能以"头-头"结合方式加成，并进一步稳定为大分子仲碳自由基，大分子仲碳自由基脱去氯自由基形成端基烯丙基氯结构，如下所示：

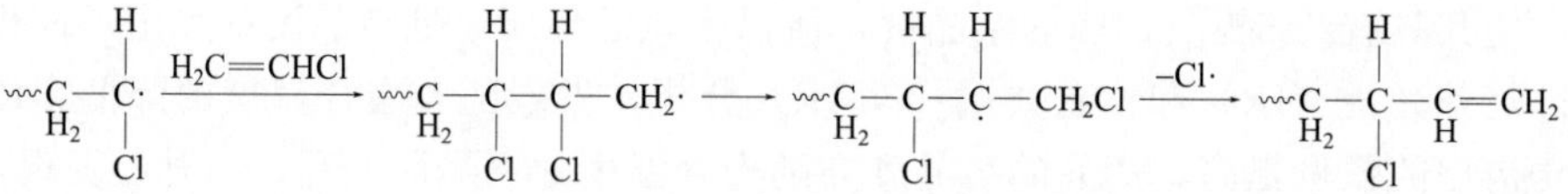

大分子自由基　　　　　　"头-头"结构　　　　大分子仲碳自由基　　　　端基烯丙基氯

氯自由基非常活泼，能与聚合物链进一步反应，夺取氯代亚甲基氢或亚甲基氢，形成新的自由基：

新的自由基或与氯乙烯单体反应形成叔丁基氯，或脱去氯自由基形成大分子内的烯丙基氯。这样的反应继续进行下去便导致聚氯乙烯大分子存在分支结构上的叔氯、烯丙基氯等不稳定的结构单元。

此外，在聚氯乙烯聚合过程中，单体链转移常数非常大，约为甲基丙烯酸甲酯的 100 倍，因此，聚氯乙烯分子中的弱结构的数量远远大于甲基丙烯酸甲酯。而且聚氯乙烯的聚合度较小，通常不超过 2000，并且含有较多的末端双键结构。

PVC 大分子上的不稳定结构单元主要有如下几类：

① 分支结构单元上的叔氯和叔碳原子连接的氯原子；

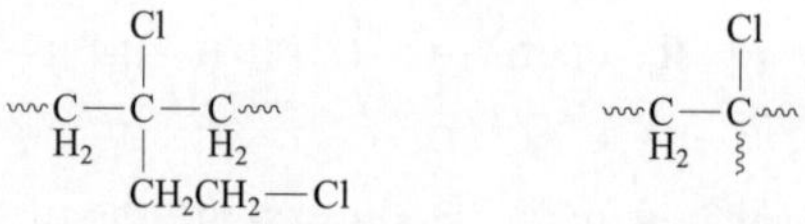

氯乙基支链结构　　　　　　　　　　长支链结构

② 富氯基团：～CHCl—CHCl～、～CHCl—CHCl$_2$、～CHCl—CH$_2$Cl；

③ 不饱和端基：～CH＝CHCl、～CCl＝CH$_2$、～CH＝CH$_2$；

④ 烯丙基氯基团：～CHCl—CH＝CH$_2$（端基烯丙基氯）、～CHCl—CH＝CH～（大

分子内的烯丙基氯）。

这四类不稳定结构单元中，最不稳定的是大分子内的烯丙基氯，其次是分支结构单元上的叔氯、端基烯丙基氯和仲氯。这些不稳定的氯原子在热或紫外线的作用下容易脱掉氯原子，所形成的氯原子提取邻位上的一个氢原子生成氯化氢，并在 PVC 分子链上形成一个双键，同时诱发临近的 C—Cl 键断裂，形成氯原子和大分子自由基。这样的脱氯、脱氢反应是连锁进行的，继续进行下去便导致多烯共轭体系的形成：

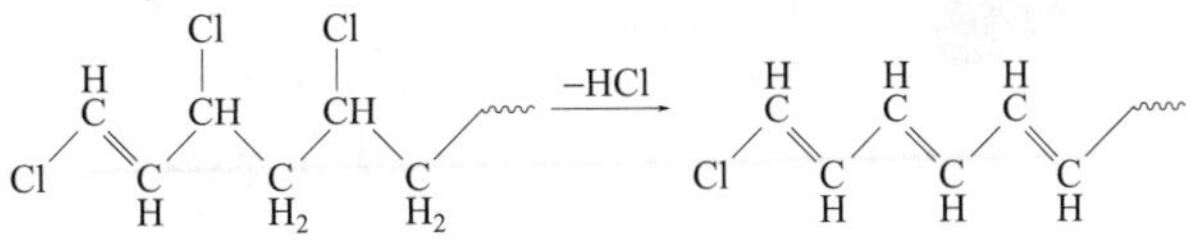

多烯共轭体系

聚氯乙烯脱氯脱氢反应形成多烯共轭体系，共轭体系越长，颜色就越深，所以在 PVC 加热降解时会显示出一系列特征颜色：透明→无色→淡黄→黄→黄橙→红橙→红→棕褐。

4. 端基结构

聚合反应中引发体系不同，导致引发剂的残余体与大分子链自由基的反应有一定差异，但通常引发剂的残余体能与大分子链自由基结合进入分子链的端基，即引发剂的残基应是聚合物起始点的端基。

引发剂采用过氧化二碳酸二异丙酯（IPP）时，残基形成的端基为 $(CH_3)_2CHO—$；采用偶氮二异丁腈（AIBN）时，形成的端基为 $(CH_3)_2C(CN)—$。由于一个引发剂初级自由基可借"向单体链转移"方式，产生 5～15 个大分子后才消亡，所以理论上可认为引发剂残基形成的端基占引发剂端基总量的 1/15～1/5，一般由引发剂残基形成的聚氯乙烯分子链的端基数目并不多，大约为 10%～12%。

聚合中各种可能的终止反应，包括链转移和链终止反应都能形成端基。氯乙烯悬浮聚合中，自由基链终止是以向单体链转移为主，因此会形成较多的端基双键（—CH＝CHCl），每个大分子约含有 0.8 个此端基。除引发剂残基以外，其他端基通常有：

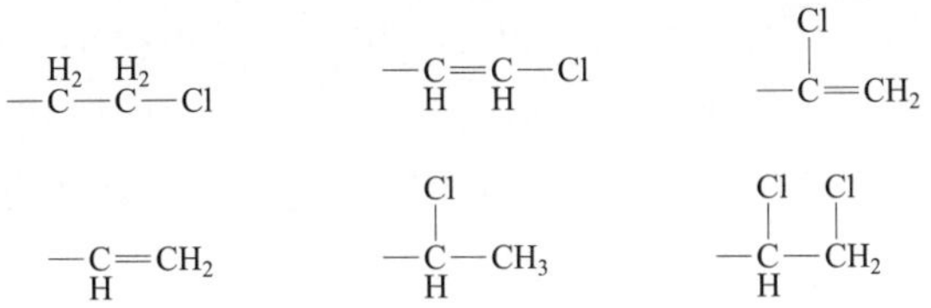

含有双键的端基为脱氯化氢的起点，即 PVC 热老化分解的起点。而叔氯端基和烯丙基氯端基，因在相邻部位容易脱氯化氢而变成不饱和双键，从而开始热降解过程。

三、聚氯乙烯的结晶

当聚乙烯的侧基氢原子被氯原子取代形成 PVC 时，碳-氯共价键呈现极性，电子云移向氯原子，使氯原子部分带负电荷，碳原子部分带正荷，从而产生较大的偶极矩，使柔性链变成刚性链。由于氯原子破坏了无定形聚氯乙烯结构的对称性，而使它失去了结晶能力。

聚氯乙烯树脂早期被认为是无定形聚合物，在 50～60℃聚合的工业化 PVC 树脂也主要是无定形聚合物。但聚氯乙烯并非完全是无定形聚合物，它也具有一定的结晶度，X 射线衍射图像显示有少量的晶体存在于树脂中，一般结晶度为 5%～10%，而且结晶结构也很复杂。晶片模型如图 4-2 所示，研究表明，这些晶体是正交晶系，其晶体尺寸为 $a=1.055\text{nm}$，$b=0.525\text{nm}$，$c=0.508\text{nm}$。这些微晶是间规立构型链段的有序排列，是在粒径为 23 nm 的区域结构内生成的晶片，晶片厚度为 $1\sim1.5\text{nm}$，宽度为 $5\sim10\text{nm}$，其余区域为无序排列的链段。

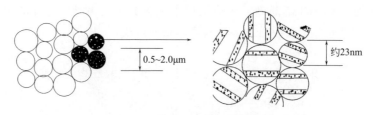

图 4-2　PVC 树脂颗粒内晶片模型

在聚合反应初期，聚氯乙烯大分子浓度很低时，这种晶片相对容易生成。当反应进行到较高转换率时，聚氯乙烯大分子浓度高，分子链相互间缠绕干扰，加上支链增多，这种晶片就难以生成。

结晶 PVC 密度为 1.53g/cm^3（普通 PVC 密度 1.50g/cm^3），折射率为 1.54，熔点为 175℃。晶片十分稳定，在高浓度增塑剂存在的塑化 PVC 中还能发现晶片。蠕变试验和松弛研究表明，结晶度是造成塑化聚氯乙烯内存在应力的原因，结晶度高的聚合物需要较高的加工温度，而制品也有较高的软化温度。

聚氯乙烯的结晶行为与聚合温度、PVC 种类、分子量等内部因素和增塑剂、热处理等外部因素有关。

① 聚合温度对 PVC 树脂的结构和性能有较大的影响，聚合温度不同得到的 PVC 树脂的间规度不同，结晶度也不同。PVC 的结晶度随着聚合温度的降低而提高，其根本原因是间规立构型链段的增多和支链数目的减少。

② 在低温下制备的较高分子量的聚合物也有较多的结晶，所以分子量对结晶度的影响并不大。

③ 增塑剂的加入对聚氯乙烯结晶具有双重作用，一方面促进无定形部分结晶，另一方面又破坏已经结晶的部分。因为增塑剂的加入增加了分子间的距离，削弱了分子间的作用力，使分子链段活动性增加，有利于分子间有规则排列，促进聚合物结晶。同时，加入的增塑剂进入晶体部分，起到破坏晶体结构的作用，导致结晶度下降。所以在考虑增塑剂对树脂结晶的影响时，必须综合考虑这两方面的因素。

④ 热处理。PVC 存在两种不同的结晶结构，存在于 PVC 原粉树脂中的结晶称为 A 型结晶，它是片状结构；而从 PVC 溶液或熔体中重结晶形成的结晶为 B 型结晶，它为折叠链缨状胶粒结构。PVC 中主要由 B 型结晶形成物理交联结构，从而对 PVC 的性能产生影响。热处理温度高于 T_g 时促进结晶，低于 T_g 时导致自由体积减小，密度增加，但不会改变 PVC 分子链的有序性，自由体积变化主要发生在无定形区。热处理对 PVC 结晶行为影响比较复杂，适当的热处理可促进结晶，导致结晶度、熔点变化，对 PVC 的加工具有一定的指导意义。

结晶对聚氯乙烯的密度、熔点和物理化学性能均有一定的影响，另外结晶度和结晶类型也会影响加工条件。PVC 微晶交联结构较为完善时，PVC 具有较高结晶度，能形成更为致密的交联网络结构，微晶和大分子缠结而形成的物理交联网络是 PVC 拉伸行为和产生回弹力的主要原因。而加工工艺反过来又会造成新的结晶状态，影响产品的性能。

四、聚氯乙烯分子量和分子量分布

工业级聚氯乙烯树脂常用平均聚合度表示它的分子量，它表明某一品级的聚氯乙烯树脂是由不同分子量的同系物组成的混合物。商品化 PVC 树脂平均聚合度为 350～8000，平均分子量为 19000～500000。

PVC 的加工和制品性能都与其分子量及分子量分布有密切的关系。PVC 的分子量对其玻璃化转变温度的影响见表 4-1，随着 PVC 树脂的分子量增加，其分子链间的引力或缠结程度相应增大，玻璃化转变温度升高。同时，制品的机械强度也相应增加，热变形温度上升。

表 4-1　PVC 的分子量对其玻璃化转变温度的影响

$\ln(\eta/c)$	$T_g/℃$	$\ln(\eta/c)$	$T_g/℃$
0.5～0.8（低分子量）	75	1.0～1.2（高分子量）	81
0.8～1.0（中分子量）	79	1.2～1.4（超高分子量）	84

注：$\ln(\eta/c)$ 为相对黏度与稀溶液浓度比值的自然对数值；c 为浓度，0.2g（PVC）/100mL（环己酮溶液），温度为 30℃；T_g 为用差热分析仪测定的玻璃化转变温度。

通常随着 PVC 树脂分子量或聚合度的增高，PVC 熔体的表观黏度也增加，流动性变差，加工的困难程度也随之增大，对于未增塑 PVC，其加工就更为困难。要达到适宜的熔体表观黏度，高分子量或聚合度高的 PVC 树脂就需要相应提高加工温度，但由于 PVC 树脂热稳定性的限制，过高地提高加工温度会引起树脂降解。工业上聚氯乙烯树脂的生产一般是通过控制聚合温度来控制树脂的平均分子量，分子量的增大意味着聚合过程中反应温度的降低，使得分子链中存在的不正常结构和链端基引发剂残余物的比例相对减少，所以制品的光热老化性能也相应提高。

PVC 的加工性能及制品性能不仅取决于其平均分子量的高低，同时也与分子量分布有密切的关系。原则上分子量分布较窄为好，分子量分布太宽表明聚合物中存在着一定数量的分子量偏低或偏高的组分，因为双键等异常结构大多集中在低分子量组分上，低分子量组分太多会导致树脂热稳定性及强度降低；过高分子量的存在往往会导致树脂在通常的加工条件下不易塑化均匀，严重时会在制品表面出现像"鱼眼"一样的未塑化颗粒。

五、聚氯乙烯树脂颗粒形态结构

工业应用的聚氯乙烯树脂都是粉体，主要有悬浮 PVC 树脂（S-PVC）、本体 PVC 树脂（M-PVC）和 PVC 糊树脂（E-PVC）三大类，其中悬浮聚合树脂占绝大多数，其 SEM 形貌见图 4-3，是多种尺径粒子的聚集体。PVC 树脂颗粒结构是由聚合方法和工艺条件决定的，聚合方法和工艺条件不同，颗粒的形成过程、结构形态、加工性能和应用领域也不相同。

聚氯乙烯颗粒表面和内部的结构差异，直接影响其加工性能和使用性能。聚氯乙烯形态学研究的目的就是要选择合适的聚合条件，获得理想形态的树脂颗粒，满足塑化加工的需要。

聚氯乙烯树脂颗粒结构非常复杂，其粉体颗粒实际上是由许多细微粒子以物理方式黏结在一起的聚集体。这种聚集粒子通常以聚合初期形成的尺寸仅为 $0.1～0.8\mu m$ 的原生初级粒子为基础，含有多个由初级粒子聚集后尺寸为 $2～10\mu m$ 的聚集粒子。具有典型意义的疏松型悬浮法颗粒结构如图 4-4 所示。

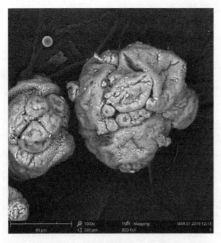

图 4-3　悬浮法颗粒样貌

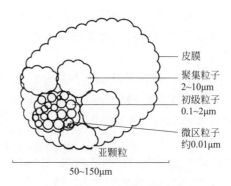

图 4-4　悬浮法颗粒结构示意图

从图中可以看出，聚氯乙烯颗粒的外表面存在一层由分散剂与氯乙烯接枝共聚而形成的"皮膜"，"皮膜"内部由许多 $0.5\sim3\mu m$ 的所谓次级粒子（二次粒子）组成，而每个次级粒子又含有无数个 $10\sim100nm$ 的卷曲的聚氯乙烯长链分子团，即初级粒子（一次粒子）。因此整个颗粒是由多个细胞堆积而成，形成所谓"多细胞"结构。悬浮法粒子中各层次微细粒子的名称和尺寸范围见表 4-2。

表 4-2　各层次微细粒子的名称和尺寸范围

名称	尺寸范围	形成及相互关系
树脂粒子	$50\sim250\mu m$	商品，表面有皮膜，内部有孔隙，由次级粒子附聚而成
次级粒子	$10\sim150\mu m$	聚合反应过程中聚合的液滴间黏聚而成
聚集粒子	$2\sim10\mu m$	聚合反应中单体液滴中初级粒子聚集形成
初级粒子	$600\sim800nm$	聚合反应初期单体液滴中最早形成的微细粒子单元
区域粒子	$100\sim200nm$	初级粒子的核
微区	$10\sim20nm$	PVC分子链聚集或微晶间距
微晶	$4nm$	高度有序结晶区域

悬浮法生产的聚氯乙烯树脂，按其树脂颗粒形态及性能可分为紧密型（XJ）和疏松型（SG）。紧密型颗粒犹如透明的玻璃球，故称为"乒乓球"型树脂；疏松型好像一朵朵棉花，常称为"棉花球"型树脂。紧密型次级粒子的堆积密度较大，内部孔隙较小。紧密型颗粒比表面积只有 $0.1m^2/g$，而疏松型的可达到 $2.3m^2/g$，二者差距很大。

在悬浮 PVC 颗粒表面覆盖着一层皮膜，就其外皮膜结构来讲，有的属于封闭式，即亚粒子全部包藏在皮膜内部，皮膜有厚有薄；有的属于敞开式，即皮膜有裂缝；有的属于局部无皮，使内部粒子能够暴露于外界；也有的全无皮，亚粒子能够全部暴露于外界，不论是敞开式，还是封闭式，其内部结构均为很多二次粒子无规堆砌而成的"多粒子"结构，二次粒子间存在一定的空隙。

同一类型不同聚合度的树脂，低聚合度树脂表观密度大，颗粒内部的次级粒子聚集成片的倾向大，次级粒子之间孔隙较小。

"多粒子"结构是 PVC 树脂颗粒的微观结构，在宏观上主要体现在颗粒的粒径及分布、表观密度、孔隙率与增塑剂的吸收等方面。粒子的尺寸、形态结构和组成差异直接影响

PVC 树脂的密度、比表面积、孔径和孔隙率等物理性能，影响树脂的干流动性、粉体混合性、增塑剂吸收量、吸收速度及热加工等塑化性能，还影响制品的透明性、柔韧性、卫生性等应用性能。通常粒子结构疏松、孔隙率高、无皮膜且粒径较小的树脂，吸收增塑剂的能力强，吸收速度快，塑化温度低，时间短，显示出良好的加工性能。在温度和剪切作用下，增塑剂、稳定剂等容易向粒子孔隙内扩散渗透，有利于物料的分散和均化，有利于二次粒子的解离和提高塑化质量。

高质量的 PVC 树脂颗粒主要有以下特点：

① 外皮膜结构为低皮甚至无皮，能缩短树脂塑化时间，有利于残留 VCM 的脱吸；

② 树脂颗粒规整，表观密度高，有利于提高加工速率；

③ 粒度分布窄，有利于塑化均匀；

④ 树脂孔隙率高且均匀，能使树脂塑化时间短，鱼眼少。

第二节 聚氯乙烯的性能

一、物理性质

外观：白色粉末

分子量：40600～111600

颗粒大小：悬浮树脂 75～250μm，本体树脂 50～100μm，糊树脂初级粒子 0.1～2μm，次级粒子 20～70μm，掺混树脂 20～80μm

相对密度：1.35～1.45

表观密度：0.4～0.65g/mL

结晶度：5%～10%

吸水率：<0.5%

比热容：1.045～1.463J/(g·℃)

热导率：2.1kW/(m·℃)

折射率：n_D (20)=1.644

软化点：75～85℃

熔点：175℃

溶解性：不溶于水、汽油、酒精、氯乙烯，能溶胀或溶解于醚、酮、氯化脂肪烃和芳香烃

毒性：无毒无臭

二、热稳定性

PVC 的热稳定性较差，在 140℃以上即开始分解，出现脱氯化氢反应，温度升高则反应加快，导致 PVC 热降解变色。PVC 分子中的结构缺陷是其发生降解的主要原因。最不稳定的是大分子内的烯丙基氯，其次是分支结构单元上的叔氯、端基烯丙基氯和仲氯。PVC 热降解的机理一般认为是从脱氯化氢开始，接着是断链和交联。

（1）脱氯化氢作用

聚氯乙烯线型高分子链节中的 C—Cl 键是比较稳定的，键能为 318.2kJ/mol，但在双键

旁的 C—Cl 受到了活化，键能降为 242.8kJ/mol，在热、光、氧等作用下发生分解。大量的研究证实，PVC 树脂的热降解是从高分子链上的烯丙基氯和叔氯等热不稳定结构缺陷开始的。

不稳定结构单元上的氯原子以 Cl· 的形式脱下来，Cl· 是很活泼的。脱下 Cl· 的碳也变成自由基，这些自由基能量高，趋向于夺取邻位碳原子上的一个氢原子结合成氯化氢，在大分子上形成一个双键。这个过程也可称为 PVC 大分子的脱氯化氢作用。

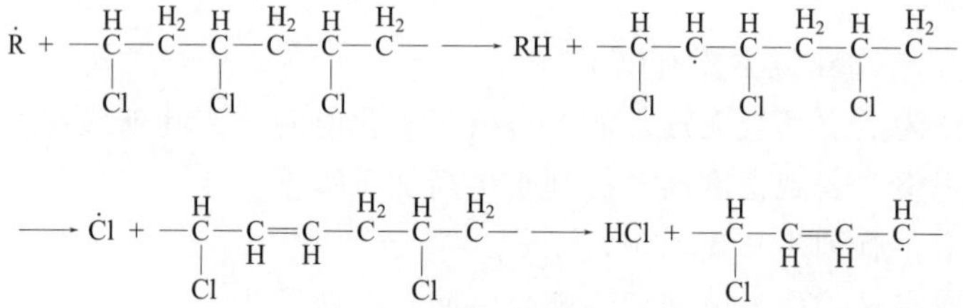

脱氯化氢作用

PVC 的热降解是一个"链式"脱除氯化氢的反应过程。随着温度的升高，自由基反应所占的比例加大，自由基吸引不稳定氯原子旁的氢原子并与之结合，继而导致 PVC 受热分解脱去 HCl，生成共轭双键结构。

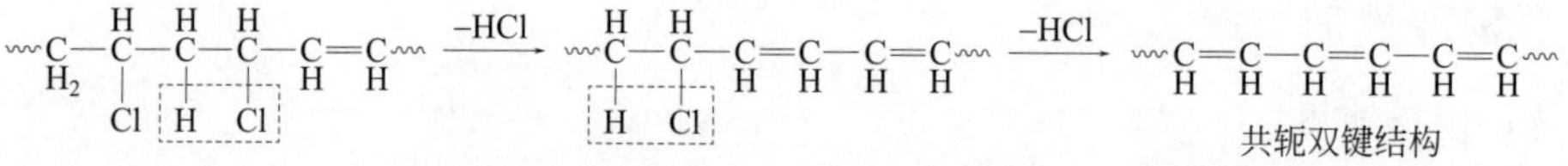

共轭双键结构

PVC 热降解时的变色与聚合物链中生成共轭双键有关。当共轭双键数达到 6 时，PVC 开始变色，随着 HCl 脱出量的增加，共轭系列不断加长，超过 10 时变为黄色。反应继续进行，PVC 颜色也逐渐变深，直到完全分解。

另外，高分子上有多个支链，支链中叔碳原子上的氯原子也是薄弱环节，成为脱氯化氢开始的中心之一。

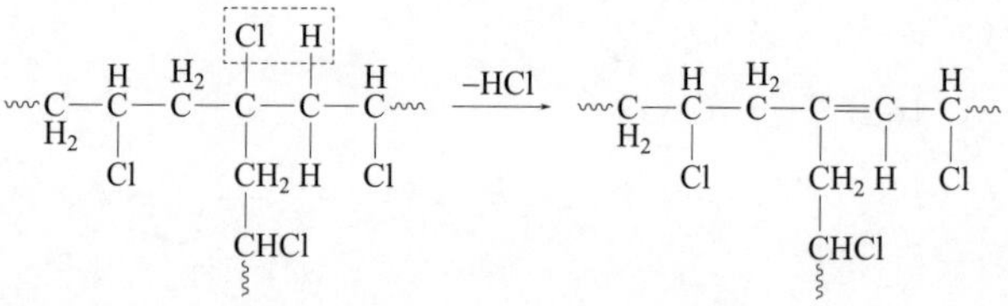

正是因为 PVC 在热分解中，叔碳氯、烯丙基氯等不稳定结构的存在，使 PVC 受热后易脱去 HCl，引起连锁反应而发生降解，造成机械强度下降和颜色变化。在 PVC 实际加工过程中，降解可分成三个阶段：早期着色降解（90～130℃）；中期着色降解（140～150℃）；长期受热降解（190℃以上）。

（2）氯化氢催化作用

氯化氢对 PVC 的脱 HCl 反应具有催化作用，HCl 可离解成 Cl^- 或 HCl_2^-，作为亲核试剂进一步进攻不饱和双键，加速脱 HCl 的反应速率。

在 PVC 脱氯化氢反应的降解过程中，氯化氢分子或 H^+ 或 Cl^- 是无法参与作用的。但是实验研究发现，降解产物氯化氢对降解本身具有催化作用，是一个自催化反应过程。目前一般认为，氯化氢对 PVC 脱氯化氢的催化作用主要通过离子对/准离子机理实现，其反应方式如下所示：

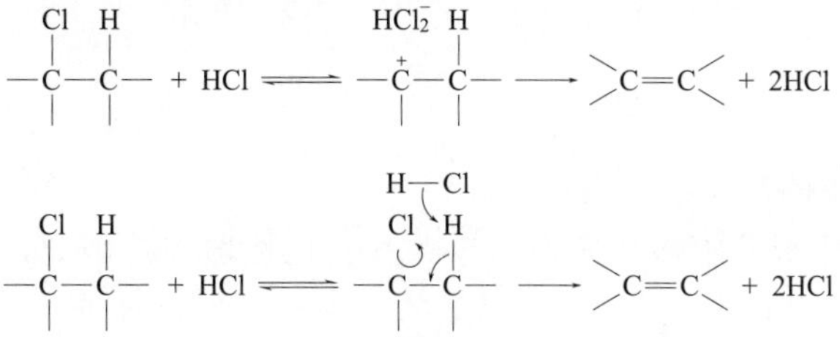

研究发现，PVC 本身和模型化合物在溶液中的降解速率随溶剂极性的提高而增大，氯化氢与不稳定氯结构缔合增大了 C—Cl 或 C—H 的极性，促进了消去反应的进行。

（3）交联反应

PVC 降解的初期主要是链的断裂，随着降解加剧，分子量逐步变小。但加热时间延长，重复出现的交联现象会使分子量增加，可认为是相邻分子链间发生的交联脱氯化氢过程。严重时降解生成的共轭结构自由基，还会发生自身环化而生成苯。

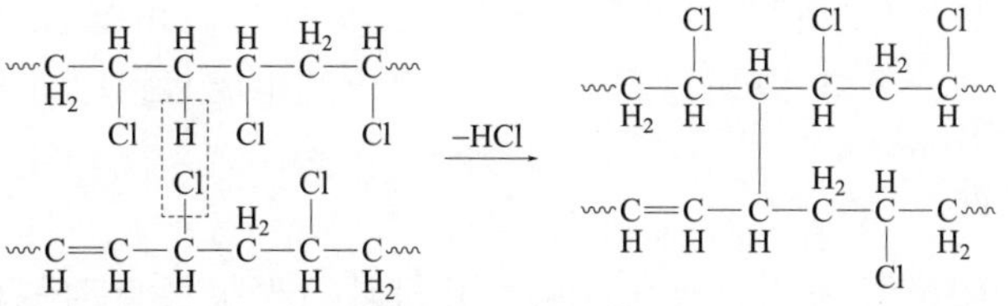

根据对 PVC 降解机理的分析可以看出，可从减缓或阻断其热降解或热氧降解反应过程入手，通过减少 PVC 的不稳定结构、消除自由基的影响、减弱 PVC 降解产物对其降解过程的影响等方法，实现 PVC 的稳定化。具体措施如下：

（1）中和吸收氯化氢

PVC 热降解过程要产生大量的氯化氢，氯化氢对 PVC 的热降解有促进作用，这些氯化氢不处理将加速 PVC 降解。因此，采用一定方法中和吸收热降解释放的氯化氢，消除或抑制其对 PVC 热降解的自动催化作用，能起到稳定 PVC 的作用。如：

$$M(X)_n + HCl \longrightarrow M(Cl)_n + nHX$$

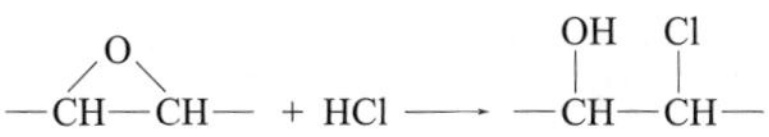

$$RNH_2 + HCl \longrightarrow RNH_3Cl$$

$$R—O—M + HCl \longrightarrow R—O—H + MCl$$

$$R—S—M + HCl \longrightarrow R—S—H + MCl$$

（2）取代不稳定的氯原子

PVC 分子中的烯丙基氯原子或叔碳氯原子是 PVC 中的热不稳定结构，通过与 PVC 大分子上连接的不稳定氯原子反应，并用稳定性较大的其他基团置换不稳定氯原子，能消除引发 PVC 热降解的不稳定因素，起到稳定化作用。如：

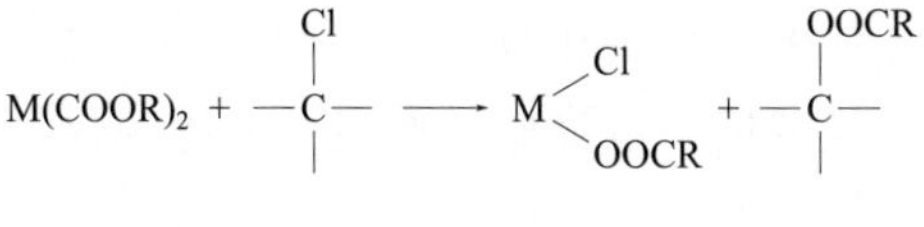

$$M(SR)_2 + \begin{array}{c} H \\ | \\ -C-C=C- \\ | \quad | \quad | \\ Cl \quad H \quad H \end{array} \longrightarrow M\begin{array}{c} Cl \\ \diagdown \\ \diagup \\ SR \end{array} + \begin{array}{c} H \\ | \\ -C-C=C \\ | \quad | \\ SR \quad H \quad H \end{array}$$

（3）与不饱和部位的反应

PVC因热降解而生成共轭多烯序列，导致其着色性增加。因此，PVC稳定化的另一有效途径是寻找一种稳定基团使其与PVC链上的不饱和键发生加成反应，生成不含不饱和键的稳定结构，阻断PVC链进一步增长并缩短共轭多烯链段，减轻其着色性。例如，金属硫醇盐稳定剂与氯化氢反应时，生成的产物硫醇加成到双键上形成稳定的饱和结构：

$$RSH + \begin{array}{c} -C=C- \\ | \quad | \\ H \quad H \end{array} \longrightarrow \begin{array}{c} H_2 \quad H \\ | \quad | \\ -C-C- \\ \quad | \\ SR \end{array}$$

（4）自由基终止

脱氯脱氢过程和热氧化过程都要产生大量自由基，这些自由基会诱发PVC大分子降解的连锁反应。因此，捕获PVC降解过程中产生的自由基也能起到稳定PVC的作用。

三、热氧稳定性

在有氧环境下，PVC会发生热氧化降解，其机理与聚烯烃自动氧化类似。如果聚合物中存在催化剂残留物或被氧化，那么将引发产生自由基，该自由基夺取PVC链上的氢原子，形成高分子烷基自由基，高分子烷基自由基能迅速与空气中的氧结合，产生高分子过氧自由基，此过氧自由基能夺取聚合物高分子中的氢而产生新的分子烷基自由基，这样的反应继续进行下去，导致PVC大分子链的降解。

分子链中的不稳定结构如烯丙基氯在有氧状态下会加速降解，—C＝C—C—H结构上的C—H键能，在氧存在的条件下由322.4kJ/mol降低到125.6～188.4kJ/mol。氧加速聚合物降解的过程中，先形成过氧化物，进一步分子链断裂生成羰基，导致树脂颜色加深，氧化作用促进了链的断裂和HCl的逸出。聚合物降解产物中发现羰基，也证明了其降解过程。

PVC的热氧化过程主要是由氢过氧化物受热产生自由基而引发的链式自由基反应引起的。因此，PVC的热氧降解可通过自由基捕获作用和氢过氧化物分解作用得到抑制。

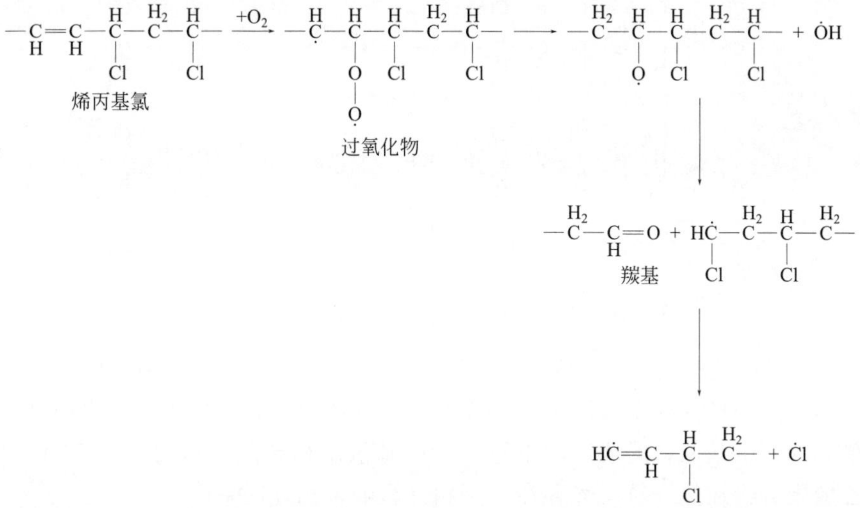

烯丙基氯

过氧化物

羰基

能够延缓或抑制氧化降解的物质称为抗氧剂，按其功能可分为链终止型、氢过氧化物分解型、金属离子钝化型等。在 PVC 中应用较多的抗氧剂是亚磷酸酯类和受阻酚类。亚磷酸酯属于辅助抗氧剂即氢过氧化分解剂，能够分解大分子氢过氧化物，使其变成稳定的羟基化合物而被稳定化，从而使链式反应终止。受阻酚类属于主抗氧剂即链终止型抗氧剂，按作用形式又属于氢原子给体。受阻酚类分子中含有具有活泼氢原子的反应官能团，由于氢原子的转移与由光、热和氧的作用生成的大分子自由基 R· 和过氧自由基 ROO· 作用，生成较稳定的大分子，而本身变成活性比较低的不能传播链式反应的自由基 Ar·，从而使链式反应停止。

四、光稳定性

聚氯乙烯在日光或紫外线照射下会发生老化，色泽变暗。聚氯乙烯的光老化与热老化极为相似，但也有其特殊性，主要是光老化是在材料表面上进行的自由基氧化过程。

破坏力最强的是波长 $290 \sim 400nm$ 的紫外线，它的光量子能量为 $301 \sim 406kJ/mol$，理论上足以破坏大分子链节中包括 C—Cl 键在内的许多键。在波长小于 340nm 的紫外线作用下，聚氯乙烯的脱氯化氢反应只与光强度有关，而与波长无关。波长 $270 \sim 280nm$、$300 \sim 320nm$ 及 $355 \sim 385nm$ 的紫外线都是聚氯乙烯的敏感范围。

聚氯乙烯的光降解，一般倾向于自由基机理。与热老化相同，大分子链上的薄弱环节在敏感波长的紫外线作用下形成自由基。

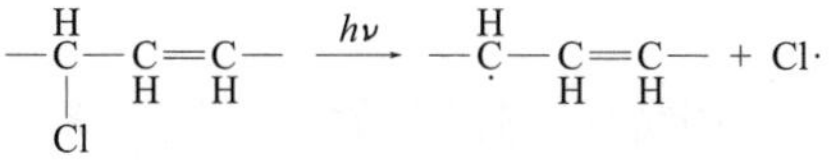

自由基机理认为，在 PVC 降解过程中，PVC 脱氯化氢反应由 C—Cl 键断裂引发，所形成的氯自由基（Cl·）夺取邻近亚甲基上的氢自由基（H·）生产氯化氢，并使 PVC 链上形成一个双键，同时诱发邻近的 C—Cl 键断裂，形成氯自由基和大分子自由基。这样的脱氯脱氢过程是连锁进行的，最终导致共轭多烯的形成，其反应模式如下所示：

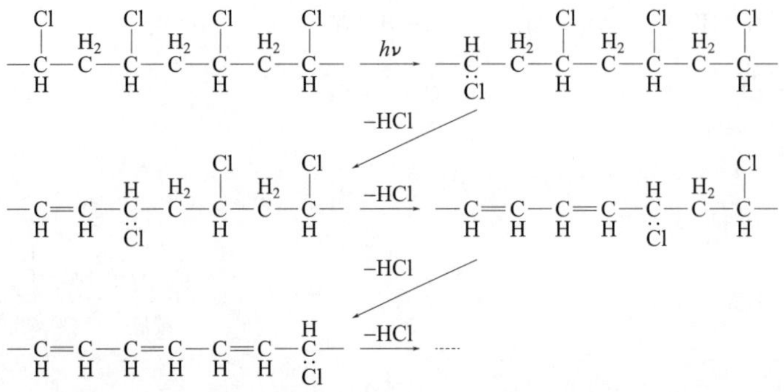

$$-C=C-C=C-C=C-C-C- \xrightarrow{-HCl} \cdots\cdots$$

但是 C—Cl 键断裂产生氯原子所需的能量比 PVC 降解引发过程的活化能大很多，而 Cl· 非常活泼，不可能选择性夺取氢原子而形成共轭多烯序列。有证据表明，自由基可通过夺取正常单体单元的亚甲基氢，形成新的不稳定烯丙基氯结构缺陷，从而促进 PVC 热降解。因此，聚氯乙烯聚合物在热、氧、光存在下是相互影响，相互联系的。

光降解生成的氯化氢对光降解过程也有加速作用，有学者认为氯化氢能与分子链中的内部双键作用，发生异构化作用从而加速光降解过程：

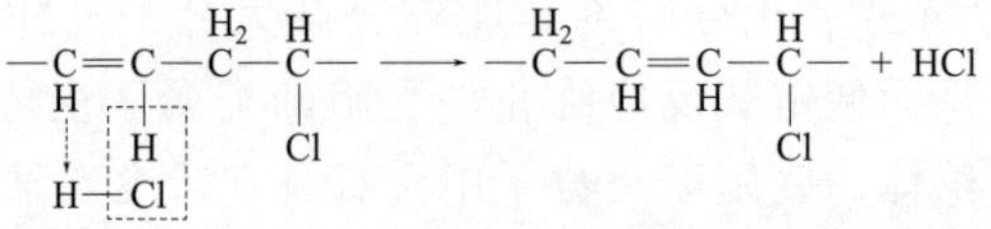

针对光引起的 PVC 降解现象，通常加入光稳定剂来延长制品使用寿命。根据作用效果，光稳定剂大致可分为四类：紫外线吸收剂，光屏蔽剂，猝灭剂，受阻胺类光稳定剂。

五、聚氯乙烯的聚集态特征

聚氯乙烯的分子结构特征和分子链的聚集性质使其表现出典型的非晶态线型聚合物的热行为和力学行为。与树脂力学行为、加工性能和热稳定性紧密相关的是其玻璃化转变温度、流动温度及分解温度。

随着温度的升高，PVC 的机械强度及模量逐渐降低，形变能力增大。PVC 不显示明显的熔点，150℃以上明显软化，170℃以上出现黏性流动，对应不同温度下的力学行为形成了多种加工方法和成型技术。为减少制品的残余应力，保持制品良好的尺寸稳定性和力学性能，加工温度应保持在黏流温度以上。

添加了增塑剂后，PVC 分子间作用力降低，树脂的流动温度和玻璃化转变温度下降。当调节增塑剂用量使玻璃化转变温度下降到室温以下时，制品则成为在室温下呈高弹态的软质材料。

工业级 PVC 分子链中存在一定的如烯丙基氯、支链、多烯共轭体系等不稳定结构以及反应中未能清除的杂质，会在一定程度上降低树脂的热稳定性。未加稳定剂的树脂在高于100℃时易发生脱氯化氢反应，在 170～200℃时显著分解，并导致树脂降解变色。因此，工业加工 PVC 树脂时添加热稳定剂是非常必要的。

聚氯乙烯中存在少量结晶，能在无定形大分子链间起到物理交联骨架的作用，在添加大量增塑剂后仍具有一定的强度和弹性，从而可以加工各种性能的 PVC 软质产品。由于增塑剂在普通情况下难以进入细小结晶中，只有当温度高于 170℃时才能向结晶链段中渗透扩散，因此保证必要的最低加工温度是加工的关键。

尽管 PVC 中含有 5％～10％的结晶，但因其结晶度低，晶粒尺寸很小，通常仍将 PVC 看成非晶聚合物。当 PVC 受热且温度升高到玻璃化转变温度时，由于聚合物大分子的链段运动得以进行，PVC 将从玻璃态转变为高弹态，当温度进一步升高达到熔流温度时，PVC 又进一步从高弹态转化为黏流态。玻璃态向高弹态的转变和高弹态向黏流态的转变反映了 PVC 大分子的热运动由局部的链段运动发展为整个大分子的运动。聚氯乙烯聚集态由一种物理状态到另一种物理状态的转变是一个松弛过程，过程中 PVC 的热力学性质、黏弹性质以及一些物理性质都发生了改变，了解 PVC 在转变过程中有关性质变化的规律以及某一转变阶段的特性，对正确合理的加工与应用 PVC 是十分重要的。

PVC 的比容、比热容、热导率和线膨胀系数均随温度升高而缓缓提高，但当温度升高到玻璃化转变温度（T_g）时，由于 PVC 大分子链中链段运动得以实现，在 T_g 以上温度时，上述热物理性能均随温度升高且有较快地增加。PVC 的热扩散系数、弹性模量和熔体黏度等则随温度升高而降低，且在 T_g 温度以上时降低幅度更大更快，弹性模量和熔体黏度的降低更为明显。

六、聚氯乙烯增塑加工

增塑 PVC 主要包括软质 PVC 和 PVC 增塑糊两类。在人造革加工中，增塑剂对其熔融过程和行为影响很大，其熔融机理也完全不同。增塑剂对 PVC 粒子的溶剂化作用使其熔融前先行溶胀和凝胶。

1. 悬浮和本体树脂的增塑

通常可将悬浮和本体 PVC 的熔融过程分为两个阶段：溶胀-凝胶阶段；熔融-塑化阶段。

在溶胀-凝胶阶段初期，PVC 与增塑剂混合物在室温下为液-固悬浮体系，PVC 粒子分散在增塑剂中。由于 PVC 粒子的吸附作用，增塑剂快速进入粒子的缝隙中，粒子还发生尺寸向更细微粒子转变的解离作用。

随着温度升高（50～70℃），增塑剂向粒子内部渗透和扩散，粒子被溶胀。PVC 粒子吸收增塑剂从膨润到充分溶胀的过程所需的活化能大大提高，因此只有在 80～100℃较高温度条件下增塑剂才能较快的向粒子内部扩散。当增塑剂基本进入大分子链网络时，物料失去流动状态，此状态称为凝胶。

在增塑剂作用下，PVC 粒子中的分子缠结状态变得松动，大分子链的形变更容易。溶胀的 PVC 粒子富有弹性，粒子间形成物理结构上没有强度的干混物。温度进一步上升，溶胀的粒子间能产生一定程度的黏结，PVC 粒子的溶胀-凝胶阶段完成。

当溶胀的 PVC 干混物加热到 130～150℃时，PVC 大部分溶解在增塑剂中，溶胀粒子间的界面逐渐模糊，熔体的黏度和强度逐步增大。当温度进一步提高到 160～180℃时，PVC 在增塑剂中完全溶解，成为外观和结构上都为均质的熔体，即 PVC 增塑剂浓溶液。由于 PVC 与增塑剂之间范德华力或氢键作用，以及熔体中大分子网络结构的形成，熔体的强度提高。工艺上将 PVC 通过加热和剪切作用使 PVC 组成均化并获得熔体强度的过程称为塑化。

2. 糊树脂的增塑

PVC 增塑糊是指 PVC 糊树脂和其他固体配合剂悬浮在液体增塑剂中所形成的稳定的分散体系，也称 PVC 糊料。

PVC 糊树脂的初级粒子粒径在 0.2～2.0μm，通常为实心圆球形，喷雾干燥后初级粒子会黏结在一起，形成 $30\sim70\mu m$ 次级粒子的糊树脂。糊料在加工过程中要求有适宜的黏度和较好的触变性，而影响其性能的最主要因素是糊树脂本身的颗粒特征，包括树脂的初级粒子和次级粒子的颗粒特性。

在增塑剂作用下，糊树脂中松散的次级粒子崩解还原成初级粒子，而结构紧密的不发生崩解，由此形成比较稳定的糊状分散体系。黏度主要由树脂粒子的粒径和分布所决定，相同体积下粒子的表面积与粒径有关，粒径越小表面积越大。而粒径分布与粒子间堆砌空隙有关，分布越窄堆砌空隙越大。

增塑剂在糊料中有两种状态：结合态；游离态。浸润树脂颗粒表面及填充堆砌空间的称为结合增塑剂；在体系中可自由流动的称为游离增塑剂。当增塑剂量一定时，所需结合增塑剂的量越多，游离增塑剂就越少，这就是树脂颗粒特性对黏度有较大影响的原因。因此，浸润树脂颗粒表面所需的增塑剂由初级粒子的粒径决定，填充空隙的增塑剂主要由粒径分布决定。

PVC 糊料在加工使用时需要进行加热，使糊料凝胶化并进一步熔融。加热初期时增塑剂黏度下降，树脂颗粒在其中易于移动，体系黏度下降。随着温度上升，增塑剂扩散到粒子内部并溶胀，粒子膨胀变大，移动困难，体系黏度上升。当游离增塑剂被完全吸收后，粒子间相互粘连，挤压变形，PVC 糊失去流动性而处于凝胶状态。此时糊料处于机械强度接近零的干态，进一步熔融塑化才能达到要求的机械强度。

七、其他性能

① 化学稳定性。PVC 的化学稳定性很高，常温下有较强的耐酸性，可耐任何浓度的盐酸，耐 90％以下的硫酸、50％～60％的硝酸及 20％以下的烧碱溶液。在盐酸中可发生氯化反应生成氯化聚氯乙烯。在强氧化剂中，特别是在较高温度和较高浓度时稳定性下降。

② 耐溶剂性。不溶于水、酒精、汽油，分子量较低的能溶胀或溶解于醚、酮、氯化脂肪烃和芳香烃。

③ 燃烧性能。PVC 一般不会燃烧，但在火焰上能燃烧，离火自熄，是一种"自熄性""难燃性"物质。

PVC 燃烧时降解并释放出氯化氢、一氧化碳和苯等低分子化合物。PVC 内一些有毒添加剂和增塑剂，燃烧时可能渗出或气化，如 DEHP（邻苯二甲酸二酯）容易雾化，也会释放有毒气体进入大气，而 DEHP 也易溶入油性液体中。焚化 PVC 垃圾还会产生致癌的二噁英。

④ 电性能。PVC 的电绝缘性优良，由于聚氯乙烯相邻高分子间有强的偶极键，其介电常数及介电损耗比非极性及弱极性聚合物（如聚乙烯、聚苯乙烯）高。PVC 密度较高，耐电击穿。其电性能在玻璃化转变温度以下比较稳定，超过玻璃化转变温度则有明显变化。

⑤ 加工性能。PVC 加热到 $120\sim150℃$ 时具有可塑性，由于热稳定性差，必须要加入一定的热稳定剂。根据加工要求不同，一般还要加入增塑剂、紫外线吸收剂、填充剂、润滑剂、颜料等以改善加工性能。对 PVC 而言，与加工有关的树脂性能有颗粒大小、热稳定性、分子量、鱼眼、表观密度、空隙率、纯度等，对 PVC 增塑糊还有糊黏度和塑化性能等。

⑥ 热性能。没有明显的熔点，85℃以下为玻璃态，80～85℃开始软化，85～175℃呈黏弹态，175～190℃为熔融状态，190～200℃为黏流态。在 180℃时开始流动，在加压条件下，145℃即开始流动。100℃以上开始分解，180℃时快速分解，200℃以上时剧烈分解并变黑。

⑦ 老化性能。聚氯乙烯的耐老化性能较好，但在热、光、氧等条件下色泽变暗，缓慢分解释放氯化氢，形成共轭结构而变色。

第三节 聚氯乙烯的合成

在工业化生产聚氯乙烯时，根据树脂的应用领域，一般采用五种生产方法：悬浮聚合、本体聚合、乳液聚合、微悬浮聚合和溶液聚合。其中悬浮聚合法生产过程简单，便于控制及大规模生产，产品适应性强，是聚氯乙烯的主要生产方式，约占总产量的80%左右。

一、聚氯乙烯的聚合工艺

（1）本体聚合法

一般采用"两段本体聚合法"，第一段称为预聚合，采用高效引发剂，在62~75℃强烈搅拌，氯乙烯聚合的转化率为8%时，输送到另一台聚合釜中，再加入含有低效引发剂的等量新单体，在约60℃温度下慢速搅拌，继续聚合至转化率达80%时，停止反应。

本体聚合时氯乙烯单体中除了引发剂，不加任何介质，因此生产的树脂纯度高，粒子构型规整，孔隙率高而均匀，颗粒度均一，产品吸收增塑剂速度快，成型加工流动性好，但树脂的分子量分布一般较宽。

本体聚合的优点：聚合体系无须介质水，免去了干燥工序；设备利用率高，生产成本低；产品热稳定性、透明性均优于悬浮聚合产品。

本体聚合的缺点：聚合釜容积较小，产能受限；聚合时操作控制难度大，聚合工艺技术没有悬浮法成熟。

（2）悬浮聚合法

悬浮聚合法中液态氯乙烯单体以水为分散介质，并加入适当的分散剂和不溶于水而溶于单体的引发剂，在一定温度下，借助搅拌作用，使其呈珠粒状悬浮于水相中进行聚合。为了保证这些微滴在水中呈珠状分散，需要加入悬浮稳定剂，如明胶、聚乙烯醇、甲基纤维素、羟乙基纤维素等。引发剂多采用有机过氧化物和偶氮化合物。

聚合反应是在带有搅拌器的聚合釜中进行的。聚合完成后，物料流入单体回收罐或汽提塔内回收单体，然后流入混合釜，水洗再离心脱水、干燥得到白色粉末状PVC树脂。为保证获得规定的分子量及分布范围的树脂并防止单体暴聚，控制聚合过程的温度和压力是关键。树脂的粒度和粒度分布则由搅拌速度和悬浮稳定剂的品种与用量控制。

选取不同的悬浮分散剂，可得到颗粒结构和形态不同的两类树脂。国产牌号分为SG-疏松型（"棉花球"型）树脂和XJ-紧密型（"乒乓球"型）树脂。疏松型树脂吸油性好，干流动性佳，易塑化，成型时间短，加工操作方便，适用于粉料直接成型，目前所生产的悬浮法树脂基本上都是疏松型的。

（3）乳液聚合法

乳液聚合是最早的工业生产PVC的方法。氯乙烯单体在乳化剂作用下分散于水中形成乳液，再用水溶性引发剂引发聚合反应，乳液可用盐类使聚合物析出，经洗涤干燥后得到PVC树脂粉末，也可经喷雾干燥得到糊状树脂。

在乳液聚合中，除水和氯乙烯单体外，还要加入烷基磺酸钠等表面活性剂作乳化剂，使单体分散于水相中而成乳液状。以水溶性过硫酸钾或过硫酸铵为引发剂，还可以采用"氧化-还原"引发体系。也可以加入聚乙烯醇作乳化稳定剂，十二烷基硫醇作调节剂，碳酸氢钠作缓冲剂。

乳液聚合法有间歇法、半连续法和连续法三种。聚合反应周期短，较易控制。得到的树脂分子量高，聚合度较均匀，适用于作聚氯乙烯糊。聚合产物为乳胶状，乳液粒径 $0.05\sim2\mu m$，树脂中乳化剂含量高，制造成本高。

（4）微悬浮聚合法

像悬浮法那样使用油溶性引发剂，在用乳化剂分散、稳定的细小氯乙烯单体液滴中引发聚合，生成适当粒径的 PVC 乳液，经破乳、洗涤、干燥后得到 PVC 树脂粉末。

制备 $0.1\sim2\mu m$ 粒径范围的氯乙烯单体乳液是微悬浮聚合法的关键，称为均化过程。微悬浮聚合法是生产糊树脂的另一种方法，该法生产的树脂具有良好的加工性能，能满足大多数加工的需要，具有乳液法树脂很难达到的某些优良性能。

（5）溶液聚合法

溶液聚合法以甲醇、甲苯、苯、丙酮等作溶剂，氯乙烯单体在溶剂中聚合反应，聚合后得到的 PVC 树脂因不溶于溶剂而不断析出。由于溶剂具有链转移作用，因此溶液聚合物的分子量和聚合速率不高。此种 PVC 树脂不适合做加工成型用，一般仅作为涂料和黏合剂，与乙酸乙烯酯等共聚时使用，是目前产量最少的一种方法。

常用的为本体法、乳液法及悬浮法，其粒子形态及聚合特点如表 4-3 所示。

表 4-3　不同聚合法 PVC 的特点

项目	本体法	乳液法	悬浮法
聚合度	低	高	低
聚合物形态	粉状小粒子	糊状	粉状小颗粒
粒径	$50\sim100\mu m$	$50\sim150\mu m$	$75\sim250\mu m$
特点	树脂中含有非常少的杂质，纯度高，颗粒无皮膜结构	树脂中含有较多的杂质，颗粒表面无皮	树脂中没有金属离子，有紧密型和疏松型，颗粒表面有比较厚的皮膜
性能	电绝缘和热稳定性能优于悬浮法	电绝缘和热稳定性能没有悬浮法好	具有良好的电绝缘性和热稳定性

二、悬浮法聚氯乙烯的聚合

悬浮法聚氯乙烯的制造工艺成熟，设备投资和生产成本低，产品品种多，应用领域宽，是 PVC 树脂的主要生产方法。

1. 原材料及性能

（1）氯乙烯单体

氯乙烯在标准状态下是带有独特醚味的无色气体，能溶于四氯化碳、乙醚、乙醇等有机溶剂，在水中溶解度为 0.11%，易燃，有麻醉性。

氯乙烯单体反应时影响最大的是存在微量乙炔，要求低于 $20mg/kg$。乙炔含有 π 键，具有活泼氢原子，既可以和自由基发生加成反应，又可以发生氢原子转移反应，因此乙炔的主要危害是和引发剂的自由基、单体自由基和链自由基发生链转移反应。这种转移反应速率比氯乙烯单体快，但产生的自由基活性却比较低，从而降低了聚合反应速率，使产品聚合度下降。

乙炔的存在还会降低 PVC 的抗氧化能力。炔型自由基进行的链增长反应，使高分子中含有烯丙基氯或乙炔基链节，成为降解脱氯化氢的薄弱环节，导致热老化性能变差。

（2）引发剂

悬浮聚合采用油溶性引发剂，包括偶氮类和有机过氧化物类。

偶氮类引发剂结构通式为 $R_1-N=N-R_2$，常用的有偶氮二异丁腈（AIBN）和偶氮二异庚腈（ABVN）。

AIBN 为白色结晶粉末，在 50℃ 以上升华，半衰期较长，引发活性相对较低，一般在 45~65℃ 使用。其特点是分解反应比较平稳，只产生一种自由基，基本上不发生诱导分解，但是容易残留于聚合物中，使产品树脂着色，降低产品热稳定性。

ABVN 为白色结晶，为两种异构体的混合物，受热先熔化后分解，分解反应与 AIBN 类似。由于半衰期短，它的引发活性较高，也没有诱导分解现象，引发效率可达 80%，并且聚合反应控制稳定，在 50℃ 时水解率只有 17%，适合高聚合度 PVC 树脂。

AIBN 和 ABVN 一般不单独使用，而是与其他高效引发剂复合使用。另外，其分解产生的自由基含有氰基，对 PVC 树脂卫生性能有一定影响，限制了其使用范围。

油溶性过氧化物引发剂是过氧化氢分子中一个或两个氢原子被有机基团取代而生成的有机过氧化物。主要有过氧化二碳酯类、过氧化二酰类和过氧酸酯类，如过氧化二碳酸二（2-乙基己酯）（EHP）、过氧化十二酰（LPO）、过氧化二碳酸二异丙酯（IPP）、过氧化新癸酸叔丁酯等。

EHP 属于高效引发剂，几乎不溶于水，易分散于单体油相中，聚合反应放热均匀，因此成为悬浮聚合主要引发剂之一，常与 LPO 或 ABVN 等中、低效引发剂复合使用。

过氧化物引发剂分解过程复杂，存在三种分解过程：受热自发分解，自由基或杂质引起诱导分解，分子重排分解。通常在受热情况下，过氧链断裂，产生自由基。

过氧化物引发剂的氧化剂性质使其对聚合体系中存在的铁离子、氯离子很敏感，杂质的存在会促使催化分解，延长聚合时间。过氧化物引发剂具有一定表面活性，在聚合颗粒形成过程中，易在单体油珠表层富集，导致表面初级和次级粒子成长较快，而中心部位孔隙较多。与 AIBN 相比，过氧化物引发剂半衰期短，不易残留于产品中，聚合物热稳定性好，降解氯化氢较少。

（3）分散剂

悬浮聚合时，单体在搅拌和分散剂的共同作用下在水中分散成小液滴，聚合反应在单体液滴内进行。分散剂大致可分为有机和无机两大类，以有机分散剂为主，大都是亲水性的大分子，如明胶、纤维素醚和部分水解的聚乙烯醇。

天然纤维素上的羟基被甲基、羟乙基、羟丙基等有机基团取代，是一种介于天然高分子和合成高分子之间的"半合成高分子"。纤维素醚类分散剂最重要的性质是其水溶液的界面张力、界面膜强度和凝胶温度等，物理性质取决于分子量大小、取代基的量和均匀程度。

羟乙基纤维素（HEC）由于引入亲水性的羟乙基，因此水溶性较好，但大分子链缺少油溶性基团，因此其水溶液表面张力较高，界面活性低，单独使用时只能得到紧密型树脂。使用甲基纤维素（MC）、羟丙基甲基纤维素（HPMC）等表面张力较低的分散剂可以得到疏松型树脂，吸油率高，加工塑化性能好。HPMC引入羟丙基，提高了溶解能力，在水中溶解力比MC高，凝胶温度也大幅度提高，最高可达90℃。其水溶液表面张力低于水的表面张力，约为42～56dyn/cm。HPMC目前被广泛应用，与PVA复合使用，所得树脂综合性能较好。

聚乙烯醇类分散剂是合成高分子化合物，由聚醋酸乙烯酯在碱性条件下醇解制得，结构易于控制，是悬浮聚合常用的分散剂之一。

$$\overset{\text{\tiny www}}{C}_{H_2}-\overset{\underset{\displaystyle O-\underset{\displaystyle O}{C}-CH_3}{\displaystyle |}}{\overset{\displaystyle H}{C}}\overset{\text{\tiny www}}{} + CH_3OH \xrightarrow{\text{NaOH}} \overset{\text{\tiny www}}{C}_{H_2}-\overset{\underset{\displaystyle OH}{\displaystyle |}}{\overset{\displaystyle H}{C}}\overset{\text{\tiny www}}{} + CH_3COOCH_3$$

PVA的聚合度、醇解度、乙酰基分布等分子结构特征直接影响其水溶液的表面活性，与搅拌分散一起控制着PVC树脂的颗粒特性。PVA作为悬浮聚合分散剂时，其醇解度一般以70%～90%为宜。低醇解度（50%）PVA主要作为助分散剂，用于制取高孔隙率树脂。PVA聚合度一般在860～2000，随着聚合度的增加其保胶能力增加，聚合度在200～300的分散剂可增加PVC树脂的疏松程度。总之，醇解度和聚合度越低，其表面活性越大，界面张力越小，制得的树脂孔隙率高，增塑剂吸收快，对减少树脂中的鱼眼和脱除单体有利，但树脂的表观密度较低。

（4）pH调节剂

pH值对引发剂分解速率、聚合速率、聚合稳定性、分散体系稳定性均有很大影响。pH值越小，引发剂的分解速率越快。PVC在pH值高时容易分解放出氯化氢，对聚合反应不利，pH值降低则对聚合釜黏釜不利。

在碱性条件下聚合，分散剂PVA残存酯基会进一步水解，使醇解度增加，表面张力下降，导致粒子变粗，同样也会促使纤维素类分散剂进一步甲基化，影响分散效果。

稳定反应体系至中性的办法是使用pH调节剂。常用的有NaOH、碳酸氢钠、碳酸氢铵、氨水等。加碱速率不能过快，加入量不能过大，否则会影响分散剂作用，使树脂颗粒变粗。体系含氧量高，需要多加碱，单体和去离子水含酸，也要提高碱量，加碱量以维持体系在中性为宜。

（5）链转移剂

链转移剂也称为分子量调节剂，在相同聚合温度下，PVC的黏度主要决定于调节剂的用量。为了控制聚氯乙烯平均分子量，特别是生产低分子量的牌号时，除严格控制反应温度外，必要时添加链转移剂。链转移剂可使聚合反应在较低的温度下进行，避免了升温、提压、脱单等系列问题。

常用的链转移剂有巯基乙醇和三氯乙烯等。三氯乙烯的链转移效果较好，但它能溶解单体和聚合物，使树脂密度分布变宽，吸油量降低，目前基本不采用。巯基乙醇链转移效率高，用量少，添加量为100～300mg/kg时，可降低聚合温度2～3℃，同时还可改进聚合物多孔性、加工性能及颗粒形态等。

（6）扩链剂

在制备高分子量 PVC 树脂时，有时在聚合中添加扩链剂。常用的扩链剂有苯二甲酸二烯丙酯和苯二甲酸三烯丙酯。

采用扩链剂方法生产的高聚合度聚氯乙烯树脂存在部分交联结构，所以在拉伸强度、耐冲击力及韧性方面不及低温法树脂。

（7）链终止剂

链终止剂能与引发剂的自由基反应，使自由基失去活性，达到终止聚合反应的目的。当聚合反应的转化率达到 80%～85% 时，大分子自由基之间的歧化反应增加，容易形成较多的不稳定的支链结构，影响产品的热稳定性。

一般的抗氧化剂都具有链终止性能，工业生产中常使用聚合级双酚 A、叔丁基邻苯二酚、丙酮缩氨基硫脲（ATSC）等。

双酚 A 只能与自由基终止连锁反应，而 ATSC 既是自由基的捕捉剂，又是引发剂的消除剂，用量少，效率高，在聚合生产中任何时候 ATSC 均能快速彻底终止聚合反应，特别是在意外和紧急情况下。

2. 悬浮聚合反应过程

氯乙烯悬浮聚合属于非均相的自由基加聚反应。反应的活性中心是自由基，反应历程分为链引发、链增长、链转移和链终止几个步骤。

（1）链引发

链引发包括两个步骤：引发剂分解为初级自由基；初级自由基与氯乙烯反应生成单体自由基。

初级自由基由引发剂受热使弱键断裂得到，以 EHP 为例：

$$C_4H_9-\overset{\overset{H}{|}}{\underset{\underset{C_2H_5}{|}}{C}}-\overset{\overset{H_2}{|}}{C}-O-\overset{\overset{}{|}}{\underset{\underset{O}{||}}{C}}-O-O-\overset{\overset{}{|}}{\underset{\underset{O}{||}}{C}}-O-\overset{\overset{H_2}{|}}{C}-\overset{\overset{H}{|}}{\underset{\underset{C_2H_5}{|}}{C}}-C_4H_9 \xrightarrow{\triangle} 2\,C_4H_9-\overset{\overset{H}{|}}{\underset{\underset{C_2H_5}{|}}{C}}-\overset{\overset{H_2}{|}}{C}-O\cdot + 2\,CO_2$$

EHP

初级自由基一旦形成，很快作用于氯乙烯分子，激发其双键 π 电子，使之分离为两个独立电子，并与其中一个独立电子结合生成单体自由基。

$$R\cdot + \overset{\overset{H}{|}}{\underset{\underset{H}{|}}{C}}=\overset{\overset{H}{|}}{\underset{\underset{Cl}{|}}{C}} \longrightarrow R-\overset{\overset{H_2}{|}}{C}-\overset{\overset{H}{|}}{\underset{\underset{Cl}{|}}{C}}\cdot$$

由于碳上取代基氯的半径比氢大，聚合初期自由基进攻氯乙烯分子时，以"头-尾"相连为主，极少生成"尾-尾"相连的初级自由基。引发剂的分解及初级自由基形成是吸热反应，因此在聚合反应的引发阶段需要外界提供热量。

（2）链增长

引发阶段形成的单体自由基活性很高，立即与其他氯乙烯分子作用，形成新的自由基，如此循环产生大量含有聚氯乙烯单元的链自由基，这一过程称为链增长，实际上是一个加成反应。

$$R-\overset{\overset{H_2}{|}}{C}-\overset{\overset{}{|}}{\underset{\underset{Cl}{|}}{C}}\cdot + n\,\overset{\overset{H}{|}}{\underset{\underset{H}{|}}{C}}=\overset{\overset{H}{|}}{\underset{\underset{Cl}{|}}{C}} \longrightarrow R\left[\overset{\overset{H_2}{|}}{C}-\overset{\overset{H}{|}}{\underset{\underset{Cl}{|}}{C}}\right]_n\overset{\overset{H_2}{|}}{C}-\overset{\overset{H}{|}}{\underset{\underset{Cl}{|}}{C}}\cdot$$

聚合反应的链增长活性不因链增长而减弱直至链终止，在瞬时就可达到聚合度很高的高分子。链增长过程是放热反应，需要外界提供冷却。实际生产中，结构单元氯乙烯主要以"头尾"形式连接，主要是由电子效应和位阻效应，加上相邻的次甲基的超共轭效应，自由基得以稳定，有利于"头-尾"相连。但在温度升高时，"头-头"结构增多。

（3）链终止

由于 PVC 大分子自由基与单体、引发剂或单体中的杂质等发生链转移反应，两个大分子自由基发生偶合或歧化反应，大分子自由基与初级自由基发生链终止反应，使链的增长停止。

大分子自由基与单体之间的链转移反应：

$$R\text{-}[CH_2\text{-}CHCl]_n\text{-}CH_2\text{-}\overset{\cdot}{C}HCl + CH_2\text{=}CHCl \longrightarrow R\text{-}[CH_2\text{-}CHCl]_n\text{-}CH\text{=}CHCl + CH_3\text{-}\overset{\cdot}{C}HCl$$

大分子自由基与初级自由基反应：

$$R\text{-}[CH_2\text{-}CHCl]_n\text{-}CH_2\text{-}\overset{\cdot}{C}HCl + R\text{-}CH_2\text{-}\overset{\cdot}{C}HCl \longrightarrow R\text{-}[CH_2\text{-}CHCl]_{n+1}\text{-}CH_2\text{-}CHCl\text{-}R$$

两个大分子自由基发生偶合反应，即偶合链终止，形成"尾-尾"结构：

$$R\text{-}[CH_2\text{-}CHCl]_n\text{-}CH_2\text{-}\overset{\cdot}{C}HCl + R\text{-}[CH_2\text{-}CHCl]_m\text{-}CH_2\text{-}\overset{\cdot}{C}HCl \longrightarrow R\text{-}[CH_2\text{-}CHCl]_{n+1}\text{-}[CHCl\text{-}CH_2]_{m+1}\text{-}R$$

两个大分子自由基发生歧化反应，即歧化链终止，形成端基双键：

$$R\text{-}[CH_2\text{-}CHCl]_n\text{-}CH_2\text{-}\overset{\cdot}{C}HCl + R\text{-}[CH_2\text{-}CHCl]_m\text{-}CH_2\text{-}\overset{\cdot}{C}HCl \longrightarrow R\text{-}[CH_2\text{-}CHCl]_n\text{-}CH\text{=}CHCl + R\text{-}[CH_2\text{-}CHCl]_m\text{-}CHCl\text{-}CH_2$$

链终止是一个复杂的反应过程，通常引发剂的量相对于单体来说浓度很低，因此大分子自由基相遇形成双分子偶合而终止反应的概率很小，而大分子自由基与单体之间的链增长与链转移的可能性很大。由于引发剂不断分解，活性中心随反应时间的增加而增加，产生了聚合反应的自动加速现象，大分子自由基与单体之间的链增长与链转移存在于每个 PVC 大分子形成的始终。

当 PVC 大分子自由基在链增长中达到临界值，即其链节上氯乙烯分子超过三个时，就成为不溶于单体而被单体溶胀的黏胶体从单体中沉淀出来。这些孤立的大分子自由基很难进行偶合或歧化而链终止，因此大分子自由基与单体间的链转移作用占主导，成为悬浮聚合链终止的主要反应。

3. 树脂颗粒形成机理与形态

悬浮聚合中，单体在搅拌和分散剂的作用下在水中形成单体液滴，聚合反应在液滴内进行，由于 PVC 不溶于单体，反应具有沉淀聚合的特征。PVC 树脂成粒过程包括两个方面：一方面，单体在水中分散和在水相和氯乙烯-水相界面发生反应，此过程主要控制聚氯乙烯颗粒的大小及其分布；另一方面，在单体液滴内和聚氯乙烯凝胶相内发生化学与物理过程，此过程主要控制所得聚氯乙烯颗粒的形态。

① 单体液滴的形成。悬浮聚合初期，单体在搅拌作用下被分散成大小不同、形状不一的不稳定液滴。由于热力学不相容，界面张力作用使小液滴收缩成球型并聚集成大液滴，剪切分散和聚集反复进行并存在着动态平衡。在分散剂作用下，最终形成大小及分布相对稳定的平均直径 $30\sim40\mu m$ 的液珠，分散于水相中。

② 微观粒子的形成。单体液滴内的引发剂分解形成自由基，引发单体生成链自由基，链自由基增长到一定程度就有沉淀倾向。在低转化率如 $0.1\%\sim1\%$ 以下，约 50 个链自由基缠结在一起沉淀出来，形成最原始的相分离，尺寸为 $0.01\sim0.02\mu m$，称为原始微粒或微区。

原始微粒不能单独成核且极不稳定，很容易再次絮凝。当转化率达到 $1\%\sim2\%$ 时，约 1000 个原始微粒进行第二次絮凝，成为 $0.1\sim0.2\mu m$ 的初级粒子核。

初级粒子核吸附或捕捉来自单体相的自由基而增长，聚合主要在 PVC/VC 溶胀体中进行，初级粒子在液滴中缓慢而均匀生长。当转化率达到 $3\%\sim10\%$ 时，初级粒子长到 $0.2\sim0.4\mu m$，又变得不稳定，部分初级粒子进一步絮凝为 $1\sim2\mu m$ 的聚集体。到转化率为 $85\%\sim90\%$ 时，聚合反应结束，初级粒子可长大到 $0.5\sim1.5\mu m$，而聚集体可长大到 $2\sim10\mu m$。

③ 宏观颗粒的形成。商品牌号的粒径范围，取决于树脂用途、分散剂类型、用量、反应起始阶段的搅拌速度等参数，最终产品的粒径在 $100\sim180\mu m$。

如果使用的分散剂浓度高，在搅拌较弱、表面张力中等的条件下，单体液滴比较稳定，不易聚集，得到空隙率低（$\leqslant10\%$）的致密圆球状树脂颗粒；搅拌较强、表面张力低的情况下，液滴聚合过程中有适度的聚集，最后形成粒度适中、孔隙率高、形状不规则的疏松树脂。

PVC 产品的平均粒径因用途不同而有所不同。用于生产软质品的 PVC 平均粒径要求低些，在 $100\sim130\mu m$；用于生产硬质品的则要求在 $150\sim180\mu m$；分子量较低的牌号要求在 $130\sim160\mu m$。

选取不同的悬浮分散剂，可得到颗粒结构和形态不同的两类树脂：疏松型树脂；紧密型树脂。疏松型树脂比表面积比球形颗粒大 8 倍，吸油性量大且吸收速度快，塑化成型时间短，加工操作方便，适用于粉料直接成型或混料加工。

第四节 聚氯乙烯加工助剂

聚氯乙烯是工业上具有热敏性、极易产生热降解的聚合物之一。为了提高 PVC 的加工性能和制品的使用性能，PVC 树脂在加工过程中往往需要添加热稳定剂、增塑剂、润滑剂、发泡剂、填料、紫外线吸收剂、交联剂等助剂。

助剂的种类与用量对 PVC 的性能影响非常大，通过特定的配方和加工工艺，助剂与 PVC 树脂可制成不同性能的系列产品。

一、热稳定剂

PVC 的软化和熔融温度较高，而高温下 PVC 会因其分子含有不稳定结构而发生脱氯化氢反应，引起树脂降解。因此，在实际应用中要加入能够有效提高 PVC 热稳定性的助剂，即热稳定剂。

添加热稳定剂是提高聚氯乙烯热稳定性的有效方法。同一种稳定剂可按几种不同的机理实现热稳定的目的。根据 PVC 的热稳定机理，对热稳定剂有以下要求：

① 捕捉聚氯乙烯分解产生的氯化氢，防止其催化降解作用。

② 置换活泼的烯丙基氯原子。

③ 与自由基反应，终止自由基传递。

④ 与共轭双键加成作用，抑制共轭链的增长。

⑤ 分解氢过氧化物，减少自由基的数目。

1. 铅化合物类

铅化合物类是聚氯乙烯最常用的热稳定剂。用作稳定剂的铅处于二价（Pb^{2+}），二价的铅具有形成配合物的能力，可取代不稳定的氯原子。当它与自由基或易发生自由基反应的活性基团反应时，就会失去电子变成 Pb^{4+}，终止自由基反应。

常用的无机铅盐热稳定剂指碱式铅盐，主要包括三碱式硫酸盐（$3PbO \cdot PbSO_4 \cdot H_2O$）、二碱式亚磷酸盐（$2PbO \cdot PbHPO_3 \cdot 1/2H_2O$）和二碱式碳酸盐（$2PbO \cdot PbCO_3$）、二碱式邻苯二甲酸铅。有机铅盐主要有硬脂酸铅，有突出的润滑性和热稳定性。

无机铅盐热稳定剂存在 Pb—OH 基团，能非常有效地中和吸收氯化氢，而所生成的氯化铅对脱氯化氢无催化作用，具有长期的热稳定效能。还可与烯丙基配位，降低烯丙基的启动效应。

含有 PbO 和 $Pb(OH)_2$ 的碱式铅盐与断链自由基反应，消除自由基，避免活性自由基去夺取 PVC 大分子上的 H·或 Cl·，导致 PVC 分解：

二价铅盐和氯自由基、氢自由基反应：

$$2Cl· + 2H· + PbO \longrightarrow PbCl_2 + H_2O$$

由于铅盐稳定剂在功效和成本方面，具有其他稳定剂无可比拟的优越性，一直被广泛使用。铅盐稳定剂在主要缺点是有毒，不适合用于与食品、皮肤接触的制品。铅盐热稳定剂无润滑性，并存在遮光性高等问题。易与硫形成黑色的硫化铅（俗称硫化污染），因此这类热稳定剂不能与含硫助剂（如有机锡中的硫醇锡）共存。铅盐粉末细小，配料和混合中易造成粉尘污染导致铅中毒。

硬脂酸铅则具有变价元素、润滑和螯合三种稳定功能，可取代 PVC 大分子上的活性氯原子，也可按自由基反应历程终止加工过程中产生的自由基，从而达到 PVC 加工过程的热稳定。

复合铅盐热稳定剂是铅盐的更新换代品种，采用共生反应技术，将碱式铅盐和金属皂在反应体系内以初生态的晶粒尺寸和各种润滑剂进行混合，既保持了传统铅盐热稳定剂的优点，也保证了热稳定剂在 PVC 体系中的充分分散，同时由于与润滑剂共熔融形成颗粒状，也避免了因铅粉尘造成的中毒。复合热稳定剂有利于规模生产，为铅盐热稳定剂的发展提供了新的方向。

2. 金属皂热稳定剂

作为 PVC 热稳定剂用的金属皂，金属基一般是 Mg、Ca、Ba、Zn、Cd、Pb、Al、稀土等，脂肪酸主要用硬脂酸、棕榈酸、月桂酸、异辛酸、油酸、环烷酸、蓖麻油酸等。目前，常用的金属皂热稳定剂主要是 Ca、Ba、稀土、Zn、Cd、Pb 的硬脂酸和异辛酸盐。

Zn、Cd、Pb 皂既能中和吸收氯化氢，又能与叔氯、烯丙基氯等活性氯原子发生酯化置换反应，以稳定的羧酸基团取代不稳定氯原子基团而消除热降解引发部位。因而金属皂类既能减慢 PVC 的脱氯化氢，又能抑制其初期着色。

$$M(OOCR)_2 + \underset{\underset{Cl}{|}}{\overset{\overset{H}{|}}{-C}}-\overset{\overset{H}{|}}{C}=\overset{\overset{H}{|}}{C}- \longrightarrow M\underset{Cl}{\overset{OOCR}{<}} + \underset{\underset{OOCR}{|}}{\overset{\overset{H}{|}}{-C}}-\overset{\overset{H}{|}}{C}=\overset{\overset{H}{|}}{C}-$$

酯化置换反应

$$M\underset{OOCR}{\overset{OOCR}{<}} + 2\,HCl \longrightarrow MCl_2 + 2\,RCOOH$$

吸收氯化氢反应

随着酯化反应进行，金属皂取代活性氯时，生成了具有路易斯酸性质的金属氯化物。这类具有路易斯酸性质的金属氯化物是 PVC 脱氯、脱氢分解的催化剂，必须除去，最有效的方法是加入相当量的离子型金属皂。Zn、Cd、Pb 皂与 PVC 及其降解产物反应产生的金属氯化物对 PVC 降解过程有着截然不同的影响。Pb 皂与 PVC 及其降解产物反应的转化产物 $PbCl_2$ 无催化作用，故长期热稳定效能较好；Zn 皂的转化产物 $ZnCl_2$ 具有路易斯酸的特性，对 PVC 的降解具有强烈的催化作用，在受热后不久就会发生恶性降解而变黑焦化，称为"锌烧"，故长期热稳定效能较差；而 Cd 皂则介于其中。

Ca、Ba 和稀土皂仅具有中和吸收氯化氢的功能，因而只能减慢 PVC 的脱氯化氢速率，不能抑制其初期着色。但是，Ca、Ba 和稀土皂可与 Zn、Cd 皂的转化产物发生复分解反应而使其再生成有效的稳定剂，进而避免了 Zn、Cd 皂的转化产物可能发生的催化降解作用。这就是 Ca、Ba 和稀土皂与 Zn、Cd 皂的协同效应。以 Ba 皂和 Cd 皂为例，协同效应如下所示：

$$Ba(OOCR)_2 + 2\,HCl \longrightarrow BaCl_2 + 2\,RCOOH$$

$$Cd(OOCR)_2 + 2\,\sim\sim\sim Cl \longrightarrow CdCl_2 + 2\,\sim\sim\sim OOCR$$

$$CdCl_2 + Ba(OOCR)_2 \longrightarrow Cd(OOCR)_2 + BaCl_2$$

$$Cd(OOCR)_2 + 2\,HCl \longrightarrow CdCl_2 + 2\,RCOOH$$

金属皂类热稳定剂均具有一定的透明性，其中以稀土皂的透明性最高，接近有机锡的水平，而 Pb 皂的透明性较差。Cd、Pb 皂不耐硫化污染，而 Zn、Ca、Ba 和稀土皂不存在硫化污染问题。Cd、Pb、Ba 皂有毒，Ca、Zn、稀土皂无毒。在金属皂类热稳定剂中，异辛酯皂溶解性好，而硬脂酸皂润滑性高。

如果加工过程中剪切较多，断链自由基增多，需加入相当数量的能产生自由基的组分（如硬脂酸铅、硬脂酸锡、硬脂酸钕、硬脂酸铈等金属皂，铅、锡、钕、铈均属变价元素）。以硬脂酸铅为例，断链自由基的终止反应过程为：

$$\underset{\underset{H}{|}}{\overset{\overset{H}{|}}{\sim\sim C}}-\underset{\underset{Cl}{|}}{\overset{\overset{H}{|}}{C}}\cdot + Pb\underset{OOCC_{17}H_{35}}{\overset{OOCC_{17}H_{35}}{}} + \cdot\underset{\underset{Cl}{|}}{\overset{\overset{H}{|}}{C}}-\underset{\underset{H}{|}}{\overset{\overset{H}{|}}{C}}\sim\sim \longrightarrow \sim\sim\overset{}{C}-\underset{\underset{Cl}{|}}{\overset{}{C}}-Pb-\underset{\underset{OOCC_{17}H_{35}}{|}}{\overset{\overset{OOCC_{17}H_{35}}{}}{C}}-\underset{\underset{Cl}{|}}{\overset{}{C}}\sim\sim$$

另外，由于金属皂的内润滑作用，加入后 PVC 熔体的黏度降低，大分子之间摩擦力降低，使断链产生自由基的概率减少，PVC 加工过程的热稳定因而得以实现。

3. 有机锡热稳定剂

有机锡热稳定剂的化学结构可由下列通式表示：

$$R_n\text{-}Sn\text{-}Y_{4-n}$$

式中，$n=1$，2；R＝甲基、正丁基、正辛基和酯基；Y＝巯基羧酸酯基（如巯基乙酸异辛酯等）、马来酸酯基（如马来酸正辛酯等）、脂肪酸根（如月桂酸根等）。

有机锡类为热稳定剂中最有效且应用最广泛的一类，热稳定性好，透明性好，基本无毒，加入量少但价格较高。大部分为液体，可单独使用，也可与金属皂类并用。

有机锡属于自由基给予体，通过配位反应可置换聚氯乙烯中不稳定的烯丙基氯原子，引入稳定的酯基，消除聚氯乙烯中热降解的引发源，使聚氯乙烯稳定化。主要包括含硫有机锡和有机锡羧酸盐两大类。

（1）巯基羧酸酯有机锡

巯基羧酸酯有机锡简称为硫醇有机锡。Sn—S 键键能低，当受到降解自由基的进攻时容易断裂降解，使自由基终止，具有中和吸收氯化氢、取代不稳定氯原子和与共轭多烯序列加成等作用。

硫醇有机锡能有效地吸收降解产生的 HCl 形成伴盐。通过其特殊的配位化学作用，很容易取代 PVC 链上的不稳定氯原子，从而防止 HCl 的产生。而且其转化产物氯化有机锡对 PVC 降解无催化作用，因此既能非常有效地抑制 PVC 初期着色，与多烯结构发生加成反应，防止大共轭体系的形成，还能够分解氢过氧化物，从而防止自动氧化作用，所以也具有辅助抗氧剂的功能。

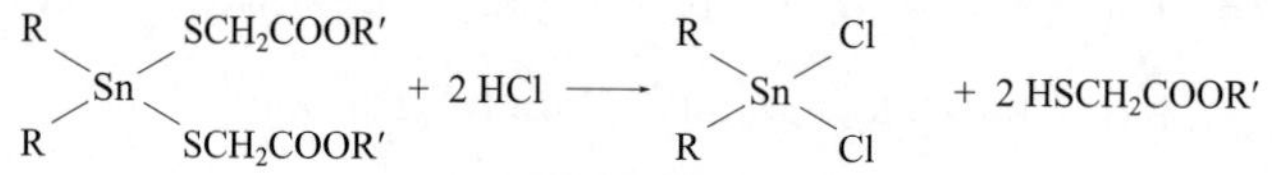

吸收氯化氢

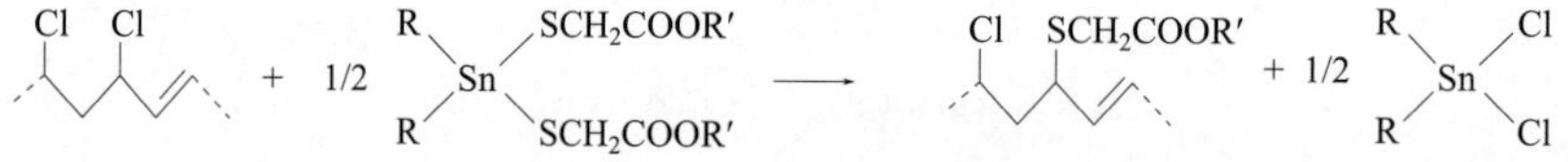

取代不稳定氯原子

与共轭多烯加成

常用的品种为硫醇甲基锡，含有两种有效成分：二甲基锡二巯基乙酸异辛酯，简称二甲；甲基锡三巯基乙酸异辛酯，简称一甲。一甲和二甲互相起协同效应，一甲具有优异的初期热稳定性，二甲具有优良的长期热稳定性。

同其他类型的热稳定剂相比，硫醇甲基锡的综合性能更接近于理想的热稳定剂。硫醇有机锡具有优异的持久热稳定性能，是所有热稳定剂中热稳定性能最优秀的种类。但是所有的有机锡热稳定剂制造成本都比铅盐和金属皂类复合物要高。其主要缺点有硫醇异味大、无润滑性、耐候性差以及不能与含重金属添加剂并用等。

（2）马来酸酯有机锡

马来酸酯有机锡既能中和吸收氯化氢，又能与共轭多烯序列加成，因此既有一定的抑制

PVC初期着色的能力，也有较高的长期热稳定效能。代表性产品有马来酸二丁基锡（DBIM）、双（马来酸单辛酯）二辛基锡、双（硫代甘醇酸异辛酯）二丁基锡等。

二元羧酸有机锡可以吸收分解释放的氯化氢，但不能取代不稳定氯原子，其稳定性是因为能以羧酸根羰基碳原子和二烷基锡离子与 PVC 发生亲电反应，当二元羧酸机锡分子中含有双烯结构单元时，则亲电反应和 Diels-Alder 环加成反应同时起作用，但以前者为主而后者为辅。分子中羧酸根羰基碳原子的正电性和金属离子的极化力是影响热稳定性的主要因素。

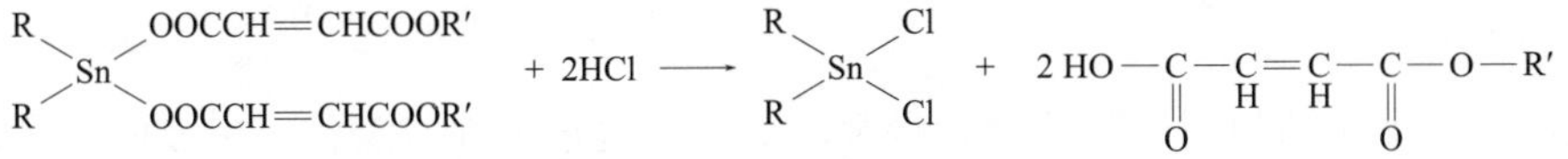

吸收氯化氢反应

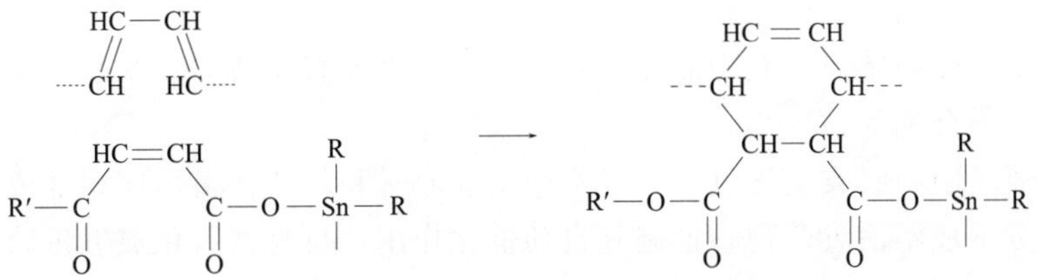

Diels-Alder环加成反应

马来酸酯有机锡的热稳定性不及硫醇有机锡，但具有异味小、耐候性好并可与含重金属添加剂并用等优点。马来酸酯有机锡无润滑性，并且在加工时会释放出催泪性气体。

（3）脂肪酸有机锡

脂肪酸酯有机锡能中和吸收氯化氢，其热稳定和润滑稳定性能与前述 Ca、Zn 和稀土皂热稳定剂类似。二月桂酸二丁锡（DBTL）是代表性产品，它与自由基发生的反应如下：

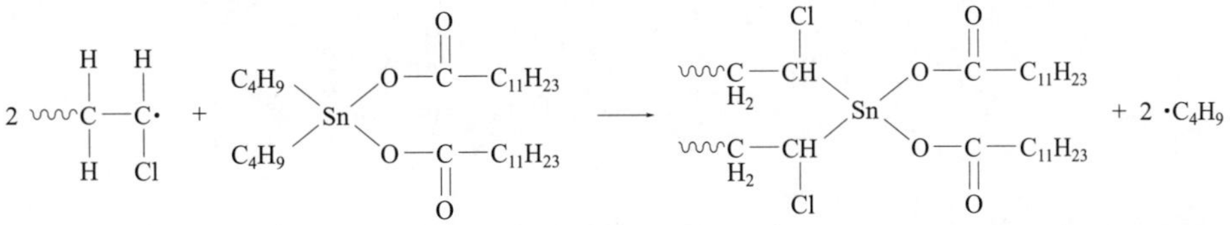

其主要优点是透明性和润滑性优良，自身无异味，加工时也不会产生有异味物质。耐热性不及 DBIM，稳定性较差，有毒，常与钡皂、镉皂及硫醇锡并用。

4. 有机锑类

有机锑是一种新型的热稳定剂，通常是由 Sb_2O_3 或 $SbCl_3$ 与硫醇盐反应制得。具有优秀的初期色相和保持性，毒性低于有机锡。热稳定性在用量低时优于有机锡类，在用量高时不及有机锡。

锑有三种氧化态，作为稳定剂的锑化合物的氧化态为 Sb^{3+}。可做热稳定剂的锑系化合物包括羧酸锑、高级脂肪硫醇锑、巯基羧酸酯锑和巯基羧酸酯-高级脂肪硫醇锑等。目前使用最广泛的为三巯基乙酸异辛酯锑（ST）和以其为主要成分的复合稳定剂。

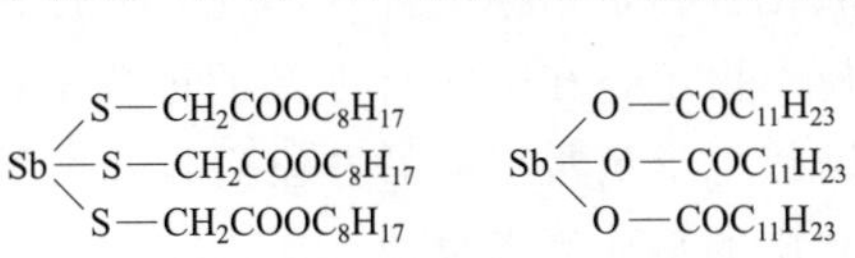

三巯基乙酸异辛酯锑　　　　　月桂酸锑

锑系热稳定剂无毒或低毒，热稳定性、透明性、加工性等性能与有机锡热稳定剂相似，而价格较低。但是其自身光稳定性与润滑性差，并且与含硫有机锡热稳定剂发生交叉硫化污染，因此锑系热稳定剂的应用受到很大限制。

5. 辅助热稳定剂

辅助热稳定剂本身对聚氯乙烯不具有或仅有较弱的稳定作用，但是能改进其他热稳定体系效能，提高其热稳定性，存在明显的协同效应。辅助热稳定剂主要包括亚磷酸酯类、环氧化合物类、含氮化合物、酚类抗氧剂、多元醇和 β-二酮等。

（1）亚磷酸酯

亚磷酸酯不能单独使用，其功能是将金属皂或铅盐稳定剂与氯化氢生成的金属氯化物转化为配合物，从而防止相容性较差的金属氯化物析出，并阻止金属离子对聚氯乙烯树脂降解的催化作用，此外还具有光稳定效果。

亚磷酸酯辅助热稳定剂一般为液体产品，常用的主要有亚磷酸三苯酯、亚磷酸苯二异辛基酯、亚磷酸三异癸酯等。

亚磷酸酯兼具中和吸收氯化氢、取代不稳定氯原子和与共轭多烯序列加成等作用。还可将氢过氧化物分解成不活泼产物，抑制其自动催化作用，自身被氧化成五价磷化合物。

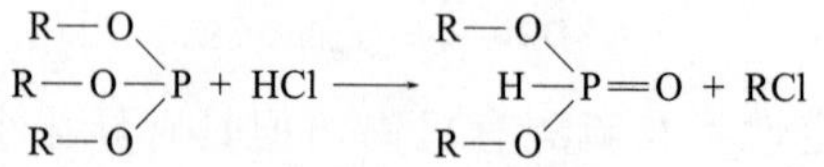

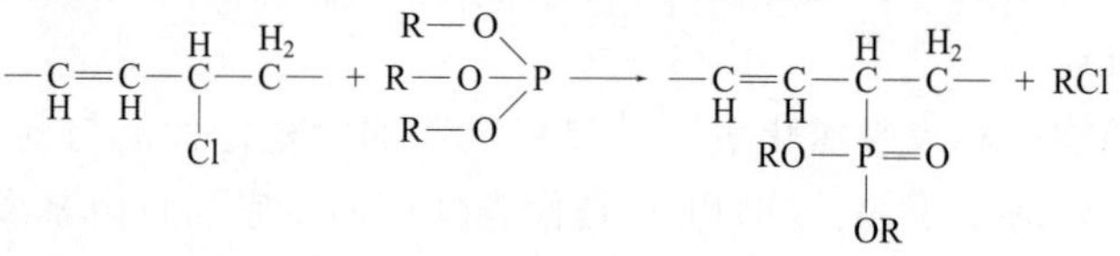

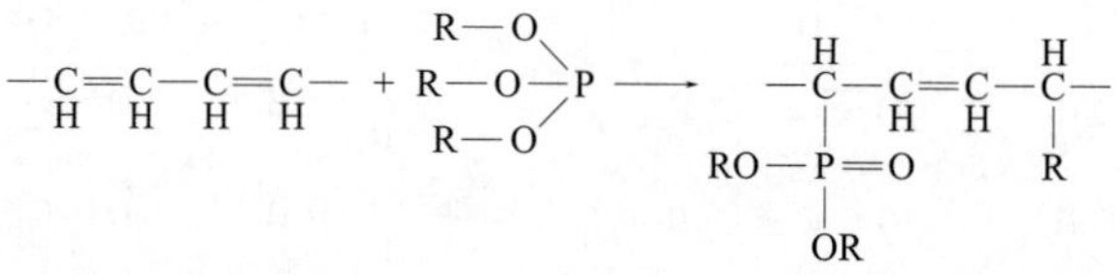

亚磷酸酯本身的热稳定效能不高，但亚磷酸酯能与 Zn^{2+} 和 Cd^{2+} 等金属离子形成配合物，钝化其对 PVC 降解的催化作用，能有效改进金属皂类热稳定剂的抑制初期着色和长期热稳定效能，并提高制品的透明性。

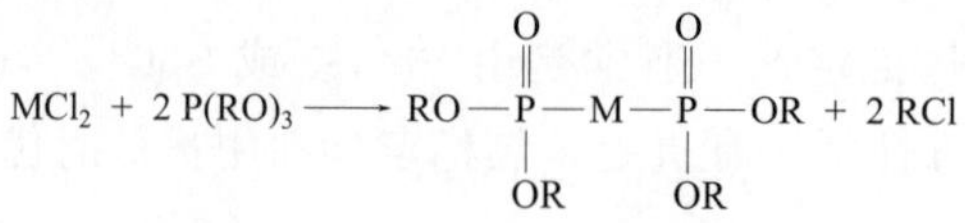

$$MCl_2 + 2\,P(RO)_3 \longrightarrow RO-\overset{O}{\underset{OR}{P}}-M-\overset{O}{\underset{OR}{P}}-OR + 2\,RCl$$

$$MCl_2 + P(RO)_3 \longrightarrow M[P(OR)_3]Cl_2$$

（2）环氧化合物

作为辅助热稳定剂的环氧化合物是结构中含有环氧基团的酯类化合物。根据分子结构理论，三元环的张力最大，也最不稳定，在降解自由基的进攻下容易破裂开环，使 PVC 降解自由基终止。环氧化合物辅助热稳定剂常用的品种包括环氧大豆油、环氧硬脂酸酯和环氧妥尔油脂肪酸酯等。其中，最常用的是环氧大豆油。

环氧化合物主要配合于钙-锌、钡-锌及钡-镉体系。环氧化合物辅助热稳定剂兼具中和吸收氯化氢，在 Zn^{2+} 和 Cd^{2+} 催化下取代不稳定氯原子及与共轭多烯序列加成等作用。

$$\underset{\underset{H}{|}}{\overset{\overset{O}{\diagup\diagdown}}{-C-C-}}_{\,H} + HCl \longrightarrow \underset{\underset{H}{|}}{\overset{\overset{OH}{|}}{-C-}}\underset{\underset{H}{|}}{\overset{\overset{Cl}{|}}{C-}}$$

$$\underset{\underset{H}{|}}{\overset{\overset{O}{\diagup\diagdown}}{-C-C-}}_{\,H} + \underset{\underset{Cl}{|}}{\sim\!\!\sim\!C\sim\!\!\sim} \xrightarrow{Cd^{2+}/Zn^{2+}} \overset{\sim\!\!\sim\!\!\sim}{O} \overset{Cl}{|} \quad \underset{\underset{H}{|}}{\overset{\overset{}{|}}{-C-}}\underset{\underset{H}{|}}{\overset{}{C-}}$$

$$\underset{\underset{H}{|}}{\overset{\overset{O}{\diagup\diagdown}}{-C-C-}}_{\,H} + \underset{\underset{H}{|}}{\overset{\overset{}{|}}{-C}}\!=\!\underset{\underset{H}{|}}{\overset{}{C-}} \longrightarrow O$$

环氧化合物辅助热稳定剂单独使用时并没有明显的热稳定效果，而与金属皂热稳定剂并用，表现出显著的协同效果，能提高其长期热稳定性。这是因为环氧化合物作为媒介促进了 $CdCl_2$、$ZnCl_2$ 与 $(RCOO)_2Ba$、$(RCOO)_2Ca$ 的复分解反应，从而使 $(RCOO)_2Cd$、$(RCOO)_2Zn$ 得到更有效的再生结果：

$$\underset{RCOO}{\overset{RCOO}{>}}Cd + \sim\!\!\sim\!\!\underset{Cl}{\overset{}{C}}\!\sim\!\!\sim \longrightarrow \sim\!\!\sim + Cd\underset{OOCR}{\overset{Cl}{<}}$$

（3）多元醇

多元醇是分子中含有 3 个或 3 个以上羟基的醇类化合物，可用作辅助热稳定剂的多元醇主要有季戊四醇、二季戊四醇醚、三羟甲基丙烷、山梨糖醇等。

多元醇单独使用时没有热稳定效果，但与含 Cd、Zn 热稳定剂并用，可与 Zn^{2+} 和 Cd^{2+} 形成稳定的螯合物，钝化其对 PVC 热降解的催化作用，有效提高其长期热稳定性能。

$$\underset{R_2}{\overset{R_1}{>}}C\underset{CH_2OH}{\overset{CH_2OH}{<}} + M\underset{Cl}{\overset{Cl}{<}} \longrightarrow \underset{R_2}{\overset{R_1}{>}}C\underset{\underset{H}{C-O}}{\overset{\overset{H}{C-O}}{<}}M\underset{Cl}{\overset{Cl}{<}}$$

多元醇辅助热稳定剂水溶性强，与 PVC 及增塑剂相容性差，易升华，因此用量不宜太大，否则会在加工过程中沉积于设备上，妨碍加工的顺利进行，并影响制品透明性。

（4）β-二酮

β-二酮辅助热稳定剂的结构通式如下：

$$\underset{}{\overset{\overset{O}{\|}}{R-C}}\!-\!CH_2\!-\!\overset{\overset{O}{\|}}{C}\!-\!R'$$

其中，R 和 R' 为相同（或不同）的芳基或烷基。

常用的 β-二酮辅助热稳定剂主要是二苯甲酰甲烷（HDBM）和硬酯酰苯甲酰甲烷（HSBM）：

β-二酮单独使用时没有热稳定效果，但与含 Zn 热稳定剂并用，能在 Zn^{2+} 催化下有效置换 PVC 中的不稳定氯原子。

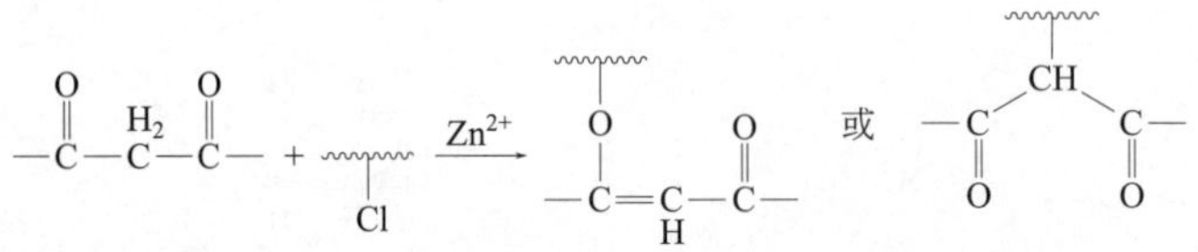

β-二酮可与 Zn、Cd 皂反应生成 β-二酮-Zn、Cd 螯合物，而 β-二酮-Zn、Cd 螯合物能比 Zn、Cd 皂更有效地取代 PVC 中的不稳定氯原子，因此 β-二酮能与 Zn、Cd 皂等金属皂类热稳定剂产生显著的协同效应，既大大改进了金属皂类热稳定剂抑制 PVC 变色的能力，也使其长期热稳定性得到一定程度的提高。

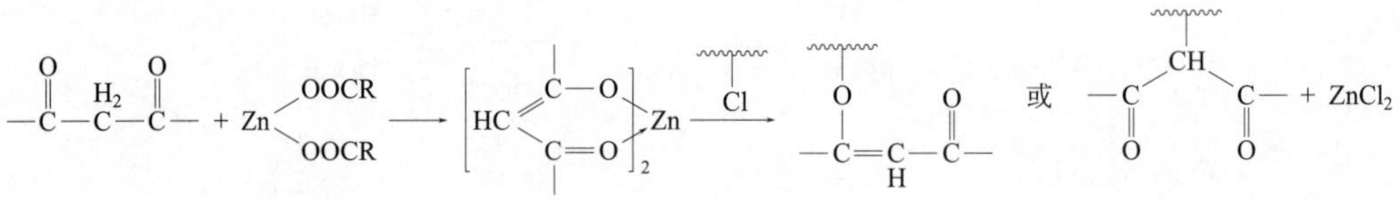

二、增塑剂

凡能与树脂均匀混合而不与树脂发生化学反应，在成型加工期间保持不变，或者与树脂发生化学反应，但能长期保留在聚合物制品中，并能够改变聚合物某些物理性质的物质，称为增塑剂。

要使 PVC 具有实用价值，就必须使其玻璃化转变温度降到使用温度以上。增塑剂就是为了解决这个问题而引入聚合物的一类助剂，它能改进 PVC 的流动性、可塑性、柔韧性、拉伸性。

1. 增塑机理

增塑剂的作用就在于减弱聚合物分子间的作用力，增加聚合物分子间的移动性，降低聚合物分子链的结晶性，从而降低聚合物的软化温度、熔融温度和玻璃化转变温度，降低熔体黏度，提高其流动性，改善聚合物的加工性和制品的柔韧性。

增塑剂的增塑机理目前尚无统一的理论，有润滑理论、凝胶理论、溶剂化理论、极性理论等。但通常认为增塑剂是以如下三种方式插入到聚合物大分子之间，从而削弱分子间的作用力。

① 隔离作用。增塑剂介于大分子之间，增加分子链间的距离，从而削弱大分子间的作用力，促进大分子间的相互移动。常用于解释非极性增塑剂加入到非极性聚合物中产生的增塑作用。

② 屏蔽作用。非极性增塑剂加到极性聚合物中增塑时，增塑剂分子遮蔽了聚合物的极性基团，使相邻聚合物分子的极性基团不发生或很少发生相互"作用"，从而削弱聚合物分

子间的作用力，达到增塑目的。

③ 偶合作用。增塑剂的极性基团与聚合物分子的极性基团偶合，代替了聚合物分子间的作用，减少了连接点，从而削弱了分子间的作用力。

简单地说，增塑剂对高聚物有溶剂化作用，遵从溶解度参数相近原理。非极性增塑剂对非极性高聚物的溶剂化（隔离作用），极性溶剂对极性高聚物的溶剂化（偶合作用），使增塑剂插入到聚合物大分子之间，产生了隔离作用，削弱了大分子之间的作用力，从而增塑。

2. 增塑过程

① 润湿及表面吸附作用。增塑剂分子首先进入树脂孔隙并填充其孔隙。

② 表面溶解。增塑剂渗入到树脂粒子中的速度很慢，特别是在低温时。一般认为增塑剂先溶解溶胀聚合物表面的分子，当聚合物表面有悬浮聚合残留的胶体时，能延长诱发阶段。

③ 吸附作用。树脂颗粒由外部慢慢地向内部溶胀，产生很强的内应力，表现为树脂和增塑剂的总体积减少。

④ 极性基的游离。增塑剂掺入到树脂内，并局部改变其内部结构，溶解了许多特殊的官能团。这一过程受温度和活化能大小的影响。

⑤ 结构破坏。当增塑体系受到较高能量如加热至 $160 \sim 180℃$，或者将其辊炼，聚合物的结构将会破坏，增塑剂便会渗入到该聚合物的分子束中。

⑥ 结构重建。增塑剂与聚合物的混合物加热到流动态而发生塑化后，再冷却，会形成一种有别于原聚合物的结构。这一结构表现出较高的韧性，但结构形成往往需要一段时间。比如使用 DOP 作增塑剂时，经过一天才能达到最大的硬度，而使用中等分子量的聚酯，则需要一周的时间。

3. 增塑剂的种类

按增塑剂与 PVC 树脂的相容性不同，分为主增塑剂、辅助增塑剂和增量剂三类。

① 主增塑剂。凡能和 PVC 树脂高度相容的增塑剂，比如增塑剂与树脂的质量比达 $1 : 1$ 时仍能相容，称为主增塑剂或溶剂型增塑剂。如邻苯二甲酸二辛酯、邻苯二甲酸二丁酯等。这类增塑剂不仅能进入 PVC 树脂分子链的无定形区，也能插入分子链的部分结晶区，因此它不会渗出而形成液滴或液膜，也不会喷霜而形成表面结晶，这类增塑剂能够单独使用。

② 辅助增塑剂。增塑剂与树脂相容性良好，而增塑剂分子只能进入树脂分子的无定形区而不能插入结晶区，如直链酯及酸酯类、磷酸三苯酯类等，单独应用这些增塑剂就会使加工制品渗出或喷霜，所以只能和主增塑剂混合使用，这类增塑剂称为辅助增塑剂。

③ 增量剂。有一些增塑剂与 PVC 树脂相容性较差，但与主增塑剂或辅助增塑剂有一定相容性，且能与他们配合，用以降低成本和改善某些性能，这类增塑剂称为增量剂。

增塑剂最常用的分类方法是按化学结构分类，一般可分为邻苯二甲酸酯、脂肪族二元酸酯、磷酸酯、环氧化合物、聚酯、氯化烃化合物等类。

（1）邻苯二甲酸酯

邻苯二甲酸酯类增塑剂是目前使用最广泛的主增塑剂，具有性能全面、色泽浅、毒性低、电性能好、挥发性小、气味小等优点。主要的品种有低碳醇酯、高碳醇酯、侧链醇酯、直链醇酯、单一醇酯、混合醇酯、烷基酯、芳基酯等种类。常用的产品有邻苯二甲酸二辛酯（DOP）、邻苯二甲酸二庚酯（DHP）、邻苯二甲酸二异辛酯（DIOP）、邻苯二甲酸二异壬酯（DINP）、邻苯二甲酸二异癸酯（DIDP）等。其中 DOP 与 DBP 的结构式如下：

DOP   DBP

邻苯二甲酸二辛酯（DOP）是用量最大的邻苯二甲酸酯类增塑剂。其外观为无色或淡黄色油状透明液体，与 PVC 树脂的相容性好，增塑效率高，挥发性低、耐热、耐低温、耐水，广泛应用于 PVC 各类制品中。缺点是不耐油。

邻苯二甲酸二丁酯（DBP）是低碳醇酯的代表，用量仅次于 DOP。其外观为清澈的油状液体，具有良好的加工性、耐低温性、耐老化性。缺点为挥发大、耐水和耐热差，对农作物有一定危害。常作为 DOP 的代用品，很少单独使用，一般与 DOP 协同加入。

（2）脂肪族二元酸酯

脂肪族二元酸酯类具有低温性能优良、耐冲击性能好、塑化效率高及黏度性能好等特点，目前主要用作改进低温性能的增塑剂。脂肪类二元酸酯的分子结构对其作为增塑剂的低温性能影响很大，分子中脂肪链碳原子数与酯基数的比值越大，耐寒性越好。但其相容性、耐油性、电绝缘性及耐霉菌性等性能均比 DOP 差，价格也较贵，因而只能作辅助增塑剂使用。

常用的脂肪族二元酸酯为己二酸酯、壬二酸酯和癸二酸酯。主要产品有己二酸二（2-乙基己）酯（DOA）、癸二酸二（2-乙基己）酯（DOS）、壬二酸二（2-乙基己）酯（DOZ）等。

DOA 为淡黄色之无色澄清透明液体，微有气味。是该类应用最广的品种，为典型的耐寒性增塑剂，与 PVC 有良好的兼容性，增塑效率高，受热变色性小，可赋予制品良好的低温柔软性和耐光性，但耐油性较差，多与 DOP、DBP 等主增塑剂共用。

DOA

DOZ 是近乎白色的透明液体，乙烯基树脂优良的耐寒增塑剂。黏度低，沸点高，增塑效率高，挥发性和迁移性小，且具有优良的耐光热性、电绝缘性，耐寒性优于 DOA。

DOS 是淡黄色或者无色透明油状液体，能在高温下安全加工，耐水性优于 DOA，但耐氧化性、耐候性、耐抽出性差。与主增塑剂配合，用量一般不大于主增塑剂的 1/3。

同邻苯二甲酸酯类相比，脂肪类二元酸酯主要表现出以下特点：低温性能优于 DOP，其中耐寒性最佳的是 DOS；塑化效率优于 DOP；本身黏度低，配制料糊的稳定性好；兼容性差，通常只用作辅助增塑剂；耐久性、耐候性、电绝缘性能差。

（3）磷酸酯

磷酸酯是广泛使用的阻燃性增塑剂品种，与 PVC 的相容性一般都较好，还具有阻燃的作用，可作为主增塑剂使用，属于多功能新产品。通常使用的有四种类型：磷酸三烷基酯、磷酸三芳基酯、磷酸烷基芳基酯和含氯磷酸酯。主要产品有磷酸三（2-乙基己）酯（TOP）、磷酸二苯异辛酯（DPOP）、磷酸甲苯二苯酯（CDP）、磷酸三甲苯酯（TCP）等。

① 磷酸三甲苯酯（TCP）。为阻燃性增塑剂，与聚氯乙烯相容性极好。工业制品为三种

异构体的混合物，通常应尽可能除去毒性很大的邻位异构体。微具气味的浅色液体，水解稳定性好，耐油性和电绝缘性、耐菌性优良，耐寒性差，配合 DOA 使用可以改善。

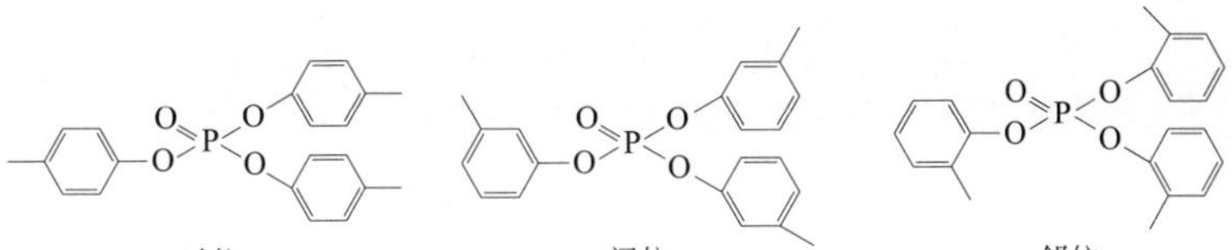

对位   间位   邻位

TCP

② 磷酸甲苯二苯酯（CDP）。无色无臭的清亮液体，与树脂兼容性好，与 TCP 相比，耐久性、阻燃性及电性能相似，但增塑效率高，低温特性和制品的耐磨性好，光稳定性差，挥发性大。

③ 磷酸二苯异辛酯（DPOP）。为无色透明油状液体，主要用作阻燃性增塑剂。磷酸酯的毒性一般都较强，DPOP 是美国 FDA 批准用于食品包装的唯一磷酸酯。增塑作用与 DOP 类似，耐候性、相容性好，耐光，阻燃作用好，耐水和石油烃抽出性好。与邻苯二甲酸酯类增塑剂配合使用，可提高制品的韧性和耐候性。

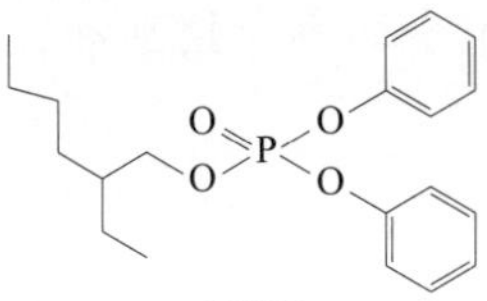

DPOP

④ 磷酸三辛酯（TOP）。无色液体，低挥发性，耐寒、耐霉菌、耐燃及耐久性好，但塑化效率及热稳定性差，耐热性不及 TCP。

大部分磷酸酯具有耐菌性和耐候性，耐久性好，挥发性、抽出性较 DOP 好。所有的磷酸酯都表现出良好的阻燃性，单独使用时更为明显。其阻燃性随着磷含量的增加而提高，并逐步由自熄转变为难燃性。磷酸酯分子中烷基越少，耐燃性越好，在磷酸酯引入卤素原子更能提高阻燃性。磷酸酯和常用的阻燃剂（如 Sb_2O_3 等）有对抗作用，二者不能配合使用。磷酸三芳基酯耐寒性差，但挥发性小。磷酸三烷基酯耐寒性稍好，但挥发性大。磷酸酯大多有毒，价格较高，常与氯代烃配合使用。

（4）环氧化合物

环氧化类增塑剂是在分子结构中带有环氧基团的化合物，它不仅对 PVC 有增塑作用，而且结构中的环氧基团可以迅速吸收因热和光降解出来的氯化氢，也可使 PVC 链上的活泼氯原子得到稳定，加入少量就可改善制品对光热稳定性。因此，环氧化合物是对 PVC 有增塑剂和稳定作用的双重增塑剂。环氧化合物耐候性好，光热稳定性能和耐久性优良，但与聚合物的相容性差，常只作辅助增塑剂。

目前所用的环氧增塑剂主要有三类：环氧化油、环氧脂肪酸单酯和环氧四氢邻苯二甲酸酯。

环氧化油化学结构为环氧甘油三羟酸酯，这是使用最多的一类环氧增塑剂，主要品种有环氧大豆油和环氧亚麻仁油。环氧大豆油（ESO）主要成分为十八碳的不饱和脂肪酸，来源不同组成差异很大。

$$
\begin{array}{c}
\overset{O}{\overbrace{RHC\text{—}CHR'}}\text{—COO—}CH_2 \\
\overset{O}{\overbrace{RHC\text{—}CHR'}}\text{—COO—}CH \\
\overset{O}{\overbrace{RHC\text{—}CHR'}}\text{—COO—}CH_2
\end{array}
$$

ESO

环氧大豆油挥发性低，迁移性小，具有优良的热稳定性和光稳定性，耐水油性和耐油性也较好，并可赋予制品良好的机械强度、耐候性和电性能。环氧含量 6% 时能改善制品的低温柔性，阻止 PVC 的析出和迁移。环氧大豆油与聚酯类增塑剂并用，可减少聚酯的迁移，与热稳定剂并用，显示出良好的协同效应。

环氧脂肪酸单酯如环氧化油酸丁酯、环氧化油酸辛酯也是由天然油脂制成的，其性能比较全面，增塑效率好，兼容性和耐抽出性都很出色。环氧脂肪酸单酯可改善制品低温柔性，阻止 PVC 的析出和迁移，通常作为耐候性、耐寒性辅助增塑剂。

4,5-环氧四氢邻苯二甲酸二异辛酯（EPS）是一类合成环氧增塑。因为结构的特点，这类增塑剂既具有苯二甲酸酯的性能，又有环氧酯的性能，增塑效果与邻苯二甲酸二辛酯（DOP）相似，混合性能和热稳定性优于 DOP，可作主增塑剂，也是一类较理想的多功能增塑剂。

（5）聚酯型增塑剂

聚酯型增塑剂是由饱和二元酸与二元醇通过缩聚反应制取的线型高分子聚合物。制备聚酯增塑剂常用的二元酸有己二酸、癸二酸、壬二酸、邻苯二甲酸酐等，常用的二元醇主要有 1,2-丙二醇、1,3-丁二醇、一缩二乙二醇等。封端用的一元醇包括 2-乙基己醇、丁醇等，封端用的一元酸包括月桂酸、辛酸等。

聚酯型增塑剂是聚合型增塑剂的一个主要类型，分子量一般在 800～8000。与低分子量增塑剂相比，它的迁移性小，耐高温，不容易被水和溶剂抽出，因此被认为是一种永久性增塑剂。

一般低碳二元酸如己二酸聚酯增塑剂兼容性较差，而高碳二元酸如癸二酸和邻苯二甲酸聚酯增塑剂的兼容性稍好一些。当二元酸固定时，具有侧链的二元醇可得到较好的兼容性。当二元醇固定时，PVC 制品的拉伸强度随二元酸中碳原子数的增加而提高；当二元酸固定时，其拉伸强度随二元醇中碳原子数的增加而降低。

聚酯增塑剂塑化效果不如 DOP，在 PVC 中扩散速率小，因此迁移性小于 DOP。聚酯分子量增加，产品黏度增大，增塑效率降低，兼容性和加工性变差，抽出性和挥发性降低。

（6）其他增塑剂

① 氯化烃化合物。氯化石蜡是氯化烃化合物类增塑剂中最重要的一类。氯化石蜡是氯含量为 20%～74% 的一类石蜡（C_{10}～C_{30}）衍生物的统称。氯化石蜡增塑剂具有较好的电绝缘性，阻燃性能优良，价廉易得，但是其热稳定性、相容性差，因此常作为增量剂使用。

② 偏苯三酸酯。属于苯多酸酯的范畴，偏苯三酸酯的结构与邻苯二甲酸酯相近，与 PVC 的兼容性也很好，也可作为主增塑剂。特点是挥发性低，耐抽出，具有类似聚酯增塑剂的优点，同时兼容性、加工性、低温性能又类似于单体型邻苯二甲酸酯，所以兼具有单体增塑剂和聚合增塑剂两者的优点。偏苯三酸酯的缺陷是不耐油和溶剂的抽出，迁移性也较差，主要用于低挥发性、低水抽出性、低迁移性、耐热性以及良好的电绝缘性能的场合，通常作为耐

热、耐久性增塑剂使用。常用品种主要有偏苯三酸三（2-乙基己）酯（TOTM）、偏苯三酸三异辛酯（TIOTM）、偏苯三酸三异癸酯（TIDTM）等。

偏苯三酸酯价格较高，多采用邻苯二甲酸的高碳醇酯与之配合。目前多采用偏苯三酸三（2-乙基己）酯（TOTM）或者偏苯三酸三异辛酯（TIOTM）与邻苯二甲酸二异癸酯（DIDP）配合使用的做法。

4. 增塑剂的性能

（1）相容性

相容性指的是增塑剂与 PVC 树脂相互混合时的溶解能力。如果相容性不好，随时间推移，掺混体系就会产生相互分离，出现渗出、喷霜等现象。增塑剂的兼容性可以用溶解度参数、相互作用参数、特性黏度、介电常数等表征。

表征相容性最常用的方法是溶解度参数法。根据热力学原理，树脂与增塑剂的溶解度相近时（其差距在 1.0 以内），可以彼此相容。常用增塑剂的溶解度参数约在 8.4～11.4，而聚氯乙烯树脂的溶解度参数为 9.5。常用增塑剂与聚氯乙烯相容性顺序为：

$$DBS > DBP > DOP > DIOP > DNP > ED_3 > DOA > DOS > 氯化石蜡$$

增塑剂的结构对兼容性有很大的影响，结构基本类似的树脂和增塑剂兼容性良好。作为主增塑剂使用的烷基碳原子数为 4～10 的邻苯二甲酸酯与 PVC 的兼容性是良好的，烷基为戊基时兼容性最好。但是随着烷基碳原子数进一步增加，其兼容性急速下降。因此邻苯二甲酸酯类增塑剂的烷基碳原子数通常不超过 13 个。

环氧酯类增塑剂中，多元醇酯比单酯兼容性好。聚酯增塑剂分子量较大，故兼容性较差，需用较高的温度的强烈机械混炼来补偿。氯化石蜡虽然有较强的极性，但单独使用时仍有析出现象，只能作为辅增塑剂使用。此外，环状结构比脂肪族链烃的增塑剂兼容性好，分支结构比直链接构的增塑剂兼容性好。

（2）增塑效率

增塑剂增塑效率是一个相对概念，增塑效率一般通过改变定量柔性指标所需加入增塑剂量的多少来评定。通常以 100 份 PVC 树脂添加 50 份 DOP（质量比）制成的 PVC 制品的弹性模量为标准，为达到同一弹性模量所需添加其他增塑剂的份数与标准的比值即称为该增塑剂的增塑效率。

为更直观地进行比较，将 DOP 的增塑效率定为 100，而其他常用增塑剂的增塑效率列于表 4-4 中。

表 4-4　常用增塑剂的增塑效率

增塑剂	增塑效率	增塑剂	增塑效率
乙酰蓖麻油酸丁酯（BAR）	94	磷酸三乙基己酯（TOP）	101
邻苯二甲酸二丁酯（DBP）	95	邻苯二甲酸二异辛酯（DIOP）	103
己二酸二乙基己酯（DOA）	98	环氧大豆油（ESO）	105
邻苯二甲酸二辛酯（DOP）	100	磷酸三甲苯酯（TCP）	105
壬二酸二乙基己酯（DOZ）	100	烷基磺酸苯酯	105
聚己二酸丙二醇酯（PPL）	102	氯化石蜡（含氯量40%）（CP）	116
癸二酸二乙基己酯（DOS）	101		

在实际应用中，聚合物塑化的结果表现为玻璃化转变温度和模量的下降，因此经常用玻璃化转变温度和模量来表示增塑剂的塑化效率。

① 玻璃化转变温度。增塑剂作用导致聚合物分子链间的移动，其移动性通常用玻璃化

转变温度来度量。不同的增塑剂在相同添加量的情况下，玻璃化转变温度越低则塑化效果越好。一般情况下，PVC 的玻璃化转变温度为 80℃左右，100 份（质量）PVC 中，每加入 10 份的 DOP，其玻璃化转变温度为下降 20～25℃，若加入 50 份的 DOP，则 PVC 的玻璃化转变温度下降到－60℃。

② 模量。塑化效率不仅可用玻璃化转变温度的降低来表示，而且可用与温度有关的力学性能如模量和阻尼来表示。模量表示比较复杂，但比较客观。

塑化效率与增塑剂本身的化学结构有关。分子量相同的情况下，分子内极性基团多的或者环状结构多的增塑剂，塑化效率较差。支链烷基结构的塑化效率不及相应的直链烷基的增塑剂。酯类增塑剂中，烷基链长增加或烷基部分由芳基取代，塑化效率降低，烷基碳链中引入醚链能提高塑化效率。在烷基或者芳基中引入氯取代基，塑化效率降低。

（3）耐久性

多数增塑剂与聚合物不能形成化学键合，PVC 中的增塑剂常会由于挥发、迁移、抽出等原因而减少，致使制品变硬，同时对力学性能也会有一定的影响。耐久性包括耐挥发性、耐抽出性及迁移性。

① 挥发性。指增塑剂从塑化物内部向周围空气中逃逸的倾向。增塑剂的挥发性与其分子量、分子结构以及所处的环境温度有关。随温度升高，增塑剂的分子热运动活跃，挥发速率增加。另外，随增塑剂分子量增加或分子中侧基和芳环结构的增多，增塑剂的挥发性降低。在常用的邻苯二甲酸酯类中，DOP 挥发性较大。

② 耐抽出性。指增塑剂从制品中向与之接触的液体介质中扩散、迁移而损失的性质。增塑剂的耐抽出性既与其自身结构、性质和分子量有关，也与所接触的液体介质性质有关。增塑剂的耐水性和耐肥皂水性同耐油性恰好相反，分子中烷基比例大的耐水性和耐肥皂水性更好。大多数增塑剂均有较好的耐水性，含有长烷烃结构的增塑剂具有更好的耐水性。含芳环基、酯基多的极性增塑剂及高分子量聚酯增塑剂有较好的耐油性和耐溶剂性。

③ 迁移性。增塑 PVC 制品在与某些性质相近固体物质接触时，增塑剂通过接触表面向与之接触的固体物质中渗透、扩散的行为称为迁移性。增塑剂的迁移性相对于所接触的固体而言，迁移现象的发生往往导致塑化物出现软化、发黏甚至表面脆裂等现象，同时还会导致制品污染。通常单体型和分子量较低的液体增塑剂较聚合型增塑剂和固体增塑剂有较大的迁移性。

（4）耐寒性

耐寒性是指增塑的聚合物制品的耐低温性能，如低温脆化温度、低温柔软性等指标。通常将 PVC 树脂中加入 1％摩尔分数增塑剂引起的玻璃化转变温度的下降值，称为增塑剂的低温效率值。

增塑剂的耐寒性与其结构有关，包括链长短、分支情况、官能团种类和多少等。耐寒性还取决于增塑剂进入聚合物链间的极性影响和隔离作用，还与增塑剂本身的活化能有关，增塑剂黏度越大，流动活化能越大，则耐寒性越差。常用增塑剂的耐寒顺序为：

$$DOS > DOZ > DOA > ED_3 > DBP > DOP > DIOP > DNP > M\text{-}50 > TCP$$

增塑剂的耐寒性与兼容性有相反的关系。以直链亚甲基为主体的脂肪族二元酸酯类的耐寒性最好。含有较长的直链的邻苯二甲酸酯类一般耐寒性良好，但随着烷基支链的增加，分子链的柔性降低，相应的增塑剂耐寒性下降。因此作为主增塑剂的直链醇的邻苯二甲酸酯都具有良好的耐寒性。当增塑剂分子中含有环状结构时，耐寒性会显著。目前作为耐寒性增塑剂使用的主要是脂肪族二元酸酯（DOA、DOS、DOZ 等）。

（5）其他性能

① 阻燃性。PVC 为含氯量 56％的聚合物，本身具有阻燃性和自熄性，如配合使用阻燃性能好的增塑剂，阻燃性更优。目前广泛使用的难燃性增塑剂有磷酸酯类、氯化石蜡类和氯化脂肪酸类。磷酸酯类的最大特点是阻燃性强，单独作为阻燃剂时也能产生较好的阻燃作用。氯化石蜡类价廉，大量作为辅助增塑剂使用，其性能与含氯量密切相关，随着氯含量的增加，阻燃性和兼容性都得到改善，但耐寒性却显著变差。氯化脂肪酸类与 PVC 的兼容性比氯化石蜡好。常用增塑剂阻燃顺序为：

$$TCP > TPP > TOP > DPOP$$

② 电绝缘性。增塑剂的绝缘性不如聚氯乙烯，随着增塑剂加入量的增大，聚氯乙烯电绝缘性下降。常用增塑剂的绝缘性顺序为：

$$TCP > DNP > M\text{-}50 > ED_3 > DOS > DBP > DOA$$

③ 毒性。大部分增塑剂都无毒或低毒，环氧类和柠檬酸酯类为无毒增塑剂，苯二甲酸酯类和二元羧酸酯类为低毒增塑剂，但 DOP 和 DOA 有致癌性，现已被限制使用。磷酸酯类大多有毒，氯化石蜡也属于有毒增塑剂。

三、润滑剂

1. 润滑剂的作用

润滑剂是能减少聚合物熔体内部、熔体与加工设备表面的摩擦力及黏附性，能调节树脂塑化速率，改善制品性能的加工助剂。润滑剂一般应具备如下性能：

① 易分散性。如果分散性差，会导致熔体局部过润滑或欠润滑现象发生，熔体流动性不均，制品的形状或外观不良，加工过程难以控制。

② 适当的兼容性。兼容性过大，润滑剂在聚合物中起到增塑剂的作用，制品的软化点降低。如果兼容性极小或没有兼容性，在制品成型后容易产生喷霜现象。

③ 良好的热稳定性。润滑剂的结构稳定，在加工温度下不分解、不变色，挥发性较小，在较高温度范围内与树脂的兼容性随温度变化的梯度较小。

④ 不影响应用性能。润滑剂属于加工改良剂的范畴，在改善制品加工性能时力求不损害其力学和外观性能，如强度、热变性温度、透明性等。

⑤ 其他。不引起颜色的漂移，无毒，成本低。

润滑剂在聚合物加工过程中的作用往往表现为内润滑性和外润滑性，其功能和作用有如下几个方面。

① 降低熔体黏度。随着加工温度的升高，PVC 熔体黏度降低，流动速率增加。由于受 PVC 热稳定性等因素的局限，加工温度不可能无限升高。润滑剂能够在较低温度下改变树脂熔体的流变行为，达到降低熔体黏度、提高熔融流动性的目的。润滑剂分子与树脂在较高温度下具有一定的兼容性，能够插入聚合物分子链之间，削弱分子链间的作用力，促进高分子链之间的滑动和旋转，或者包覆于 PVC 初级微粒的表面，通过伸展的长碳链脂肪基改善微粒间的相互滑动性。

② 减小内生热。内生热即树脂内部的摩擦生热。高剪切将使大量的机械能转化为热能，熔体黏度越大，剪切力越强，产生的内生热越多。内生热是导致树脂熔体局部过热、热稳定性下降的主要因素之一。润滑剂能够赋予树脂内部结构单元足够高的润滑性，同时又对聚合物溶剂化作用极小，因此就可以通过减少树脂内部界面的摩擦生热或将已产生的内生热尽快

散逸而提高加工稳定性，避免了熔融黏度降低和制品热变形温度下降等问题。

③ 脱模作用。脱模作用是润滑剂外润滑性的具体表现。在塑化阶段，熔体对机械表面的黏着性有助于树脂微粒打开，促进熔融。在成型后期，这种黏着性容易导致制品表面均匀剥离困难，甚至造成表观性能的损坏。润滑剂多是极性化合物，与树脂兼容性有限，因此能够从熔体迁移到表面，这样在熔体和金属表面之间就能形成一层相对稳定互为隔离的分子层，从而抑制熔体与机械表面之间的黏着。

④ 延迟塑化作用。在 PVC 加工过程中，树脂是在剪切形变作用下熔融并与各种助剂均匀混合的，不同阶段对树脂熔融的要求并不一致。例如在成型过程的初期，往往并不希望树脂微粒过早熔化，有时为了获得最终制品的最佳力学性能也不要求树脂完全熔融。通过在树脂中配合兼容性较低的润滑剂，可以在加工温度下迁移到树脂微粒或熔体表面，形成润滑层，削弱剪切变形作用，达到延缓树脂塑化的目的。

2. 润滑剂的分类

润滑剂按其功能可分为内润滑剂和外润滑剂。外润滑剂在 PVC 加工过程中起界面润滑作用，它与树脂的相容性有限，加工时易从树脂熔体的内部迁移到表面，形成润滑剂分子层。内润滑剂与树脂之间具有较大的相容性，产生增塑作用。但是这种分类只是对润滑剂功能的定性描述，事实上两者之间并无严格的界限，一种润滑剂往往同时兼备内、外两种润滑性能，只是侧重程度不同而已。

润滑剂的润滑作用主要取决于润滑剂与树脂的相容性，而相容性又与其极性的大小有关，最终取决于其极性基团与其长链烷基碳链长度的比值，即化学结构决定了润滑剂的作用方式及其功能。不同类型 PVC 润滑剂的结构、极性基团及润滑行为见表 4-5。

表 4-5　PVC 用润滑剂的分类

润滑行为	化合物类型	极性基团
内润滑剂	硬脂酸单甘酯（GMS）	$\overset{O}{\underset{RO}{C}}-C_{14}\sim C_{16}$链
	脂肪醇	$HO-C_{14}\sim C_{16}$链
	脂肪酸	$\overset{O}{\underset{HO}{C}}-C_{14}\sim C_{16}$链
	皂类,如硬脂酸钙	$C_{14}\sim C_{16}$链—O—Ca—O—$C_{14}\sim C_{16}$链　极性中心
界于内、外润滑剂之间	合成脂肪酸与钙的部分皂化物（Wax GL-3）	$C_{26}\sim C_{30}$链　皂和酯基极性中心　$C_{26}\sim C_{30}$链
	长链褐煤蜡酸酯类（Wax OP）	$C_{26}\sim C_{30}$链　酯基极性中心　$C_{26}\sim C_{30}$链
外润滑剂	长链褐煤蜡	$\overset{O}{\underset{HO}{C}}-$长链$C_{30}\sim C_{32}$
	烯烃蜡	短支链
	聚乙烯蜡	直长链；带少数支链的长链
	亚乙基双硬脂酰胺（ERS）	$C_{18}\sim C_{20}$链　酰氨基极性中心　$C_{18}\sim C_{20}$链

3. 润滑剂的作用机理

PVC 加工过程中影响因素很多，润滑剂的功能和作用随加工过程的不同而变化，作用机理没有形成完整成熟的理论，以界面化学的润湿作用与毛细管吸附作用为基础而形成的内、外润滑作用原理，是目前普遍使用的润滑机理。

（1）内润滑剂作用机理

PVC 是由线型大分子相互缠绕构成的多层次结构树脂。内润滑剂通过毛细管吸附作用渗入到 PVC 各层粒子中，减弱初级粒子凝聚体、初级粒子及分子之间相互作用力，促进树脂的塑化。

PVC 结构中相互作用比较大的结点处通常是极性较大的部分，如叔碳原子、烯丙基氯的碳原子及与之相连的氯原子等，其分子间诱导偶极矩也比较大。内润滑剂要插入各层粒子之间以及分子链段之间才能起到内润滑作用，这就要求其化学结构必须有极性基团和长链烷基的非极性部分。

在塑化前，润滑剂的极性部分与树脂的极性结点有一定的亲和力，从而减弱或消除了 PVC 宏观粒子、次层粒子间的相互作用力，使相互缠绕的链段易于扩散，分子团之间的界限易于消失，促进树脂塑化。在塑化之后，润滑剂的极性基团减弱了熔体内初级粒子、分子间及分子内链段之间的相互吸引力，降低了熔体黏度，使熔体易于流动，从而起到内润滑作用。

润滑剂的长链烷基（碳数在 12 个以上）部分与 PVC 相容性较差，相互亲和力较小，它以屏蔽作用方式隔开 PVC 分子，增大了分子链间的距离，从而有效降低了树脂链段之间的摩擦力，使之易于滑动，起到类似纯物理润滑的作用。

极性较大的内润滑剂在攻击 PVC 极性结点时更容易形成配合键，对 PVC 分子间吸力的削弱作用也较强。极性较强的内润滑剂更容易穿插及吸附在 PVC 初级粒子及分子之间，所以极性较强的内润滑剂与 PVC 相容性更好一些，其内润滑作用也较强一些。

内润滑作用可看作是一种弱的增塑作用，由于润滑剂在 PVC 分子之间的渗入，降低了大分子链间的作用力，因而使熔体在成型加工中更利于流动。从内润滑剂的作用结果看，它有些类似于增塑剂，但还是有较大的区别，增塑剂能有效地促进塑化、降低熔体黏度、大幅度地降低树脂的玻璃化转变温度，但加入的份数必须很大才能起作用。而内润滑剂加入的份数很少，一般在 0.5～1.2 份时就能有效地促使塑化，降低熔体黏度，但对树脂的玻璃化转变温度影响不大。

（2）外润滑剂作用机理

外润滑剂是既能降低熔体和设备表面之间的摩擦或减小聚合物粒子之间的摩擦，又能延迟塑化速率的加工助剂。

外润滑剂大多数是由极性很弱的基团与非极性端基组成的分子，与内润滑剂相比，其极性更小，因而与 PVC 的亲和力也更小。典型的外润滑剂是直链或带支链烷烃蜡，一般只有 C—C 及 C—H 链，与强极性的 PVC 相容性很小，因而大都被 PVC 分子排斥在体系以外而起外润滑作用。

外润滑剂以物理作用为主。塑化前，外润滑剂均匀地包覆在 PVC 粒子表面，使粒子相互滑动，阻碍粒子链段相互扩散粘连，减小粒子之间的摩擦，延迟塑化。塑化以后，它会慢慢地从熔体中渗出到熔体表面，被 PVC 分子排斥在熔体外表面，形成隔离层。隔离层减少了 PVC 熔体与设备金属表面的黏附性及摩擦力，从而减少了局部过热现象，提高了 PVC 热稳定性及流动性。

总之，内润滑剂是常规的小分子化合物，是以极性基团与PVC结合，并以非极性的长链烷基与PVC形成润滑界面而起内润滑作用的；而外润滑剂是以物理增塑作用形成液体润滑薄膜隔离层而起外润滑作用的。任何单一组成的润滑剂很难满足PVC加工过程中的所有要求，将内外润滑作用不同的组分配合使用，可达到润滑平衡，得到合适的熔体流动性、黏附性及塑化速率。

4. 常用润滑剂

PVC加工常用润滑剂可分为脂肪醇、金属皂类、饱和烃类及其氧化物、脂肪酸和脂肪酸酯等五类。

（1）脂肪醇

一元脂肪醇类润滑剂在PVC中常用的是高级醇（$C_{14\sim22}H_{29\sim45}OH$），它与PVC的相容性极好，透明性好，分散性好，具有初期和中期润滑性，是良好的内润滑剂。与有机锡并用时，能改善热稳定性，与其他润滑剂并用时，能增加其他润滑剂的相容性，故常被用作复合热稳定剂的一个组分。

二元或多元脂肪醇，如聚乙二醇、甘油、聚甘油、季四戊醇、木糖醇等属于高温润滑剂兼辅助热稳定剂。

（2）金属皂类

金属皂类润滑剂通常具有$R_1COOMOOCR_2$结构，为高级脂肪酸的金属盐类，R_1和R_2为含8～18个碳的脂肪链烃基，代表品种有硬脂酸钙、硬脂酸铅、硬脂酸锌、硬脂酸镉、月桂酸铅、辛酸铅等。

金属皂类是一种兼有内外润滑作用的润滑剂，它们的润滑效果视脂肪酸基长短而定。例如，硬脂酸皂的外润滑性大于月桂酸皂；硬脂酸铅的外润滑性强于硬脂酸钙和硬脂酸镉；二碱式硬脂酸铅和硬脂酸钡是在加工温度下不会熔融的固体润滑剂。金属皂不仅是良好的润滑剂，而且它们中的多数也具有热稳定作用。

（3）饱和烃类及其氧化物

饱和烃类是非极性物质，随分子量的增加有液态烃和固态烃两类，主要包括液体石蜡、固体石蜡、微晶石蜡、低分子量聚乙烯等。饱和烃类润滑剂与PVC相容性差，在正常状态下大多是外润滑剂。用量为0.1%～1%，用量过大会析出，导致PVC透明度和热稳定性下降。

① 液体石蜡。是石油裂解产物，俗称"白油"或"矿物油"，凝固点为$-15\sim-35$ ℃的液体石蜡在PVC加工中广泛用作内润滑剂，由于其与树脂的兼容性较差，添加量受到限制。液体石蜡的初期润滑性较好，且不影响热稳定性。

② 天然石蜡。具有外润滑性，可降低熔融前树脂微粒之间摩擦，延缓树脂熔融，作用效果随分子量的增加而提高。

③ 微晶石蜡。碳原子数为32～72的石油产物。对PVC的润滑效果突出，热稳定性好，尤其是在硬脂酸钙的稳定体系中，支链化的微晶石蜡比直链烃蜡的效果优，支链化增加了与树脂的兼容性，在不析出的前提下能够增加添加量，为了弥补微晶石蜡在初期和后期润滑性的不足，在配方设计时与硬脂酸丁酯、酯蜡和高级脂肪酸并用。

④ 聚乙烯蜡。是指分子量在1000～2500的低分子量聚乙烯，一般由高分子量的聚乙烯树脂热解或由乙烯聚合而得。聚乙烯蜡化学性质稳定，与PVC树脂的兼容性差，呈外润滑性。在PVC加工中，聚乙烯蜡以减小熔融前树脂微粒间的摩擦、调节塑化时间和提高制品表面

光洁性为主要功能。

⑤ 氧化聚乙烯蜡。饱和烃类氧化后生成一定的羧基和羟基等极性基团，提高了其与PVC的相容性。氧化聚乙烯蜡具有良好的内、外润滑性能。将氧化聚乙烯蜡用高级脂肪醇或脂肪酸进行部分酯化，或用氢氧化钙进行部分皂化，多得到的衍生物是兼具内、外润滑性能的润滑剂。由于其极性基团对金属表面具有良好的亲和性，因此脱模效果非常突出，而且基本不影响制品的透明度。

⑥ 氯化石蜡。氯化石蜡属于卤代烃类润滑剂，与PVC树脂相容好，呈中等润滑性，初期和后期润滑性不足，必须与其他润滑剂并用。

（4）脂肪酸

脂肪酸类润滑剂包括饱和脂肪酸、不饱和脂肪酸和羟基脂肪酸类化合物等。

碳原子类达到12个以上饱和脂肪酸都具有润滑性。饱和脂肪酸润滑剂主要包括硬脂酸、软脂酸和花生酸等，一般由相应的油脂氢化水解而得。随碳链长度的增加，饱和脂肪酸润滑性能由内向外转变。一般以碘值和皂化值低者为优，有利于提高制品的耐热性和耐候性。

饱和脂肪酸中最重要的是硬脂酸，工业用的硬脂酸是白色或微黄色颗粒或块状物，熔点一般高于60℃，是C_{18}、C_{16}、C_{14}酸的混合物，其中80%～90%为硬脂酸和软脂酸的混合物。由于硬脂酸等脂肪酸在液态时以双分子缔合体形式存在，故其极性比硬脂醇小得多，相容性也差，只能起外润滑剂作用，而在高温和外力作用下，双分子缔合物解离后能起内润滑作用。用量0.3%～0.5%，最好与硬脂酸丁酯之类的内润滑剂并用。其他饱和直链脂肪酸如软脂酸、肉豆蔻酸（十四酸）、花生酸和山嵛酸都可在中期和后期起润滑效果。

不饱和脂肪酸类润滑剂，由于结构中含有不饱和双链，易氧化变色，其重要品种是油酸。

羟基脂肪酸类化合物挥发性比硬脂酸低，由于结构中羟基的存在，使其极性增强，和PVC相容性比硬脂酸好，显示出内润滑作用，但热稳定性比较差。

（5）脂肪酸酯

脂肪酸酯类润滑剂包括脂肪酸低级醇酯、脂肪酸高级醇酯（天然蜡）和脂肪酸多元醇酯三类。

① 脂肪酸低级醇酯。代表品种为硬脂酸丁酯，由于其与PVC相容性好，主要用作内润滑剂，但也有一定的外润滑作用。

② 脂肪酸高级醇酯。硬脂酸高级醇酯均具有较好的内、外润滑平衡性，优良的高温持续润滑性和持久的脱模性，是PVC用高级润滑剂和复合润滑剂的主要成分。主要品种是天然蜡，如白蜡、蜂蜡、鲸蜡及棕榈蜡等，合成产品如硬脂酸十八烷基酯等。

③ 脂肪酸多元醇酯。该类产品主要是硬脂酸的多元醇酯，如硬脂酸单甘油酯（GMS）、双甘油酯、三甘油酯、硬脂酸季戊四醇酯、硬脂酸山梨糖醇酯。常用的硬脂酸单甘油酯具有α和β两种结构，工业品以α结构为主，是PVC的优良内润滑剂，但是其中后期持续润滑性较差，需要与其他润滑剂并用。

对于PVC加工而言，任何一种结构的润滑剂都不可能同时满足内润滑性与外润滑性和初期、中期与后期润滑性的完全平衡，需要将具有不同润滑功能和行为的润滑剂组分配合在一起，才能够满足加工工艺要求。此外还可以将润滑剂与稳定剂进行复合，形成"润滑-稳定"产品。一方面，润滑剂与稳定剂之间的配合具有协同作用，尤其是分子内摩擦的降低可有效地减少内生热，这有利于减少热稳定剂的配合量；另一方面，润滑剂多为油脂化学品，它们在铅盐等复合稳定剂中有黏结剂的作用，有助于防止稳定剂组分在生产、配合中产生粉尘飞扬。

四、其他助剂

1. 填充剂

填充剂又称填料，泛指被填充于聚合物中增加容量、改善性能、降低成本的一类物质。在 PVC 中以增加体积、降低成本为主要目的，还可以提高刚性和耐热性，改善耐候性，增加尺寸稳定性等。主要的填充剂有碳酸钙、陶土、滑石粉等。

（1）碳酸钙

碳酸钙是一种物美价廉的填充剂，根据生产方法不同分为重质碳酸钙、轻质碳酸钙和胶体碳酸钙。

重质碳酸钙由石灰石经机械破碎、筛分而成。粒子的形状不规则，尺寸在 200～1250 目。轻质碳酸钙经化学反应而成，粒子多呈纺锤形、棒状和针状，粒子较细，粒径在 $1\mu m$ 左右。碳酸钙是使用最广泛的填充剂之一，其价格低廉，来源丰富，相对密度小，不但具有增量作用，还有改善加工性能和制品性能的作用。

PVC 树脂中以添加轻质碳酸钙为主，轻质碳酸钙质地软，对加工机械磨损小。一般轻质碳酸钙的粒子比重质碳酸钙细，纯度高，含无机杂质少，当同样用量时，填充轻质碳酸钙的制品表面划伤性和折弯白化性比填充重质碳酸钙的小。轻质碳酸钙的最大特点是补强作用，可提高制品的冲击强度。轻质碳酸钙在某些软质 PVC 中有热稳定作用。由于碳酸钙吸油值较高，吸收增塑剂的量较大，在软质 PVC 中的分散均匀性较差，添加量多时会降低制品的表面光滑性，与白炭黑并用可提高分散均匀性。

为了改善碳酸钙的分散性，提高补强性和其他性能，可用硬脂酸、胺类等各种有机表面活性剂进行处理。经表面处理的碳酸钙称活性碳酸钙或胶体碳酸钙。现大多采用钛酸酯偶联剂处理碳酸钙粒子表面，它不仅可以改善熔融流动性，而且可以增进物理性能。

（2）陶土

陶土又叫高岭土、白土、瓷土。陶土是一种自然界存在的水合硅酸铝矿物，主要成分是水合硅酸铝（$Al_2O_3 \cdot 2SiO_2 \cdot H_2O$）。作为 PVC 的填充剂，最广泛使用的陶土是高岭土，其组成是含有不同结晶水的氧化铝和氧化硅结晶物，一般为纯高岭土和多水高岭土的混合物。高岭土可分为水合级、层离级、煅烧级和表面处理级几类。

增加陶土细度有利于提高体系中的拉伸强度、模量、撕裂强度、硬度、冲击强度等，同时也有利于尺寸稳定性。煅烧高岭土作为 PVC 的填充剂，能使 PVC 制品的冲击强度、拉伸强度和电性能得到理想的平衡。

（3）滑石粉

滑石粉的主要成分是水合硅酸镁，分子式为 $3MgO \cdot 4SiO_2 \cdot H_2O$ 或 $H_2Mg(SiO_3)_4$。滑石粉作为塑料用填充剂可提高制品的刚性，改善尺寸稳定性，防止高温蠕变，提高电性能。另外滑石粉还具有润滑性，可减少对成型机械或模具的磨损。滑石粉适用于 PVC 胶料，因本品的折射率（1.57）与 PVC 相近，可用于半透明制品。

聚合物改性用的填充剂无论来源和加工方法如何，最终都以颗粒的形式出现，这些颗粒的几何形状、粒径及其分布、物理化学性质都将直接影响填充聚合物的性能。其中最主要的是粒径、比表面积、密度和吸油值。

① 粒径。聚合物改性所用的填充剂粒子的粒径根据具体要求确定。填充剂粒度越小，则填充材料的力学性能越好，但同时填充剂粒度越小，要实现其分散均匀越困难。

② 比表面积。比表面积的大小对填料与树脂之间的亲和性、表面处理的难易程度以及成本有着重要影响。填料粒子的表面能关系到填料在基体树脂的分散程度，当比表面积一定时，表面能越大，粒子相互间越容易凝聚，越不容易分散。

③ 密度。当填料粒子均匀分散到基体树脂中时，对填充材料的密度有影响的是填料粒子的真实密度。由于填料粒子在堆砌时相互间有空隙，因此不同形状粒子的粒径及分布不同，在质量相同时堆砌的体积不同，它们的表观密度是不一样的。

④ 吸油值。填料与增塑剂并用，如果增塑剂被填料所吸附，就会大大降低增塑剂对树脂的增塑效果，而不同填料在等量填充时因各自的吸油值不同，对体系的影响也不同。

软质 PVC 使用填充剂的主要目的是降低成本，但要注意对力学性能的影响。体系的拉伸强度一般随着填充剂添加量的增大而降低，特别是使用粗填充剂时，拉伸强度下降更快。有填充剂的 PVC 断裂伸长率比没有填充剂的低，其降低程度随填充剂的种类不同有着很大差异，如果添加粒子细的、增塑剂吸收量大的填充剂，PVC 断裂伸长率降低大，如果添加粒子粗的、增塑剂吸收量小的填充剂，PVC 断裂伸长率降低小。PVC 硬度通常随着填充剂添加量的增加而增大，硬度和伸长率的变化呈相反关系，加入粒子细的、增塑剂吸收量大的填充剂，PVC 硬度的增长率大。在软质 PVC 制品大量使用的碳酸钙中，以重质碳酸钙的硬度增长率为最小，轻质碳酸钙次之。

填充剂对软质 PVC 耐寒性影响较小，一般随着填充剂添加量的增加 PVC 耐寒性降低。增塑剂吸收量小的填充剂，对耐寒性影响较小；而炭黑、硬质陶土等吸收增塑剂较多的填充剂，则能相当的降低耐寒性。软质 PVC 中加入炭黑、碳酸钙时，吸水率几乎不变，但加入硅酸钙、高岭土等填充剂则显示出较大的吸水率。高岭土不耐水，因此耐油或耐水配方不要使用高岭土。

2. 发泡剂

发泡剂是一类能使处于一定黏度范围内的液态或塑性状态的橡胶、塑料形成微孔结构的物质。发泡剂不但赋予 PVC 人造革轻便柔软的性能，降低其密度和硬度，还使人造革在后加工时容易产生纹路收缩，增加真皮感。

人造革发泡多采用化学发泡剂作为成孔剂，典型的化学发泡结构如图 4-5 所示，发泡剂与聚氯乙烯混合均匀后，在树脂熔融塑化的同时，发泡剂分解放出气体，气体在熔体中膨胀并占据一定空间，冷却后形成气固结合的多孔结构，并有少量残留物。

常用的化学发泡剂分为有机发泡剂和无机发泡剂两类。代表性的有机发泡剂有偶氮化合物、亚硝基化合物、磺酰肼化合物。无机发泡剂有碳酸氢铵、碳酸铵及碳酸氢钠。有机发泡剂在 PVC 中相容性和分散性好、发泡量大、效率高，因此通常采用有机发泡剂作为成孔剂。

图 4-5　PVC 发泡结构

有机发泡剂代表性产品为偶氮二甲酰胺（AC 发泡剂）、苯磺酰肼（BSH）、4,4′-氧代双苯磺酰肼（OBSH）、N,N'-二甲硝基五亚甲基四胺（DPT）、偶氮二碳酸二异丙酯（DIPA）

等，分解温度、发气量及成孔特性是选择的关键因素。

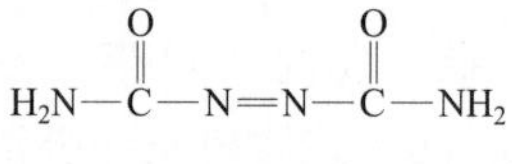

$$H_2N-\overset{\overset{O}{\|}}{C}-N=N-\overset{\overset{O}{\|}}{C}-NH_2$$

AC发泡剂

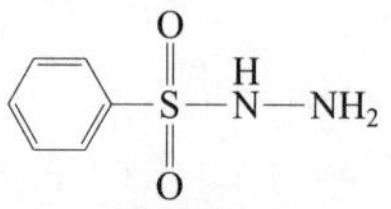

苯磺酰肼

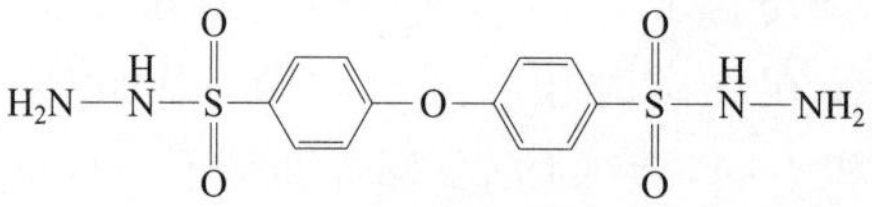

OBSH

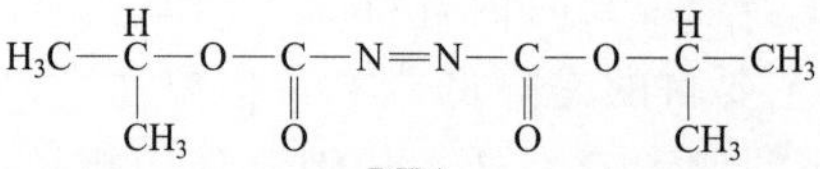

DIPA

AC 发泡剂是 PVC 人造革最常用的发泡剂，为淡黄色粉末，分解时放出 N_2、CO_2 和少量的 NH_3，属于偶氮系列分解温度较高的有机热分解型发泡剂。AC 发泡剂发气量大，价格便宜，分解产物无毒无污染。分解温度与 PVC 熔融塑化温度能较好地匹配，泡孔主要为闭孔结构。其分解过程如下：

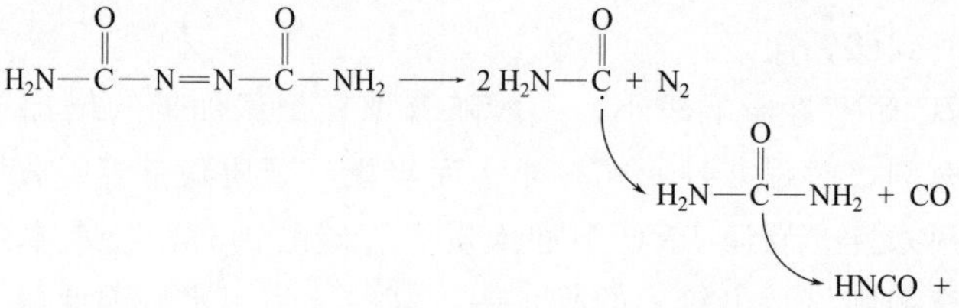

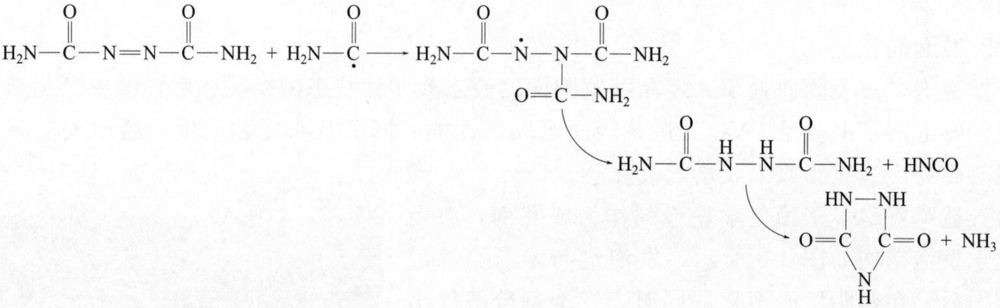

发泡剂的颗粒越小，分散性越好，发泡体的泡孔结构就越小越均匀。发泡体的密度和结构也与发泡剂的用量有关，使用 AC 发泡剂时用量以 2%～4% 为宜，具体用量随产品性能要求而改变。为提高 AC 发泡剂的分散性，可将 AC 粉体与 DOP 以一定比例混合后研磨成浆使用，从而提高产品的泡孔均匀性和细密性。

PVC 发泡时，常因发泡剂的分解温度较高，而不能与树脂的熔融温度或增塑剂的凝胶温度相适应。PVC 热稳定剂在发泡过程中可有效降低发泡剂的分解温度，起到活化剂的作用。以 AC 发泡剂为例，无活化剂时其分解温度约为 195～210℃，与硬脂酸铅、锌、镉等热稳定剂并用，可大幅度降低分解温度至 140～180℃。在静态下，1kg 的 AC 发泡剂，加入 10g 铅盐，其分解温度从 210℃ 直接下降到 147℃。实践证明，PVC 热稳定剂中对 AC 分解起活化作用的是它所含的金属离子的种类、含量及其在 PVC 料中的分散性。

熔体黏度对泡孔结构也有很大的影响。如果发生分解时 PVC 料没有形成均相熔体，气体就会从料的空隙中逃逸挥发到空气中。如果形成均相熔体，那么气体就会封闭在熔体中形成气泡核，此时能不能形成好的泡孔结构取决于熔体黏度与发气量的匹配。如果黏度过大，气泡核虽然增长，但其膨胀力小于熔体张力，气泡就不易成长。如熔体温度升高，黏度下降，AC 分解加快，气压增加，当气泡内气压大于熔体张力时气泡就会增长，而平衡时就会维持不变，这样发泡剂分解的气体就能被固定形成均匀的小孔，直到熔体冷却成型。如果黏度过低而发气量较大时，气泡增长过大，会使分解的气体大量逸出，发生泡孔破裂出现塌泡和穿孔现象。

改性 AC 发泡剂的分类主要基于对纯 AC 不足之处的改善，按其附加的功能来分类，改性 AC 发泡剂可分为以下几类：

① 粒径超微细化型。发泡气孔孔径及其均匀性主要取决于发泡剂粒径及其分布宽度。普通 AC 发泡剂平均粒径粗、分布宽，这就产生了粒径超微细化型的 AC 发泡剂，所谓超微细化型，一般是指粒径 $d_{95} \leqslant 8\mu m$ 的 AC 发泡剂。

② 分解温度降低型。正常条件生产的 AC 发泡剂分解温度一般在 200℃ 左右，为了降低 AC 的分解温度，开发低温型发泡剂是非常有必要的。在联二脲氧化生成 AC 的工艺过程或在成品 AC 中，按一定比例添加一种或几种活化剂并均匀混合，可得到低分解温度型的改性 AC 品种。一般将分解温度在 135～195℃ 的称为低温型 AC 发泡剂。

③ 固体残渣生成减少型。AC 发泡剂分解时，除气相产物外，尚遗留下微量的三聚氰酸、脲唑等固体聚合状物质，影响加工和产品质量。为了减少固体残渣的生成，可加入某些金属氧化物（如氧化锌）抑制 AC 发泡剂分解时二级反应的发生，从而减少脲唑的生成。

3. 光稳定剂

聚氯乙烯是一种对紫外线不太敏感的聚合物，但其中残留的感光杂质、催化剂残留物或其他光敏添加剂将会引起聚氯乙烯的降解。受到日光中 290～400nm 波长紫外线的照射，聚氯乙烯吸收紫外线能量，化学键破坏并引起链式反应，导致塑料性能下降。因此 PVC 中通常加入光稳定剂，尤其是紫外线吸收剂。光稳定剂能利用自身分子结构，将光能转换成热能，避免材料发生光氧化反应而起到光稳定作用。

光稳定剂的作用机理因自身结构和品种不同而不同。有的能屏蔽紫外线或吸收紫外线并将其转化为无害的热能；有的可猝灭被紫外线激发的分子或基团的激发态，使其恢复到基态；有的则捕获因光氧化产生的自由基，抑制光氧化链式反应的进行。按作用机理可分为光屏蔽剂、紫外线吸收剂、猝灭剂、自由基捕获剂、氢过氧化物分解剂等。详细结构参看第九章。

① 紫外线吸收剂。其分子组成上一般含有能生成分子内氢键的基团，如羟基、羰基等。分子内氢键附着在整个分子的共轭体系上，这就导致假芳香环的形成以及氢键键能的提高。稳定剂吸收光能后氢键被破坏，内氢键键能转化为热能放出，氢键恢复。紫外线吸收剂主要有二苯甲酮类和苯并三唑类等。

② 光屏蔽剂。强烈吸收或反射紫外线，阻止光透入聚合物内部，避免 PVC 大分子受到伤害。光屏蔽剂有炭黑、钛白粉、氧化锌等。纳米技术的工业化应用，将大幅度提高光屏蔽剂在材料中的耐光和耐候性能。

③ 猝灭剂。通过转移光能而达到光稳定的目的。猝灭剂通过与 PVC 材料中因光照而产生的高能量、高化学反应活性的激发态官能团发生作用，转移激发态官能团的能量。主要有肟类和二价镍的化合物。

④ 受阻胺类光稳定剂。受阻胺光稳定剂（HALS）是一类具有空间位阻效应的有机胺类化合物，它具有分解氢过氧化物、猝灭激发态氧、捕获自由基、有效基团可循环再生等功能，是国内外用量最大的一类光稳定剂，绝大部分品种均以 2,2,6,6-四甲基-4-哌啶基为母体。

光稳定剂的种类和品种很多，用于 PVC 的主要有二苯甲酮类、苯并三唑类、水杨酸酯类。常用的品种有：UV-9（2-羟基-4-甲氧基-二苯甲酮），UV-531（2-羟基-4-正辛氧基-二苯甲酮），UV-326［（2′-羟基-3′-叔丁基-5′-甲基苯基)-5-氯代苯并三唑］，UV-P［2-(2′-羟基-5′-甲基苯基)苯并三唑］，UV-24（2,2′-二羟基-甲氧基-二苯甲酮），三嗪-5［2,4,6-三（2′-羟基-4′-正辛氧基苯基)-1,3,5-三嗪]。

4. 抗氧剂

目前普遍认为 PVC 热降解脱氯化氢是自由基链式反应引起的。根据此机理，PVC 中存在的双键、支化点、残存引发剂端基、含氧结构等，经热或光活化产生自由基，在自由基引发下，PVC 发生链式反应脱氯化氢而降解。PVC 脱氯化氢形成双键，由于烯丙基的活性，该反应不断进行，继续形成共轭双键，成为多烯结构而引起 PVC 变色。新的自由基又进一步引发 PVC 降解，形成链式反应，从而加剧 PVC 的降解。

抗氧剂是一种能抑制和延缓聚合物材料氧化和降解的化学助剂，作用机理复杂。大部分 PVC 的降解过程是离子化过程。氧能加速 PVC 的热、光降解历程，高温下增塑剂的氧化也很快，氧化后的增塑剂会使相容性下降。为提高聚氯乙烯制品的应用质量，需要加入一定的抗氧剂。根据抗氧剂所具有的官能团可分为主抗氧剂和辅助抗氧剂。

主抗氧剂靠与自由基反应而中断链式反应。此类抗氧剂有受阻酚类和仲芳胺类，主要有双酚 A、抗氧剂 CA、抗氧剂 264、抗氧剂 1010、抗氧剂 1076 等。

受阻酚类分子中含有 O—H 官能团，比较容易给出氢原子，即通过质子给予作用，从而破坏自由基自动氧化链反应。此过程生成的芳氧自由基比较稳定，生成的大分子自由基和过氧自由基作用，生成较稳定的大分子，而本身变成活性低的不能进行链式反应的自由基，从而使链式反应停止。

$$Ar—OH + ROO· \longrightarrow ROOH + Ar—O·$$

$$Ar—O· + ROO· \longrightarrow ROO—O—Ar$$

以 2,6-二叔丁基-4 甲基苯酚（BHT）为例，其抗氧化机理如下：

烃自由基与氧反应生成烃过氧自由基的反应速度常数（k_2）远远大于烷基自由基与 BHT 反应的速度常数（k_1）。因此，有氧存在时 BHT 与烃自由基几乎不反应，烷基自由基生成更多的烷氧自由基。

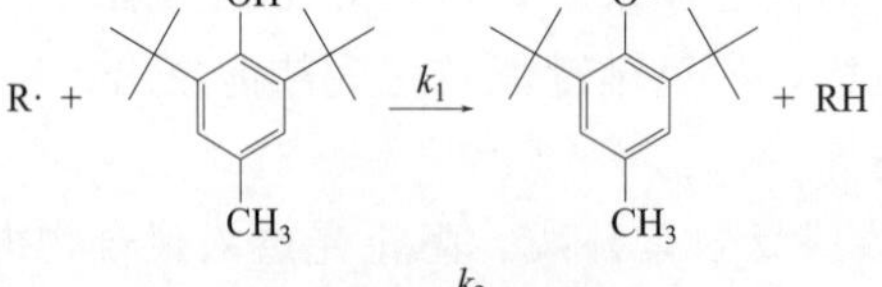

$$R· + O_2 \xrightarrow{k_2} ROO$$

BHT 与烷基自由基的反应

BHT 提供一个氢原子给烷氧自由基或捕获烷氧自由基，在这一过程中，烷氧自由基成为烷基过氧化氢，BHT 生成的苯氧基自由基是通过位阻和共振结构稳定的。具有共振结构的环己二烯酮自由基能与一个仲烷氧基自由基结合生成环己二烯酮烷基过氧化物，该过氧化物在温度低于 120℃时是稳定的。在高温氧化条件下，环己二烯酮烷基过氧化物的形成并不是很稳定，它会分解为烷氧基自由基、烷基自由基和 2,6-二叔丁基-1,4 苯醌。在高温氧化条件下，随着新的自由基的产生 BHT 逐渐消耗。

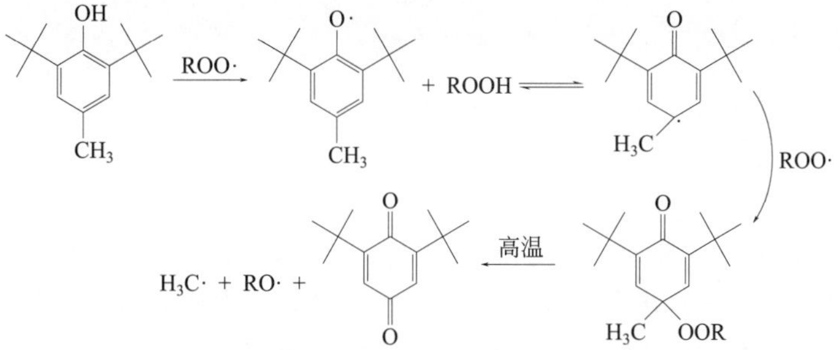

BHT供氢体和捕获过氧自由基

一个苯氧基自由基能提供一个氢原子给另一个苯氧基自由基，生成一个 BHT 分子和一个亚甲基环己二烯酮。

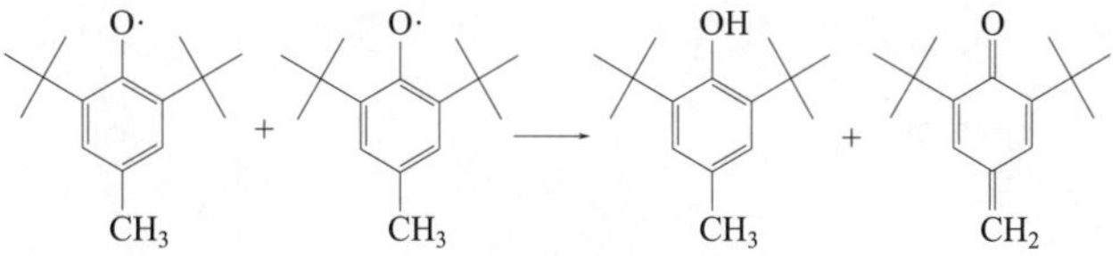

苯氧基终止反应

受阻酚类抗氧剂的抗氧效率与其本身的分子结构有密切关系。在羟基的邻、对位引入斥电子基团，抗氧化效率显著增大；而引入吸电子基团，抗氧化性能则降低。羟基邻位有较大体积的取代基时，有利于保护酚羟基不被氧化消耗和减少电荷转移的配位作用，提高其抗氧效率。当羟基对位为长链的烷基时，有利于改进相容性，提高受阻酚抗氧剂的效率。另外提高分子量也是改进受阻酚类抗氧剂热稳定性和效率的重要手段。

受阻酚类抗氧剂按化学结构大体可分为三种：单酚型、双酚型和多酚型。

① 单酚型。单酚型受阻酚抗氧剂的分子中只有一个受阻酚单元，典型的受阻酚抗氧剂是 2,6-二叔丁基-4 甲基苯酚（BHT）。新的单酚类通常在羟基对位上引入烷基长链，以提高分子量，降低挥发性。羟基邻位结构不同的半受阻酚表现出很好的防老化作用。新型单酚类如 2,6-二叔丁基-4（二甲氨甲基）苯酚、3-（3,5-二叔丁基-4-羟基苯基）丙烯酸/纳米二氧化硅聚合物、含硫醚基单酚类抗氧剂等，都有很好的抗氧性。

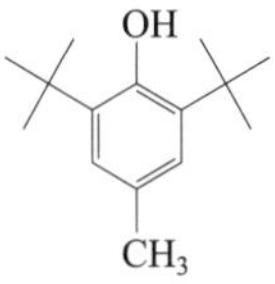

2,6-二叔丁基-4甲基苯酚(BHT) 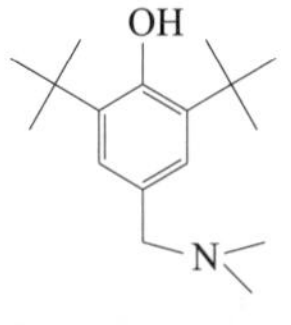   2,6-二叔丁基-4(二甲氨甲基)苯酚 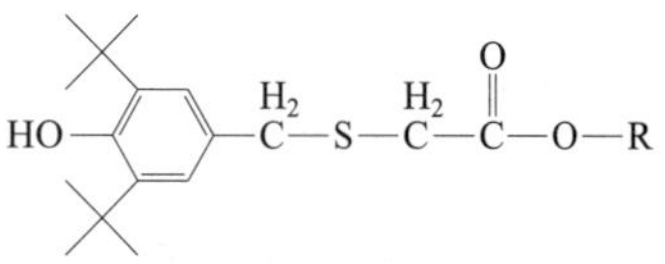   含硫醚基单酚类抗氧剂

② 双酚型。双酚型受阻酚类抗氧剂是指用亚烷基或者硫键直接连接两个受阻酚单元的酚类抗氧剂。其中最常用的是双酚 A，双酚 A 不仅有抗氧化作用，而且可防止增塑剂挥发，抑制其氧化分解。与单酚型相比，双酚型的挥发和抽出损失比较小，热稳定性高，因而防老化效果较好，许多品种的防老化效果相当或者略高于二芳基仲胺类抗氧剂，比较典型的产品是 AO-80，其结构式：

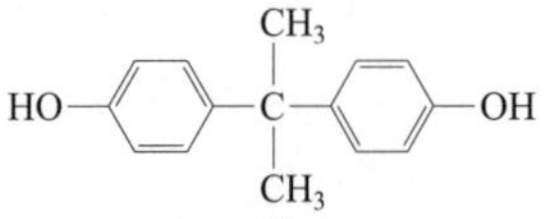

双酚A

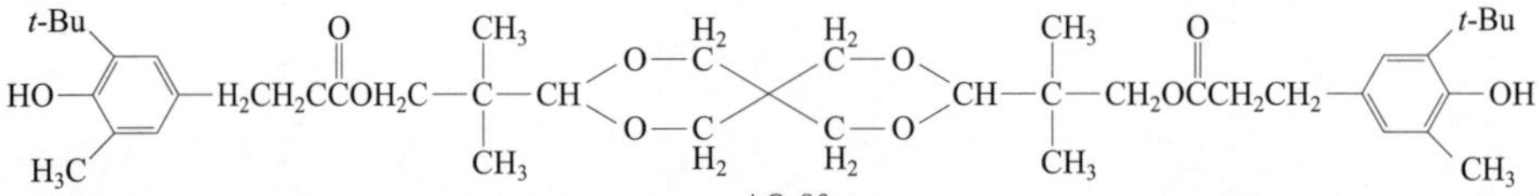

AO-80

以亚烷基相连的双酚通常由相应的酚与醛缩合制得，而以硫键相连的双酚通常由相应的酚和SCl_2缩合制得。过氧自由基从酚的羟基上获得氢原子生成氢过氧化物（ROOH），此氢过氧化物不稳定，继续分解并加速老化进程，但硫原子能将其分解成醇而使自由基反应终止。由于两步反应在同一个分子内进行，反应时间极短。所以硫代受阻酚兼有主抗氧剂的抑止氧化链反应和辅助抗氧剂的分解氢过氧化物的双重功效。

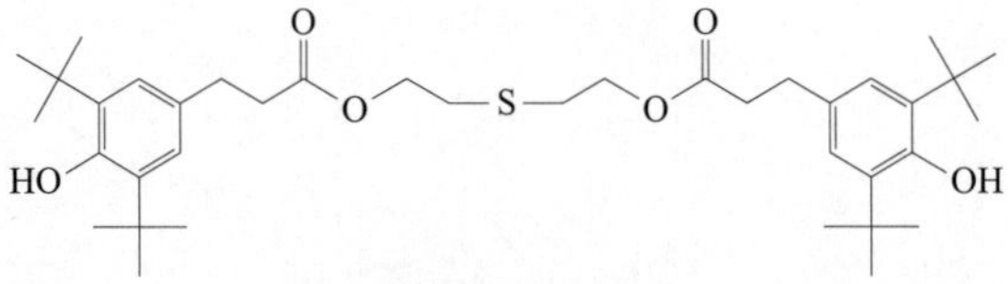

含硫醚基高分子量双酚

③ 多酚型。多元酚是指分子结构中含有两个以上受阻酚单元的酚类抗氧剂。AO-60 就是典型的多元受阻酚抗氧剂，它也是一种典型的高分子抗氧剂。

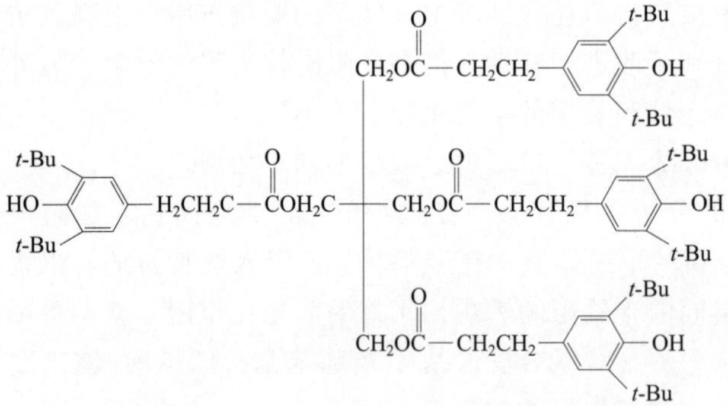

AO-60

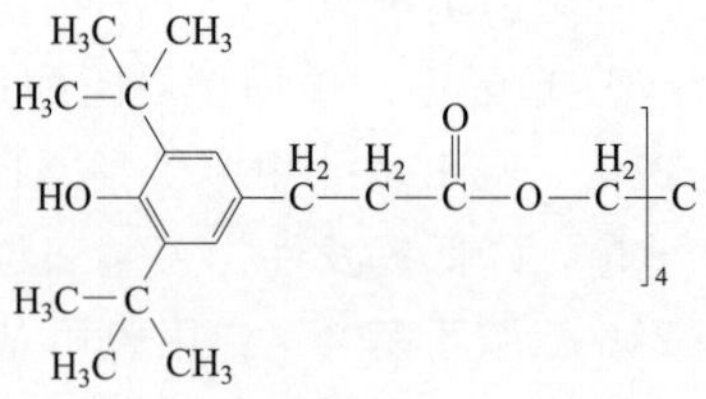

抗氧剂1010

多元受阻酚类抗氧剂的主要特点是功能性基团多，抗氧化效率高。由于分子量高，挥发性小，抽出损失少。但是，这类受阻酚的缺陷是与聚合物的相容性和分散性欠佳，因而在使用过程中，应充分考虑各种性能之间的平衡。

多元受阻酚类抗氧剂的品种较多，所以连接受阻酚的分子骨架也不尽相同。如抗氧剂1010 是以季戊四醇为骨架的四元酚结构，抗氧剂3114、3125 是以均三嗪为骨架的三元酚结构，而抗氧剂330 则是以均三甲基为骨架的三元酚结构。多酚类抗氧剂的发展方向主要是受阻酚单元和连接骨架的选取，引入其他基团，增加受阻酚的功能，并且提高受阻酚的分子量。

国内近年研制成功的新型抗氧剂 AC-400，是一种通过苯酚烷基化、一氯化硫硫代缩合而成的双硫代多元受阻酚类抗氧剂，呈黏稠状液体，比固体抗氧剂有更好的相容性。其分子结构：

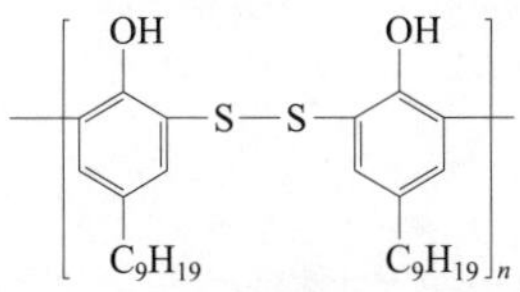

AC-400

辅助抗氧剂主要是亚磷酸酯类，包括二芳基酯、二烷基酯、二（烷基化芳基）酯、烷基芳基混合酯等。

亚磷酸酯抗氧剂的作用是能够分解大分子氢过氧化物，使其变成稳定的羟基化合物而被稳定化，从而使链式反应终止。一般认为它能还原聚合物氢过氧化物为醇，自身则被氧化成磷酸酯。在较高的温度下，亚磷酸酯还有一定捕获自由基的稳定化效果。

$$ROOH + (R_1O)_3POH \longrightarrow (R_1O)_3P = O + ROH$$
分解氢过氧化物

$$ROOH + (R_1O)_3P \longrightarrow (R_1O)_3P = O + RO\cdot$$

$$RO\cdot + (R_1O)_3P \longrightarrow \begin{cases} (RO)P(OR_1)_2 + R_1O\cdot \\ (R_1O)_3P = O + R\cdot \end{cases}$$
捕获自由基

PVC 配方中常用的亚磷酸酯主要有如下几种：亚磷酸三苯酯（TPP）、亚磷酸二异癸酯（PDDP）、亚磷酸三壬基苯基酯（TNPP）、双酚 A 亚磷酸酯（1500）、双（2,4-二叔丁基苯基）季戊四醇二亚磷酯等。

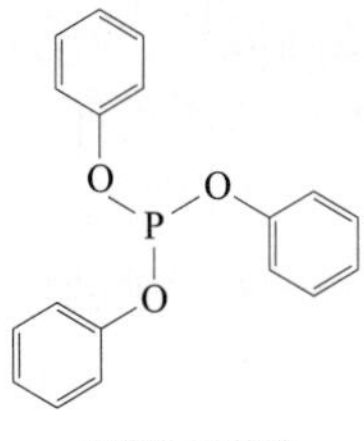

亚磷酸三苯酯 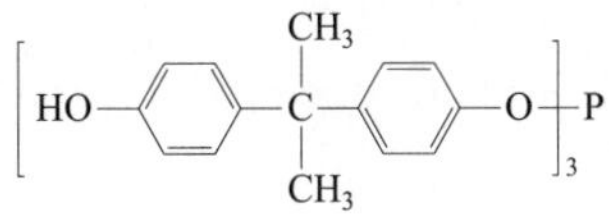　　双酚A亚磷酸酯 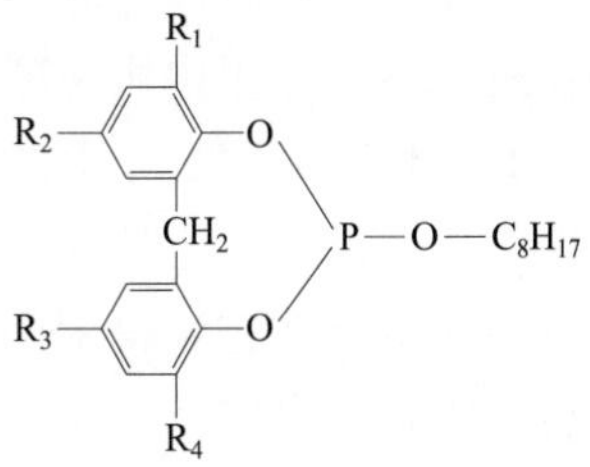　　(2,4-二叔丁基八烷氧基-4,4´-联苯基)磷酸酯

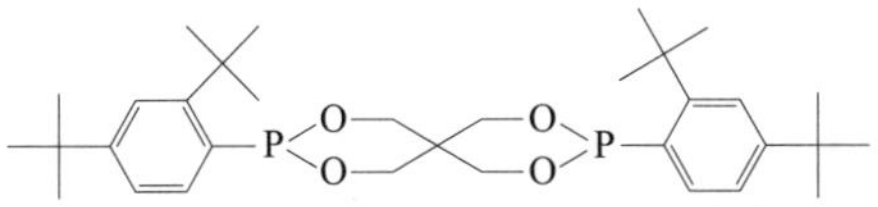

双(2,4-二叔丁基苯基)季戊四醇二亚磷酯

亚磷酸酯最突出的优点是与受阻酚类抗氧剂有协同作用。在抗氧化过程中，受阻酚捕捉聚合物过氧化自由基后变成氢过氧化物，切断聚合物氧化降解连锁反应。氢过氧化物对热氧化降解具有自动催化作用，而受阻酚自身不能分解氢过氧化物，所以单独使用受阻酚抗氧剂的聚合物中，仍有潜在的热氧老化的危险，难以实现理想的抗氧化目的。而亚磷酸酯类化合物虽然基本不具备捕捉过氧化自由基的能力，但能够分解氢过氧化物，将氢过氧化物有效的分解为醇、酮等不活泼产物，从而抑制了自动催化反应导致的聚合物降解。

第五章 ▶▶

水性聚氨酯及应用

水性聚氨酯树脂是在聚氨酯的主链或侧链上引入亲水基团，或通过外加乳化剂，形成的以水为分散介质的新型聚氨酯。水性聚氨酯广泛应用于建筑涂料、汽车漆、地坪、纺织涂层、玻璃纤维、造纸皮革涂饰剂等领域。

第一节 水性聚氨酯的分类与制造方法

一、水性聚氨酯的分类

由于制备聚氨酯所需原料、制备方法和配方多种多样，水性产品也多种多样，有以下几种主要的分类方式。

（1）按粒径和外观形态分类

以粒径和外观形态作为分类依据，可分为以下三类：聚氨酯水溶液、聚氨酯水分散体、聚氨酯乳液。实际应用中所说的水性聚氨酯指的是聚氨酯水分散体或聚氨酯乳液。

由于 PU 乳液中的大分子链溶于水的性能不佳，需要在机械搅拌提供持续而快速的剪切力的条件下，或添加一定量的乳化剂将 PU 强制乳化分散于水中，才能形成 PU 乳液。在一般情况下，通过这种方法得到的外乳化 PU 产品粒径颗粒较大，同时残存于体系中的小分子乳化剂会对固化成胶膜的性能造成较大影响，因此现在的研究重点与热点已转移至自乳化 PU 分散液方向。

与 PU 乳液不同，PU 分散液的制备不需要添加乳化剂，可直接在水中搅拌分散，产品为半透明分散体。由于无乳化剂作用，分散液粒子对剪切力、温度、电解质或稀释的敏感程度不大；固化后的胶膜在力学性能、黏附性能方面有所提高。

PU 水溶液的粒子在水中的分散形态是球形的，聚合物的亲水性非常好，导致 PU 水溶液固化的胶膜耐水性较前两者差，且成本较高，制备工艺复杂。

（2）按使用形式分类

可分为单组分与双组分两类：单组分水性聚氨酯可直接使用，无须交联剂就可得到所需应用性能的水性聚氨酯；双组分水性聚氨酯体系由水性聚氨酯主剂和交联剂二者构成，使用时不添加交联剂无法获得所需性能，或添加交联剂后使一般单组分水性聚氨酯性能显著提高。

（3）按分子链亲水基性质分类

依据分子链上有无离子基团及离子基团的电负性，水性聚氨酯可以划分为阳离子型、阴离子型、两性离子型及非离子型，具体分类见表 5-1。阳离子型一般是叔胺系，阴离子一般采用羧酸或磺酸盐系，非离子最常用的是聚乙二醇，两性离子常用卤代酸盐和磺酸内酯。

表 5-1　水性聚氨酯按亲水成分分类

材料类型	亲水单体类型	单体结构
阳离子型	叔胺基团	$(HOCH_2)_2CHCH_2N(CH_3)_2$
		$(HOCH_2CH_2)_2NCH_3$
阴离子型	羧酸基团	$(HOCH_2)_2C(CH_3)COOH$
	磺酸基团	$(HOOC)_2(C_3H_6)SO_3Na$
		$NH_2CH_2CH_2NHCH_2CH_2SO_3H$
非离子型	聚乙二醇	$HO{-}(CH_2CH_2O)_n{-}H$
两性离子型	卤代酸盐	$(CH_2)_4X(CH_2)_nCOONa$
	磺酸内酯	$-O-SO_2$

（4）按聚氨酯原料分类

以低聚物多元醇类型为分类依据，可以分为以下几个类型，主要包括聚醚型、聚酯型、聚烯烃型及聚酯-聚醚等混合多元醇型。

以原料二异氰酸酯类型作为分类依据，可大致分为以下几种，包括脂肪族异氰酸酯型、芳香族异氰酸酯型、环酯族异氰酸酯。根据具体原料划分，可分为甲苯二异氰酸酯（TDI）型、1,6-六亚甲基二异氰酸酯（HDI）型和异佛尔酮二异氰酸酯（IPDI）型等。

（5）按 PU 树脂的整体结构分类

以原料特点为分类依据，可以分为以下几类，分别包括：PU 乳液、封闭型 PU 乳液、多异氰酸酯乳液和乙烯基 PU 乳液。

以乳液特征基团为划分依据，可以分为以下几种，包括：PU 乳液和 PU-脲乳液。PU-脲乳液是指预聚体水中分散同时与水或二胺扩链反应形成的水性聚氨酯。

以分子结构为分类依据，可以分为以下几种，包括：线型分子热反应型单组分、PU 乳液（热塑性）、外交联型和低度交联型等。

二、基本合成方法

一般制备水性聚氨酯的过程包含两个最基本的步骤：

首先，异氰酸酯和低聚物二元醇参与聚合反应，生成具有中高分子量的嵌段水性聚氨酯预聚体或高分子量的聚氨酯；

其次，在机械搅拌的条件下利用持续而稳定的剪切力分散于水中。

PU 是疏水性材料，有两种方法可以使 PU 分散于水中，形成稳定的乳液。一种是自发分散法，即在预聚体合成过程中引入亲水基团，在剪切力作用下乳化，无须添加任何乳化剂。亲水基团越多，越易与水相溶，从而形成水溶液。另一种是强制乳化法，在乳化剂作用下依靠高剪切力将端基为异氰酸酯基的预聚体或 PU 有机溶液体系强制乳化于水中，此法制备的分散粒子粒径粗大，且乳液不稳定，已被淘汰。

目前制备水性聚氨酯最常用的方法是自发分散法（又称自乳化法）。该法是在制备水性聚氨酯预聚体的过程中将适量的亲水基团接在聚氨酯分子链上，利用亲水基团成盐后易溶于水的特点，在剪切力作用下使水性聚氨酯乳化于水中形成稳定分散液，通过改变分子链上亲、疏水性基团的比例，可以制备出不同类型不同状态的水性聚氨酯。也可根据水性聚氨酯的自身特点把强制乳化法和自发分散法结合起来制备水性聚氨酯。自发分散法根据分散过程的特点与溶剂量的多少可分为预聚体混合法、溶液法（丙酮法）、酮连氮/酮亚胺法、熔融分散缩合法、直接分散法和倒相分散法等。

（1）预聚体混合法

预聚体分散法指制备含有亲水成分的预聚体时，在水中乳化的同时进行扩链而得到水性聚氨酯。还可根据亲水成分的加入次序，分为一步法和两步法。该方法的优点是溶剂使用量较少，生成的聚氨酯分子中含有支化大分子，产品稳定性好。

（2）溶液法

溶液法是将 PU（或 PU 预聚体）溶解到有机溶剂（与水互溶的低沸点惰性溶剂）中，乳化后制得较高分子量的 PU 溶液的方法。预聚体与亲水性扩链剂在均匀的有机溶剂氛围中进行扩链反应，有利于生成含亲水基的线型水性聚氨酯，反应过程中可根据反应体系的实时黏度添加溶剂来降黏，从而使预聚体很好地与亲水扩链剂进行反应，然后在去离子水中搅拌分散，形成乳液，最后将溶剂蒸离体系，得到水性聚氨酯乳液。由于使用的溶剂中酮类有机溶剂最多，故又称为丙酮法。该方法简单易行，重现性好，溶剂易于回收处理，但加溶剂降黏的同时体系的浓度也在降低，造成预聚体分子量不高，异氰酸酯基的含量偏高，乳化后形成的脲键多。

（3）酮连氮/酮亚胺法

酮连氮/酮亚胺法指被封闭的肼（酮连氮体系）或二胺（酮亚胺肼体系）与预聚体混合法制得的预聚体混合后于水中分散，分散的聚合物微粒优先和水解速率较快的酮连氮、酮亚胺释放出游离的二元胺或肼发生反应。反应过程中，体系的黏度一直在增加，直到发生相反转，需要添加适量的溶剂。

（4）熔融分散缩合法

熔融分散缩合法也叫作预聚体分散甲醛扩链法。该法是将在熔融状态下含亲水基的缩二脲基或端脲基 PU 低聚物直接乳化于去离子水中，再与甲醛进行反应、扩链制备水性聚氨酯。反应过程中不需要添加溶剂，也不需采用小分子胺类扩链剂扩链。反应过程中由于预聚体在高温条件下黏度很高需要剧烈搅拌，因此该法制备的水性聚氨酯分子量低并具有一定的支化度。

（5）直接分散法和倒相分散法

所谓直接分散法就是将含有亲水基的预聚体加入到水中，乳化得到水性聚氨酯乳液。倒相分散法是将水加入预聚体体系中，形成 W/O 体系，继续加水形成 O/W 的分散液，形成的粒子细小且均匀。

三、水性聚氨酯基本结构

1. 水性聚氨酯的分子结构

聚氨酯是由硬段和软段构成的一类高性能材料，硬段和软段的组成、结构、长短、相对比例的变化是聚氨酯材料性能控制的主要手段。在聚氨酯分子链中引入亲水基团可使聚氨酯具有水分散性，得到水性聚氨酯。根据亲水基团的不同，水性聚氨酯的分子结构可分为以下几类。

（1）阴离子水性聚氨酯分子结构模型

阴离子水性聚氨酯通常包括羧酸型和磺酸型两类，亲水基团可以分布在硬段、软段或端基上，以硬段侧链居多。

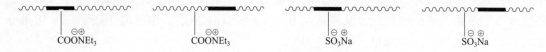

羧酸盐型水性聚氨酯亲水基团属于弱酸弱碱盐，磺酸型水性聚氨酯亲水基团属于强酸强碱盐。由于磺酸盐亲水性更强，制备相近粒径和分子量的水性聚氨酯时，磺酸盐亲水单体用量仅为羧酸盐的 1/2 左右。磺酸盐型表现出更多的阴离子表面活性剂的性质，因此耐电解质稳定性更高，与助剂、颜料等具有更好的润湿性与相容性。但磺酸盐在成膜后仍存在于树脂膜中，容易吸湿导致耐水性差，而羧酸盐中常用的叔胺干燥时挥发，因此羧酸盐类的耐水性更好。

与硬段含亲水基团的水性聚氨酯相比，软段含亲水基团的水性聚氨酯更接近不含亲水基团的聚氨酯结构，这是由于处于软段的亲水基团基本不破坏聚氨酯硬链段结构的规整性。

与磺酸盐相连的反应基团一般为氨基，与异氰酸酯反应后生成脲基；与羧酸盐相连的反应基团一般为羟基，与异氰酸酯反应后生成氨酯基。

（2）阳离子水性聚氨酯的分子结构模型

阳离子型水性聚氨酯一般是指主链或侧链上含有铵离子的水性聚氨酯，一般以含叔胺基团的扩链剂为主，叔胺以及仲胺经酸或烷基化试剂的作用，形成亲水的铵离子。

阳离子水性聚氨酯模量一般很低，实际应用有限，主要用作底涂。阳离子型水性聚氨酯中最主要的是主链或侧链含季铵盐亲水基团的。

（3）非离子水性聚氨酯分子结构模型

分子中不含离子基团的水性聚氨酯称为非离子水性聚氨酯。通常将聚乙二醇分子链段引入聚氨酯分子的端基、主链、侧链中，合成各种不同的非离子水性聚氨酯。由于亲水链段含量通常较大，力学性能和耐水性较差，应用范围有限。目前较好的非离子聚氨酯为侧链亲水型，如 N-120，性能远优于传统的 PEG。

$$H_3C \left(OH_2CH_2C \right)_n O$$

$$O \left(CH_2CH_2O \right)_n$$

$$O \left(CH_2CH_2O \right)_n CH_3$$

（4）阴/非离子水性聚氨酯分子结构模型

少量的非离子单体在水性聚氨酯胶粒表面形成的"空间位阻"可以使阴离子聚氨酯更稳定。在结构上可以将阴离子、非离子嵌入到聚氨酯的不同部位。非离子型亲水扩链剂具有良好的耐酸碱稳定性，可以与其他各种类型的乳液混合使用，但其胶膜性能不好。阴离子型扩链剂可改善胶膜的交联密度、耐水性能、拉伸强度和手感。

$$H_3C \left(OH_2CH_2C \right)_n O \quad\quad COONEt_3$$

$$H_3C \left(OH_2CH_2C \right)_n O \quad\quad SO_3Na$$

$$H_3C \left(OH_2CH_2C \right)_n O \quad\quad COONEt_3$$

$$H_3C \left(OH_2CH_2C \right)_n O \quad\quad SO_3Na$$

2. 水性聚氨酯胶粒的结构

聚氨酯分散于水中形成球形胶粒时具有最小的表面能，实际上，受各种力的影响，胶粒并非规则的球形结构。水性聚氨酯胶粒的粒径分布具有多分散性，体系中存在大小不同的胶粒，表现为体系黏度和光散射现象的不同。含离子体系呈水合双电层结构，不同离子类型乳液粒子的模型如图 5-1～图 5-4 所示，乳液所带电荷分布于粒子外围，并在外围形成相反电荷的电层，粒子间相同电荷会产生斥力，形成稳定的乳液。非离子型则依靠亲水链段分布于粒子表面，与水作用形成稳定体系。

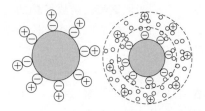
图 5-1　阴离子型 PUD 模型

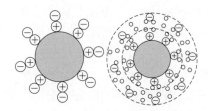
图 5-2　阳离子型 PUD 模型

图 5-3　非离子型 PUD 模型

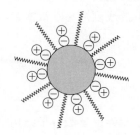
图 5-4　阴/非离子型 PUD 模型

3. 水性聚氨酯胶膜的形态结构

聚氨酯材料就形态而言属于两相结构：软段相和硬段相。软段相多数为黏弹态（聚醚、聚己二酸酯），也有玻璃态（PCDL），少数为结晶态（PCL、PBA、PHA）；而硬段相可能是玻璃态或结晶态，也可能是二者兼存。软硬段比例是决定聚氨酯形态的主要因素。其结构模型如图 5-5 所示。

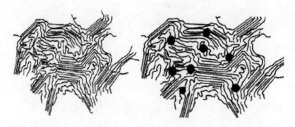
图 5-5　结晶型水性聚氨酯胶膜形态结构模型

当硬段比例很低时，如 10% 左右，硬段溶于软段相成为单相。

当硬段含量在 40% 以下时，硬段分散在软段基料上，软段是连续相。

硬段含量在 40%～60% 时，出现相的逆转或颠倒，两相均可能是连续相。

硬段含量在 60% 以上时，软段分散在硬段基料上，硬段为连续相。

聚氨酯的形态决定了其性能，两相的相分离与混合在很大程度上影响着性能，软段相能提供给聚氨酯低温性能、伸长率和弹性；而硬段相则提供模量、强度和耐热性能。

第二节 水性聚氨酯合成的基本原料

一、异氰酸酯

水性聚氨酯合成的多异氰酸酯包括芳香族和脂肪族两大类。芳香族使用最多的是 TDI，MDI 由于反应活性太快，使用较少；脂肪族主要有 IPDI、$H_{12}MDI$、HDI 等。具体性能参看第三章。

二、多元醇

水性聚氨酯合成用多元醇与溶剂型基本相同。参看第三章。

三、扩链剂

当异氰酸酯与多元醇反应至一定程度时，需要使用扩链剂实现其链增长。扩链剂本质上是增加聚合物的分子量，把短链预聚体分子变成高分子聚合物。只有具备了一定的链长度及分子量后，聚氨酯才能达到优异的使用性能。

1. 亲水性扩链剂

亲水性扩链剂是对聚氨酯预聚体进行扩链的同时，引入亲水性基团。它除了具有常规扩链性能的羟基、氨基外，通常还含有羧基、磺酸基、仲氨基等可被离子化的功能基团，使聚氨酯分子具备亲水性。

（1）羧酸型扩链剂

① 二羟甲基丙酸。二羟甲基丙酸（dimethylolpropionic acid）全称 2,2-二羟甲基丙酸，别名二羟基新戊酸，简称 DMPA、DHPA。分子式 $C_5H_{10}O_4$，分子量 134.1。DMPA 为白色粉状结晶，熔点较高，工业品大于 175℃，储存稳定。结构式：

$$H_3C-\overset{\overset{\displaystyle CH_2OH}{|}}{\underset{\underset{\displaystyle CH_2OH}{|}}{C}}-COOH$$

二羟甲基丙酸是一种多官能团化合物，含有 2 个伯羟基和 1 个羧基，具有新戊基结构。双羟基结构可以实现预聚体的扩链反应，同时引入亲水基团羧基。分子中的羧基与叔碳相连，新戊结构形成较大的空间位阻，降低了羧基与异氰酸根的反应概率。在扩链反应中保存下来的羧基中和后形成铵盐或碱金属盐，从而使聚氨酯获得自乳化性能。

由于 DMPA 分子量小，扩链时较少的用量就能提供足够的羧基量，是水性聚氨酯合成中最常用的一种亲水性扩链剂。可由甲醛和丙醛合成二羟甲基丙醛，再用过氧化氢氧化制备二羟甲基丙酸。

$$CH_3CH_2CHO + 2\,HCHO \longrightarrow H_3C-\overset{\overset{\displaystyle CH_2OH}{|}}{\underset{\underset{\displaystyle CH_2OH}{|}}{C}}-CHO \xrightarrow{H_2O_2} H_3C-\overset{\overset{\displaystyle CH_2OH}{|}}{\underset{\underset{\displaystyle CH_2OH}{|}}{C}}-COOH$$

丙醛　　　甲醛　　　　　　　　　　　二羟甲基丙醛　　　二羟甲基丙酸

DMPA 也存在一些使用缺点，主要是自身熔点较高，很难加热溶解，使用时需要加入有机溶剂如 N-甲基吡咯烷酮（NMP）、N,N-二甲基甲酰胺（DMF）、丙酮等。NMP、DMF

沸点高，会影响聚氨酯成膜并形成一定残留。DMPA 在丙酮中溶解度较小，在合成过程需要加入大量的丙酮，脱酮过程既浪费能源又带来安全隐患。

② 二羟甲基丁酸。二羟甲基丁酸（dimethylol butanoic acid）全称 2,2-二羟甲基丁酸，简称 DMBA。分子式 $C_6H_{12}O_4$，分子量 148.16。DMBA 为白色结晶，熔点 $107\sim115℃$，溶于水、丙酮等溶剂，与 DMPA 相比，优良的溶解性和低熔点是其最大特点。结构式：

$$H_3C—C—C—COOH$$

二羟甲基丁酸含两个伯羟基、一个叔羧基及一个疏水性的乙基。羟基的反应活性较羧基大得多，并且叔羧基结构对羧基有屏蔽保护作用。结构中亲油性的碳骨架和亲水性的官能团使其具有独特的溶解能力。

DMBA 结构中比 DMPA 多了一个亚甲基，使羧基与亚甲基的距离加大，从而使反应速率增大，反应温度降低。DMBA 拥有良好的溶解性，容易溶于多元醇、水及各类溶剂，在用 DMBA 合成水性聚氨酯的过程，不需要加溶剂即可以完成整个反应过程。

DMBA 型水性聚氨酯乳液的粒径更细且分布窄，胶膜性能优异，光泽度高。DMBA 的分子结构增加了亚甲基，妨碍了聚氨酯硬段的聚集，使硬段本身在软段基质中溶解度偏高，导致模量下降和断裂伸长率增大。

③ 二羟基半酯。半酯是三元醇与二元酸酐反应的产物，一般醇与酸酐的摩尔比为 1∶1。酸酐的一个羧基被酯化，而保留另一个羧基；三元醇的一个羟基被酯化，保留两个羟基。

醇类化合物一般为小分子三醇，如甘油、低分子量聚醚三醇，这样就能生成含羧基的二羟基化合物。三醇的分子量一般在约 200～2000。可用于制备半酯的酸酐有顺丁烯二酸酐（顺酐）、邻苯二甲酸酐（苯酐）、丁二酸酐、戊二酸酐等。

半酯类扩链剂与多元醇相容性好，但分子量大，因此合成时用量大。半酯扩链的聚氨酯成膜后发黏，因此只在一些特定品种中使用。

④ 氨基羧酸。氨基羧酸可用于丙酮法合成羧酸型水性聚氨酯，如 N-(2-氨乙基)-氨基丙酸（AAA），因为有两个氨基用于扩链反应，因此反应速率快，反应充分。羧酸中和后作为亲水基团，通过控制中和度进而控制乳液粒径。

$$H_2N—CH_2CH_2—\overset{H}{N}—CH_2CH_2—COOH$$
$$AAA$$

⑤ 低聚羟基羧酸。小分子羟基羧酸熔点高，与多元醇相容性不佳，不容易形成均相反应，影响反应速率；反应后进入分子硬段，破坏硬段规整性。采用小分子羟基羧酸为引发剂

开环内酯可得到熔点低、脂溶性好、嵌入软段的低聚羟基羧酸。

$$H \left[O-(CH_2)_x-\overset{\overset{O}{\|}}{C}-O-\overset{\overset{H_2}{}}{C}-\overset{\overset{CH_3}{}}{\underset{COOH}{C}}-\overset{H_2}{C}-O-\overset{\overset{O}{\|}}{C}-(CH_2)_x-O \right] H \quad \begin{array}{l} m+n=2\sim4 \\ x=2\sim5 \end{array}$$

低聚羟基羧酸是介于小分子二醇扩链剂和大分子二元醇之间的一个过渡产品，兼顾二者的特点和用途。严格意义上该类产品应该属于低分子量的多元醇，类似产品还有低聚羟基磺酸扩链剂。由于该类产品具有独特的应用效果和作用，其品种及应用工艺越来越广泛，是扩链剂的一个重要发展方向。

（2）磺酸型扩链剂

① 乙二氨基乙磺酸钠。N-（2-氨乙基）-氨基乙磺酸钠，又称乙二氨基乙磺酸钠，简称AAS盐。AAS分子量190.19，通常为50%的水溶液，淡黄色透明液体，轻微的胺类气味。易溶于水，不溶于丙酮、二甲基甲酰胺、四氯化碳、氯仿等有机溶剂。

$$H_2N-H_2CH_2C-\overset{H}{N}-CH_2CH_2-SO_3Na$$

AAS盐为脂肪族类二氨基磺酸钠盐，作为亲水扩链剂或者亲水单体应用于水性聚氨酯树脂的制备。在不同的酸碱环境中，AAS存在一系列互变。AAS反应速率快，反应充分，用量少，特别适合于丙酮法合成磺酸盐型水性聚氨酯。

乙二氨基乙磺酸钠分子中含有一个伯胺和一个仲胺，可与—NCO进行反应扩链。磺酸盐作为亲水基团，由于已经成盐，因此不需要进行中和反应。

$$H_2N-H_2CH_2C-\overset{H}{N}-CH_2CH_2-SO_3Na + \text{~~}R-NCO \longrightarrow \text{~~}R-\overset{H}{N}-\overset{\overset{O}{\|}}{C}-\overset{H}{\underset{CH_2CH_2-SO_3Na}{N}}-CH_2CH_2-\overset{\overset{O}{\|}}{C}-\overset{H}{N}-R\text{~~}$$

磺酸盐具有非常好的亲水性，因此乳液稳定性好，pH适应性宽。但是高亲水性的同时也会带来成膜耐水性的下降。由于乙二氨基乙磺酸钠通常为水溶液，水的存在使其无法在预聚体阶段使用，在后扩链时水与异氰酸酯发生副反应。氨基的活性较高，与异氰酸酯的反应速率很快，扩链时分子量迅速增长，因此需要加入大量丙酮降低树脂黏度，并在后期脱除丙酮，因此乙二氨基乙磺酸钠通常用于丙酮法生产，不适用于预聚体法合成PUD。由于氨基的反应性高于水，根据需要也可用于预聚体法乳液分散后的后扩链剂使用。

② 1,4-丁二醇-2-磺酸钠。氨基磺酸盐的扩链速度快，而羟基磺酸盐（强酸强碱盐）是一种理想的亲水单体，并且其成膜物质的耐水性和耐水解性良好。

$$HO-\overset{H_2}{C}-\overset{H_2}{C}-\overset{H}{\underset{SO_3Na}{C}}-\overset{H_2}{C}-OH$$

1,4-丁二醇-2-磺酸钠有两个伯羟基用于扩链反应，酸盐作为亲水基团。1,4-丁二醇-2-磺酸钠由2-烯-1,4-丁二醇与亚硫酸氢钠加成而得。同样，2-烯-1,4-丁二醇的氧化乙烯或氧化丙烯缩聚物与亚硫酸氢钠的加成物也可用作扩链剂。

③ 磺酸盐多醇。磺酸盐多醇是一种特殊的软段亲水的结构，采用内酯开环、酯化等方法可以合成熔点低、脂溶性好、可嵌入软段的低聚羟基磺酸盐。磺酸盐多醇是将亲水的磺酸基引入到多元醇结构中，可看作是磺酸盐二醇分散体，如将苯磺酸盐引入聚酯链段中。

$$\text{H} - \left[\text{O} - \text{R}_2 - \overset{\overset{\text{O}}{\|}}{\text{C}} - \text{R}_1 - \overset{\overset{\text{O}}{\|}}{\text{C}} \right]_n \text{O} - \text{R}_2 - \text{O} - \overset{\overset{\text{O}}{\|}}{\text{C}} - \underset{\underset{\text{SO}_3\text{Na}}{}}{\text{C}} - \overset{\overset{\text{O}}{\|}}{\text{C}} - \text{O} \sim\sim\sim$$

$$\text{H} - \left[\text{O}(\text{H}_2\text{C})_5 - \overset{\overset{\text{O}}{\|}}{\text{C}} \right]_m \text{O}(\text{H}_2\text{C})_6 - \text{O} - \overset{\overset{\text{O}}{\|}}{\text{C}} - \underset{\underset{\text{SO}_3\text{Na}}{}}{} - \overset{\overset{\text{O}}{\|}}{\text{C}} - \text{O} - (\text{CH}_2)_6 \text{O} - \left[\overset{\overset{\text{O}}{\|}}{\text{C}} - (\text{CH}_2)_5 \text{O} \right]_n \text{H}$$

磺酸盐多醇具有亲水性，自身相当于大分子扩链剂，因此磺酸盐多醇可直接将磺酸盐引入到聚氨酯树脂的链段中，不需要引入专门的硬段结构的亲水扩链剂。它可以用来设计生产无胺的水性聚氨酯配方或者高固含水性聚氨酯树脂配方，并显著提高水性聚氨酯树脂的初黏力和湿态黏结强度。

④ 其他品种。为了更好地控制制造工艺和分子结构，目前有公司推出了乙二氨基乙磺酸等产品，侧链的—SO_3H可与有机胺中和而获得亲水性，通过控制中和度，还可以控制乳液的粒径，适合低黏度高固水性聚氨酯。

$$\text{H}_2\text{N} - \text{H}_2\text{CH}_2\text{C} - \overset{\overset{\text{H}}{|}}{\text{N}} - \text{CH}_2\text{CH}_2 - \text{SO}_3\text{H}$$
$$\text{乙二氨基乙磺酸}$$

3,5-二氨基苯磺酸钠也可作为亲水单体合成磺酸盐型水性聚氨酯，但芳香胺的黄变使其应用受到限制，主要用于黏合剂等产品。

$$\underset{\underset{\text{SO}_3\text{Na}}{}}{\overset{\overset{\text{H}_2\text{N} \qquad \text{NH}_2}{}}{\bigcirc}}$$
$$\text{3,5-二氨基苯磺酸钠}$$

(3) 阳离子型扩链剂

含叔氨基的二羟基化合物是最常用的阳离子型聚氨酯乳液扩链剂。两个羟基参与扩链反应，同时引入叔氨基。反应后通过季铵化反应或用酸中和，使链段中的叔氨基生成季铵离子，产生亲水性。国内大多数采用 N-甲基二乙醇胺（MDEA），通过主链形成铵盐结构得到阳离子型水性聚氨酯。

MDEA 为无色或黄色油状液体，分子量 119.16，能与水、醇混溶，微溶于醚，是目前应用最多的阳离子扩链剂。MDEA 通过主链形成铵盐结构得到阳离子型水性聚氨酯，分子结构：

$$\text{HO} - \text{H}_2\text{CH}_2\text{C} - \overset{\overset{\text{CH}_3}{|}}{\text{N}} - \text{CH}_2\text{CH}_2 - \text{OH}$$
$$\text{MDEA}$$

阳离子型扩链剂还有二乙醇胺、三乙醇胺、N-乙基二乙醇胺（EDEA）、N-丙基二乙醇胺（PDEA）、N-丁基二乙醇胺（BDEA）、二甲基乙醇胺、双（2-羟乙基）苯胺（BHBA）、双（2-羟丙基）苯胺（BHPA）等。铵盐除了在主链引入外，还可以在侧链、主/侧链同时引入。

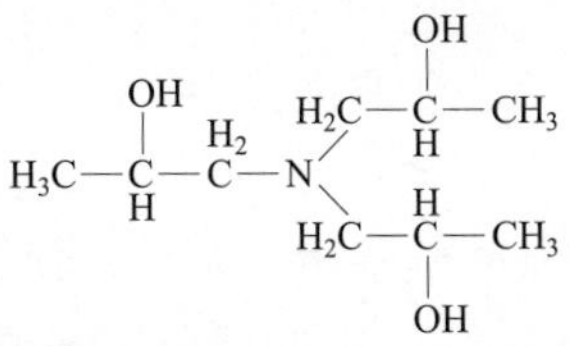

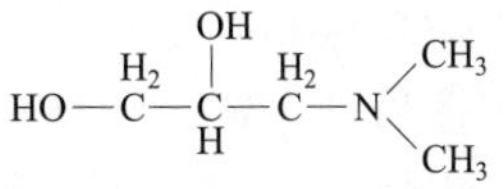

胺类化合物易被氧化而变色，影响了其应用范围。另外叔胺自身是异氰酸酯与羟基反应的催化剂，因此要注意控制反应速率。

（4）非离子及两性扩链剂

利用聚乙二醇的亲水性，可以在聚氨酯不同链段引入非离子基团，合成非离子型水性聚氨酯。单羟基聚乙二醇醚、单羟基聚乙二醇/丙二醇共聚物可在水性聚氨酯分子末端引入亲水结构；改性聚乙二醇，如三羟甲基丙烷聚乙二醇单甲醚（N-120），则可以在水性聚氨酯分子的侧链上引入亲水结构。常用的非离子扩链剂结构如下：

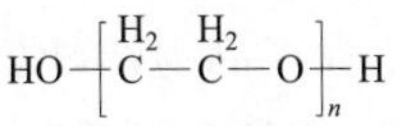

聚氧化乙烯二醇 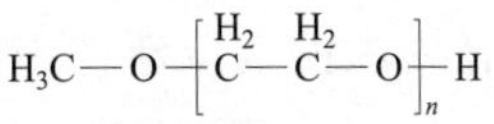   单羟基聚乙二醇醚

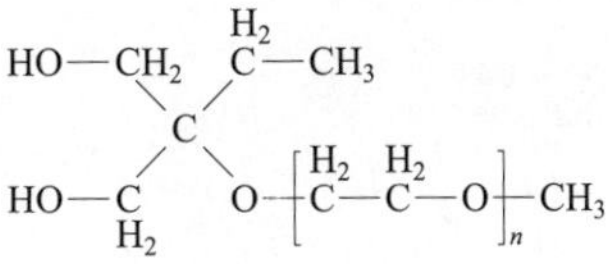

三羟甲基丙烷聚乙二醇单甲醚 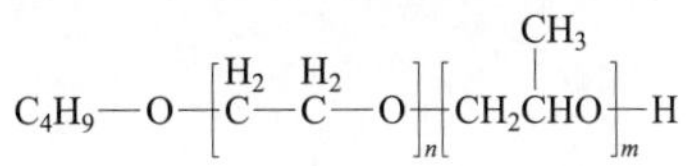   单羟基聚乙二醇/丙二醇共聚物

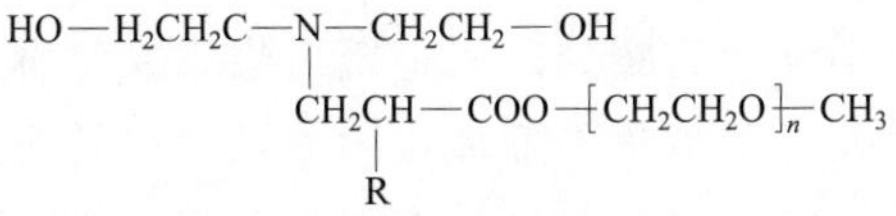

改性聚乙二醇

非离子型聚氨酯不存在双电层结构，因此对电解质稳定，可与其他种类聚氨酯共混使用而不会破乳。但 PEG 用量过多会导致成膜吸水率高，易吸湿泛白，使力学性能下降。三羟甲基丙烷聚乙二醇单甲醚由于引入方式不同，对聚氨酯性能影响很小，是非离子型扩链剂的发展方向。

两性离子型亲水扩链剂同时兼有阴离子和阳离子的性能，使合成的聚氨酯有良好的界面活性。代表性产品有 N-甲基-N,N-二（2-羟乙基）甜菜碱及 MDAPS。

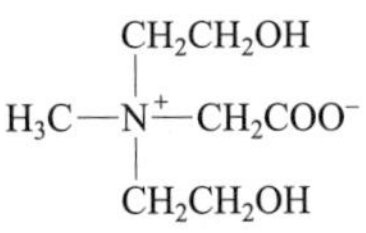

N-甲基-N,N-二(2-羟乙基)甜菜碱 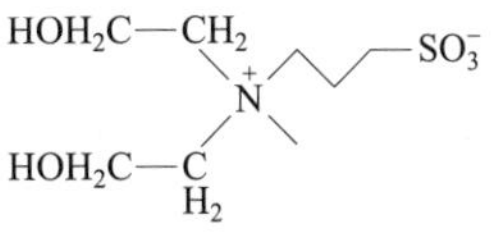   MDAPS

2. 非亲水扩链剂

水性聚氨酯聚合反应中，除了需要引入亲水扩链剂，根据性能、结构、分子量、软硬段比例等需要，还需要使用部分非亲水扩链剂，包括能使分子链进行扩展的双官能基的低分子化合物，以及能使链状分子结构产生支化和交联的官能度大于 2 的低分子化合物。常用的扩链剂有醇类与胺类。参看第三章。

3. 后扩链剂

利用胺类反应活性高于水的特点，可对分散后的乳液进行一定的后扩链，提高树脂的性能。后扩链包括亲水后扩链和非亲水后扩链。

水性聚氨酯在扩链后分子链上还残留很多异氰酸酯基团，尤其是预聚体法。这些异氰酸根会与水发生反应，生成伯胺与 CO_2，伯胺可与异氰酸酯再反应生成脲。因此水也是一种特殊的后扩链剂。

$$R-NCO + H_2O \longrightarrow R-NH_2 + CO_2$$

$$R-NCO + R'-NH_2 \longrightarrow R-\overset{H}{N}-\overset{\overset{\displaystyle O}{\|}}{C}-\overset{H}{N}-R'$$

异氰酸酯与水的反应速率与异氰酸酯的种类有关，芳香型反应较快，而脂肪型反应较慢。伯胺与异氰酸酯的活性相当大，在 25℃ 下就能和异氰酸酯快速反应，生成脲类化合物。

亲水型后扩链剂一般采用 AAS 盐，其分子结构中具有一个伯氨基、一个仲氨基及一个磺酸盐，两个氨基与异氰酸酯的反应活性不同，代表性产品为拜耳公司的 A95。目前也有两个伯氨基及一个磺酸盐的产品，商品名称 A50。磺酸盐型扩链剂在对产品进行后扩链的同时，也会引入新的亲水基团，该方法常用于预聚体法中，在分散后加入。

$$H_2N-H_2CH_2C-\overset{H}{N}-CH_2CH_2-SO_3Na + \text{\small\textasciitilde}R-NCO \longrightarrow$$

$$\text{\small\textasciitilde}R-\overset{H}{N}-\overset{\overset{\displaystyle O}{\|}}{C}-\overset{H}{N}-CH_2CH_2-\overset{H}{N}-CH_2CH_2-SO_3Na + \text{\small\textasciitilde}R-\overset{H}{N}-\overset{\overset{\displaystyle O}{\|}}{C}-\overset{H}{N}-CH_2CH_2-\overset{\underset{\displaystyle CH_2CH_2-SO_3Na}{N}}{}-\overset{\overset{\displaystyle O}{\|}}{C}-\overset{H}{N}-R\text{\small\textasciitilde}$$

非亲水后扩链通常使用小分子二胺类。后扩链后生成大量脲基，为聚氨酯-聚脲混合物。聚氨酯的分子量因扩链而增大，亲水基不增加，因此乳液粒径变大。为控制反应速率，一般需要稀释使用。常用的有乙二胺、水合肼、异佛尔酮二胺（IPDA）等。

乙二胺反应速率快，易产生凝聚，扩链后模量增高，因此一般在乳液的异氰酸酯浓度很低的情况下加入，避免暴聚。脂肪（脂环）型二胺反应较温和，也是常用的后扩链剂，主要有异佛尔酮二胺（IPDA）、二氨基二环己基甲烷（PACM）、三甲基己二胺、二甲基二氨基二环己基甲烷（DMDC）等。

IPDA

三甲基己二胺

PACM

DMDC

IPDA 作为一种脂环族二元胺，两个氨基的活性不同，是一种特殊结构的二胺化合物。

工业品有顺式和反式两种异构体。扩链速度缓和，对模量及粒径影响小，是最常使用的二胺产品。其扩链反应如下：

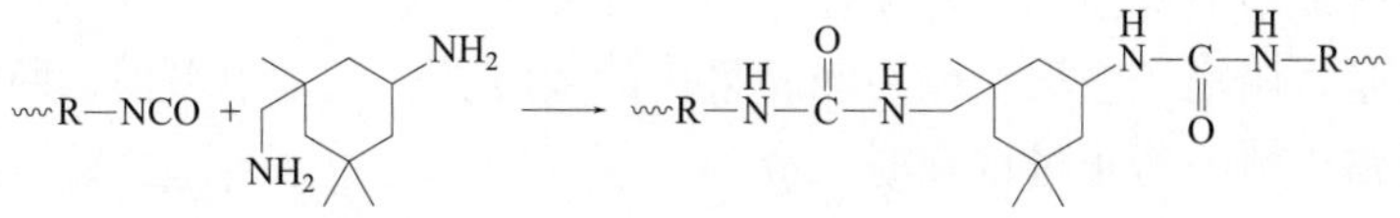

四、中和剂

大部分水性聚氨酯是以中和成盐的形式获得亲水性。中和剂（成盐剂）是一种能和羧基、磺酸基、叔氨基等基团反应生成聚合物盐，或者生成离子基团的化合物。理论上，具有一定强度的酸、碱性物质都可以用作中和剂，但是不同中和剂对产物的性能有很大影响，主要是影响产物的邵氏硬度、黏度、色泽等。选择的主要原则是使树脂稳定性好，变色性小，外观好，经济易得。

1. 阴离子型聚氨酯中和剂

阴离子型聚氨酯链段中带有羧基、磺酸基等，需要进行离子化后才能具备亲水性能。常用的中和剂有三乙胺（TEA）、N-甲基二乙醇胺（MDEA）、三乙醇胺、氨水、氢氧化钠等。该中和反应的基本机理是亲核取代反应，其作用方式：

他们的结构与成分不同，对中和效果及乳液的影响也不同。使用氨水、氢氧化钠等中和，中和后乳液粒径较大，稳定性较差，目前广泛应用的是叔胺类的 TEA 和 MDEA。

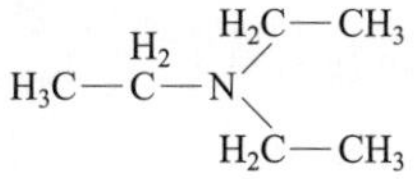

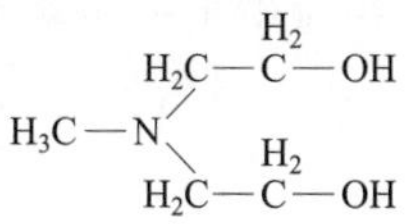

三乙胺为无色或淡黄色透明液体，分子式 $C_6H_{15}N$，分子量 101.2。三乙胺只微溶于水，因此通常用于预聚体法中，在分散前与预聚体结合成盐，再进行乳化分散。甲基二乙醇胺为无色或微黄色黏性液体，分子式 $C_5H_{13}O_2N$，分子量 119.16。甲基二乙醇胺易溶于水，因此常用于丙酮法，即提前加入水中，在乳液分散过程中结合成盐。

叔胺与预聚体结合后形成强亲水的铵盐，乳液粒径小而均匀，稳定性高，性能远优于无机胺类。TEA 挥发性强，在聚氨酯乳液成膜过程中会随着水分挥发而挥发，留下较少的—COO⁻，提高了膜的耐水性。MDEA 除了形成铵盐外，两个羟基也有一定的亲水作用，因此中和效果很好，但干膜耐水性要略逊于 TEA。

2. 阳离子型聚氨酯中和剂

阳离子型水性聚氨酯基本都是在分子链上引入叔胺，因此能与叔胺发生季铵化反应的试剂都可作为其中和剂。该季铵化反应基本机理为酸碱中和，常用的中和剂有氢卤酸和有机卤化物，如冰醋酸、盐酸、CH_3I、环氧氯丙烷等。

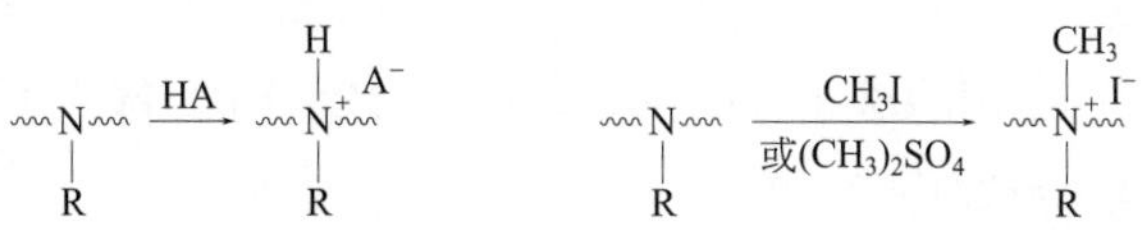

五、催化剂

水性聚氨酯合成中通常使用有机铋催化剂，参看第三章。

需要注意的是，阴离子型聚氨酯中和时采用的叔胺类，既是中和剂，同时也具有催化作用，因此使用时需谨慎，防止过度交联反应。

六、溶剂

在水性聚氨酯合成中，随着反应进行预聚体分子链不断增长，黏度也不断增大。如果黏度增大到一定程度，工艺操作会很难进行，因此要加入一定溶剂来调节黏度。溶剂选用时要考虑溶剂的溶解力、极性、纯度、基团结构、挥发速率等各种因素。

1. 丙酮

丙酮（acetone），又名二甲基酮，结构为 CH_3COCH_3，是最简单的饱和酮。丙酮是一种无色透明液体，有特殊的辛辣香味，易溶于水和甲醇、乙醇、乙醚、氯仿、吡啶等有机溶剂。

聚合体系中加入丙酮的目的主要是降低体系黏度，保证反应的正常进行，提高乳化效率和分散效果。丙酮的加入量视体系黏度而定，预聚体黏度低可以不加丙酮，黏度高则需要加入较多丙酮降黏。采用丙酮法，一般在乳液分散后要进行负压脱除丙酮；预聚体法由于丙酮量很少，一般不进行脱除。

丙酮沸点 56.1℃，易燃易挥发，因此必须控制加入时的温度和加入速度。丙酮易挥发，因此基本是在聚合反应结束，体系降温后黏度增加时加入。通常聚合釜要有冷凝回流装置，乳液分散后再进行负压脱除丙酮。

丙酮的毒性主要体现在对中枢神经系统的抑制、麻醉作用，高浓度接触时，个别人可能出现肝、肾和胰腺的损害。由于其毒性低，代谢解毒快，生产条件下急性中毒的情况较为少见。

2. N-甲基吡咯烷酮

N-甲基吡咯烷酮（N-methyl-2-pyrrolidone），简称 NMP。沸点 203℃，挥发性低，在聚合反应中作为高沸点溶剂使用。结构式：

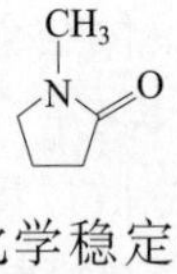

NMP 为无色透明液体，稍有氨味，化学稳定性和热稳定性好，对碳钢、铝不腐蚀，对铜稍有腐蚀性。毒性低，不易燃。能与水、醇、醚、酯、酮、卤代烃、芳烃互溶，沸点高，溶解力出众。

NMP 是一种极性非质子传递溶剂，用于聚合物的溶剂，在高温聚合时加入 NMP 可有效降低体系黏度。NMP 还是聚合反应的介质，用于非均相反应，溶解 DMPA、DMBA 等固体亲水扩链剂，促进反应平稳充分进行。

NMP 是一种对生育能力有害的物质，目前对其使用已经有严格限制。欧盟以及美国对环境 NMP 浓度做出 $10\mu L/L$ 限制，日本做出 $1\mu L/L$ 限制。

3. N-乙基吡咯烷酮

N-乙基吡咯烷酮（N-Ethyl-2-azapentanone），简称 NEP。沸点 $82\sim83℃$，在聚合反应中作为中沸点溶剂使用。结构式：

$$\text{CH}_2\text{CH}_3$$

NEP 是一种弱碱性无色透明的液体。具有高化学稳定性、高溶解能力、低蒸气压及低介电常数。是一种强极性的有机溶剂，可与水和一般有机溶剂以任意比例互溶。不会形成氢键，属于极性非质子传递溶剂。NEP 可以取代其他稳定性差、蒸气压高毒性大的溶剂，被称为无毒超溶剂，是理想的 NMP 替代品。

第三节 水性聚氨酯聚合反应过程

水性聚氨酯合成方法很多，目前基本以自乳化型为主。自乳化型合成工艺比较复杂，其制备过程通常包括低分子量预聚体的合成、扩链反应、交联反应、中和、乳液分散、后扩链反应等。

一、低分子量预聚体的合成

低分子量预聚体通常是用过量二异氰酸酯与二元醇进行聚合反应，根据需要制得不同分子量和不同黏度的预聚体。因异氰酸酯基过量，因此得到的是端异氰酸酯基的预聚体。二异氰酸酯与二元醇之间的反应为二级反应，产物取决于原料组分间的摩尔比。R 值（NCO/OH）的大小决定了预聚体的组成、分子量大小及端基的结构，从理论上有如下规律：

① $1<R<2$，分子扩链，有重复链段，端基为—NCO。理论上该结构是异氰酸酯与二元醇间隔排列的规整结构，链段中有重复的氨基甲酸酯基团。但是随着反应的进行，分子量急剧增大，黏度、位阻、浓度、反应活性等因素使后期反应进行越来越困难，分子结构的差异性及不均匀性加大。

$$\text{OCN—R—NCO} + \text{HO—R'—OH} \xrightarrow{1<R<2} \text{OCN} \sim \text{R} \underbrace{ \begin{array}{c} \text{H} \ \ \overset{O}{\overset{\|}{C}} \ \ \ \ \ \ \ \ \ \ \overset{O}{\overset{\|}{C}} \ \ \text{H} \\ \text{N—C—O—R'—O—C—N} \end{array} }_{\text{重复链段}} \text{R} \sim \text{NCO}$$

② $R=2$，分子不扩链，无重复链段，端基为—NCO。理论上该反应是一个单一结构的大分子，即每个二元醇分子与两个二异氰酸酯反应。实际上由于体系中的微量水分消耗了较多的异氰酸酯，因此体系中会有少量扩链反应存在。

$$\text{OCN—R—NCO} + \text{HO—R'—OH} \xrightarrow{R=2} \text{OCN} \sim \text{R—N—C—O—R'—O—C—N—R} \sim \text{NCO}$$

③ $R>2$，分子不扩链，端基为—NCO，存在未反应的游离异氰酸酯基。该反应形成的基本上为单一的大分子，即一个二元醇两端各反应一个异氰酸酯基，并存在部分游离的异氰酸酯基，游离部分在后期扩链时参与反应。

$$\text{OCN—R—NCO} + \text{HO—R'—OH} \xrightarrow{R>2} \text{OCN} \sim \text{R—N—C—O—R'—O—C—N—R} \sim \text{NCO} + \text{OCN—R—NCO}$$

通过 R 值的控制可以控制加聚反应，制得所要求的末端基团的及按统计学规律分布的一定平均分子量的预聚体。

R 值的选择除了要保证反应的顺利进行，还要考虑亲水扩链剂的引入量。R 值过低则预聚体分子量大，后期扩链时由于黏度限制无法保证引入足够的亲水基团，分子量过大而亲水性过低则无法形成稳定的乳液。R 值过高会存在较多的游离异氰酸酯，扩链时虽可引入较多的亲水基，但也会形成过大的硬链段、不规则的软硬段排列及过多侧基，影响成膜的性能。最常采用的比例是 R 值略大于 2，减少异氰酸酯量，通过二元醇的分子量大小调节软硬段比例及含量，使体系中只存在少量未反应的游离异氰酸酯基。

预聚体法可以保证多元醇与异氰酸酯的预聚反应平稳彻底进行，包括各种不同反应活性的多元醇，如聚酯聚醚二元醇共混反应时，低反应活性的聚醚多元醇也能完全反应。通过控制 R 值和投料反应顺序，还可以有目的地制备某一种特殊链节结构。

如果预聚体分子大小相对均匀，分子链上软硬段分布规律，再与扩链剂反应时，就比较容易形成大分子的有规律排列，避免出现连续的不规律的软段或硬段，有利于形成粒径均一的乳液粒子，也有利于后期的交联反应及氢键的形成。

二、中高分子量预聚体的合成

中高分子量预聚体是在低分子量预聚体的基础上进行扩链反应得到。扩链反应是小分子预聚物通过末端异氰酸酯活性基团与羟基或氨基进行反应，生成中高分子量的预聚体，通常在扩链的同时将亲水基团引入到分子结构中。预聚体是低分子量聚合物，必须经过扩链或成高分子聚合物才具有优异的物理机械性能。常用小分子二元醇或亲水性二元醇（胺）等活泼氢化合物扩链，分为普通扩链与亲水扩链两类。

普通扩链通常以小分子二元醇类（EG、BG 等）为扩链剂，两个羟基与不同异氰酸酯基反应，形成重复的氨基甲酸酯，实现聚氨酯分子的增长。扩链后的产物取决于异氰酸酯基团和羟基两者摩尔量的比值 R，R 值决定了扩链反应的发生与否及反应进行程度。反应过程如下所示：

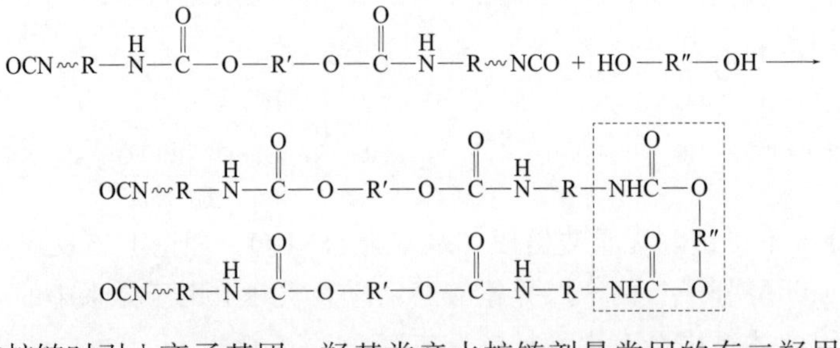

亲水扩链是在扩链时引入离子基团，羟基类亲水扩链剂最常用的有二羟甲基丙酸（DMPA）和二羟甲基丁酸（DMBA）。扩链剂中的两个羟基用于预聚体的扩链反应，与普通小分子二醇一样，生成氨基甲酸酯基，实现分子链增长。引入的羧基用于离子化，在扩链的同时实现聚氨酯的亲水性。扩链过程中引入的羧基的量直接影响预聚体在水中的分散稳定性及乳液粒径大小。反应过程如下所示：

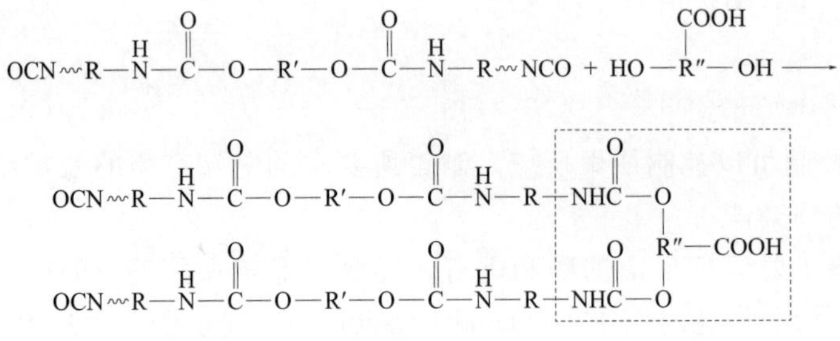

氨基类亲水扩链剂最常用的有乙二氨基乙磺酸钠，含有两个氨基和一个磺酸盐。伯氨基与仲氨基用于预聚体的扩链反应，与不同的异氰酸酯基反应生成脲基，实现分子链增长。氨基的反应速率快，因此一般要降温使用，同时要加入较多的溶剂，控制其反应速率及黏度的增长，常用于丙酮法生产。扩链的同时引入磺酸钠盐用于离子化，因已经成盐，因此无须中和即可实现聚氨酯的亲水性。反应过程如下所示：

$$OCN\sim R\sim NCO + H_2N—H_2CH_2C—\overset{H}{N}—CH_2CH_2—SO_3Na \longrightarrow OCN\sim R\sim \overset{H}{\underset{H}{N}}\overset{O}{\overset{\|}{C}}—\overset{H}{N}—CH_2CH_2—\overset{}{\underset{CH_2CH_2—SO_3Na}{N}}\overset{O}{\overset{\|}{C}}\overset{H}{\underset{H}{N}}R\sim NCO$$

乙二氨基乙磺酸钠

阳离子水性聚氨酯的扩链通常是通过叔胺化合物引入阳离子亲水基，如 N-甲基二乙醇胺（MDEA）、N-乙基二乙醇胺（E-EDEA）等。利用小分子中的两个羟基与异氰酸酯反应实现扩链，同时引入叔氨基，离子化后实现亲水。叔胺化合物自身既参与反应，同时也是聚氨酯反应的催化剂，因此在扩链时需要控制反应条件，避免剧烈反应产生凝胶。

$$OCN\sim R—\overset{H}{N}\overset{O}{\overset{\|}{C}}—O—R'—O—\overset{O}{\overset{\|}{C}}\overset{H}{N}—R\sim NCO + HO—H_2CH_2C—\overset{R''}{N}—CH_2CH_2—OH \longrightarrow$$

$$OCN\sim R—\overset{H}{N}\overset{O}{\overset{\|}{C}}—O—R'—O—\overset{O}{\overset{\|}{C}}\overset{H}{N}—R—NHC—O—CH_2CH_2$$
$$OCN\sim R—\overset{H}{N}\overset{O}{\overset{\|}{C}}—O—R'—O—\overset{O}{\overset{\|}{C}}\overset{H}{N}—R—NHC—O—\overset{R''—N}{\underset{CH_2CH_2}{}}$$

实际生产中的扩链过程非常复杂，需要考虑低分子量预聚体的组分、端异氰酸酯的反应活性、扩链剂种类、自身的溶解性和反应活性、反应基团浓度变化、副反应等诸多因素。

扩链剂有可能先与游离的异氰酸酯反应，甚至生成具有连续亲水基的长硬段链节。另外，低分子量预聚体反应由于 R 值设定差别，自身存在分子分布不均等因素，扩链反应又增加了其分布的复杂性，导致软段与硬段的比例、排列方式、连接点不同，因此经过扩链后分子结构也非常复杂，性能也会发生变化。

不同扩链剂的扩链效果相差很大。DMPA 为高熔点固体粉末，其溶于反应体系的速度比较缓慢，扩链时分子量和黏度增长缓慢，但乳液粒子及分子量分布较窄。二胺磺酸盐为溶液，反应速率和黏度增长都很快，但存在伯胺与仲胺反应速率不同的问题，并且会带入一定的水进入预聚体，存在异氰酸酯与水的副反应。

扩链反应虽然复杂，但其基本分子结构可用下式表示：

$$OCN—R—\overset{H}{N}\overset{}{\underset{O}{\overset{\|}{C}}}—O—\boxed{X}—O—\left[\left(\overset{}{\underset{O}{\overset{\|}{C}}}\overset{H}{N}—R—\overset{H}{N}\overset{}{\underset{O}{\overset{\|}{C}}}—O—R'—O\right)_a\left(\overset{}{\underset{O}{\overset{\|}{C}}}\overset{H}{N}—R—\overset{H}{N}\overset{}{\underset{O}{\overset{\|}{C}}}—O—R''—O\right)_b\right]_n H$$

其中，R 为异氰酸酯除 NCO 基外的部分；R' 为多醇中除 OH 基外的部分；R″ 为扩链剂中除 OH 基外的部分；X 为 R' 或者 R″。

扩链剂与异氰酸酯共同构成分子中的硬段结构。亲水扩链剂一般具有新戊结构，这种立体构造面会影响硬段的规整性，从而大幅度降低硬段的凝集力与结晶性。扩链剂的分子量越小，硬链段的凝集力就越强，反之则变弱。扩链剂并列使用，或两个羟基的反应性不相等，也会导致凝集力下降，尤其是凝集速度有着显著的下降。

亲水扩链剂一般与预聚体的相容性较差，加入后通过溶剂等作用逐渐溶入体系中，保证反应的平稳进行，以利于形成硬链段与硬链段、软链段与软链段间较为有序的排列，并使大分子间具有较大的相互作用和微相分离程度。

三、交联反应

交联反应是线型分子链之间进行的化学反应，可视为一种特殊的扩链反应。通过交联剂与主链上反应基团的作用，在分子链之间形成共价键，使线型聚合物转变为体型网状结构高聚物。

交联后产物的性能取决于交联前分子链的长短、交联后交联点的数量与距离、交联基团的性质等因素。通过调整这些因素，可以改善交联后产物的物理机械性能。预聚体合成时的交联反应通常称为内交联，最常使用的是小分子多元醇交联，另外在反应中还存在过量异氰酸酯引起的交联反应，以及聚合物链段之间的氢键交联。

（1）小分子多元醇交联

小分子多元醇如三元醇、四元醇等均可作为交联剂，常用的有三羟甲基丙烷、甘油、季戊四醇、三元醇与氧化丙烯的加合物等。在加热的情况下，反应生成氨基甲酸酯基的支化键而达到交联的目的。以三元醇为例，它的三个羟基均可与预聚体中的—NCO反应，以三个氨基甲酸酯键与不同预聚体分子形成连接，基本反应式如下：

$$3\ OCN-R'-NCO\ +\ HO-R-OH \xrightarrow{加热}$$

预聚体　　　　　三元醇交联剂

交联预聚体

以上交联预聚体的端NCO基仍可与其他二醇或三醇等进一步反应，形成更大的体型交联结构。交联结构属于热固型，在合成过程中一般需要控制交联度，避免过度交联而出现分子量与黏度过大，从而影响聚合反应的进行以及在水中的分散稳定性。通常经过适度交联的预聚体在乳化时疏水链段由伸展状态变为卷曲状态，并相互接近形成疏水体，交联状态也限制了分子链的自由运动，因此经过交联的聚氨酯乳液粒径要大于未交联的。

理论上交联反应可提高树脂的力学性能，但在实践过程中经常出现加入少量交联剂（如TMP）后，成品力学性能反而下降的现象。这主要是因为聚氨酯的力学性能大部分来自于聚氨酯分子间的氢键作用，交联作用的体型结构限制了分子运动，影响了氢键的形成，其交联反应（一级交联）带来的加强作用要弱于对氢键形成（二级交联）的影响。随着交联剂加入量的增加，一级交联作用占主导，力学性能随加入量的增加而提高。

（2）过量异氰酸酯的交联反应

水性聚氨酯的预聚体为端异氰酸酯基，因此预聚时需加入过量的二异氰酸酯，剩余的游离异氰酸酯在加热状态下与体系中的脲基、氨基甲酸酯基、酰氨基等基团上的活泼氢反应，分别生成缩二脲基、脲基甲酸酯基和酰脲基，当反应发生在不同分子间时就形成了一定的交联。

过量异氰酸酯基与氨基甲酸酯基进行支化反应，该反应通常需要在高温和催化条件下进行。

反应式：

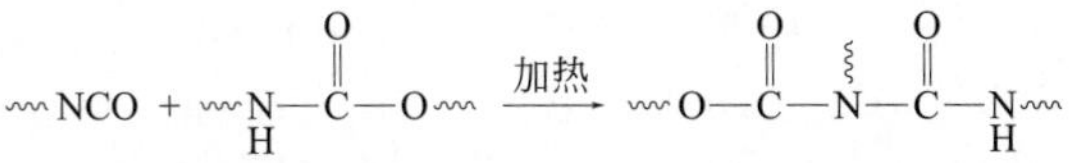

氨基甲酸酯基 　　　　　脲基甲酸酯基

过量异氰酸酯基与脲基反应生成二缩脲，比上述支化反应更易进行。反应式如下：

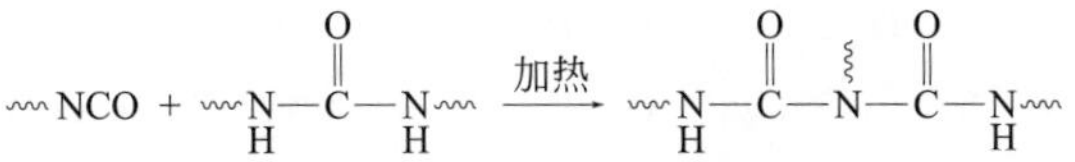

脲基 　　　　　　　　缩二脲基

以上反应为预聚时的副反应，过量的异氰酸酯存在可借这些副反应产生支链，甚至形成部分体型结构。但上述交联反应活性较小，一般只有在加热和催化条件下才能发生。

（3）氢键交联

聚氨酯分子链中含有很多脲基、缩二脲基及氨基甲酸酯基，其中羰基上的氧原子由于有活泼的未共享电子对存在，很容易与分子链上半径很小又没有内层电子的氢原子接近，它们之间以一种很强的静电力相互吸引，形成氢键。

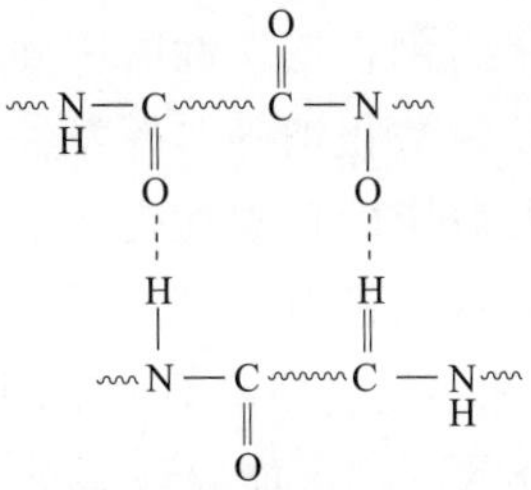

硬段-硬段 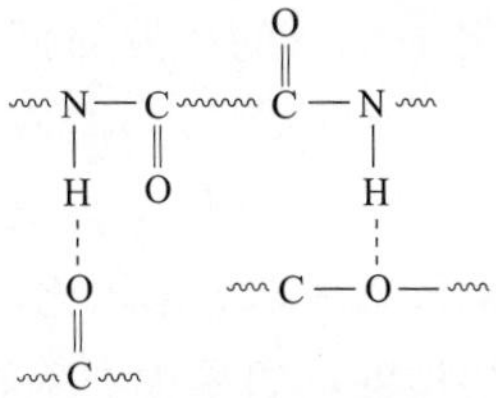 　　　　　　　　硬段-软段

氢键多存在于硬段之间，少量存在于软段中。聚氨酯中亚氨基（NH）能与多种基团形成氢键，其中大部分是亚氨基与硬段中的羰基形成的，小部分是亚氨基与软段中的醚氧基或酯羰基形成的。

与分子内化学键的键合力相比，氢键能起到物理交联作用，极性链段的紧密排列促使了氢键的形成，其能量比分子间作用力大，仅次于共价键，所以氢键交联又称为二级交联。随着温度的升高或降低，这种交联结构具有可逆性。

四、中和反应

扩链反应时在链段中引入了羧基、叔胺等基团，但需要离子化后才能具备很好的亲水性。中和反应就是通过引入三乙胺、冰醋酸等离子化试剂，与预聚体上所带的基团反应成盐，达到分散时自乳化的目的。

阴离子型三乙胺中和羧基的反应如下：

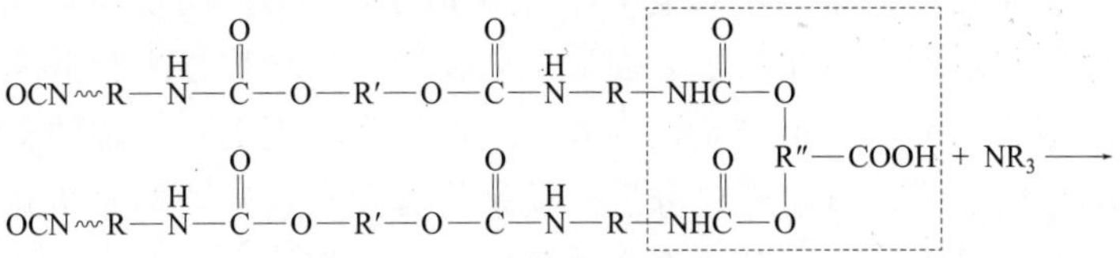

OCN~R—N(H)—C(=O)—O—R'—O—C(=O)—N(H)—R—NHC(=O)—O—R"—COO⁻NHR₃⁺

OCN~R—N(H)—C(=O)—O—R'—O—C(=O)—N(H)—R—NHC(=O)—O

$$\text{OCN} \sim \text{R} - \text{N(H)} - \text{C(=O)} - \text{O} - \text{R}' - \text{O} - \text{C(=O)} - \text{N(H)} - \text{R} - \text{NHC(=O)} - \text{O} - \text{R}'' - \text{COO}^- \text{NHR}_3^+$$

阳离子型冰醋酸中和叔胺的反应如下：

$$\begin{array}{l}
\text{OCN} \sim \text{R} - \text{NHC(=O)} - \text{O} - \text{R}' - \text{O} - \text{C(=O)} - \text{NH} - \text{R} - \text{NHC(=O)} - \text{O} - \text{CH}_2\text{CH}_2 \\
\qquad\qquad\qquad\qquad\qquad\qquad\qquad\qquad\qquad R'' - \text{N} \xrightarrow{\ \text{HA}\ } \\
\text{OCN} \sim \text{R} - \text{NHC(=O)} - \text{O} - \text{R}' - \text{O} - \text{C(=O)} - \text{NH} - \text{R} - \text{NHC(=O)} - \text{O} - \text{CH}_2\text{CH}_2
\end{array}$$

$$\begin{array}{l}
\text{OCN} \sim \text{R} - \text{C(=O)} - \text{O} - \text{R}' - \text{O} - \text{C(=O)} - \text{NH} - \text{R} - \text{NHC(=O)} - \text{O} - \text{CH}_2\text{CH}_2 \\
\qquad\qquad\qquad\qquad\qquad\qquad\qquad\qquad\qquad R'' - \text{N}^+ - \text{H} \quad \text{A}^- \\
\text{OCN} \sim \text{R} - \text{C(=O)} - \text{O} - \text{R}' - \text{O} - \text{C(=O)} - \text{NH} - \text{R} - \text{NHC(=O)} - \text{O} - \text{CH}_2\text{CH}_2
\end{array}$$

中和效果主要受两方面因素的影响。

首先是中和剂的选择，以阴离子型水性聚氨酯为例，挥发性的中和剂，如氨水、三乙胺等，在成膜过程中会随着水分的挥发而挥发，相比氢氧化钠等非挥发性的中和剂，挥发性的中和剂会造成胶膜的体系中残留较多的羧酸盐，其胶膜的耐水性也明显较差。

其次是中和效果，在乳化过程中，没有被中和成盐的基团亲水性较差，在水中不易被分散。中和剂的用量通常与亲水基等摩尔比，如果中和不足会导致部分基团无法离子化，亲水性降低。预聚体有一定的黏度，如果中和剂在其中分散不均可能导致部分基团无法形成有效中和，也会降低亲水性，分散后出现粒径变大及不均现象。在实际生产中，中和剂在95%～105%之间波动对乳液的影响不大，有时也会通过调整中和度进而调整乳液粒径，但这会对稳定性影响较大，因此调整幅度不宜过大。

另外，中和方式对乳液也有一定的影响。以三乙胺为例，可以在预聚结束后在釜内中和，然后再分散；也可以将三乙胺加入水中，预聚体在水中与三乙胺进行成盐。但通常后者的粒径比前者要略大，主要是因为羧基未成盐时水溶性差，与三乙胺结合需要一定时间，尤其是分散后期游离三乙胺浓度降低，结合速度更慢。

五、乳液分散

目前水性聚氨酯的合成基本以离子型自乳化法为主，链段中含有亲水成分，无须乳化剂即可形成稳定的乳液。自乳化分散是在机械剪切作用下，将含有亲水链段的预聚体均匀地分散到载体水中，形成具有一定粒径的稳定的水分散液。

理想的乳化状态是聚氨酯大分子链上的疏水部分卷曲聚集在粒子中心，亲水基团分布在胶粒表面。界面上的离子结合体形成双电层，链节上的阴（阳）离子固定在胶粒表面，而离子则迁移到胶粒周围的水相中，在粒子表面形成电荷层，从而加强水分散体的稳定性。

预聚体法和丙酮法基本都采用自乳化方式，二者既有差别也有一定的交叉，通常分别采用直接分散法和倒相分散法。所谓直接分散法就是将含有亲水基的预聚体加入到水中，乳化得到乳液。倒相分散法是将水加入到预聚体体系中，经过相转变而形成乳液。

（1）直接分散法

预聚体法通常 NCO/OH 设定较高，预聚体反应结束后体系中的—NCO 含量高，因此体系的分子量与黏度相对较低，可根据需要加入少量或不加丙酮来降低黏度。因为体系黏度较低，便于剪切分散，因此通常采用预聚体入水分散的方法。

低黏度预聚体在剪切作用下，缓慢均匀的进入水中，由于自身的亲水性，可很快形成稳定的乳液，但如果黏度偏高则很容易出现乳化困难、粒径不均、稳定性差等问题。

分散后的乳液由于含有较多的异氰酸酯基，因此通常需要在水中进行后扩链反应，一般采用在低温下即可与异氰酸酯反应的胺类，如异氟尔酮二胺（IPDA）、乙二胺、水合肼等，反应会生成较多的脲基，最终得到的是"水性聚氨酯-脲"乳液。常规小分子脂肪族二胺（如乙二胺等）反应速率很快，容易出现局部暴聚现象，目前采用较多的是脂环族二胺，如IPDA，其反应速率较慢，且两个氨基的反应活性不同。

$$OCN\sim R-\overset{H}{N}-\overset{O}{\overset{\|}{C}}-O-R'-O-\overset{O}{\overset{\|}{C}}-\overset{H}{N}-R\sim NCO + H_2N-R''-NH_2 \longrightarrow$$

预聚体　　　　　　　　　　　　　　二胺

$$OCN\sim R-\overset{H}{N}-\overset{O}{\overset{\|}{C}}-O-R'-O-\overset{O}{\overset{\|}{C}}-\overset{H}{N}-R-\boxed{\begin{array}{c}NHC-NH \\ \overset{O}{\|} \quad R'' \\ NHC-NH\end{array}}$$

$$OCN\sim R-\overset{H}{N}-\overset{O}{\overset{\|}{C}}-O-R'-O-\overset{O}{\overset{\|}{C}}-\overset{H}{N}-R$$

氨基甲酸酯预聚体与二胺反应后，生成分子量更大的端异氰酸酯基聚合物，该聚合物可继续进行扩链反应。用于乳液中扩链反应的二胺可以是单一的扩链剂，如乙二胺、水合肼、异氟尔酮二胺等，也可以是带有亲水基团的二胺类，如 A95、A50 等。在后扩链过程中继续引入亲水基，可避免因分子量增大而引起乳液稳定性下降。如果胺过量，则无残留的异氰酸酯基；如果胺不足，残余的异氰酸酯基可与水进行最后的反应。但胺过量会导致分子量急剧增长，乳液稳定性变差，因此通常会控制异氰酸酯略微过剩，与水反应后自身缓慢形成稳定的乳液。

（2）倒相分散法

丙酮法中的预聚体在分散前经过较大的扩链（一般使用二胺磺酸盐），因此分子量与黏度较大，无法直接进行剪切分散。通常需要加入大量的低沸点溶剂来降低体系黏度，然后在强力搅拌状态下不断加入水进行分散，最后形成乳液。

在分散初期，少量水的加入不足以改变原来的溶解体系，而水分子与结构中的离子水合而使得离子对解缔合，使体系的黏度明显下降。随着水量的增加，形成的混合溶剂的溶解能力逐步下降，结构中的亲油链段会从溶剂中析出形成缔合，造成黏度上升。随着水的进一步加入，此时水为混合溶剂的主体，亲油链段完全析出，同时亲水链段形成的水溶性区域进一步稀释，由于亲水链段在亲油链段中分散，溶解有亲水链段的混合溶剂溶液相不可能无限稀释，最终亲水链段牵制在亲油相表面形成保护层，连续相被水与溶剂混合物取代，这个过程中体系黏度大幅度下降，最后达到平衡，分散乳液粒子形成。

由于丙酮法预聚体分子量大，因此乳液的膜力学性能好。溶剂的加入使体系浓度和黏度都得到降低，分散均匀。缺点是体系中带有大量丙酮、甲乙酮等溶剂，需要在后期进行负压脱除。丙酮法体系中的异氰酸酯基含量相对较低，分散后中残留的异氰酸酯基与乳液中的水进行复杂的反应，最后达到稳定状态。

$$OCN-R-NCO + H_2O \longrightarrow HOOC-\overset{H}{N}-R-\overset{H}{N}-COOH \longrightarrow H_2N-R-NH_2 + CO_2$$

端异氰酸酯预聚体　　　　　　氨基甲酸　　　　　　端氨基预聚体

$$OCN-R-NCO + H_2N-R-NH_2 \longrightarrow$$

预聚体　　　端氨基预聚体

$$OCN-R-\overset{H}{N}-\overset{O}{\overset{\|}{C}}-\overset{H}{N}-R-\overset{H}{N}-\overset{O}{\overset{\|}{C}}-\overset{H}{N}-R-NCO$$

$$H_2N-R-\overset{H}{N}-\overset{O}{\overset{\|}{C}}-\overset{H}{N}-R-\overset{H}{N}-\overset{O}{\overset{\|}{C}}-\overset{H}{N}-R-NH_2$$

$$H_2N-R-\overset{H}{N}-\overset{O}{\overset{\|}{C}}-\overset{H}{N}-R-\overset{H}{N}-\overset{O}{\overset{\|}{C}}-\overset{H}{N}-R-NCO$$

$$HOOC-\overset{H}{N}-R-\overset{H}{N}-COOH + H_2N-R-NH_2 \longrightarrow HOOC-\overset{H}{N}-R-\overset{H}{N}-COO^-H_3^+N-R-NH_2$$

氨基甲酸　　　　　端氨基预聚体

$$HOOC-\overset{H}{N}-R-\overset{H}{N}-COOH + OCN-R-NCO \longrightarrow HOOC-\overset{H}{N}-R-\overset{H}{N}-\overset{O}{\overset{\|}{C}}-\overset{H}{N}-R-NCO + CO_2$$

氨基甲酸　　　　　端异氰酸酯预聚体

　　在乳化过程中还可以利用醇胺类化合物对端异氰酸酯基预聚体进行封端反应。氨基反应活性高，优先与端异氰酸酯基反应，分子链停止增长，从而得到端羟基水分散乳液。一般用于双组分水性聚氨酯中的羟基化合物组分，可进一步与异氰酸酯交联剂进行在线反应。

$$OCN\sim\sim\sim NCO + H_2N-CH_2CH_2-OH \longrightarrow$$

$$\underset{COO^-N^+HR_3}{}$$

$$HO-H_2CH_2C-\overset{H}{N}-\overset{O}{\overset{\|}{C}}-\overset{H}{N}\sim\sim\sim\overset{H}{N}-\overset{O}{\overset{\|}{C}}-\overset{H}{N}-CH_2CH_2-OH$$

$$\underset{COO^-N^+HR_3}{}$$

第四节　水性聚氨酯合成工艺

一、基本工艺

　　水性聚氨酯合成方法与分类方法很多，从合成工艺上大致可分为两个部分：预聚体合成与乳液分散。

　　① 端异氰酸酯基预聚体的合成。预聚体合成过程中，首先是二元醇与过量二异氰酸酯反应，生成端异氰酸酯基低分子量预聚体。然后低分子量预聚体与小分子二醇或二胺进行扩链反应，通常采用亲水扩链剂。扩链的同时在结构中引入离子基团或亲水链段，扩链后生成中高分子量的预聚体。最后将预聚体进行离子化中和。

　　② 预聚体在水中形成乳液。预聚体在剪切作用下分散于水中。由于分子自身带有亲水基团，可自乳化形成粒径稳定的分散液。由于预聚体为端异氰酸酯基，因此可与胺类进行后扩链反应，也可与水反应生成脲基，达到后扩链的目的。其反应速率主要受异氰酸酯种类的影响。

　　自乳化制备水性聚氨酯的方法很多，包括预聚体法、溶剂法、熔融分散缩聚法、酮亚胺和酮连氮法等，其中最常用的是预聚体法及丙酮法。

预聚体法是先制备含有亲水成分的中低分子量预聚体，在水中乳化的同时进行扩链而得到乳液。主要技术特点：

① 预聚体分子量较小，黏度较低，可少用或不用溶剂。

② 聚合反应时直接使用亲水扩链剂引入亲水基，常用羧酸基。

③ 采用直接分散法，乳液分散与后扩链反应同时进行。

④ 分子结构复杂，支化结构及脲基较多。

丙酮法是预聚体在惰性溶剂中先进行扩链反应，生成中高分子量预聚体，乳化后再脱除溶剂。主要技术特点：

① 预聚体分子量高，反应时黏度大需溶剂稀释，乳化后需脱除溶剂。

② 聚合反应引入亲水基，常用磺酸基与羧酸基。

③ 采用倒相分散法，乳液分散后，仍会有少量预聚体与水反应。

④ 线型分子结构更多，平均分子量更大。

二、阴离子水性聚氨酯

阴离子水性聚氨酯是目前产量最大的品种，用途广泛，通常是在聚合物链段中引入羧基或磺酸盐，自乳化后形成分散体系。

1. 羧酸型预聚体法合成工艺（两步法）

羧酸型预聚体法通常采用两步法工艺，先使异氰酸酯与多元醇反应生成低分子预聚体，再与扩链剂进行反应生成大分子量预聚体，中和后逐步加入水中进行分散。基本反应式及反应过程如下：

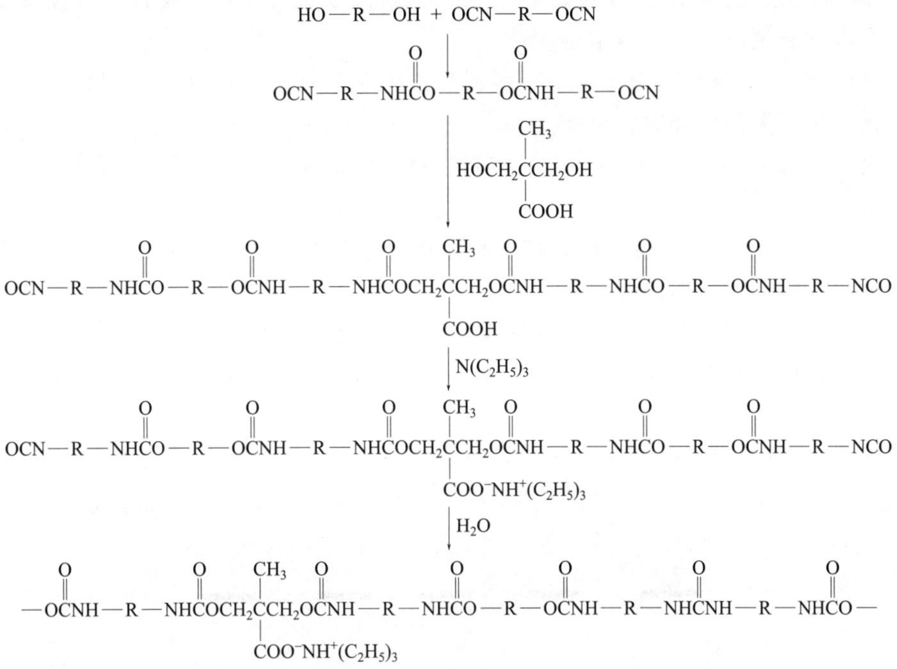

工业化两步法生产合成的温度-时间曲线如图 5-6 所示，预聚体反应和扩链反应分步进行，合成过程用到的原料如表 5-2 所示。

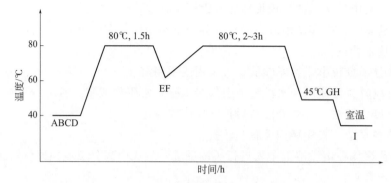

图 5-6　两步法合成温度-时间曲线

表 5-3　合成工艺投料表

序号	原料名称	序号	原料名称	序号	原料名称
A	多元醇 A	D	催化剂	G	TEA
B	多元醇 B	E	DMPA	H	丙酮
C	异氰酸酯	F	助溶剂	I	后扩链剂

① 投料。常温下依次将各种多元醇通过真空吸料装置加入到反应釜中，搅拌均匀。降温至 40℃，加入计量的异氰酸酯。然后加入催化剂，可先加入 IPDI 类脂肪族，在反应半小时后加入 TDI 等芳香型，以避免反应过快，体系升温过高。反应过程氮气氛围保护。

② 聚合。升温至 75～85℃，多元醇与异氰酸酯恒温反应 1～1.5h，注意釜内温度变化，避免温度过高。这个过程预聚体黏度会小幅增长并达到一个稳定值。

③ 扩链。预聚体降温至 60℃，加入扩链剂 DMPA（DMBA），加入少量助溶剂如 NMP 或 NEP，提高扩链剂溶解度。升温到 75～85℃，持续反应 2～3h，观察釜内预聚体黏度变化，根据黏度增长情况补充少量溶剂。

④ 中和。预聚体降温至 50℃ 左右，缓慢加入中和剂并充分搅拌，根据黏度变化及搅拌状态可加入少量丙酮稀释降黏。

⑤ 分散。预聚体降温至 40～45℃，控制放料速度，在剪切搅拌下逐渐将预聚体排入水中，分散成乳液。

⑥ 后扩链。乳液分散结束，形成基本稳定的分散液后，根据需要在搅拌状态下缓慢加入已稀释的后扩链剂。常温静置熟化。

两步法合成工艺中，多元醇与异氰酸酯首先进行反应，由于体系中—NCO 过量，因此反应生成的预聚体为轻度扩链或不扩链的端—NCO 结构，分子量不太大，分子结构为规律的软硬段相间。

预聚体的反应程度由异氰酸酯与多元醇的 R 值决定。如果—NCO 过量较少，形成的"异氰酸酯-多醇"链节比较长，则预聚体分子量就比较大。超过 2 的话，理论上就不扩链了，每个多醇分子两端连接一个端异氰酸酯，还存在游离状态的—NCO。

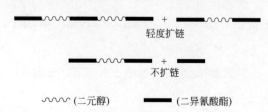

后期加入亲水扩链剂，端基 NCO 反应形成高聚物。从理论上说，扩链剂加入后，首先把两个预聚体分子连接起来，形成端 NCO 基的较大的分子。然后继续把较大分子连接起来，形成更大的分子，直到形成所需的分子量。

对于原轻度扩链的，经过亲水扩链后基本结构如下：

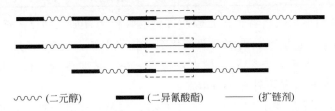

∿∿∿ (二元醇)　━━ (二异氰酸酯)　── (扩链剂)

对于原不扩链的，经过亲水扩链后基本结构如下：

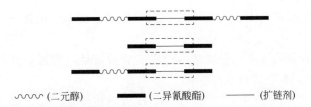

∿∿∿ (二元醇)　━━ (二异氰酸酯)　── (扩链剂)

引入的扩链剂可以是 DMPA 这种亲水扩链剂，也可以是普通小分子二醇。DMPA 可单独使用，也可结合使用，用量与比例视产品要求和乳液稳定性而定。

链段中的硬段有两类，一种是异氰酸酯独自形成的，来自与多元醇的结合；另一种是异氰酸酯与小分子扩链剂共同形成的，来自扩链反应，而且可能形成较长的连续硬段。在同等 R 时，即结合浓度相同时，多醇与扩链剂所提供的羟基比例直接影响到反应物的结构与性能。

两步法反应过程中，首先是异氰酸酯与多元醇交替连接形成一定长度链段的低聚物，端基的 NCO 基团反应活性降低，因此加入 DMPA 后扩链速度慢，羧基均匀地分布在分子链上，易与水结合得到较大的水合半径和流体力学体积，使得乳化完全，粒径较小且分布较窄。

两步法合成的树脂分子规整度高，基团分布均匀。因此胶膜的分子间作用力均衡，易形成氢键结合，在力学性能如拉伸强度、断裂伸长率要优于一步法。成膜时的流平性好，堆积紧密，耐水性也高于一步法。缺点是反应时间长，生产成本高。

2. 羧酸型预聚体法合成工艺（一步法）

羧酸型预聚体法合成还可采用一步法工艺，即异氰酸酯、多元醇及扩链剂同时加料反应，一次性生成预聚体，再中和分散。合成的温度-时间如图 5-7 所示，合成过程用到的原料如表 5-3 所示，反应过程如下：

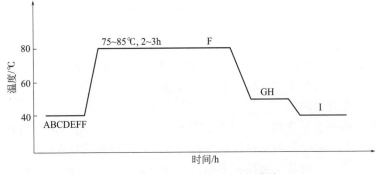

图 5-7　一步法合成温度-时间曲线

表 5-3　合成工艺投料表

序号	原料名称	序号	原料名称	序号	原料名称
A	多元醇 A	D	催化剂	G	TEA
B	多元醇 B	E	DMPA	H	丙酮
C	异氰酸酯	F	助溶剂	I	后扩链剂

① 投料。在常温下依次将各种多元醇通过真空吸料装置加入到反应釜中，降温至 40℃，加入计量的异氰酸酯、扩链剂、助溶剂及催化剂。氮气保护，搅拌均匀。

② 扩链聚合。升温至 75～85℃，恒温反应 2～3h。黏度逐步增长，最后达到一个相对稳定值，根据黏度增长情况可补充少量溶剂。

③ 中和。预聚体降温至 50℃左右，缓慢加入中和剂并充分搅拌，根据黏度变化及搅拌状态可加入少量丙酮稀释降黏。

④ 分散。预聚体降温至 40～45℃，控制放料速度，在剪切搅拌下逐渐将预聚体排入水中，分散成乳液。

⑤ 后扩链。乳液分散结束，形成基本稳定的分散液后，根据需要在搅拌状态下缓慢加入已稀释的后扩链剂。常温静置反应熟化。

在反应设计上，一步法通常将—NCO/—OH 设定在 $1<R<2$，即 NCO 过量。多元醇、扩链剂同时与异氰酸酯反应，即预聚与扩链同步进行。从理论上来说，对于异氰酸酯，一个—NCO 与—OH 反应生成氨基甲酸酯基团后，另一个—NCO 的反应活性就下降，因此反应初期应是大量的一个端羟基和一个端—NCO 的分子，即：

随着反应的进行，其端羟基和端 NCO 基可以互相反应，形成的结构也复杂很多，这与各自的反应活性、分子量大小及多醇与扩链剂的比例有很大关系。

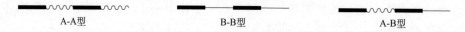

以上三种类型再继续混合反应，可生成更多的链段种类。既可以生成类似两步法预聚体型的结构，如 A-A 型与 A-B 型结合；也可以生成连续的硬段结构，如 B-B 型与 B-B 型反应。

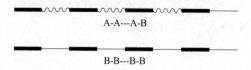

一步法中 DMPA 和多元醇在与异氰酸酯基反应时存在竞争，通常 DMPA 的羟基反应活性要高于多元醇的羟基，因此含亲水基的 DMPA 优先与异氰酸酯反应，接入的效率高，但可能产生较多的连续硬段的无序连接，导致亲水基在分子链上分布不均匀，乳化效果变差，出现乳液粒径分布变宽的现象。

连续的硬段结构则会形成偏分子排列，分子内会发生对于溶剂的溶解性相差很大的部分，使成膜膨润变形，也会影响其相分离形态，从而影响树脂的物理机械性能。如果是几种多醇和扩链剂同时反应，则其复杂程度更高。反应到最后，会形成各种复杂结构的端 NCO 基团的树脂。

一步法增加了反应速率，降低了生产成本，但一步法聚合基本是无规则的反应，生成物复杂。反应生成物可通过原料性能、比例、条件等进行方向性调控，如控制反应温度相对较低，有利于反应的平稳进行，防止局部暴聚以及平衡软硬段的排列。

3. 羧酸型丙酮法合成工艺

羧酸型丙酮法合成通常采用两步法工艺，前期的投料与聚合反应与预聚体法相同，不同的是扩链后的分子量大，体系中的 NCO 基含量低，需要使用大量溶剂降黏。后期采用倒相分散法，并在分散结束后脱除溶剂。反应过程如图 5-8 所示，用到的原料见表 5-4。

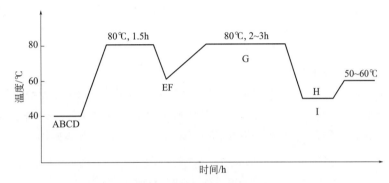

图 5-8　合成温度-时间曲线

表 5-4　合成工艺投料表

序号	原料名称	序号	原料名称	序号	原料名称
A	多元醇 A	D	催化剂	G	丙酮
B	多元醇 B	E	DMPA	H	MDEA
C	异氰酸酯	F	助溶剂	I	水

① 投料。在常温下依次将各种多元醇通过真空吸料装置加入到反应釜中，搅拌均匀。降温至 40℃，加入计量的异氰酸酯，加入催化剂。氮气保护。

② 小分子量预聚体。升温至 75～85℃，多元醇与异氰酸酯恒温反应 1～1.5h。黏度小幅增长并达到一个稳定值。

③ 大分子量预聚体。降温至 60℃，加入扩链剂 DMPA 及小分子二醇，加入少量助溶剂。升温到 75～85℃，持续反应 2～3h。预聚体黏度增长很大，需要加入大量丙酮降黏，同时保持丙酮冷却回流。反应结束后预聚体降温至 50℃左右。

④ 乳化。在强力分散下将含有成盐剂的水加入预聚体中，中和与分散同时进行，形成稳定的分散体。

⑤ 脱溶剂。乳液温度控制在 50～60℃，在负压状态边搅拌边脱除丙酮。

该过程首先生成异氰酸酯与多元醇的小分子量预聚体，通过加入较多量的扩链剂实现分子量的增长，形成高分子量预聚体，结构中以氨基甲酸酯为功能基团。软硬段分布均匀，以异氰酸酯及扩链剂为硬段，与多元醇软段均匀间隔排列，羧基也均匀地分布在分子链上，结构规整。

〜〜〜(二元醇)　━━(二异氰酸酯)　———(扩链剂)

由于引入的扩链剂较多，为控制亲水扩链剂的接入量，通常以 DMPA 与小分子二元醇（三元醇）共同扩链。丙酮法的 R 值设定小，扩链使预聚体分子量增大，因此需要加入较多的溶剂进行稀释。分子量的增大及稀释作用会降低扩链剂的接入速度，因此扩链反应需要适当延长反应时间。

丙酮法可以采用预聚体中和，一般采用水溶性差的 TEA 作为中和剂；也可以提前将中和剂加入水中，中和与分散同时进行，通常使用水溶性好的 MDEA 作为中和剂。分散时采用倒相分散法，将水逐步加入预聚体中，形成稳定的分散液。由于体系中含有大量丙酮，因此乳液要在加热及负压状态下脱除溶剂。

丙酮法扩链反应多，残留的异氰酸酯基数量少，因此一般不需要进行后扩链反应，脱溶剂过程会加速异氰酸酯与水的反应。丙酮法生产的水性聚氨酯分子量大，分子链规整，功能基团以氨基甲酸酯基为主，脲基数量少，因此性能优异。缺点是聚合时需要大量的溶剂稀释，分散后还需要脱除溶剂，生产成本高。

4. 磺酸型丙酮法合成工艺

磺酸盐型亲水性中心的引入方式有多种，最普遍的是小分子磺酸盐型扩链剂引入的方式。常见的小分子磺酸盐扩链剂包括含有氨基的磺酸盐乙二氨基乙（丙）基磺酸钠、2,4-二氨基苯磺酸钠及其衍生物以及含有羟基的磺酸盐 1,2-二羟基-3-丙磺酸钠、1,4-丁二醇-2-磺酸钠等。

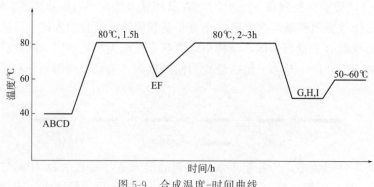

磺酸型丙酮法合成工艺前期的投料与聚合反应与预聚体法相同，后期进行低温亲水扩链，乙二氨基乙磺酸钠（AAS）是合成中常用的亲水性扩链剂。反应过程如图 5-9 所示，用到的原料见表 5-5。

图 5-9　合成温度-时间曲线

表 5-5　合成工艺投料表

序号	原料名称	序号	原料名称	序号	原料名称
A	多元醇 A	D	催化剂	G	丙酮
B	多元醇 B	E	小分子二醇	H	AAS
C	异氰酸酯	F	助溶剂	I	水

① 投料。常温下依次将各种多元醇通过真空吸料装置加入到反应釜中，搅拌均匀。降温至 40℃，加入计量的异氰酸酯，加入催化剂。氮气保护。

② 预聚体。升温至 75～85℃，多元醇与异氰酸酯恒温反应 1～1.5h。黏度小幅增长并达到一个稳定值。降温至 60℃，加入小分子二醇扩链剂（可根据需要加入羧基或非离子亲水基团）。升温到 75～85℃，持续反应 2～3h。

③ 亲水扩链。降温至 40℃，因氨基反应迅速，黏度上升快，因此需提前加入大量丙酮进行稀释。加入磺酸盐扩链剂，强力搅拌扩链。测量异氰酸酯残留量至设计值。

④ 乳化。在强力分散下加水乳化分散，视需要加入小分子二胺进行后扩链。测异氰酸酯含量。

⑤ 脱溶剂。乳液温度控制在 50～60℃，在负压状态下边搅拌边脱除丙酮，测丙酮残留至设计值。测固体含量至设计值，静置。

AAS 的磺酸基团通过两个亚甲基与聚氨酯的硬段相连，—CH₂CH₂—基团的空间臂效应使得磺酸基的亲水性得到了充分的利用，同时提高了膜的耐水性。分子中硬段引入的强离子基团磺酸基会使分子内库仑力和氢键作用都增强，从而提高了软、硬段间的微相分离程度。

磺酸盐型的亲水基团为强酸强碱盐，因此反应时不需要中和。其离子化强度高于羧基，这增强了乳胶粒子"双电层"的 ζ 电位，在乳胶粒之间形成了较强的静电排斥作用，阻止了乳胶粒凝聚，在较宽的 pH 环境下仍具有较好的稳定性。

AAS 中氨基与—NCO 的反应能够在较低温度下快速完成，导致分子量迅速增大，分子间的缠绕增加，预聚物黏度急剧增大，因此需要加入大量丙酮并降低反应温度。另外需要控制扩链前预聚体的分子量，预聚体分子量过大可能造成扩链后亲水不足，过小则会消耗较多的亲水扩链剂。

除了通过引入小分子扩链剂外，还可通过引入含有磺酸基团的聚酯或聚醚的方式。在磺酸基团亲水中心外，还可在分子结构中引入羧酸基团、非离子型亲水基团等，以提高乳液的稳定性及其他物理化学性能。常用的有以下几种：

① 含磺酸基团的聚酯或聚醚多元醇。可将亲水性基团引入到聚氨酯的软段当中，目前已经有工业化产品，但性能与种类还比较单一。

② 同时含磺酸基团和羧酸基团。一类是磺酸基团和羧酸基团都处在分子硬段上，硬段的规整性降低，软硬段微相分离程度降低；一类是磺酸盐基团处于分子软段、羧酸基处在分子硬段上，分子软、硬段的不规整性将同时增加，使分子的柔韧性增强，胶膜的拉伸强度和乳液的初黏性增加。

由于磺酸型和羧酸型水性聚氨酯各有其性能特点，因此同时含有磺酸基团和羧酸基团可大大提高合成过程的稳定性，使得乳化过程更容易进行。另外，双内乳化剂还可起到协同效应，降低总亲水性基团含量，提高水性聚氨酯的性能及其应用领域。

③ 同时含磺酸盐基团和非离子型亲水性链段。磺酸离子与非离子亲水单体配合可进一

步提高水性聚氨酯的性能，如抗多种电解质、抗冻性、抗剪切性及生物相容性。

三、阳离子水性聚氨酯

阳离子水性聚氨酯通常是通过叔胺化合物引入阳离子亲水基。首先使二元醇与二异氰酸酯反应，再用叔胺化合物进行扩链，得到大分子量预聚体，用离子化试剂如乙酸进行中和后再加水分散。合成路线如下：

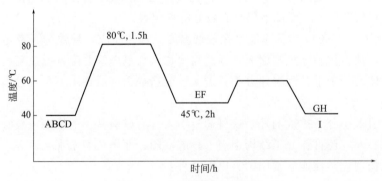

合成工艺如图 5-10 所示，用到的原料见表 5-6。

图 5-10 合成温度-时间曲线

表 5-6 合成工艺投料表

序号	原料名称	序号	原料名称	序号	原料名称
A	多元醇 A	D	催化剂	G	冰醋酸
B	多元醇 B	E	MDEA	H	丙酮
C	异氰酸酯	F	丁酮	I	稀盐酸

① 投料。常温下依次将各种多元醇通过真空吸料装置加入到反应釜中，搅拌均匀。降温至 40℃，加入计量的异氰酸酯，加入催化剂。氮气保护。

② 聚合。升温至 75~85℃，多元醇与异氰酸酯恒温反应 1~1.5h。黏度小幅增长并达到一个稳定值。

③ 扩链。预聚体降温至 45℃，极缓慢加入 MDEA（丁酮稀释液），反应 2h，根据黏度增长情况补充溶剂。升温到 60℃，保温反应至 NCO 含量达到规定值，得到含叔氨基的大分子预聚体。

④ 中和。预聚体降温至 40℃左右，缓慢加入中和剂冰醋酸并充分搅拌，根据黏度变化及搅拌状态可加入少量丙酮稀释降黏。

⑤ 分散。将去离子水缓慢加入预聚体中，同时高速搅拌乳化。视情况滴加少量稀盐酸调节 pH 值至 5～7，乳液稳定后脱除溶剂。

阳离子水性聚氨酯与阴离子水性聚氨酯合成的最大不同就是，阳离子水性聚氨酯需加酸成盐，因此一般不在水中使用胺扩链，所以阳离子水性聚氨酯一般不用阴离子水性聚氨酯常用的预聚体混合法，而主要采用丙酮法。

在前期的低分子量预聚体合成阶段与阴离子型相同，多元醇与异氰酸酯首先进行反应，生成端异氰酸酯基的预聚体，分子量不太大，以保证分子链段的规整性。

扩链反应时一般选择醇胺类亲水扩链剂，也可以与小分子二醇配合使用。羟基与端异氰酸酯不断反应形成高聚物，同时在聚氨酯链段上引入叔胺亲水基并均匀分布在分子链段上。叔胺化合物有二乙醇胺、三乙醇胺、N-甲基二乙醇胺（MDEA）、N-乙基二乙醇胺（N-EDEA）、N-丙基二乙醇胺（N-PDEA）、N-苄基二乙醇胺（N-BDEA）、叔丁基二乙醇胺（t-BuDEAt）、二甲基乙醇胺、双（2-羟乙基）苄基苯胺（BHBA）和双（2-羟丙基）苯胺（BHPA）等。目前主要采用 MDEA，其反应活性适中。

胺类扩链剂对聚氨酯反应有催化作用，虽然预聚体反应降低了端异氰酸酯基的反应活性，但仍会与扩链剂剧烈反应，因此加入过快或温度太高可能会导致预聚体直接凝胶化。通常采用低温欠量法加料，即将 MDEA 用丙酮或丁酮等溶剂稀释，在低温下缓慢加入。低温可以减缓反应速率，并及时带走反应热；加入溶剂可降低 MDEA 浓度和反应聚合物的黏度；缓慢加入使体系中的 MDEA 处于不足状态，有利于控制反应的均匀进行。

阳离子水性聚氨酯合成过程中的中和属于酸碱中和，通常使用冰醋酸及稀盐酸，通过季铵化反应成盐，分散后形成水合离子，在水中形成稳定乳液。

阳离子水性聚氨酯的合成还可以采用预聚体接入卤素化合物，再经过季铵化过程引入阳离子的方法。如先将聚醚或者聚酯二醇与二异氰酸酯制成预聚体，加入卤素元素化合物（如 2,3-二溴丁二酸）扩链，分子结构中引入卤素，再与三乙胺季铵化反应，达到在分子链中引入阳离子亲水基的目的。该季铵化反应属于亲核取代反应，具体反应如下：

阳离子水性聚氨酯还有很多改性产品，目前主要有丙烯酸酯改性阳离子水性聚氨酯、有机硅改性阳离子水性聚氨酯、环氧树脂改性阳离子水性聚氨酯、纳米改性阳离子水性聚氨酯等。

四、非离子水性聚氨酯

非离子水性聚氨酯是分子中不含离子基团的水性聚氨酯，包括自乳化型与外乳化型。外乳化型由于采用外加乳化剂及强烈剪切实现分散，性能与稳定性较差，已基本淘汰。自乳化型通常是在分子结构中引非离子型亲水性链段或亲水性基团，亲水性链段一般是中低分子量聚氧化乙烯二醇、含氧化乙烯链节的亲水性共聚醚、含氧化乙烯链节的扩链剂等，亲水性基团一般是羟甲基。分散时由于其亲水性，可得到稳定的非离子乳液。

单一的聚氧化乙烯二醇制得的乳液耐水性及力学性能都很差，无工业价值，因此一般与其他聚酯或聚醚二元醇混合使用，以提高产品的性能。合成路线如下：

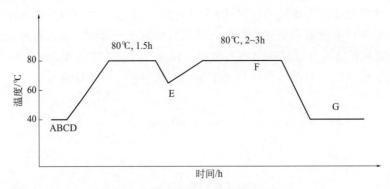

非离子型工业化生产一般采用两步法，其合成过程的温度控制如图 5-11 所示，合成过程用到的原料如表 5-7 所示。

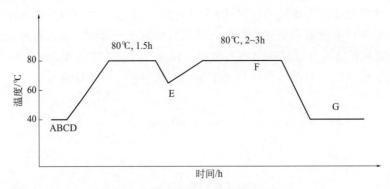

图 5-11　两步法合成温度-时间曲线

表 5-7　合成工艺投料表

序号	原料名称	序号	原料名称	序号	原料名称
A	PEG	D	催化剂	G	后扩链剂
B	多元醇	E	扩链剂		
C	异氰酸酯	F	溶剂		

① 投料。在常温下依次将 PEG 及其他多元醇通过真空吸料装置加入到反应釜中，搅拌均匀。降温至 40℃，加入计量的异氰酸酯，加入催化剂。氮气保护。

② 聚合。升温至 75~85℃，多元醇与异氰酸酯恒温反应 1~1.5h。黏度小幅增长并达到一个稳定值。

③ 扩链。预聚体降温至 60℃，加入小分子二醇扩链剂，升温到 80℃保温 2~3h，反应至—NCO 含量达到规定值。反应过程中根据黏度增长情况补充溶剂。

④ 分散。预聚体降温至 40℃，将去离子水缓慢加入预聚体中，同时高速搅拌乳化。乳液稳定后脱除溶剂。

通过聚合反应，在分子主链上引入重复的—CH₂—CH₂—O—亲水链段，实现聚氨酯在水中的分散。由于不具有离子性，因此反应不需要中和。乳液不存在离子型的双电层结构，因此对电解质不敏感，与其他种类乳液共混性能好。

前期先合成低分子量预聚体是为了保证亲水链段在整个分子中的均匀分布，避免出现局部亲水不足的现象。扩链反应可以使用小分子二醇，也可以采用含 EO 链节的扩链剂，从扩链环节引入亲水链段。

亲水链段引入不足会造成分散困难及乳液稳定性下降，引入过多则会使最终的胶膜亲水性过强，容易吸水溶胀从而丧失其使用性能。理想的方法是将亲水链段引入到结构中的侧链上或末端，亲水链段在侧基上比在主链上更容易实现在水中的分散。如采用带有两个羟基的三羟甲基丙烷聚乙二醇单甲醚（TMPEG）作为非离子亲水扩链剂，可在羟基反应扩链的同时，将亲水链段引入到侧基上。

在分子中引入亲水性的羟甲基或羟乙基也可以改善分散性能。如端异氰酸酯预聚体与三乙醇胺或二乙醇胺反应，可以得到端基为羟乙基的树脂，而且所带羟基可以在使用中形成缩合或外交联，提高树脂使用性能。

非离子/离子复合型水性聚氨酯兼具二者的优点，可以在预聚体中同时引入非离子和离子亲水基团，二者具有协同作用，既可以降低结构中亲水基团的含量，又能提高成膜的耐水性。

五、双组分水性聚氨酯

双组分水性聚氨酯由含活泼氢（羟基）的组分和含异氰酸酯基的交联剂组分共同组成。双组分水性聚氨酯主要利用多异氰酸酯中的异氰酸酯基团与多元醇中的羟基基团发生交联反应形成氨基甲酸酯，从而达到固化的目的。两组分单独存在，使用前将两组分混合均匀，通过调节两组分的比例，便可改变材料的强度、固化时间等。

（1）水性含羟基组分

有端羟基的聚氨酯分散体、水性聚酯多元醇及丙烯酸多元醇三大类。常用的是端羟基的聚氨酯分散体，预聚时在分子结构中引入亲水可电离基团或亲水非离子链段，分子量较低，分散粒径小，对固化剂分散性优异。有"预聚体法"和"一步法"两种制备工艺。

含羟基树脂可使用不同结构与官能度的链终止剂，具有结构可调的特性，而且还可根据要求设计乳液粒子的构型。其性能直接影响着固化剂在水相的分散稳定性、成膜过程中的扩散与交联以及涂膜最终性能，是影响双组分水性聚氨酯性能的重要因素。

"预聚体法"是以过量的二异氰酸酯与二元醇反应，通过二羟甲基丙酸引入亲水基团，制备出以—NCO 封端的预聚体，采用三乙胺等有机胺中和后分散于水相，在引发剂的作用下，以羟基链终止剂进行封端，制备出羟基封端的聚氨酯多元醇分散体。

HO～OH + H₃C—C(CH₂OH)(CH₂OH)—COOH + OCN～NCO ⟶ OCN～N(H)—C(O)—O—C—C(CH₃)(COOH)—C—O—C(O)—N(H)～NCO

二元醇　　DMPA　　二异氰酸酯

NR₃ ⟶ OCN～N(H)—C(O)—O—C(H₂)—C(CH₃)(COO⁻N⁺HR₃)—C(H₂)—O—C(O)—N(H)～NCO →（H₂O）乳液 →（乙醇胺）

HO—R—HNOC—N(H)～N(H)—C(O)—O—C(H₂)—C(CH₃)(COO⁻N⁺HR₃)—C(H₂)—O—C(O)—N(H)～N—CONH—R—OH

"一步法"以过量的二元醇与二异氰酸酯反应，利用二羟甲基丙酸引入亲水基团，制得羟基封端的聚氨酯聚合物，以有机胺中和羧基，然后分散于水相中，即制得聚氨酯多元醇分散体。

HO～OH + H₃C—C(CH₂OH)(CH₂OH)—COOH + OCN～NCO ⟶ HO～N(H)—C(O)—O—C(H₂)—C(CH₃)(COOH)—C(H₂)—O—C(O)—N(H)～OH

二元醇　　DMPA　　二异氰酸酯

NR₃ ⟶ HO～N(H)—C(O)—O—C(H₂)—C(CH₃)(COO⁻N⁺HR₃)—C(H₂)—O—C(O)—N(H)～OH →（H₂O）乳液

（2）亲水改性多异氰酸酯

未改性多异氰酸酯如 HDI 缩二脲、IPDI-TMP 加成物等极易与水发生反应，不可能形成一个较为稳定的体系。为了提高多异氰酸酯固化剂在水相中的分散性能，通常向多异氰酸酯中引入亲水的离子基团、非离子基团或二者复合引入。

非离子亲水改性一般利用聚醚进行改性，最常用的是聚乙二醇单醚。

$$R{-}(NCO)_n + R'{-}(O{-}CH_2CH_2)_m{-}OH \longrightarrow R'{-}(O{-}CH_2CH_2)_{m-1}{-}O{-}C(O){-}N(H){-}R{-}(NCO)_{n-1}$$

最佳使用分子量范围是 600～800，不仅可以使被改性物具有足够的亲水基团，同时改性的多异氰酸酯也不会形成严重的结晶，分子上的侧链还可以对异氰酸酯基起到一定的保护作用。这样改性的固化剂不但有良好的水溶性，而且固化剂自身的稳定性也较好，也不会对最终形成的固化膜的耐水性产生较大的影响。

异氰酸酯非常活泼，可利用封闭剂对—NCO 基团进行保护，得到在常温下稳定的亚氨酯。在一定的温度条件下亚氨酯解封，释放出活性的—NCO 基团，与羟基化合物进行反应。

异氰酸酯改性还有阴离子亲水改性、阳离子亲水改性、复合改性等方法。改性方法对双组分水性聚氨酯的固化时间及最终形成的树脂的交联度、力学性能、热稳定性等有着很大影响。固化剂组分和含羟基组分的选择和复配，对双组分水性聚氨酯最终应用性能起着决定性作用。

第五节 合成过程控制

在水性聚氨酯合成过程中，原料、设备、工艺控制等条件会发生变化，聚合过程中也有可能发生各种各样的反应，而且反应的类型和速度不同，必然会对最终产物的性质产生很大的影响。

一、异氰酸酯的类型

异氰酸酯与活泼氢之间的反应是按亲核加成历程进行的。异氰酸酯的反应活性取决于与异氰酸酯基相连的基团的电子效应和空间效应。异氰酸酯基连有吸电子基团，则增大反应活性；而引入给电子基团，则降低反应活性。常用的异氰酸酯的基本规律如下：

① 芳香族异氰酸酯的反应活性比脂肪（脂环）族高。苯环吸电性高于脂环及烷基，因此 MDI、TDI 反应活性高于 IPDI、H_{12}MDI、HDI。

② 异氰酸酯基位置不同则反应活性不同。在同一芳香族异氰酸酯中，由于位阻效应，对位上的异氰酸酯基反应速率要比邻位上高 5～8 倍，因此 2,4-TDI 的反应活性远高于 2,6-TDI。

③ 在二异氰酸酯中，第一个异氰酸酯基的反应速率都远高于第二个，不论异氰酸酯在哪个位置上。反应初期两个—NCO 之间可以发生诱导效应，使反应活性增加。反应后期，已经形成的氨基甲酸酯基则对另一个 NCO 基产生位阻。

IPDI、H_{12}MDI、HDI 是常用的脂肪（脂环）族二异氰酸酯，整体反应活性要低于芳香型，适度加强反应温度、时间及催化条件，可保持反应温和平稳进行。

IPDI 与 H_{12}MDI 具有脂环结构，因此其反应活性要高于脂肪直链结构的 HDI。IPDI 两个 NCO 基团的反应活性有差异，高活性基团优先进行预聚后反应并产生位阻效应，扩链反应则主要是发生在活性较弱的 NCO 基团上，因此要适度加强扩链反应条件。而 H_{12}MDI 与 HDI 结构对称，具有两个相同活性的 NCO 基团，位阻效应也较弱。

由于苯环的存在，TDI 与 MDI 预聚及扩链反应速率都较快，因此反应条件要比脂肪型弱一些，要注意控制加料、温度、时间、催化剂、搅拌等反应条件。多醇与 TDI 混合后，如果温度高反应会马上进行并放热，因此初期一定要控制反应温度，避免温度过高而暴聚。通常反应初期既不升温也不加催化剂，等温度基本稳定或者增长较慢时再加入催化剂，加入催化剂后一般反应会快速进行，待温度稳定后再升温控制反应。

同为芳香型异氰酸酯，MDI 的反应活性要高于 TDI。为有效控制反应进程，水性聚氨酯合成更多使用 TDI，MDI 则一般使用反应活性降低的液化 MDI。

二、多元醇对反应的影响

多元醇是制备水性聚氨酯的主要原料，构成分子的软段结构，其种类和性能直接影响聚合反应的进行。根据结构，多元醇主要有聚酯二醇、聚四氢呋喃醚二醇、普通聚醚二醇、聚碳酸酯二醇等。

（1）分子量的影响

多元醇是不同聚合度的大分子组成的混合物，可通过测量羟值范围，用统计学的平均分布法计算得到其平均分子量。常用多元醇的分子量在 500～3000，如果分子量过大，聚合时黏度大，将影响亲水扩链剂的引入量，造成乳液稳定性下降。

对同类型二元醇，分子量越大则反应速率越低。如分子量为 600 的聚丙二醇的反应速率是分子量为 2000 的 2 倍。除了平均分子量外，多元醇还要求分子量分布范围尽量窄，即所谓的"纯度"。纯度越高反应速率越快。

（2）多元醇种类的影响

多元醇的种类对聚合反应速率影响很大。相同羟值和官能度的二元醇与同类型异氰酸酯反应，聚酯二醇的反应速率最快，对应的预聚体黏度偏高；聚四氢呋喃醚二醇的反应速率略低一点，与聚酯的相当；而聚丙二醇和聚乙二醇的反应速率则要慢很多。因此在合成水性聚氨酯时，必须对所选择的多元醇结构进行必要的了解和分析，从而有针对性地确定其反应温度和反应时间等条件。

多官能度醇如三元醇、四元醇，由于其形成的是交联结构，形成较大的空间位阻，因此其反应速率与聚醚二醇差不多，远低于聚酯二醇与聚四氢呋喃醚二醇。交联结构也会使预聚体的黏度增加很大，因此需要严格控制使用量，避免凝胶化。

（3）羟基官能团的影响

参加反应的羟基官能团有伯羟基与仲羟基两种，仲羟基由于侧基的位阻作用，与异氰酸酯的反应速率比伯羟基低很多。一般多元醇基本上是伯羟基结构，还有部分为伯羟基与仲羟基混合结构。分子结构中含有的伯羟基比例越高，合成时反应速率越快。

混合羟基结构可以通过控制反应条件作为预聚体的封端剂（链终止剂），即用伯羟基与端异氰酸酯进行反应，控制反应条件使仲羟基不参加反应，封端后得到端基为仲羟基的分散体。仲羟基可作为进一步交联反应的基团存在。

（4）多元醇结构的影响

多元醇的结构复杂，是影响水性聚氨酯性能的决定因素。多元醇的分类方法很多，如直链型与支链型、聚酯型与聚醚型、芳香型与脂肪型、对称型与非对称型、亲水型与非亲水型等。多元醇的结构不同，与异氰酸酯的反应性能及扩链反应性能也各不相同。

通常直链型多元醇的反应活性高于支链型，而预聚体的黏度低于支链型，因此直链结构的多元醇反应时 NCO/OH 值可控制的较低，而支链型 R 值过低的话可能引起黏度过大导致分散困难。芳香型与脂肪型也有类似特点，但芳香型多元醇预聚体黏度一般很大，需要大量溶剂稀释，一般只用于黏合剂品种。对称型多元醇的反应活性高于非对称结构。非对称结构一般侧基较多，且对两个羟基的影响力不同，通常要求反应缓慢而稳定，成品附着力高。

除了多元醇自身结构特点外，酸值和水分也是很重要的控制指标。

多醇的酸值会影响到与异氰酸酯的反应性。酸值是残留的端羧基的量，它与异氰酸酯基反应生成酰胺，会造成链的终止。同时酸对反应催化也会产生不良作用，而且会降低成品的耐水解性能。

对于聚氨酯合成反应来说，反应体系中水分含量是必须严格控制的。水分的来源主要是多元醇中所含的水分及空气中的潮气。在催化加热状态下，异氰酸酯与水的反应会加速进行，首先生成脲基使得预聚体的黏度增大，再以脲基为支化点进一步与异氰酸酯反应，形成缩二脲，影响反应的进行，并大量消耗预聚体中的—NCO。

聚酯二元醇一般状态下为蜡状固体，使用时需要将其转变为液体，所以需要进行化料。另外二元醇在存放过程中会吸收空气中的水分，尤其是已经打开包装的料桶，因此除了将固体二元醇化成液体外，化料的另一项作用是将其中的水分彻底除去。化料要做到烘透烘干。聚酯二元醇分子量越大熔点就越高，需要的化料时间就越长。聚醚二元醇常温下为液体，但也需要烘干除水。根据生产经验，采用烘房静置烘料优于抽真空法。

三、催化作用

在聚合体系中催化剂可降低反应活化能，加快反应速率。催化剂具有反应选择性，可使体系内两个或多个活性相差很大的活泼氢化合物都加速到一定的反应水平，控制副反应的发生。

目前关于催化反应的理论很多，较公认的机理是：异氰酸酯受亲核的催化剂进攻，生成中间配合物，再与羟基化合物反应。聚氨酯合成采用的催化剂按化学结构基本可分为叔胺类和有机金属化合物两大类。通常有机金属化合物催化剂对—NCO与—OH的催化活性的影响比对—NCO与水的反应要强，而叔胺对—NCO与水的催化活性的影响要大于对—NCO与—OH的催化活性。因此在预聚体链增长反应中，有机金属化合物的催化活性要比叔胺高很多；而在乳液分散后，作为中和剂的叔胺对端异氰酸酯基与水的反应有明显催化作用。

有机金属类催化剂对凝胶反应的选择性催化效果明显，主要有铋、铅、锡、钛、锑、汞、锌等金属烷基化合物。有机锡类如辛酸亚锡（T-9）和二月桂酸二丁基锡（T-12）使用最广泛，能促进异氰酸酯基与羟基的反应，对芳香型与脂肪型异氰酸酯基与羟基的反应都有很好的催化效果，对水与异氰酸酯的反应也有一定的加速作用。

随着环保与安全的要求，有机锡、铅、汞等催化剂使用受到一定限制，现欧盟已经立法禁用。有机铋类是目前新兴的环保型催化剂，该类催化剂活性虽尚不及有机锡，但是无毒环保，能提供羟基反应催化，降低与水反应的选择性。

同类催化剂中不同产品的催化效果相差很大。有机金属类中辛酸铅的效率最高，能使反应体系的黏度在初期迅速增高，而环烷酸锌的效率则相对低；二价有机锡（辛酸亚锡）的催化效能高于四价锡（二月桂酸二丁基锡）的催化效能。同一催化剂对不同异氰酸酯的活性也是不同的，如环烷酸锌对HDI的催化效率是对TDI的6倍。

需要指出的是，催化效果不是越快越好，而是根据不同要求确定催化效果。如辛酸铅催化速率很快，但会加速异氰酸酯与氨基甲酸酯的反应形成交联，这是单组分不需要的副反应，但对双组分树脂来说，交联是其形成高分子的关键。

另外，催化剂的浓度增加，则反应速率加快；两种不同的催化剂复合，催化活性比单一催化剂要高很多。催化反应是一个复杂反应，要根据具体的反应体系、反应类型、催化剂活性、成品要求、使用环境等进行调整。

聚氨酯合成反应所用的催化剂，由于特性不同，促进链增长与交联的能力也不同。因此催化剂除了影响反应速率外，还密切影响反应混合物的流动性、平行反应的相对速度和固化物的物理机械性能。催化剂种类与用量不同，即使在配方中其他组分相同的情况下，也会引起上述诸因素的不同，从而导致材料力学性能的差别。在同等用量的情况下，活性高的催化剂对微观结构的影响要高于活性低的催化剂，反映在宏观上即相应性能的变化幅度也较大。

四、扩链剂的使用

扩链反应是实现水性聚氨酯高分子化的手段，通常是在扩链的同时引入亲水基。由于合成工艺与最终产品使用性能的差异，因此在亲水基种类、扩链反应程度、亲水基引入方式、使用量等方面各不相同。

（1）亲水基的种类与使用方法

代表性的阴离子型水性聚氨酯通常有两种亲水扩链方式：一是在聚合反应时用 DMPA 扩链，羟基扩链的同时引入羧基亲水基；二是在预聚降温阶段用二胺磺酸盐扩链，氨基扩链的同时引入磺酸盐亲水基。

DMPA 是双羟基扩链剂，生成氨基甲酸酯基。由于羟基与异氰酸酯反应缓和，因此扩链反应温度较高。DMPA 为白色粉体，在聚合体系中的溶解度很低，使用时需要在预聚体中加入一定的助溶剂或提前溶解，形成与预聚体的均相反应体系。DMPA 的纯度非常重要，否则容易出现交联反应、亲水不足或无法对羧基提供屏蔽的问题，一般在预聚体法中使用。

二胺磺酸盐是双氨基扩链，生成脲基。氨基与异氰酸酯反应迅速，并且目前商品二胺磺酸盐基本为水溶液，因此只能采用低温扩链的方式，加入时要缓慢进行，避免凝胶化。磺酸盐亲水性高于羧酸盐，因此使用量较低，并能有效改善乳液的流平性，一般在丙酮法中使用较多。

（2）亲水基的引入量

亲水基的引入量是保证乳液稳定性的关键。亲水基含量高则乳液粒径小，反之则乳液粒径大。分散体系中微粒的粒径小，树脂本身结构更有利于离子基团展现出亲水性，所制备的乳液的稳定性越好。但乳液粒径与稳定性并不是绝对关系，亲水基含量也并非越高越好。不管是羧酸盐还是磺酸盐，在干燥成膜后仍保留在分子结构中，降低了胶膜的耐水性、堆砌密度及力学性能，因此在保证乳液基本稳定性及使用要求的基础上，应尽量降低其亲水基含量。

从合成角度看，影响乳液稳定性的最主要的因素是异氰酸酯的种类。预聚体分散前为端异氰酸酯基的聚氨酯，在同等亲水基含量下，分散后异氰酸酯基与水的反应速率直接决定了其分子量及粒径的大小，进而影响乳液的稳定性。

为了形成稳定乳液，不同种类的异氰酸酯有最低亲水基含量的经验值，用于基本配方设计。以异氰酸酯与 PTMG-2000 反应为例，IPDI、H_{12}MDI 及 HDI 等脂肪（脂环）族反应速率慢，最低亲水基含量在 2.5% 左右；TDI 反应速率较快，最低亲水基含量在 3.5% 左右；MDI 反应速率最快，最低亲水基含量在 4.5% 以上。

亲水基含量还与所使用的多元醇有很大关系。同等情况下聚醚型要少于聚酯型，例如 IPDI 分别与 PPG-2000 和 PBA-2000 反应，采用 DMPA 扩链，PPG 型的柔性链段有利于分子链的卷曲翻转，粒径要明显低于 PBA 型，PPG 型产品在配比设计时可采用更少量的亲水基。

相同多元醇及亲水基含量时，预聚体分子量越大，则乳液粒径越大。这也是采用非亲水后扩链时，乳液粒径逐步变大的原因。利用亲水基含量与分子量的关系，可以对乳液粒径进行有效控制，得到所需粒径的产品。如做高固发泡树脂时一般需要较大粒径，可在乳液分散后缓慢加入 IPDA 或乙二胺，利用分子量增大控制粒径的增长。

相同的预聚体分散浓度不同，所需亲水基含量也不同。在一定范围内，分散浓度越低则粒径越小，形成稳定乳液所需的亲水基也越少。例如，相同的预聚体，如果分散成 30% 浓度的乳液为稳定体系，但如果分散成 40% 的浓度则粒径变大，甚至有可能发生沉淀。因为乳液粒子为球形结构，粒子之间依靠电荷排斥作用保持稳定，浓度增大，则在相同的空间中要分布更多的粒子，粒子间为了趋于分散的稳定性必然发生碰撞挤压，形成更大粒径的粒子。这种浓度变化的稳定性指的是"分散稳定性"，而非"稀释稳定性"。

（3）扩链与黏度的平衡

预聚体的扩链与引入亲水基是同时进行的，因此要兼顾亲水基的引入量及扩链带来的黏度增长。

预聚体的黏度一般控制在合理的范围内。首先要达到可分散，否则无法形成稳定乳液。预聚体黏度是其分子量大小的体现，而分子量大小取决于扩链进行程度，即 NCO（OH$_{多醇}$＋OH$_{扩链剂}$）值（R_2）决定。如果分散前黏度（R_2）一定，要引入更多的亲水扩链剂，则需要调高 NCO/OH$_{多醇}$值（R_1），即下调低分子量预聚体的平均分子量和黏度。

R_1 调整涉及异氰酸酯及多元醇的比例，直接影响软硬段比例的变化，进而影响最后树脂的模量。因此在比例变化的同时，要调整多元醇的分子量，以保持模量的稳定。

亲水扩链增大的同时伴随着分子量的增长。亲水基含量增大使乳液粒径变小，而分子量变大会影响乳液粒径的变大，乳液最后的粒径变化取决于两者作用的强弱。通常是亲水基含量占据主导地位，但也可能出现亲水基含量增大而乳液粒径也变大的现象。

（4）非亲水扩链剂的使用

① 小分子二醇。在部分预聚体合成时要用到一些小分子二醇扩链剂，用于非亲水扩链或改变分子中的链段结构，一般是 EG、DEG、1,4-BG、NPG、1,6-HD 等。

小分子二醇扩链剂部分代替 DMPA 等亲水扩链剂，可在分子量不变的情况下降低亲水基含量，增大乳液的粒径。如果降低多元醇比例而使用部分小分子二醇，可在降低软段比例的同时提高硬段的比例，进而提高树脂的模量。还可以通过引进小分子二醇达到引入特殊基团或链节的目的，如支链、双键、醚键、硅结构等。

② 小分子二胺。与异氰酸酯基反应速率很快，因此小分子二胺都是作为后扩链剂使用，在乳液中加入后与异氰酸酯基反应扩链。由于后扩链只增加分子量而不增加亲水基，因此乳液粒径在扩链后变大。

乙二胺、水合肼反应速率快，因此要提前稀释缓慢加入，加入过多过快会使局部预聚体暴聚，出现部分粒径增大、粒径分布变宽甚至失稳沉淀。异氟尔酮二胺（IPDA）反应速率较慢，对树脂的模量影响小，是目前常用的后扩链剂。

五、反应温度

反应温度是水性聚氨酯制备中一个重要的控制因素。温度不仅对反应速率有很大影响，而且对最终聚合物的结构与性质也有很大影响。水性聚氨酯的温度控制包括两部分：预聚体的反应温度控制；乳液中二次反应的温度控制。

1. 预聚体温度控制

预聚反应是异氰酸酯与各类活性氢化合物的反应，反应速率都是随着反应温度的升高而加快，因此反应温度主要根据异氰酸酯的反应活性确定。

MDI、TDI 等芳香型异氰酸酯的 NCO 基反应活性高，因此反应温度控制相对较低，一般反应初期在 70～75℃，扩链反应在 80℃左右。IPDI、H$_{12}$MDI、HDI 等脂肪（脂环）型异氰酸酯的 NCO 基反应活性低，因此反应温度控制相对较高，一般反应初期在 80℃，扩链反应在 85℃左右。

异氰酸酯基的反应活性是动态变化的。预聚反应初期,体系中的异氰酸酯基过量较多,二异氰酸酯中反应活性高的 NCO 基团优先反应,并且具有诱导效应,因此多元醇羟基容易与异氰酸酯基发生反应,可控制温度相对较低。扩链反应时,体系中异氰酸酯基过量较少,反应浓度逐步下降,位阻作用也使剩余异氰酸酯基反应活性降低,因此扩链反应温度可适度提高。

当体系温度低于 70℃ 时,容易出现扩链反应不充分的情况,预聚体分子量与黏度偏小,NCO 基残留高于理论值。当体系温度高于 100℃ 时,部分生成的氨基甲酸酯在催化作用下进一步与未反应的 NCO 基发生交联反应,出现黏度增大甚至凝胶现象。在 80~90℃ 时反应顺利进行,实验值基本与理论值吻合或稍微偏低,因为 NCO 基会少量自聚,另外与微量水发生副反应也会消耗掉一部分。

在相同反应温度下,随反应时间的延长,产物的黏度增加,NCO 质量分数降低,到一定程度其变化趋于平缓。而长时间的加热状态会导致物料的黄变。所以当产物的黏度及NCO 质量分数达到要求,就应及时降温终止反应。

2. 乳液中二次反应的温度控制

(1) 乳液分散温度

预聚体在水中分散后,端异氰酸酯与后扩链剂或水等含氢化合物发生二次扩链反应,这也是水性聚氨酯分子量增长的一个重要手段,因此分散时的水温直接影响二次反应的速度。

芳香型端异氰酸酯预聚体二次反应速率快。常温下 TDI 型乳液中残留的 NCO 基几小时即可反应完毕,而 MDI 型的反应更快,几乎是随着乳液分散同步进行。二次反应有利于分子量的增长,但反应过快会使乳液粒径变大,甚至失去稳定性。因此芳香型乳液除了要使用更多的亲水基外,采用低温控制其二次反应速率也是乳液稳定的关键,一般用冷冻水作为芳香型预聚体的分散介质,降低其分散初期的反应速率。

脂肪型端异氰酸酯预聚体二次反应速率较慢。常温下 IPDI 型乳液中残留的 NCO 基甚至需要几天才可反应完毕,粒径缓慢增加,因此常温乳化即可。如果是采用丙酮法合成,乳液在脱除丙酮时需要加热,脱溶剂的过程也是促进其残余异氰酸酯二次反应的过程,较快达到反应终点。

分散温度直接影响聚氨酯的粒径、分子量、结构、稳定性等因素,因此必须保持批次间的温度稳定性,减少温度差异对二次反应的影响。

(2) 环境温度

分散后的乳液仍有部分异氰酸酯基残留,尤其是脂肪型产品,因此后期的环境温度是二次反应温度的延续,通常称为熟化过程。

熟化过程的反应主要是异氰酸酯与水之间的反应。预聚体法通常将 R 值控制在 1.2~1.5 左右,仍存在大量 NCO 基,水分散时除进行后扩链外,残留 NCO 基与水反应生成伯胺与二氧化碳,氨基反应速率高于水,伯胺与 NCO 基继续反应,实现分子链的增长,形成聚氨酯-聚脲混合结构。

熟化时间与硬段种类、配比、残留量、温度等有关,温度是控制其熟化进度的主要外部因素。通常情况下乳液在常温下缓慢反应,分子链增长缓慢均匀。如果夏季环境温度过高,则应将乳液存放于避光仓库内。如果冬季环境温度过低,不但熟化速度慢,还可能出现冷冻失稳现象,因此需要对乳液适度加温以促进其二次反应。

六、中和控制

中和度是指链段中的亲水基与外加中和剂的比值。阴离子型通常采用羧基亲水,三乙胺为中和剂，理论上二者比例为 1：1 时最佳，形成稳定的双电层结构。

如果三乙胺加入量不足，则部分羧基成盐，还有部分仍以羧基状态存在。以羧基状态存在的基团亲水性很弱，在乳液中无法有效形成离子水化层。这相当于在高分子链段中引入了亲水结构，但因没有离子化而无法实现亲水作用。这部分亲水扩链剂的作用类似非亲水扩链剂的作用，降低了体系的有效亲水基含量。

实际生产中，中和均匀度也非常重要。预聚体自身具有较高的黏度，降温加中和剂时黏度增大，三乙胺需要充分搅拌才能与预聚体反应成盐。另外反应釜采用夹套内通冷却水降温，使靠近釜壁的预聚体温度降低大，高黏度物料使传热下降，出现釜壁与内部的预聚体黏度差异，进而导致中和不匀。中和不匀意味着部分羧基未成盐，有效亲水含量降低。因此要及时控制降温速度，必要时加入少量丙酮降低预聚体黏度。

如果三乙胺加入量过多，全部羧基中和成盐，体系中还有部分游离状态的三乙胺存在。过量三乙胺在乳液中直接破坏已经形成的双电层结构，表现为乳液粒径变大，体系稳定性下降。过量三乙胺对乳液的影响本质上与 Ca^{2+} 等的影响一样，是影响乳液的抗电解质稳定性。

中和剂的加入量为亲水基的 $(100\pm5)\%$ 范围内不足以影响乳液的分散，实际生产中考虑三乙胺的挥发损耗，一般加入量为羧基的 1.02～1.03 左右。中和时体系温度会略有上升，保持慢速降温，中和时间控制在 15～20min。

第六节 水性聚氨酯助剂

一、增稠剂

水性聚氨酯乳液自身黏度很低，在生产、储存、应用等不同阶段对体系的黏度有不同的要求。通过加入适当的增稠剂可改变其渗透、流平、流挂、稳定性能。增稠剂又称流变助剂，是水性聚氨酯乳液的重要助剂之一，可以赋予水性聚氨酯良好的触变性和适当的黏度。增稠剂的作用包括三个方面：增加体系黏度，调整流变性质，降低颜（填）料沉降。

增稠剂的增稠机理有水合增稠、静电排斥增稠、缔合增稠三类。增稠剂中可以是某种增稠机理单独起作用，如非离子型纤维素增稠剂、丙烯酸增稠剂、聚氨酯增稠剂；也可同时存在多种增稠机理，如憎水改性丙烯酸类乳液、憎水改性羟乙基纤维素。

水性增稠剂主要有四类：无机增稠剂，纤维素类增稠剂，丙烯酸类增稠剂，聚氨酯缔合型增稠剂。根据增稠剂与乳胶粒中的各种粒子作用关系，还可分为缔合型和非缔合型，如图5-12 所示。

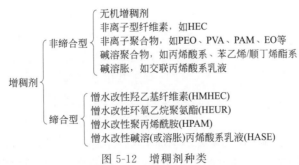

图 5-12 增稠剂种类

1. 无机增稠剂

无机增稠剂是一类吸水膨胀而形成触变性的凝胶矿物，主要有膨润土、凹凸棒土、白炭黑、硅酸铝、海泡石、水辉石等。

无机增稠剂一般具有层状或格子结构，在水中分散时，金属离子从片晶往外扩散，因水合作用而发生溶胀，最终与片晶完全分离形成胶体悬浮液。粒子间的电荷作用力使平行的片晶结构相互垂直交联在一起形成"卡片屋"结构，体系溶胀产生凝胶从而达到增稠的效果。

钠基膨润土是最常用的一类无机增稠剂，是以蒙脱石为主要矿物成分的非金属矿产，蒙脱石是由两个硅氧四面体层夹一层铝氧八面体组成的2∶1型晶体结构。在层状薄片的膨润土的边缘，由于硅氧键和铝氧键的断裂，在中性的介质中，边缘表面存在正双电层。随着pH值的变化，其电荷强度可能会出现强弱变化。薄片状的膨润土颗粒在介质中会发生面-面、边-面和边-边三种不同方式的缔合，从而形成体积庞大的三维网络结构，形成无数分隔的小室，将水封闭在室内，使体系增稠。

当体系受剪切作用时，网络结构解离，黏度下降，一旦剪切作用消失，则又恢复网络结构，黏度上升，称为触变效应。膨润土增稠能力强，尤其在中高颜料体积浓度乳液中，比同样用量的碱溶胀丙烯酸类和聚氨酯类增稠剂有更高的稠度，并且触变指数较大，低剪切条件下黏度高，高剪切条件下黏度低，能达到理想的储存防沉效果和厚涂抗流挂效果。

2. 纤维素类增稠剂

纤维素类增稠剂是一种最重要的水性涂料流变助剂，包括纤维素醚及其衍生物，增稠剂分子是分子量在10万~100万的环状刚性分子，包括多个脱水葡萄糖单元组成的聚合式链。通过改变取代到纤维素主链上的烷基可得到不同的产品，主要有羟乙基纤维素（HEC）、甲基羟乙基纤维素（MHEC）、乙基羟乙基纤维素（EHEC）、甲基羟丙基纤维素（MHPC）、甲基纤维素（MC）、多糖类和黄原胶等。这些都是非离子增稠剂，同时属于非缔合型水相增稠剂，主要靠自身在水中的溶胀增加黏度。

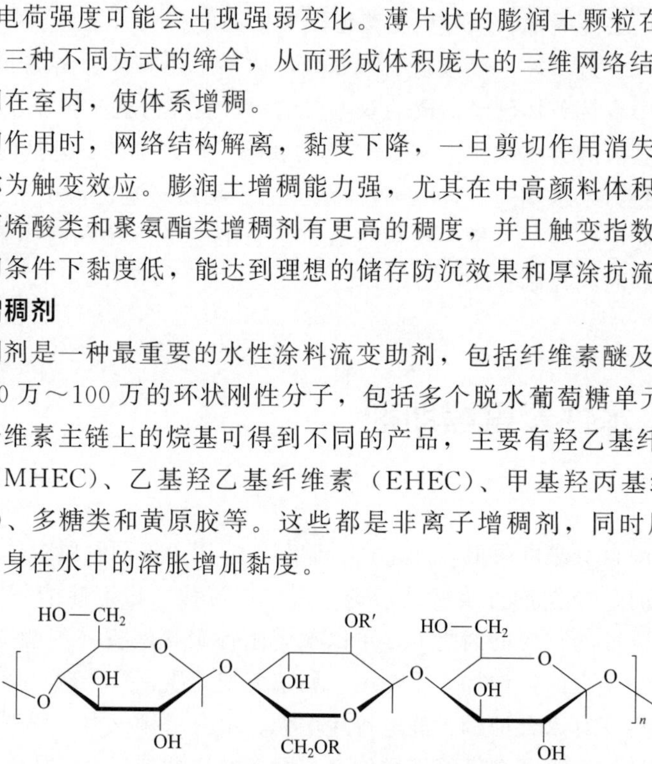

其中R和R′是

(a) CH_3 羧甲基纤维素钠（SCMC）(b)

(b) CH_2COONa 羧甲基2-羟乙基纤维素钠（b+d）

(c) CH_2CH_3 $\xrightarrow{生产}$ 羟乙基纤维素（HEC）(d)

(d) CH_2CH_2OH 甲基纤维素（MC）(a)

(e) $CH_2CH_2CH(OH)CH_3$ 2-羟丙基甲基纤维素（HPMC）(a+f)

(f) $CH_2CH(OH)CH_3$ 2-羟乙基甲基纤维素（HEMC）(a+d)

2-羟丁基甲基纤维素（a+e）

2-羟乙基乙基纤维素（c+d）

2-羟丙基纤维素 HPC（f）

纤维素类增稠剂的增稠作用主要是因为带有羟基的大分子链，它既能与水发生强烈的水合作用又能产生分子链间缠绕，通过水合作用和分子链的缠绕产生增稠效果。增稠模型如图5-13

所示。

纤维素通过氢键缔合而吸收大量的自由水，分子链中重复的脱水葡萄糖单元使其分子链呈直形且较坚挺，自身体积大幅度膨胀，提高了聚合物本身的流体体积，减少了乳液颗粒自由活动的空间，通过"固定水"达到增稠效果。这种增稠机理与所用的乳液和助剂关系不大，只需选择合适分子量的纤维素和调整增稠剂浓度即可得到合适的黏度。

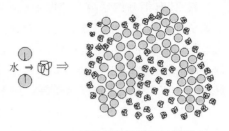

图 5-13　纤维素醚类增稠效果图

纤维素类增稠剂分子量很高，分子链之间还可互相缠绕，通过水合作用和分子链的缠绕产生增稠效果，体系黏度取决于增稠剂的分子量和极性基团的水合能力。对既定类型的纤维素醚来说，分子量是得到增稠效果和流变性能的决定因素。例如，分子量高的羟乙基纤维素有更多的氢键键合，更强的范德华作用力，分子间缠绕增加而使黏度上升。当分子量小于 100000 时，羟乙基纤维素的高低剪切黏度重合，这表明分子量低于此值时缠绕度就不起作用了。

体系黏度与增稠剂的分子量有很大关系。当分子量较低时，虽然可以实现较高的高剪切黏度，但增稠剂使用量高，不经济；当分子量较高时，增稠剂单位质量的增稠能力大，分子缠绕程度大，在储存时表现出更高的增稠效率。但当剪切速率增大时，分子缠绕状态受到破坏，不能实现高剪切黏度，分子量对黏度的影响降低，流平性也将随之消失。

纤维素增稠剂溶液呈现出假塑性流体特性，表现为在静态和低剪切速率下有高黏度，在高剪切速率下为低黏度。静态或低剪切速率时，纤维素分子的支链和部分缠绕的主链处于无序状态而使体系呈现高黏度。随着外力的增加，剪切速率增大，分子平行于流动方向做有序的排列，容易相互滑动，表现为体系黏度下降。

纤维素类增稠剂的相容性好，增稠效率高，低剪增稠效果好，尤其是对水相的增稠，对 pH 值变化容忍度大，保水性好，触变性高。由于其在高剪切下为低黏度，在静态和低剪切速率下有高黏度，所以涂布完成后，黏度迅速增加，可以防止流挂；但由于低剪黏度高造成流平性较差，而高剪切速率时黏度低，导致涂膜丰满度差。

纤维素增稠剂依靠自身溶胀增稠，其体积膨胀充满整个水相，将乳液粒子不断挤压相互靠近，使乳液中粒子分散不匀。当纤维素的用量达到一定浓度后，乳液粒子的稳定性下降，严重时产生絮凝。而且由于纤维素的存在，干燥时粒子不均匀收缩，纤维素干燥后会形成微观上膜的缺陷，形成水汽通道。

羟乙基纤维素（HEC）是纤维素经环氧乙烷改性得到的非离子型水溶性聚合物，具有良好的乳化、增稠、悬浮等特性。HEC 溶于冷水又溶于热水，在 pH 值 2～12 范围内黏度变化比较小。HEC 由于本身为非离子型水溶性聚合物，因此可与大范围的其他水溶性聚合物、表面活性剂、盐共存。

羟乙基纤维素(HEC)

HEC 有很好的水溶性和保水性，保水能力比甲基纤维素高出一倍，因此具有较好的流动调节性，和其他纤维素相比对涂膜性能影响较小。HEC 增稠效率高，相容性好，储存稳定性好，黏度的 pH 稳定性佳；缺点是流平流动性差，抗飞溅性差。为了改进这些缺点，出现了疏水改性缔合型羟乙基纤维素（HMHEC），如 Natrosol Plus330、331。HMHEC 是在纤维素骨架上引入长链疏水烷基，属于缔合型增稠剂，在水相增稠的基础上又具有缔合增稠作用，能与乳液粒子、表面活性剂以及颜料和填料交互作用而增加黏度，改善了纤维素增稠剂的不足。

作为纤维素的衍生物，苷键易受微生物攻击降解而使涂料黏度下降，甚至变质，即使在涂膜干燥后，微生物仍能吞噬和降解，因此在使用 HEC 时必须添加一定的防腐剂。

3. 丙烯酸类增稠剂

丙烯酸类增稠剂可分为缔合型（HASE）和非缔合型（ASE），为阴离子型增稠剂。缔合型与非缔合型最大的区别就是分子主链上含有的缔合单体不同。缔合型碱溶胀增稠剂在主链结构中共聚有可以相互吸附的缔合单体，所以在水溶液中电离后，分子内或分子间可以产生相互吸附作用，使体系黏度迅速上升。

（1）非缔合型

非缔合型丙烯酸类增稠剂（ASE）是聚丙烯酸盐碱溶胀型乳液，基本上可分为两类：一种是水溶性的聚丙烯酸盐；另一种是丙烯酸、甲基丙烯酸的均聚物或共聚物乳液增稠剂。这种增稠剂本身是酸性的，须用碱或氨水中和至 pH 值 8~9 才能达到增稠效果。

普通碱溶胀类增稠剂的代表产品有 ASE-60。ASE-60 主要采用甲基丙烯酸和丙烯酸乙酯共聚，在共聚过程中甲基丙烯酸大概占固含量的 1/3，羧基的存在使分子链具有一定的亲水性，中和成盐过程中因为电荷的排斥，使分子链展开，从而使体系黏度升高，产生增稠效果。但有时候因为交联剂的作用导致分子量增大过量，在分子链展开过程中，短时间里分子链没有很好的亲水分散开，而是在长期储存过程中，分子链逐渐舒展，从而带来黏度的后增稠。

增稠机理：ASE 高分子链上带有相当数量的羧基，增稠剂溶于水中后，在碱性体系中发生中和反应，不易电离的羧酸基转化为离子化的羧酸钠盐。聚合物大分子链的阴离子中心产生静电排斥作用，使大分子链迅速扩张，由螺旋状伸展为棒状，提供长的链段和触毛，从而提高水相的黏度。同时分子链段间又可吸收大量水分子，大大减少了溶液中自由状态的水，由于大分子链的伸展与扩张及自由状态水的减少，分子间相互运动的阻力加大，从而使乳液变稠。

应用特点：ASE 类增稠剂具有较强的增稠性和较好的流平性，抗霉菌性能稳定，与色浆配合性好，但该增稠剂对 pH 敏感，而且分子链中含阴离子，耐水、耐碱性能也不佳。此类增稠剂分子链中的疏水单体少，不太容易产生分子间的疏水络合，而主要是分子内的相互吸附，因此这类增稠剂增稠效率低，主要和其他类增稠剂复合使用。

（2）缔合型

缔合型丙烯酸类增稠剂（HASE）是疏水改性的聚丙烯酸盐碱溶胀型乳液，分子量为几万到几十万，分子链刚性较弱。传统的碱溶胀丙烯酸增稠剂其支链都是亲水性的，缔合型丙烯酸增稠流变剂的分子支链上经过了疏水基团的改性，这些支链可在水相中互相缔合。其结构如图 5-14 所示。

经过疏水基团的改性，这些支链可在水相中互相缔合形成微胞。受到高剪切作用时，这些微胞与微胞之间的链能提供一定的抵抗力量，因此缔合型丙烯酸类增稠剂在高剪切力作用

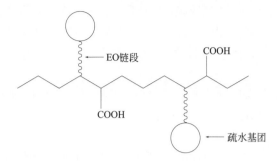

图 5-14 HASE 的结构

下仍具有稳定的黏度。同时，这些疏水性的支链间缔合能相互调换位置，即缔合反应处于动态平衡状态，因而在较低剪切作用或剪切作用消失的情况下，缔合型丙烯酸类增稠剂能使湿膜具有优异的流平性。

HASE 增稠机理是在 ASE 的增稠基础上加上缔合作用，即增稠剂聚合物疏水链和乳胶粒子、表面活性剂、颜料粒子等疏水部位缔合成三维网络结构，从而使乳液体系的黏度升高，如图 5-15 所示。

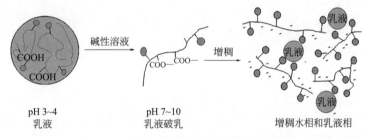

图 5-15 HASE 类缔合型增稠剂增稠机理

这类增稠剂现在因为缔合单体的选用和分子结构设计的不同，有很多的品种。其主链结构主要是由甲基丙烯酸和丙烯酸乙酯组成，缔合单体在结构中像触角，只有少量的分布，但在增稠剂的增稠效率中扮演了最主要的角色。在中和成盐过程中，结构中的羧基分子链也像普通碱溶胀增稠剂一样产生电荷排斥，从而使分子链展开。其中的缔合单体也随着分子链的展开而舒展，但由于其结构中同时含有亲水链和疏水链，所以会在分子内或分子间产生类似表面活性剂之类的大的胶束结构，这些胶束有缔合单体相互吸附产生的，也有缔合单体以乳液粒子（或其他粒子）的架桥作用相互吸附的。胶束产生以后，把体系中的乳液颗粒、水分子颗粒或其他颗粒相对静止地固定下来，从而使这些分子（或颗粒）的活动能力减弱，体系黏度升高。因此疏水改性后增稠效率要远优于普通碱溶胀型增稠剂。

4. 聚氨酯类增稠剂

聚氨酯类缔合增稠剂（HEUR）是近几年开发的增稠流变剂新产品。HEUR 因其优异的增稠效果和施工性能，应用越来越广泛。

（1）聚氨酯缔合增稠剂的结构

缔合型聚氨酯增稠剂是疏水非离子改性聚氨酯嵌段共聚物，结构特点是疏水基封端。最常见的为疏水改性乙氧基化聚氨酯及相似的含脲、脲-氨酯键及醚键的氧化乙烯/氧化丙烯。分子量都较小（5 万～10 万），分子柔性好。

HEUR 主链一般由聚乙二醇（PEG）和二异氰酸酯缩合而成，然后用憎水基团进行端基封闭。分子由疏水基、亲水链和聚氨酯基三部分组成。疏水基起缔合作用，是增稠的决定因素，通常是油基、十八烷基、十二烷苯基、壬酚基等。亲水链能提供化学稳定性和黏度稳定性，常用的是聚醚。分子链是通过聚氨酯基来扩展的，所用聚氨酯基有 IPDI、TDI、HMDI 等。

典型的 HEUR 结构有线型及支链型两大类，其结果如图 5-16 所示。亲水聚环氧乙烷构成亲水主链，为保持其亲水性，一般采用分子量较大（3000～8000）的 PEG。疏水基位于分子链的链端，支链型具有多个疏水端基。改变疏水基团含量、采用不同疏水度的二异氰酸酯、用疏水二醇或二胺增大内疏水基的尺寸都可以调节分子的疏水度，得到性能各异的聚氨酯增稠剂。

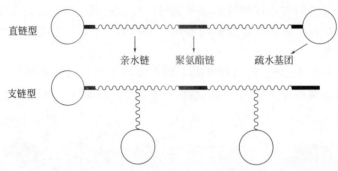

图 5-16　聚氨酯缔合型增稠剂结构

（2）聚氨酯缔合增稠剂的增稠机理

聚氨酯缔合型增稠剂的结构特征为亲油-亲水-亲油三嵌段聚合物，两端为亲油端基，通常为脂肪烃基，中间为水溶性聚乙二醇链段。由于分子结构中引入了亲水基团和疏水基团，聚氨酯缔合增稠剂呈现出一定的表面活性剂的性质。

聚氨酯缔合型增稠剂的增稠机理如图 5-17 所示。当其水溶液浓度大于临界胶束浓度时，亲油端基缔合形成胶束，增稠剂通过胶束的缔合形成网状结构增加体系黏度。在乳液增稠时，亲水端与水分子以氢键缔合，疏水端与乳液粒子、表面活性剂等的憎水结构以分子间配向效应吸附在一起。亲油端基吸附在不同乳液粒子表面，在粒子间形成桥联，多个桥联结构使粒子间在水中形成立体网状结构。

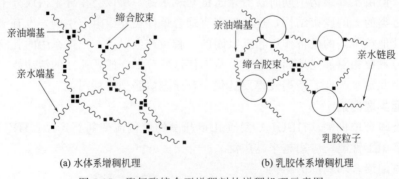

(a) 水体系增稠机理　　　　　　　　(b) 乳胶体系增稠机理

图 5-17　聚氨酯缔合型增稠剂的增稠机理示意图

亲油端基与乳胶粒子一直处于缔合和解缔合的平衡状态，其缔合时间和解缔合时间都很短（<1s），正是这种缔合和解缔合的瞬间平衡使得距离大于增稠剂分子末端距的粒子间也可产生力的作用。

剪切作用对增稠效果影响很大，需要根据品种调节剪切速率。增稠剂与分散相粒子间的缔合可提高分子间势能，在高剪切速率下表现出较高的表观黏度，即剪切增稠。这种现象有利于涂膜的丰满性，抗飞溅性好；低剪切速率黏度低，随着剪切力的消失，其立体网状结构逐渐恢复，所以流平性较好，对涂层的光泽无影响。

增稠剂分子疏水端与乳胶粒子、表面活性剂、颜料等疏水结构缔合，形成立体网状结构，这也是高剪黏度的来源；当浓度高于临界胶束浓度时，增稠剂形成的胶束主导中剪黏度；分子亲水链与水分子氢键起作用，从而达到增稠结果。

聚氨酯类增稠剂分子上同时具有亲水和疏水基团，疏水基团与涂膜的基体有较强的亲合性，可增强涂膜的耐水性，同时具有抗菌性好，屈服值低等优点。

聚氨酯类增稠剂增稠乳液时，乳液粒子间的缔合作用占主导，因此在低浓度时甚至低于其临界浓度时也有很好的增稠或流平作用。乳液粒径越小，缔合作用越强，所需增稠剂的量越少。

由于其独特的胶束增稠机理，缔合型聚氨酯增稠剂配方中表面活性剂、乳液、溶剂等影响胶束的组分必然会对其增稠性产生影响。体系中任一组分的 HLB 值改变，增稠效果也随之改变，对配方变动非常敏感，因此不要轻易更换所用的乳液、消泡剂、分散剂、成膜助剂等。

HEUR 增稠剂分子量（数千至数万）比前两类增稠剂的分子量（数十万至数百万）低，水合后的有效体积增加较少，水相中分子间的缠绕有限，因而对水相增稠不足。

二、交联剂

由于受到合成及分散工艺的限制，相对于溶剂型聚氨酯，水性聚氨酯的分子量较低，因此在强度、耐磨、耐热等方面仍存在一定的差距。引入的亲水基团也直接影响成膜后的耐水性、附着力及模量等。

二者的成膜方式及成膜机理也完全不同：水性聚氨酯为乳液型，基本构成为分子团（粒子），通过粒子挤压堆积成膜；溶剂型聚氨酯为溶液型，基本构成为大分子，通过分子缠绕凝胶化成膜。因此水性聚氨酯的物理与化学性能存在一定的先天不足，限制了其应用范围。

提高水性聚氨酯综合性能的重要手段之一是对其进行交联改性。通过分子间或粒子间的交联，形成致密的网状结构，提高成膜的强度、硬度和耐磨性，改善其耐水性、耐溶剂性、耐热性，提高涂膜的附着力。

1. 水性聚氨酯交联机理

交联剂是一种可使低聚物或单体变为网状体型高聚物或线型高聚物的物质，根据分子链间结合的化学键种类，交联可分为化学交联和物理交联。

化学交联是指在聚氨酯高分子长链之间形成化学连接的过程，这种化学连接使得高分子长链材料形成一种三维体形链结构，提高材料的物理及化学性能。

化学交联通常有 3D 网络或互穿网络（IPN）两大类。3D 网络是指多官能性交联剂与聚氨酯分子链中的官能团发生反应，产生多个立体交联节点形成的网状结构。互穿网络是指交联剂自身发生反应形成网络结构，并与聚氨酯网络结构互相穿插，形成的致密交叉网络构造。

物理交联通过聚氨酯分子链段间形成的较强的作用力发挥作用，这种内作用力可使聚氨酯分子之间作用紧密，抵御来自外部的作用力及溶解力，表现出同等化学交联效果的交联。这种较强的作用力可以是狭义的化学键，也可以是离子键、氢键、结晶和微区分相，还可以是分子链的空间缠绕，其种类如图 5-18 所示。

结晶形成的物理交联

嵌段聚合物分相形成的物理交联

分子缠绕形成的物理交联

半IPN形成的物理交联

图 5-18　物理交联

通常所指的水性聚氨酯交联结构是化学交联，交联方法主要包括内交联、外交联及自交联三类。

（1）内交联

水性聚氨酯内交联是指大分子内部之间的交联，一般在聚合反应时形成，实质上是合成具有一定交联度的水性聚氨酯乳液。通常是在合成预聚体时引入适量的多官能度（一般为三官能度）的多元醇、多元胺及多异氰酸酯，形成部分微交联的大分子。典型的如三羟甲基丙烷（TMP）的扩链交联反应。

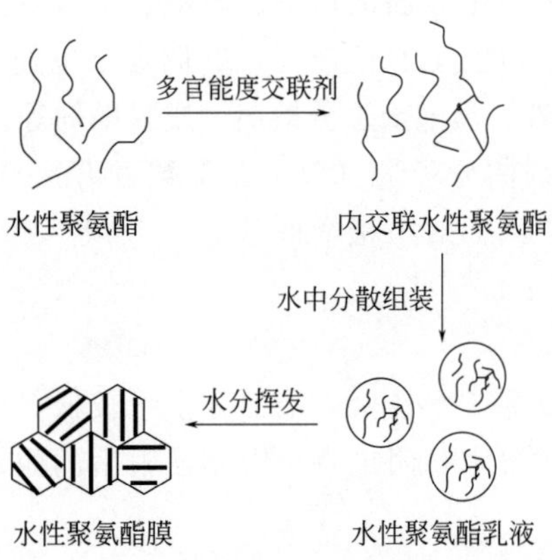

水性聚氨酯内交联成膜如图 5-19 所示。在乳液分散时，同一交联结构的分子只能位于同一粒子中，不同粒子间不可能形成化学键合，因此成膜材料只是具有一定交联度的乳液粒子的堆积，并未获得真正意义上的三维体型结构。

由于合成工艺如黏度和分散条件等限制，内交联的交联度受到影响，只能形成大量线型聚氨酯分子和少量交联聚氨酯分子共存的结构，改性效果不明显。交联度过高则黏度过大，乳液分散困难，因此内交联的应用受到了一定限制。

图 5-19　水性聚氨酯内交联成膜示意图

（2）外交联

外交联是指乳液在成膜过程中，通过外加交联剂，使其与水性聚氨酯分子间或交联剂自身官能团之间发生的化学反应。外交联的本质是二次化学反应，通过反应节点形成立体网络结构，将部分线型结构的热塑性聚氨酯通过交联变为体型结构的热固性聚氨酯，提高水性聚氨酯分散体膜材料的性能。

外交联成膜结构如图 5-20 所示。外交联可以发生在同一乳液粒子内的分子之间，也可以发生在不同乳液粒子的分子之间，交联后是真正意义的体型结构。外交联的特殊性主要是交联过程和成膜过程相互影响，通常成膜与交联同时进行。

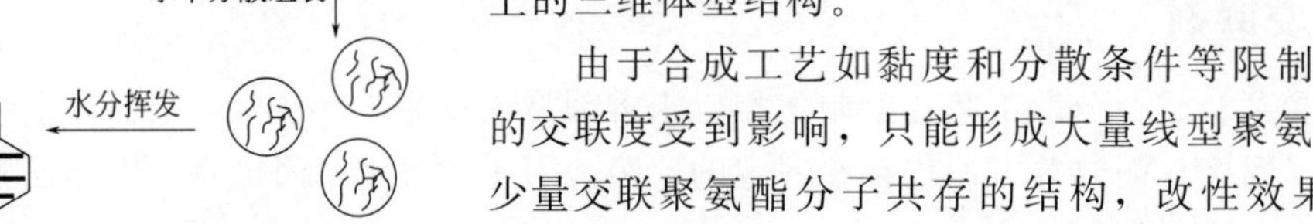

图 5-20　水性聚氨酯外交联成膜示意图

外交联形式多样，通常是多官能度的交联剂与水性聚氨酯链段上的氨基、羧基、羟基等发生反应，形成具有多节点的立体网络的 3D 交联。部分交联剂的官能团除了参与节点的反应外，自身也可以发生反应形成一定的网络结构，与聚氨酯链段的网络形成互穿结构。

（3）自交联

自交联是指在乳液成膜时，不借助外加交联剂，聚氨酯分子间自动进行化学反应而实现交联，通过提高涂膜的交联度达到改善涂膜性能的目的。

自交联首先要对聚氨酯分子进行改性，在链段中引入可反应性基团如双键、多烷氧基硅等，在成膜过程中引入的基团可相互发生氧化交联和水解缩合反应。不同于内交联，自交联可以实现粒子间的交联反应，不需要外加交联剂，而是将可反应基团引入分子链中。

以上交联技术可以单独使用，也可组合使用。外交联剂种类繁多，交联机理各不相同，具有灵活高效的特点，是水性聚氨酯分散体交联的发展方向。

2. 多异氰酸酯交联剂

多异氰酸酯是分子中含有多个异氰酸酯基的化合物的总称。NCO 基团的活性很高，能与各种含活泼氢的物质如水、醇、胺及酸等反应，因此常用作树脂的交联固化，提高树脂的交联密度，从而达到提高树脂成膜物性能的目的。

（1）单组分交联

这类交联剂是含游离 NCO 基团的特种多异氰酸酯，能分散于水，交联剂分子上的 NCO 基团与水的反应速率很慢，这就使其作为水性聚氨酯的交联剂成为可能。在水性聚氨酯体系中，由于大量水的存在，在乳液放置及干燥过程中，部分 NCO 基会与水反应而失去交联效果。但交联剂由于与水反应慢，在成膜过程和成膜后，NCO 基与 PU 分子中羟基、氨基和脲基等基团紧密接触发生反应。

脂肪族异氰酸酯与水反应慢，室温下可有几个小时甚至几天的使用期；而芳香族异氰酸酯交联剂的使用期较短，配料后要及时用完。

① 半 IPN 物理交联。对于单组分的常规水性聚氨酯，分子链段上除了端基外几乎没有可以与聚异氰酸酯进一步反应的基团，很难在聚氨酯分子链间形成化学键合，因此多异氰酸酯在常规水性聚氨酯体系中形成的交联主要是半 IPN 物理交联。

在水性聚氨酯中添加多异氰酸酯后，多异氰酸酯扩散进入分散体粒子中，在粒子表面开始与水反应形成聚脲，成膜后继续与水反应形成交联的聚脲。只要条件具备，该交联反应会持续进行下去，直至异氰酸酯消耗完毕。反应在聚氨酯形成的膜介质中进行，交联的聚脲与聚氨酯链形成区域性半 IPN，聚氨酯链缠绕在交联聚脲网络中，形成物理交联。

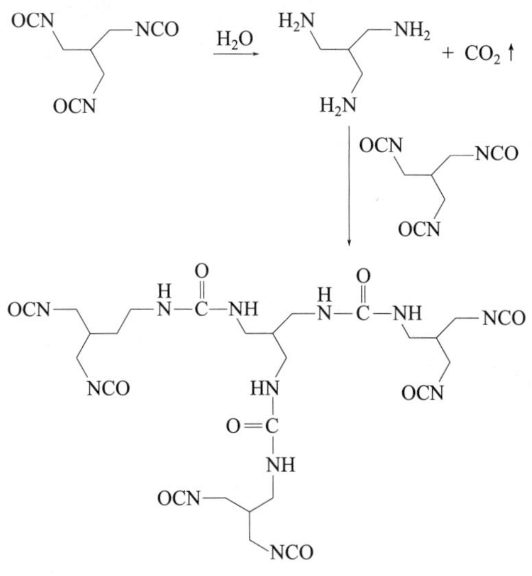

② 端基交联。单组分水性聚氨酯端基对交联非常重要，其构成比较复杂，一般存在少量的氨基、羟基和氨基脲等端基，这些高活性基团可以与异氰酸酯反应形成交联"节点"。

基于水性聚氨酯的制造特点，氨基是其主要的端基形式。氨基主要由分子链段的端异氰酸酯与水反应形成。端基还可以是端异氰酸酯与一个二胺反应的残留基团，当采用水合肼、乙二胺、异氟尔酮二胺等作为后扩链剂时，端异氰酸酯可与一个端氨基反应而残留另一个氨基，如水合肼形成的端基为氨基脲。

具有端氨基的聚氨酯分子可以与多异氰酸酯进行反应，形成化学交联的"节点"，交联剂相当于后扩链剂。由于交联剂是多官能度结构，在连接端基进行扩链的同时也将聚氨酯分子与交联剂已经形成的网络融为一体。但是由于端基数量很少，因此该反应在交联过程中处于次要地位。

③ 氨酯基交联。在单组分聚氨酯链段中，存在较多的氨酯基，通常情况下氨酯基比较稳定。但在催化剂和一定温度下，氨酯基中的仲氮原子上的活泼氢可与异氰酸酯反应。当反应持续下去并发生在不同分子之间时，就可以形成网状交联结构。

该反应在室温下反应速率很慢，只有在100℃以上反应速率才很快。并且异氰酸酯与端氨基优先反应，体系中的水也会和氨酯键中的活泼氢竞争，因此该反应在后交联中发生的很少。

目前应用在水性聚氨酯方向的主要是亲水改性的可自乳化水分散的多异氰酸酯。用于水性树脂的多异氰酸酯固化剂通常采用HDI和IPDI等脂肪或脂环族类异氰酸酯单体制备而成。原因在于该类异氰酸酯单体的NCO基团与水的反应活性较低，在使用期间可尽量多地与所希望的羟基基团发生交联反应。目前国外一些脂肪族类异氰酸酯固化剂的制造商主要如Bayer、BASF、Asahi Kasei（旭化成）、瑞典Perstrop（帕斯托）公司，均已开发生产出亲水性异氰酸酯固化剂，主要有聚醚改性和磺酸盐改性两大类。

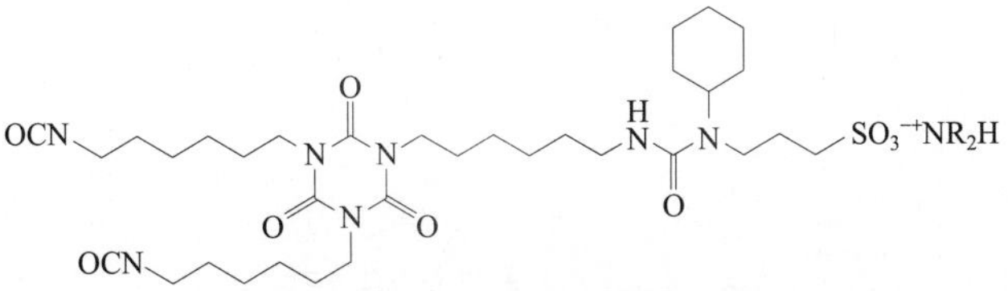

磺酸盐改性亲水多异氰酸酯固化剂

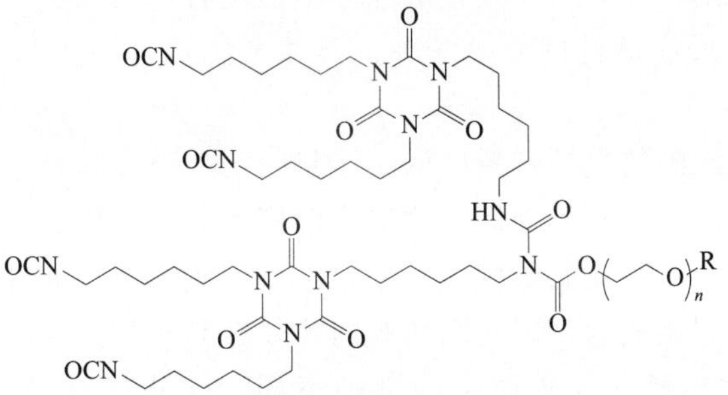

聚醚改性亲水多异氰酸酯固化剂

（2）双组分交联

成膜原料由多异氰酸酯组分和含羟基（氨基）组分两部分组成。A组分为成膜材料的水性聚氨酯，本身含有大量的羟基；B组分为多异氰酸酯交联剂。AB组分混合后，在合适的条件下异氰酸酯与羟基反应，交联固化。

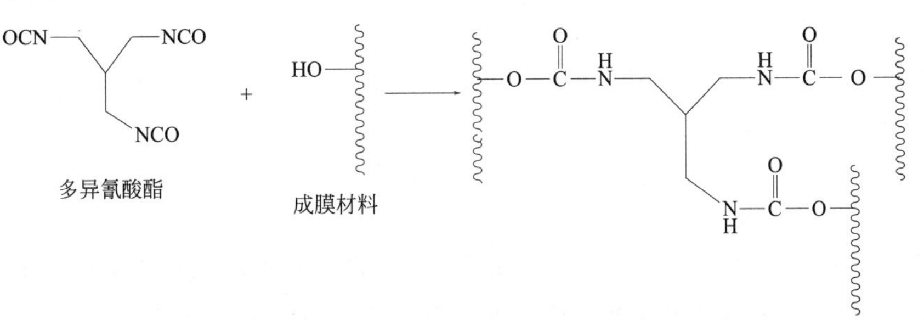

多异氰酸酯　　　　成膜材料

这类反应一般需要在一定温度下进行，称为热活化交联，是由封端型异氰酸酯乳液与聚氨酯乳液混合形成稳定的单组分乳液，干燥后进行热处理能使具有反应性的NCO基团再生，与聚氨酯分子所含的活性氢基团（如羟基、氨基、脲基、聚酯基）反应形成交联的涂膜。

作为交联剂的多异氰酸酯一般采用封端结构，被含单官能团的活泼氢原子的化合物所封闭，在低温下不具备反应活性。在一定的温度和其他条件下，封闭型异氰酸酯中的异氰酸酯基会被解封，与含有羟基、氨基等基团的聚合物发生反应，生成三维结构。

常用的封闭剂有苯酚类、丙二酸酯类、己内酰胺类、环己酮胺和甲乙酮胺类。以苯酚对异氰酸酯的封端、解封、交联为例，其反应过程如下：

封端：

$$R{-}NCO + HO{-}\bigcirc \longrightarrow R{-}\underset{H}{N}{-}\overset{\overset{O}{\|}}{C}{-}O{-}\bigcirc$$

解封：

$$R{-}\underset{H}{N}{-}\overset{\overset{O}{\|}}{C}{-}O{-}\bigcirc \longrightarrow R{-}NCO + HO{-}\bigcirc$$

交联：

$$R{-}NCO + HO\sim\sim \longrightarrow R{-}\underset{H}{N}{-}\overset{\overset{O}{\|}}{C}{-}O\sim\sim$$

异氰酸酯首先与苯酚反应，封闭异氰酸酯基。使用时，在加热情况下，氨酯键热解封放出苯酚，重新生成具有反应活性的异氰酸酯。异氰酸酯可进一步与含羟基（氨基）组分反应，交联固化成膜。

封闭型单组分异氰酸酯的热裂解温度取决于封闭剂的类型和异氰酸酯的活性。当封闭剂和异氰酸酯的活性较大时，有利于降低固化反应温度。芳香族异氰酸酯的解封温度比脂肪族高，原因是芳香族的反应活性比脂肪族强，异氰酸酯基的碳原子的电子云密度比脂肪族低，脂肪族对其他基团的吸引比较弱，因此脂肪族的比较容易解封。

由于不同封端剂对异氰酸酯碳原子的影响不同，因此其解封温度不一样。如酚类在150℃能够解封。以苯酚封闭的多异氰酸酯和羟基树脂所组成的单组分聚氨酯乳液，大约在150℃，30min 固化成膜。

催化剂的作用在于提高异氰酸酯基与羟基的反应活性，降低固化反应温度，加速交联固化成膜反应的进行。催化剂应根据异氰酸酯和多元醇的种类来选取，常用的催化剂有叔胺类、环烷酸盐、金属盐类。叔胺类对芳香族的异氰酸酯催化性能较好，金属盐类对脂肪族异氰酸酯有不错的效果。

异氰酸酯基与羟基的比例会影响交联过程。当加入的异氰酸酯类交联剂量不足时，交联密度较小，成膜会发软，强度较低，耐水性能和耐溶剂性能都不佳。如果加入的异氰酸酯类交联剂量过多，交联密度过大，成膜的弹性及断裂伸长率不佳，脆性大。

另外，固化条件也会影响交联固化过程。在室温条件下聚氨酯的固化时间很长，15 天到一个月都是有可能。在室温时主要是氨酯键成键，随着温度的上升脲基甲酸酯的数量会急剧上升。在 70℃以上的温度下交联，膜的耐水解和耐溶剂性能有所提高。

有两种方法可以促进交联反应的进行。一种是加热促进固化，另外一种是加入交联促进剂。醇类的羟基与异氰酸酯的反应，一元醇反应速率最快，其次是二元醇，三元醇最慢。

3. 聚氮丙啶交联剂

氮丙啶的结构是一种含氮的三元环，氮丙啶交联剂的分子中含有两个或两个以上的氮丙啶三元环。有两种不同的构成体系，即丙烯亚胺（PI）体系和乙烯亚胺（EI）体系。PI 比 EI 体系反应活性更弱，反应速率更慢。这是因为 PI 体系里主链上的甲基基团比 EI 体系里主链上的羟基基团占据了更大的空间位置，从而影响了分子反应活性的效应，阻碍了反应速率。

作为交联剂使用的氮丙啶的官能度一般需要大于或等于 3，以确保交联的形成。常用的交联剂主要是三官能团氮丙啶，包括三羟甲基丙烷-三［3-(2-甲基氮丙啶基)］丙酸酯、三羟甲基丙烷-三（3-氮丙啶基）丙酸酯、季戊四醇-三（3-氮丙啶基）丙酸酯。

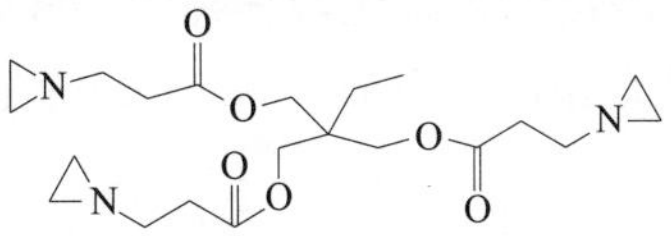

三羟甲基丙烷-三(3-氮丙啶基)丙酸酯

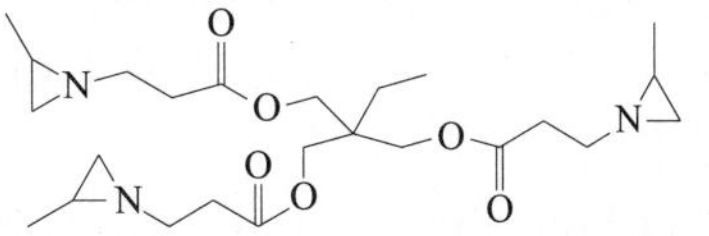

三羟甲基丙烷-三[3-(2-甲基氮丙啶基)]丙酸酯

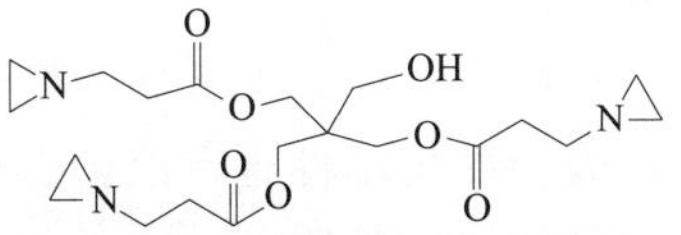

季戊四醇-三(3-氮丙啶基)丙酸酯

氮丙啶环的结构张力比较大，是活性较强的高效交联剂，常温下易与多种化合物加成反应。所以多官能度的氮丙啶交联剂是含羧基体系的水性聚氨酯的良好交联剂。

（1）羧基交联

氮丙啶在常温下可选择性地与聚氨酯链段上的羧基发生反应，生成典型的 3D 聚合物交联结构，这是主要的交联反应。亲水性羧基的消失还可有效降低成膜的吸水率，提高耐水性及耐湿擦性能。

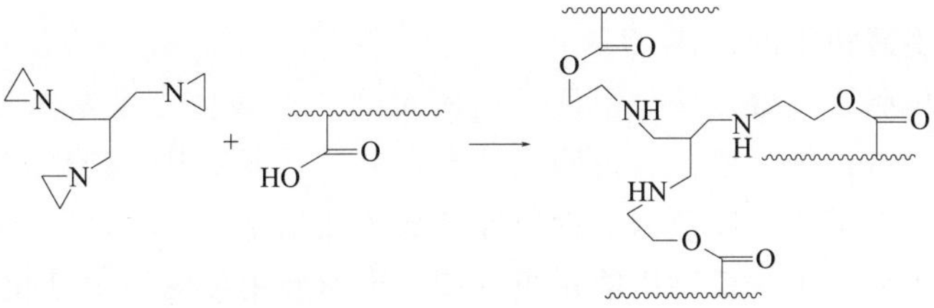

（2）氨基交联

聚氨酯链段的端氨基也可以与氮丙啶进行反应，但由于端基数量少，因此该交联不占主导地位，可形成与羧基的混合交联。

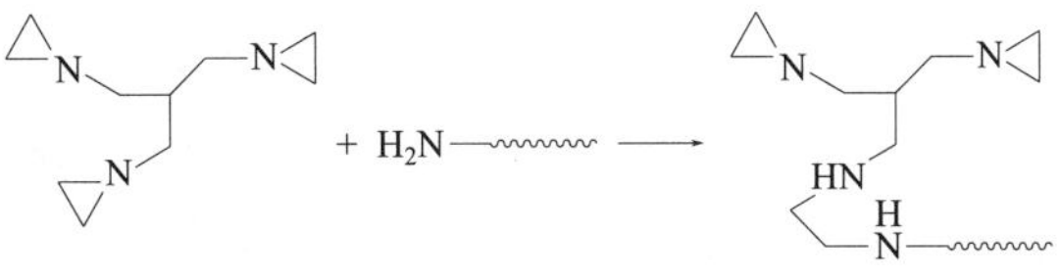

（3）水解自聚

氮丙啶可缓慢与水反应，在水的存在下，即使空气中的二氧化碳也能催化其开环自聚，因此氮丙啶不能作为水性聚氨酯的常温单组分交联剂，而通常是作为双组分交联剂使用。

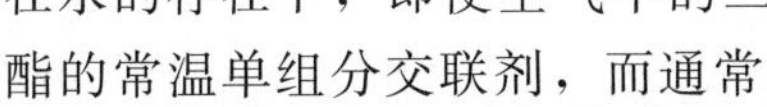

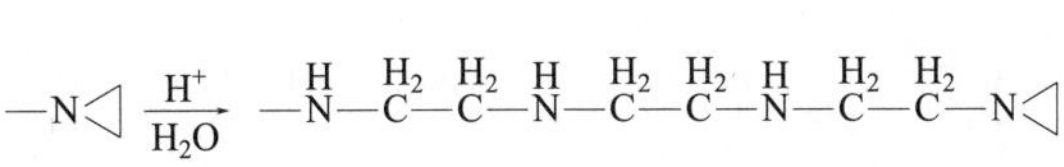

氮丙啶交联剂具有室温交联和快速高效的交联反应的特点，官能团和特殊的分子结构使其同时具有良好的水溶性和油溶性，易溶于水、醇、酮、酯等。通常在使用前将其稀释，并在搅拌状态下缓慢加入到乳液中。

氮丙啶交联剂主要与羧基基团发生交联反应，因此其用量可根据羧基含量及交联度计算，三官能团氮丙啶通常使用量为树脂乳液固含量的 $1\%\sim3\%$。乳液体系的 pH 值在 $9.0\sim9.5$ 使用会得到较好的结果，pH 值较低时会造成过早交联产生凝胶现象，pH 值较高时会造成交联时间延长。

氮丙啶交联剂反应快速导致其使用时效较短。交联剂加入到体系后，储存期为 $18\sim36h$，超过后交联剂将会部分失效，严重时乳液会凝胶化而报废。最佳使用时间在 12h 内，同时注意使用时的气温条件，夏季的有效时间会更短。

氮丙啶交联剂可显著提高聚氨酯膜交联度，尤其在力学性能及耐水性方面提高明显，防刮擦、耐溶剂性、耐干湿摩擦性、表面的抗黏性也有改善。但氮丙啶交联剂对底材的附着力改善上不够显著，使涂膜硬度增加但热稳定性降低。

氮丙啶毒性大，具有强的腐蚀性和致癌性，即对操作工人具有危害，同时又受到越来越严格的法规约束。

4. 氨基树脂

氨基树脂（三聚氰胺、苯代三聚氰胺和尿醛树脂）也是一种重要的交联剂，将主要的成膜材料分子通过化学反应交联成一个立体网状结构。这种网状结构是通过氨基树脂分子与成膜材料分子上的官能团的反应，并和其他氨基树脂分子同时发生缩聚反应而得到的。最常用的是三聚氰胺甲醛树脂。

（1）三聚氰胺甲醛树脂的结构

三聚氰胺甲醛树脂是三聚氰胺与甲醛反应所得到的聚合物，首先生成不同数目的 N-羟甲基取代物。部分烷基化的三聚氰胺树脂中含有烷氧基、亚氨基、羟甲基。三嗪环上的部分活性氢原子转化为羟甲基，未反应的活性氢原子成为亚氨基，这些基团在固化反应过程中通过自缩聚反应起到重要作用。控制甲醛量可控制三聚氰胺单体的羟甲基化程度。

多羟甲基三聚氰胺很不稳定，一般需要将羟甲基与一个短链的醇发生醚化反应，以降低它的反应活性。只有与甲醛反应了的部位（羟甲基）才能以醇封端，未反应的氢原子（亚氨基）不和短链醇反应。控制甲醇或丁醇的加入量及其他条件，可得到具有不同醚化度的氨基树脂。

如果把碳、氮原子间组成的六元环看成骨架，衍生出来的分架或分支的不同及它们之间的错综排列组合，将使氨基树脂性能上的千变万化。

（2）自聚反应

多羟甲基三聚氰胺分子内或分子间通过脱水或脱甲醛生成含亚甲基键或二亚甲基醚键的线性树脂。当羟甲基数量少，一般以亚甲基键为主，在高羟基树脂中一般先生成二亚甲基醚键，再生成亚甲基键。不同三嗪环之间通过亚甲基或二亚甲基醚键形成桥联。

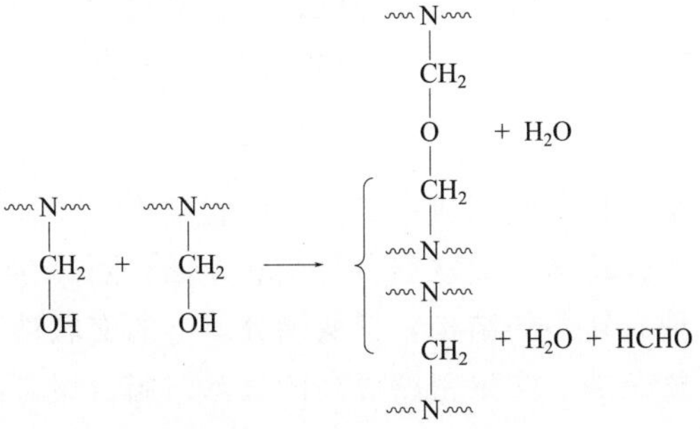

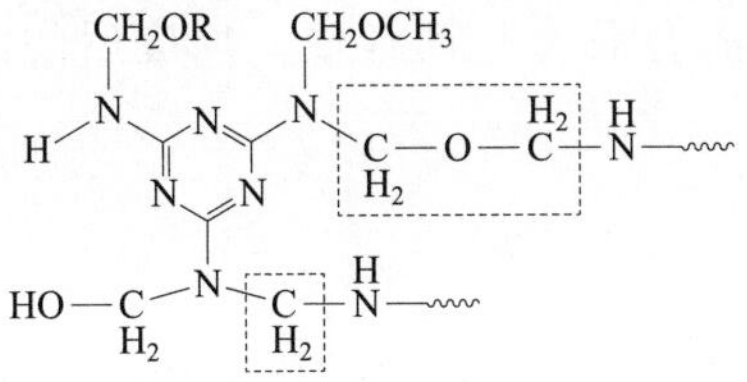

（3）与树脂反应

氨基树脂中的活性羟甲基在一定温度下可以与水性聚氨酯结构中的氨基甲酸酯基、脲基、羧基、羟基及氨基反应，形成一定的交联结构。在聚氨酯分散体中，交联主要产生在氨基甲酸酯链或脲链上，也有少量与羧基反应，由于端羟基及端氨基数量很少，因此可以忽略。

氨基树脂在羟甲基化反应时一般都存在少量未反应的甲醛，在一定情况下会参与到交联反应中。反应主要发生在水性聚氨酯的氨基甲酸酯链或脲链上，氨基先发生羟甲基化，然后缩合交联。

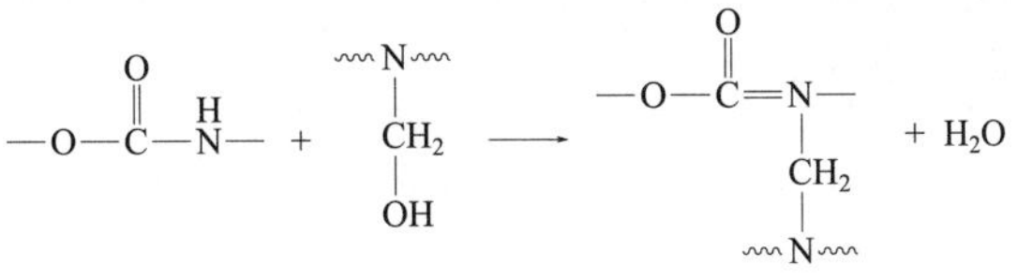

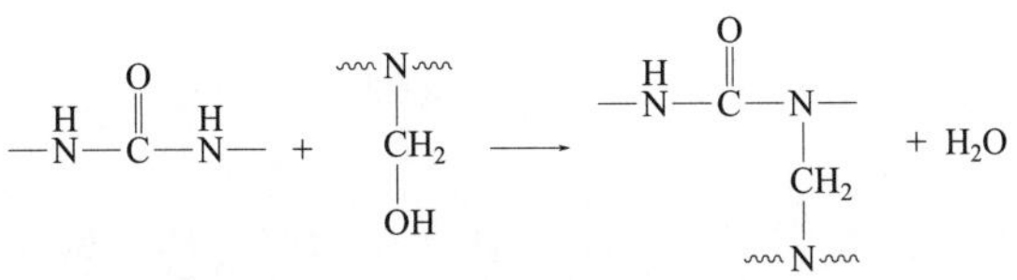

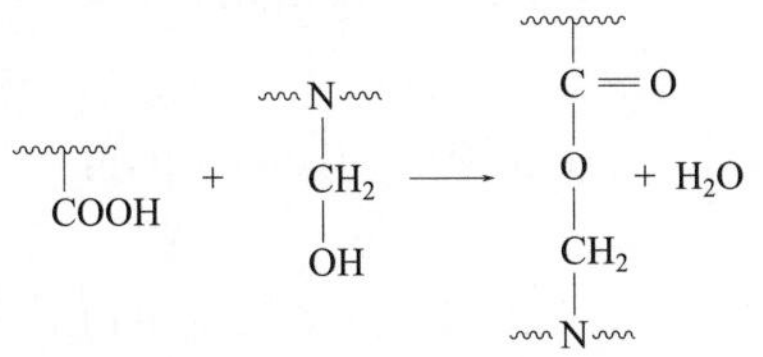

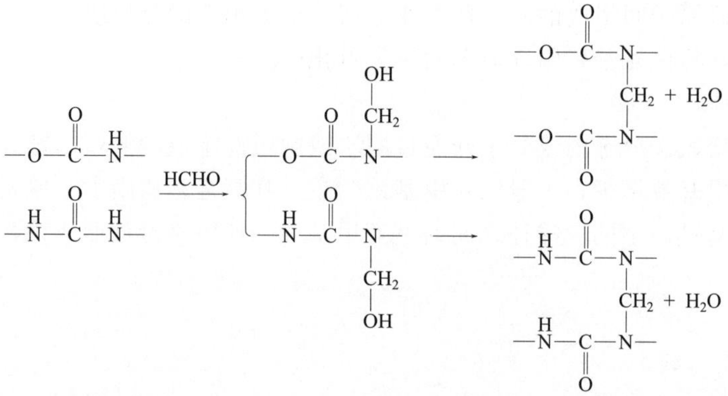

总之，氨基树脂主要发生自交联形成三聚氰胺网状结构，少量发生在交联剂和聚氨酯树脂之间，因此形成的结构比较特殊，交联剂自身交联穿插、隔离在聚氨酯之间，形成位阻型结构。这种交联结构是一种有缺陷的结构，聚氨酯分子链的交联键不是通过简单、均相的共价键结合，而是通过一个复杂的、交聚密度极高的氨基树脂自聚微区相连。

氨基树脂在常温下不反应，交联反应在聚氨酯干燥成膜时同时进行，温度是交联反应进行的开关，因此交联剂与树脂混合后可长期存放。反应后的涂膜具有更大的硬度及耐化学性，但弹性损失很大。

5. 其他交联剂

（1）聚碳化二亚胺

聚碳化二亚胺是一类结构中含有累计双键的化合物，即在一个碳原子上出现两个双键，累计双键的张力较大，性质比较活泼，它可以和一些活性氢基团如羟基、羧基、水、巯基等进行反应。聚碳化二亚胺通过双官能团异氰酸酯聚合而成，由少量醇、胺类物质或单官能团异氰酸酯调节分子量。工业品是一种微黄色透明液体，含亲水基团，因此可使交联剂在水中呈乳浊液，易分散到水性聚氨酯中。结构式如下：

$$R_1-R_2\left[N=C=N-R_3\right]_n R_4$$

聚碳化二亚胺可作为羧酸型水性聚氨酯等的常温交联剂，可在聚氨酯乳液中稳定存在，其交联反应由酸催化进行。涂膜在干燥过程中由于水及中和剂的挥发，使胶膜中的 pH 值下降，为交联反应的发生提供条件。

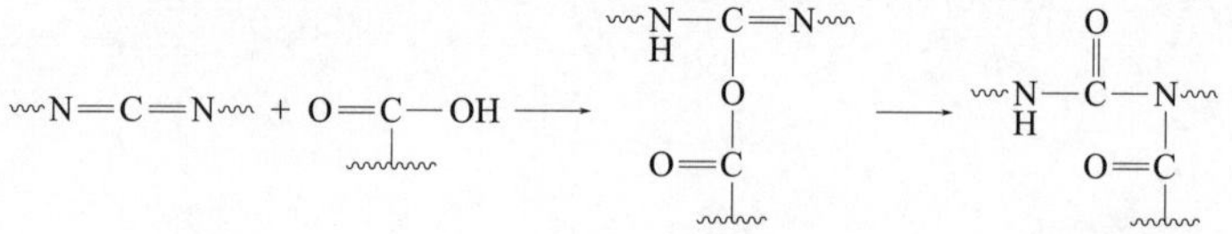

（2）氮杂环丁烷

氮杂环丁烷与氮丙啶的结构类似，它是一种含氮的四元环结构，但其四元环结构的张力比氮丙啶三元环结构张力要小很多，因此它与其他化合物加成的活性较氮丙啶低很多。

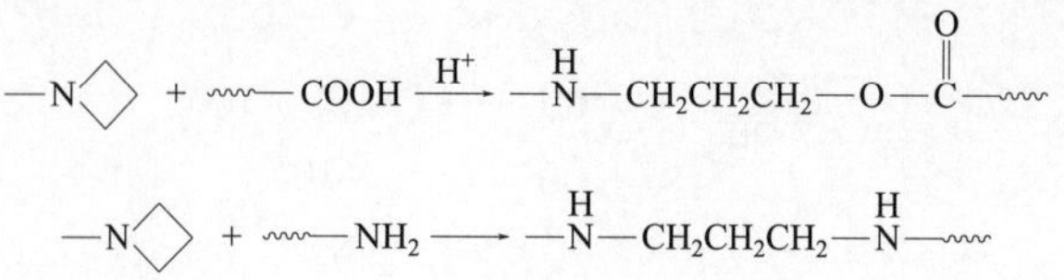

氮杂环丁烷添加到羧酸型水性聚氨酯分散体中，常温中性或碱性条件下氮杂环丁烷不与聚氨酯结构中的羧酸盐基团反应，而在干燥过程中氮杂环丁烷与聚氨酯结构中的游离羧基反应形成交联，因此氮杂环丁烷可成为一种游离的常温单组分交联剂。

（3）环氧交联

环氧基团与氮丙啶结构极为相似，是一种三元氧杂环。三元氧杂环同样存在较大的结构张力，它也可以与多种化合物发生加成开环反应，只是环氧比氮丙啶的反应活性略低。

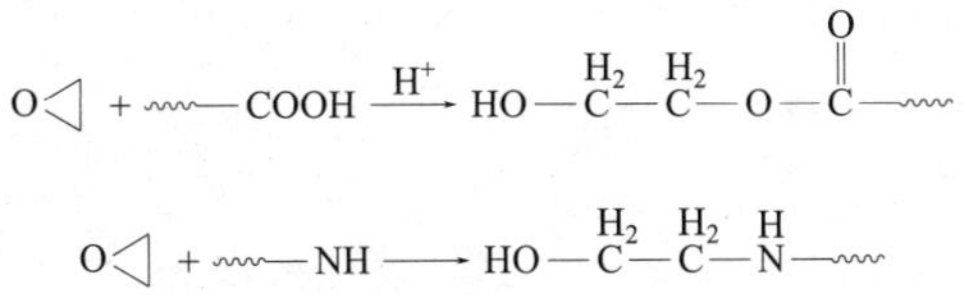

常用的环氧交联剂是环氧硅氧烷，其特征是分子结构中仅含有一个环氧基，但还具有一个可水解缩合的硅氧烷基。单一的环氧官能度结构通常是不能构成交联剂的，但环氧硅氧烷加入水性体系后，硅氧烷水解缩合形成多环氧基团的产物，形成有效的交联剂。用于水性聚氨酯分散体交联的常规环氧硅氧烷为 γ-缩水甘油醚氧丙基三甲基硅烷，其结构如下：

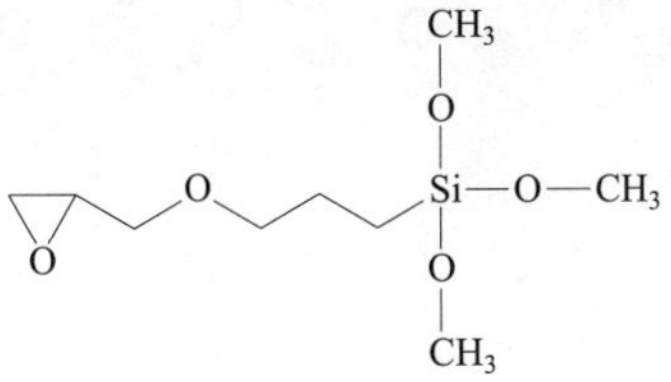

γ-缩水甘油醚氧丙基三甲基硅烷在水中时，烷氧基硅基团水解缩合。缩合产物的环氧官能度可以很大，只要空间容许，这种自缩合可以无限进行。利用环氧硅氧烷结构简单、水溶性好、在水性体系中自缩合生成高官能度环氧的特性可实现交联剂的方便添加和有效交联。

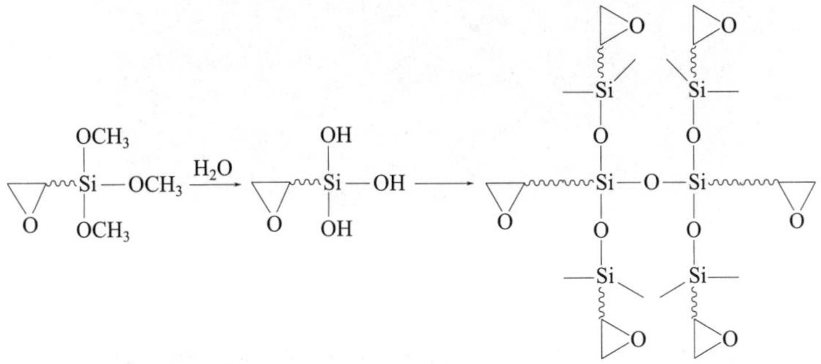

三、润湿剂、流平剂、消泡剂

参看第六章。

第七节 水性聚氨酯应用

一、水性聚氨酯成膜原理

根据 PUD 的失水方法不同，大致可分为干燥成膜和湿法凝固成膜。

1. 干燥成膜

干燥成膜是利用热量使 PUD 中的载体水分挥发，聚氨酯乳液粒子逐渐失去稳定性，互相接近、碰撞、挤压、变形、缠绕，形成干法膜。基本固化成膜过程如图 5-21 所示。

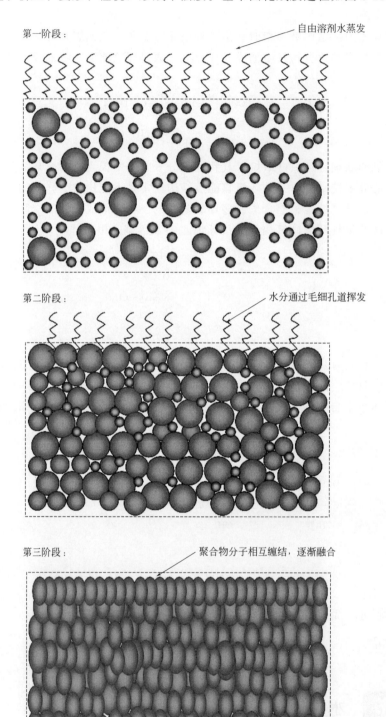

图 5-21 PUD 乳液固化成膜过程示意图

聚合物乳液固化成膜过程分为三个阶段：第一阶段是游离水分子向外界自由蒸发扩散，表现为匀速挥发。第二阶段游离水分子蒸发完后，乳液粒子相互挨近，粒子在表面浓缩堆积形成致密薄膜，水分需要通过这层薄膜才能挥发进入空气。随着干燥的进行，表面膜越来越厚，水分挥发速率越来越低，直至"结皮"。第三阶段聚合物大分子链相互缠绕在一起，形成网状结构，继而形成均相体系，未蒸发的水分子逐渐向外运动，干燥进入极慢速阶段。

图 5-22 用扫描电镜揭示了大粒径 PUD 粒子挤压成膜的形貌。从微观结构看，小粒子可以挤压融合形成大的粒子或者棒状结构，个别大粒子由于失水快，甚至可以原位固定。乳液粒子越小其稳定性越好，干燥速度慢，粒子有充分的时间挤压融合，更容易形成宏观上较光滑的膜结构。

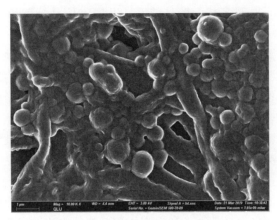

图 5-22　PUD 粒子挤压成膜 SEM

2. 湿法凝固成膜

湿法凝固成膜是利用水性聚氨酯的离子性，通过破坏其已经形成的稳定结构，使分散粒子逐步失去稳定性，凝聚成固体从水中析出，干燥后成膜。

要实现湿法凝固，首先要了解乳液粒子在水中的存在状态。PUD 中的聚氨酯不是以单分子状态分散在水中，而是以分子的集合体形成的粒子存在。结构中的亲水基团主要分布在粒子表面层，亲水基团分布的表面层在分散状态下溶胀形成边界层，边界层厚度与亲水基团含量有关，亲水基团含量越高，边界层越厚。在粒子内部，亲水基团含量和水溶胀率最低，越接近表面越高，在表面层达到最大值。

因此 PUD 粒子可以看作是内部为聚合物，表面为带电荷的溶胀层的球形粒子，粒子分布在水中，相互之间依靠电荷排斥维持乳液稳定性。

由于常用的水性聚氨酯为阴离子型，通过含羧基扩链剂或含磺酸盐扩链剂引入羧基离子或磺酸离子，因此理论上阳离子都可以影响其稳定性。Ca^{2+}、Al^{3+}、Fe^{3+}、Mg^{2+} 等盐类对其稳定性影响很大，达到一定浓度后，会迅速使 PUD 失稳析出，因此这些盐类常用作阴离子 PUD 的凝固剂，也称盐析法。

可作为凝固剂的不仅仅是盐类，有机胺类也表现出较强的正电性，它们在合成中可以作为 PUD 的中和剂，但过量使用则会导致乳液稳定性变差，因此通过后添加法也可以使乳液失去稳定性而析出。另外，部分溶剂会通过影响粒子表面的溶胀层，降低其结合水使边界层变薄，从而影响其稳定性，达到凝固的作用。

水性聚氨酯分散体与其他分散体或乳胶在结构上最大区别是，水性聚氨酯分散体粒子内存在大量结合水，一般在 $20\%\sim50\%$。因此析出后的聚氨酯更多的是互相堆积，大量结合水的存在影响了其分子的缠绕，这也是湿法凝固后的聚氨酯强度很低的原因。只有进一步干燥后，结合水消失，分子发生缠绕，才能形成具有一定力学性能的聚氨酯膜，其模型与干燥成膜的第二、三阶段相同。

二、发泡涂层产品

1. 泡沫形成原理

泡沫是由大量分散在液体中的气泡所组成。不溶性气体在外力作用下进入液体中，气泡间由液膜相互隔离，形成大量气液界面的非均相体系。其中大部分是气相，它们具有某些特定的几何形状，实质上是微观多相的胶体体系，其中气体是分散相，分散在液体的分散介质中。

泡沫的形成需要外加机械力的作用，纯液体不会形成泡沫，必须在该液体中至少加入一种能在气液界面上形成界面吸附的物质——表面活性剂，加入表面活性剂有利于泡沫的产生。在表面活性剂溶液中通入空气，气泡被一层表面活性剂的单分子膜包围，当该气泡冲破了表面活性剂溶液/空气的界面时，第二层表面活性剂就会包围着第一层表面活性剂膜而形成一种含有中间液层的泡沫薄膜层，在这种泡沫薄膜层中含有黏合剂液体，当各个气泡相邻地聚集在一起时，就成为泡沫集合体。

水性聚氨酯发泡涂层技术就是利用不同类型的表面活性剂的特点，加入发泡剂和稳泡剂，调节水性聚氨酯乳液的起泡性。通过机械作用将空气引入到乳液中，利用高速剪切搅拌将空气分散成均匀的细小气泡，从而得到发泡体积可控的泡沫涂层液。气泡周围被具有一定黏度的分散体所成的膜包裹，形成相对稳定的气-液混合。

尽管从热力学上讲泡沫是非常不稳定的体系，然而它还是能够保持相当长的时间。为了提高泡沫的稳定性，除了加入表面活性剂降低表面张力以外，还常加入稳泡剂和增稠剂，提高泡沫表面膜的机械强度和弹性。由于所形成的气-液体系为亚稳定态，因此其相对稳定时间对所形成的涂层至关重要，通常用泡沫的半衰期表示。

泡沫的干燥过程是一个动态变化过程，即从一个亚稳定态不断变化到另一个亚稳定状态的过程。在此过程中，水分不断挥发，状态不断变化，而小气泡总趋向于破裂聚集形成大泡而达到相对稳定，因此不可避免要发生气泡部分破裂，尤其在加热状态下，该趋势会加剧。通过干燥后，虽然有部分气泡破裂，但大部分可维持自身形态，形成具有泡孔结构的水性聚氨酯涂层。

2. 基本原料

① 高固含量 PUD。目前可用于发泡涂层的 PUD 含量一般在 $45\%\sim60\%$。

② 发泡剂与稳泡剂。发泡用 PUD 一般为阴离子型，自身具有一定的起泡能力，但一般不太稳定，不能连续化生产。为了得到稳定均一的泡沫，通常要加入一定的阴离子表面活性剂。加入表面活性剂后，液体的表面张力下降，即体系的能量下降，从而促使泡沫稳定性的提高。如纯水的表面张力为 $72.8\mathrm{mN/m}$（20℃），但不能形成泡沫，加入十二烷基硫酸钠后，它的表面张力可降到 $38\ \mathrm{mN/m}$，表面张力大大降低，从而容易起泡。表面张力降低后，被吸附的表面活性剂分子使液膜弹性提高，阻碍外力对其作用，使泡沫稳定性提高。

从能量观点考虑，低表面张力对于泡沫的形成比较有利。但单纯的表面张力这一因素并不能充分说明对泡沫稳定性的影响，如乙醇的表面张力（$22.3\ \mathrm{mN/m}$）比十二烷基硫酸钠水溶液还要低，但发泡性和泡沫稳定性很差。因此只有低表面张力也不能保证泡沫有较好的稳定性，只有当表面膜有一定强度、能形成多面体的泡沫时，低表面张力才有助于泡沫的稳定。

根据 Laplace 公式

$$\Delta p = \gamma(1/R_1 + 1/R_2)$$

式中，Δp 为曲率不同的液膜两边的压力差；γ 为液体的表面张力；R_1 和 R_2 为曲面的曲率半径。

在液膜的 Plateau 交界处（一般是 3 个气泡的相交处，又称 Gibbs 三角）液膜曲率最大，交界处与平面膜之间的压差，与表面张力成正比，表面张力低则压差小，因而排液速度较慢，液膜变薄较慢，有利于稳定。从能量观点考虑，低表面张力对于泡沫形成比较有利。除了加入表面活性剂降低表面张力以外，泡沫表面膜的机械强度和弹性也会泡沫稳定性有影响。在泡沫原液中加入稳泡剂，可以增强吸附膜中的分子间作用，提高膜的强度，泡沫寿命相应提高，表面黏度也相应增加。分子量大的稳泡剂比分子量小的稳泡性能好，网状结构化合物比链状结构化合物的稳泡性好。

可作为发泡剂和稳泡剂的表面活性剂很多，一般采用阴离子表面活性剂。常用的种类有：脂肪酸皂类表面活性剂，脂肪醇硫酸盐类表面活性剂，烷基苯磺酸盐类表面活性剂，磺化琥珀酸盐类表面活性剂。脂肪酸皂类可产生大量均匀稳定的泡沫，但其对水硬度敏感，且必须在碱性条件下使用。脂肪醇硫酸盐和烷基苯磺酸盐有优良的耐硬水性，在中性和弱酸性条件下也有较好的表面活性。琥珀酸盐具有较低的表面张力和良好的抗硬水性能。磺基琥珀酸单酯或单酰胺的发泡性优于两性表面活性剂，和上述表面活性剂结合使用发泡效果好。另外，叔胺氧化物、蛋白质水溶液等都有利于形成稳定均一的泡沫。

③ 增稠剂。一般采用缔合型聚氨酯增稠剂

④ 交联剂。氮丙啶、碳化二亚胺、多异氰酸酯、甲醛衍生物是最常使用的品种。

3. 基本工艺

水性机械发泡涂层广泛应用于纺织涂层、真皮涂饰、装饰材料、无纺布整理等行业。目前在合成革业使用的水性机械发泡涂层方式主要有直涂法与离型纸法两种。

① 离型纸转移法。通常将水性发泡涂层作为离型纸干法中间层，通过干法转移贴合的方式实现，即"三明治"法。具有一次成型、手感好等优点。但该方法在干燥时只有一面排湿，破泡率较高，因此涂层通常较薄，只能作为手感层使用，常用于服装革。

② 直涂刮涂法。将水性发泡涂层直接涂覆于底布基材上，烘干后获得类似于湿法涂层的水性发泡涂层。具有工艺稳定、材料浪费小、产品转换快等优点。但该涂层只是半成品，还需进一步的后加工，通常用于大批量的基布生产。

对发泡涂层来说，两种方法的基本工艺是相同的，基本可分为配料、发泡、涂层、干燥成膜四个步骤。

① 配料。确定树脂、增稠剂、发泡剂、稳泡剂、交联剂的种类及使用比例。搅拌均匀后，根据增稠剂的种类，逐步提高剪切转速，达到规定的黏度。分散时要注意尽量不要带入空气，避免后期发泡时气液比例不准确。

② 发泡。选择一定的机械发泡方式、气液比例、混合速度、供液量等参数，形成亚稳定状态的泡沫。发泡时要保持供气压力、供液压力的稳定性，调节混合头转速，控制泡沫的不匀率及半衰期。

③ 涂层。一般采用刮涂法，利用间隙控制将泡沫均匀涂布于底布上。提前测量底布的

斥水度，保持料对布的适度渗透，平衡手感与剥离强度的关系。

④ 干燥成膜。合理设置烘箱各段的温度与送风量，一般采用由低到高的梯度设置，避免送风过大或过小，温度过高易形成急剧挥发，影响微孔的形成与表观状态。

4. 产品结构与特点

从图 5-23 和图 5-24 可以看出，发泡涂层是通过无数球形堆叠形成的。泡孔壁具有一定厚度，不同泡孔的孔壁之间是一个整体，构成涂层的支撑结构。泡孔之间具有联通结构，通过在干燥过程中收缩形成的破裂点相互联通，因此在厚度方向和水平方向都具有通透性。另外，从图 5-25 可以看出，在涂层表面上形成的是肉眼无法看到的具有无数小孔的连续膜结构，小孔是泡孔壁在表面上的干燥裂点。通透型泡孔和有孔表面使涂层具备了极佳的透水透气性能，而整体结构泡孔壁及连续的表面膜结构又使其具备了聚氨酯的良好的物理机械性能。

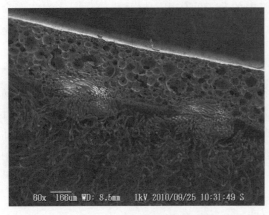

图 5-23　水性机械发泡涂层基布

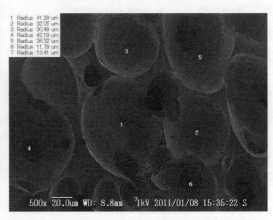

图 5-24　泡孔断面结构

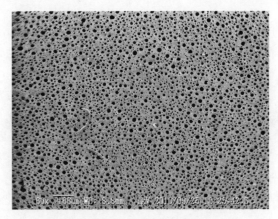

图 5-25　泡孔面层结构

（1）柔软性与弹性

发泡涂层相对于常规涂层具有更好的柔软性。使用相同数量的涂层剂，发泡涂层体积明显大于普通涂层体积。另外，发泡涂层由于具有丰富的泡孔，内部会形成堆叠状结构，因此具有特殊的力学性能，结合适当的树脂，能表现出独特的弹性与柔软性。

（2）表观与花纹

因为发泡涂层的压花成型性好，为获得更清晰和持久的花纹，在压花时所需要的压力就较少，柔软度也就相应提高。发泡涂层还可采用离型纸法直接获得永久纹路。

因为发泡涂层底涂时浆料向基布内渗透的极少，所以涂层后合成革具有非常好的手感和非常漂亮的外观。

（3）高透湿透气性

水性聚氨酯活性基团比较多，与水汽的结合性好，具有良好的结合能力。更重要的是，由于是微孔叠加形成的涂层，水性发泡涂层内部会形成蜂窝状的结构，孔隙间相互贯通，其表面具有微细透气孔，所以具有很好的透气透湿性能。

溶剂型聚氨酯成膜后，表面形成的是无孔的致密膜，其透水透气只能通过高分子中活性基团的传递及分子裂隙进行，因此其卫生性能较差。

（4）制造特点

① 节能。以涂层-干燥技术代替了复杂的溶剂型的涂层-凝固-水洗-干燥工艺，对能源的消耗量很低。

② 安全。由于生产过程无溶剂排放，因此设备防爆等级要求下降，运行安全性提高。更重要的是，消除了溶剂挥发对操作人员的伤害。

③ 高效，低投入。由于采用涂层直接烘干技术，生产工艺简化，减少了湿法及DMF回收设备的投资，操作可控性要优于普通湿法PU革，因此大大提高了生产效率及产品的收率。

④ 环保。从原料、生产、成品三个环节都实现了清洁化，符合国际环保要求。

三、水性浸渍产品

1. 辊涂工艺

辊涂法是目前针织布水性浸渍的主要方法，其基本工艺流程如图5-26所示，将PUD调整到合理的浓度与黏度，利用网纹辊均匀带料，施加到布上并向内渗透，干燥后形成水性基布。

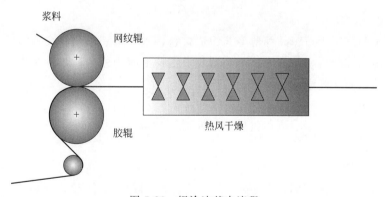

图 5-26 辊涂法基本流程

辊涂工艺的特点是可以实现精确带料，浸渍均匀稳定，表面存料量与渗透度可控，经过磨皮后常用作绒面革。辊涂可多次进行，如双面绒需要正背面分别辊涂浸渍。

基布断面结构如图5-27所示，辊涂基布具有明显的层结构，上下表面为起绒层，中间为编织层。辊涂浸渍一般只在起绒部分，编织层几乎无树脂。如果树脂到达编织层，则手感板硬。从图5-28可以清晰看出基布的表面状态，表面的树脂为不规则的块状或片状结构，附着在纤维上，无泡孔结构。

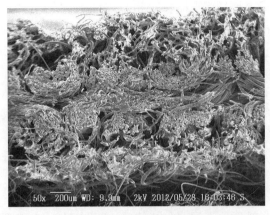
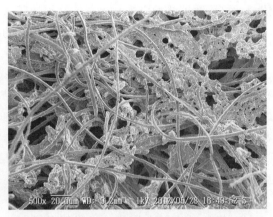

图 5-27　辊涂基布断面　　　　　　　图 5-28　辊涂基布表面

2. 泡沫浸渍工艺

泡沫浸渍法的基本工艺如图 5-29 所示，是用发泡剂和发泡装置使 PUD 形成泡沫状态，利用涂刮或轧压等方法将泡沫挤压到纤维之间，干燥后部分泡沫形成小块的类似发泡涂层的结构，而破裂的泡沫则黏合在纤维交叉点成为很小的黏膜状粒子沉积。

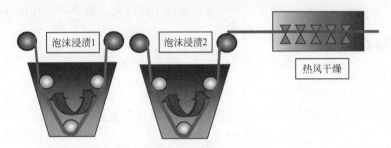

图 5-29　泡沫浸渍法

泡沫浸渍法广泛用于纺织品和薄型非织造材料，主要是利用其破裂后的黏合作用，使纤网黏合后形成多孔性结构。而合成革基布则要求保持泡沫的稳定性，最大限度地形成球形的泡沫体，实现蓬松而又弹性的手感。

3. 湿法超纤革

水性湿法凝固生产线基本流程包括：前处理→给布→浸渍→凝固→水洗→干燥→打卷→后处理。

其生产线基本分布如图 5-30 所示。经过前处理的非织造布通过给布装置进入浸渍槽，通过反复浸轧后 PUD 分布到纤维间隙。然后进入凝固槽，采用盐析法将 PUD 凝聚，再进入水洗槽脱盐，干燥成膜后打卷。进行染色、贴面、磨皮等后整理工序。

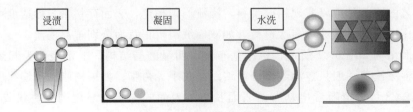

图 5-30　湿法凝固生产线

从工序角度看与溶剂型类似,但是由于成膜机理存在本质上的差别,因此在理论设计、设备功能、控制方法、工艺路线及参数等各方面相差非常大。

图5-31显示出基布的断面结构,水性湿法基布的断面形态与溶剂型类似。树脂分布于纤维的间隙中,结构连续完整。由于进行了前处理,基布中的纤维与树脂形成了良好的离型结构。

水性树脂湿法凝固的结构与分布明显不同于干燥成膜的结构。干燥成膜的树脂结构是块状分散分布,树脂粘连在纤维上;而湿法凝固的树脂结构是连续结构,树脂与纤维是分离的。

图5-32所示为湿法水性聚氨酯的形貌。树脂基本为连续不规则结构,没有溶剂型的海绵状泡孔,而是具有不平整的泡沫感的膜结构。膜结构中具有一定的封闭的"O"形孔和开放的"C"形孔。

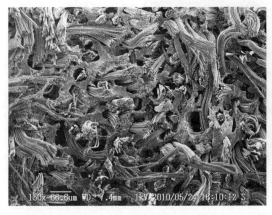

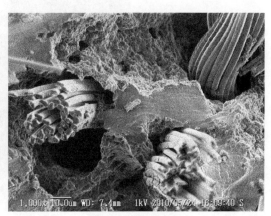

图5-31 湿法基布断面结构　　　　　　　　　图5-32 聚氨酯结构

连续的膜结构使聚氨酯的密度较大,因此基布整体具有较高的表观密度。如水性定岛超纤的表观密度可以达到$0.55\sim0.60g/m^3$,远高于溶剂型的$0.40g/m^3$。"O"形孔和"C"形孔使基布具有良好的压缩弹性。

4. 机械发泡湿法凝固

湿法凝固不仅可以用于浸渍树脂,还可以通过调整凝固液中的离子种类、比例、浓度等条件,对水性机械发泡进行湿法凝固,得到结构特殊的产品。

图5-33和图5-34所示为机械发泡湿法凝固的特殊结构,可以看到,机械发泡湿法凝固得到的表面虽然没有机械发泡干法的泡孔密度,但仍保留有大量泡孔,提供了普通湿法不具

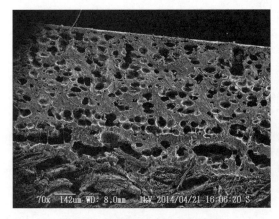
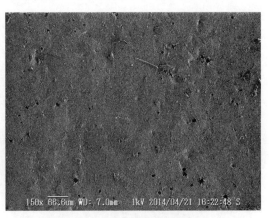

图5-33 机械发泡湿法凝固断面　　　　　　图5-34 机械发泡湿法凝固表面

备的泡孔结构，赋予其良好的弹性和手感。发泡涂层刚进入凝固液时，表面泡沫迅速破裂排液，凝聚后形成一个较连续的致密层，表面有少量的大小不等的细孔。随着凝固液向内渗透，泡沫的凝固定型与破泡排液同时进行。由于大量泡沫破裂，使剩余泡沫的泡壁增厚，稳定性增加，当这部分泡沫的泡壁凝固后，泡沫得以保留。

　　图 5-35 显示，湿法凝固时，泡沫大量破裂使泡孔数量减少，而且由于泡沫破裂具有随机性，因此机械发泡涂层湿法凝固形成的泡孔大小不匀。泡孔壁较厚，因此泡孔基本都是独立存在。

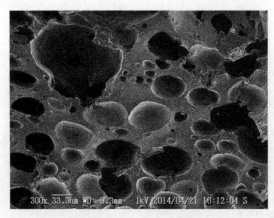

图 5-35　聚氨酯凝固结构

第六章 ▶▶

基布加工助剂

基布加工是实现非织造布与聚氨酯复合的工序。在此过程中，聚氨酯完成湿法凝固，形成特定的泡孔结构；纤维实现由海岛纤维到超细纤维的转变。因此基布应具有良好的柔韧性、透气透湿性和抗拉强度。

在加工过程中，为了调节性能或解决加工过程中的问题，需要加入一定的助剂进行调整，如凝固调节剂、填料、色浆、流平剂、消泡剂等。

第一节 湿法凝固调节剂

凝固调节剂是对聚氨酯、DMF、水等具有界面活性的表面活性剂或以占据方式形成微孔结构的助剂的统称。在湿法凝固中主要通过改变界面张力来加快或减缓凝固速度，形成不同结构的 PU 微孔，从而达到调节合成革手感与理化性能的目的。湿法凝固调节剂按作用机理主要分为结晶型、水溶性大分子及表面活性剂型。

一、凝固调节剂作用机理

1. 结晶型

结晶型凝固调节剂是以"溶解-结晶-洗脱"的方式调节微孔结构的。即将凝固调节剂首先加热溶解于聚氨酯溶液中，凝固时温度降低，凝固调节剂从溶液中析出形成液滴或结晶体，凝固结束后将结晶体在水洗工艺中洗脱出来。

结晶型凝固调节剂以温度调节为基础，通过温度变化溶解或结晶，达到对 PU 微孔结构的调节。一般只用于宏观泡孔调节，需要与其他调节剂配合使用。

2. 水溶性大分子

水溶性大分子凝固调节剂是以"共混-亲水-洗脱"的方式调节微孔结构的。首先将水溶性大分子添加于聚氨酯溶液中，由于其不溶于树脂，因此形成的是共混结构。对于树脂体系来说，水溶性大分子是一种特殊"杂质"。

在凝固时，由于水溶性大分子表现出亲水性，形成大量亲水凝胶核，使凝固作用以凝胶核为中心快速发展，凝固时树脂收缩应力被快速分散，不会形成较大的局部强收缩。凝固结束后，大分子在水洗工艺中被洗脱出来，所占据的凝胶核形成大量空腔。水溶性大分子凝固调节剂以凝胶核为基础，通过占据与亲水两种作用，达到对 PU 微孔结构的调节。

3. 表面活性剂型

表面活性剂型以改变凝固界面的表面张力为调节手段，以此影响 DMF/H_2O 之间的扩散速率，达到调节凝固速度与 PU 微孔结构的目的。表面活性剂在 PU 凝固时的调节机理如下：

① 表面活性剂分子结构由两部分组成，一部分是亲溶剂的极性部分，另一部分是憎溶剂的非极性部分，两亲性结构是其表面活性的基础。

② 在聚氨酯树脂中，DMF 是强极性的高表面张力的小分子溶剂，可以渗透到聚氨酯大分子链之间，并形成一定的氢键结合，削弱大分子间的相聚力，使大分子处于松散的线团状排列，呈现溶液状态。

③ 当表面活性剂加入聚氨酯树脂中时，依据"相似相溶"的原理，极性基团使表面活性剂有进入溶剂的趋势，即强极性的 DMF 与表面活性剂中的极性基团相亲和，而非极性的碳氢长链则阻止其在 DMF 溶剂中溶解，有迁移出 DMF 溶剂的倾向。

④ 当水进入体系时，因水分子的极性较弱，不足以使表面活性剂的极性基团摆脱与 DMF 的作用而与 H_2O 相结合，于是表面活性剂中极性基团一端伸向极性更强的 DMF 中，非极性基团则伸向极性较弱的 H_2O 中。正是因为表面活性剂的这种存在状态，使得表面活性剂在 PU 凝固时得以改变 DMF 与水的双向扩散速率。不同的表面活性剂其作用结果不同。

⑤ 当表面活性剂分子的偶极矩很大时，即极性基团的作用力比非极性基团更强，使得当 H_2O 进入 PU 溶液时，除了 DMF 与 H_2O 的作用力外，表面活性剂的极性基团同样促进了 H_2O 的进入，从而加速了 H_2O 与 DMF 间的置换。当表面活性剂的非极性基团的作用力占主导时，因非极性基团的存在阻碍了 H_2O 的进入而减缓了 H_2O 与 DMF 的置换。

二、结晶型凝固调节剂

1. 基本要求

结晶型凝固调节剂要具备以下性能：

① 在常温下是针状的白色结晶体，经过热水洗脱后能形成所希望的连续的细长孔或针形孔。

② 温度升高能以液态形式溶解到聚氨酯溶液中，而且和聚氨酯要有适当的亲和性，形成均一稳定的混合体。

③ 熔点一般要求在 40～60℃，便于溶解与结晶。当熔点过高时，只有保持聚氨酯溶液处于高温的状态才能溶解凝固调节剂，不利于浆料的调配与使用；如果熔点太低，则需将凝固液的温度调低，否则无法形成结晶析出，不利于凝固的进行。熔点低通常分子量也较低，但低分子量的醇和酸溶解度较大，要获得同样的效果必须增大凝固调节剂的添加量。

④ 在热水中易洗脱。只有将结晶洗脱后，才能得到结晶所占据的微孔结构。如果洗涤效果差将不利于工业化生产，而且残留的结晶体在干燥过程中会使聚氨酯黏结硬化。

2. 调节剂种类

结晶型凝固调节剂主要是烷基醇和脂肪族羧酸。烷基醇主要是十二、十四、十六、十八、二十、二十二、二十四烷醇等；脂肪族羧酸主要是含 8～31 个碳原子的癸酸、十二烷酸、十四烷酸、硬脂酸、二十碳烷酸、三十烷酸等。在实际生产过程中，根据聚氨酯溶液和凝固液的温度、凝固调节剂的熔点及溶剂的溶解度等，一般选择含碳原子数在 14～20 个的长链烷基醇，如十四醇、十六醇、十八醇、二十醇等比较适合，尤其是正十八醇，是合成革涂层产品中常用的凝固调节剂。

十八醇为长直链结构，端基为醇羟基，但由于大的脂肪烷烃链的屏蔽作用，它并不显示一般低级醇的亲水性质，而是以长的烷烃基的疏水性质为主要特征。因此在液体状态下十八醇能够抑制水的扩散与渗透，是凝固延迟剂。

工业十八醇通常是 $C_{18}H_{37}OH$ 与 $C_{16}H_{33}OH$ 的混合物，其中十八醇的含量在 95% 左右，熔点为56.5℃。常温下为白色蜡状小叶晶体，结晶时为针型。不溶于水，在一定温度下可溶于DMF中，且与聚氨酯有一定的相容性。溶于乙醇、乙醚，微溶于苯、氯仿和丙酮。

3. 凝固调节机理

凝固初期，由于温度较高，凝固调节剂仍为液态，与聚氨酯树脂为均一溶液，由于强疏水基的存在抑制了水的扩散与渗透，延迟了凝固速度，因此此时表现的更多是其碳氢长链的作用。

刚进入凝固液时，由于涂层液温度较高，部分十八醇在聚氨酯液中先以极微细液滴状析出，均匀分散在涂层中成为固化核心，形成连续的圆形微孔结构。随着凝固的进行，由于凝固液温度要低于凝固调节剂的熔点，温度降低使凝固调节剂以结晶析出，与树脂产生相分离，并且占据一定的空间。此时树脂溶液有流动性，因此结晶析出使树脂形成掺"杂质"的不均匀溶液，而"杂质"的存在抑制了树脂的流动性，使体系整体均匀收缩。收缩应力通过膜的自身蠕动来消除，较少发生膜撕裂，因而能形成致密的表面层与针形微孔。

在这种胶状分散液向凝固状态固化的过程中，凝固调节剂的针形结晶就成为PU凝固的核心，同时在凝固体周围因大分子链的收缩造成一定的空隙。也就是说，聚氨酯包围着结晶进行凝固，从而在聚氨酯的固化过程中起到了作为高分子物质的分散稳定剂的作用。

在水洗工序，凝固调节剂被洗脱出来，它所占据的位置也形成一些与结晶形态类似的微孔结构。以结晶态析出还是以液滴析出，通常取决于调节剂的熔点和凝固液的温度。低于熔点时以结晶形式作用，而高于熔点时以凝聚液滴形式作用。调节剂析出的结晶或液滴还起到延缓PU分子相互间迅速凝固的作用，从而使PU凝固过程中的半凝固状态时间变长，给凝固液提供充分向里渗透的时间，有利于内外层同时均匀凝固，避免了因大分子凝聚太快而造成的大孔。

凝固调节剂在树脂溶液中有一定的溶解度。以十八醇为例，在20%的树脂溶液中，常温下如果十八醇含量在0.5%以下，基本是溶解状态，但超过后则出现结晶现象，含量越高结晶析出现象越明显。溶解部分的结晶是随着液膜进入凝固浴后，随着膜内DMF含量的减少缓慢结晶析出。所以十八醇加入后首先主要表现为疏水性，减缓凝固浴中水的扩散和渗透，而当十八醇结晶析出后则表现为占据式发泡。

十八醇一般不单独使用，而是与其他表面活性剂联合使用，如与S-60配合使用，其结构见图6-1。可形成表面高度平整，具有良好压缩弹性的基布，大泡孔呈液滴状，总量少，泡壁厚并形成细密海绵状微孔，强度高，一般用于鞋革。

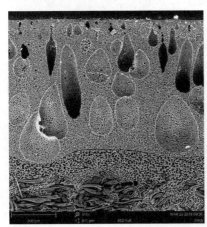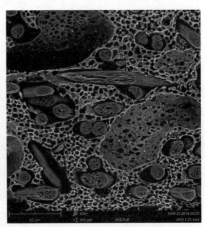

图 6-1 十八醇与 S-60 混合湿法结构

三、水溶性大分子

1. 基本要求

① 常温下可溶于水，而不溶于 PU/DMF 体系中。

② 白色粉体，与 PU/DMF 形成均一稳定的混合体，不易沉降。

③ 在水中易洗脱，只有将大分子洗脱后，才能得到凝胶核所占据的微孔结构。

2. 调节剂种类

水溶性大分子是一种强亲水性的材料，能溶解或溶胀于水中形成水溶液或分散体系。目前使用最多的水溶性大分子是聚乙烯醇类、改性纤维素类和聚丙烯酰胺。

聚乙烯醇同时具有亲水基和疏水基两种官能基团，因此是具有界面活性的物质。在聚乙烯醇分子中存在两种化学结构，即 1,3 和 1,2 乙二醇结构，但主要的结构是 1,3 乙二醇结构，即"头-尾"结构。聚乙烯醇的聚合度分为超高聚合度（分子量 25 万～30 万）、高聚合度（分子量 17 万～22 万）、中聚合度（分子量 12 万～15 万）和低聚合度（2.5 万～3.5 万）。

PVA 在水中的溶解性能与其醇解度和聚合度有关，特别是醇解度。醇解度一般有 78％、88％、98％三种。部分醇解的醇解度通常为 87％～89％，完全醇解的醇解度为 98％～100％。

$$\begin{bmatrix} H_2 & H \\ C - C \\ & | \\ & OOCCH_3 \end{bmatrix}_n + n\,CH_3OH \xrightarrow{NaOH} \begin{bmatrix} H_2 & H \\ C - C \\ & | \\ & OH \end{bmatrix}_n + n\,CH_3COOCH_3$$

PVA 分子链上含有大量的羟基，其分子间和分子内易形成较强的氢键作用，不利于 PVA 在水中的溶解，而部分醇解 PVA 的残存醋酸乙烯酯基体积较大，阻碍了分子链的相互接近，减弱了分子间和分子内的氢键，使更多的羟基与水相互作用，改善了 PVA 的水溶性。但醋酸乙烯酯基是疏水性的，醇解度太低，其含量增加使 PVA 的水溶性降低。因此一般选用醇解度为 88 ％的部分醇解的 PVA 作为水溶性聚乙烯醇。

代表性产品为 PVA-1788，其聚合度为 1700，醇解度为 88％，分子量（M_n）84000～89000。PVA-1788 水溶性好，不管在冷水中、还是在热水中都能很快地溶解；并且具有优异的生物相容性和降解性，在自然界中可以被微生物分解，且降解速度快。

3. 凝固调节机理

由于水溶性大分子是以微小颗粒分散在聚氨酯溶液中，因此在凝固初期，更多的是 DMF/H_2O/PU 三者之间的交换与平衡，水溶性大分子基本不参与凝固调节。

随着凝固的进行，水溶性大分子吸收水分，成为凝胶核。由于其水溶性，凝固液容易向内渗透，加快了凝固进行速度，因此在厚度方向上形成系列较大的指形孔。亲水凝胶核的存在抑制了树脂的流动性，同时在自身周围迅速形成小的凝固中心，该中心不断向四周发展，形成更多的凝固点。由于形成膜的速度较快，无法通过自身蠕动来消除应力，因此发生较多小的膜撕裂，形成很多微小空腔的较均一的膜结构，其湿法结构形貌如图 6-2 所示。

在水洗工序，水溶性大分子被洗脱出来，它所占据的位置也形成一些不规则的微孔结构。由于凝固调节和占据作用同时存在，因此形成的微孔结构比较特殊，以部分大型孔为中心，形成大量微细的不规则小泡孔，整体与局部泡孔体积都很高。

水溶性大分子可以单独使用，也可与其他表面活性剂联合使用，可赋予涂层柔软细腻的手感。泡孔总量多，泡壁薄，一般用于服装革。

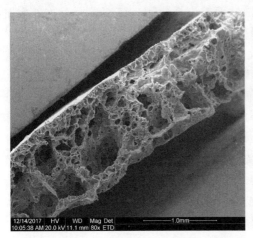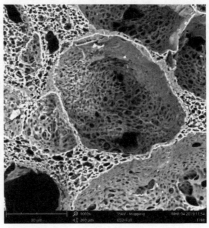

图 6-2　PVA-1788 湿法结构

四、阴离子表面活性剂

阴离子表面活性剂起表面活性作用的部分是阴离子，主要利用其亲水性，促进水的渗透和扩散，从而加速凝固过程。主要有高级脂肪酸酯盐、磺酸化盐、硫酸酯盐类。

磺酸盐类表面活性剂的亲水基是磺酸基，由于磺酸基以 S—C 键直接与疏水基相连，化学性能十分稳定。因此，以磺酸基作为亲水基的阴离子表面活性剂是使用量最大的一类。磺酸盐类表面活性剂主要包括脂肪醇磺基琥珀酸酯钠盐、脂肪醇聚氧乙烯醚磺基琥珀酸酯钠盐、烷基酚聚氧乙烯醚磺基琥珀酸酯钠盐、椰油酸单乙醇酰胺磺基琥珀酸酯钠盐。

合成革常用的为琥珀酸酯磺酸盐系列。由顺丁烯二酸酐与各种羟基化合物缩合得到琥珀酸酯，再由亚硫酸钠或亚硫酸氢钠与双键进行加成反应，可得到琥珀酸酯磺酸盐。其性质主要取决于含有活泼氢的疏水基原料，以及顺丁烯二酸酐上两个羧基的酯化程度。根据酯化程度，可分为单酯型和双酯型。

$$RO-C-\overset{H_2}{C}-CH-C-ONa \qquad RO-C-\overset{H_2}{C}-CH-C-OR$$
$$SO_3Na \qquad\qquad SO_3Na$$
单酯　　　　　　　　　双酯

单酯型有两个亲水基团，一个磺酸盐基团，一个羧酸盐基团。对于单酯型，其性质的区别主要是由于所采用的疏水基原料不同。R 为亲油基团，可以是脂肪醇（或胺）、烷酸酰胺、脂肪酸单甘油酯、有机硅酸、壬基酚及上述原料的乙氧基化合物。双酯型只有一个磺酸盐亲水基团，对双酯型而言，R 类型相同时为对称双酯盐；R 不同时为不对称双酯盐（简称混合酯盐）。即使单酯型与双酯型的疏水基相同，它们的亲水亲油性能也会有很大的区别。可以看出，通过改变 R 的结构和单双酯的比例，可以得到系列化的琥珀酸酯磺酸盐。

室温下，单酯磺酸盐在水中的溶解度很低，一般为白色膏状，溶解度随温度升高而增大，随碳链的增长而减少，主要做乳化剂使用。醇型产品的乳化力要显著优于十二烷基硫酸钠、烷基苯磺酸钠、磺基琥珀酸双酯、烷基酚聚氧乙烯醚。酰胺型产品的乳化力显著优于十二烷基硫酸钠，以乙氧基/丙氧基分段聚合的产品乳化性能最为优良。

合成革常用的主要是双酯型磺酸盐。双酯盐产品因具有较低的表面张力（其水溶液可达

27～35mN/m），及良好的渗透性和润湿分散性而被广泛应用。随着碳原子数的增加，双酯磺酸盐的临界胶束浓度和表面张力均相应降低。碳原子数相同时，正构烷基的略低于带支链的烷基。当碳原子数小于14且不带支链时，随正构碳链的增长其润湿力增强；随支链数增加，其润湿力减弱。大于14后，碳链长度增加，其润湿力下降；而随支链的增加，其润湿力增强。烷基碳原子数合计在16～18时，润湿性能优异。

磺基琥珀酸酯盐系列表面活性剂产品合成所用的原料主要有顺丁烯二酸酐（简称顺酐或称马来酸酐）、脂肪醇（或胺的衍生物）以及亚硫酸盐等。其合成过程可分为两步：顺酐与羟基（或氨基）化合物酯化（缩合）；与亚硫酸盐或亚硫酸氢盐加成磺化。酯化和磺化工艺虽已经比较成熟，但具体涉及不同分子结构的产品时仍需优化工艺。

代表性的双酯产品琥珀酸二异辛酯磺酸钠，由异辛醇和顺丁烯二酸酐在酸性催化（硫酸、对甲苯磺酸）下反应生成顺丁烯二酸双酯，再以亚硫酸氢钠进行磺化处理制得。反应式与分子结构如下：

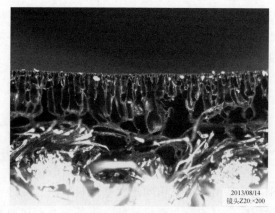

琥珀酸二异辛酯磺酸钠

琥珀酸二异辛酯磺酸钠溶于水及有机溶剂，具有极低的平衡和动态表面张力，可快速向界面迁移。由于其亲水性降低了表面张力，使表面致密膜迅速形成，凝固液进入膜内部后，较低的界面张力提高了凝固速度，使聚氨酯迅速凝固收缩。因此凝固后的PU表面的致密层厚度小，形成较均匀的由上到下逐渐增大的指形孔，其结构形貌如图6-3所示。琥珀酸二异辛酯磺酸钠使用量通常为PU浆料总量的0.3%～1.5%。

图6-3 OT-70 湿法结构

在疏水基中引入不同聚合数的乙氧基（EO）或丙氧基（PO）可改进磺基琥珀酸双（2-乙基己基）酯钠盐的水溶性。磺基琥珀酸酯的亲水亲油平衡HLB值为6～12，由于它们的分子结构中一般存在酯键，所以在酸性或碱性溶液中都不稳定，会发生水解。从分子改性角度考虑，将长链的伯胺或仲胺代替相应的醇与顺酐反应，合成磺基琥珀双酰胺盐，得到的产物稳定性很好。

琥珀酸双十三烷基酯磺酸钠也是常用的凝固调节剂。它是具有一个磺酸盐亲水基团的双酯型琥珀酸酯磺酸盐，分子结构为：

$$R_{13}-O-\overset{\displaystyle O}{\overset{\displaystyle \|}{C}}-\overset{\displaystyle H_2}{C}-\underset{\displaystyle SO_3Na}{\overset{\displaystyle H}{C}}-\overset{\displaystyle O}{\overset{\displaystyle \|}{C}}-O-R_{13}$$

琥珀酸双十三烷基酯磺酸钠为白色至淡黄色黏稠液体，可溶于水，渗透性快速均匀，在凝固过程过程中起稳定调节的作用，能产生较大且长的连通微孔结构。由于它的两个长链烷基的不规则弯曲能对亲水性基团产生屏蔽作用，因此其亲油性优于亲水性，但是它的 CMC 值非常低。极低的 CMC 值、高油溶性和有限的水溶性的特点，使它在体系中的再润湿性及乳化性良好。因此，在 PU 浆料体系中，其流平作用更突出，通常作为湿润流平剂使用。

为了改变或调节磺基琥珀酸酯钠盐的表面活性，需要在分子中引入各种官能基团。目前比较新型的产品为聚硅氧烷磺基琥珀酸盐与氟碳磺基琥珀酸盐。

$$H_3C-\underset{\displaystyle CH_3}{\overset{\displaystyle CH_3}{Si}}-O-\left[\underset{\displaystyle CH_3}{\overset{\displaystyle CH_3}{Si}}-O\right]_m\left[\underset{\displaystyle R}{\overset{\displaystyle CH_3}{Si}}-O\right]_n\underset{\displaystyle CH_3}{\overset{\displaystyle CH_3}{Si}}-CH_3$$

聚硅氧烷磺基琥珀酸盐

$$H(CF_2)_4CH_2OH \longrightarrow H(CF_2)_4CH_2OOCCH=CHCOOH \xrightarrow{Na_2SO_3} H(CF_2)_4CH_2OOCCH_2-\underset{\displaystyle SO_3Na}{CHCOONa}$$

八氟戊醇　　　　　　　　　　　　　　　　　　　　　　　　　氟碳磺基琥珀酸盐

聚硅氧烷磺基琥珀酸盐将硅氧烷的手感性能和磺基琥珀酸盐的渗透性结合在一起，赋予湿法涂层特殊的性能与结构。氟碳磺基琥珀酸盐表面活性剂是近年来出现的特殊用途的表面活性剂，具有含氟表面性剂的"三高"、"两憎"特性，而且具有很好的配伍能力，其复配品具有更高的降低表面张力的能力。

烷基硫酸盐的亲水基是硫酸酯基。这类表面活性剂中最主要的产品是脂肪醇经硫酸酯化后得到的脂肪醇硫酸酯盐，包括脂肪醇及脂肪醇聚氧乙烯醚硫酸盐。其溶解度一般随碳链增长而下降，C_{12} 以上都具有优良的润湿能力。脂肪醇硫酸酯类中常用的是十二烷基硫酸钠（月桂醇硫酸钠）、十六烷基硫酸钠（鲸蜡醇硫酸钠）、十八烷基硫酸钠（硬脂醇硫酸钠）等。

五、非离子表面活性剂

非离子表面活性剂的亲水基一般由一定数量的含氧基团（醚基或羟基）构成，在水溶液中不电离，与其他表面活性剂相容性好。通过调整亲水基的比例与结构，其溶解、乳化、润湿、分散、渗透等性能会发生很大变化。

1. 多元醇型

作为凝固调节剂的非离子表面活性剂主要是多元醇酯类。以 $C_{12\sim18}$ 脂肪酸为亲油基原料，以多羟基化合物如甘油、季戊四醇、失水山梨醇等为亲水基原料进行反应。多元醇与脂肪酸反应生成的酯作为疏水基，残余羟基为亲水基，所以这类产品大都不溶于水或亲水性很差。利用其疏水性，可增加凝固界面张力，降低 PU 树脂分子间的凝聚力。

代表性的产品为山梨醇脂肪酸酯类。这是一类低 HLB 值的非离子表面活性剂，同时具有疏水基团和亲水基团，疏水基为脂肪酸酯链，亲水基为失水山梨醇。它可溶于具有强极性的 DMF 溶液，与聚氨酯也有良好的相容性。

山梨醇与脂肪酸直接反应时，发生分子内失水形成醚键，同时发生酯化反应，得到失水山梨醇的酯。反应产物为单酯、双酯和三酯的混合物，可通过改变投料比和反应条件来调整产物的组成。

Span 是失水山梨醇脂肪酸酯类乳化剂的商品名称，该类产品用途广泛，合成技术成熟。由于脂肪酸链结构以及数量的差异，因而 Span 类乳化剂有一系列不同品牌的工业产品。主要包括失水山梨醇单月桂酸酯（Span-20）、失水山梨醇单棕榈酸酯（Span-40）、失水山梨醇单硬脂酸酯（Span-60）、失水山梨醇单油酸酯（Span-80）、失水山梨醇油酸三酯（Span-85）。Span 系列乳化剂分子基本结构为六元环与五元环的混合物。这些产品不溶于水而溶于有机溶剂，无毒无味。

Span 类乳化剂的疏水基为脂肪酸酯链，亲水基为失水山梨醇。由于 Span 分子含多羟基，因此其界面活性变化范围较大。Span 分子的酯化度对其界面活性也有显著的影响，酯化度越高，分子结构中自由的羟基数目越少，其 HLB 值就越低。

Span 系列乳化剂因为长烷烃链的存在而显示出亲油疏水的性质，其系列产品的 HLB 值如表 6-1 所示。三酯的 HLB 值要低于单酯的，各种不同的 HLB 值的产品可以配合使用。Span-60 和 Span-80 为最常用品种，通常使用量为浆料总量的 $0.5\% \sim 2\%$。

表 6-1 Span 系列及其 HLB 值

商品名	结构	HLB 值
Span-20	失水山梨醇单月桂酸酯	8.6
Span-40	失水山梨醇单棕榈酸酯	6.7
Span-60	失水山梨醇单硬脂酸酯	4.7
Span-65	失水山梨醇硬脂酸三酯	2.1
Span-80	失水山梨醇单油酸酯	4.3
Span-85	失水山梨醇油酸三酯	1.8

2. 聚氧乙烯型

聚氧乙烯型非离子表面活性剂，一般是通过含有亲油基及活性氢的化合物在催化剂作用下与一定量的环氧乙烷反应得到。分子中的亲油基团为脂肪醇或脂肪酸，亲水基团主要是由具有一定数量的聚氧乙烯链构成，其亲水性通过表面活性剂与水分子之间形成氢键的形式体现。合成革常用的聚氧乙烯型非离子表面活性剂有脂肪醇聚氧乙烯醚（AEO）和脂肪酸聚氧乙烯酯（AE）。基本通式如下：

$$R{-}OH + n\,H_2C{-}CH_2 \xrightarrow{\text{催化}} RO(CH_2CH_2O)_n{-}H$$

$$RCOOH + n\,H_2C{-}CH_2 \xrightarrow{\text{NaOH}} RCOO(CH_2CH_2O)_n{-}H$$

脂肪醇聚氧乙烯醚是脂肪醇与环氧乙烷的加成物。易溶于水及一般有机溶剂，具有良好的渗透、乳化和净洗性能，生物降解性好，是目前使用量最大的品种。高碳脂肪醇聚氧乙烯醚的水溶性受醇结构中碳原子数和加成的环氧乙烷分子数的影响很大。亲油基一定的情况下，随着分子中环氧乙烷加成数的增加，表面活性剂从亲油向亲水逐渐变化，在 DMF/H$_2$O 界面活性也有很大不同。

通常使用的脂肪醇含碳原子数在 12～18 之间，如果饱和一元醇的碳原子数比加成的环氧乙烷分子数多三个的话，一般在常温下都是可溶于水的。如月桂醇（十二碳醇）加成 9 个环氧乙烷分子的产物，鲸蜡醇（十六碳醇）加成 13 个环氧乙烷分子的产物，它们在常温下水溶性都是很好的，但鲸蜡醇加成 11 个环氧乙烷分子的产物水溶性较差。

因此，通过改变结构可以得到不同用途的表面活性剂，应用到湿法工艺中，可得到不同孔型、性能、手感的产品。如强疏水性的非离子表面活性剂，可用于要求稠密多孔形状的湿法加工，减缓膜表面的急速凝固；弱疏水性非离子表面活性剂在湿法凝固中对 DMF 的洗脱能起到非常有效的促进作用，得到表面平滑性良好的多孔层。

其他非离子表面活性剂还有烷醇酰胺类、脂肪酸酯类、脂肪酸甘油酯类。代表性产品为椰油酸二乙醇酰胺、乙二醇单硬脂酸酯、聚乙二醇双硬脂酸酯、丙二醇单硬脂酸酯，如四甘油单硬脂酸酯、四甘油五油酸酯等。需要特别指出的是，由于欧盟 2003/53/EC 指令禁用烷基酚（NP/OP）及烷基酚聚氧乙烯醚（NPEO/OPEO）等非离子型表面活性剂，因此使用时要特别谨慎。

3. 凝固调节机理

大部分非离子表面活性剂都是疏水性的。其疏水性使聚氨酯凝固成膜的过程延长，特别是延缓了表面聚氨酯分子凝固形成致密层的过程，因此得到的表面平滑无卷曲，整体皮膜收缩面积小。致密层下的泡孔细小，但下层的泡孔比上层的大很多，尤其是与基布相连的部分。

以 S-80 为例，其形成的湿法结构形貌如图 6-4 所示。当含有 S-80 的树脂液进入水相时，内外 DMF 浓度相差很大。在聚氨酯分子链间的 DMF 由于其高度亲水性，脱离与PU 和 S-80 的稳定体系而进入水相。而聚氨酯分子由于失去 DMF，其松散伸展的状态受到影响，分子之间有凝聚缠绕的趋势。S-80自身具有疏水性，会减缓水向内扩散的速度；同时 S-80 存在于聚氨酯大分子链间，削弱它

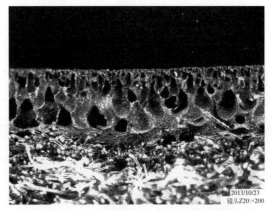

图 6-4　加入 Span-80 得到的湿法结构

们间的相聚力，从而减缓了 PU 的凝固。因此形成致密层的过程变得很缓慢，为下层 DMF 向上扩散赢得了时间，从而使表面形成较厚的致密层。

当膜表面凝固后，因固体膜脱液收缩，收缩应力不能通过膜的自身蠕动来消除，从而在应力集中处发生膜撕裂，成为指形孔的生长点。而 S-80 的存在阻碍了水沿着指形孔的生长点进入膜内，使得进入过程很缓慢，产生的应力小，撕裂点均匀且数量少，树脂有充分的应变时间，泡孔由细长形逐渐变化为短圆形，延伸距离越来越短，孔与孔之间的孔壁变厚。当 S-80 达到一定浓度后，凝固过于缓慢，导致下层树脂浓度过低，凝固形成的泡孔不足以抵消 DMF 交换和 PU 凝固收缩的体积，致使最终膜底部无法得到有效补充而形成较大泡孔。

非离子型表面活性剂除了具有延缓凝固成膜的作用，还有防止纤维与聚氨酯粘连的作用，对于形成合成革的特殊离型结构有积极作用，可增加基布的柔软性和撕裂强度。

六、有机硅表面活性剂

1. 基本性质

有机硅表面活性剂的疏水部分由硅氧基、硅亚甲基或硅氧烷构成，分为阴离子型、阳离子型、非离子型、两性离子型四种。其中非离子型的聚醚改性聚硅氧烷具有表面张力低、亲水、亲油、稳定气泡等性质，被广泛用于湿法凝固工艺中。

聚醚改性聚硅氧烷是在疏水性聚硅氧烷的侧链或端链引入亲水基团，所以其结构是聚氧化烯烃-聚硅氧烷嵌段共聚物。其中，聚二甲基硅氧烷为疏水链，聚醚链为亲水链。它具有较高的表面活性与良好的亲水亲油平衡性能。

聚醚改性聚硅氧烷比普通表面活性剂具有更好的表面活性和易铺展性，这来源于聚二甲基硅氧烷的低表面张力和弱分子间作用力。硅原子在化合物中处于四面体的中心，两个甲基垂直于硅与两个相邻氧原子连接的平面上。由于 Si—C 键键长较大，两个非极性的甲基上的三个氢张开，从而使其具有极好的疏水性。甲基上的三个氢原子由于甲基的旋转有较大的空间，增加了相邻硅氧烷分子之间的距离，降低了它们之间的分子间作用力，比碳氢化合物的分子间作用力要低得多。因此聚二甲基硅氧烷的表面张力很小，极易铺展在界面上。

聚二甲基硅氧烷链极易铺展在极性物体表面的另一个原因是，硅醚键中的氧能与极性分子或原子团形成氢键，增加了硅氧烷链与极性表面之间的分子间作用力，促使其展布成单分子层，从而使疏水性的硅氧烷横卧于极性表面，呈现特有的大"伸展链"构型。

2. 主要类型

聚氨酯用改性硅油是采用聚醚与二甲基硅氧烷接枝共聚而成的一种性能独特的有机硅非离子表面活性剂。通过改变硅油链节数或改变聚醚 EO 与 PO 之配比及改变其链节数和末端基团可获得性能各异的各种有机硅表面活性剂。

根据硅氧碳原子的连接方式不同，分为 Si—O—C 型和 Si—C 型两大类，以 Si—C 型为主。

（1）Si—O—C 键的改性聚醚硅氧烷

$$\underset{\text{支链型}}{\overset{\displaystyle O(Me_2SiO)_m(C_2H_4O)_a(C_3H_6O)_bR}{\underset{\displaystyle O(Me_2SiO)_y(C_2H_4O)_a(C_3H_6O)_bR}{Me-Si-O(Me_2SiO)_n(C_2H_4O)_a(C_3H_6O)_bR}}}$$

$$\underset{\text{侧链型}}{\overset{\displaystyle }{\underset{\displaystyle O(C_2H_4O)_a(C_3H_6O)_bR}{Me_3-Si-O(Me_2SiO)_m(MeSiO)_nSiMe_3}}}$$

（2）Si—C 键的改性聚醚硅氧烷

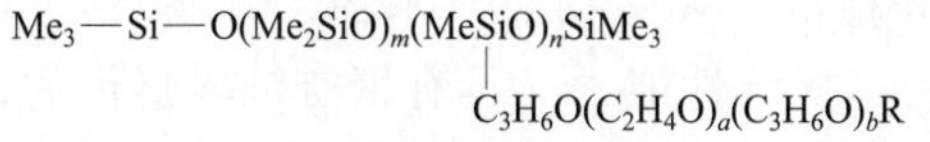

$$Me_3—Si—O(Me_2SiO)_m(MeSiO)_nSiMe_3$$
$$|$$
$$C_3H_6O(C_2H_4O)_a(C_3H_6O)_bR$$

侧链型

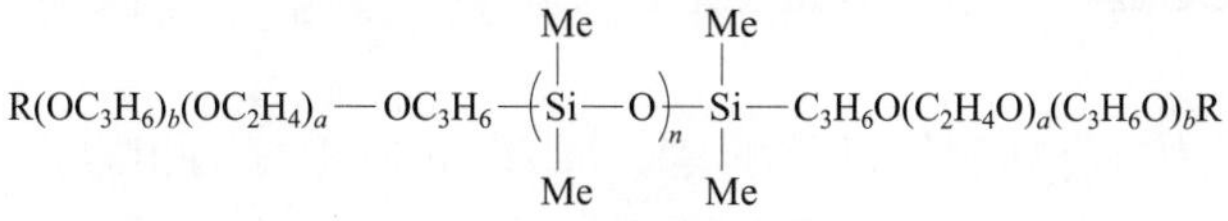

$$R(OC_3H_6)_b(OC_2H_4)_a—OC_3H_6—(Si—O)_n—Si—C_3H_6O(C_2H_4O)_a(C_3H_6O)_bR$$

两端型

$$R(OC_3H_6)_b(OC_2H_4)_a—OC_3H_6—(Si—O)_n—Si—Me$$

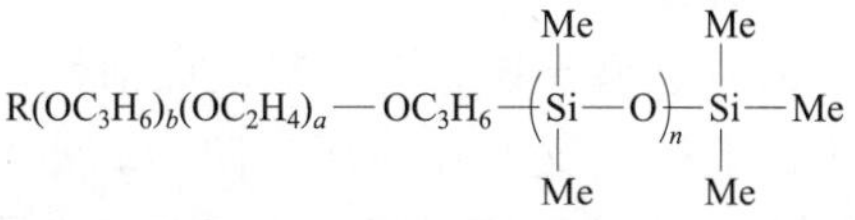

单端型

Si—O—C 型多由烷氧基硅氧烷与羟基封端聚醚缩合而得。首先制备具有一定分子量、端基为烷氧基的聚硅氧烷；第二步制备具有烷氧基封端的单官能团聚醚；第三步将这两种聚合物在催化剂作用下进行酯交换反应。Si—O—C 型的优点是单体原料较易得，制造工艺较成熟，泡沫稳定效果好，缺点是遇酸碱易水解。

Si—C 型基本合成方法是以氯铂酸为催化剂，使含 Si—H 聚硅氧烷与含不饱和双键的聚醚发生硅氢加成反应，主要包括含 Si—H 键硅氧烷的合成、烯丙基聚醚的合成及封端、硅氢加成三步。Si—C 型稳定性好，是聚醚改性聚硅氧烷的主要品种。

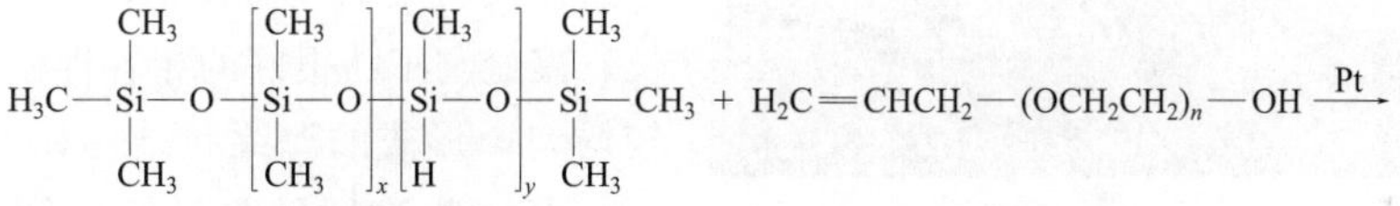

含Si—H聚硅氧烷 　　含不饱和双键的聚醚

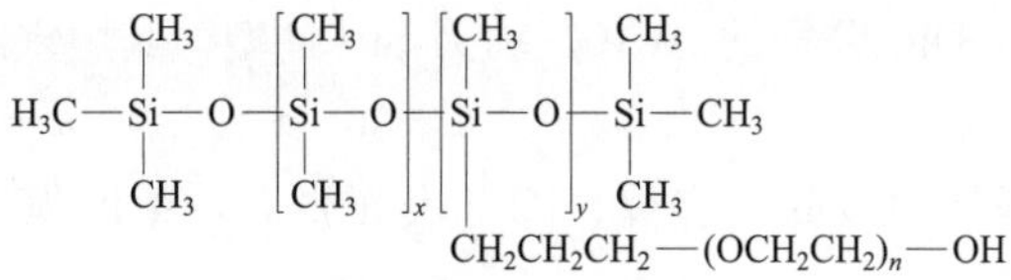

聚醚改性聚硅氧烷

通过控制聚硅氧烷和共聚醚的分子结构、分子量等条件，可调节其亲水、疏水性能。如聚环氧乙烷链段能提供亲水性和起泡性，而聚环氧丙烷链段则能提供疏水性和渗透力，它对降低表面张力有较强的作用。因此可通过反应条件的改变合成适合各类聚氨酯的凝固调节剂。线型和有支链的聚醚-硅氧烷都可使用，但支链型有更好的稳定性。

聚醚共聚物与氨基磺酸在尿素催化下反应生成的阴离子型表面活性剂，即聚醚末端的羟基被硫酸盐所取代的产物，具有更好的亲水性。生成产物的结构式为：

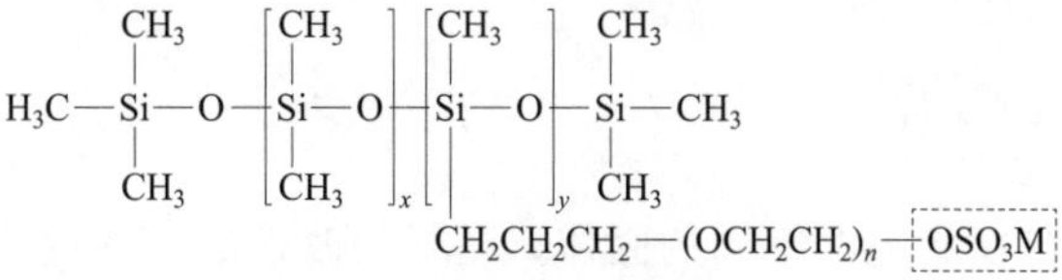

阴离子型聚醚改性聚硅氧烷

在共聚物中，聚氧化烯烃醚是亲水基团，起增溶作用；聚硅氧烷是疏水基团，起"界面取向"作用，有利于成泡和稳泡。共聚物兼具水溶、油溶性，既具有传统硅氧烷类产品疏水、耐高低温、低表面张力等优异性能，又具有聚醚链段提供的良好铺展性和乳化稳定性等性能。因此在湿法凝固时可使多相体系中各不相容的组分产生部分相容性，使它们之间的溶解与交换均匀而有效地进行。

3. 调节作用

聚醚改性硅油因为含有硅醚键以及醚键，与 DMF 有极好的相容性，聚醚改性硅油可与聚氨酯/DMF 形成稳定的均相溶液。聚醚链段是亲水基，硅氧烷是亲油基，两者的 HLB 值决定了聚醚改性硅油的凝固调节性能。

如果亲水聚醚支链较短，为垂悬型支链，有机硅表面活性剂总体表现为疏水性。主链的硅氧烷结构由于分子间作用力的原因（支链较短所以阻力较小），会导致分子聚集堆砌在凝固界面上，因此减缓了 DMF 与 H_2O 的置换。另一方面有机硅表面活性剂分散在各 PU 大分子链间，削弱了它们间的相聚力，也减缓了 PU 溶液的凝固速度。

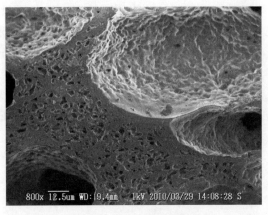

图 6-5　有机硅类湿法结构

如果亲水聚醚支链较长，为悬挂型支链，有机硅表面活性剂总体表现为亲水性。由于聚醚改性硅油的高表面活性降低了在应力集中处的表面张力，从而降低了成核所需的吉布斯自由能，因此微小的应力集中都可成核，于是大量而又密集的撕裂发生，且撕裂不断深入生长，聚醚与 PU 很好的相容性使撕裂发生得比较均匀，形成的海绵状结构如图 6-5 所示。

聚醚硅油是目前最好的微孔调节剂，由于价格高，一般只有超纤革使用。代表性的产品有道康宁公司的 0193 和 DIC 公司的 No10，均为 Si—C 型，其中聚醚在共聚物中的比例约为 50%，分子量约为 2000，$a/b=0.4\sim0.6$；$a+b=30\sim60$；$m+n=30\sim100$。它所起到的作用主要是改善聚氨酯分子软硬段的相容性，降低表面张力，帮助泡核形成，兼具浆料的流平剂和泡孔调节剂的作用。

第二节　填料

在合成革湿法工艺中，一般会加入一定量的填料，即体积颜料。目前以纤维素应用最为普遍，其次是轻质碳酸钙、硫酸钙、硅灰石等。生产中是否需要填加、选用何种填料、用量多少，要根据合成革的质量要求与用途而定，同时考虑生产成本与经济效益，切忌盲目性和片面性。

一、填料的性质与作用

填料是一种结构上与树脂完全不同的固体，是材料改性的一种重要手段。填料不仅可以大大降低材料的成本，而且可以显著改善材料的各种性能，赋予材料新的特征，扩大其应用范围。

1. 填料的性质对材料体系性能的影响

影响填料添加性能的因素很多，包括填料的结构、来源、形状、尺寸、界面性质、分散状态等。就使用效果看，最主要的是填料颗粒的形状、大小、表面积及表面结构。

① 颗粒的形状。片状、纤维状等结构的填料通常会使体系黏度增加，流动性与加工性变差，但是增强作用明显，力学性能优良；而球形、无定形粉体易分散，加工性与填充性好，但对体系力学性能影响大。

② 颗粒的大小。细小的颗粒有利于提高成品的力学性能、尺寸稳定性、表面光泽及手感。但粒径太小则分散困难，成本增加，在体系中易团聚。因此，粒径的选择以加工要求为准，平衡性能与成本的关系。

③ 颗粒的表面积。通常颗粒表面积大有利于颗粒与聚合物、表面活性剂的结合。但填料表面的物理结构很复杂，粒子与粒子之间千差万别。填料经过粉碎加工后，其表面结构会发生变化，如局部发生龟裂层，遭到破坏形成粗糙面，增加表面的凹凸点等，继续粉碎可减少表面的凹凸不平。

④ 颗粒表面化学结构。填料表面由于各种官能团的存在及与空气中的氧或水分的作用，填料粒子表面结构与内部结构不尽相同，其化学结构的不同直接影响颗粒在树脂中的分散状态。经过表面改性的颗粒与树脂有更好的相容性与分散性，从而提高了填充效果，改善了流动性。

2. 填料与树脂的作用

（1）填料的作用机理

填料作为添加剂，主要是通过它的占据体积发挥作用。由于填料的存在，基体材料的分子链就不能再占据原来的全部空间，这样使得相连的链段在某种程度上被固定化，并可能引起基体聚合物的取向。由于填料的尺寸稳定性，在填充的聚合物中，聚合物界面区域内的分子链运动受到限制，而使玻璃化转变温度上升，热变形温度提高，收缩率降低，弹性模量、硬度、刚度、冲击强度提高。

（2）填充作用

由于填料与聚合物在化学结构和物理形态上存在显著的差异，两者缺乏亲和性，因此对于聚合物来说，填料相当于"杂质"。单纯聚氨酯具有较强的抗撕裂性能和较好的拉伸性能，加入填料后，相当于在浆料中添加了杂质，在凝固时破坏了原有聚氨酯的线型构成，导致革的力学性能下降。

填料的细度、形状及表面结构等因素会影响填料在基体中的分布以及与聚合物基体的界面接合，从而影响材料的力学性能（如拉伸强度、断裂伸长率、冲击强度等）和加工性能。

大多数矿物填料具有一定的酸碱性，其表面有亲水性基团，并呈极性，容易吸附水分，而有机聚合物则具有憎水性，因此两者之间的相容性差，界面难以形成良好的黏结。因此无机填料基本上没有增强作用，主要作为填充剂使用，降低制造成本，过多的添加还会引起树脂力学性能的大幅降低。

（3）桥联作用

桥联作用指的是填料通过分子之间力或化学键力与聚合物材料相结合，将其自身的特殊性能与聚合物材料性能融为一体。该作用主要用于改善聚合物的性能，比如当某分子链受到应力的作用时，应力可通过桥联点向外传递扩散，避免材料受到损害。

每种填料本身性质不同，因此与高聚物结合时产生的效果也不同。如果填料表面具有一定活性基团，并与树脂形成了良好的界面，那么填料以细小颗粒状态分散于树脂中可与聚合物产生一定的桥联作用，这种桥联作用主要是氢键作用。

氢键作用主要发生在填料表面的活性基团（主要是羟基）与聚氨酯羰基之间。由于氢键作用属于二级交联，有较强的作用力，因此氢键的形成会大大改善填料与树脂之间的相容性。通过选择合适的填料类型和用量，可以改进聚氨酯树脂的某些性能，如热稳定性和耐磨性等，但是由于聚氨酯结构的复杂性，这种影响也十分复杂。

（4）补强作用

在较大应力作用下，如果发生了某一分子链的断裂，与增强材料紧密结合的其他分子链可起到加固作用，这种作用就是补强作用。影响补强的重要因素是填料同树脂链形成的界面层的相互作用。包括粒子表面对高分子链的物理或化学的作用力，也包括界面层内高分子链的取向与结晶等；可以是粒子与高分子链的直接作用，也可以是通过表面活性剂或偶联剂形成的间接作用。

需要指出的是，填料的填充与补强作用是相对的，填料的补强在一定条件下对于特定树脂才能成立，否则不但没有补强作用，还会大大降低材料的强度。对于惰性填料（非活性填料），它与基体高分子链几乎没有作用，所以不但没有补强效果，相反由于填料的存在，会引起应力集中，从而导致材料强度下降。即使对具有一定活性的填料，其添加量也是需要控制的。如在一定添加量时，线型结构的聚氨酯与填料颗粒交织，此时填料会产生一定的补强作用，但增加量继续增大时，颗粒间的 PU 量不断减少，树脂分子链无法形成有效的缠绕与结合，力学性能又不断减弱。

3. 填料的用途

① 增加树脂体积容量，降低成本是合成革填料的首要用途。普通合成革与人造革附加值相对较低，在不影响物理机械性能的基础上，加入部分填料可有效减少聚氨酯的用量，降低成本，提高市场产品竞争力。而超纤革由于附加值高，以性能要求为主，因此基本不做降成本添加。

② 调整 PU 微孔结构。成膜体系中存在的填料细小颗粒，为聚氨酯大分子凝集提供了一个成核点，在凝固过程中起"晶核"作用，可以加快凝固速度。由于填料的种类、颗粒规格、形态不同，对 PU 溶液的黏度、凝固成膜性能的影响也不同，合理添加可改善 PU 的凝固效果。

③ 赋予一定性能。使用填料可简单、直接、有效地改善合成革的加工性能。例如，合成革产品要求像皮革一样兼具弹性和塑性，回弹速度不能太大，否则会有橡皮感，加入微晶纤维素可有效降低皮膜的弹性；又如添加高吸湿树脂或胶原类可提高皮膜的吸湿透湿性能；添加纳米材料可使合成革具有抗菌防臭、产生负离子等功能。填料的加入降低了材料的收缩率，提高了尺寸稳定性、表面光洁度、平滑性以及平光性或无光性。

二、纤维素

纤维素是植物细胞壁的主要成分，是自然界中分布最广、含量最多的一种多糖，占植物界碳含量的 50% 以上。棉花的纤维素含量接近 100%，为天然的最纯纤维素来源。一般木材中，纤维素占 40%～50%，还有 10%～30% 的半纤维素和 20%～30% 的木质素。

1. 纤维素结构

纤维素是由 D-吡喃型葡萄糖基彼此以 1,4-β-苷键连接而成的一种均一的高分子。纤维素分子除了两个端基外，每个葡萄糖基都有三个羟基。分子式 $(C_6H_{10}O_5)_n$，平均聚合度约 10000。

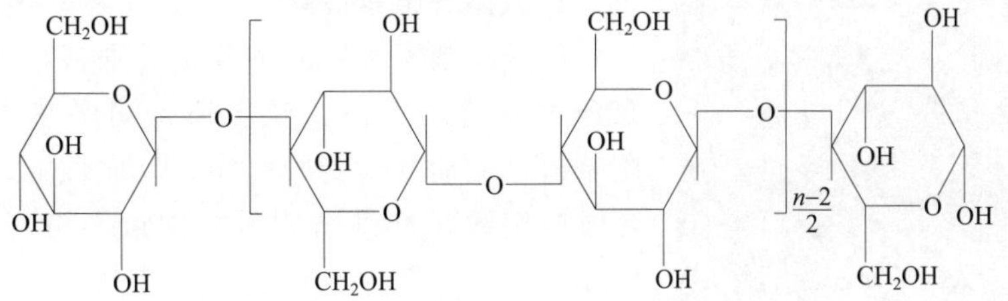

纤维素的分子结构

纤维素大分子两个末端基的性质是不同的：一个为第一个碳原子上的苷羟基，具有潜在的还原性；另一个为第四个碳原子上的仲醇羟基，不具有还原性。因此整个大分子具有极性并呈现出方向性。

由于纤维素羟基的极性，水可进入非晶区，发生结晶区间的有限溶胀。某些酸、碱和盐的水溶液在一定条件下可渗入结晶区，产生无限溶胀，使纤维素溶解。纤维素的工业制法是用亚硫酸盐溶液或碱溶液蒸煮植物原料，主要是除去木质素，得到的物料称为亚硫酸盐浆和碱法浆。经过漂白进一步除去残留木质素，再进一步除去半纤维素，就可用作纤维素衍生物的原料。

纤维素纤维由结晶区和非结晶区组成，在温和的条件下加水降解，就能得到微米级的微小结晶物质。微晶纤维素（MCC）是一种纯化的、部分解聚的纤维素，结构为葡萄糖苷键结合的直链式多糖，是天然纤维素在酸性介质中水解使分子量降低到一定的范围成为的尺寸约 $10\mu m$ 的颗粒状粉末产品。通常以木浆为原料经水解、中和、干燥粉碎制备。

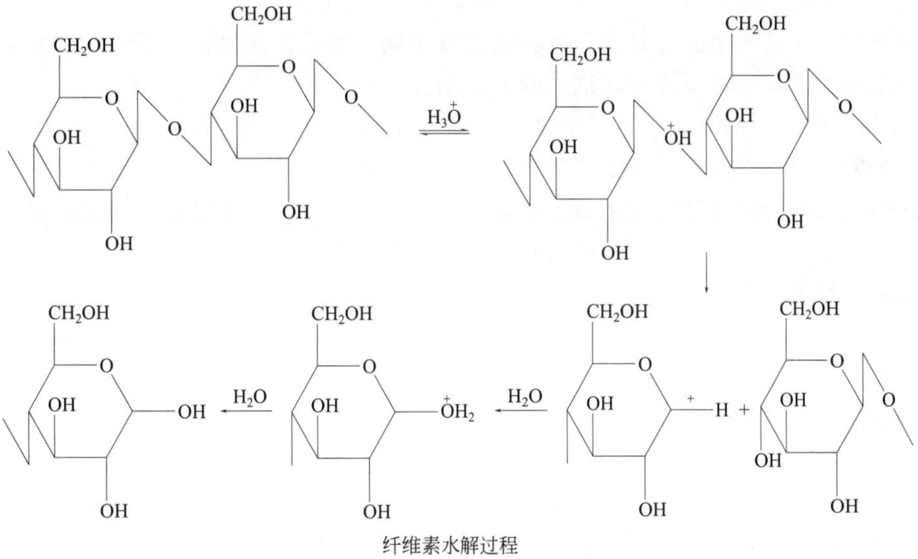

纤维素水解过程

水解过程分三步：纤维素上糖苷氧原子迅速质子化；糖苷键上的正电荷缓慢地转移到 C_1 上，形成碳阳离子并断开糖苷键；水分子迅速攻击碳阳离子，得到游离的糖残基。

MCC 主要由以纤维素为主体的有机物和以 CaO、SiO_2、MgO、Al_2O_3 及其他极微量的金属元素无机物组成。MCC 的形貌如图 6-6 所示。其颗粒大小一般在 $20\sim80\mu m$（晶体颗粒大小为 $0.1\sim2.0\mu m$ 的微晶纤维素为胶态级别），极限聚合度在 $15\sim375$；不具纤维性而流动性极强；不溶于水、稀酸、有机溶剂和油脂，在稀碱溶液中部分溶解、润胀。微晶纤维素微观形态呈树叶状空心结构或呈短圆柱状，相对密度小，密度 $0.32\sim0.35g/cm^3$。

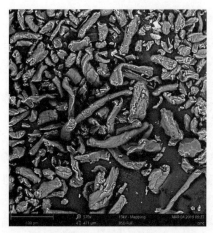

图 6-6　MCC 形貌

2. 微晶纤维素性能

微晶纤维素性质的物化指标很多，主要有结晶度、聚合度、结晶形态、吸水值、润湿热、粒度、密度、比表值、流动性、凝胶性能、反应性能、化学成分等。合成革用微晶纤维素质量标准可参考行业标准 LY/T 1333—1999。其中对合成革生产影响重要的指标是细度与均匀度及膨胀系数，其次是灰分与白度。

① 细度与均匀度。只有呈微晶状态的物料，才能在 DMF 中分散良好并润胀成胶体状态，纤维素均匀分布于 PU 浆料中，才能形成平细光滑的表面层，改善合成革的微孔结构。此外，颗粒的均匀度和细度还影响浸渍液的过滤性能和涂布工艺，大颗粒纤维素在浆料中成为颗粒杂质，影响过滤速度并产生沉积，影响正常生产。微晶纤维素一般要求 350～400 目过筛≥95%。

② 膨胀系数。微晶纤维素对 DMF 的饱和吸收率也很重要。首先微晶纤维素要在溶剂 DMF 中充分润胀，因此要求其对 DMF 具有一定的吸收率，但该指标并非越高越好，吸收率过高，浆料黏度会上升过大，吸收过低，又很难达到润胀效果，不利于湿法膜的性能。综合实验表明，饱和吸收率（24h）在 120%～160% 比较合适。因此目前行业所采用的测定纤维素膨胀系数的方法作为表征合成革用纤维素品质的指标不够准确可靠。用 DMF 的饱和吸收率作为表征指标能客观地反映纤维素对 DMF 的实际吸收程度。

不同型号、厂家的微晶纤维素，其膨胀系数不同，即使在其他材料相同的情况下，其黏度、性能也不相同，因此要进行前期实验确定最佳比例。

③ 灰分与白度。正常的微晶纤维素灰分在 0.3% 以下，目前市场上的产品灰分普遍超标，主要是因为原料自身带入及加工过程中混入的杂质，降低灰分要增加成本和工序。灰分过高直接影响浆料的使用黏度和手感，金属离子的引入也会加速聚氨酯的老化速度。

白度影响主要针对浅色革，白度与水解时间、漂白效果有关，要求大于 80%。

3. 微晶纤维素应用

微晶纤维素在湿法合成革生产中作为增黏剂和填料使用。微晶纤维素在 DMF 中具有良好的润胀性能，对合成革浆料有一定增黏作用，可改善工作液的加工性能，降低生产成本。在聚氨酯凝固成膜过程中，存在的微晶纤维素微小粒子可以充当聚氨酯大分子凝聚时的"晶核"，使大分子凝聚过程加快，并产生微小的孔隙结构，增加其透气性和弹性。

微晶纤维素促进浆料中的 DMF 与凝固槽中水的交换，缩短 PU 革内部凝固时间，提高半成品的内在质量及皮革表面平整度，特别适用于太空革、服装革、牛巴革、高剥离等品种，是一种很好的膨润型的体积填料。应用时需要注意如下几点：

① 添加量。微晶纤维素的用量一般为 5%～10%，品种和要求不同，添加量也随之变化，一般不超过树脂质量的 20%，个别品种可达到 30%。

在添加量较低时，分子结构中的羟基与氨基甲酸酯基形成氢键，微晶纤维素粒子和聚氨酯形成相互交织的结构，此时填料对凝聚层会产生一定的物理补强作用。但随着添加量增加，颗粒状的纤维素会破坏聚氨酯膜的连续性结构，导致其剥离强度、拉伸强度等内在性能降低。

一般来说，鞋革对物理性能要求高，因此微晶纤维素添加量要低，防止其对剥离强度造成影响。而服装革对强度要求不高，而对透气性等卫生性能要求高，可以增加微晶纤维素的添加量。如软质低泡孔型树脂，可以大量加入填料，其湿法结构如图6-7所示，断面泡孔基本为细小疏松型，表面有大量微细孔。

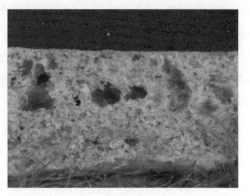

图6-7 纤维素高添加量湿法结构

② 工作黏度。树脂工作黏度是一个重要的工艺参数。为了保证产品的稳定，浆料的黏度必须控制在一定的范围内，而浆料的黏度既与树脂有关，又与纤维素等填料的性质有关。

一般情况下，加入微晶纤维素会使黏度升高。因为微晶纤维素会吸收部分DMF，浆料中用于溶解聚氨酯树脂以及浸润填料表面的DMF的量就相对减少，浆料黏度上升。黏度的升高可防止涂布液渗透到基布中，还可提高加工速度，提高产量。但如果黏度上升很高，甚至出现流动困难，则是因为纤维素对DMF的饱和吸收率过高。如果添加后出现黏度降低的现象，则因为微晶纤维素的细度不够，或者无机物含量太高。

考虑到树脂与填料的批次、品种、时间、温度等因素，工作黏度出现小的波动是正常的，可以用DMF进行微调。但如果出现大的波动，则应及时查找原因。

③ 组分的影响。目前市场上的纤维素品种很多。采用的浆粕种类不同，加工方法不同，纤维素的组分与纯度也各不相同，主要有以下几类：

木粉：是利用机械方法磨解纤维原料制成的粉体，部分解聚。是纤维素、半纤维素、木质素、无机物的混合物。细度、均匀度、白度都较差，无机物含量高。使用时工作液基本不增黏，流动性较差，表面颗粒感强。

纸浆粉：是纤维素和半纤维素的混合物，多以棉花为原料，纤维素含量在80%左右，无机物含量也比较低，一般在3%～5%，细度一般在350左右。对树脂增稠明显，流动性也较好，是目前市场使用量较大的品种。

纤维素：以 α-纤维素含量高的纯木材纤维素为原料，无机物含量很低，细度可达到400。增稠明显，流动性与放置稳定性好，成膜后的表面光滑平细，同等用量下物理性能损失最少。

4. 改性纤维素

纤维素作为多羟基聚合物，其化学改性主要依赖于与纤维素羟基有关的反应来进行。经过改性处理的纤维素可具备各种不同性能。

（1）羧甲基纤维素

羧甲基纤维素（CMC）是一种非常重要的纤维素衍生物，通常产品为羧甲基纤维素钠盐，属于阴离子型高分子化合物。为白色粉末，性能稳定，易溶于水，不溶于乙醇、乙醚、异丙醇、丙酮等有机溶剂。CMC种类很多，基本结构如下：

$$CH_2OCH_2-COONa$$

CMC的分子结构

合成 CMC 的主要化学反应是纤维素和碱生成碱纤维素的碱化反应，以及碱纤维素和氯乙酸的醚化反应：

$$[C_6H_7O_2(OH)_3]_n + n\ ClCH_2COOH + 2n\ NaOH \longrightarrow [C_6H_7O_2(OH)_2(OCH_2COONa)]_n + n\ NaCl + n\ H_2O$$

CMC 是水溶性的，通常不适宜作为填充材料。但在一定状况下加入聚氨酯，成膜后进再行水洗，CMC 则可以洗脱进入水中在原来占据的位置形成微小孔隙，即通常所说的"盐析法"。CMC 可作为防水透湿的材料。

（2）改性羧甲基纤维素

改性羧甲基纤维素（MCMC）是通过对 CMC 进行改性，增加分子间的交联，保留其吸湿性能的同时降低其水溶性。通常是用环氧氯丙烷在碱催化下改性 CMC：

$$NaOOC—Cell—OH + Cl—CH_2CH—CH_2 \longrightarrow NaOOC—Cell—OCH_2CHCH_2O—Cell—COONa$$

改性羧甲基纤维素可用作功能性填充剂，其本身含有大量羧基钠盐，可以通过亲水基团来传递水分子，具有很强的吸湿能力。添加 MCMC 后，形成的聚氨酯膜的微孔结构会发生变化，孔径和孔数的变化使得孔隙率加大，因而透湿量也增加，从而实现"吸湿-放湿"功能。

（3）聚氨酯改性纤维素

纤维素较高的结晶度及分子间和分子内存在的大量氢键，使其在大多数溶剂中不溶解，且与聚氨酯材料生物相容性较差，这成为纤维素在应用开发中的最大障碍。

将纤维素定向转化为多元醇，可部分代替传统多元醇作为聚氨酯的合成原料，这不仅可以提高资源利用率，而且可为聚氨酯工业提供廉价的原料。目前以木粉、麦秆、甘蔗渣等为原料制备的生物质基多元醇已经在国内开始生产。

生物质基多元醇

利用聚氨酯合成技术对纤维素与木素进行部分改性，可得到与聚氨酯具有相容性的改性"聚氨酯木质素"。如纤维素/聚氨酯半互穿网络材料，其中线型纤维素分子穿插于已交联的聚氨酯网中，形成半互穿网络，相比纯纤维素，纤维素/聚氨酯半互穿网络材料中纤维素的结晶规整度下降，但材料的强度和杨氏模量有较大的提高。

无论是纤维素多醇，还是聚氨酯改性纤维素，由于其自身具备了一定的树脂化性能，因此可以实现与聚氨酯树脂的良好结合。纤维素的改性及其功能化，提高了纤维素的利用率。

三、无机填料

1. 轻质碳酸钙

轻质碳酸钙简称轻钙，分子式为 $CaCO_3$，又称沉淀碳酸钙，简称 PCC。主要成分是 98% 以上含量的 $CaCO_3$，它作为一种重要的无机粉体化工填料，广泛应用于各种行业中。

轻钙粒径为 $1\sim5\mu m$ 时，称为微粉碳酸钙；粒径为 $0.1\sim1\mu m$ 时，称为微细碳酸钙；粒

径在 $0.02\sim0.1\mu m$ 时，称为超细碳酸钙；粒径小于 $0.02\mu m$ 时，称为超微细碳酸钙。通常所说的轻钙是指符合标准 HG/T 2226—2010 的产品。

轻钙一般用二氧化碳化学沉淀法制造。将石灰石等原料燃烧生成石灰（主要成分为氧化钙）和二氧化碳，再加水消化生成石灰乳（主要成分为氢氧化钙），然后再通入 CO_2 碳化石灰乳生成碳酸钙沉淀，根据用途可进行碳酸钙粒子表面改性处理，最后经脱水、干燥而制得。

在轻钙生产过程中，通过改变结晶条件，可以制备得到不同晶形的产品，如纺锤体、针状体、链状体、立方体、球状体等，合成革常用轻钙结构如图 6-8 所示。轻质碳酸钙的粉体特点：颗粒形状规则，可视为单分散粉体；粒度分布较窄；粒径小。粒度为 $0.1\sim0.35\mu m$，相对密度 2.65，吸油量 25%～65%，白度为 97% 左右，不溶于水和醇，有轻微吸潮能力。

轻质碳酸钙是合成革填料中使用量最大的品种，通常用于湿法工艺中聚氨酯的填料。目前市场上主要有 400 目和 600 目两种，根据质感的要求与用途不同，其使用比例又有一定区别。其主要优点如下：

① 作为填料，增量能力高，价格低廉，因此具备低成本优势。现阶段添加碳酸钙以降低成本为主要目标。随着碳酸钙表面性质的改善及形状、粒度可控性的提高，碳酸钙将逐渐成为补强或功能性（以赋予功能为目的）填充剂。

图 6-8 轻钙结构

② 提高了合成革的稳定性。轻质 $CaCO_3$ 作为助剂加入聚氨酯涂层液中，可使涂层液在凝固过程中的内应力发生变化，从而使凝固过程的速度均匀，避免了聚氨酯的急剧收缩，改善了卷边、平滑等性能，提高了产品的磨皮加工性能。

③ $CaCO_3$ 粒子表面的毛细孔对水具有虹吸作用，可使水轻易地从一端移向另一端，而 $CaCO_3$ 在凝固过程中如同一个核心点，因此改变了 PU 的成核及核增长的比例。适量的碳酸钙在聚氨酯中能起到骨架作用，使合成革的厚度增加，手感更饱满。

但轻质碳酸钙在使用中也存在一些问题：

① 合成革的耐水性下降。加入填料后，材料的拉伸强度降低，水分子渗入到填料与树脂之间，破坏了两者之间的相互作用。填料量越大这种作用越明显。

② 轻钙加入后，对成膜的耐热性影响不大，但对耐低温性能尤其是低温弯曲疲劳性能影响较大，主要是轻钙颗粒破坏了聚氨酯分子链间的作用力。因此对于高寒地区使用的品种，轻钙的添加量一定要慎重。

③ 相容性问题。常用的碳酸钙粉体为亲水性无机物，其表面有亲水性较强的羟基，而合成树脂是高分子聚合物，表面呈亲油性。当碳酸钙粉末分散在高分子聚合物中时，二者的表面性能相差极大，亲和性不好，易产生聚集体、沉淀、分散不均匀等问题。两种材料之间的界面缺陷导致加工性能和材料的力学性能劣化。

④ 填充量问题。适度填充轻钙有利于降低成本，但在轻钙填充量较大时，会降低表面的平滑性，增加硬度，降低各项物理机械性能。

2. 改性碳酸钙

填料表面改性的目的是提高无机填料颗粒与聚合物的相容性，增强二者间的结合力，改善填料在聚合物中的分散性，最终提高填充聚合物的综合性能。

碳酸钙本身是一种强极性材料，在高分子材料中难相容、易结团、分散性差。为了解决这个问题，目前比较流行的方法主要有两种：①碳酸钙颗粒细化；②对碳酸钙颗粒表面进行化学改性。

通过这两种方法可在很大程度上克服其原有的特点，从而满足不同产品的要求。因此超细化和表面活化是碳酸钙填料的发展方向。

（1）活性碳酸钙

简称活钙，用处理剂对轻质碳酸钙进行表面改性制得。目前市场上销售的用于常规填料的轻钙几乎都是未经表面处理的，在树脂中易于沉底结块。通过表面处理可改善这种情况。需要注意的是，处理剂的选择要慎重。绝大多数表面处理剂都可以改善轻钙在树脂中的分散性，但是与成膜树脂之间相互作用有别，只有那些与基料树脂之间存在较好的相容性，且处理剂本身力学性能、耐化学品性、耐热耐光等性能有保证的处理剂才可以使用。

聚合物表面包覆改性碳酸钙的工艺可分为两种：一种是先将聚合物单体吸附在碳酸钙表面，然后引发其聚合，从而在碳酸钙表面形成聚合物包覆层；另一种是将聚合物溶解在适当的溶剂中，然后对碳酸钙进行表面改性，当聚合物逐渐吸附在碳酸钙颗粒表面上时，排除溶剂形成包膜。聚合物定向吸附在碳酸钙颗粒表面形成物理、化学吸附层，可阻止碳酸钙粒子团聚。

碳酸钙表面改性主要采用表面活性剂和偶联剂处理。表面活性剂分子中一端为亲水性的极性基团，另一端为亲油性非极性基团。用它处理无机填料时，极性基团能吸附于填料粒子表面。基本模型如下：

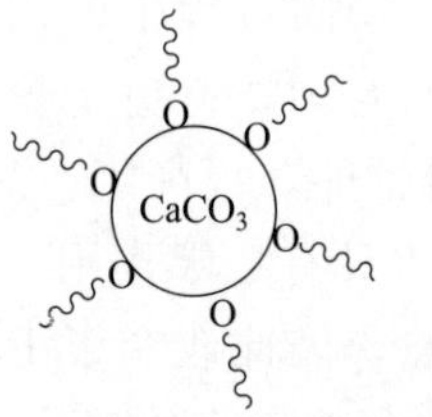

通常使用各种脂肪酸、脂肪酸盐、酯类、酰胺等对碳酸钙进行表面处理。由于脂肪酸及其衍生物对钙离子具有较强的亲和性，所以能在表面产生化学吸附，覆盖在粒子表面，形成一层亲油性结构层，从而使处理后的碳酸钙亲油疏水，与有机树脂形成良好的相容性。

偶联剂分子中通常含有几类性质和作用不同的基团：一部分基团可与无机物表面的化学基团反应，形成牢固的化学键合；另一部分则对有机物具有亲和性，可与聚合物分子反应或物理缠绕。通过这些基团的作用，从而达到改善无机填料与聚合物之间的相容性，并增强填充复合体系中无机填料与聚合物基料之间的界面相互作用的目的。

硅偶联剂是目前使用最普遍的，通式为 $RSiZ_3$，其处理碳酸钙的机理如下：

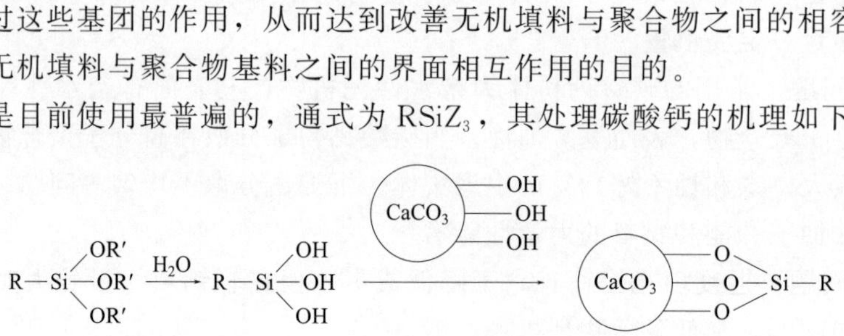

当用钛酸酯偶联剂处理碳酸钙时，由于它能与填料表面的自由质子发生化学吸附，从而在填料表面形成有机单分子层，大大提高了填料与聚合物基料之间的亲和性。

$$CaCO_3 \begin{matrix} -OH \\ -OH \\ -OH \end{matrix} + H_3C-\underset{\underset{CH_3}{|}}{\overset{}{C}}-O-Ti\left[O-\underset{\underset{O}{\|}}{C}-(CH_2)_{14}-\underset{\underset{CH_3}{|}}{\overset{H}{C}}-CH_3\right]_3 \longrightarrow$$

$$CaCO_3 \begin{matrix} -OH \\ -O-Ti \\ -OH \end{matrix}\left[O-\underset{\underset{O}{\|}}{C}-(CH_2)_{14}-\underset{\underset{CH_3}{|}}{\overset{H}{C}}-CH_3\right]_3$$

通过采用偶联剂、脂肪酸、石蜡、白油等助剂对碳酸钙粉体进行包覆改性，使碳酸钙表面性能由无机性向有机性过渡，以增大碳酸钙与树脂等有机体的相容性，消除填料在有机体中的分散不均等，提高碳酸钙粉体的补强作用以及在复合材料中的分散性能，改进碳酸钙填充复合材料的物理性能。

经改性的碳酸钙一般具有吸油值低、分散性好、补强作用好等优点，但主要的优点是具有补强性，即所谓的"活性"。所以习惯上将改性碳酸钙称为活性碳酸钙，将改性过程称为活化过程。如目前市场上的胶质碳酸钙，是一种白色细腻的软质粉末，是其粒子表面吸附有一层脂肪酸皂，能使碳酸钙具有胶体活化性能。

（2）纳米碳酸钙

指合成碳酸钙的粒径在 0～100nm 的产品。包括超细碳酸钙（粒径 0.1～0.02μm）和超微细碳酸钙（粒径≤0.02μm）两种产品。由于制造方法不同，其产品粒径分布、应用范围各有差异。

纳米碳酸钙具有如下显著特点：粒子超微细；比表面积大；与普通轻钙粒子的纺锤状相比，它的粒子呈立方体状；表面经过不同的活化处理，白度高，具有独特的功能和用途。纳米碳酸钙基本具备了新型无机填料粒子微细化、表面活性化、用途功能化的优点。

纳米碳酸钙在应用中也存在以下缺陷：颗粒表面能高，处于热力学不稳定状态，吸附作用强，粒子间互相团聚，无法在聚合物中很好分散，从而影响其实际使用效果；粒子表面是亲水疏油的，呈强极性，在有机介质中难以分散均匀；与基材之间结合力低，在受外力冲击时，易造成界面缺陷，导致材料性能下降。

因此，不管是活性碳酸钙还是纳米碳酸钙，要想成功应用于树脂中，对其表面进行特殊的改性是关键。目前对碳酸钙的表面处理大多采用传统的无机盐填料的处理方法，采用的处理剂多为硬脂酸及其盐类、各类表面活性剂与偶联剂等。

3. 其他无机填料

① 滑石粉。主要成分是水合硅酸镁，分子式 $3MgO \cdot 4SiO_2 \cdot H_2O$，含 $30.6\%MgO$ 与 $62\%SiO_2$，是由天然滑石粉精选制得。在滑石粉的晶格构造中，硅氧四面体联结成层状结构，层间靠微弱的范德华力结合，所以施加外力易造成层间剥离滑脱。滑石粉是纯白、银白、粉红或淡黄的细粉，不溶于水，化学性质不活泼，粉末软而滑腻，是典型的板状填料。相对密度 2.7～2.8，其晶体属单斜晶系，呈六方形或菱形，粒子形状为鳞片形，细度要求 400 目筛通过 98%以上。滑石粉添加量不宜过多，否则会造成成品板硬。

② 高岭土。属于黏土中的一种，即黏土矿物的粉末，又称瓷土，主要由高岭石微细晶体组成，是各种结晶岩（如花岗岩）等破坏后的产物。高岭土化学组成为 $Al_2O_3 \cdot SiO_2 \cdot H_2O$，含 39% Al_2O_3 与 45%SiO_2，经 600℃煅烧后称为煅烧陶土，经研磨成细粉末后可用作填充剂。相对密度 2.58～2.63，色泽纯白明亮，常温略溶于酸。电绝缘性能好，具有耐磨及吸

水性低的优点。

③ 蒙脱土。像高岭土一样，也是黏土中的一种，其主要成分是膨润土，化学组成为：SiO_2 72%，Al_2O_3 14%，Fe_2O_3 2%，CaO2%，MgO2%。蒙脱土也是层状硅酸盐结构，每层的厚度约 1nm，且刚性好，层间富有可交换的 Na^+、K^+、Ca^{2+}、Mg^{2+} 等水合阳离子，可与其他有机阳离子进行交换，使层间距发生变化。由于蒙脱土的插层效应，可制作各种纳米复合材料。

④ 硅灰石（$CaSiO_2 \cdot SiO_2 \cdot nH_2O$）。天然硅灰石具有 β 型硅酸钙化学结构，是针状、棒状、粒状等各种形状粒子的混合物，吸油吸水少，化学稳定性能及电绝缘性能较好，成本低廉。天然硅灰石经粉碎、分级、精制后可作为填料使用。也可用合成方法制备硅灰石，即将二氧化硅和氧化钙进行加热制备。化学反应合成的硅灰石结构为 α-硅酸钙，α-硅酸钙一般具有粒状形态。

⑤ 二氧化硅（$SiO_2 \cdot nH_2O$）。合成二氧化硅呈白色无定形微细粉状、质轻，其原始粒子在 0.0003mm 以下，吸潮后聚合成细颗粒，有很高的绝缘性，不溶于水和酸，溶于苛性钠及氢氟酸。在高温下不分解，多孔，有吸水性，内表面积很大，具有类似炭黑的补强作用，所以也把这种合成二氧化硅叫做白炭黑。

上述无机填料的添加量、添加方法、性能基本与轻质碳酸钙相似。

第三节　着色剂

一、着色剂的基本性质

1. 着色剂的组分

着色涂料包括成膜物质（天然树脂、合成树脂、改性油脂）、颜料（着色颜料、功能性颜料、体质颜料）、助剂（分散剂、防沉剂、催干剂、表面调整剂）等。

① 成膜物质。成膜物质的选择主要基于两点：一是被着色物的性质；二是对成膜后的性能要求。湿法着色剂也称为色浆，添加到湿法聚氨酯浆料中可起到着色作用。为了保证着色均匀，显色良好，色浆中成膜物质要选择与湿法浆料相同或相似的树脂，保证在湿法浆料中具有良好的分散性和相容性。

② 颜料。除了按颜色要求选择外，还要考虑性能要求、经济因素。

③ 助剂。助剂的用量小但作用大，对改进着色剂的性能起较大作用。湿法着色剂常用的助剂有湿润剂、流平剂、消泡剂等。

④ 溶剂。溶解和稀释成膜物质，达到容易分散和应用的要求。通常湿法使用的是 DMF，干法使用的还有丁酮、丙酮、乙酸乙酯等。

2. 着色剂要求

着色剂是赋予合成革不同颜色的添加剂。一般都做成分散体（色浆），再经过颜色调配后添加到浆料中。在合成革中应用的着色剂要具备如下条件：

① 耐迁移性好，在树脂膜中不发生色迁移。

② 色泽鲜艳，色相纯正，着色力强。

③ 耐热性好，在高温下有良好的热稳定性，不变色、不分解。

④ 化学稳定性好，有良好的耐酸、碱性，与其他助剂不发生化学反应。

⑤ 分散性好，在低黏度条件下保持分散悬浮状态。如果产生沉降、凝集，则必然造成前后产品的色差。细度细，保证着色均匀，不产生色点色疵。

⑥ 与树脂系统具有良好的混合性和相容性，在机械搅拌下可达到均匀稳定状态。如果与树脂系统的相容性差，极易产生色条、浮色等。

⑦ 符合环保与安全要求。重金属如锑、铬、镉、铅、汞等的含量不能超过限定。合成革常用的铬黄类颜料、钼红颜料中含有铬、铅重金属，镉橙颜料中含有镉，一些媒染染料则常含有铬、镍、铜等重金属，因此着色剂还应符合欧盟禁用有害偶氮染料指令（2002/61/EC）的要求。

二、颜料

1. 颜料的性能

（1）颜料的通性

PU 着色剂中最主要的组分是颜料，颜料可赋予成膜一定的颜色，起到装饰保护的作用。颜料是一类有色的微细颗粒状物质，颗粒范围在 $30nm \sim 100\mu m$，在这些细小粒子内部，其分子有一定的排列方式。颜料一般不溶于水、溶剂和载体树脂，而在其中呈悬浮状态，以其"颗粒"展现其颜色，即"颜料发色"。而染料可溶解于分散介质中，以其"分子基团"展现颜色，这是二者最大的不同。颜料的透明性、鲜艳性略差，但耐热性、耐光性好，而且基本不发生迁移现象。

（2）颜色

颜料的颜色，是由于颜料对白光组分选择性吸收的结果。白光就是不同波长的光所组成的复色光。经过颜料对白光选择性吸收，看起来好像上了一种与被它所吸收的余色的颜色。颜色理论有两种不同的解释：

一种理论认为颜料呈现不同颜色与原子电核排列和振动相关。例如，如果某颜料的振动频率与可见光谱绿色部分的频率相当，就将吸收绿光部分，把其余部分反射出来，那么我们看到的这一颜料是红的。

另一种理论认为颜料显色与颜料晶格结构有关。晶格对称的颜料，因为光波全部通过其晶格而无变化，白光射到上面显白色，红光射到上面显红色。不对称晶格中，首先变弱的光波是最短的光波，即相当于紫色，因而颜料呈现紫色的余色。随着晶格不对称性的扩大，波长较大的光也逐渐变弱，颜料将呈显相应的余色。

颜料的颜色主要取决于其自身的化学组成与结构、晶型、粒子大小等，还与光源和观测者有关。

（3）遮盖力

颜料的遮盖力是指涂膜中的颜料能遮盖表面，使它不透过漆膜而显露的能力。颜料的遮盖力用数值表示时，常用每遮盖一平方米的面积所需要的颜料的克数来表示。

颜料遮盖力的强弱受颜料和基料两者折射率差的影响。颜料的折射率和基料的折射率相等时，颜料就显现出是透明的，即不起遮盖作用。颜料的折射率大于基料的折射率时，颜料呈现出遮盖力。两者之差越大，颜料的遮盖力显得越强。

颜料遮盖力强弱不仅取决于涂层反射的光，也取决于颜料对射在涂层表面的光的吸收能力。例如炭黑虽然完全不反射光线，但能吸收射在它上面的全部光线，因而它的遮盖力很强。

颜料颗粒大小和分散对颜料遮盖力强弱有影响。颜料颗粒小，分散强度大，反射光的面积多了，因而遮盖力增大。当颜料颗粒大小变得等于光的波长的一半时，分散度再继续增加，遮盖力不再增加。

有些颜料的遮盖力随着它们的晶体结构不同而有差异，如斜方晶形铬黄的遮盖力比单斜晶体的弱。混合颜料的遮盖力，决定于混合物各组分的遮盖力。因此可以在某些颜料中加入适量的体质颜料，来降低颜料的成本，而不至使它的遮盖力降低。

（4）着色力

着色力又称着色强度，表征某一颜料与基准颜料混合后形成颜色强弱的能力。通常是以白色颜料为基准，通过衡量各种彩色或黑色颜料对白色颜料的着色能力，从而表示该颜料的着色力。

着色力强调的是混合后形成颜色的能力强弱，当配制混合颜料时，达到同样色调，着色力强的颜料用量少。如铬黄与华蓝混合，能得到各种绿色颜料，华蓝的用量就取决于它的着色力。

与遮盖力相似，着色力也是颜料对光线吸收和散射的结果。但不同的是，遮盖力侧重于散射，着色力则主要取决于吸收。颜料的吸收能力越强，其着色力越高。

着色力除了和颜料的化学组成有关外，也和颜料粒子的大小、形状有关。着色力一般随颜料的粒径减小而增强。当分散度很大时，着色力降低，所以存在使着色力最强的最佳粒径。

（5）颗粒大小

颜料颗粒的大小不仅决定着颜料的特性，而且决定着成膜的质量。颜料颗粒大小即颜料的分散度、细度，一般用标准筛的筛余物测定。在其他条件相同的情况下，颜料的色泽决定于其细度。细度提高，颜料的主色调和亮度增强。颜料的遮盖力和着色力也与其分散度有关。

（6）耐光性

在光的作用下，有些颜料的颜色有不同程度的变化，变化程度越大，颜料的稳定性越差。这种现象可能是由于化学反应，或是由于颜料晶型的变化引起的。如锌钡白在阳光下变暗，是由于硫化锌还原为金属锌导致的。颜料对光和大气作用的稳定性是它的一个重要性能。

2. 颜料的种类

不同种类的颜料具有不同的颜色、结构和性能，一般可分为无机颜料和有机颜料。

（1）无机颜料

① 钛白粉。即二氧化钛（TiO_2）。目前工业上实际应用的有金红石型、锐钛型两种。锐钛型晶体结构不如金红石型致密，折射率低于金红石型，其遮盖力和消色力比金红石型低$20\% \sim 30\%$，耐久性也远不如金红石型，因此常用的主要是金红石型钛白粉。在常用的白色颜料中，同等质量的白色颜料，TiO_2的表面积最大，颜料体积最高，因此TiO_2最突出的颜料性质就是极强的遮盖力。

粒径对二氧化钛的光学性质和颜料性能有很大的影响。在可见光范围内，钛白粉最适宜的粒径范围在$0.15 \sim 0.35 \mu m$，相当于被散射可见光波长的一半，粒径在此范围的钛白粉，具有最高的散射力，白度、遮盖力和光泽度等也最好。

二氧化钛本身存在一些晶格缺陷，其表面上存在许多光活化点，对可见光及紫外光谱段有轻微的吸收。在光作用下，钛白粉可发生连续的氧化还原反应，生成羟基和过氧羟基自由基，它们具有高度的活性，能使涂膜中的有机聚合物氧化，发生高分子链断链和降解，破坏涂膜的连续性，使涂膜的耐候性降低。

TiO$_2$属于热稳定性化合物，无毒，化学性质很稳定。常温下几乎不与其他物质发生反应，是一种偏酸性的两性氧化物，与氧、硫化氢、二氧化硫、二氧化碳和氨都不起反应，也不溶于水、脂肪酸和其他有机酸及弱无机酸，微溶于碱和热硝酸。二氧化钛虽然具有亲水性，但吸湿性不太强。

② 炭黑。是合成革的主要黑色颜料，是一种微观结构、粒子形态和表面性能都极为特殊的炭素材料。炭黑是利用烃类物质裂解和不完全燃烧而生成的细小黑色粉末状物质，按照制造方法可分为槽法、炉法及热裂解三类。

炭黑的主要成分是碳元素，同时还含有少量的氢、氧、硫和灰分，它们显著影响炭黑的性质。炭黑通常是以熔结在一起的原生粒子聚集体的形式存在，但热裂解炭黑几乎是由单个原生粒子构成，炭黑聚集体有聚结成更大的附聚体的趋势。炭黑吸油值测定的是炭黑对DBP（邻苯二甲酸二丁酯）的吸收量，通常此值越大，聚集体的形状越不规则。高结构的炭黑由较多链枝状炭黑聚集体组成，分散性好，空隙多；低结构炭黑流动性好，光泽度高。合成革着色主要使用槽法高色素炭黑，平均粒径9～14nm，吸油量2～4mL/g，比表面积400～1000m^2/g。

炭黑具有很强的遮盖力与着色力，极高的耐光性和化学稳定性，可以单独使用，也可与其他颜色拼混成灰色、深咖啡色、深棕色等。通常基体层着色采用3#或6#炭黑即可，表层着色一般采用1#或特黑品种。

③ 铬黄。又称铅铬黄，主要成分是铬酸铅（PbCrO$_4$）、硫酸铅（PbSO$_4$）、碱式铬酸铅（PbCrO$_4$·PbO）的黄色颜料。色光随原料配比和制备条件而异，从浅黄色到带红色的中等黄色，产品一般有柠檬铬黄、浅铬黄、中铬黄、深铬黄和桔铬黄五种。中铬黄的主要成分是铬酸铅；浅铬黄是铬酸铅和硫酸铅的混合物；桔铬黄是碱式铬酸铅。

铬黄颜色鲜艳，是黄色颜料中遮盖力和着色力较好的品种，可以与其他颜色的颜料复配而调配出适宜的颜色。但其耐光性不是十分理想，在光的作用下会变暗。一般来讲，浅色到中色铬黄颜料对碱敏感，橙色铬黄颜料对酸敏感。铬黄遇强的无机酸会溶解，遇硫化氢会变黑，不宜与碱性染料混用，在过量碱中会溶解。

铅铬黄颜料适合溶剂型涂料体系，在水性涂料方面，铬黄颜料很少使用，因为水性涂料介质对铅铬黄颜料有分解作用。

为了提高铬黄的耐光性、耐硫化物性、分散性和耐热性，通常要对铬黄进行表面处理改性。通过无机物或有机物处理，在其粒子表面沉积无机物或有机物的"改性层"，能改变铬黄粒子表面的化学性质，提高其使用性能。如美国DuPont公司研究了用无机物和有机物混合处理铬黄，即先用硅酸盐和铝盐处理，在颜料表面沉积一层无定形SiO$_2$和Al$_2$O$_3$，然后再在无机物层上沉淀松香酸和长链脂肪酸盐，如棕榈酸钙。

④ 铁黄。又称氧化铁黄，羟基氧化铁，是以α-Fe$_2$O$_3$·H$_2$O为主要成分的黄色无机颜料。它的颜色随着晶粒大小不同而呈柠檬色到黄橙色，粒径在0.5～2μm。具有非常好的耐光性、耐大气性和耐碱性。遮盖力达10～12g/m^2，比其他黄色颜料的遮盖力都高，着色力也很强。但不耐酸、不耐高温，加热到177℃以上失去结合水，270～300℃脱水加速并转化为氧化铁红。

⑤ 铁红。氧化铁红是氧化铁系颜料中产量和用量最大的产品。主要成分为α-Fe$_2$O$_3$，红棕色粉末，粒径0.5～2μm，密度5.24g/cm^3，熔点1565℃。遮光力和着色力都很高。耐碱、耐酸能力强，在浓酸中只有在加热的情况下才逐渐被溶解，是氧化铁系颜料中最稳定的。

⑥ 钼铬红。钼铬红颜料是一种含铬酸铅、钼酸铅和硫酸铅的无机颜料。由于它的颜色

鲜艳，色谱齐全，着色力和遮盖力高，耐水性和耐溶剂性能优良，价格较低，因此是涂料、塑料和油墨等工业中广泛使用的红色颜料。

不溶于水和油，易溶于无机强酸。主要缺点是耐光性和耐候性较差，户外使用很容易变暗。将处理剂以水合氧化物的形式包覆在颜料粒子上，不仅能减缓颜料组分的光分解作用，而且可以阻止大气中的 H_2S、SO_2 等对颜料的侵蚀，提高颜料的耐光性和耐候性。常与有机红颜料配合使用。

⑦ 铁蓝。是由 $Fe_4[Fe(CN)_6]_4$ 与 $K_4Fe(CN)_6$ 或 $(NH_4)_4Fe(CN)_6$ 以及 H_2O 形成的复杂络合物，又叫华蓝或普鲁士蓝。

工业上生产铁蓝，是采用二价铁盐和亚铁氰化钾先制成沉淀物，随即在酸性介质中把沉淀物加以氧化而成。因此铁蓝的颗粒极为细小，原始粒径在 $0.01\sim0.05\mu m$，粒子之间具有炭黑一样的高凝聚力，吸油量大，润湿分散比较困难。

铁蓝颜色艳亮，着色力很高，能耐光、耐候、耐弱酸，不溶解于油和水，遮盖力不强。铁蓝的致命弱点是耐碱力很差，所以不能与碱性颜料同用，也不能用于呈碱性的物体表面，即使是最弱的碱也会使蓝色消失，分解成水合三氧化二铁与亚铁氰酸并呈现棕褐色。

⑧ 群青。结构 $Na_8Al_6Si_6O_{24}S_{(2\sim4)}$，是最美丽的蓝色颜料。最大的特点是耐久性高，耐光、耐热、耐候、耐碱，但遇到酸分解发黄。在白色中加入少量群青是消除白色泛黄的理想方法，群青使白色纯正，显出美丽的蓝相。

⑨ 氧化铬绿。Cr_2O_3，颜色亮绿色至深绿色，晶状粉末，是耐久力最强的绿色颜料。耐光、耐候、耐高温（700℃），一般浓度的酸碱以及二氧化硫和硫化氢等气体对其无影响。但着色力和遮盖力较铅铬绿差，颜色不够鲜艳。常用于化工厂和耐酸雾等环境的涂料中。

⑩ 金属颜料

a.铝粉。俗称银粉，呈微小的鳞片状，有银色光泽的金属颜料。其特点是：有很高的遮盖力，反光和散热性好，阻止紫外线穿透的能力强，能阻止水汽和其他腐蚀性气体渗入漆膜，耐热性高。分散时应完全润湿鳞片，以得到完全的光学性能。

b.铜粉。又叫金粉，由铜合金粉末制成，有金黄色的光泽。其特点是遮盖力弱，反光和散热性差，一般用于装饰生产中的颜料。

（2）有机颜料

有机颜料在着色介质中是以不溶性的微细粒子状态对物质着色，通过改变其吸收光谱而显示出颜色。具有色光鲜艳、透明度高、色谱齐全、价格高等特点。常用品种有：

① 有机颜料黄

a.耐晒黄 G。不溶性单偶氮颜料，芳酰胺结构。呈疏松且细腻的粉末，具有纯净的黄色，遮盖力很高。耐热温度只有约 160℃，在加工过程中容易分解褪色，在高温下有偏红的倾向。耐酸、碱性好，但耐溶剂性及耐迁移性不高。

b.有机颜料黄 13。不溶性双偶氮颜料，偶合组分中甲基的引入改变了颜料的色光，为红光黄色彩。由于颜料结构分子量增大，颜料的性能提高，具有优良的鲜艳度、透明度和遮盖力。耐热、耐溶剂性能都比较优良。

耐晒黄 G

有机颜料黄13

② 有机颜料红

a. 甲苯胺红。又叫猩红，一种单偶氮红颜料。具有鲜艳的红色，有很高的耐光、耐水和耐油的性能，有良好的耐酸、碱能力，遮盖力也很强，能耐热 130～140℃，易研磨，是一种很好的红色颜料。

b. 立索尔宝红。重要的红色有机色淀颜料。它是由 4-氨基甲苯-3-磺酸（俗称 4B 酸）经重氮化与 2-羟基-3-萘甲酸（俗称 2,3-酸）偶合，再以二价金属盐（钙、锶、钡、锰盐）色淀化而制得。由于其色光鲜艳、着色力高、价格适中，因而广泛应用于着色体系中。

甲苯胺红   立索尔宝红

③ 酞菁颜料。酞菁颜料与偶氮系列颜料是有机颜料的两大重要类别，酞菁系颜料主要有蓝色和绿色品种。

a. 酞菁蓝。具有鲜艳的蓝色，着色力强，结晶性和稳定性高，耐光、耐化学品性强，不溶于大多数溶剂，在加热到 500℃ 时，也不发生升华和化学变化，耐磨性及透明性良好。酞菁蓝是一种性能优良的蓝色颜料，是有机颜料中产量最大、用途最广的蓝色品种。

酞菁蓝深加工中除了通用型的颜料化以外，更要注重各种专用颜料剂型品种的生产和开发，以适应各个领域的使用要求。专用剂型化是将同一化学结构的酞菁蓝通过不同的表面处理或颜料化或调整工艺，制造出具有专门应用性能的商品。

b. 酞菁绿。呈黄光绿色。耐光、耐热、耐各种化学品性能十分优良。不溶于水和一般溶剂。颜色鲜艳，着色力高，耐晒及耐热性能好。

在铜酞菁中引入卤原子后可使其色调发生变化，形成一系列具有特殊色调的重要颜料。随着引入的卤原子分子量的增加，颜料的色调从绿光逐渐变为黄光。铜酞菁分子中引入 12 个氯原子后为绿色颜料，特别是引入 14 个氯原子后形成鲜艳的带黄光的绿颜料。

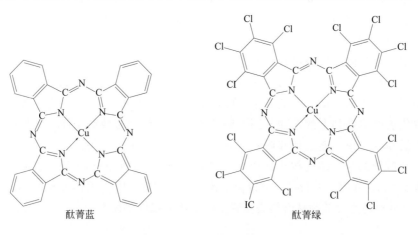

酞菁蓝   酞菁绿

酞菁颜料在树脂中分散困难，具有絮凝趋势，放置后易与体系分离而产生浮色。因此在使用前需再次分散，否则易产生色条与色花。

目前有机颜料的研究重点是在颜料后处理改进方面，如选择较好的晶型，制造较细而粒度分布狭窄的颗粒，改进颜料的湿润性等，使有机颜料发挥更大的效用。

三、分散剂

1. 分散剂的稳定机理

颜料发生絮凝，将会使涂料的性能明显下降，如稠度增加、流动性差、返粗、絮凝、光学和颜色性能发生改变等。分散剂的作用是保持颜料悬浮液的稳定，其稳定机理有两种。

① 静电稳定性。颜料微粒表面带有电荷，当加入分散剂后，可能会形成双层静电结构。颜料表面带一种电荷，相反电荷的带电离子云围绕在其周围。当两个微粒靠近时，电荷斥力作用阻止其相互吸引。在这样厚厚的电荷层的作用下，颜料微粒就获得了稳定的状态。多磷酸盐及多元羧酸常作为高分子电解质使用，这种静电斥力在水性涂料中非常有效。

② 位阻稳定。分散剂通常由锚固基团和溶剂化链段组成，高分子型分散剂通过锚固基团吸附在颜料表面，溶剂化链段则伸展在树脂和溶剂中，从而形成一定厚度的溶剂化高分子链段的阻隔层。当颗粒吸附层互相靠近而压缩时，压缩区吸附物密度增加，自由度减少，这是个熵减过程，体系的趋势是阻止这种进程进一步发生。随着链段的混合，溶剂被排出粒子间，这也会导致溶剂浓度不均衡，渗透压同样会迫使溶剂返回微粒间以维持微粒的分离状态。这些过程综合作用，就起到了位阻的效应。位阻稳定作用的两个基本要求是锚定基团对颜料有足够强的吸附力，以及溶解化链段完全溶解在介质中。当高分子链段很好地溶解和适当地展开时，位阻稳定作用得到加强。若相容性不好，则高分子链段会折叠，使位阻效应丧失。

2. 分散剂品种

阴离子分散剂相容性好，被广泛应用于水性涂料及油墨中。多元羧酸聚合物等也可应用于溶剂型涂料，并作为受控絮凝型分散剂广泛使用。

阳离子表面活性剂吸附力强，对炭黑、各种氧化铁、有机颜料类分散效果较好，但要避免其与基料中羧基发生化学反应，还要注意不要与阴离子分散剂同时使用。

非离子型润湿分散剂在水中不电离、不带电荷，在颜料表面吸附比较弱，主要在水系涂料中使用，分为乙二醇型和多元醇型，可降低表面张力和提高润湿性。与阴离子型分散剂配合使用作为润湿剂或乳化剂，广泛应用于水性色浆、水性涂料及油墨中。

高分子型分散剂又称超分散剂，是一种新型的聚合物分散助剂，最早为解决颜料颗粒在有机介质中的分散问题而开发，克服了无机分散剂容易带入杂质离子和有机小分子分散剂吸附不牢固、分散稳定性差的缺点。

3. 高分子分散剂的结构特征及种类

高分子分散剂（超分散剂）与传统分散剂（表面修饰剂）相比有如下优势：①超分散剂用锚固基团代替了表面修饰剂上的亲水基团，吸附为不可逆吸附，难发生解吸；②以聚合物溶剂化链取代表面修饰剂上的亲油基团，链长可调，可起到有效的空间稳定作用；③可形成极弱的易于活动的胶束，能迅速移向颗粒表面而起到润湿保护作用。

高分子分散剂的分子结构按照其功能不同可以分为锚固基团和溶剂化链两个部分。

锚固基团通过离子键、共价键、氢键及范德华力牢牢地吸附在固体颗粒表面，形成一层吸附层，可以有效地防止分散剂从颜料表面脱落。常用的锚固基有—NR_2、—NR_3^+、—COOH、

—COO⁻、—SO₃H、—SO₃⁻、—PO₄³⁻、—OH、—SH、多元胺、多元醇、聚醚等。这些锚固基团可以与极性较大、反应活性较高的无机颜料颗粒以离子对的形式结合，这样的吸附十分牢固，"单点锚固"即可满足要求。有些高分子分散剂以—NCO 或硅烷偶联剂作为锚固基团，此时与颜料颗粒以共价键形式结合。对于有机颜料，其极性远没有无机颜料强，但是其表面也带有一定的极性基团，可以与锚固基团形成氢键。氢键的强度没有离子键的大，所以对有机颜料一般采用"多点锚固"，一个高分子链中最多可带有 20 个锚固基团，这样高分子始终围绕在颜料颗粒周围，即使有部分的基团会脱落，也不会使整个分子脱离颜料表面。

溶剂化链段起增容作用，必须与分散介质具有良好的相容性。对于水性涂料，这一部分需采用亲水链段，可以分为离子型和非离子型两类。聚氧乙烯、聚醚可以作为非离子型亲水链段，聚羧酸盐可作为离子型亲水链段。当锚固基团优先在颜料颗粒表面形成吸附层后，拥挤在一起的溶剂化链因为与水有很好的相容性，就向水中伸展，形成另一层吸附层，起到空间位阻障碍的作用。

高分子分散剂的分子量一般为 1000～10000，要控制其中锚固基团和溶剂化链的分子量。若溶剂化链过长，则容易从颗粒表面脱吸附，相互之间容易缠结而絮凝；若锚固链过长，不能完全吸附于颗粒表面，部分与相邻颗粒作用而发生"架桥"絮凝。一般超分散剂在颗粒表面形成的吸附层为 5～15nm，明显地优于传统分散剂，传统分散剂形成的吸附层不超过 2.5nm。

嵌段共聚物和接枝共聚物符合对高分子分散剂结构的要求。一般将高分子分散剂设计成单官能化聚合物、AB 型嵌段共聚物、锚固基团处于中央的 BAB 型嵌段共聚物以及以锚固基团为背、溶剂化链为齿的梳型共聚物四种分子构型；高分子型分散剂也可分为多己内多酯多元醇-多乙烯亚胺嵌段共聚物型分散剂、丙烯酸酯高分子型分散剂、聚氨酯或聚酯型高分子分散剂等。

聚醚-聚丙烯酸高分子分散剂采用大分子单体法，首先利用酯化反应制得具有反应活性的聚醚大分子单体，然后采用溶液聚合法与丙烯酸单体和其他乙烯基单体共聚，得到聚醚-聚丙烯酸高分子分散剂。

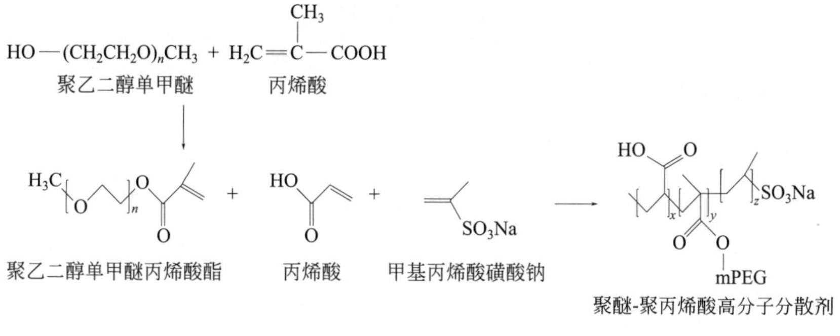

聚醚-聚丙烯酸高分子分散剂

苯乙烯-马来酸酐共聚物（SMA）是近年来研究较多的聚合物，因其含有可与颜料分子平面形成强 π-π 键的苯环，以及水解后可形成提供空间位阻的羧酸阴离子，故可用于水性颜料体系。

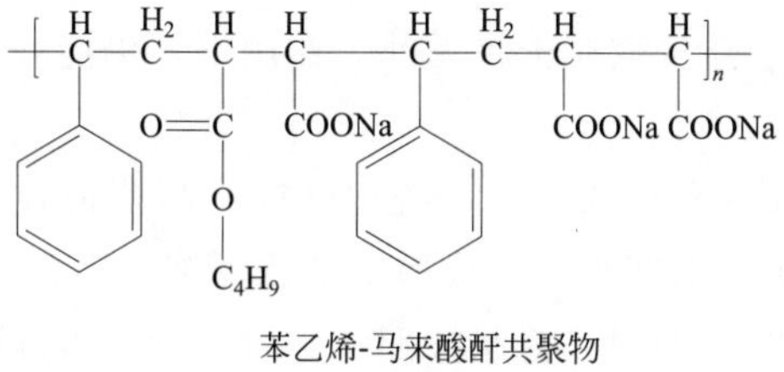

苯乙烯-马来酸酐共聚物

利用聚氨酯结构设计的灵活性，先采用二异氰酸酯、单端双羟基聚乙二醇合成预聚体链段，以聚乙二醇水溶性链段作为溶剂化链段，然后加入偶联剂 KH550，利用偶联剂中的端氨基与预聚体中的端异氰酸酯基进行反应，生成新的水溶性大分子，该大分子水解可形成硅羟基，硅羟基可与颜料粒子有效作用，形成稳定的结合。同样方法接入 DMPA 还可合成阴离子型超分散剂，改变二元醇结构还可合成用于溶剂体系的超分散剂。

非离子超分散剂

通过添加甲基丙烯酸十二氟庚酯和丙烯酸六氟丁酯单体的方法，在大分子中引入含氟基团，可得到新型的含氟丙烯酸类聚合物分散剂。它对颜料的分散性能、稳定性能均优于传统聚合物分散剂。

R₁烷基或芳基　　R₂氟代烃基　　R₃极性基团
含氟丙烯酸类聚合物分散剂

四、着色剂的制造

1. 制造原理

颜料不能直接添加在聚氨酯浆料中，通常配制成色浆使用。色浆由颜料、载体树脂、溶剂及助剂四部分构成。色浆的加工是一个复杂的物理过程，包括颜料湿润、解聚、稳定化三个基本过程。

① 润湿是指用树脂或添加剂取代颜料表面上的吸附物如空气、水等，即固/气界面转变为固/液界面的过程。

② 解聚是指用机械力把凝聚的二次团粒分散成接近一次粒子的细小粒子，使其形成悬浮分散体。

③ 稳定化是指形成的悬浮分散粒子在无外力作用下，仍能处于分散悬浮状态。

2. 制造过程

因聚氨酯具有很高的黏度和承载能力，经过高搅机高速搅拌后，颜料粒子被树脂包覆，经过砂磨机研磨，颜料粒子逐渐变小，形成稳定的悬浮液，即色浆。其基本配制方法如下：

① 配料。将溶剂、颜料、助剂、树脂按照工艺要求加入配料桶。一般为了达到较好的

湿润效果，通常在配制好后密封放置一定时间。

② 搅拌。将配料送入高速搅拌机中，低、中速分散 5min，再高速分散 15min，使各种物料充分混合，达到初步分散的目的。

③ 研磨。将搅拌料送入砂磨机，利用研磨介质（玻璃珠或锆珠）对颜料颗粒进行连续研磨，使颜料达到要求的颗粒尺寸，充分悬浮在树脂中。

④ 过滤。将研磨好的浆料用不锈钢网过滤，同时取样检测。

3. 制造要点

（1）颜料润湿性

指颜料与树脂、溶剂的亲和性。颜料在使用时，从固体状态加入到液体中，原有的固/气界面消失，形成新的固/液界面，这个过程称为润湿。

润湿并不是固体与液体的简单结合，或粉状体在液体中的机械分布，而是在相界面上，固体颜料分子与液体分子之间形成了一种直接而稳定的吸附键，并且被吸附在颜料固体表面上的液体分子与其余液体分子之间仍保持着亲和力。

润湿性主要取决于颜料自身的表面特性，一般通过润湿剂合理的表面处理，可降低其表面张力，提高表面活性，得到良好的润湿性。润湿剂不但要具有较低的表面张力这个外在条件，还必须符合内在要求，那就是其本身分子结构对某些无机物或有机物具有极好的亲和性，单是降低表面张力并不足以对物质产生润湿。

润湿是着色剂加工的基础，润湿不良，则颜料不能均匀分布到树脂和溶剂中，从而产生颜料颗粒、浮色、色花、光泽低、稳定性差等质量问题。

（2）颜料分散性

指颜料团粒在树脂和溶剂中分散成理想原生粒子分散体，并维持这种分散状态稳定的能力。分散过程可看作是润湿过程的继续，是进行颜料粒子解聚，使这些粒子能完全被基料所润湿，并在每个粒子周围形成溶剂膜，以消除粒子再度聚集的可能性，最后使粒子均匀地分布在基料中。

实际操作中，颜料不可能达到理想的原生粒子状态。一般通过加入分散助剂，使其附着在微粒上，让微粒之间相互产生一种排斥力，使微粒之间不容易产生再次聚集。平常都是分散剂和润湿剂配合使用，即常看到的润湿分散剂。润湿剂在其中起到带领分散剂进入微粒的各个缝隙之中的作用，分散剂使所有微粒分隔开来，让所有微粒悬浮在体系中。

提高分散性还需要采用合理的分散设备与分散工艺，使颜料团尽可能打开，形成相对稳定的、颗粒极小的颜料分散体。通常采用砂磨机多次分散。

颜料的分散性首先取决于自身的表面状态和聚合状态，后期分散性主要是依靠助剂的润湿及研磨度。颜料的分散性能对颜料的遮盖力和着色力的强弱有很明显的影响。分散度差会直接导致颜料放置后产生絮凝，颜料颗粒聚集，从而导致其色强度与遮盖力下降。

（3）体系匹配性

a. 选择与被着色树脂相容性好的树脂作为着色剂的载体树脂，如果载体树脂与母液树脂相容性差，添加后会出现色道和浮色。

b. 载体树脂的加入量要达到一定要求，否则会造成色浆整体黏度下降，导致高分子无法包裹颜料颗粒，发生沉降，影响色浆的稳定性。

c. DMF 的主要作用是分散与稀释，如果采用回收 DMF 要注意其甲酸和水分含量，含量过高容易造成絮凝。

（4）湿润分散剂的使用

在使用过程中，分散剂吸附在颜料表面产生电荷斥力或空间位阻，以此来抗衡粒子之间的范德华力，防止颜料产生有害絮凝，使分散体系处于稳定状态。一般要求分散剂在颜料表面尽可能形成较厚的吸附层，分散链节有足够的长度和较多的活性吸附点，吸附在颜料表面的部分不溶于溶剂，而伸展的自由链节部分尽量溶于溶剂。润湿和分散是一个统一连续的过程，所以润湿剂和分散剂很难区分。

分散剂除具有湿润作用外，其活性基团一端能吸附在粉碎成细小微粒的颜料表面，另一端溶剂化进入成膜物形成吸附层，分散剂的吸附基团越多，活性基团的链节越长，形成的吸附层越厚，产生的电荷斥力（水性涂料）或熵斥力（溶剂型涂料）也就越大，使颜料粒子长期分散悬浮于体系中，避免再次絮凝，保证体系的贮存稳定。

分散剂若使用得当，不但能防止颜料沉淀，产生良好的贮存稳定性，而且能改善流平性，防止颜料浮色发花，提高颜料的着色力与遮盖力，还能降低色浆的黏度、增加研磨色浆中颜料的含量、提高研磨效率，达到节省人力和能源的效果。

五、着色剂的质量与使用要求

1. 主要质量要求

① 色浆的颜料含量。颜料含量仅作为评定色浆性能的参考指标。色浆的着色力与颜料含量并不是简单的正比关系。颜料含量相同，其细度不同，着色力也会有很大差异。为保证色浆着色力的稳定，色浆颜料含量通常是在一定范围内的变化值。

② 色浆的细度。细度是反映色浆的着色力、分散效果和储存稳定性的一个直观指标。无论颜料的光学性能多好，最终都要看它能否以微细的颜料粒子形式均匀地分散到介质中。颜料中任何颗粒的凝聚、聚集和絮凝，都会对光的散射能力产生不良影响。颜料粒子对光线散射力的影响主要是其粒径和体系中颜料的体积浓度，颗粒粒径则取决于颜料的分散过程及分散效率。

一般对于同一颜料色浆来说，粒径越小，比表面积越大，因而遮盖能力也就越大，着色力也越高；细度越小，光泽就越高，分散效果和储存稳定性就越好。色浆的细度并不是越细越好，因为当粒子变小时，其比表面积增大，吸收的光能量增加，受破坏的程度也增加，导致其耐候性降低。合成革用着色剂要求着色粒子的细度 $\leqslant 10 \mu m$。

③ 色浆的着色力与展色性能。着色力是一个重要指标，它反映色浆的色浓度、展色性能及颜料分散体絮凝情况。着色力以颜色达到国际标准深度（ISD）的 1/25 所需颜料浆的色浆份数来表征，数值越小，着色力越高。

色浆与使用体系的相容性是影响色漆的浮色发花、絮凝和表面缺陷的关键。在使用色浆配色前，一定要做相容性实验，通常可以用助剂来解决色浆与涂料的相容性问题。如果色浆的细度不够，分散性能不好，均会导致色浆展色性不好，影响重现性。

2. 主要质量缺陷

① 絮凝。指颗粒被分散后的重新聚集。在分散过程中，颜料颗粒在外力作用下分开，形成新的表面，然而这是一个不稳定的状态。在色浆制造、储存或应用的任何时候，絮凝都可能发生。絮凝体的结合力有大小之分。絮凝和解絮凝是可逆的，往返逆转的过程有快有慢。如果解絮凝不够彻底或解絮凝后逆转过程很快，仍然会影响使用效果。例如炭黑有较大的表面积，一旦发生絮凝，底材就不可能被均匀遮盖，即产生色斑。

② 浮色和发花。在混合颜料体系中，当几种颜料的密度和粒径相差较大时，浮色和发花就会发生。比如密度大的钛白倾向于集中到干膜底部，而有机颜料的密度明显低于钛白，因此会集中到涂膜上部。这种垂直的浮色也叫发花，会使涂膜看起来比想要的颜色深。浮色程度可通过指擦试验来判断。

③ 黏度异常变化。色浆在储存中往往会出现异常增稠的现象，其中化学性异常增稠不属分散过程的范畴，而物理性的异常增稠则是分散不稳定性的一种表现。异常增稠同样是颜料粒子和基料相互作用的结果，是颜料粒子受力情况发生变化的结果。

3. 着色剂的使用

着色剂的添加比例没有固定值，以达到产品要求为准。不同产品间的加入量差异很大：黑色基布浸渍液中，黑色浆（含炭黑 20％左右）使用比例一般占调配浆料的 8％～10％左右；牛巴类表面磨皮的涂层液着色剂用量较大，高达 25％～30％；而通常的超纤革类基布浸渍液中添加量一般很低，主要是消除聚氨酯氧化形成的黄色色光。当颜色接近饱和时，增加用量对颜色的变化影响不大。

做深色或色泽鲜艳产品时，通常选用稳定性高、着色力强的着色剂，如有机颜料、高色素炭黑等。

由于湿法基布的生产工艺在凝固水浴中进行，因此必须考虑着色剂在水中的溶解行为，为了提高聚氨酯着色效果和减轻 DMF 回收的困难，要求所使用的颜料在 DMF 水溶液中的溶解度很低。

第四节 消泡剂

一、消泡剂的工作原理

消泡剂的主要作用是消除聚氨酯浆料或加工过程中产生的气泡，避免带到涂层表面形成针孔、鱼眼、气泡划伤等缺陷，保证涂层表面光滑平整。

按作用原理不同可分为消泡剂和抑泡剂两种：防止吸收空气而产生泡沫的为抑泡剂，消除已产生泡沫（即静态泡）的为消泡剂。

抑泡剂的作用机理有两种。一种是抑泡剂能分散于发泡液体中，被泡沫吸附，但不溶于该发泡液体，并能排挤或消除起泡剂的吸附层。由于抑泡剂的铺展性能，而内聚力小，阻止了分子间的紧密连接。不溶的抑泡剂分子，不规则地分布于液体表面，阻碍了表面黏度对泡沫的稳定作用，抑制了泡沫的形成。另一种是抑泡剂取代泡沫中的起泡剂，形成缺乏弹性的泡沫，在气体压力下易于破坏，致使泡沫不能形成。

消泡剂的作用原理主要是降低液体表面的表面张力。由于消泡剂的表面张力低，因此会流向产生泡沫的高表面张力的液体，在已有或将要有的泡沫上自动铺展，并置换膜层上的液体，使泡沫的表面张力急剧变化，泡沫壁迅速变薄，泡沫同时又受到周围表面张力大的膜层的强力牵引，当液膜层厚度变薄至机械失稳点时就会发生"破泡"。不溶的消泡剂再进入另一个泡沫膜的表面，在气液界面间不断扩散、渗透，重复上述过程。消泡剂在液体表面铺展得越快则消泡能力就越强，因此要求消泡剂有足够低的表面张力。

良好的消泡剂应具备以下条件：

① 具有比被消泡体系更低的表面张力，有移动气-液界面的倾向。

② 用量低，消泡能力强且持久稳定。

③ 有正铺展系数。消泡剂消泡必须具备两个条件：渗透因子 $E>0$，保证消泡剂渗透到泡沫壁；铺展因子 $S>0$，保证消泡剂微滴在泡沫介质中扩散铺展。

④ 在使用条件下（温度、pH 值等）下化学稳定性好，无毒性。不与被加入体系反应，也不影响被加入体系的基本性能。

⑤ 消泡剂不溶于介质，也不易被体系中的表面活性剂所增溶，能以微滴形式进入并分散于介质中，消泡微滴最有效的直径相当于泡沫壁的厚度。

二、消泡剂的种类

消泡剂种类很多，主要分为非硅类、有机硅类、聚醚类和聚醚改性聚硅氧烷类。

1. 非硅类

非硅类消泡剂主要有醇类、脂肪酸、脂肪酸酯及磷酸酯类等。从结构上看，非硅系消泡剂都是分子一端或两端带有极性基团的有机化合物或聚合物，它们与起泡剂相似，因而使用不当便会产生起泡剂的作用。其铺展系数较大，破泡作用很强，而抑泡作用较差，对致密型泡沫的消泡效率较低，适用于油性基液中。它的制备原料易得、环保性能高、生产成本低。

2. 有机硅类消泡剂

有机硅类消泡剂的主要成分为聚二甲基硅氧烷，其结构为线型非极性分子，分子中为易绕曲的"之"字形链。分子结构决定了它的表面张力很低，比水、表面活性剂水溶液及油类都要低，既适用于水基起泡体系，又适用于油性起泡体系。结构式为：

$$H_3C-Si-O\left[Si-O\right]_n Si-O-Si-CH_3$$

聚二甲基硅氧烷

聚二甲基硅氧烷具有与 DMF 相容的硅氧醚键和与 PU 相亲近的甲基，所以在涂层液中加入硅油，会降低 DMF 与 PU 的界面张力。二甲基硅油与水不亲和，与油亲和性也很差，挥发性极低，化学性质稳定，因此它可以在广泛的温度范围内起消泡作用。

憎水颗粒如憎水硅石和聚四氟乙烯可以大大提高消泡剂在水泡沫体系中的消泡能力。将细小的 SiO_2 粒子加入到二甲基硅油中，经过特定的化学处理得到的硅脂有更好的消泡和抑泡效果。这可能是由于加入憎水颗粒后出现了两种消泡途径：吸附和去润湿。根据吸附机理，憎水颗粒进入气液界面后，颗粒表面会吸附泡沫体系的表面活性剂，使液膜局部的表面活性剂被消耗，从而产生不稳定性，最终导致液膜的破裂。

有机硅消泡剂的品种、型号繁多，性能各异，但一般可分为硅油型、溶液型、乳液型、固体型等几类。

① 硅油型。一般是由二甲基硅油或二甲基硅油与二氧化硅等助剂配制而成的消泡剂，此类消泡剂适用于油溶性溶液的消泡，对水溶液产生的泡沫基本无效。一般是低黏度硅油型消泡剂消泡效果快，但持续性较差，而高黏度硅油型消泡剂消泡效果慢，但持续性较好。根据发泡油溶液的性质，选用硅油型有机硅消泡剂的原则是：起泡液黏度越低，选用的硅油黏度应越高；而起泡液黏度越高，选用的硅油黏度应越低。

② 硅油溶液型。是硅油溶解在溶剂中制成的溶液，利用溶剂携带硅油成分并将其分散

于起泡溶液内，在这一过程中，硅油会逐步凝聚成微滴，由此完成消泡。如果将硅油溶解在非水有机溶液体系中，例如多氯乙烷、甲苯等，可以用于油性溶液消泡；如果将硅油溶解在水相体系溶液中，例如乙二醇、甘油等，就可以用于水性溶液消泡。

③ 乳液型。由于硅油在发泡液中分散性很差，消泡效果不好，因此可将有机硅油制成乳液型有机硅消泡剂。乳液型有机硅消泡剂一般是白色黏稠厚液体，既能应用于非水相发泡液的消泡，又能用于水相发泡液，适用范围很广，在有机硅消泡剂中用量最大。

乳液型有机硅消泡剂一般由二甲基硅油、白炭黑、乳化剂、乳液稳定剂和去离子水等配制而成。由于硅油具有较大的张力，乳化难度系数大，乳化剂一旦选择不当，就会造成消泡剂在短时间内分层、变质等现象。所以乳化配制过程中，助剂、乳化剂的选择以及乳化工艺都十分重要。

④ 固体型有机硅消泡剂。稳定性和附着性很好，对油相、水相均适用，介质分散性也比较突出，运输和使用很方便。一般是将有机硅油与软化点较低的脂肪醇、脂肪酸、脂肪酰胺、脂肪酯或石蜡等物质一起熔融，再将熔融体附着在固体载体的表面。

有机硅消泡剂通常消泡效率很高，但是抑泡效果一般。适合在液体剪切较小，所含表面活性剂发泡能力较温和的溶液中使用。但有机硅消泡剂对致密型泡沫的消泡能力差，因此应用上受到局限。将有机硅与脂肪酸酰胺、聚醚等其他具有消泡、抑泡活性的表面活性剂复配成复合消泡剂，既可以提高有机硅消泡剂的抑泡能力，又能降低产品的成本。

3. 聚醚类消泡剂

聚醚类消泡剂是分子量较低的聚氧乙烯聚氧丙烯的嵌段共聚物，它是一种性能优良的水溶性非离子表面活性剂，以聚氧丙烯醚为疏水基团，聚氧乙烯醚为亲水基团，因此它同时具有亲水性和亲油性。通过改变聚氧丙烯醚段或聚氧乙烯醚段的聚合度，可获得不同 HLB 值及不同性能的表面活性剂。

聚醚类消泡剂利用聚醚的溶解性在不同温度表现出的不同特性，从而达到消泡作用。低温下，聚醚分散到水中，醚键中的氧原子能够与水中的氢原子以微弱的化学力结合，形成氢键。分子链节成为曲折形，其中疏水基团置于分子内侧，分子链变得容易与水结合。当温度升高，分子运动较为剧烈时，曲折形的链会变为锯齿形，失去与水的结合性。当聚醚亲水性逐渐降低，直到浊点时，聚醚成为不溶解状态，发挥消泡作用。

聚醚类消泡剂的最大优点在于其抑泡能力强，还有些聚醚类的消泡剂具有耐高温、耐强酸、强碱等优良性能。其缺点是，使用条件受温度限制、使用领域窄、消泡能力较差、破泡速率低等。

聚醚类消泡剂有以下三种：① $R[X(EO)_nH]_p$；② $R[X(PO)_n(EO)_mH]_p$；③ $R[X(EO)_m(PO)_nH]_p$。

其中，$R(XP)_p$ 为起始剂，R 为烷基或芳基等，X 为 O、S、N 等，p 为起始剂中起作用的活性氢个数；n、m 分别为结构单元 EO（环氧乙烷）、PO（环氧丙烷）的数目。

对于①类聚醚，R 一般为长链羟基或烷基取代的环状化合物，它使聚醚具有疏水性。这类物质调节表面活性的灵活性不够，作为消泡剂一般需要与其他消泡剂配合使用，也常作为有机硅消泡剂的乳化剂。

在②类和③类聚醚中，分子中引入了 PO 链段，当 PO 链长到一定程度时就会显示出疏水性。当分子中 R 的碳原子个数较多时，要求 $m \geqslant 4.6$；当 R 的碳原子个数小于 6 时，PO 链段分子量必须大于 900。对于③类聚醚，当 R 的链数较小时，聚醚的疏水性主要由 PO 链段提供。聚醚的性质随 PO/EO 的不同而异，通过改变 PO/EO 的比例，就可以改变聚醚对水的亲和性，制成一系列消泡剂，从而扩大聚醚的应用范围。

聚氧丙烯甘油醚（GP 型）消泡剂：以甘油为起始剂，由环氧丙烷进行加成聚合而制得。为微黄色透明液体，亲水性较差，它的抑泡能力优于消泡能力。

聚氧丙烯氧乙烯甘油醚（GPE 型）消泡剂：在 GP 型消泡剂的聚丙二醇链节末端再加成环氧乙烷（EO）为末端嵌段物，链端为亲水基。无色透明液体，亲水性较好，在发泡介质中易铺展，消泡能力强，但溶解度也较大，消泡活性维持时间短。

GPE 型消泡剂通常是以环氧乙烷为原料，在氢氧化钾催化剂的作用下，与起始剂作用而开环聚合得到。一般认为这个反应是阴离子型的逐步加聚反应，其主要反应式如下：

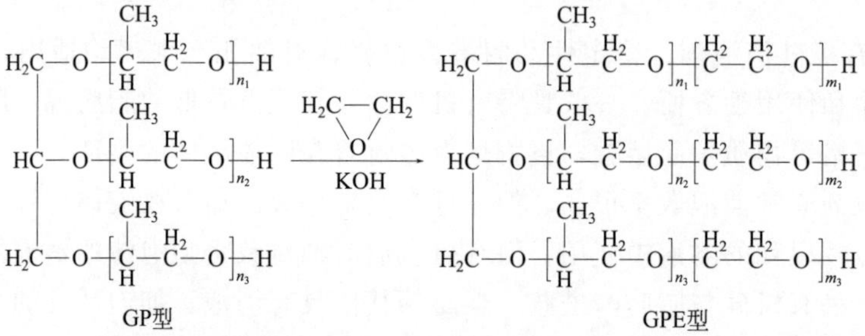

GP型　　　　　　　　　GPE型

GPES 型消泡剂：新型聚醚类消泡剂，在 GPE 型消泡剂链端用疏水基硬脂酸酯封端，便形成两端是疏水链，而中间隔有亲水链的嵌段共聚物。这种结构的分子易于平卧状聚集在气液界面，因而表面活性强，消泡效率高。

代表性产品为甘油聚醚脂肪酸酯，是在 GPE 型消泡剂链端用硬脂酸进行酯化处理后得到一种新的聚醚型消泡剂。根据其酯化程度可分为单酯、双酯、三酯。酯化后亲水性进一步降低，亲油性增加，削弱了原来聚氧乙烯链与水分子间的氢键而有利于表面张力的降低。它往往是以折叠式的结构平铺于气液界面上，因此表面活性高，用量少，消泡力强。为兼顾铺展性和消泡性，一般以二酯、三酯混合型为主。

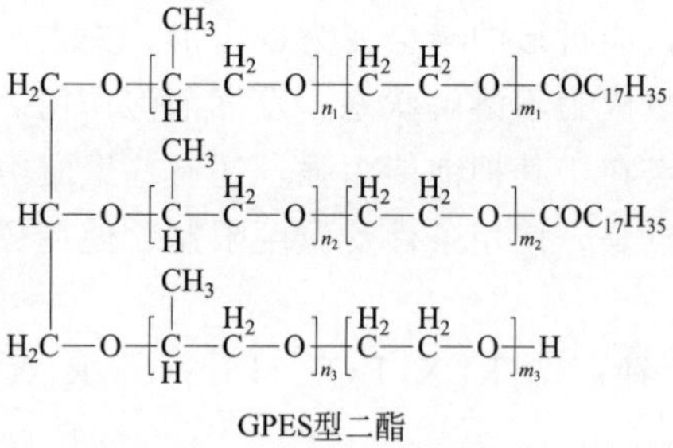

GPES型二酯

4. 聚醚改性聚硅氧烷类消泡剂

聚醚改性聚硅氧烷消泡剂同时兼有聚醚类消泡剂和有机硅类消泡剂的优点，具有分散性好、抑泡能力强、稳定、无毒、挥发性低、消泡效力强等优点，是一种性能优良，有广泛应用前景的消泡剂。

聚醚改性有机硅类消泡剂特点：

① 逆溶解性。由于分子中含有聚醚链段，所以具备聚醚消泡剂的浊点特性，能基于体系消泡的温度需求，方便地选择合适的聚硅氧烷聚醚型消泡剂。高于浊点温度时具有消泡性，低于浊点温度时则分散在起泡液中，使消泡作用持久。

② 自乳化性。由于硅氧烷链段和聚醚链段对溶剂的憎、亲性能不同，当聚醚改性有机硅类消泡剂加入溶剂中时，聚醚链段伸展于外部，聚硅氧烷链段卷曲于内部，形成所谓的"自乳性"分散状态，使整个乳化体系非常稳定。

在硅醚共聚物中，硅氧烷链段有亲油性，聚醚链段的氧乙烯基或氧丙烯基链节有亲水性，聚醚的引入提高了共聚物的铺展和扩散能力，在自乳性作用下，可以迅速、均匀地分散于起泡液内，改善溶解性，提高消泡效力。

聚醚改性聚硅氧烷类消泡剂不仅具有聚硅氧烷类消泡剂消泡效力强、表面张力低等特点，还具有聚醚类消泡剂的耐高温、耐强碱性等特性。通过改变硅氧烷、环氧乙烷、环氧丙烷的摩尔比或分子量，可得到系列不同消泡能力的产品。其合成时，一般是通过接枝在聚硅氧烷链段上引入聚醚链段，结构式为：

$$H_3C-\underset{CH_3}{\overset{CH_3}{Si}}-O-\left[\underset{H}{\overset{CH_3}{Si}}-O\right]_x\left[\underset{CH_3}{\overset{CH_3}{Si}}-O\right]_y\underset{CH_3}{\overset{CH_3}{Si}}-CH_3 \ + \ H_2C=\underset{H}{\overset{}{C}}-\overset{H_2}{C}-(OCH_2CH_2)_n(OCH_2\overset{CH_3}{CH})_m-OH$$

$$\xrightarrow{\text{催化剂}} H_3C-\underset{CH_3}{\overset{CH_3}{Si}}-O-\left[\underset{CH_3}{\overset{CH_3}{Si}}-O\right]_x\left[\underset{CH_3}{\overset{CH_3}{Si}}-O\right]_y\underset{CH_3}{\overset{CH_3}{Si}}-CH_3$$

$$CH_2CH_2CH_2-(OCH_2CH_2)_n(OCH_2\underset{CH_3}{CH})_m-OH$$

近年来消泡剂的研究主要集中在有机硅化合物与表面活性剂的复配、聚醚与有机硅的复配、水溶性或油溶性聚醚与含硅聚醚的复配等复配型消泡剂上，复配是消泡剂的发展趋势之一。就目前消泡剂而言，聚醚类与有机硅类消泡剂的性能最为优良，对这两类消泡剂的改性与新品种的开发研究也比较活跃。

三、消泡剂使用特点

① 适用性。消泡剂体系与被消泡体系是否适应是首先要考虑的问题，因为消泡剂有油性和水性之分，不同的行业使用的消泡剂不同。另外还要考虑体系中有机溶剂的量，是否会对消泡剂产生一些干涉影响。

消泡剂在浆料中的消泡机理是基于与浆料的不相容性，以及破坏浆料起泡时的表面稳定性，从而达到消泡效果。所以，消泡剂选择与使用不当可能带来另一个问题，即使涂层膜产生缩孔，严重时会影响将来涂层膜表面的印刷或移膜，出现脱层或黏接牢度下降等问题。

② 使用量。PU消泡剂使用量一般为浆料总量的 $0.01\% \sim 0.1\%$ 左右，过多则影响效果，甚至出现漂油现象。

③ 使用方法。化学消泡与物理真空脱泡配合使用，效果经济有效。还可采用复配消泡剂，发挥组分协同效应。比如有机硅化合物和表面活性剂的复配、聚醚和有机硅的复配、油溶性聚醚和含硅聚醚的复配等。

④ 使用消泡剂时要注意浆料的条件，如温度高低、酸碱性、黏度大小等，有针对性地选择消泡剂。强酸和强碱环境对消泡剂的要求比较苛刻，这时需要与消泡剂生产厂家说明载体环境。消泡剂多为几种不同性质和作用的物质混合而成，在储运中容易分层，为保证消泡效果，使用前要搅拌均匀。

⑤ 消泡剂的长效性。有些消泡剂开始效果很好，但放置一段时间效果就差很多。其影响因素很多，如：消泡剂被表面活性剂增溶；消泡剂主剂被胶粒树脂吸收。

⑥ 重涂性。在使用有机硅消泡剂时，由于有机硅基团能迁移到涂层表面，所以能赋予涂层表面以有机硅的滑爽手感。但有机硅的另一个特性是其隔离性，这有可能会影响涂层的重涂性能。

第五节　流平剂

一、流平剂的作用

聚氨酯涂层要求凝固后形成光滑平整的膜结构，这在很大程度上取决于成膜过程中的流动、流平性能。如果流平不好，在成膜过程中往往会产生一些缺陷，不仅影响涂层的表面效果，还会降低其性能。影响浆料流平性的最主要因素是浆料的表面张力、成膜过程中产生的表面张力梯度、表面张力均匀化能力。解决浆料流平性的最有效方法就是在浆料中使用流平剂。

流平剂是一种常用的涂料助剂，它能促使涂料在干燥成膜过程中形成一个平整、光滑、均匀的涂膜，有效降低涂饰液的表面张力，提高其流平性和均匀性。作为流平剂，一般要满足两点：与体系有一定的相容性；表面张力低于体系。

流平剂主要用于涂层产品中，来改善基布表面的平整性，增加树脂与基布间的亲和性。涂层基布要求聚氨酯在凝固成膜过程中形成一个平整、光滑、均匀的表面膜，为下一步的整饰工艺奠定基础。流平性差会出现刮痕、橘皮、水纹、缩边、缩孔、鱼眼、厚边、浮色等现象，称为流平性不良。生产过程中通过添加流平剂可改善 PU 涂层液的流平性，作用主要有以下三点：

① 降低涂层液与底布之间的表面张力，使之具有最佳的润湿性，减少因底布原因而引起的缩孔、附着力不良等现象。这点对"浸渍-干燥-涂层"工艺基布影响尤其明显，对"浸渍-涂层"工艺影响较小。

② 适度降低浆料黏度，提高其流动性。但浆料流动性增大容易产生流挂现象，因此使用中应在流挂和流平之间寻找一个最佳的范围。

③ 流平剂在 PU 膜表面能形成单分子层，以提供均一的表面张力，减小因"DMF-H_2O"交换而导致的 PU 膜的张力梯度。流平性不良会在 PU 膜局部区域形成表面张力梯度，即缩孔部分为低表面张力物质。由于低表面张力物质总是呈现伸展扩展的趋势，因此它会从中心向四周扩散，而四周邻近相触的高表面张力部分又呈收缩趋势，在二者相互作用下形成永久性缩孔。

流平剂不但能通过降低表面张力起到润湿流平的作用，同时流平剂中的高沸点溶剂还可延长涂层表面的开放时间，给予涂层更长的时间流平。另外目前市场上大多数流平剂还具有滑爽、抗刮等附加性能。

二、流平剂的种类

流平剂大致分为两大类：一种是通过调整涂膜黏度和流平时间来起作用的，大多是一些高沸点的有机溶剂或其混合物，如异佛尔酮、二丙酮醇、Solvesso150 等；另一种是通过调整漆膜表面性质来起作用的，通常所说的流平剂大多是指这一类。这类流平剂通过有限的相容性迁移至涂膜表面，影响涂膜界面张力等表面性质，使涂膜获得良好的流平。根据化学结构不同，这类流平剂主要有三大类：丙烯酸类、有机硅类和氟碳化合物类。

1. 丙烯酸流平剂

丙烯酸流平剂属于树脂型的表面流动控制剂，多数是线型树脂聚合物。在体系中其相容性是受限的，它们会聚积至表面形成一层新的树脂膜，使涂膜的表面张力趋于平衡，但不会降低表面张力，所以不影响涂料的流动，多被称为流动促进剂。

丙烯酸流平剂是由丙烯酸酯、羧基单体、羟基单体等共聚而成，基本结构与性能有以下关系：

① 丙烯酸类流平剂中的烷基酯起表面活性的作用。整齐排列的酯键和其在局部密集的状态是驱动树脂溶液向流平剂堆积区域流动的动力，而烷基的主要职责在于帮助流平剂迁移。

② —COOH、—OH、—NR 能帮助调整上面结构的相容性。如果相容性太好，那么流平剂形成的表面能差异不够，流平剂很容易解开，并且也没有动力迁移至界面，也就丧失了所需要的反向流动控制效果；如果相容性太差，那么烷基链将屏蔽树脂溶液，流平中断。

③ 最终的展布性能与分子量大小直接相关。具有临界的相容性以及聚丙烯酸酯的链构型都是成为合适流平剂的必要条件。

临界相容的聚丙烯酸酯或流平树脂在表面前期不会均匀展布，而是先迁移到界面，而后在波谷堆积，聚合物链聚集于此形成一个高的表面能态。如果表面张力较高，该能态会更加不稳定，从而形成周边树脂向此处流动的驱动力，如同两个基本相容的树脂能够相互扩散进入对方领域。

如果相容性太好，流平剂会溶解于体系中，不会迁移到涂膜表面形成新的界面，不能起到流平作用；相容性太差，在涂膜表面的表面分布不均匀，容易产生缩孔、光泽下降、雾影等不良作用。只有良好的受控相容性，才会在涂膜表面形成新的界面层，起到流平的作用。受控性是通过改变分子量和极性来实现的。均聚物的相容性就不如共聚物的好，因此流平剂多采用共聚物，可以是三元共聚物，也可以是改性共聚物，只有共聚物才能通过不同的单体改变聚合物的极性和玻璃化转变温度。

通常丙烯酸酯类流平剂的平均分子量不能太大，而且分布要窄，这样有利于单分子层的形成，过于刚性的聚丙烯酸酯不利于流动控制中的链段扩散流动。通常分子量控制在 6000～20000，玻璃化转变温度控制在−20℃以下，表面张力 25～26mN/m 以下，这种相容性受限的丙烯酸共聚物被认为是良好的流平剂。

丙烯酸流平剂包括纯丙烯酸流平剂和改性丙烯酸流平剂。

（1）纯丙烯酸流平剂

包括非反应性丙烯酸流平剂和反应性丙烯酸流平剂。这是一类分子量不等的丙烯酸均聚物或共聚物，这类流平剂仅轻微降低涂料的表面张力，但能够平衡漆膜表面张力差异，获得真正平整的、类似镜面的漆膜表面。非反应性丙烯酸流平剂中高分子量产品可能会在漆膜中产生雾影，低分子量产品又有可能降低漆膜表面硬度。含反应性官能团的丙烯酸流平剂能很好地解决这一矛盾，在提供良好流平性的同时，既不产生雾影又不降低表面硬度，有时还会提高表面硬度。

丙烯酸型流平剂能减小涂层表面的波纹，但由于不能降低表面张力，所以没有防缩孔作用。丙烯酸型流平剂不影响涂料的重涂性，用量比有机硅型流平剂大，但过量使用可能导致漆膜表面发黏。

（2）改性丙烯酸类流平剂

主要有氟改性、有机硅改性和磷酸酯改性等。与纯丙烯酸流平剂不同，改性丙烯酸流平剂可以显著降低涂料的表面张力，这样在具有流平性的同时还可具有良好的底材润湿性。

氟改性的丙烯酸酯类流平剂对基材润湿性好，表面控制能力好，不稳泡，防缩孔能力强，可以重涂，因此应用得比较广泛。用氟改性丙烯酸可使氟和丙烯酸的优缺点互补，使这类流平剂更趋于完美。氟改性丙烯酸酯类流平剂基本结构如下。

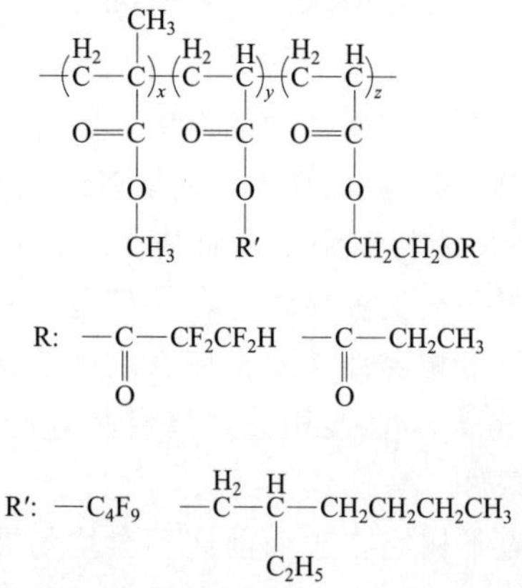

氟碳改性的聚丙烯酸酯流平剂的关键技术是全氟/含氟烷基的（甲基）丙烯酸酯单体。代表性的全氟烷基醚的（甲基）丙烯酸酯结构如下：

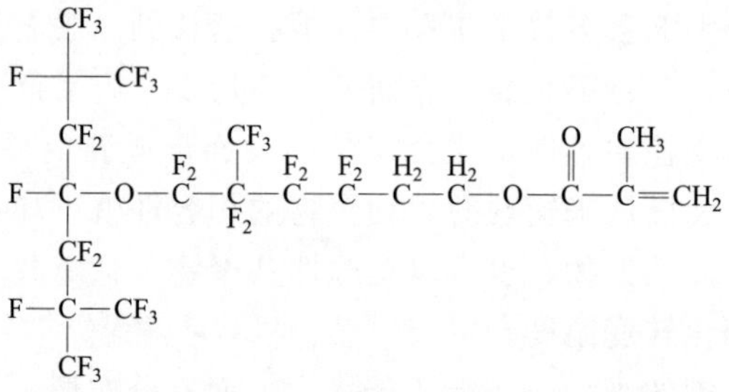

不论是采用（甲基）丙烯酸单体直接共聚，还是采用全氟烷基醇加成单酯后再共聚，或采用预聚物的酸酐侧基将全氟烷基醇反应接枝上，这些直接或间接的方法都能够得到氟碳改性的聚合物，用于溶剂型或者水性体系中作为表面活性助剂。类似于有机硅-（甲基）丙烯酸酯与其他丙烯酸酯共聚可得到有机硅改性的丙烯酸型助剂，全氟烷基的引入赋予了聚丙烯酸酯表面活性剂更为强大的性能。引入氟碳的最大优势体现在缩孔的消除和前期的底材润湿，而后期的流动性控制仍然需要聚丙烯酸酯部分来完成。

使用这种助剂时性能的平衡非常重要，其中的杠杆就是总分子量和羧基。羧基含量较高容易与各种常规涂料体系相容，甚至可以应用于水性体系，并且羧基也能有效地帮助提高层间附着，保证重涂安全。氟碳的引入能明显提高聚丙烯酸酯的迁移能力，并且可有效降低表面张力，因此非常适用于中涂和底涂中抗缩孔的场合，因为在这种情况下聚醚改性有机硅抗因为重涂危险而不宜使用。总体上改性丙烯酸类流平剂体系的流平机理符合非硅型流平剂的流动控制机理，其主要优势是可提供安全、副作用少的去除缩孔的方案。

2. 有机硅流平剂

有机硅流平剂有两个显著特性：一是可以显著降低涂料的表面张力，提高涂料的底材润湿能力和涂膜的流动性，消除 Benard 旋涡从而防止发花，降低表面张力的能力取决于其化学结构；二是良好的迁移性能消除表面张力梯度，改善涂层的平滑性、抗刮伤性和抗粘连性。这类流平剂的缺点是存在稳定泡沫、有影响层间附着力的倾向。

有机硅流平剂目前主要有：聚二甲基硅氧烷、聚醚改性硅氧烷、烷基改性硅氧烷、聚酯改性有机硅、有机硅聚丙烯酸酯、氟改性有机硅等。以聚醚改性聚硅氧烷最为重要。

（1）聚二甲基硅氧烷

是早期经常使用的流平剂，由于其分子量难于控制，导致与浆料的相容性存在问题，另外未改性的硅油也会影响涂层间的附着力，现已很少使用。

改性聚二甲基硅氧烷流平剂是目前应用的主要品种，它可以大幅降低涂料的表面张力，提高浆料对底材的润湿性，防止产生缩孔，能够减少凝固收缩时产生的表面张力差，改善表面流动状态。

（2）聚醚改性硅氧烷

通过引入不同的聚醚链段和分子设计可改善硅氧烷的相容性，从而使有机硅助剂应用于水性、溶剂型、高固体分体系或 UV 固化体系，并具有各种功能。有线型、悬挂型和 ABA 型等不同结构。

悬挂型

ABA型

线型

线型聚醚改性的聚二甲基硅氧烷有许多可以变化组合的地方：中间的聚二甲基硅氧烷的长度；端基中的聚醚组成，a/b 不同可形成不同的组合，三嵌段—PO—EO—PO—、—EO—PO—EO—的类型也有实际应用；聚醚部分的分子量；端基 R，可以是羟基、丁氧基、乙酰基、酯基、更长链烷基等。悬挂型和 ABA 型聚醚改性还要考虑是否同时带有两端的改性及侧链的密度。基于以上复杂变化，可得到庞大的产品体系。

① 有机硅部分。有机硅部分对相容性和滑度有重要的影响。如果聚二甲基硅氧烷链过长，即便有端基和侧链的聚醚改性，最终的产品还是与目标体系不够相容。因此作为流平助剂有机硅部分的链长有一个大致的范围，一般分子量在 1000～3000。如果分子量高至 5000～10000，即便经过改性，产品也常倾向于消泡。如果分子量低于 1000，损失的将是滑度和降低表面张力的能力，提高的则是相容性和重涂安全性。

② 聚醚部分。EO—PO 的组合，使得聚二甲基硅氧烷能够适应高极性的水性-低极性的脂肪烃溶剂体系。聚醚部分对相容性的调节提供了这种适应的基础，尤其是梳状的聚醚改性结构。如果是基于高含氢的聚二甲基硅氧烷，那么聚醚将构成密集的侧面接枝，而且比例能够占到总分子量的 80% 以上，这时的产品具有非常好的相容性，性能上相当于有机硅增强的非离子表面活性剂。

③ 端基部分。端基部分对于聚醚改性有机硅最后产品的相容性和表面性能都有影响。

例如，聚醚端基为羟基，得到的产品亲水性及底材润湿能力好，但会使聚醚与聚二甲基硅氧烷主链趋于不相容；—OCH_3能保持亲水性和底材润湿能力，主链仍趋于不相容，但略好于—OH；—OC_4H_9主链趋于相容，与各类树脂相容，迁移能力提高；—$OC_{12}H_{25}$主链趋于相容，与中-低极性体系相容，消泡性，迁移能力提高。

从使用性能的角度看，有机硅流平剂主要可以提供以下方面的性能：流平性、流平速度、润湿能力、重涂性、相容性、滑度、低温泡性、抗缩孔性以及防粘连性等。这些性能往往都与有机硅流平剂的化学结构密切相关。以悬挂型聚醚改性硅油为例，其性能可以通过不同的改性加以调整，基本结构为：

聚醚改性硅氧烷基本结构

m 链段表示硅油的未改性部分，属于相容性受到限制的链段；n 链段是改性部分，属于相容链段；x 为聚醚改性链段中的聚环氧乙烷部分；y 为聚醚基团中的聚环氧丙烷部分。m、n、x、y 四个值决定了流平剂所表现的性能。其中 m、n 的数值决定了结构当中硅氧烷链段的含量，x、y 的数值决定了聚醚链段的分子量和亲水性。

① 相容性。有机硅流平剂的相容性主要取决于 m/n 的数值，值越小，也就是不相容链段含量越低，则相容性越好。在 m/n 数值固定的情况下，x/y 的数值越大则相容性越好。因为随乙氧基含量的增加，其与水的相容性也随之提高，因此也完全可以合成水溶性的硅氧烷类的流平剂。环氧乙烷和环氧丙烷可以单独使用，也可以混合使用，用其来控制亲水、亲油性。如果同时含有乙氧基和丙氧基，就制成了水油两用的硅氧烷类的流平剂。

② 手感。在 x/y 的数值固定的情况下，流平剂的手感主要取决于 m/n 的数值，值越大手感越好。m/n 的数值相同的情况下，m 的绝对数值越大手感越好。因此好的相容性和好的手感经常是一对矛盾，为了兼顾，通常 m/n 只能在一个不大的范围内选择。

③ 流平能力。m、n、x、y 的数值对流平效果影响比较复杂，通常 m/n 的数值在 1～2 时有比较好的流平效果。而对于 m/n 数值固定的情况下，$x+y$ 的数值越大则流平效果越好。

④ 稳泡性。在通常的 x、y 数值下，$m/n>3$ 或者 $m/n<1/4$ 都可以得到基本不稳泡的效果。也就是说当硅含量很高或者很低的时候，得到的流平剂都是不稳泡的。如果硅含量很高，可得到手感好、不稳泡的流平剂，但相容性略差；如果硅含量很低，可得到相容性好、不稳泡的流平剂，但手感不足。

⑤ 重涂性。一般来说，$m+n$ 的值越大且 m/n 的值越高，越容易出现重涂性的问题。另外聚醚端基 R 的种类也会对重涂性产生影响。

⑥ 底材润湿能力。强润湿能力首先要求相容性好，否则流平剂将更快更集中地存在于液气界面而不是液固界面，同时还必须能较大幅度降低表面张力。因此较短的有机硅部分和较相容的聚醚能得到好的底材润湿剂。一般带有端基，包括—OH、—COOH、—OCOCH$_3$ 等。

（3）烷基改性硅氧烷

含氢硅油与 1,2-烯烃及不饱和取代芳烃加成就能得到烷基和芳烷基改性的聚有机硅氧烷。通过在硅氧烷主链的侧基上引入有机基团进行改性，烷基改性的目的主要为了提高热稳定性、相容性和不稳泡性，有时还能产生消泡功能。

常用的烷基和芳烷基改性聚有机硅氧烷有二苯基聚硅氧烷、甲基苯基聚硅氧烷等，但随改性烷基链的增长，其降低表面张力的能力也随之下降。一般碳链控制在 C$_1$～C$_{14}$。这类产品的分子量比较小，在 10000 左右，能在表面能形成单分子层，提供均一的表面张力，改善与浆料的混溶性、耐热性等。代表性产品有 BYK-300、BYK-306 等。

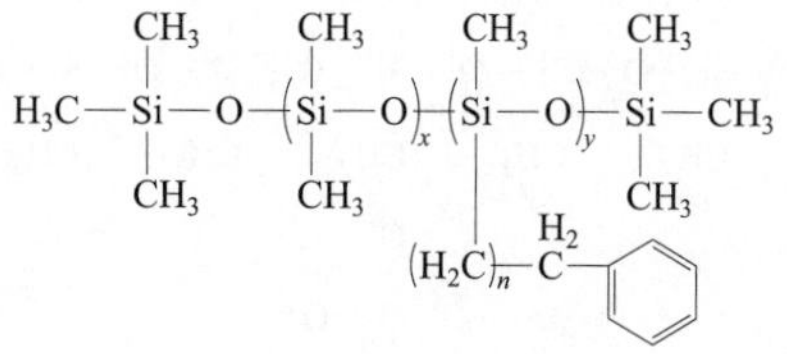

（4）聚酯改性有机硅

聚酯改性有机硅有各种有机封端，都是从—ROH 封端的聚二甲基硅氧烷开始，接着用马来酸酐酯化得到—COOH，或者用异佛二酮二异氰酸酯得到端—NCO。然而更多的是从—OH 开始的己内酯（或其他内酯）扩链，可以是在主链，也可以在侧链。

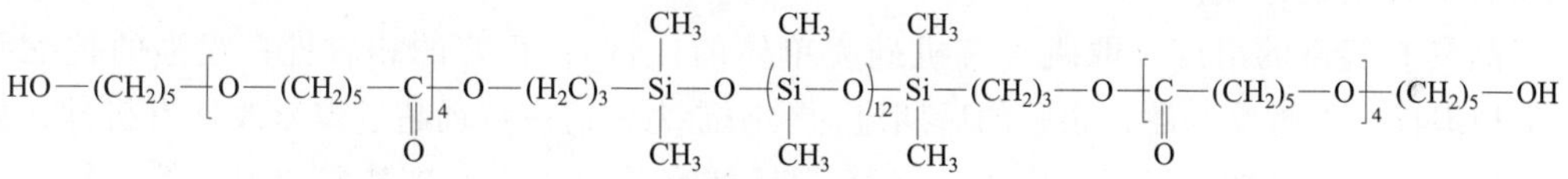

聚酯改性(主链)

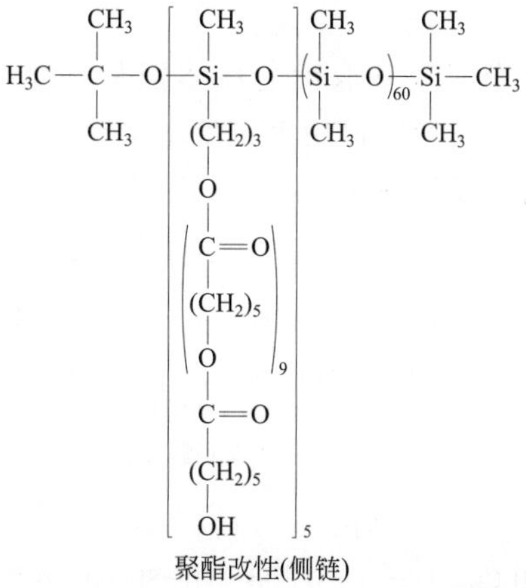

聚酯改性(侧链)

作为流平剂时，聚酯改性产品的综合表现很好：相容性广泛；比聚醚更加耐高温；稳泡性低；重涂问题少，降低有机硅的链长还可以进一步改进重涂问题；有底材润湿能力；滑度一般；比聚醚改性型的后期流动控制能力更好些；生物相容性更好。总体性能均衡适中，虽然各方面都不是最强，但是温和好用。代表性聚酯改性有机硅流平剂有 BYK370。

（5）有机硅聚丙烯酸酯

聚二甲基硅氧烷丙烯酸酯接枝共聚物具有多方面的特殊性能，包括滑度、脱模性、耐性及其他综合优秀性能。其核心有两个部分：一是聚丙烯酸酯单体的共聚及丙烯酸酯-乙烯基单体的共聚；二是聚二甲基硅氧烷甲基丙烯酸酯的引入。采用的大单体主要有：

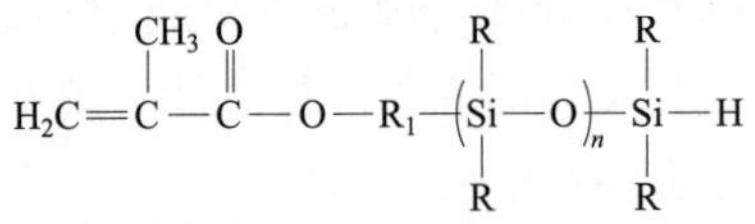

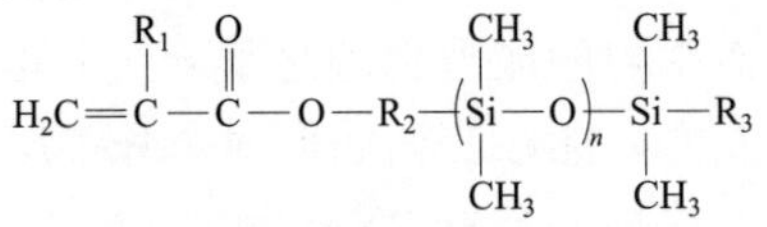

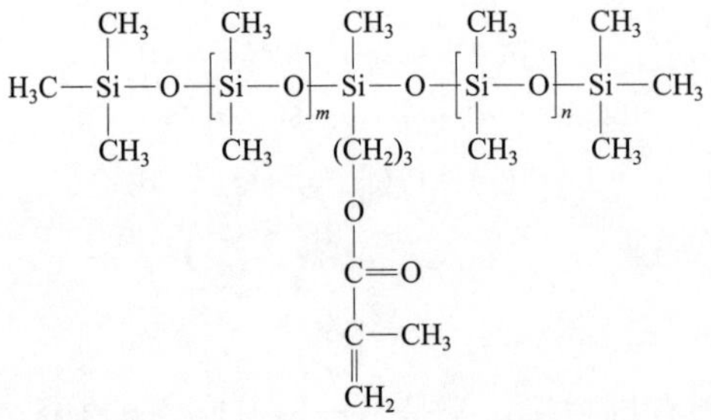

该反应的自由基共聚或酯交换都很容易进行，有大量的丙烯酸单体可以用来自由调整性能。分子易于设计，与丙烯酸树脂，无论水性或溶剂型都能设计得到极好匹配的产品，更容易规避有机硅的负作用。

成品具有轻微的滑度（取决于有机硅大单体的比例）；很好的相容性；很强的抗缩孔能力；低稳泡性；低重涂问题；很强的后期流动控制能力，这一点远超过聚醚改性有机硅；更多样的改性后性能，例如有机氟的引入、聚醚-丙烯酸酯的引入、乙烯基醚的引入等。其广泛的适应能力使之能够替代原来的聚醚或聚酯改性有机硅系流平剂成为主要的发展方向之一。

（6）氟改性有机硅

最初有机氟的引入是通过全氟烷基取代的环体把全氟烷基留在聚二甲基硅氧烷的支链上，后来用全氟烷基聚醚一元醇或者直接用全氟烷基醇接枝有机硅得到氟改性，这种类型很有代表性，它是根据主链两端的线型和主侧链梳状改性的原理进行的。

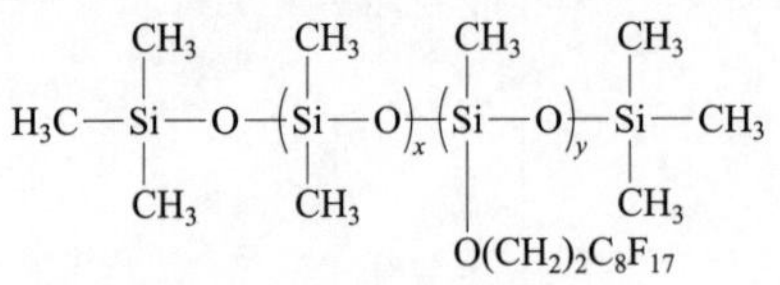

氟改性有机硅(侧链)

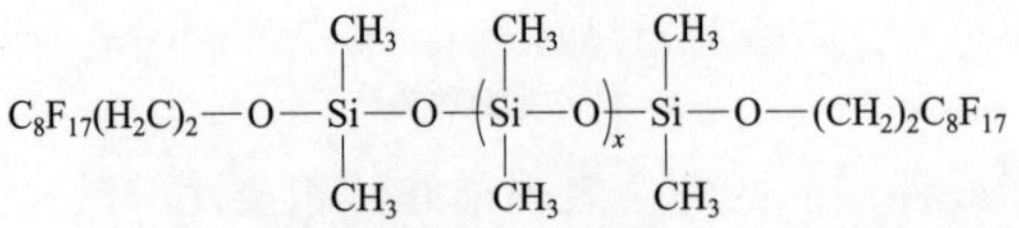

氟改性有机硅(两端)

如果没有聚醚，以上结构只能是强消泡剂，而引入聚醚后就可以是流平剂了。所以一个引入全氟烷基的庞大的有机硅系统可以如下所示：

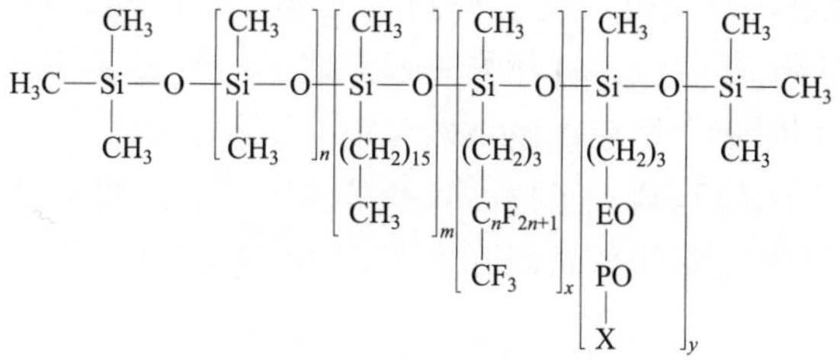

氟改性有机硅流平剂基本结构

除了基本的聚二甲基硅氧烷外，烷基和混合聚醚可以调整相容性，从低极性脂肪烃体系直至水性体系都可以适应，而全氟烷基（Si—C 键连接）或者全氟烷基醚（Si—O 键连接）可以把有机氟引入。它既可以调节成消泡剂，又可以调节成流平剂，具有更低的表面张力，还有相容-临界相容-不相容的过渡能力，以及滑度、底材润湿等通常流平剂需要的性能。

合成革常用的流平剂 ACR 是以多元共聚物为基础的改性硅助剂。白色至淡黄色透明液体，完全溶于 DMF，属非离子型表面活性剂系列，流平性、润湿性、渗透性均良好。在湿法革生产中与阴离子型渗透剂并用，在凝固过程中生成连续均匀的微孔结构，在水洗过程中提高 DMF 洗涤效果，并赋予涂层表面光亮滑爽特点。在干法革生产中增加聚氨酯浆料和溶剂的相容性，防止"鱼眼"产生。改善革的外观质量，提高离型纸使用寿命。

3. 氟碳化合物流平剂

氟碳表面活性剂是特种表面活性剂中最重要的品种，具有许多碳氢表面活性剂不具有的性质。氟碳表面活性剂的独特性能常被概括为"三高"、"两憎"："三高"指的是高表面活性、高耐热稳定性及高化学稳定性；"两憎"指的是它的氟烃基既憎水又憎油。氟碳表面活性剂降低表面张力的能力较强，可将水溶液的表面张力降低到极低水平，例如全氟羧酸可以使水溶液的表面张力降低至 $15\sim16\mathrm{dyn/cm}$。

氟碳表面活性剂可分为阴离子、阳离子、非离子、两性氟碳表面活性剂，以及其他类型的氟碳表面活性剂，如含硅氟碳表面活性剂、混杂型表面活性剂、长链型表面活性剂等。

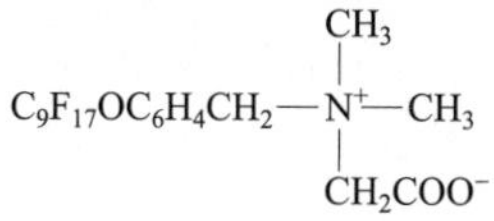

两性氟碳表面活性剂　　　　　阴离子氟碳表面活性剂

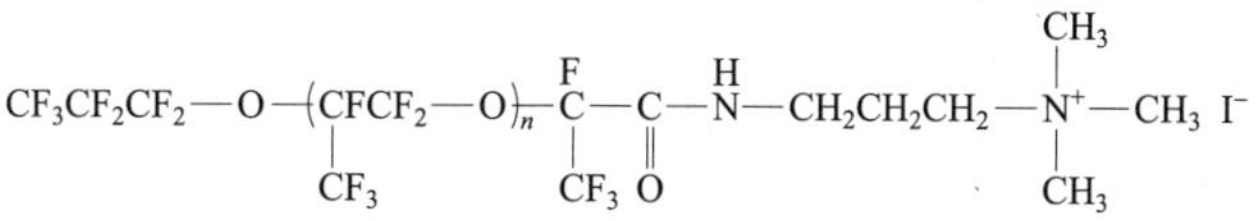

阳离子氟碳表面活性剂

由于氟碳化合物流平剂能显著降低表面张力，因此常用作强抗缩孔助剂。目前的研究主要集中于开发新的氟聚合物作为助剂，如全氟烷基取代的氧杂丁环以及据此制造的含氟聚醚作为流平和润湿助剂，其结构及开环后结构如式下：

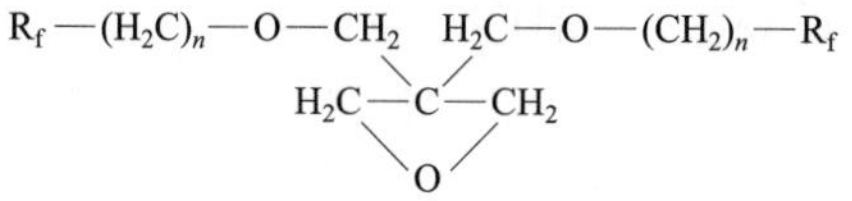

全氟烷基取代的氧杂丁环 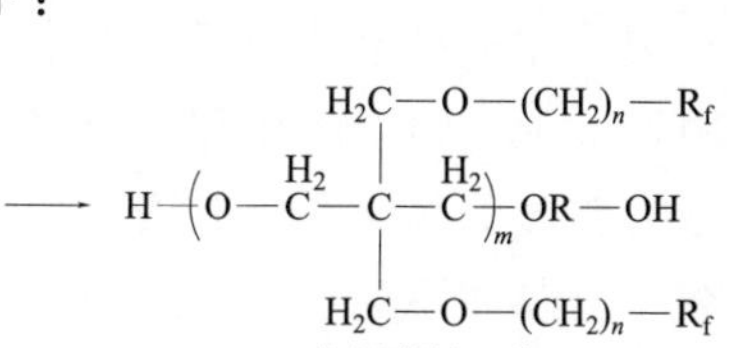　　　　　　　含氟聚醚二醇

其中，R_f是全氟烷基，以此全氟烷基得到二元醇，可以继续得到聚醚、聚酯等产品用作助剂，乃至对常规树脂进行改性。杜邦采用带有醚键的氟碳烷基丙烯酸酯与聚醚的伯氨基加成得到非常强的降低表面张力助剂，该结构有很广泛的相容性，性能超过全氟烷基聚醚。

在常规氟碳表面活性剂的基础上接枝乙氧基基团，可合成得到特殊的非离子氟表面活性剂，其水溶性极好，能极大降低体系表面张力。

$$C_9H_{19}\text{——}\bigcirc\text{——}O\text{—}CH_2CH_2\text{—}(OCH_2CH_2)_{39}O\text{—}\underset{CF_3}{\overset{O}{\underset{|}{\overset{\parallel}{C}}}}\text{—}\underset{CF_3}{\overset{F}{\underset{|}{\overset{|}{C}}}}\text{—}O\text{—}\underset{CF_3}{\overset{F_2}{\underset{|}{\overset{|}{C}}}}\text{—}\underset{CF_3}{\overset{F}{\underset{|}{\overset{|}{C}}}}\text{—}O\text{—}CF_2CF_3$$

氟碳化合物类流平剂具有高热稳定性、高耐酸耐碱性，耐强氧化剂，同时还具有良好的复配性能，少量复配即有明显效果。但氟碳流平剂的价格昂贵，一般在丙烯酸流平剂和有机硅流平剂难以发挥作用的时候使用，然而也存在稳定泡沫，有影响层间附着力的倾向。

4. 流平剂的使用

流平剂主要应用于湿法涂层中，最主要的功能是提高浆料在湿法凝固前的流动性。浆料在离开刮刀或涂布辊后，由于树脂黏度高，整个涂层平面存在一定的刮刀痕、辊印、刮线、漩涡等加工缺陷。如果流平性不足，这些缺陷进入凝固液后将被固化，成为永久性缺陷。

流平剂的主要作用是适度降低浆料黏度，改善表面流动状态，缩短涂层流平时间，在凝固前通过浆料自身的流平作用消除刀痕、刮线等表面差异，形成平滑的表面。

理论上如果时间足够长，流平都能自动完成。此时流平剂主要影响的是流平时间。当流平剂迁移到涂层表面形成单分子膜以后，流平就开始了，而对应的迁移时间就是评价流平剂流平速度的标准，所需要的时间越短，则认为流平越好。

流平性还体现在湿法凝固的初期。表面的聚氨酯因DMF的交换而凝固，此时的表面膜因外部凝固条件不同，产生的表面张力梯度与张力不匀，造成收缩不同，导致平整度下降。流平剂此时的作用主要体现在使半凝固状态的浆料表面张力均匀化，使凝固收缩产生的应力均一。

另外，刚凝固的表面膜是不稳定的，仍存在内部DMF的再溶解作用与外部H_2O的凝固作用的竞争。表面膜下层的浆料仍具有很好的流动性，可以对表面进行有效的补充，改善表面的小的缺陷。

因此在湿法浆料中，流平剂首要与溶剂体系具有很好的相容性，均匀分布于线型聚氨酯分子间。未改性的聚二甲基硅氧烷虽然具有降低表面张力及提高流平性等性质，但与浆料的相容性较差，易导致缩孔。因此目前流平剂一般采用的是聚醚、聚酯、长链烷基或芳烷基改性的聚二甲基硅氧烷。

流平剂使用量也很重要，通常为聚氨酯浆料总质量的$0.1\%\sim0.3\%$。流平剂用量过多会导致聚氨酯黏度下降过大，表面出现过度流平，即"流挂"与"流淌"现象，使加工无法进行。另外过量的流平剂会富集于湿法涂层表面，还会影响湿法工艺以后的加工性，如热压花时出现的黏板、黏辊现象就主要是由于流平剂使用过量。

流平剂用量太少，则无法在每个涂膜局部（微观）都均匀分布，造成流平不足，涂膜不同部位表面张力差异引起缩孔。湿法工艺过程中表现为表面整体出现波纹状不平整，或整体出现橘皮现象。分散性缺陷主要是漩涡、划痕、刀线等。

流平剂的使用还要与底布相配合。流平剂可降低涂层液与底布之间的表面张力，使之具有最佳的润湿性，提高涂层在底布纤维间的渗透，从而达到增强涂层与底布的附着力、提高剥离强度的效果。但是如果过度渗透，则会使基布手感变硬。

由于浆料体系的复杂性和多样性，没有一种助剂是万能的。溶剂、树脂、填料、浓度、加工方法，甚至气候条件都会对流平剂在体系中的性能表现产生影响。因此要根据实际应用情况进行合理的调整。

第六节 碱减量促进剂

一、促进剂的作用

定岛纤维外层组分为 COPET，只有将其分解才能得到分布在内部的超细纤维。通常用 NaOH 进行水解。为了提高减量加工的效率，减少 NaOH 的使用量，通常要在 NaOH 中加入减量促进剂。减量促进剂能有效促进 COPET 在较低的碱浓度下快速皂化，从而达到均匀碱减量的目的，又不损伤纤维强度。选择促进剂时主要考虑下列几个方面：

①能高效促进涤纶水解；②具有较高的耐碱、耐硬水性；③减量后的纤维不泛黄，具有良好的白度；④具有较高的渗透性和易洗涤性；⑤对强度损伤少；⑥环保，价格低廉。

涤纶碱减量处理是一个复杂的反应过程，主要为聚酯纤维高分子和 NaOH 间的多相水解反应。在 NaOH 水溶液中，聚酯纤维表面的大分子链中的酯键水解断裂，不断形成不同聚合度的水解产物，最终水解生成对苯二甲酸钠及乙二醇。

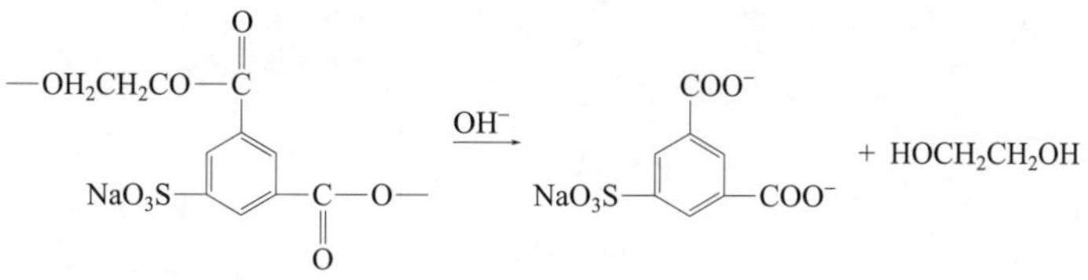

减量促进作用主要表现在三个方面：降低纤维的表面张力；携带 OH$^-$ 进攻酯键；对碱水解催化的离子交换反应。

阳离子表面活性剂常用于作为涤纶碱减量处理的促进剂，如季铵盐表面活性剂。涤纶分子的碱水解是一种液-固相转移催化反应。将季铵盐表面活性剂加入到热的涤纶碱减量处理浴中，二者相互作用而处于平衡：

$$R_4N^+X^- + NaOH \rightleftharpoons R_4N^+OH^- + NaX$$

季铵盐表面活性剂具有疏水性长链烃基，在碱液中可迅速吸附在纤维表面，降低纤维表面张力。季铵盐分子中的负离子与处理浴中的 OH$^-$ 发生离子交换反应，浴液中的 OH$^-$ 转移并富集在纤维表面，使 OH$^-$ 有更多机会也更容易进攻涤纶分子中羰基上带部分正电荷的碳原子，造成涤纶分子断裂，从而完成水解反应。

二、促进剂的种类

常用的碱减量促进剂是阳离子表面活性剂。代表性产品有十二烷基二甲基苄基氯化铵（1227）、十六烷基三甲基溴化铵（1631）、促进剂 ATP（十六烷基甲基丙烯酸亚乙基酯二甲基溴化铵和十六烷基三甲基溴化铵混合物）。

$$\left[C_{12}H_{23} - \overset{\underset{\displaystyle CH_3}{|}}{\underset{\underset{\displaystyle CH_3}{|}}{N}} - \overset{H_2}{C} - \text{苯环} \right]^+ Cl^-$$

1227

$$\left[C_{16}H_{33} - \overset{\underset{\displaystyle CH_3}{|}}{\underset{\underset{\displaystyle CH_3}{|}}{N}} - CH_2CH_2O\overset{O}{\overset{\|}{C}} - \overset{}{\underset{\underset{\displaystyle CH_3}{|}}{C}} = CH_2 \right]^+ Br^- \quad \left[C_{16}H_{33} - \overset{\underset{\displaystyle CH_3}{|}}{\underset{\underset{\displaystyle CH_3}{|}}{N}} - CH_3 \right]^+ Br^-$$

ATP

它们可以显著缩短减量时间，加快反应速率，提高减量率，但也存在一些问题，如减量率提高过快造成减量不均匀，难以控制，易造成强力损失，同时对着色性能影响很大，对环境污染也比较大，会产生鱼腥味。

若季铵盐表面活性剂种类选择不当，容易导致碱减量重现性差、减量过度或不均匀等问题。为了适度控制减量速度，目前出现了一些改性产品，如 N,N-聚氧乙烯基烷基苄基氯化铵（1242）、环氧类季铵盐等。改性产品分子中聚氧乙烯链的存在，影响了表面活性剂在纤维表面上的吸附，促进作用下降，这类表面活性剂对减量具有催化作用，且具有较好的减量均匀性。环氧类季铵盐表面活性剂的催化促进作用比其他类季铵盐表面活性剂的小，但环氧类季铵盐表面活性剂具有较好的减量均匀性。

环氧类季铵盐

N,N-聚氧乙烯基烷基苄基氯化铵

Gemini 型季铵盐表面活性剂是一种分子内含有两个亲水基和两个亲油基（或 2 个以上亲水基和亲油基）的表面活性剂。与常规表面活性剂相比，它在界面的吸附能力要大得多，临界胶束浓度（CMC）很低，增溶效果好，对碱减量有明显促进作用，并且减量后的纤维具有良好的性能。

$$\left[R - \overset{\underset{\displaystyle CH_3}{|}}{\underset{\underset{\displaystyle CH_3}{|}}{N}} - CH_2CH_2 - \overset{\underset{\displaystyle CH_3}{|}}{\underset{\underset{\displaystyle CH_3}{|}}{N}} - R \right]^{2+} 2Br^-$$

烷基咪唑类双子型（Gemini）离子液体属于阳离子型表面活性剂，分子内含有 2 个咪唑亲水基团。由于烷基咪唑类 Gemini 离子液体特殊的分子结构，与常规离子表面活性剂相比，它具有更加优良的物化性能，其反应活性及所带电荷量均较高，因此可用于涤纶纤维的碱减量加工，且可解决当前碱减量促进剂的环保问题。

阳离子聚合物促进剂是一类聚胺类物质，它是含有多个阳离子基团、并含有多碳长链的大分子，对碱减量具有较高的催化作用，比季铵盐表面活性剂高 4～5 倍。除具有促进作用外，还兼有柔软作用。一般结构：

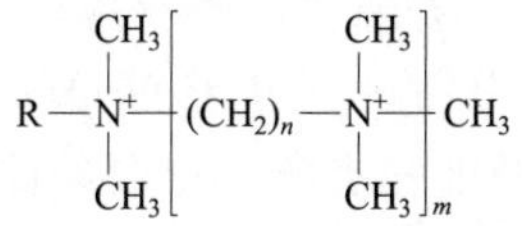

$$R-\overset{\overset{\displaystyle CH_3}{|}}{\underset{\underset{\displaystyle CH_3}{|}}{N^+}}-(CH_2)_n-\overset{\overset{\displaystyle CH_3}{|}}{\underset{\underset{\displaystyle CH_3}{|}}{N^+}}-CH_3 \Bigg]_m$$

甲基丙烯酰氧乙基三甲基氯化铵（DMC）是一种重要的水溶性阳离子单体，分子中存在乙烯基团，易与许多不饱和单体共聚。二甲基二烯丙基氯化铵（DMDAAC）水溶性强，电荷密度高，分子结构中含有强阳离子性的水溶性季铵基团和不饱和双键，可以和许多不饱和单体共聚。二者聚合后得到的阳离子聚合物具有较高的促进涤纶水解的能力，比季铵盐类促进剂高 4～5 倍。

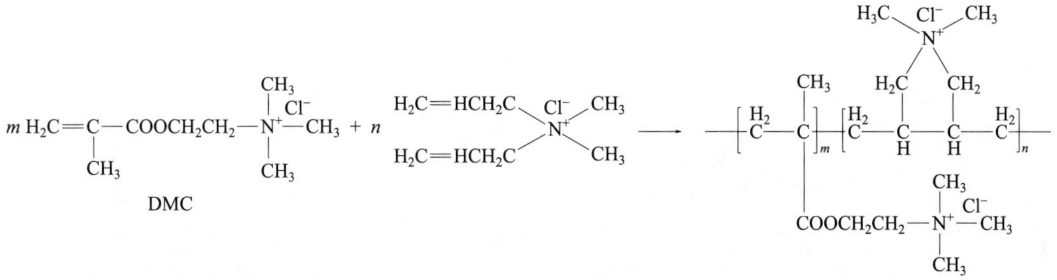

常用的阳离子促进剂有甲基二乙基铵烷基苯、甲基聚乙二醇、醚苯磺酸盐等。聚阳离子碱减量促进剂可以在中低质量浓度氢氧化钠溶液中使用，能有效降低耗碱量、排污量，且合成工艺简单，产品无毒，绿色环保。

三、促进剂的使用

促进剂的促进效果取决于季铵盐表面活性剂的分子结构和浓度，主要是季铵离子的体积和水溶性。随着碳链的增长，阳离子表面活性剂在涤纶表面的吸附增加，表面张力降低越大，促进效果越好。短碳链季铵盐对碱减量几乎无催化作用。不同碱浓度下，表面活性剂的促进作用基本一致。当表面活性剂用量较低时，随浓度的增加，促进作用增加较快；表面活性剂用量较大时，促进作用增幅趋于缓和。

季铵离子体积越大，则它与所携带的 OH^- 的结合力越弱，OH^- 越裸露，亲核性越强，催化能力越大。季铵离子与涤纶大分子亲和力越大，对酯键的有效碰撞概率越大，催化能力越强。如带苄基的季铵盐，由于苯环的存在增大了季铵盐与涤纶的亲和力，因此催化作用大。

减量的均匀性与季铵盐的 HLB 值大小及结构有关。HLB 值高的季铵盐减量均匀性好，因为 HLB 值大则水溶性好，有利于均匀的在纤维表面吸附和进入纤维孔隙。环氧类季铵盐具有非常好的减量均匀率。

使用碱减量促进剂的时候要注意，季铵盐在纤维表面吸附过多，较难去除，残存在纤维上会造成染色不匀。如果遇到阴离子物质，会在纤维上产生聚集沉淀，甚至引起泛黄。

在实际使用中，有以下基本规律：

① 在促进剂浓度相同的条件下，分子碳链越长，促进剂在涤纶纤维上的有效吸附量就越多，则越有利于 OH^- 到达纤维表面并被促进剂分子捕获，从而促进涤纶纤维的碱减量。

② 促进剂分子碳链越长，其亲油性增加，就越有利于促进剂分子吸附于涤纶纤维表面，同时溶液中 OH^- 富集于纤维表层，促进了涤纶纤维酯键的水解反应。

③ 增加 NaOH 质量浓度，可使溶液中碱剂电离的 OH^- 浓度增加，在相同条件下就会

有更多的 OH⁻ 与涤纶纤维酯键接触，并发生水解反应。

④ 提高碱减量处理温度，溶液中促进剂分子和 OH⁻ 在溶液中的动能增加，OH⁻ 与涤纶纤维的接触概率增大，促进涤纶纤维的水解。低温条件纤维分子链的运动程度降低，且由于聚酯大分子链的共平面性较好，使得纤维结构紧密，故涤纶纤维在低温条件下的减量率提高较慢。

第七章

表面处理剂

表面处理技术是指通过材料与工艺等手段，对合成革表面进行加工，赋予其色彩、花纹、光泽、触感、性能等效果，从而增加合成革的美感与使用性能。常用的材料有印刷油墨、功能材料、表面活性剂等。表面整饰化学品是目前合成革化学品中种类最多、性能最为复杂的一类，主要包括光泽颜色、表面风格、感官效果等，本章介绍几类最常用的表面处理剂。

第一节 印刷油墨

油墨是印刷工艺使用的主要材料，是由树脂、溶剂、色料及助剂经过研磨过滤制成的具有一定黏度和流动性的有色胶体。

一、油墨的组成

1. 树脂

（1）树脂的作用

合成革印刷油墨采用的树脂主要是溶剂型聚氨酯，在油墨中作为色料与基材的连接料，是主要的成膜物质和载体。其主要作用有三点：

① 作为颜料的载体，将粉末状的颜料等固体颗粒混合连接起来，色料被均匀地分散在其中，依靠它的润湿作用，色料更容易被研细。

② 给予油墨适宜的流动性和黏度，提高转移性能。树脂的连接作用使油墨能够被转移并传递到基布上，并使颜料最终能够固着在基布表面，树脂在很大程度上决定着油墨的黏度、黏性、屈服值和流动性。

③ 作为成膜物质，给予油墨一定的光泽、耐摩擦性、抗泛黄性和耐冲击性等物理性能。

树脂直接影响油墨在基布上的表现以及在印刷过程中的工艺适应性，决定了油墨的固着速度、干燥速度和干燥类型。在选择树脂的时候要充分综合考虑树脂的各项物理性能，以能够与油墨所需要达到的性能相配套。印刷油墨用聚氨酯树脂要具备以下特点：优异的耐黄变性能；对基布优异的附着牢度；与颜料/染料有良好的亲和性和润湿性；与基布表面树脂有良好的相容性；优异的成膜性能；有机溶剂的广泛相容性及良好的溶剂释放性。

（2）树脂对油墨性能的影响

① 附着牢度。油墨与基布之间产生的附着力包括化学键力、分子间的作用力、界面静电引力和机械作用力。这些作用力的主要来源就是油墨用树脂与基布之间的连接作用。树脂在油墨中作为分散载体的同时也提供了油墨与基材之间最基本也是最重要的附着牢度，是油墨最基本的指标之一。

② 着色力。在油墨中，颜料颗粒并不是单独存在，而是分散在连接料介质当中。一个颜料颗粒的最佳润湿分散状态是完全被树脂连接料均匀包裹在其中，并附着于基布表面。色彩的展现是光线通过树脂连接料膜层入射到被包裹的颜料表面再通过反射传达到观察者眼中，因此树脂的透明度与自身颜色直接影响到颜料对颜色的表达。另外，树脂对颜料润湿分散的充分与否，直接影响到树脂对颜料的均匀包裹性，这也会影响油墨本身的色相。

③ 抗黏性。凹版印刷是一种高转移量和快速的印刷方式。油墨转移到基布后，有机溶剂快速挥发干燥后收卷，此时表面温度仍然较高，由于收卷的压力，如果油墨本身的抗黏性差，会导致严重的粘连。油墨的抗黏性除了与溶剂挥发程度有关外，还直接与所用树脂的成膜性质相关。成膜性好的树脂能赋予油墨良好的干爽性，在溶剂挥发并干燥后成膜彻底。

④ 转移量。根据产品要求不同，印刷辊的网穴的深浅不同，油墨的转移量也不同。网穴容积大，印刷过程中填入的油墨量多，转移到基布的膜层厚，反之则薄。如果树脂的黏度过小，油墨流动性大，则在转移前部分流出，无法充分填满网穴，转移量不足。树脂黏度过大，则转移后的流平性差，而且残留在网穴中的油墨不易被墨槽中的油墨重新溶解，导致网穴越印越浅，最终造成堵版事故。

⑤ 稳定性。颜料以小颗粒的形式存在于载体树脂中，颗粒大小基本在 $5\sim10\mu m$，达不到稳定存在的胶体粒径，因此其存在稳定性主要依靠树脂的包覆作用，形成一个稳定的胶体分散系。由于液态的树脂充塞在固态的颜料粒子之间，在印刷过程中液体介质的内摩擦便代替了固体粒子间的碰撞，所以油墨具有较好的流动性。如果颜料在树脂中分散不良或颜料密度过大，在长期存放后容易出现沉淀，直接影响油墨的使用性能和颜色的展现。

2. 溶剂

溶剂是能够溶解其他物质的液体。在油墨中，溶剂就是能够溶解树脂的液体。溶剂的使用须根据油墨种类而定，一般使用混合溶剂。混合溶剂在印刷过程能挥发形成良好的梯度，既利于油墨的良好转移，又利于印后溶剂的挥发。在油墨制造过程中用到的有机溶剂主要有DMF、甲苯、二甲苯、丙酮、丁酮、环己酮、乙酸乙酯等，可根据产品对溶剂组成进行适度调节。溶剂对油墨的影响主要有以下几个方面：

① 对黏附牢度的影响。溶剂型油墨中存在的有机溶剂，在烘干前对基布表面产生溶胀作用，溶胀作用使得基布表面粗化，形成微小的"坑凹"，油墨成膜后与其产生物理锚合作用，对附着牢度的提高起到重要作用。

② 对挥发速率的影响。溶剂的挥发速率与溶剂的沸点有关，一般沸点在 $60\sim150℃$ 左右的溶剂可用于凹版印刷。为使油墨的干燥速率适中，油墨中的有机溶剂一般采用两种或两种以上混合溶剂，以使溶剂存在一定的挥发梯度。采用不同沸点的溶剂组合，低沸点的溶剂优先挥发，可以让涂膜快速达到一定的黏度，实现涂膜的流平和防流挂；沸点在 $150℃$ 以上的溶剂为高沸点溶剂，高沸点溶剂溶解性强，能降低油墨的黏度，适量使用便能形成光滑的膜。

树脂对有机溶剂的释放性和溶剂的挥发速率直接影响了油墨中溶剂干燥是否彻底。通常挥发性好的溶剂，其溶剂释放性要好于挥发性较慢的溶剂。但过高比例的高挥发性溶剂会导致油墨表层表干过快，而内层溶剂释放受到阻碍，导致干燥不够彻底。这时就需要添加适量慢干或中慢干溶剂，使其挥发梯度适中，溶剂释放性反而得到提高。

③ 对溶解性的影响。溶解力是溶剂分散和溶解溶质的能力，一般以溶解度来衡量。有机溶剂对树脂的溶解作用是通过溶剂分子的极性吸引溶质分子，也就是通常所说的相似相溶。聚氨酯树脂对有机溶剂具有广泛的相容性，酮类、酯类、苯类等都是其优良溶剂。混合

溶剂能够拼配出适当的溶解度参数，有利于对树脂组分的充分溶解。

溶剂的溶解度参数与所用树脂的溶解度参数相差在 1 以内，称作真溶剂。助溶剂本身无溶解能力，但与真溶剂并用可起到溶剂的作用。惰性溶剂本身也无溶解能力，它仅能降低溶液黏度和油墨成本。助溶剂和惰性溶剂统称假溶剂，它只起稀释油墨、调节黏度、调整挥发性的作用。真溶剂和助溶剂是相对树脂而言的。

油墨溶剂中真溶剂与假溶剂的比例也是影响油墨性能的因素之一，其配比合适可以使得混合溶剂体系的极性在很大范围内可调，从而适应聚氨酯树脂本身的极性，达到最佳的溶解力。树脂分子在这样的溶剂体系中呈微观舒展状态，在与颜料研磨过程中，有利于对颜料的分散、润湿并形成均一的包裹状态。但过多假溶剂的存在，会导致微观树脂分子成为蜷曲状态，有时甚至多个树脂分子缠绕在一起被假溶剂包裹，分散过程中不能与颜料粒子形成很好的润湿，影响了油墨在基布表面固着成膜的均匀性，导致附着力下降。

3. 颜料

（1）颜料的种类

颜料是着色物质，在油墨中起显色的作用。它是一种不溶于水也不溶于树脂，却能够均匀地分散在树脂中的有色物质，为粉末状固体物。根据颜料的属性和化学成分，颜料可分为无机颜料和有机颜料两种。

① 无机颜料。

无机颜料包括各种金属及其氧化物、铬酸盐、碳酸盐、硫酸盐和硫化物等，如氧化铁、铝粉、铜粉、炭黑、锌白和钛白等都属于无机颜料的范畴。

a. 白色颜料。有钛白、锌白、锌钡白、铅白等。钛白是目前应用最广的白色颜料，其白度、遮盖力、着色力、耐候性、耐化学品性均优于其他白色颜料，其中以金红石型二氧化钛性能最佳。

b. 黑色颜料。炭黑为最重要的黑色颜料。由于生产工艺不同，炭黑的色相、着色力、分散性有很大的差别。主要有乙炔黑、槽法炭黑、灯黑等。用作颜料时一般被称为"色素炭黑"。颜料炭黑的主要质量指标是黑度与色相。炭黑具有良好的抗紫外线性能。

c. 黄色颜料。主要有铅铬黄（铬酸铅）、锌铬黄（铬酸锌）、镉黄（硫化镉）和铁黄（水合氧化铁）等品种。其中以铅铬黄用途最广泛，产量也最大。

d. 红色颜料。氧化铁红是最常见的氧化铁系颜料。具有很好的遮盖力和着色力、耐化学性、保色性、分散性，价格较廉。

e. 绿色颜料。主要有氧化铬绿和铅铬绿两种。因含有毒的重金属，逐渐被酞菁绿等有机颜料替代，用量已经减少。

f. 蓝色颜料。主要有铁蓝、钴蓝、群青等品种。群青耐碱不耐酸，色泽鲜艳明亮，耐高温。铁蓝耐酸不耐碱，遮盖力、着色力高于群青，耐久性比群青差。钴蓝耐高温，耐光性优良，但着色力和遮盖力稍差，价格高，用途受到限制。

无机颜料具有较好的耐光、耐热性，且密度大、遮盖力强，但不适应多色、高速的印刷要求。

新型无机颜料近年来的研究开发方向主要是复合颜料及颜料颗粒的表面处理技术。例如，在镍、锑的钛酸盐中添加铬、钴、铁、锌等氧化物，可制成黄、绿、蓝、棕等耐高温、耐久、耐化学药品的低毒甚至无毒的颜料，其色泽鲜亮，性能优良；以无机化合物或有机化合物在颜料颗粒表面形成一层色膜，可改变颜料颗粒表面性能，提高耐光、耐热、润湿等特性，扩大颜料应用面，提高其使用价值。

② 有机颜料。常用的有机颜料包括色原性颜料和色淀性颜料。色原性颜料主要有酞菁颜料、亚硝基颜料、偶氮颜料和还原颜料等；色淀性颜料有碱性染料色淀、偶氮色淀颜料和酸性染料色淀等。

a. 偶氮颜料。分子结构中含偶氮基（—N=N—）的水不溶性有机化合物，是有机颜料中品种最多和产量最大的一类。常用的偶氮颜料一般为橙、黄、红色颜料，如永固橙 RN（C.I. 颜料橙 5）、金光红（C.I. 颜料红 21）、联苯胺黄 G（C.I. 颜料黄 12）。为了提高颜料的耐晒、耐热、耐有机溶剂等性能，可以通过芳香二胺将两个分子缩合成为大分子，这样制成的颜料称为大分子颜料或缩合偶氮颜料，如大分子橙 4R（C.I. 颜料橙 31）、大分子红 R（C.I. 颜料红 166）。

b. 酞菁颜料。它们是水不溶性有机物，主要为蓝色和绿色的颜料。绝大多数产品中含有二价金属，如铜、镍、铁、锰等。酞菁颜料中的主要品种是含铜的酞菁蓝（C.I. 颜料蓝 15），处理方法不同可得到红光的 α 晶型和绿光的 β 晶型产品。

c. 色淀性颜料。水溶性染料（如酸性染料、直接染料、碱性染料等）经与沉淀剂作用生成的水不溶性颜料。它的色光较艳，色谱较全，生产成本低，比原水溶性染料耐晒牢度高。沉淀剂主要为无机盐、酸、载体等。无机盐沉淀是将氯化钡、氯化钙、硫酸锰等作为沉淀剂与水溶性染料反应，生成水不溶性的钡、钙、锰等的盐类，如永固红 F5R、金光红 C。酸沉淀是利用磷酸-钼酸、磷酸-钨酸、单宁酸等作为沉淀剂，与水溶性碱性染料反应生成不溶性的色淀，如耐晒玫瑰色淀（C.I. 颜料紫 1）、射光青莲（C.I. 颜料紫 3）。载体沉淀是将水溶性染料沉积在氢氧化铝、硫酸钡等载体表面上，形成水不溶性色淀，如酸性金黄色淀（C.I. 颜料橙 17）、耐晒湖蓝色淀（C.I. 颜料蓝 17）。

绝大多数有机颜料具有较好的着色力，颗粒小，密度低，质地柔软，色泽鲜艳，浓度高，是彩色油墨的主要原料。

（2）颜料对油墨的影响

颜料作为显色的主体材料，对油墨的质量起着决定性的作用。油墨的相对密度、透明度、耐热性、耐光性和对化学药品的耐抗性等，都与颜料有关。颜料在油墨中的作用是显而易见的，它的颜色决定着油墨的色相，它赋予基布丰富多彩的色调；它的用量决定着油墨的浓度；它使用给予油墨一定的稠度等物理性能；在一定程度上影响着油墨的干燥性；油墨在各方面的耐久性也是由颜料决定的。只有颜料的颗粒细、吸油量大、密度低、遮盖力大、着色力强、稳定性好、色偏少、色彩鲜艳，并具有耐热、耐光和耐碱等良好的性能，才能获得较好的印刷效果。不同种类及不同厂家的颜料质量差别较大，在使用中须慎重选择。颜料对油墨的主要影响如下：

① 润湿分散。干燥后的颜料颗粒必须完全浸没在膜内，因此颗粒大小不能超过膜的厚度，一般为 $5\mu m$ 左右，否则会影响印刷的光泽。凹版印刷为网穴转移式印刷，对颜料分散度要求较高。要求颜料研磨成细小、均匀的颗粒，并均匀分布到树脂中，以实现树脂对颜料表面的润湿与包裹，从而得到一个稳定的悬浮系统。

颜料的润湿分散程度直接影响油墨本身的细度、光泽度、黏度、储存稳定性、颜料的着色力、遮盖力及附着力。颗粒越小，即分散度越高，油墨的色调饱和度就越大。良好的分散体系不仅使颜料的细度达到最佳，同时也使树脂对细小颜料颗粒的包裹更加完好，因此在基布表面固着成膜后能形成均匀致密的包有颜料颗粒的树脂薄膜，增大了树脂与基布表面的接触面积，附着牢度随之提高。

② 着色力和遮盖力。影响油墨着色力的主要是颜料的分散度以及颜料在油墨中的含量。也就是说，颜料分散程度越高，油墨的浓度也就越高；油墨中的颜料含量越高，它的浓度也就越大。油墨中的颜料含量决定着油墨的耐久性和浓度，也影响着油墨的干燥性能。

油墨浓度是影响印刷质量的一个重要指标之一。油墨的浓度大则稠度也大，所以浓度决定着油墨色相的深浅程度。当油墨浓度大时，印刷色相就偏深；反之，印刷色相就偏浅。浓度大的油墨在印刷中所耗费的油墨量相对较少，墨色质量也较好；反之，浓度小的油墨在印刷时所用的油墨量相对较多，墨色也相对较清淡。浓度需要根据产品使用要求而定。油墨在使用过程中，随着稠度和流动性的变异，浓度也随之改变。印刷速度与温度等条件的变化，也会影响油墨的深度。

遮盖力是指颜料遮盖底色的能力。油墨是否具有遮盖力，取决于颜料的折射率与连结料的折射率之比。当这个比值为 1 时，颜料是透明的；当这个比值大于 1 时，颜料是不透明的，即具有遮盖力。光的散射度和颜料的遮盖力，往往会随着粒径的变化存在一个最大值。简单的认定方法是：取几滴油墨滴在刮板细度仪槽中，持刮刀 90° 从上至下迅速刮下去，通过检查划痕确定颜料的细度，如达不到要求则其遮盖力较差。或者用使用样与标准样在比对样纸上进行刮样比对，从上到下迅速刮下，如果达不到标准样的饱和度，则证明其着色力达不到印刷要求，即印刷适性差，且易浮色发花。

③ 沉降与析出。颜料分散的稳定性是非常重要的。在多种颜料分散组成的油墨体系里，往往会因某一种颜料的过度絮凝或沉降而造成颜料分散油墨体系的分离。

根据斯托克斯定律，沉降比例直接与粒子半径的平方成正比，与粒子及液体的密度成正比，与液体的黏度成反比。故粒子越大、越重，则沉降越快，液体的黏度越大，则沉降越慢。在沉降过程中，粒径的作用要比密度大。油墨分散体系里，小粒径的颜料粒子吸附的树脂和溶剂要比大颜料粒子相对大得多，往往表现为密度变小，大粒径的颜料粒子密度变大造成颜料粒子的下沉，小粒径的颜料上浮构成印刷油墨的浮色现象。

溶剂的溶解性过强会使油墨的黏度急骤下降，加速颜料粒子的沉降速度，造成颜料粒径不同而出现沉降层，进而出现浮色发花。在混合溶剂体系里，如果真溶剂挥发过快，不仅会产生表面张力差，而且还会破坏溶剂挥发梯度的平衡。油墨体系中树脂也就会因真溶剂的减少而带着吸附的颜料析出，同时也会使颜料颗粒凝聚而影响墨膜表面平整度；但如果溶剂挥发过慢，则会造成油墨黏度缓慢上升，从而导致印刷膜流动时间过长，出现膜涡流，造成浮色以及流挂等。

4. 助剂

助剂是指围绕油墨制造，以及在印刷使用中为改善油墨本身的性能而附加的一些材料。也就是说，按基本组成配制的油墨，在某些特性方面仍不能满足要求，或者由于条件的变化而不能满足印刷使用上的要求时，必须加入少量辅助材料来解决。

① 分散剂。是最主要的油墨助剂，能形成吸附层，产生外力，使颜料的表面达到最佳的吸附状态，改善油墨的分散性、流平性及稳定性。主要作用有：

a. 润湿颜料表面，有利于颜料的分散，减少颜料的研磨时间，也节省了能源，提高了生产效率。

b. 改善油墨的流平性，增加膜的光泽度，提高成膜的物理性能。

c. 可适当降低颜料的吸油量，在制造高浓度油墨时，可降低油墨的屈服值，防止颜料颗粒发生凝集和沉淀。

d. 提高颜料的细度，由于分散剂控制了颜料的絮凝作用，能防止浮色、流挂、沉降，保证油墨的储存稳定性。

e. 在相同条件下，能大大提高颜填料的体积浓度。润湿分散剂会使分散体系具有假塑性黏度和触变性黏度，在高颜料比油墨中，可降低黏度，改善流动，确保油墨有较高光泽和流平性。

目前合成革印刷油墨多使用超分散剂，超分散剂的结构特征在于以锚固基团及溶剂化链分别取代了表面活性剂的亲水基团与亲油基团，分子结构中含有性能和功能完全不同的两个部分，一部分是具有与溶剂、聚氨酯强亲和力的聚合链，另一部分是与颜料粒子表面具有强亲和力的"锚定"基团。其中锚定基团的吸附为不可逆吸附，很难发生解吸；聚合物溶剂化链的链长可调，可有效起到空间稳定的作用。在分散系中，"锚定"部分和粒子表面紧密结合，其分散部分伸展在溶剂里形成吸附层。代表产品有 BYK 公司的系列产品。

② 耐磨助剂。为了提高油墨成膜的耐磨性，通常在油墨中加入改性硅油或低分子量聚乙烯蜡。耐磨助剂要求对油墨中有机溶剂具有较好的溶解性，且和聚氨酯树脂本身亲和性较好，同时具有良好的化学稳定性。代表性产品如道康宁 DC-52，是带有硅烷醇官能基的聚硅氧烷，有很好的耐磨耐刮性，并具有滑蜡手感。

③ 偶联剂。为了加强树脂与颜料之间的架桥，有时需要适当添加一定的偶联剂，借此增强颜料储存的稳定性，并能够起到防止浮色发花作用。

④ 流平剂。添加流平剂的目的在于降低油墨的表面张力，防止油墨涡流而造成发花，使印刷膜表面光滑平整，色彩均一。主要有硅油、有机硅树脂、丙烯酸共聚物等。硅油和印刷油墨中的有机物不相混溶，在空气与膜的界面处浓缩，使表面张力下降。它是在油墨表面扩张，形成单分子层，使曲率半径变大，进而扩展到全表面，形成光滑的表面状态，防止产生涡流。但应注意有机硅聚合物的活性基团的热稳定性和用量。使用不当可能会带来再印刷性的障碍；其次如果过量使用，由于流平剂通常与油墨体系中树脂相容性不好，容易产生枯皮和缩孔等弊病。聚丙烯酸酯类的流平剂作用大致与有机硅相同。

其他的功能助剂还有很多，如增稠剂、触变剂、干燥剂等。需要根据不同的要求进行添加。但是助剂的使用一定要谨慎，防止给油墨带来新的问题。

二、油墨颜色基本特征

油墨的颜色是指油墨涂布在基布表面后呈现的色彩。它与光源的性质有关，一般是指理想光源下的色彩。如果油墨完全不透明，当光线射到油墨表面时，一部分被吸收，另一部分被反射，反射出来的这部分光的组合就是该油墨的颜色。如果油墨是透明的，则当光线照射到油墨表面时，一部分被吸收，一部分被反射，还有一部分透射到基布表面再反射，经油墨层出来，与直接被反射的部分光组合成的颜色就是该油墨的颜色。

油墨的光泽是指油墨印样在某一角度反射光线的能力。油墨光泽度的好坏给基布的外观带来很大的影响，光泽度好，则色彩鲜艳。

颜色有三个特性，即色相、亮度、饱和度，称为颜色的三属性。

色相是颜色的主体，即颜色的本相。实际色相是物体对光谱有选择地吸收和反射的综合结果。由于光源的强弱不同，物体色相就有明暗变化的区别，但基本色相不变。

亮度体现的是颜色的明暗程度，如深绿、浅绿、深灰、浅灰。亮度从白色到灰色直至纯黑。一般把亮度分为 11 个级别，0 为黑，10 为白，1～3 为暗调，4～6 为中调，7～9 为明调。

饱和度也称为纯度或者彩度，指色彩的鲜艳程度。原色是纯度最高的色彩。颜色混合的次数越多，纯度越低，反之，纯度则高。原色中混入补色，纯度会立即降低、变灰。例如某一色相的颜色加入一定数量的白色，则它的亮度就增加，饱和度降低，而色相不变。

颜色的属性是相互独立的，但不能单独存在。红绿蓝三种色光以不同比例混合，基本上可以产生自然界中的所有色彩，并且这三种色光各自独立，即任何一种色光都不能由其余两种色光混合产生，所以红绿蓝称为色光三原色。任何一种油墨颜色的鉴别，都可按照颜色的三属性加以区别，所以颜色三属性的理论是正确认识和区别各种油墨颜色的重要依据，有助于在调配油墨时对综合色进行正确分析。

三、油墨颜色调配基本方法

调配时尽量采用同型号油墨和辅助材料，提高油墨的适用性。尽量少用原色油墨种数，能用两种原色油墨配调成的颜色，就不要用三种，以免降低油墨的亮度，影响色彩的鲜艳程度。

油墨的颜色有它独特的色相，在实际操作过程中，一定要掌握好常用油墨的色相特征。例如，在调配淡湖绿色油墨时，可采用天蓝或艳蓝，而不能用深蓝去调配，因为深蓝带红头或紫头，加入后会使调配的颜色灰度大，色调暗淡而不鲜艳。又如金红的色相是红色泛出黄光，用金红与柠檬黄调配的橘色就会增加鲜艳程度。

不同密度的油墨尽量不要混配。油墨的密度因颜料不同是各不相同的，密度相近的油墨容易混合，而密度相差太大的油墨则会引起印刷缺陷。一般来说，无机颜料油墨的密度大，如铬黄、钛白等，主要成分是铬酸铅、二氧化钛等，当与宝红、酞菁蓝等有机颜料油墨调配时，密度小的色墨会上浮，密度大者会下沉，于是就会出现"浮色"现象。

调配复色油墨时，应把握好色彩原理，运用补色理论纠正色偏，这样调色效果会好些，切不可采取"这种色加点，那种色加点"的方式来试调。如复色墨中紫头偏重时，可加黄墨来纠正；若红头偏重，则可加入蓝墨纠正。又如，配调橘红色墨时，不能选用玫瑰红墨，因为它带有蓝调，蓝与黄构成的绿是红的补色，会使墨色缺乏鲜艳感。

采用三原色墨调配深色油墨时，应掌握它们的变化规律，以提高调墨效果。如三原色油墨等量混合调配后可变成黑色（近似）；三原色油墨等量混调并加入不同比例的白墨，即可配成各种不同色调的浅灰色墨；三原色油墨中的两种原色等量或不等量混调，可获得各种间色，其色相偏向于含量比率大的色相；三原色墨分别以各种比例混调，可得到多种复色；任何色油墨中加入黑墨，它的明度必然下降以致色相变深暗，若加入白墨其明度则提高。

淡色油墨就是在原墨中加溶剂调配成的油墨，或以白墨为主加入其他色墨混调成的油墨。配调时，以溶剂或白墨为主，其他色墨为辅，在浅色墨中逐渐加入深色油墨。这样边搅均匀油墨，边观察色相变化，调至合适为止。切不能先取深墨后加浅色墨，因为浅色油墨着色力差，如果用在深色油墨中加入浅色油墨的方法去调配，不易调准色相，往往使油墨量越调越多。

所谓间色就是由两种原色油墨混合调配而成的颜色。如：红加黄后的色相为橙色；黄加蓝可得到绿色；红加蓝可变成紫色。通过改变两原色油墨的比例可以调配出许多种的间色。如原色桃红与黄以1：1混调，可得到大红色相；若以1：3混调可得到深黄色；若以3：1混调可得到金红色相。如果原色黄与蓝等量混调，可得到绿色；若以3：1混调可得到翠绿色；若以4：1混调可得到苹果绿；若以1：3混调可得到墨绿色。若原色桃红与蓝以1：3混合调配，可得到深蓝紫；若以3：1混调可得到近似的青莲色。

而复色则源于三种原色油墨混合调配而成。若它们分别以不同比例混调，可以得到很多种类的复色。如：原色桃红、黄和蓝等量调配，可获得近似黑色；桃红2份与黄和蓝各1份混合调配可得到棕红色；桃红 4 份与黄和蓝各一份调配，可获得红棕色；若桃红、黄各 1 份，蓝 2 份，可调配出橄榄色；桃红、黄各 1 份，蓝 4 份混合调配，可获得暗绿色等等。

四、油墨的性质及对印刷的影响

油墨的性质在很大程度上影响或决定着产品的印刷质量。在实际生产操作过程中，要正确认识油墨的性质，根据印刷条件和特点对油墨的某些性质进行相应地调整和改善，这将对生产效率和产品质量的提高起到积极的促进作用。

① 油墨的黏度。油墨的黏度与浓度成正比关系，油墨浓度越大，其黏度也就越大。浓度大则其内部分子相对运动时所受的阻力也就大，因此油墨的黏度是影响油墨的传递性能、黏附牢度、渗透量和光泽性的重要条件，油墨黏度过大或过小都会对印刷质量产生不良影响。黏度过大容易造成转移不均，黏度过小则容易发生基布上墨不饱满等现象。油墨黏度与温度、印刷辊转速、印刷段数成反比关系。因为油墨具有触变性，温度高、印刷辊转速高、印刷段数多，则油墨黏度也就会相应降低。

② 油墨的浓度。浓度大的油墨其稠度也大，所以油墨的浓度决定着油墨的色相。油墨浓度大，耗墨少，印刷色相就偏深；反之色相就偏浅。油墨浓度需根据使用目的确定。

③ 油墨的细度。油墨的细度是指油墨中颜料颗粒的大小与分布的均匀度。细度不良的油墨在印刷过程中容易产生转移不均、糊版和显色效果不好等质量问题。通常合成革凹版印刷要求细度在 $10\mu m$ 以下，个别品种要求达到 $5\mu m$ 以下。

④ 油墨的密度。油墨的密度是指在温度 20℃时，油墨的质量与体积比（g/cm^3）。密度不同的几种油墨混合调配而成的混合油墨，因为密度大的油墨沉积下来，而密度小的油墨又浮在上面，很容易因沉积而产生分层现象，造成印刷中色相变异或显色不均匀。因此调配后的油墨在使用之前，应搅动均匀再倒入油墨盘，并在印刷过程中经常搅拌，以确保前后印刷产品色相的一致。

⑤ 油墨的着色力。着色力是油墨浓淡的一种反映。油墨的着色力主要与颜料对光线波长的选择性反射有关。另外它还由颜料的分散度和含量决定，伴随着颜料分散度的提高和含量的增大，着色力增大。

⑥ 油墨的耐光性。油墨在光线的作用下，色光相对变动的性能称为油墨的耐光性。绝对不改变颜色的油墨是没有的，在光线的作用下，油墨的颜色或多或少都会产生变化。耐光性好的油墨，长周期储存后产品仍然色泽鲜艳；耐光性差的油墨则容易产生褪色和变色现象。耐光性能达到 6～8 级的油墨，可认为耐光性优良；耐光性能只达到 1～3 级的油墨，经日光照射几小时后就会变色、褪色。

⑦ 油墨的耐热性。油墨的耐热性主要由颜料的性质决定。有的颜料不耐热，在高温作用下结构发生变化，以致产生变色现象。合成革印刷干燥的温度很高，可达到 140℃，因此对油墨耐热性的要求也非常高。

第二节　增光处理剂

增光就是通过增加表面薄膜的平滑性，使其对光波产生较强烈的反射作用，从而达到增加表面光泽的目的，如打光革、漆革、抛光效应革等。增光处理过程一般需要用到高光亮处理剂及热压等加工手段。

合成革增光剂使用的树脂种类较多，有溶剂型聚氨酯、水性聚氨酯、湿气固化树脂、硝化纤维素树脂、丙烯酸树脂等。

分子结构与光泽的关系首先表现在分子结构决定材料的折射率，折射率影响反射率。高分子材料的折射率是由其组成基团的摩尔折射率通过某种方式加和构成，因此通过设计聚合物基团组成可以改变材料折射率。摩尔折射率较高的基团有苯环、桥环、稠环、S、Cl、Br、I 等基团，摩尔折射率低的基团有 F。在聚氨酯结构中引入高摩尔折射率基团可以提高聚氨酯涂膜折射率，从而提高光泽。

一、溶剂型聚氨酯增光处理剂

1. 溶剂型聚氨酯

溶剂型聚氨酯增光处理剂主要是采用特殊的聚氨酯树脂，经过一定的含量、黏度、流平性等调整后，通过辊涂、刮涂或离型纸等方式转移到革表面，形成高流平性表面膜，溶剂型树脂亮面效果如图 7-1 所示，成膜要求通透且有镜面感觉，光泽亮而柔和。

溶剂型聚氨酯增光处理剂合成方法和技术路线与普通干法树脂基本相同。不同之处是二元醇的选择、软段和硬段的比例、扩链剂的种类等。通常选择含摩尔折射率较高的基团的二元醇，如苯酐系二醇、己内酯系二醇、己二酸系二醇或聚碳酸酯二醇，如需要提高耐水解性能，一般选择 PTMG 搭配使用。

增光处理剂通常模量较高，硬段在分子中的比例也较高，MDI 为带苯环的对称结构，是最常选用的品种。对异硫氰酸酯结构与异氰酸酯类似，可与羟基（氨基）进行反应，同时可引入摩尔折射率较高的 S，通常做添加剂或封端剂使用。

图 7-1 溶剂型树脂亮面

环己基异硫氰酸酯　　　　　　对苯二异硫氰酸酯

扩链剂在增光树脂中非常重要，一般选择 1,6-HD、NPG、MOCA 等，尤其是 MOCA，是使用最多的增光扩链剂。

MOCA

MOCA 中含有摩尔折射率较高的苯环和 Cl，可以提高聚氨酯涂膜折射率。氯原子的吸电子作用和位阻作用使氨基电子云密度降低，从而使氨基的反应活性降低，降低了与异氰酸酯的反应速率，能较好地适应聚氨酯合成工艺。

增光树脂合成过程温度、催化条件要缓和，避免快速聚合。设定 NCO/OH≤1.01，再逐步追加 MDI 增黏，以使整体分子量分布范围较窄。为了更好地形成高亮膜，通常增光处理剂都采用高固含量树脂，树脂中溶剂含量低，因此分子量的控制就非常重要，分子量过低则物性差，过高则流动性差。

如果需要涂层在高亮的基础上保持柔软，通常使用模量不同的两种树脂，其中低模量树脂作为底层，赋予涂层的柔软手感和良好的附着力；高模量树脂作为顶涂，提高亮度的同时还可保持表面干爽，防止粘连。增光涂层生产过程中要注意充分烘干，适当提高烘箱风量和温度，否则残存的高沸点溶剂会使涂层透明度下降，影响亮度，并且易产生压痕、死皱等。

由于溶剂型聚氨酯中有大量 DMF，会对革面产生二次溶解作用，另外溶剂的挥发又会造成隐形的斑点，轻微腐蚀有助于增加结合牢度，但严重时会出现所谓的"烂面"现象。

2. 水性聚氨酯

水性聚氨酯增光剂是一种以水为载体的材料，聚氨酯以分子团构成的粒子为单位分散在水中形成乳液。一般具有离子性，通过电荷排斥形成稳定结构。水性树脂亮面效果如图 7-2 所示。水性聚氨酯增光的特点是通透度高，但光泽亮度和柔和性不足，一般采用高固料。

水性聚氨酯中的水分分为结合水和游离水，结合水围绕乳液粒子形成紧密结合的水化层，游离水则自由活动于粒子之间。干燥成膜是利用热量使 PUD 中的载体水分挥发，乳液粒子逐渐失去稳定性，互相接近、碰撞、挤压、变形、缠绕，形成干膜。

乳液固化成膜过程分为三个阶段：第一阶段游离水分子向外界自由蒸发扩散，表现为匀速挥发；第二阶段游离水分子蒸发完后，乳液粒子相互靠近，粒子在表面浓缩堆积形成致密薄膜，水分需要通过这层薄膜才能挥发进入空气，随着干燥的进行，表面膜越来越厚，水分挥发速度越来越低，直至"结皮"；第三阶段聚合物大分子链相互缠绕在一起，形成网状结构，继而形成均相体系，未蒸发的水分子逐渐向外运动，干燥进入极慢速阶段。

提升涂膜表面光泽，需要减小涂膜表面的粒子堆积痕迹。要减少堆积痕迹，最重要的是第二阶段，即粒子挤压融合程度。实践中一般可以从三个方面降低涂层的表面粗糙度。

① 减小水性聚氨酯分散体的粒径。水性聚氨酯粒径减小，表面粒子堆积痕迹造成的粗糙度也会降低。粒径小则意味着亲水基多，粒子的结合水多，干燥时粒子失水缓慢，整体均匀收缩、挤压、融合，成膜后表面平整度高。

实验中也发现，当粒子的粒径达到一定程度（如 600nm）时，粒子处于稳定态的边缘，略微加热干燥就会迅速失稳而析出，很难与其他粒子再产生良好的融合，形成的表面就会凹凸不平。从图 7-3 中也可看出，大粒径乳液即使成膜后其融合的痕迹仍很清晰，个别超大粒径甚至可以原位固定。

图 7-2　水性树脂亮面

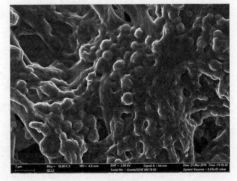
图 7-3　大粒径融合样貌

② 提升水性聚氨酯粒子的形变能力。粒子形变能力也会影响涂膜表面粗糙度。如果聚氨酯的模量低，成膜过程中粒子会受热形变使表面趋向平整。这种形变能力是以牺牲树脂的

耐热性为代价，本质上是聚氨酯成膜后的二次熔融流平。

模量低还会影响涂层的使用性能，因此高光泽的涂膜并不一定符合使用要求，需要再进行性能平衡。通常该方法只能用于对热性能和力学性能要求不高的产品。

③ 均衡的失水收缩速度。水性聚氨酯固化成膜的特点要求其作为增光材料时表面失水速度要均衡缓慢，这样才能形成平滑致密的表面膜，这一点与降低乳液粒径的原理一样。当乳液粒子具有较多的结合水时，干燥时粒子有充分的挤压过程，否则表面失水过快迅速成膜，其收缩力会使表面形成微小的凹凸不平，对光线形成散射，降低增光效果。

要达到均匀收缩，除了乳液自身要缓慢收缩外，加热干燥条件也要尽量缓和，形成温度梯度差异，因此要避免急剧升温。

水性聚氨酯目前基本采用自乳化方法，其制备过程通常包括低分子量预聚体的合成、扩链反应、交联反应、中和、乳液分散、后扩链反应等。其制造过程比溶剂型复杂，因此原料、工艺、结构对其增光性能都有很大影响。

由于亲水基都是支链结构，对聚氨酯的微相分离有一定影响。实验证明，一定情况下，DMBA（2,2-二羟甲基丁酸）亲水产品的亮度优于 DMPA（2,2-二羟甲基丙酸），磺酸盐略优于羧酸盐。在水性聚氨酯结构中引入其他高折射率基团，如采用多硫醇作为扩链剂，将高摩尔折射率的硫引入聚氨酯结构中，可提高亮度。

硫醇是一种包含巯基官能团的化合物，通常可以分为醚类结构和酯类结构。硫醇可以作为小分子扩链剂使用，也可以作为硫醇多元醇使用。

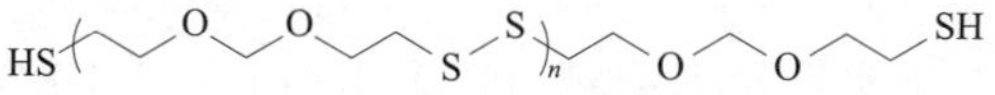

醚类硫醇

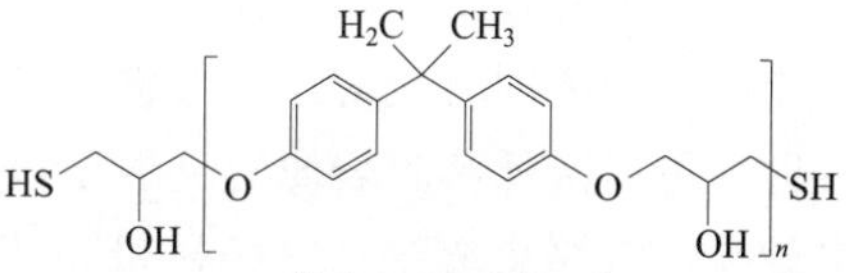

带苯环醚类硫醇

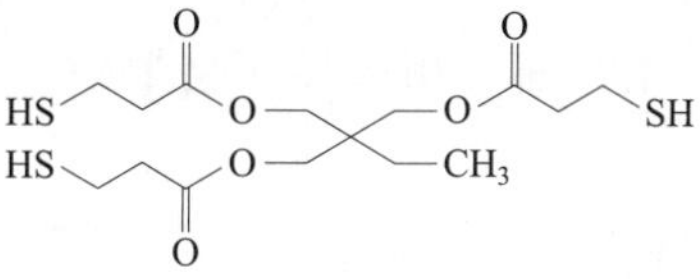

酯类硫醇

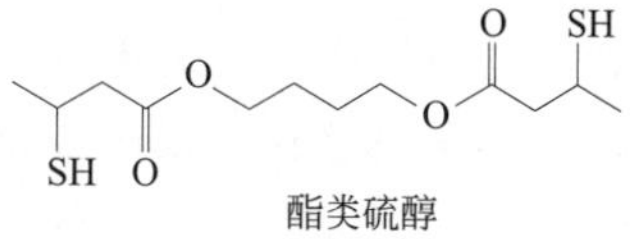

酯类硫醇

对于二元醇来说，采用含摩尔折射率较高的基团的二元醇，得到的涂膜光泽度更高。蓖麻油改性聚酯涂膜光泽最高，其次为苯酐聚酯。蓖麻油中含有双键，而苯酐聚酯中含有苯环，双键和苯环都有高摩尔折射率。随着蓖麻油含量的提高，结构中双键含量提高，涂膜光泽提高。

常规多醇中一般选择小分子量（800～1000）直链结构，这有利于分子结构与粒子的规整性。桥环具有更高的摩尔折射率，采用顺丁烯二酸酐聚酯与双环戊二烯反应合成一种含桥环的聚酯，采用这种含桥环的聚酯合成水性聚氨酯，获得的涂膜有一种温暖的、闪亮的光泽。

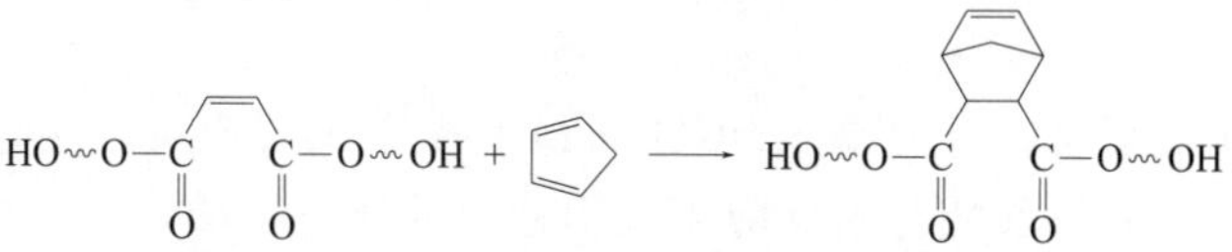

桥环聚酯二醇

异氰酸酯也会影响涂膜光泽。TDI 含有高摩尔折射率的苯环，其光泽最高，但 TDI 易黄变，一般不做增光使用。MDI 含有更多苯环，其合成的聚氨酯易发生相分离，降低了涂层透光率，影响其光泽，因此其光泽反而低于 TDI 型产品。IPDI 不含有高摩尔折射率基团，其涂膜光泽最低。H_{12}MDI 具有对称的双脂环结构，其产品除了与 IPDI 一样耐黄变外，在亮度和力学性能上都占优。异硫氰酸酯的结构和反应都类似异氰酸酯，可以与羟基、氨基、巯基等反应形成相应的结构，采用多异硫氰酸酯合成异硫氰酸酯型聚氨酯，其折射率可以达到 1.8。

水性聚氨酯由于自身带有亲水基，导致其成膜后吸水率高，水的进入会降低其亮度。在合成时使用部分内交联剂，如 TMP（三羟甲基丙烷），可使成膜致密，降低水进入膜内部的高分子通道。在使用过程中加入一定的外交联剂，如氮丙啶、多异氰酸酯、多胺类等，可提高交联密度或减少亲水基。

水性聚氨酯增光剂一般经过润湿、流平、增稠等调整后即可使用，还可与蜡类、有机硅类配合使用，如分散剂与聚乙烯复配的高光蜡粉。特殊硅油经乳化聚合而成的弹性柔软光亮剂，能在表面形成一层永久的弹性保护膜，具有很好的增光效果。代表性材料是高固水性聚氨酯。作为载体材料的水在涂饰过程中不会侵蚀已接近烘干的涂层，且水的挥发缓慢，不会有隐形斑点，镜面效果好。

在实际生产中，增光材料用于最表面，除了光泽外，还有其他如模量、耐水解、黄变、通透度、展色性等要求，因此要合理平衡二元醇、扩链剂和异氰酸酯的种类与比例，调整合成工艺，在各种技术要求中优化配方。

涂层增光的同时经常还要考虑其通透性，二者有一定的关联。对于透明涂层，降低涂膜的折射率可以降低涂膜表面的反射率，从而让更多的光线到达基底而后反射，反光减弱，基底更透亮，纹路更清晰，涂层显得厚实透亮。对于水性聚氨酯材料，采用 IPDI、HDI 等不含高摩尔折射率苯环的二异氰酸酯合成的水性聚氨酯，得到的涂膜折射率会低一些。

水性聚氨酯涂层的通透度还与分子结构有关，一切相分离、结晶的形成都会降低涂层透光率。相分离和结晶会形成多相结构，相之间形成界面，相区界面会散射光线而影响透光率，另外不同相区的折射率也会有差异。

聚氨酯结构是本身具有软硬段嵌段结构的聚合物，容易形成相分离结构。相分离可以提高聚氨酯的力学性能，但会降低涂膜的通透度。如果采用带支链的二醇作为扩链剂，虽然会影响相分离的形成，但可以使涂膜的通透度提高。

3. 湿汽固化树脂

湿汽固化树脂是制造高光产品的一个重要手段，经过多年发展，其产品、工艺技术等都已非常成熟。湿汽固化产品的涂层量大，能形成较厚的涂膜，产品高亮且具有水晶感，颜色鲜艳透明，广泛应用于箱包革、软质真皮、鞋革和亮面服装革。

湿汽固化树脂是一种含有端异氰酸酯基的聚氨酯预聚体，涂覆后在线反应固化成膜。涂覆后的树脂冷却迅速产生初黏力与基材复合，同时树脂会和空气中的湿气或基材中的微量水分继续作用，发生化学交联反应、扩链（化学固化），交联反应后生成具有高内聚力的高分子聚合物。

湿汽固化的反应机理是：含有端—NCO 的预聚物作成膜物质，通过与空气中的水分反应生成脲键固化成膜。异氰酸酯与水反应生成不稳定的氨基甲酸，然后分解成二氧化碳和伯胺，伯胺与过量异氰酸酯继续反应生成取代脲。方程式如下：

$$\text{wwwR—NCO} + H_2O \longrightarrow \text{wwwR—NHCOOH} \longrightarrow \text{wwwR—NH}_2 + CO_2$$

$$\downarrow \text{wwwR—NCO}$$

$$\text{wwwR—NHCONH—R www}$$

因此湿汽固化制造环境的温度和湿度控制非常重要，要兼顾树脂的固化速度和流平性。夏季温度湿度高，固化速度快，会给表面的流平性和光泽带来影响，需在树脂中添加少量流平剂，同时降低温度湿度，延长表面固化时间。冬季则相反，需要在树脂中添加适量胺类快干剂，提高固化速度。

最初湿汽固化产品的应用局限于 PU 的箱包革，目前已经有一系列湿汽固化的材料得到应用。软质的湿汽固化材料模量低，结合力好，可应用于软质真皮、弹力箱包革和亮面服装革。耐寒耐折湿汽固化材料在 $-15℃$ 耐折达到 20000 次以上，可广泛用于鞋革生产。耐黄变的湿汽固化材料可应用于对耐黄变要求较高的浅色箱包革中，耐黄变可达到四级。油感蜡感的湿汽固化树脂能赋予湿汽固化表面各种触感，为箱包、鞋革、服装和装饰革等提供了多样化的高亮高光水晶产品。

湿汽固化产品生产周期长，效率较低，并且需要大型的无尘车间，对温度湿度要求严苛，这也是该类产品的一个缺陷。

4. 硝化纤维素树脂

硝化纤维是用浓硝酸、浓硫酸混合液处理纤维素得到的酯化产品。通过调整配料比例及工艺条件可以制得一硝酸酯、二硝酸酯及三硝酸酯，其含氮量分别为 6.76%、11.11% 及 14.14%。当酯化度低时，产品黏度高，填充性与光泽差，但是有很好的弹性和抗断裂强度；当酯化度高时，黏度低，光泽好，但是弹性差。合成革光亮剂常选用含氮量 $\leqslant 12\%$ 的硝化纤维，产品分为溶剂型和乳液型。

（1）溶剂型硝化纤维

溶剂型硝化纤维分散液的主要组分是硝化纤维、增塑剂和溶剂。

溶剂能溶解硝化纤维，使其由固体或黏稠液体变为稀薄的液体，以便于使用。常用的溶剂是乙酸酯类、酮类、醇醚类等。助溶剂不能溶解硝化纤维，但加入少量到溶剂中可增加溶剂的溶解能力。常用的助溶剂是小分子醇类，如丁醇、丙醇等。

硝化纤维形成的薄膜坚牢、透明而耐水，但它缺乏合成革所需要的延伸性和黏着力，因此需加入增塑剂以增加薄膜的延伸性和柔韧性，同时提高黏着力。增塑剂应与硝化纤维树脂有很好的融合性，能溶于溶剂，具有长期增塑性且不易挥发损失，有较好的耐寒、耐热、耐老化等性能应比较稳定，而且要价廉易得。

增塑剂分胶化和非胶化两类。胶化增塑剂有邻苯二甲酸二丁酯、邻苯二甲酸二辛酯、己二酸酯等；非胶化增塑剂有蓖麻油、氧化蓖麻油、亚麻油、硬脂酸丁酯等。最常用的增塑剂是将上述两种类型按一定比例混合使用，取长补短。

溶剂型硝化纤维的优点是流动性较好，干燥时间较短，薄膜的坚牢度、抗水性特别是耐干湿擦性好，它形成的薄膜光亮很高。缺点是易燃易爆，在运输、存放、使用时都必须注意安全，产品价格较贵，固体含量一般为 $23\% \sim 25\%$。

（2）乳液型硝化纤维

乳液型硝化纤维分散液又称硝化纤维乳液，它是通过乳化溶剂型光亮剂（油相）得到的以水为介质、含溶剂的乳液。其主要组分除了硝化纤维、增塑剂及溶剂外，还有乳化剂和水。乳化过程中，借助乳化设备如高压匀质机、高剪切混合乳化机、超声波分散机等提供的机械能或物理能，将油相分散成为乳液，并添加表面活性剂，主要是乳化剂，降低油相的表面张力，增加乳液的热力学稳定性。

该类型的硝化纤维又可分为两种类型，一种是可与水混溶的，另一种是可与有机溶剂混溶的。可与水混溶的硝化纤维乳液的优点是对聚合物为主的涂层有很好的黏着力，表面平滑，手感好，薄膜的卫生性能比溶剂型的硝化纤维好。缺点是光泽较差，这类产品固体含量较低，乳液长期存放不稳定。

近年来，又开发出了水溶型的硝化纤维。这类硝化纤维分散液中引入了一种特殊的乳化剂，使用时可直接用水稀释到所需要的浓度。水溶型的硝化纤维可以长期保存，稳定性好，使用范围广泛，乳液可以随配随用。

二、增光处理方法

表面增光除了要采用光亮剂外，合理的工艺手段也很必要，最常用的方法是刮涂和辊涂。其他工艺如抛光、烫光、轧光等，也是增加光泽的手段。通过工艺组合，可以得到不同效果的产品。

1. 刮涂

刮涂分为贴面刮涂和间隙刮涂两种。贴面刮涂一般采用无间隙贴刮，通常用于花纹的沟底处理。通常使用勾刀刮涂，涂布量较低。刮涂时刮刀紧贴花纹顶，利用表面处理剂的流平性挤压进纹路间隙，干燥后花纹底部形成高亮，与花纹顶部构成光泽差异，丰富了表面的层次。

由于花纹间隙非常细密，因此沟底刮涂要求表面处理剂具有很好的流平性和浸润性，使用黏度较低。否则容易出现纹路中空气未及时排除，干燥时产生气泡，或者物料在刮刀前翻滚带入微小气泡的情况。

间隙刮涂属于重涂饰。由于刮刀与革表面有一定间隙，因此涂布量较大，可覆盖整个表面层。通常使用圆刀或者棒刀。间隙刮涂一般用于表面整体处理。例如镜面高光处理时，通常先刮涂一层高光料，干燥后再进行烫光处理。为保证平整光滑的效果，要求涂层必须有一定的厚度。

2. 辊涂

利用表面处理剂附着于辊筒表面的丝网梯形凹槽内，转移涂饰在合成革表面上的涂饰方法，称为辊涂，也称辊涂印刷。辊涂具有用料少、表面处理效果好、用途广等优点。

辊涂工艺最主要的特点是丝网辊筒和输送辊的转速彼此可以独立控制，通过调节辊筒间隙和转速比可达到控制转移量的目的。辊涂通常带浆量大，转速快，因此转移量较大。运行时，涂布辊与革面有一定的相对摩擦，因此可将表面处理剂最大限度地转移到花纹底部。

3. 抛光

抛光处理是通过抛光辊在革面上的高速摩擦运动，打磨花纹表面从而使其局部变油变亮，增加花纹的层次感和真皮感。抛光常用于鞋革与服装革的加工，抛光后的合成革再经过揉纹处理，其顶部花纹会更加油亮。

抛光辊以一定的压力和速度在革面上发生滑动和滚动，摩擦辊的线速度大于通过轧点的革的运行速度，革表面受到摩擦而产生磨光效果。同时，由于压轧及摩擦作用，表面聚氨酯发生部分形变，凹凸点减小，革表面光滑，产生强烈光泽。抛光工艺源自真皮生产，现在已广泛应用到合成革生产中。抛光过程中一般还要使用专门的抛光膏，消除抛光辊对革面的摩擦产生的静电作用并降低加工面的粗糙度。

抛光操作的关键是在不影响表面结构的基础上得到最大的抛光效果。最好的办法就是把抛光分粗抛和精抛两个阶段进行。粗抛的目的是去除表面覆盖的效应层，精抛是对粗抛后的表面进行精细摩擦，达到最佳的光泽效果。

抛光辊的运动速度指的是其相对于革表面的滑动速度。较快的滑动速度有利于增强操作效果，单位时间内产生的摩擦点和摩擦热较多，革面更加光亮；但是速度过高则容易使表面过热，擦伤革面。

4. 烫光

表面经过增光处理的合成革宏观上是平整的，但由于物料的流平性及干燥时高分子收缩等原因，微观表面仍存在细小的凹凸不平，使部分光线发生散射，从而降低了表面光泽。因此仍需要对高光产品进行进一步的物理加工，烫光工艺是最常使用的手段。除了使用烫光辊外，还可采用 PET 膜烫光工艺。

烫光又称为轧光、压光，是合成革成品后处理的一道工序。烫光是利用热量使表面聚氨酯达到黏流态，再使用镜面辊对其挤压，使其在高压或高温条件下产生微观塑性变形，从而降低其表面粗糙度，获得一般增光处理无法达到的光亮剔透的光泽效果。

烫光工艺中使用最多的是镜面烫光辊，其表面粗糙度最高可以达到 $Ra0.01$（粗糙度 14 级）。镜面烫光辊主要是用铸铁、淬铁、钢等金属制成，其中淬铁辊表面硬度高，易保持平整光滑，常作轧光辊使用。烫光的加热方式有电加热、蒸汽加热及导热油加热等形式。为了保证加热充分，通常采用大直径的烫光辊，基布在烫光辊上以"Ω"形成大包角加热。

合成革表面经过雾面处理后，再进行烫光，可改变纹理顶部的光泽，与雾面部分形成强烈的光泽对比。亮面处理后再进行轧光，则表面平整度更高，而且会出现特有的通透感与水晶感，与下层颜色花纹形成层次感。

第三节 消光处理剂

消光处理就是采用各种手段破坏涂膜的光滑性，降低革面的光泽，在革表面形成一种非均相且微观上不平整的表面，增大涂膜表面微观粗糙度，从而降低涂膜表面对光线的反射作用，而增强其散射作用。通过消光处理，可消除涂层过于光亮而产生的塑料感，使合成革呈现更柔和、自然、优雅的外观。消光的核心是形成涂膜表面的漫反射。

可作为消光剂的材料有很多种，硅藻土、高岭土、二氧化硅、钛白粉、高分子蜡、金属硬脂酸盐、树脂微球、热固性树脂等都可作为消光材料。目前应用最广泛的是各种二氧化硅（白炭黑）及水性聚氨酯自消光材料。

一、多孔二氧化硅

物体表面的光泽和其表面粗糙程度紧密相关。当光线照射到物体表面上时，一部分会被物体吸收，一部分会发生反射和散射，还有部分会发生折射。物体表面的粗糙度越小，则被反射的光线越多，光泽度越高。相反，如果物体表面凹凸不平，被散射的光线增多，就会导致光泽度降低。

微粉化多孔二氧化硅是目前最常用的消光剂，为轻质微细粉末状或超细粒子状，是一类密度很低、蓬松且带有大量空腔的物质。它是由 10nm 左右的微珠形成的串珠堆积而成的开放性团块，属于无机填充型消光材料，稳定性、耐化学性和耐酸碱性极好。

二氧化硅消光机理是通过无数粒子"栽种"在表面树脂上，依靠树脂形成有效附着。在涂膜干燥时，这些微小颗粒会顶托到涂膜表面，产生预期的粗糙度。超微细颗粒对光波有吸收和散射作用，能明显降低涂膜的表面光泽，达到消光效果。球状颗粒介质的消光系数为：

$$\gamma = NC_{ext}/V$$

式中，γ 为消光系数；N/V 为单位体积内的散射中心数目；C_{ext} 为单个颗粒的消光截面。

二氧化硅的粒径大小及分布、孔隙率等因素，都会影响它的消光效果。试验表明，较高的孔隙率、与涂层厚度相对应的平均粒径以及狭窄的粒径分布可使其具有良好的消光性。

从消光机理可以看出，要想获得好的消光效果，消光粉添加量必须达到一定量，超过某一个临界值才能产生这种顶托效果。通过控制消光粉加入量，可对消光度进行控制。

对于溶剂型树脂，聚氨酯是以单分子存在，消光粉与树脂混合后，树脂分子可以填充到消光粉空腔内，使消光粉颗粒得到增强。而在水性分散体体系中，树脂以纳米级颗粒分散在水中，树脂颗粒体积大于消光粉空腔，难以填充进入消光粉，消光粉在涂膜中保持原有的蓬松状态。

消光粉在水性体系使用时经常会遇到两个难题：其一是涂膜在外力摩擦下会增光形成表面光亮划痕；其二是消光涂层发灰，特别是在黑色涂层中，出现白光干扰，使得色泽变灰暗，黑度下降。这两个问题都是由于消光粉未被填充、机械强度低造成的。蓬松的消光颗粒在外力挤压下会塌陷而使涂膜表面失去粗糙度。消光粉空腔中存在空气，空气的折射率远低于树脂，折射率差造成空腔界面强烈散射光线，外部光线尚未达到涂层基底就在涂层中被消光粉空腔散射，而散射的光线缺乏色泽呈现白光。光线只有到达涂层基底才能反射出基底颜色，展现涂层色彩。因此对消光涂层的透光率有要求，透光率越高越能反映基底的色彩。

水性消光粉缺点是消光的涂层摩擦后出现变亮现象，但有时也可转化为优势，如在合成革表面处理时，利用这种缺陷设计出"雾洗亮"和"抛亮"风格的合成革。凹凸的纹理经水洗或摩擦后，花纹顶因受摩擦而增光，纹理凹陷部分保持亚光，展现出一种特殊的效果。消光粉在水性体系中应用还存在其他问题，如增稠、沉降、团聚、涂膜物性降低等。

根据制造工艺不同，二氧化硅可分为气相法二氧化硅和沉淀法二氧化硅。

（1）气相法二氧化硅

气相 SiO_2 由德国 Degussa 公司在 1941 年采用 AEROSIL 法首次合成，具有粒径小、表面活性高和比表面积大等优点。气相法 SiO_2 是由挥发性氯硅烷在氧氢焰中经高温水解生成的一种白色无定形絮状半透明固体胶状纳米粒子。反应式为：

$$SiCl_4 + 2H_2 + O_2 \longrightarrow SiO_2 + 4HCl$$

气相 SiO_2 的原始粒径在 $7\sim40nm$，比表面积一般在 $100\sim400m^2/g$，SiO_2 化学纯度大于 99.8%，消光效果好。根据是否进行过表面处理可分为亲水型和疏水型，根据比表面积的大小又可分为不同的型号。

气相法 SiO_2 具有高效消光性、极佳的透明度和易分散性，对涂膜的其他性能影响最小。气相法生产技术复杂，价格昂贵，国内市场几乎被国外的几个大公司如德固萨、卡博特、瓦克所垄断。代表性的产品有德固萨公司的 FM-14，其形貌如图 7-4 所示，粒径分布窄，消光效果佳，其折射率 1.46，和大部分树脂非常接近，透明性好，不易形成雾状，除消光性外还能产生爽滑等手感特性。

（2）沉淀法二氧化硅

沉淀法二氧化硅又称水合硅酸、轻质二氧化硅，化学式为 $mSiO_2 \cdot nH_2O$。通常由可溶性硅酸钠和硫酸发生化学反应，反应完成液经压滤脱水、洗涤、打浆制得料浆，经喷雾干燥得成品。反应式为：

$$Na_2O \cdot mSiO_2 + H_2SO_4 + nH_2O \longrightarrow Na_2SO_4 + mSiO_2 \cdot (n+1)H_2O \downarrow$$

成品 SiO_2 含量在 90% 左右，其形貌如图 7-5 所示，为白色高度分散的无定形粉末，原始粒径在 8～110nm。在空气中吸收水分后会成为聚集的细粒，二次平均粒径的中值粒径大概在 7～12μm。真密度约 2.0g/mL，假密度约 0.2g/mL。

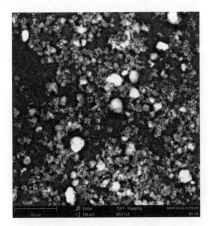

图 7-4 FM-14 形貌

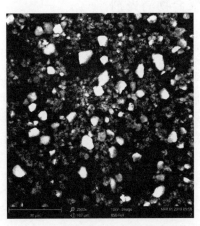

图 7-5 沉淀法二氧化硅形貌

沉淀法二氧化硅的生产技术与设备相对简单，国内大部分生产企业都采用沉淀法二氧化硅。但其颗粒不易控制，粒径分布较宽，颗粒表面亲水性基团键合严重，消光效果稍差，但价格相对便宜。

二氧化硅的性能主要从其消光效率、颗粒大小及分布、成膜透明性、颗粒分散性及涂膜表面性能等方面进行判断。

在分散细度相同的情况下，添加量越少说明消光粉性能越好。平均粒径较大、孔隙率较高的产品消光效率较高。消光剂的平均粒径越大，孔隙率越高，单位质量粉料含量就会越高，消光性能就越好。但如果颗粒太大，会导致漆膜表面太粗糙，影响手感和外观。SiO_2 消光最大的缺陷是，当 SiO_2 使用量较大时，在拉伸或顶伸过程中出现"拉白"和"顶白"现象，表面刮擦后出现粒子脱落，产生明显的划痕或指痕。

成膜透明性也是衡量消光粉性能的一个重要指标。添加量相同的情况下，消光粉的平均粒径越小，漆膜的透明性就越好，但相应消光效率也会降低。需要指出的是，细粉含量太高会对透明性产生负面影响。由于消光粉表面处理的方式会影响其与基料的润湿分散性，从而影响到漆膜的透明性，因此需要调整消光粉与基料之间的匹配性，必要时可通过添加润湿分散助剂来改善。消光粉折射率为 1.46，与树脂折射率相同时，可达到最佳的透明性。

二氧化硅消光粉是物理消光，干燥过程中在表面形成很多细小的消光粉颗粒，形成漫反射，到达消光效果。消光粉的分散细度越小，涂料表面手感越好，摸起来越光滑。如果既要消光效率好，又要分散细度好，就要求消光粉的平均粒径分布窄。

颗粒大小和粒度分布是影响涂膜光泽的重要因素之一。当颗粒的直径小于 0.3μm 时，可获得高光泽的涂膜。分散在涂料中的颗粒在形成一定厚度的涂膜并干燥后，只有最上层的颗粒局部上突，颗粒直径小于 0.3μm 的粒子所造成的涂膜表面粗糙度不会超过 0.1μm。当粒子平均颗粒直径在 3～5μm，即粒径大小和干膜厚度相匹配时，才可以得到消光效果较好的涂膜。

白炭黑比表面积大，表面能高，非常容易团聚，在应用过程中必须适当分散，才能发挥最有效的作用。一般来说，随着涂料存放时间的延长，都会在一定程度上出现分层与沉淀，表面经过有机处理的消光剂防沉性能会好一些。因此设计配方时，应考虑如何避免消光粉的沉淀，适当添加防沉助剂。

二、聚合物消光剂

有机聚合物消光剂是通过化学合成方法获得的一种有机高分子消光材料，它除了具有类似二氧化硅的性质外，还能够参与成膜。由于与成膜材料的相容性、溶剂中的溶解性的差异，聚合物消光剂在成膜过程中能够形成不均性的膜。

代表性产品有美国雅宝公司的 PERGOPAK® 系列消光剂，该消光剂是一种含有数量极少的游离羟甲基团的有机热固性聚甲基脲树脂（PMU）。活性羟甲基可以在树脂成膜的过程中参与交联，促进膜收缩聚集成凹凸均匀的表面而产生消光，同时也加强了漆膜的硬度和抗磨耗性。

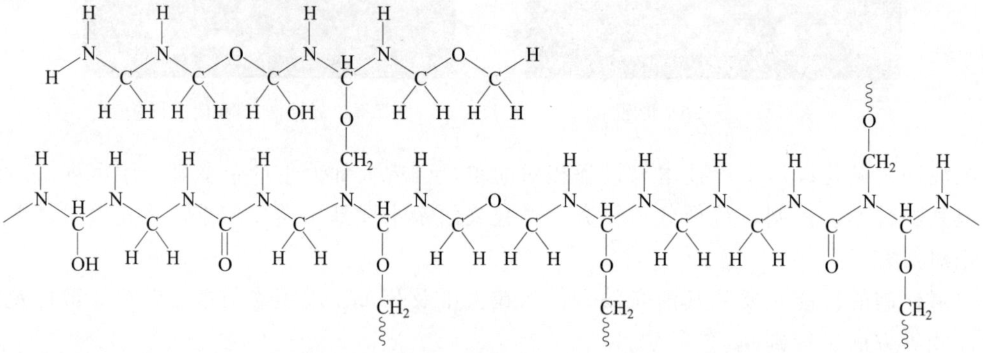

聚甲基脲树脂结构

PERGOPAK® 是一种具有高比表面积、低堆积密度的多孔性蓬松粉末，在整个紫外光和可见光波长范围内几乎可 100％ 地反射光。它的初级颗粒平均直径为 $0.1 \sim 0.15 \mu m$，形成 $5 \sim 9 \mu m$ 的近乎球形的团粒，造就了较高的孔隙容积和极不均匀的颗粒分布，而这正是形成优异的消光效果所应具备的两个重要因素。代表性牌号有 M6，其形貌如图 7-6 所示。

由于这种特殊的结构，PERGOPAK 可达到卓越的消光效果。近乎球形的团粒结构使得 PERGOPAK 很容易与涂料融为一体，另外球形结构也导致其更有利的流变性能，特别是与二氧化硅的针形相比。这些团粒很稳定，即使在较高的剪切作用下也不会分散成初级颗粒，这意味着研磨过程不会对消光效果造成损失。

PMU 不溶于有机溶剂，热稳定温度高达 200℃，因此 PERGOPAK 无论在油性和水性体系中均可使用。PMU 的折射率为 1.607，与成膜树脂折射率接近，因此得到的涂膜透明度高。另外加入 PERGOPAK 后，得到的涂膜光泽柔和、有弹性，并有柔质手感，适合于革制品涂饰，对漆膜的附着力、柔韧性和抗撕裂耐磨耗也有实质性的帮助。

另一类有机消光剂是在树脂体系中加入消光微球，主要有聚丙烯酸酯类微球和聚氨酯类微球。常用的聚氨酯微球形貌如图 7-7 所示，为基本均匀的有一定尺寸分布范围的标准球体。在小粒径高成膜性的聚氨酯体系中添加少量大粒径颗粒，在成膜时，大粒径颗粒在涂膜表面富集形成粗糙表面，而小粒径成膜树脂构成涂层本体，这是一种较好的消光涂层结构。

图 7-6　M6 形貌

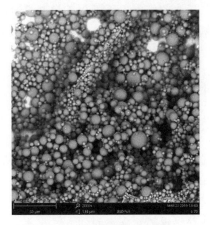

图 7-7　聚氨酯微球形貌

聚氨酯微球常用的制备方法主要有悬浮聚合法、反相悬浮聚合法、自乳化法、分散聚合法等。

① 悬浮聚合法。首先在丁酮溶剂中合成聚氨酯预聚体，而后将预聚体分散到含有有机分散剂的水介质中，其中有机分散剂为水溶性树脂，如羟乙基纤维素、羧甲基纤维素、聚乙烯醇、聚丙烯酸盐等，水扩链获得粒径 $1\sim100\mu m$ 的聚氨酯-聚脲颗粒悬浮液，沉淀洗涤获得聚氨酯颗粒干粉。该方法简单易操作，工艺成熟，但制备的聚合物微球粒径较大，多在 $1\sim100\mu m$，且具有多分散性，产物中聚氨酯和聚脲的比例也较难控制。表面处理剂中常用的日本根上化学公司的系列聚氨酯微球，就是采用水介质悬浮聚合方式得到的。

② 反相悬浮聚合法。合成聚氨酯预聚物后，在表面活性剂的保护下，把预聚物分散在不相容的油相中进行聚合。该方法制备的微球耐酸碱性和耐溶剂性能较好，多用来制备硬质聚氨酯微球。但微球提取困难，并含有大量的溶剂，对环境危害大。

③ 自乳化法。将预聚、扩链、中和、乳化法联合运用，在聚氨酯预聚物中引入含阴、阳离子的基团或非离子亲水链段，不需要加入乳化剂或稳定剂，可自动分散在水中一步合成。该方法制备的微球粒子表面洁净，不含溶剂或表面活性剂，稳定性和分散性好，乳液粒径随着亲水性基团和分子量变化而变化。

④ 分散聚合法。是一种特殊类型的沉淀聚合。把单体、稳定剂和引发剂都溶解在介质中，反应开始前为均相体系，而生成的聚合物则不能溶解在介质中，在稳定剂作用下以微球形式分散在介质中，形成类似于聚合物乳液的稳定分散体系。粒径多分布在 $0.1\sim15\mu m$，该聚合物微球具有较好的单分散性。合成的关键是稳定剂和介质的选择，常用稳定剂有 PVP、羟丙基纤维素、聚丙烯酸、PEG 及糊精等，介质有异辛烷、正己烷、环己烷、石蜡等。

聚氨酯微球与自消光树脂存在差异，没有成膜性，沉淀洗涤后的聚氨酯颗粒表面具有一定疏水性。在干燥过程中，热力学作用将大粒径颗粒推向涂层表面，在涂层表面富集，使涂膜表面变得粗糙不平整，光线的散射部分增强，镜面反射部分削弱，从而达到亚光效果。由于微球本身与树脂是同类聚合物，干燥后的涂膜折射率相当，因此，涂膜的通透度并没有随着消光微球的加入量增加有明显下降，涂层物化性能不受影响。

聚氨酯微球的多孔性会导致涂膜的力学性能下降，水性聚氨酯微球的耐水性和稳定性差也限制了其应用。通过对微球表面改性，可提高其强度、耐水性和稳定性。例如，聚氨酯微球包覆有机硅后，疏水表面更强，更易在涂膜表面富集，消光的同时还可以赋予涂层表面拒水、防污、滑爽的作用。还可用乙烯基聚合物和乙烯基单体形成核-壳结构来改性聚氨酯微球，乙烯基聚合物与聚氨酯链交联和缠结形成互穿网络结构，聚氨酯作为壳，乙烯基聚合物为核，可提高涂膜放热抗冲击性和附着力。

三、自消光树脂

自消光是指在不添加消光粉的情况下，依靠树脂自身的特性，在成膜过程中自组装形成粗糙表面，从而产生很强的消光效果。

自消光是水性树脂特有的性能，由于其特有的柔和视觉、全雾消光及肤感效果，得到广泛应用。如利用其高耐磨耐刮性能用于汽车座椅和仪表板，利用其视觉雾绒和肤感用于服装革、内饰材料等领域。

自组装获得粗糙涂膜表面的方式很多，结晶、相分离过程都会伴随某种应力形成粗糙表面，如不同树脂的干燥速度差异，不同粒径的乳液失水速度差异，不同组分表面张力差异，不同组分相容性差异等。只要在干燥时使表面形成差异性收缩，增大膜表面的微观粗糙度，理论上都可产生消光效果，但这些方式的消光程度有限。目前主要的发展方向是大粒径水性树脂，利用大粒径水性树脂在成膜后涂膜保有的粒子痕迹形成粗糙表面，其表面样貌如图 7-8 和图 7-9 所示。

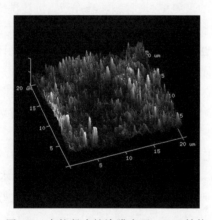 

图 7-8　大粒径水性涂膜表面 AFM 结构　　　图 7-9　自消光涂膜表面

水性聚氨酯以乳液形态存在，单个分子不是独立存在的，而是聚集成一定大小的分子团，依靠亲水性和电荷排斥分布在介质水中。因此可通过控制聚合时的亲水基含量、扩链程度、分子量大小及均匀度等参数，进而控制乳液的粒径及分布状态。在制备时控制生成一种类似微球结构的规整的聚氨酯粒子，当乳液粒径到达一定尺寸时，在干燥过程中，最表面树脂会很快失去稳定性而成膜，球体基本得到保留或部分融合，从而使表面膜呈凹凸状态，产生强烈的消光效果。

"自消光"的消光机理与添加二氧化硅粉体不同，它是乳液粒子失去稳定性而发生聚集作用，形成不稳定的大粒径乳液粒子，粒子固化后形成的凹凸结构使其具备了消光作用。自消光微球形貌如图 7-10 所示，其表面产生消光作用的是乳液干燥过程中的物理变化，它是与整体成膜物化学成分完全相同的乳液，而非单独存在。要形成自消光现象，要满足两个基本条件：

① 要得到稳定的大粒径乳液。精确控制乳液粒径在 $1\sim3\mu m$，粒径过小没有消光效果，

过大则乳液体系不稳定，易形成沉淀。

控制水性聚氨酯分散体粒径的方法主要是控制亲水基含量和预聚体分子量。大粒径乳液中亲水基团含量通常比较低，因此对亲水基的引入量会更加敏感，另外还要考虑引入的亲水基种类，是羧基、磺酸基和非离子链段，还是混合型。预聚体分子量增大，粒径也会相应增大，后扩链时对胺的敏感度也会随之增大，同时还要考虑后扩链时是否引入亲水基，引入量和分子量增长二者的关系等。因此准确控制粒径需要稳定的配方以及原料、反应条件、分散条件等的相互配合。

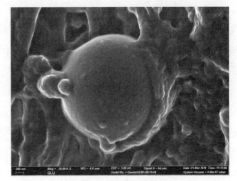

图 7-10 自消光微球形貌

水性聚氨酯分散体的粒径超过 $1\mu m$ 后，分散体已处于一种亚稳定状态，因此一般自消光产品都要适当进行假塑性增稠，使其具备一定的黏度，防止沉降，提高其贮存稳定性，并且在使用前要充分摇匀。

② 在干燥时大粒径粒子需要保持其粒子基本形态，即粒子形变要小。如果粒子形变能力强，成膜过程中会出现粒子变形塌陷，导致粗糙度降低。大粒径粒子在干燥初期，会迅速失水而形成粗糙表面。但随着温度升高，如果树脂耐热较差，那么已经形成的粗糙表面会二次熔融，导致粒子间界限模糊，粗糙度下降，表面变亮。

有多种方式可以降低分散体粒子的形变能力，如增加分子结构的刚性、提高化学交联和物理交联程度。增加聚合物链刚性结构可降低分散体粒子的形变能力，如增加配比中的硬段比例，采用刚性更强的直链聚酯二元醇等手段，都有利于结构的微相分离，提高聚氨酯分子的刚性和耐热性，从而有利于其保持干燥初期形成的粒子形态。

分散后扩链的方法既增大了聚氨酯的分子量，又可以引入刚性的特殊链结构，这些都有利于粒子形态的保持。目前水性聚氨酯自消光树脂大多采用水合肼、乙二胺等短链胺类非亲水扩链剂进行乳液调整，以降低分散体粒子形变能力。

以水合肼为例，肼与异氰酸酯可反应形成一种名为高卡巴肼（联二脲）的特殊链结构，既增大了分子量，更重要的是这种联二脲链节比脲和氨基甲酸酯链节有更高的形成氢键能力和更强的相互缔合作用，卡巴肼结构具有非常高的耐热耐溶剂性。

$$H_2N-NH_2 + R-NCO \longrightarrow R-\overset{H}{N}-\overset{\overset{O}{\parallel}}{C}-\overset{H}{N}-\overset{H}{N}-\overset{\overset{O}{\parallel}}{C}-\overset{H}{N}-R$$

水合肼　　　　　　　　　　　联二脲结构

自消光型树脂除了具有消光效果外，其表面的凹凸结构可以形成与聚氨酯微球一样特有的丝滑般的触感。因为涂膜的表面凹凸为实心结构，没有外加粉体，因此不会产生拉白、顶白及指痕等现象，同时也提高了膜的耐磨耐刮擦性能。自消光树脂可使用各种后交联剂，在成膜时可提高特有性能，可调性很强。但自消光树脂因为自身的结构特点，决定了它也存在一些先天的缺陷。

① 成膜性能差。分散体粒子粒径大，在获得粗糙表面的同时，其涂膜内部粒子也难以融合，涂膜实际上保持了一种粒子堆积结构。这种不完善结构会造成涂膜物性下降、强度低、附着力差。目前为了提高涂膜性能通常采用添加交联剂的方式，通过交联剂在树脂粒子间有限的接触面上形成强黏合，提高涂膜物性。

② 涂膜透光率低。树脂的自消光作用是通过树脂收缩形成的，因此成膜不通透。透光率下降是涂膜内粒子间堆积孔隙散射造成的，为了提高涂膜物性和增加涂膜透光率，可以添加少量黏合树脂，填充自消光树脂内部的孔隙，但添加量需要严格控制，否则共混后会导致消光性能下降过大。

开发自消光树脂的核心是在消光和物性间选择一个平衡点，并最大程度上优化各种性能。解决自消光缺陷的一个重要方法是成膜时形成"半核壳"结构，其结构如图 7-11 所示，通过复合聚合法得到乳液，成膜时大粒子露出上半部分用于形成粗糙面，而下半部分与小粒径共同成膜。这样既解决了共混法易整体包覆粒子的缺陷，同时由于附着层堆积致密，还增大了膜的通透度。

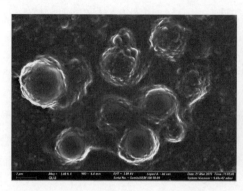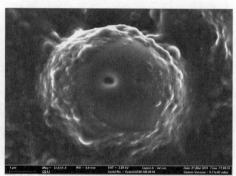

图 7-11　半核壳结构

四、其他消光材料

1. 金属皂

金属皂是早期人们常用的一种消光剂，它主要是一些金属硬脂酸盐，比如硬脂酸铝、硬脂酸锌、硬脂酸钙、硬脂酸镁等，其中硬脂酸铝应用的最多。

金属皂的消光原理是基于它和涂料成分的不相容性，它以非常细的颗粒悬浮在涂料中，成膜时则分布在涂膜的表面，使涂膜表面产生微观粗糙度，降低涂膜表面光的反射而达到消光的目的。

2. 蜡类

蜡是使用较早且应用较为广泛的一种消光剂，它属于有机悬浮型消光剂。在涂饰完成后，随着溶剂的挥发，涂膜中的蜡析出，以微细的结晶悬浮在涂膜表面，形成一层能散射光线的粗糙面，从而起到消光作用。

随着基础化学工业的发展及对蜡性能的要求不断提高，现在除了高熔点矿物蜡外，已经很少将天然蜡作为消光材料，取而代之的是合成高分子蜡，如聚乙烯蜡、聚丙烯蜡、聚四氟乙烯蜡以及它们的改性衍生物。合成高分子蜡具有消光、防黏、防水等多种性能，手感也较好。

采用超细粉碎技术获得微粉蜡是目前高分子蜡消光剂的主要应用形式，微粉化蜡为超微细粉料，粒径在 $2\sim30\mu m$。通过改变蜡的种类及添加量，就能获得不同的消光效果。

蜡作为消光剂的特点是使用简便，迁移性好，容易迁移到涂料表面，并且可以赋予涂膜良好的手感和耐水、耐湿热、防沾污性。但蜡层在涂膜表面形成后也会阻止溶剂的挥发和氧气的渗入，影响涂膜的干燥和重涂性，透明度较差。今后的发展趋势是合成高分子蜡与二氧化硅并用，以获得最佳消光效果。

3. 功能型细料

硅藻土、高岭土、滑石粉、碳酸钙等都是专用作消光剂的功能细料，它属于无机填充型消光剂。在涂膜干燥时，它们的微小颗粒会在涂膜表面形成微粗糙面，减少光线的反射获得消光外观。

这类消光剂的消光效果要受很多因素的制约，在用作消光剂时，其颗粒的孔体积、平均粒径及粒径分布、干膜厚度以及颗粒表面是否经过处理等因素，都会影响它的消光效果。特别是填料的粒度对涂膜光泽有很大影响，粒度越大光泽越低。但在消光的同时，增加填料的用量会使膜的平整性和机械强度下降。

第四节 视觉效应处理剂

一、特殊效应着色剂

1. 珠光颜料

珠光颜料是一种特性颜料，因其具有类似天然珍珠的独特光泽和迷人艳光而得名。早期应用的主要是无机基材珠光颜料，有氯化高汞、碱式碳酸铅、酸式砷酸铅、酸式磷酸铅、氯氧化铋等，因存在潜在毒性和化学稳定性差等原因，其应用范围受到很大限制。1963年，美国杜邦公司的研究人员制备了云母钛珠光颜料，该珠光颜料具有优良的化学稳定性、耐候性、光学性和装饰性，且无毒性。随着对珠光颜料质量、色泽、亮度等要求越来越高，出现了除云母钛以外的金属氧化物包覆片层基质材料的珠光颜料，而且包覆的层数也由单覆层向多覆层转变，出现了以玻璃鳞片、氧化物薄片、铝片等为基质材料的珠光颜料。

珠光是一种有深度、有层次感的视觉效果。其色泽是由于不同波长的可见光在膜层上发生干涉和反射而形成的。光线穿过多个半透明的层面，在每个层面上都有光线折射出来，这些折射光线之间相互"干涉"就形成了所谓的珠光。我们观察到的光泽是入射光线在珠光涂层中发生多重折射后复合形成的，所以表现出一种类似珍珠般的质感和位置的不确定感。

云母基材珠光颜料是目前的主流产品，其形貌如图7-12所示，是在规定的三维几何尺寸（径厚比约50）的透明云母片上，沉积一层或多层具有高折射率并且呈透明状态的珠光膜而形成的。其横断面具有类似于珍珠的物理结构，内核是低光学折射率的云母，包裹在外层的是高折射率的金属氧化物，如二氧化钛或氧化铁等。通过改变金属氧化物薄层，就能产生不同的珠光效果。其特有的柔和珍珠光泽有着其他颜料无法比拟的效果。

珠光粉颜色主要有银色、亮金色、金属色、彩虹干扰色以及变色龙系列等。云母钛珠光颜料是目前研究最广泛、技术最成熟的一类珠光颜料，由锐钛型或金红石型二氧化钛包覆云母薄片构成。通过调整包覆率和粒径，可获得由细腻柔和到晶莹闪烁的多种银白光泽。由于二氧化钛和云母基材的折射率不同，因此通过光线的多重反射与干涉作用能产生较好的珠光效应、色彩效应和视

图 7-12 云母基材珠光颜料

角闪色效应。

彩虹类珠光颜料的物质组成与银白类相同，只是其二氧化钛层较厚而且均一，造成反射光线有选择性地进行干涉，在特定的视角，某些特定颜色的光线得到突出，而其补色光则消失，所以这类产品有"变色"的特点。

一些金属薄片本身就具有一定的金属光泽，通过在表面包覆一层其他的金属或非金属化合物，可使其具有更加迷人的艳光。如果包覆特性化合物，则可以得到一些特殊性能的珠光颜料，例如颜色转移效果。

在具有干涉色的云母钛珠光颜料上，再沉积一层能吸收光的珠光膜，便形成所谓的组合颜料。这种组合颜料的颜色由光线干涉和光线吸收共同作用形成，可产生各种各样的双颜色效应。如果沉积的珠光膜层为 Fe_2O_3，则得到加色性珠光颜料具有明亮的金色色光，着色力强，遮盖力也得到改进，一般称为金色光泽珠光颜料。如果用 Cr_2O_3 取代 Fe_2O_3，则形成蓝绿色的组合颜料。还可用铁蓝、胭脂红代替 Cr_2O_3 或 Fe_2O_3，形成新的不同颜色的珠光颜料。

珠光颜料是一种光泽性颜料，它的闪光效果是被动发光的，珠光效果主要取决于颜料的珠光光泽。珠光具有半透明性，既有半透明的"身骨"，又能够完美地显现光色效果，因此可以和其他色料进行色彩搭配，创造出更多视觉效果的珠光效应。珠光效应层与常规颜色涂层相叠加，珠光在表层时，它可以透出下面的部分色光，同时光泽效果得到很好的展现；珠光在底层时，则形成一层高亮度的底色，为表层的色彩增添饱和度。

2. 金属效应颜料

金属效应是指在效应层中加入金属粉，如铝粉、铜粉等金属效应颜料，使成革明亮度与颜色在光的照射下随角度变化，发出灿烂闪烁的金属光泽，如图 7-13 所示。这种金属效应是颜料粒子表面对光线的反射形成的。当粒子的边缘及棱角光散射增强时，光泽效果就会降低。粒子越大，反射作用越强，亮度和光泽就会越好。

金属效应颜料通常是一种片状的金属粉末，颜料的粉末直径一般在 $5 \sim 40 \mu m$，鳞片厚度可从 $0.1 \sim 1 \mu m$ 变化。在反射形成的掠角和特殊视觉角度下，该颜料具有很高的遮盖力和光泽。

金属效应表面涂层的最终外观受颜料性能影响很大，包括它们本身的光学性能、粒子形状、粒径分布、分散及粒子平行定向性能。最常用的金属颜料是银粉和金粉。

① 金粉。实际上是铜粉和青铜粉（铜锌合金粉）。铜粉的着色效果因颗粒粗细不同而异：粗粒径 $50 \sim 100 \mu m$，它所着色的涂膜呈明亮金色；细粒径 $10 \sim 20 \mu m$，可使涂膜展现出丝绸般的光泽。

② 银粉。实际上是铝粉，可制成"粒状鳞片"状态或"银元"状态，这取决于初始粒子的质量和形状以及粉碎的条件，图 7-14 是最常用的鳞片状铝粉。还有一类特殊的类型为 PVD 铝粉，也可称为 VMP（真空金属颜料），这是由真空法制成的。先将铝沉积在织物上，然后将沉积的铝从织物上脱离，得到很薄的鳞片，它与涂料体系拼混后能显示出改进的似镜面效果。

由于铝表面能强烈地反射包括蓝光在内的整个可见光谱范围的光，因此，铝颜料可产生很亮的蓝-白镜面反射光。

金属颜料产生良好金属效应必须具备两项条件：首先是成膜材料具有良好的透明性，这样才能发挥金属颜料的反光性特点，展示出良好的金属色泽；其次是要在涂膜的成膜过程中创造合适的条件，使金属颜料能够定向排列，保证金属颜料能够发挥最大金属反光效果。

图 7-13 金属效应

图 7-14 鳞片状铝粉

用干球磨法或湿球磨法都可制成金属鳞片。市场出售的金属效应颜料通常是粉末形式或含溶剂的制品形式（颜料浆、颜料颗粒），水性或水混合溶剂的稳定型粉浆适用于水性涂料或水性油墨。主要生产厂家有德国爱卡、美国希伯来及日本东洋等。

3. 变色龙颜料

角度变色颜料俗称变色龙颜料，会产生"随角异色"效应，即随着观察角度的变化，颜色和光泽会随着发生变化，或者观察角度不变而改变光源的照射角度，其颜色也随之变化。变色龙颜料可赋予制品华丽、明亮、梦幻动感的色彩，以及全新的视觉效应。

变色龙颜料是具有螺旋状结构的透明片晶，这种物质由平行定向排列的液晶层构成，呈螺旋状排布。它们不吸收光线，仅仅反射和透射光线。螺旋结构使每一层的折射率产生变化，从而出现干涉效应，创造出特殊的颜色变化效果。

具有相同方向的两个层之间的距离称为螺距，它决定了片晶的颜色。典型的变色龙颜料片晶颗粒大约有 10 个叠加的螺距，每一个螺距均反射光线。入射光线中，波长与螺距相符的光线将被反射，而其余的部分则被透射到基材表面。

在应用变色龙颜料时，基材本身的颜色也起到相当重要的作用。在深色表面使用变色龙颜料时，能够得到一种颜色随着观察角度不同而发生变化的独特的效果。相反，在白色或灰白色底色上，仅仅会产生一种非常细微的颜色变化的闪烁效果，这是因为背景反射了大部分的入射光线。

传统的变色龙颜料成分一般是合成云母、TiO_2、SiO_2、Fe_2O_3 等无机物，变化效果和应用领域受到一定的限制。目前采用的较多是液晶聚合物（LCP）颜料，一般以聚硅氧烷为基础，首先合成液晶聚合物的交联薄膜，经 UV 固化后，再将形成的固体膜进行粉碎形成适宜厚度的小片晶，就可获得具有随角异色效应的颜料。

4. 其他特殊效应着色剂

① 碱式碳酸铅。沉淀法合成六角形片晶碱式碳酸铅 $Pb(OH)_2 \cdot 2PbCO_3$ 时，严格控制反应条件，使醋酸铅水溶液与二氧化碳反应生成的片晶粒子厚度小于 $0.05\mu m$，直径约为 $20\mu m$，纵横比为 200 左右。

由于它的折射率高达 2.0 且表面平整，所以这种片晶具有很强的光泽，如果改变反应条件使粒子的厚度较大，则可使颜料具有干涉颜色。

② 云母氧化铁。云母氧化铁由纯 α-氧化铁或含添加剂的 α-氧化铁（α-Fe_2O_3，赤铁矿）构成。它是一种已在自然界发现的鳞片状天然物质，密度为 $4.6\sim4.8g/cm^3$，具有低光泽的

深灰色。

云母氧化铁也可在碱性介质中通过热液反应而形成。如果拼混入较多的添加剂，纵横比增大至 100 时，就能形成更好的光泽，颜色也能由深灰色变为更悦目的棕红色。主要的添加剂是 Al_2O_3、SiO_2、Mn_2O_3。添加 SiO_2 后能形成薄的小片晶，添加 Al_2O_3 后能形成薄的较大鳞片，而添加 Mn_2O_3 则能减少其厚度。

③ 鳞片型有机颜料。某些有机颜料也可制成鳞片型晶体，如金属酞菁。但是由于这些有机颜料的折射率与其一般应用介质的折射率之差太小，因而不能产生较强的干涉色和闪光效应。在大多数情况下，有机颜料晶体的纵横比比无机效应颜料小得多。

④ 基于液晶聚合物的颜料。液晶聚合物（LCP）也能以鳞片或大膜片形式使用而获得干涉色以及特殊的随角干涉色效应。这种物质的结构是平行定向排列的液晶层，液晶层对邻接层转动一定角度而形成螺旋状排布。螺旋结构使每一层的折射率产生变化，从而出现干涉效应。

大多数 LCP 颜料和膜层都是以聚硅氧烷为基础。制备时，先得到液晶聚合物的交联薄膜，然后 UV 固化聚合，将形成的固体膜进行粉碎得到小片晶。当这种粒子的厚度达到 $4\mu m$ 以上时，大多数情况下都可获得随角异色效应。

二、抛变效应表面处理剂

抛变效应又称抛光变色，是合成革表面处理的一个重要种类。利用革的涂饰底层、效应层及表面层颜色强度不同、组分不同，抛擦后发生变色效果。合成革表面处理中常见的抛焦效应、彩变效应和擦色效应的效果如图 7-15～图 7-17 所示，可以看到有明显的颜色对比、深浅及过渡效果。效应层是其中的核心部分，通常由特殊树脂、油、蜡、粉体等组成，如硝化纤维素、蓖麻油、微粉蜡、白炭黑等。

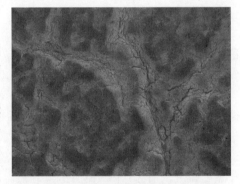

图 7-15　抛焦效应

图 7-16　彩变效应

图 7-17　擦色效应

抛变效应通常是在浅色底色的基本色调上，表面涂饰较薄的深色，对底色形成遮盖。一般浅色底层的黏着力强，而深色效应层的耐擦性较差。通过抛光机对表面进行处理，利用纹路的深浅和抛光调整的变化，将表面的部分深色涂层擦掉，露出浅色底层颜色，形成不规则的、深浅层次不一的、颜色渐变的双色或多色的抛光变色效应。

效应层与工艺进行组合后可产生很多特殊效果。如亮雾度变化，采用二氧化硅表面处理后革面变雾，抛光后花纹顶部二氧化硅粒子被抛掉而变亮，花纹底部由于没有受到影响仍保持雾度，形成明显而自然的亮雾度对比。如果表面处理剂中加入部分低熔点蜡，在抛光摩擦时会出现部分熔融，冷却时重新凝固，或者表面处理后蜡析出浮在表面，花纹顶的蜡被抛掉而露出底色，因而出现颜色深浅的自然变化，如擦焦、彩变等。处理后的表面效果主要由原面、底颜色反差和抛光强度决定。

石磨效应通常用于湿法压花型合成革，借鉴"水洗布"的操作方法，压花后用抛光机将花纹凸起的部分磨掉，露出底色，然后在表面印刷透明的涂饰剂和手感剂，凸起的被磨掉的部分呈现石头磨洗后的做旧效果（类似牛仔布石磨）。也可将合成革放入转鼓中进行较长时间的摔软、摩擦造成面层涂料部分脱落，从而形成石磨效应。在光线作用下，表面与沟底的底色表现出不同的颜色和观赏效果。

抛变效应与石磨效应都是通过机械打磨而呈现出颜色渐变的仿古风格。仿古效应还可以通过喷涂或印刷形成的花纹斑来实现。如喷涂时改变喷雾角度或运行速度，可以使涂饰剂发生不均匀交叉堆叠，从而得到不同的深色斑纹，或者通过印刷辊的不同深浅实现转移量的差别，得到明暗颜色不同的斑纹。喷涂与印刷形成的斑纹虽然杂乱，但仍具有一定规律性，其自然程度不及抛光效应与石磨效应。

三、变色材料

1. 拉伸变色材料

变色效应是指合成革表面在受到外力作用（如顶伸、拉伸、弯曲、折叠）时，由于受挤压时各部位的作用力不同，革面原来的颜色出现局部深浅、浓淡不一的现象，当外力消除后，表面颜色逐渐复原，颜色趋于一致。拉变前后的表面效果如图 7-18 和图 7-19 所示。

图 7-18　拉变前　　　　　　　　　　　　图 7-19　拉变后

变色效应源于西班牙和印度的打蜡牛皮。这种牛皮表面的皮纹清晰，立体感强，中国台湾称疯牛皮，大陆则称其为油浸皮，又称"变色龙"。其表面有磨砂效果，但手感光滑，手推表皮会产生变色效果，受力时颜色变浅，抚平后又恢复正常，同时具有苯胺效应和皮层变色效应。打蜡牛皮常用于粗犷、休闲类的鞋革，常见色为黑、深棕、咖啡等。

通常要求变色革具有自然的变色效果、良好的变色恢复性、耐划刻及耐挠曲性。变色革通常为多层结构，其中面层和变色层为半透明，而在底层添加色料，形成颜色叠加而增加变色效果。

合成革变色效应一般通过添加变色树脂来实现。变色树脂组合物主要有聚氨酯树脂、二甲基甲酰胺、丙酮、聚四氟乙烯粉末、聚醚改性硅氧烷、应力变色蜡粉等。应力变色蜡粉为主要的工作部分，多以聚乙烯蜡及其改性材料为主，具有一定的硬度和较高的熔点，粒径分

布一般在 $3\sim7\mu m$，在二次加工时不会发生吐蜡现象。由于变色树脂中变色蜡粉没有弹性，当合成革在受到拉伸、变曲及折叠等外部力作用时，聚氨酯膜层中的变色材料会呈现其本身颜色，导致在形变部位出现颜色变化，外力消除后革面颜色又会自然恢复如初。

合成革变色效应的另一种方法是通过专用油或蜡的作用而产生拉伸变色效应，也叫油浸皮。在不同的外力作用下，如拉拽、划、顶折弯曲，革面显现深浅不同的变色效果，在外力消除后，革面颜色慢慢恢复。这种革要求皮面光滑柔软丰满富有弹性，色泽自然，涂层薄，耐干湿擦。

在加工过程中，一般采用变色油或变色蜡在 $65\sim85℃$ 浸渍或辊涂基布，使之渗透到聚氨酯中，但不形成化学键结合，干燥时低温缓慢进行。油蜡分子在外界作用力下发生迁移而产生分布不匀，造成色差，产生变色效应。外力消除后，油蜡迅速迁移再恢复成均匀分布的状态，使颜色趋于一致。按照不同要求选择不同的变色油、变色蜡或控制变色油、变色蜡用量，可产生强弱不同的变色效果，从而制作得到各种变色效应革。如变色油革、油变沙发革、油变牛巴鞋面革、疯马革、压花效应变色油革等产品。但随着时间的推移，油蜡会发生渗透迁移，从而使拉伸变色效应淡化。为了使变色油蜡持久地保留在表层，强化拉伸变色效应，应适当添加助剂阻止油蜡过度渗透。油蜡处理除了具有变色效应外，还赋予合成革轻巧而柔软的感觉，处理后的合成革饱满性极佳，能得到很好的油感及手感。

2. 感温变色材料

感温变色材料是指一些物质材料在感受外界环境温度变化的同时，自身的颜色会发生变化，这个过程伴随着自身物理结构或化学结构的变化，物质结构发生变化导致其光谱性质的转变，从而表现出宏观颜色的变化。在聚氨酯中加入感温变色材料，表面处理后可实现合成革表面颜色随外界温度变化而改变。感温变色材料可分为可逆变色材料和不可逆变色材料两种，以有机可逆感温变色材料应用最广泛，这种材料具有颜色记忆功能，可以反复使用。

有机可逆感温变色材料数量较多，具体可分为三芳甲烷苯酞类、吲哚啉苯酞类、荧烷类、三苯甲烷类、螺吡喃类、席夫碱类、螺环类、双蒽酮类、α-萘醌衍生物等。若按照材料变色温度范围来分类，可以分为高温热致变色材料（$T>100℃$）和低温热致变色材料（$T<100℃$）。

（1）分子结构变化

有机化合物颜色随温度的变化多数是由分子结构的变化造成的。这类变化包括酸-碱、酮-烯醇、内亚酰胺-内酰胺等之间的平衡移动，有机化合物的氢迁移，分子受热开环或关环或产生自由基等。如对氨基苯基汞双硫腙盐热致变色的主要原因是分子内双键位置的移动。

邻羟基希夫碱的酮式-烯醇式互变属于异构体互变。如亚水杨基苯胺是一种具有邻羟基结构的席夫碱化合物，它的两个互变异构分别为烯醇式结构和酮式结构，两者之间存在一个对温度敏感的平衡，温度降低时酮式结构增加，温度升高时，烯醇式结构增加，从而引起颜色随温度发生改变。

属于分子结构变化的还有 1,2-苯二氰硫代咪唑衍生物的热平衡过程、反式-3,8-二氨基-5-乙基-6-苯基菲啶铂氨络合物在丙酮盐中的氢迁移。偶氮苯类、苄叉苯胺类等属于顺反异构变色。

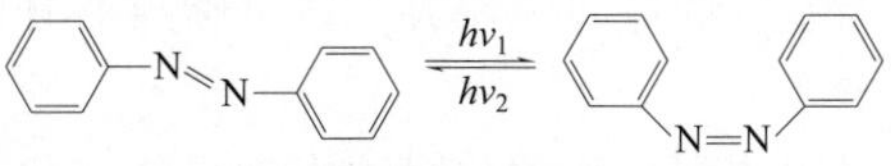

偶氮苯的顺反异构变色

螺吡喃和螺噁嗪的光致变色都属于键的异裂。当用紫外光激发无色的螺吡喃或螺噁嗪时，即可导致螺碳-氧键的异裂，生成吸收在长波区域的开环部花菁类化合物。螺噁嗪的光致变色反应如下：

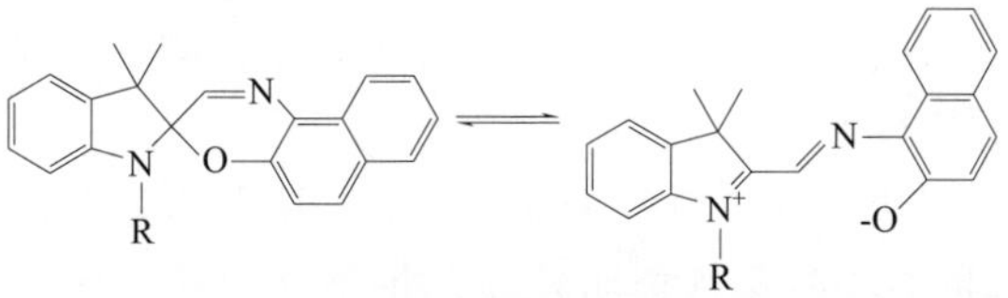

螺噁嗪的光致变色过程

（2）分子间电子得失

许多自身没有热致变色性质的物质，在与其他适当的化合物混合后，加热时也会发生颜色变化。这种混合物的最基本组成是电子给予体、电子接受体及溶剂性化合物。当外界温度改变时，物质内部发生电子转移而吸收或辐射一定波长的光，表观上反映为物质颜色的变化。电子给予体决定变色颜色，电子接受体决定颜色深浅，溶剂性化合物决定变色温度。典型的如结晶紫内酯与双酚 A 的混合物受热或冷却时发生颜色变化。

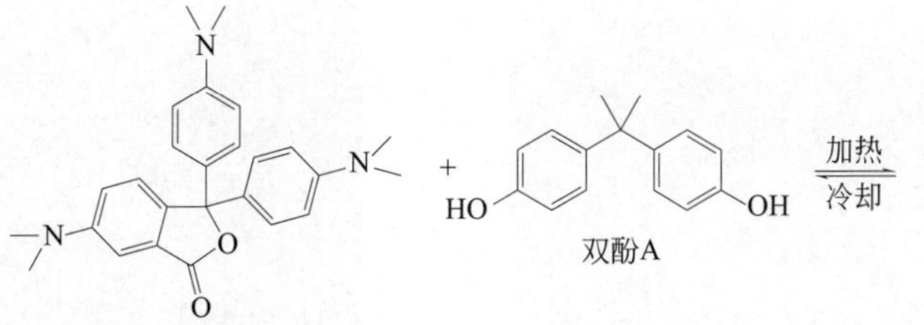

通常，电子给予体和电子接受体的氧化还原电位接近，利用温度变化时二者电位变化程度不同，使氧化还原反应的方向随着温度改变而改变。通过给予体和接受体之间的电子的给予和接受，分子结构发生变化，从而导致体系的颜色发生可逆变化，电子的给予和接受随温度呈可逆变化。主要有三芳甲烷苯酞类和荧烷类化合物。

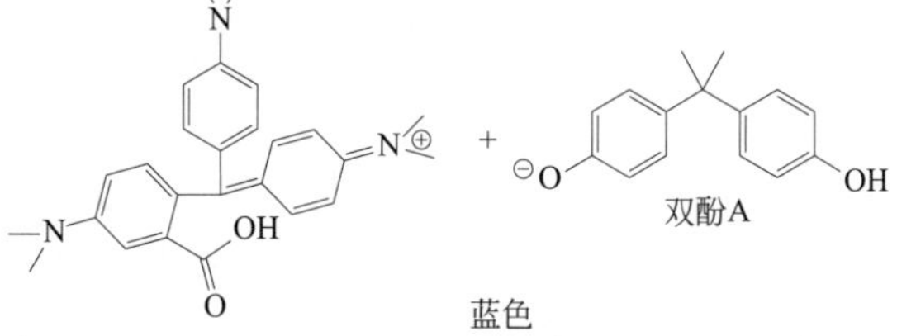

（3）分子间的质子得失

这种有机可逆热致变色材料由酸碱指示剂、一种或多种使 pH 变化的羧酸类及胺类的熔化性化合物组成。发色剂主要是酸碱指示剂，如酚酞、酚红等。显色剂通常是一些可以提供质子的弱酸，如高级脂肪酸或脂肪醇等。当温度改变时，发色剂得到或失去质子，其酸式结构和碱式结构相互转化而引起颜色变化。如酚红与月桂酸按一定比例混合，可发生红（碱式）-黄（酸式）可逆变化。三芳甲烷类、荧烷类、螺吡喃类等有机化合物也属于此类。

（4）配位模式变化

当外界环境温度变化时，固体配合物配位模式发生可逆变化，也会导致物质颜色发生可逆变化。例如［Ni(N,N'-二甲基乙烯基二胺)$_2$(NO$_2$)］·(H$_2$O) 被加热时，配位模式发生变化，逐渐由红色变为蓝色。

目前应用最广泛的是微胶囊化的可逆感温变色材料，称为可逆感温变色颜料，俗称温变颜料、感温粉或温变粉。采用微胶囊技术可以将气态物质、液态物质和固态物质包裹成粉末状的固体物质，成膜壁材物质性质稳定，避免了外界环境因素对内部芯材物理化学性质的影响，使芯材物质保持原有特性。

这种颜料的颗粒呈圆球状，平均直径为 $2\sim7\mu m$。其内部是变色物质，外部是一层厚约 $0.2\sim0.5\mu m$ 既不能溶解也不会融化的透明外壳。正是这层外壳保护了变色物质免受其他化学物质的侵蚀，因此，在使用中避免破坏外壳是十分重要的。

3. 压力变色材料

除了拉伸变色，压力变色也是很重要的品种。效应层中的变色粉在较高的温度和压力下，发生不可逆形变，变色效应和树脂膜形态的改变使形变部分颜色有所变深，产生压力变色现象，变色效果如图 7-20 和图 7-21 所示。压力变色效果目前广泛应用于箱包革、商标、LOGO 等。

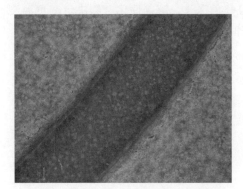

图 7-20　干法压变

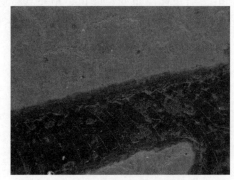

图 7-21　水揉压变

四、裂纹效应

裂纹效应是指合成革的外观形成龟裂纹、皱纹及锤纹等图案，如图 7-22 所示。它是借助于一种具有独特性能的树脂，通过将其涂饰在革面上，并在一定的温度下进行干燥，从而逐渐形成收缩性的龟裂，进而使革面形成碎玻璃状的花纹效果，立体感很强。

合成革裂纹工艺一般采用三涂层法。底层黏接树脂要求柔软，结合力强，使龟裂层与基布表面结合牢固；裂纹层要求能产生较硬的膜，涂层开始并不开裂，而是在干燥后通过摔、震等机械作用完成；表面层要求光亮透明，手感好，耐干湿擦，对裂纹层起保护作用。

裂纹层作为效应层，是通过添加裂纹树脂或助剂实现的。龟裂树脂通常采用丙烯酸酯类、丙烯腈等为主要原料，在助剂和温度作用下，高分子膜断裂形成龟裂花纹。裂纹效应的大小取决于干燥的温度、速度与涂层的厚薄。涂层厚，温度低，干燥速度慢，则裂纹层中高聚物大分子热运动取向重排的时间增加，形成大花纹开裂。如果要得到小花纹，通常要提高温度来增加干燥速度。

良好的裂纹是效应树脂与机械力共同作用的结果。为了使裂纹清晰美观，裂纹间隙角平滑，产生"碎玻璃"或"龟裂纹"的仿古效果，可在干燥后进行一次热压后再进行干摔。通过树脂与助剂的变化可以得到不同风格的裂纹产品：利用长链聚二甲基硅氧烷与树脂的不混溶性，达到一定浓度可使涂膜发生严重缩孔而形成锤纹效应；添加皱纹、裂纹助剂，通过涂膜表里固化速度的差异或收缩不一致可产生花纹效果；添加超高分子量聚乙烯蜡，可产生美妙的砂面效果及耐摩擦性。

图 7-22 裂纹效应

第五节 触感效应处理剂

手感剂是用来调节合成革产品触感的化学品，是合成革表面整饰中十分重要的助剂。手感剂可赋予产品滑感、柔感、涩感、丝感、棉感、麻感、绒感、油感、蜡感等。手感剂可分为蜡感材料、有机硅材料、绒感材料和其他类型复合手感材料。

一、硅系手感剂

有机硅手感剂是皮革合成革中一类非常重要的手感剂类型，品种最多，应用最广，发展也最快。应用于合成革的表面处理可使合成革获得滑爽性和疏水性，同时能够有效降低皮革表面涂层摩擦系数，减少涂层的摩擦损失，提高表面耐磨性和抗划伤性。有机硅材料具有一定的增光效果，可以用作光亮剂或抛光剂使用。由于甲基硅油表面张力及折射率较低，因此易在基材表面润湿及涂擦，形成的涂层光滑鲜艳，干燥后吸尘少，防污强。以三甲基硅油封端的聚硅氧烷，其表面张力低（约 22mN/m），因而具有很好的离型和抗黏性。

有机硅类手感剂按产品状态可分为溶剂型和水乳液型两类。水乳液型有机硅手感剂又可进一步分为有机硅乳液、改性有机硅乳液、硅蜡乳液和有机硅微乳液等。

目前溶剂型手感剂一般是将有机硅与适当的醇、酮或芳烃等溶剂混合，再与相应的溶剂型树脂混合，搅拌均匀制得。不同结构的有机硅会产生不同的手感，常用的结构与产生的手感见表 7-1。

表 7-1 常用溶剂型有机硅手感剂的结构与手感

结构	活性组分/%	手感	备注
烷基甲基硅氧烷	100	油腻感	
有机硅聚醚共聚物	100	干滑感	
ABA 型有机硅聚醚共聚物	100	油润感	
有机硅聚醚共聚物分散液	50	丝滑感	2-异丙氧基乙醇溶液
带环氧基的透明有机硅弹性体球形粉末	99.5	丝滑柔软弹性	消光作用

水乳液型有机硅手感剂可使用高分子量聚二甲基硅氧烷分散液，也可使用有机硅聚醚共聚物。高分子量羟基硅油分散液的活性组分质量分数为 65%～80%，使用后涂层具有油滑手感。有机硅聚醚共聚物由于可降低涂层的表面摩擦系数，因此可产生丝滑手感。

以道康宁公司的产品为例，3238、3289可增加表面丝感；9147LF、536、HV495可增加表面油性丝感；531为具有高极性的氨基和硅官能甲氧基的改性硅油，可增加表面滑爽感；5-7784LF具有蜡状的滑爽感；5-7194L是高分子量的氨基硅油阳离子微乳液，有机硅含量25%，可增加蜡滑油感，5-7818LF是氨基硅油大颗粒非离子乳液，可增加干滑、细腻绒毛感；BY16-213可使表面干滑。高分子量硅橡胶或弹性体的分散液和高分子量二甲基硅油乳液的手感是滑爽或丝滑；而氨基硅油乳液的手感是柔软。

为了使涂层具有平滑的表面，提高感官效果以及抗划伤性，保护涂层表面在加工、运输和使用过程中免受机械破坏，需在涂料中添加平滑剂，平滑剂还可赋予涂层抗粘连性、耐化学品性和改善涂层的耐磨性。

有机硅平滑、抗划伤和抗粘连剂一般有水性体系、油性体系和水油两用体系。平滑和抗划伤助剂一般使用有机硅聚醚共聚物，水性体系还使用高分子量的羟基硅油乳液。常用的平滑与抗划伤助剂如表7-2所示。

表 7-2　常用的平滑与抗划伤助剂

体系	结构	活性组分/%	特性
水性体系	超高分子量羟基硅油分散液	80	增加平滑性和耐磨性
	含甲氧基的有机硅乙二醇共聚物	10	光滑性、耐磨性和流平性
	甲基硅油乳液	35	流平与流动性
水油两用体系	高分子量有机硅和有机硅表面活性剂的分散液	100	流平性
	有机硅聚醚共聚物	100	改善光泽、润湿、抗粘连
	有机硅聚醚共聚物(氧乙烯和氧丙烯),羟基封端	100	降低摩擦系数
	含甲氧基的有机硅聚醚	100	滑爽和流平性
	ABA型有机硅聚醚(氧乙烯)共聚物,羟基封端	100	改善光泽,流平性
	有机硅聚醚甲基丙烯酸共聚物	50	低摩擦系数

平滑与抗划伤助剂的代表性产品为美国 Dow Corning® 道康宁的 DC-51 和 DC-52，含80%活性成分，为糊状高分子量有机硅分散液，可作为手感剂、疏水剂、耐磨剂、抗划伤/抗刮、增滑剂/滑爽剂、防粘连/抗回黏助剂，可以降低摩擦系数，防粘连，提高抗磨损性能，提供非常好的手感，添加量一般为0.1%~0.5%。使用时用水或水溶性醇醚溶剂开稀，分散均匀，再添加到体系里。

当涂层的摩擦系数低时涂层会变得非常光滑，并具有抗划伤性能。有机硅本身的耐磨性并不好，当有机硅涂覆在底材表面时，分子中低表面能的甲基在空气和涂层界面紧密排列，形成润滑表面层，表现出平滑感。有机硅助剂的平滑感主要取决于甲基或其他有机基的数量，如果烷基的碳原子数在三个以上，平滑感会更好；如果有机硅助剂的甲基在涂层表面能定向排列，则平滑感也会好。有机硅聚醚甲基丙烯酸共聚物、羟基封端ABA型有机硅聚醚（EO）及羟基封端有机硅聚醚（EO/PO），由于能降低摩擦系数，且光泽性好，因此可作为光亮剂使用。

根据在合成革表面整饰材料中的应用，目前有机硅类手感剂大致可分为反应型与非反应型两大类。非反应型硅油主要以共混的方式添加于表面整饰材料中，一般不与其他化学品反应；反应型有机硅分子链上一般含有可与其他化学品反应的活性基团，可在树脂的合成过程中添加，参与树脂反应，也可后期混合进表面整饰化学品中，与化学品中的相应基团反应而产生化学结合。

① 反应型有机硅。异氰酸酯基团由于活性高，能与一些含活泼氢的官能团反应，如—OH、

—NH$_2$ 等，而 ABA 型有机硅聚醚带有—OH 封端，因此可与异氰酸酯基团反应，将有机硅链段嵌入 PU 链段中，从结构上改善有机树脂的性能，显著提高 PU 树脂的柔软、润滑、耐水解等特性，且涂层改善效果持久，没有有机硅迁移的问题。

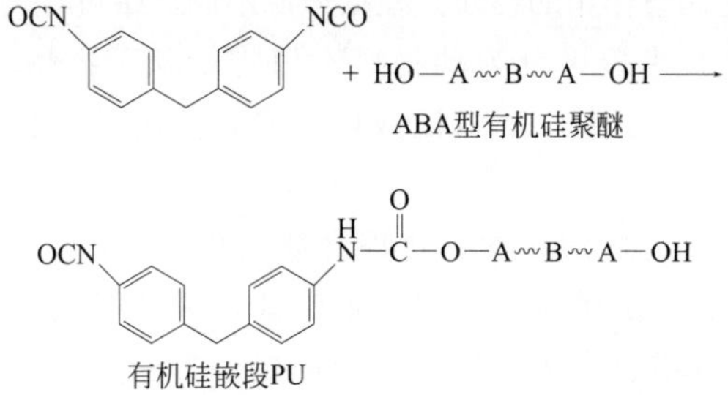

ABA型有机硅聚醚

有机硅嵌段PU

代表产品有如下几种：OFX-3667，ABA 型乙二醇封端有机硅聚醚硅油，可增强树脂水解稳定性，提高流平性耐磨性和柔软性；SF8427，ABA 反应型有机硅聚醚硅油，可防粘连，提高流平性和耐磨性；Dow Corning BY16-201，ABA 型有机硅聚醚，乙二醇封端，纯度更高，柔软度更高，耐折叠性更好。

② 物理共混型有机硅。一些不带反应性官能团的有机硅产品，作为后段添加助剂，可显著提高合成革的手感、观感、耐刮擦、耐磨等特性。这些有机硅产品与 PU 树脂体系本身不具有反应性，可用作干法树脂和表面处理剂的后添加助剂，与聚氨酯、丙烯酸酯类型的树脂体系具有一定的相容性。在树脂成膜过程中，逐渐失去稳定性，迁移至树脂膜表面，体现出自身的手感和性能。

物理共混也可以进行一定的改性提高性能。如硅蜡乳液，将蜡乳液与硅乳液按一定比例拼混，将具有抗菌、抗静电作用的季按盐作为功能添加剂加入蜡中，以复合乳化剂乳化制得蜡乳液，进一步与阳离子型有机硅乳液共混得到的手感剂，不仅可赋予合成革油润的蜡感和滑爽感，也会使合成革具有抗菌、抗静电性。

为改善有机硅的性能，通常对其进行改性。常用的有聚醚改性硅油、氨基改性硅油、氟烃基改性硅油、长链烷基改性硅油等。聚醚改性硅油因分子中含有亲水性的聚醚链段，有自乳化性，无需使用乳化剂或其他溶剂即可形成硅乳，避免了在使用过程中的破乳漂油现象。

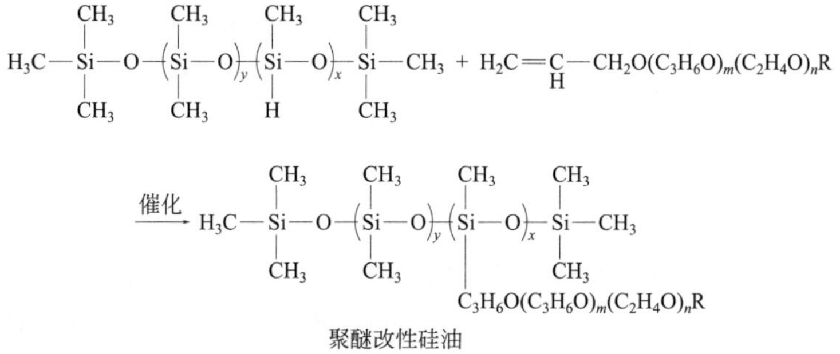

聚醚改性硅油

二、蜡系手感剂

蜡系手感剂是一类非常重要的表面手感剂，应用于皮革、合成革表面整饰中，能够赋予成品革油润舒爽的手感，经抛光等处理后，能赋予成革高贵典雅的视觉效果，如自然柔和、极具立体感的光影效应等，对提高产品附加值起到关键作用，因此这方面的研究一直是材料研发的热点。

1. 蜡的分类

蜡在狭义上通常是指脂肪酸、一价或二价的脂醇和熔点较高的油状物质。在广义上，蜡通常是指植物、动物或者矿物等所产生的某种常温下为固体、加热后容易液化或者气化、容易燃烧、不溶于水、具有一定润滑作用的物质。根据来源不同，蜡可分为天然蜡与合成蜡两大类。

① 天然蜡。天然蜡按其来源可分为动物蜡、植物蜡和矿物蜡。天然蜡及其蜡乳液可作为皮革的光亮剂及防水剂。天然蜡中的双键数量较多，易于氧化和形成自由基，所以会导致皮革耐光性变差。

② 合成蜡。合成蜡是具有固定化学、物理性质的化合物，它们具备天然蜡的主要性质，同时具有许多超过天然蜡的突出优点。合成蜡通常能与天然蜡以任意比例混合，以满足特定用途的需求。主要有氯化石蜡、合成酯蜡、合成硅蜡、合成氟蜡、合成酰胺蜡。

在与其他材料进行混配时，通过改变蜡的种类以及改性方法，可获得多种手感及效果，如滑蜡感、湿蜡感、油蜡感以及蜡变效果等。

2. 常用蜡

蜡的应用非常广泛，需要根据具体应用合理选用。通常需要考虑蜡的以下特性：熔点，硬度，黏度，光泽，气味，化学反应性，稳定性，脆度，塑性，韧性，润滑性，黏接性，膨胀系数，与其他组分的相容性，乳化性能，皂化性能，在溶剂中的溶解度，溶剂保持能力，成膜能力，触变性。

（1）石蜡

石蜡是具有直链碳氢结构的长链化合物，分子中不含亲水基团，油性极强。分为液体石蜡和矿物蜡两种。液体石蜡主要由 $C_{11}\sim C_{24}$ 长链正构烷烃、少量的异构烷烃和环烷烃组成，能与大多数天然油脂混溶。矿物蜡主要成分为 $C_{24}\sim C_{32}$ 直链烷烃，呈片状结晶，干性、光泽性和透明性好，但是薄膜较脆。固体石蜡的熔点从 28℃ 到 65℃，按熔点可分为软蜡、中熔点蜡和硬蜡。我国软、硬蜡中每一个品级的熔点温差为 2℃。

手感剂中使用的主要是中熔点蜡和硬蜡的乳化液，可改善表面光泽和触感，赋予绒面革丝光感，并提高革的疏水性。一般不单独使用，与其他蜡剂或助剂材料配合使用。

（2）聚乙烯蜡

聚乙烯蜡一般是分子量在 3000～5000 的低分子量聚乙烯，相对密度为 0.9～0.93，软化点 100～115℃，具有较低的熔点，熔体黏度很低。它具有蜡的特性，手感光滑，动态摩擦系数低，疏水，不易沾附污垢或沾附污垢后容易擦去。聚乙烯蜡化学性质稳定，耐酸、碱，耐溶剂，不导电。市场上的聚乙烯蜡产品有片状、粉状、微粉、水基和油基分散体等多种形式。

聚乙烯蜡之间物性的不同一般是分子结构和分子量的差异造成的，结构相似的聚乙烯蜡具有相同的特性。一般高压法制得的聚乙烯蜡带支链，密度与熔融温度均较低；而低压法制得的聚乙烯蜡支链少，密度高，结晶度高，较坚硬，有较佳的耐磨损及抗创痕性，但在滑性及降低摩擦系数方面稍差。

聚乙烯蜡是非极性分子，如果在分子上接入极性基团将大大拓展其应用领域。这些功能化的聚乙烯蜡可以通过乙烯与含氧单体共聚生产，也可以通过对聚乙烯蜡进行氧化、接枝酸等化学方法引入羧基，再通过酯化、酰胺化、皂化等化学反应进一步改性。不同的改性方式可获得不同的性能。

通过乙烯与含氧单体（丙烯酸、丙烯酸酯、乙烯基醋酸酯）共聚的方式可生产性质各异的功能化聚乙烯蜡产品。乙烯基醋酸酯和丙烯酸是应用最广泛的共聚单体，得到的共聚蜡比低密度聚乙烯蜡具有更高的极性和更低的结晶度。EVA 共聚蜡是一种可分散于有机溶剂中的极性憎水蜡，EAA 共聚蜡易于乳化，因而适用于水性体系。

在聚乙烯蜡分子上引入羧基，可以改善聚乙烯蜡的溶解性能和可乳化性，并使其柔韧性得到改善。羧基化的聚乙烯蜡还可以通过酯化、酰胺化、皂化等化学方式进行改性，进一步拓宽产品的应用领域。在聚乙烯蜡分子上接枝马来酸酐是目前研究的热点，它的特点是结构单一、酸值高、稳定性好、硬度大、颜色浅。聚乙烯蜡分子上接枝马来酸酐可以改善聚乙烯蜡与极性物质的亲和性。

（3）合成硅蜡

合成硅蜡是一种长链烷基改性硅油，通过特定硅油及其衍生物与油脂类物质缩水而成。利用聚硅氧烷中的 Si—H 键与烯烃中的 C＝C 键发生硅氢加成反应，将长链烷基引入到聚硅氧烷链上。

$$H_3C-\underset{\underset{CH_3}{|}}{\overset{\overset{CH_3}{|}}{Si}}-O-\left[\underset{\underset{H}{|}}{\overset{\overset{CH_3}{|}}{Si}}-O\right]_n-\underset{\underset{CH_3}{|}}{\overset{\overset{CH_3}{|}}{Si}}-CH_3 + H_2C=CHCOOR \xrightarrow{Pt} H_3C-\underset{\underset{CH_3}{|}}{\overset{\overset{CH_3}{|}}{Si}}-O-\left[\underset{\underset{CH_2CH_2COOR}{|}}{\overset{\overset{CH_3}{|}}{Si}}-O\right]_n-\underset{\underset{CH_3}{|}}{\overset{\overset{CH_3}{|}}{Si}}-CH_3$$

长链烷基改性硅油属于硅蜡两性手感剂，用其处理过的合成革蜡感明显，表面滑爽，有明显的丝绸感。合成硅蜡一方面增强了硅油的亲油性，尤其是十八碳以上的烷基更接近人体脂肪成分，与皮肤亲和性更好；另一方面硅氧基团赋予了其滑爽性，手感特别优异，用其处理过的合成革具有良好的耐水性能，且滑爽丝感强烈。

为了改善硅蜡基改性聚硅氧烷的乳化性和稳定性，并使其具有某些特殊性能，如柔软性、亲水性以及自乳化性等，可对硅蜡基改性聚硅氧烷进行进一步的聚醚改性、氨基改性等，氨基基团具有更好的结合性，聚醚基团兼具亲水和亲油性，并具有一定的表面活性，提供良好的铺展性和润滑性。

由于合成硅蜡价格昂贵，涂层机械强度较差，不耐有机溶剂，所以合成硅蜡不单独作为成膜物质，通常作为柔软剂、滑爽剂、防水剂等助剂用于合成革表面处理。

（4）蜂蜡

蜂蜡是一种软蜡，与几乎所有的蜡互溶、韧性好、易涂覆、光泽感细腻。蜂蜡的主要成分是十六酸三十酯、十六烯酸三十酯和二十六酸三十酯及少量游离酸和游离醇。这些带有极性官能团的物质与石蜡的互溶性好，能起到助乳化作用，因此将蜂蜡加入到石蜡中能明显改善其乳化性，同时增加产品的韧性。

（5）改性蜡

蜡改性的主要出发点是现有的蜡产品综合特性上无法满足具体应用的要求。因此需要对蜡进行氧化、皂化、酯化、氯化或者与其他蜡、树脂、弹性体等进行共混或者共融，以改善蜡在某一方面的特性。

石蜡化学改性通常是通过引入极性基团（—OH、—COOH、—C＝O、—CONH₂、—COCH₃等）进行化学反应，使石蜡的一些化学性质得到根本性的改变，如乳化性、润滑性、溶解性和亲和性，从而扩大石蜡的使用范围。化学改性包括氧化改性、石油蜡接枝改性、含硫化合物对石油蜡的改性、石蜡的发酵、硝化改性、裂解和氯化改性等。

氧化改性是指将石蜡在引发剂或者催化剂存在的条件下通入足量的氧气，在一定的条件下进行改性。氧化后的石蜡表面张力降低，溶解时有良好的分散性和乳化性等，因此使用氧化石蜡制备乳化蜡，可使所制备的乳化蜡分散性好且性质稳定。

氯化石蜡主要是石蜡经氯化反应制得的。合成酯蜡是通过脂肪族二元羧酸及其衍生物与脂肪族二元醇酯化缩聚而成的一种非水溶性软蜡状物。合成氟蜡是由丙烯酸含氟酯类化合物和含氢硅油发生加成反应而合成的。聚酰胺蜡是由长碳链脂肪酸和二元胺缩合得到的具有较低分子量的聚合物。

酸化蜡是通过接枝的方法将羧基直接引入蜡结构中得到的一类蜡产品。常见的有马来酸蜡、丙烯酸化蜡、富马酸化蜡及衣糠酸化蜡等。其特点是结构单一、酸值高、硬度大、颜色浅。由于其乳化性、颜料分散性、油溶性非常好，常用于溶剂型手感表面处理剂中。

（6）特种蜡

变色蜡是专门用于制造应力变色革的蜡粉或蜡乳液。在拉伸、顶起、弯曲、折叠等外部应力作用下，其产生形变的部位会呈现颜色变化，并且随着形变梯度的变化，颜色呈现由深到浅的渐变特征，给人一种自然、柔和的感觉，一旦外力消除，革面的颜色又会自然地复原如初。

白雾蜡为水溶性非离子型蜡浆，具有抗酸、抗碱、耐硬水、水溶性强、乳液稳定等特点，可起到增光、防水、改善手感等作用，可使皮革呈现出自然雾光的效果。

上光蜡的主要成分为蜂蜡、松节油等，其外观多为白色或乳白色，可起到高增光、自然光、防水、改善手感等作用。

烧焦蜡是以蜂蜡为主要原料的阴离子型蜡乳液，主要起填充涂层、改善涂层手感、耐磨、防黏及增加光泽等作用。

手感蜡是用来调节产品触感的化学品，可赋予产品滑感、柔感、油感、蜡感、黏感等。常见的手感蜡有蜡感剂、滑爽蜡等；蜡感剂是以天然蜡或合成蜡为原料的蜡乳液；滑爽蜡通常是有机硅乳液和熔点高、硬度大的蜡乳液及其复配物，能赋予涂层舒适、滑爽的手感。

3. 蜡的应用

合成革对蜡的应用分为两类：粉体类和蜡乳液类。粉体类一般用于溶剂型体系的添加，蜡乳液类用于水性体系的复配。

蜡乳液是一种含蜡、含表面活性剂和水的均匀流体，最初用于改善涂膜的表面防护性能，主要包括提高涂膜的平滑性、抗划性以及改善防水性，目前也大量用于提供表面手感，可单独使用，也可与水性树脂复配后使用。

蜡的乳化就是使其分散于水中，借助乳化剂的定向吸附作用，改变其表面张力，使其在机械外力作用下成为高分散度、均匀、稳定的乳液。要想获得质量稳定的乳化蜡产品，必须选择好乳化剂并通过合适的乳化工艺来实现。蜡乳化的关键是将蜡分散成微小的液滴，并使其表面定向吸附乳化剂分子，在蜡水界面形成具有一定机械强度且带有电荷的乳化剂单分子界面膜，亲油基团朝蜡，极性基团朝水，使蜡滴稳定分散于水中而不易接近聚结。由于乳化剂的存在，蜡乳液颗粒较小，体系稳定，但复配后要注意共混体系的稳定性和相容性。

粉体类一般直接添加于树脂中，或预先制备蜡微粉分散体再使用。分散体通常使用酯类或醇类作为分散溶剂，尽量避免使用甲苯或二甲苯与蜡微粉直接混合，因为过强的溶解力将使蜡粉溶解，再结晶时返粗。粉体蜡使用时尽量选择超细微粉蜡，以利于在体系中的分散，避免团聚和沉降。

目前合成革表面处理多使用性能更优的改性蜡。不管是溶剂型还是水性体系，在成膜过程中，蜡都要从工作液中析出，形成细微颗粒浮在涂膜表面，起到手感、消光、耐水、抗划伤的作用。蜡在涂膜上的展现形态大致可分成下列三种：

① 起霜效果。干燥后蜡在涂面上形成似霜的薄层，手感即来源于此。

② 球轴效果。蜡由于其本身的粒径与涂层膜厚相近而显露在外，从而显现出其耐刮、防擦伤性能。如果选用了极高硬度的蜡，涂层会体现出极佳的耐磨性和滑爽性。

③ 漂浮效应。无论蜡的粒子形态如何，蜡在成膜过程中都会漂移至涂膜表面均匀分散开来，使得涂膜最上层有蜡的保护，显现蜡的各种特点。

三、油脂类手感剂

为了使表面产生油蜡感、油皮效果，表面处理剂材料中有时会使用油脂类材料。油脂类材料可在膜的表面形成一层特有的油膜，赋予合成革一定的手感。

1. 天然油脂

油脂实际上是油和脂肪的简称。所谓油是指在常温下呈液态的有机化合物，而脂肪则是在常温下呈固态或半固态的有机化合物。但在实际上，油和脂肪并没有严格的区别。

油脂广泛存在于动植物界，作为合成革的表面手感剂可以使合成革获得良好的触感。油脂与人体的皮肤有很好的亲和力，可使合成革具有良好的滋润感和油感。

油脂包括植物性油脂、动物性油脂以及合成油脂。油脂的主要成分为脂肪酸和甘油组成的脂肪酸甘油酯。

植物性油脂分为三类：干性油、半干性油和不干性油。干性油如有亚麻仁油、葵花籽油；半干性油有棉籽油、大豆油、芝麻油；不干性油有橄榄油、椰子油、蓖麻油等。用于合成革化工材料中的油脂多为半干性油和不干性油。

动物性油脂有水貂油、蛋黄油、羊毛脂油、卵磷脂等，动物性油脂一般包括高度不饱和脂肪酸和饱和脂肪酸，植物性油脂相比，它们的色泽、气味等较差，在具体使用时应注意防腐问题。

2. 合成油脂

合成油脂指由各种油脂或原料经过加工合成的改性油脂和蜡。合成油脂不仅组成和原料油脂相似，在纯度、物理形状、化学稳定性、微生物稳定性以及对皮肤的刺激性和皮肤吸收性等方面也都有明显的改善和提高。

常用的合成油脂原料有角鲨烷、羊毛脂衍生物、聚硅氧烷、脂肪酸、脂肪醇、脂肪酸酯等，加工改性方法有硫酸化改性、磺化改性、磷酰化改性、硅改性等。

棉籽油改性

$$R_1COO-CH_2$$
$$R_2COO-CH \xrightarrow{CH_3OH} R_2COO-CH \quad \begin{bmatrix} CH_3 \\ | \\ H-O-Si-OH \\ | \\ CH_3 \end{bmatrix}_n \longrightarrow$$
$$R_3COO-CH_2 \qquad R_3COO-CH_2$$

$$\begin{bmatrix} CH_3 \\ | \\ H-O-Si-O-CH_2 \\ | \\ CH_3 \end{bmatrix}_n$$
$$R_2COO-CH$$
$$R_3COO-CH_2$$

油脂的硅改性

通过化学改性，在不溶于水的油脂分子中引入亲水基团，可制成自乳化体系的合成油脂，不但加强了其使用稳定性，并且对其油脂的成分进行了调整，能产生所需的手感。

四、绒感处理剂

1. 微胶囊发泡剂

微胶囊发泡剂也称可膨胀聚合物微球（TEMs），其结构形貌如图 7-23 所示，是一种以热塑性聚合物为壳层、低沸点烷烃或氟氯烃等化合物为内核（发泡剂）的微米尺寸的核-壳结构微球。当加热至温度高于壳层聚合物的玻璃化转变温度和发泡剂的沸点时，热塑性壳体软化，壳体里面的发泡剂气化膨胀，产生内压而使微球膨胀至原体积的几十倍，且膨胀后的微球被冷却时，聚合物外壳依旧坚硬并保持膨胀时的状态，所以体积维持在受热时的状态。

在发泡剂存在的条件下，将偏氯乙烯（VDC）、丙烯腈（AN）、苯乙烯（St）和丙烯酸酯类等单体悬浮聚合可制得可膨胀聚合物微球。通常以丙烯腈和甲基丙烯酸甲酯为主要单体，并添加一定的其他单体调控壳层聚合物的性能，如丙烯酸丁酯可降低丙烯酸酯共聚物的玻璃化转变温度，偏二氯乙烯单体可改善壁材的气密性，二官能度端双键交联剂可提高壁材的力学性能等。

微球的发泡温度、稳泡温程和发泡倍率等性能是可膨胀聚合物微球的技术要点。发泡剂被加热到外壳的玻璃化转变温度时，开始逐渐膨胀，我们称这个温度为 T_s。继续加热它的体积会继续膨胀，直到它的外壳迅速变薄并且形成中空的球，称这个温度为 T_{max}。当加热温度超过 T_{max} 或者长时间加热时，球体会收缩或者破裂，加热温度超过 T_{max} 会极大地影响微球发泡剂的使用效果。

可膨胀微球发泡前后的形貌如图 7-24 和图 7-25 所示。膨胀前的粒径一般在 $5 \sim 100\mu m$，膨胀后体积增加 $20 \sim 50$ 倍，密度则从膨胀前的 $400 \sim 1200 kg/m^3$ 降低至 $20 \sim 30 kg/m^3$。可膨胀微球常用于合成革的表面处理剂中，可产生特殊的效果和绒感，俗称"羊巴"效果。如图 7-26 所示，发泡微球通过干法聚氨酯膜固定在合成革的表面，细密的发泡结构产生特殊的细绒感。

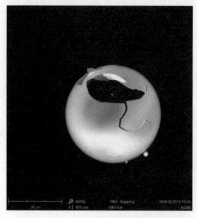

图 7-23　可膨胀聚合物微球

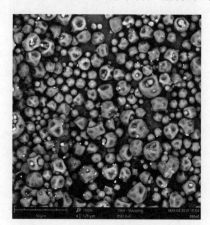

图 7-24　发泡前

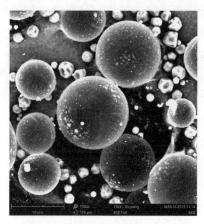

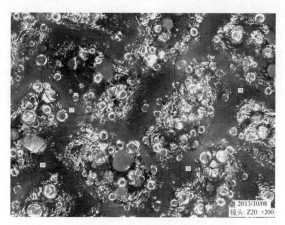

图 7-25　发泡后　　　　　　　　　图 7-26　细羊巴发泡

　　热膨胀微胶囊根据体积膨胀大小可分为细羊巴、中粗羊巴、粗羊巴等；根据发泡起始温度不同，有低温和高温之分，微球发泡温度范围在 75～260℃，可根据加工温度和工艺要求，选择最合适的微球型号。目前国内使用的微胶囊发泡剂主要是阿克苏诺贝尔公司和日本松本油脂的产品。

2. 玻璃微珠

　　空心玻璃微珠（hollow glass microspheres）是一种经过特殊加工处理的薄壁封闭的微小球形颗粒，形貌如图 7-27 所示，是一种微米级新型轻质材料，其主要成分为硼硅酸盐。一般粒度为 10～250μm，壁厚为 1～2μm。空心玻璃微珠密度小，热稳定性高，由于是微小圆球，空心玻璃微珠在液体树脂中要比片状、针状或不规则形状的填料具有更好的流动性，是良好的树脂填充材料。

　　通常采用偶联剂对玻璃微珠表面进行改性处理，使其具有亲油性，以利于在树脂等有机材料中分散。玻璃微珠干燥后，利用树脂的黏合作用镶嵌到革的表面，其微小的球体可提供类似羊巴细腻柔滑的手感。

3. 树脂微球

　　绒毛粉是由弹性聚合物微球组成的粉体，常用的树脂微球为聚氨酯弹性微球和丙烯酸弹性微球。树脂微球颗粒分布不是很均匀，有一个大致的分布范围，其单个直径在 5～100μm。利用树脂微球组成的粉体（绒毛粉），可制造出具有新感觉和新性能的涂料。

　　聚氨酯微球形成的绒毛粉的结构如图 7-28 所示，为具有一定尺寸结构的混合球体，与树

图 7-27　空心玻璃微珠　　　　　　　图 7-28　聚氨酯绒毛粉

脂配合使用后在革表面固定，可使合成革具有柔软的触感和优异的弹性，抗刮伤性和耐低温性能好，是合成革行业使用最多的品种。丙烯酸微球的手感较硬而粗糙，理化性能好，具有优良的抗刮伤性、耐候性、耐磨损性、耐热性和抗冲击能力。二者可配合使用。

聚氨酯微球具有优异的耐溶剂性及耐热性，可广泛使用在溶剂型和水性体系中，微球结构赋予它消光性能。微球在成膜后会形成一定的弹性堆积，得到一种柔软绵丝绒的感觉。视觉光泽柔和，其触觉类似丝绒织物，顺滑而富有弹性，耐摩擦性好，具有优异的抗刮伤效果。代表性产品为日本根上化学公司的 ART PEARL 系列。

染色是将纤维或其他高分子材料染上颜色的加工过程。它借助染料与被染物发生物理化学或化学的结合，或者用化学方法在被染物上生成染料而使被染物成为有色物体。

常规合成革基布通常为白色，而成品通常为绒面革或者面底同色产品，这就需要对基布进行染色。染料种类很多，其选择主要是根据被染物的性质。合成革的组分主要是锦纶、涤纶及聚氨酯，因此最常用的为酸性染料、中性染料、分散染料三大类。

染色后，产品不但要色泽均匀，而且必须具有良好的染色牢度及性能。考虑到合成革的匀染性、同色性、透染性、染料的配伍性和相容性等诸多因素，因此在染色过程中需要相关的助剂配合。

第一节 染料与染色基础

一、发色理论

（1）经典发色理论

根据发色团与助色团理论，有机化合物结构中至少需要有某些不饱和基团存在时才能发色，这些基团称为发色基团，主要的发色基团有—N＝N—、＝C＝C＝、—N＝O、NO₂、＝C＝O 等。

含有发色团的分子称为发色体或色原体。发色团被引入的愈少，颜色愈浅；发色团被引入的愈多，颜色愈深。以下情况可使颜色加深：增加侧链内的烯基数目；增加羧基的数目，特别是增加彼此直接联结的羧基；以萘环代替偶氮染料中的苯环；把一定的取代基加入分子内。发色体对被染物质并不一定具有染色能力（或亲和力），能够作为染料的有机化合物分子中还应含有助色团。

能加强发色团的生色作用，并增加染料与被染物的结合力的各种基团称为助色团。主要的助色团有—NH₂、—NHR、—NR₂、—OH、—OR 等。此外像磺酸基（—SO₃H）、羧基（—COOH）等为特殊助色团，它们对发色团并无显著影响，但可以使染料具有水溶性和对某些物质具有染色能力。

（2）近代发色理论

根据量子化学及休克尔（Huckel）分子轨道理论，有机化合物呈现不同的颜色是由于该物质吸收不同波长的电磁波而使其内部的电子发生跃迁所致。能够作为染料的有机化合物，它的内部电子跃迁所需的激化能必须在可见光（400～760nm）范围内。物质的颜色主要是物质中的电子在可见光作用下发生 π→π＊（或伴随有 n→π＊）跃迁的结果，因此研究物质的颜色和结构的关系可归结为研究共轭体系中 π 电子的性质，即染料对可见光的吸收主要是由其分子中的 π 电子运动状态所决定的。

（3）颜色的深浅和浓淡

物质的颜色的深浅体现的是物质吸收的光波在光谱中的位置，物质吸收的光波波长愈短，则颜色愈浅。物质颜色的浓淡体现的是同一种染料的颜色强度，即物质吸收一定波长光线的量的多少。人们把能增加染料吸收波长的效应称为深色效应，把增加染料吸收强度的效应叫浓色效应。反之，把降低吸收波长的效应称为浅色效应，把降低吸收强度的效应叫减色效应。

二、染色基本原理

染色就是使染料通过化学或物理化学方式结合在织物纤维上，使织物具有一定色泽的全部加工过程。染色过程基本上分为表面吸附、内部扩散、染料固着三个阶段。

（1）表面吸附

当把纤维织物浸入染液中后，染料很快被吸附到纤维外表上，这是染色过程中的最初阶段。如果染料的亲和力大、浓度高，再加入适量的电解质，将会提高染料被纤维吸附的速度，有利于染色过程向正方向进行。

靠染料自身扩散转移到纤维表面的液层称为扩散边界层。加强染液的循环和提高染液的流速，尽量减小扩散边界层厚度是加快染色的重要途径之一，这样不仅可加快染料到达纤维表面的速度，还可以提高匀染效果。

（2）内部扩散

染料在扩散边界层中靠近纤维到一定距离后，染料分子迅速被纤维表面所吸附，染料分子和纤维表面分子间发生氢键、范德华或库仑引力结合。当染料被吸附在纤维表面之后，便开始向纤维内部扩散。

染料向纤维内部扩散是整个染色过程中占用时间最长的阶段。在染液中，纤维表面上的染料向浓度低的纤维内部扩散，使染液中的染料不断地补充到纤维外表，直到纤维上染料浓度与染液中染料浓度达到平衡为止。当染料完成向纤维内部扩散的同时，也就完成了在纤维表面的吸附。因此说吸附与扩散也是不可分割的同时进行的过程。

（3）染料固着

染料经过吸附和扩散附着和渗透在纤维的表面和内部，同时以各种键的形式固着在纤维上。由于染料和纤维都各不相同，它们彼此间的固着形式也有所不同。又因固着形式的不同，从而染色的牢固度也各不相同。

染色过程中需要进行全程监控，主要指标与术语如下：

染色平衡：当染色达到一定程度时，染料的吸附与解吸速率相等，染液和纤维上的染料浓度不再发生变化，即达到上染平衡状态。

上染百分率：吸附在纤维上的染料数量占投入染料总量的百分率。

平衡上染百分率：染色达到平衡时，吸附在纤维上的染料数量占投入染料总量的百分率。

上染速率：纤维上的染料浓度对上染时间的变化率。

上染速率曲线：上染率对时间的变化曲线（或者纤维上染料浓度对时间的化曲线）称为上染速率曲线。

吸附等温线：恒定温度下，染色达到平衡时，纤维上的染料浓度与染液中的染料浓度的关系曲线。

平衡吸附量：染色达到平衡时纤维上的染料浓度。

染色饱和值：纤维上的染料浓度不再随染液中的染料浓度增加而增加，此时纤维上的染料浓度称为染色饱和值。

三、染料的名称及其含义

染料的品种很多，每种染料根据其化学结构都有一个化学名称。但大多数染料都是结构复杂的有机化合物，如按照其有机结构命名，则名称十分复杂，同时也不能反映出染料的颜色和应用性能，所以染料的化学结构名称在实际应用中并不适宜，最好是结合染料的应用性能给予适当的名称。

国产的商品染料，其命名包括三个部分：染料的类别；染料的颜色；表示染料的色光、性能、状态、浓度、纯度等的符号。例如酸性绿 B，"酸性"表示染料的所属类别，"绿"表示染料的基本颜色，"B"表示该染料带蓝光。

常用的符号及其意义列举如下：

B 表示带蓝光或青光；

C 表示适用于染棉；

D 表示适用于染色；

E 表示适用于浸染；

Ex 表示高浓；

F 表示染色坚牢度好或染料粒子细；

G 表示黄光或绿光；

H 表示适用于棉毛交织物的染色；

J 表示黄光；

K 表示适用于冷染（指还原染料），或表示热固型活性染料；

L 表示耐光或耐晒，或可溶性好，或匀染性好；

N 表示正常和标准的意思，或新染料；

O 表示橙光或高浓；

P 表示适用于印花或染纸，或表示粉状染料；

R 表示带红光；

S 表示水溶性好或适用于染丝；

V 表示紫光；

W 表示适用于染毛；

X 表示浓度特高；

Y 表示带黄光。

在染料名称中往往有百分数字，它是表示染料力份的，如 100％、200％等。所谓染料力份是指染料厂选择某一浓度的染料为标准，将每批产品的浓度与它相比较。例如 50％就是说某染料的力份是标准染料的一半。

四、染色牢度的一般概念

染色牢度表征的是染色物的质量要求。染色物在使用过程中会因光、热、汗、摩擦、洗涤、熨烫等原因发生褪色或变色现象。染色状态变异的性质或程度可用染色牢度来表示，染色牢度与纤维种类、编织方式、染色方法、染料种类及外界作用有关。它可分为日晒牢度、水洗或皂洗牢度、摩擦牢度、汗渍牢度、熨烫牢度和升华牢度等。

① 日晒牢度。表征染色物受日光作用变色的程度。其测试方法既可采用日光照晒也可采用日光机照晒，将照晒后的试样褪色程度与标准色样进行对比。评级标准有羊毛蓝标和灰卡两种，国标和欧标分为 8 级，8 级最好，1 级最差；美标则分为 5 级，5 级最好，1 级最差。染料的光褪色机理非常复杂，但主要是染料吸收光子后被激化，发生一系列光化学反应使结构被破坏，导致变色和褪色。因此耐光色牢度主要取决于染料的化学结构、聚集状态、结合状态和混合拼色等情况。

② 洗涤牢度。水洗或皂洗牢度表征染色物经过洗涤液洗涤后色泽变化的程度。水洗牢度分 2 项指标，原样变化和白布沾色。原样变化通常采用灰色分级样卡作为评定标准，即依靠原样和试样褪色后的色差来进行评判，洗涤牢度分为 5 个等级，5 级最好，1 级最差。白布沾色是将白布与着色物以一定方式缝叠在一起，经皂洗后，因着色物褪色而使白布沾色的情况。白布沾色又分为棉、锦纶、涤纶、羊毛、腈纶、醋酯六种纤维，沾色的程度应在指定光源下测试，以标准灰卡评级。

③ 摩擦牢度。摩擦牢度表征染色物经过摩擦后的掉色程度，可分为干态摩擦和湿态摩擦。摩擦牢度以白布沾色程度作为评价原则，共分 5 级（1～5），数值越大，表示摩擦牢度越好。摩擦牢度测试过程虽然简单，但却是产品最基本的色牢度考核指标。染色物进行湿摩擦时，染料与纤维之间形成的共价键并不会断裂而产生浮色。发生转移的染料通常并未与纤维形成共价键，而仅靠范德华力产生吸附作用，即浮色。

④ 汗渍牢度。汗渍牢度是指染色物沾浸汗液后的掉色程度。由于人工配制的汗液成分不尽相同，因而汗渍牢度一般除单独测定外，还与其他色牢度结合起来考核。汗渍牢度分为 1～5 级，数值越大越好。欧标和国标中，汗渍牢度又分为耐酸汗色牢度和耐碱汗色牢度。提高耐汗色牢度的最主要途径是合理选用染料，特别是应选用固色率高和稳定性好的染料，合理制定和控制染色工艺，强化固色条件，形成稳定性高的共价键，使染料充分固着。

⑤ 熨烫牢度。熨烫牢度表征的是染色物在熨烫时出现的变色或褪色程度。这种变色、褪色程度是以熨斗对其他织物的沾色来评定的。熨烫牢度分为 1～5 级，5 级最好，1 级最差。

⑥ 升华牢度。升华牢度体现的是指染色物在存放中发生的升华现象的程度。升华牢度用灰色分级样卡评定织物经干热压烫处理后的变色、褪色和白布沾色程度，共分 5 级，1 级最差，5 级最好。

第二节 酸性染料

一、概述

酸性染料是一类结构上带有酸性基团的水溶性染料，绝大多数染料是以磺酸钠盐的形式存在（$-SO_3Na$），少数为羧基。易溶于水，在水中电离成为有色的阴离子和无色的阳离子。分子式常用 $D-SO_3Na$ 表示，D 代表有色的染料母体。电离式可表示为：

$$D-SO_3Na \longrightarrow D-SO_3^- + Na^+$$

酸性染料　　有色染料阴离子 无色

酸性染料为阴离子型染料，结构比较简单，分子中缺乏较长的共轭双键系统，通常以单偶氮和双偶氮结构为主。色谱齐全，色泽鲜艳，染色方法和染色设备也相对简单，而湿处理牢度和日晒牢度随品种不同而差异较大。分子小的、含磺酸基多的湿牢度差而匀染性好；分子大的、含磺酸基少的湿牢度较好而匀染性差。

不同类型分子结构的酸性染料，染色性能与采用的染色方法不同，可分为三类，各类酸性染料的染色性能如表 8-1 所示。

表 8-1 各类酸性染料的染色性能

项　　目	强酸性酸染料	弱酸性染料	中性酸性染料
染色方法	用硫酸	用醋酸	用醋酸铵
染液 pH 值	2～4	4～6	6～7
染料溶解度	高	中	低
匀染性	好	一般	差
湿处理牢度	差	好	很好
对纤维的直接性	低	中等	高
与纤维的结合方式	离子键	离子键,分子间力和氢键	分子间力和氢键

（1）强酸浴染色的酸性染料

这类染料分子结构比较简单，磺酸基在整个染料分子结构中占有较大比例，所以染料的溶解度较大。磺酸基在染浴中以阴离子形式存在，必须在强酸性染浴中才能很好地上染纤维。这类染料以离子键的形式与纤维结合，匀染性能良好，色泽鲜艳，但湿处理牢度及汗渍牢度均较低。加入电解质可起缓染作用。

（2）弱酸浴染色的酸性染料

这类染料结构比较复杂，染料分子结构中磺酸基所占比例较小，所以染料的溶解度较低，在溶液中有较大的聚集倾向。染色时，除能和纤维发生离子键结合外，分子间力和氢键也起着重要作用。在弱酸性染浴中就能上染，湿处理牢度高于强酸性染料，但匀染性略差，主要用于锦纶的染色。

（3）中性浴染色的酸性染料

这类染料分子结构中磺酸基所占比例更小，它们在中性染浴中就能上染纤维，故称为中性酸性染料。这类染料染色时，染料和纤维之间的结合主要是分子间力和氢键产生作用。食盐、元明粉等中性盐对这类染料所起的作用不是缓染，而是促染。这类染料的匀染性较差，但湿处理牢度很好。

二、酸性染料的结构与性能

酸性染料的分子结构相对简单，主要有偶氮类、蒽醌类、三芳甲烷类及硝基类等。偶氮类在品种和产量上均居首位，以单偶氮和双偶氮类最多，包括黄、红、橙、黑等各种颜色。蒽醌类耐晒牢度好，色泽鲜艳，主要是蓝、绿、紫等色，以蓝为主。三芳甲烷类以红、紫、蓝、绿为主，色泽非常浓艳，但通常日晒牢度较差。

1. 偶氮类酸性染料

偶氮类酸性染料是指在分子中含有磺酸基或羧基，同时含有偶氮基（—N＝N—）发色团的一类染料的总称。偶氮类染料一般由重氮剂与苯胺、苯酚的磺酸盐或氨基萘磺酸偶合而成，以红、橙、黄色较多，较深的蓝、绿色较少。偶氮染料按其分子中所含偶氮基的数目，可分为单偶氮、双偶氮和多偶氮染料。偶氮基越多，颜色越深。

（1）单偶氮类酸性染料

单偶氮结构的酸性染料合成简单，色光鲜艳，匀染性好，但耐晒和湿处理牢度较差，需要在强酸性染浴中进行染色。

单偶氮染料主要以橙、黄、红等浅色为主。黄色多以苯胺衍生物为重氮组分，吡唑啉酮为偶合组分，如酸性嫩黄2G；橙色多以苯、萘组合（苯—N＝N—萘），如酸性橙Ⅱ；红色以苯、萘或者萘、萘组合（苯—N＝N—萘；萘—N＝N—萘），如酸性红3B。

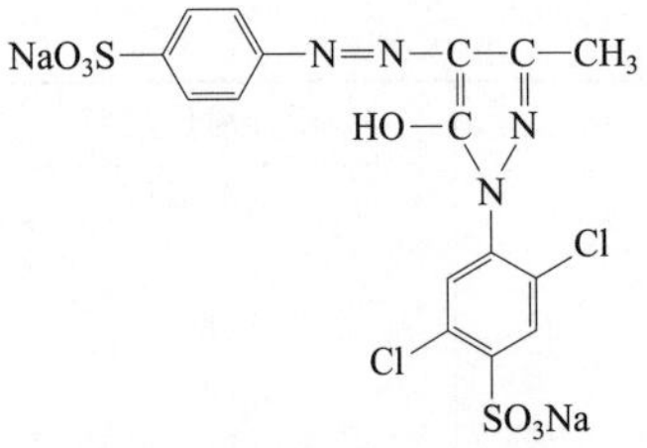

酸性嫩黄2G(C.I.酸性黄17) 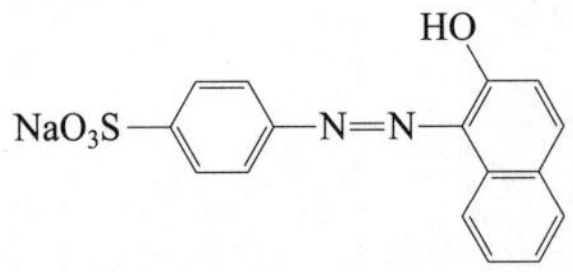　　酸性橙Ⅱ(C.I.酸性橙7) 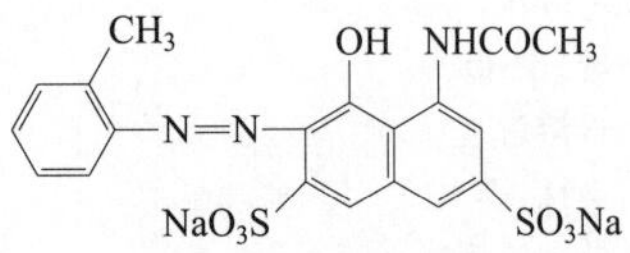　　酸性红3B(C.I.酸性红35)

早期的偶氮类酸性染料都属单偶氮类，湿处理牢度较差，如果在单偶氮染料分子的适当位置上引入长链烷基、磺酸酯、苄醚等基团，可增大染料的分子量，提高染料对纤维的上染性和结合性，使染料在弱酸甚至中性染液中就能上染。如在苯胺衍生物上引入长链烷基的弱酸性桃红，与纤维结合性好。

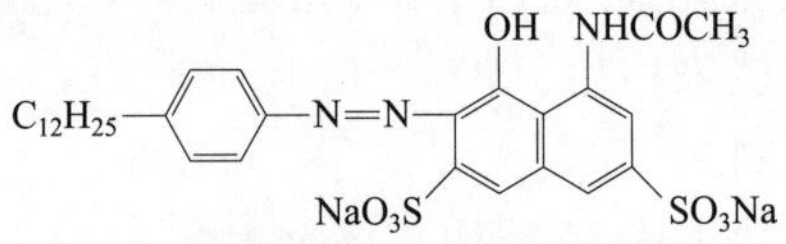

弱酸性桃红(C.I.酸性红138)

染料分子量增大有利于上染结合，可以提高湿处理牢度，但疏水基团的引入会降低染料的溶解度，取代基的性质与位置可提高染料的稳定性与日晒牢度。

（2）双偶氮及多偶氮类酸性染料

根据偶氮基团之间的连接方式，双偶氮酸性染料基本可分为两大类：

① 两个偶氮基团在同一共轭体系中。这类染料的特点是颜色较深，具有较好的湿处理牢度。

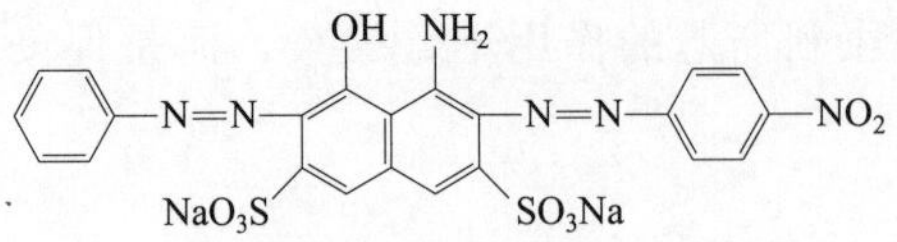

酸性黑10B(C.I.酸性黑1)

② 两个偶氮基团位于不同的共轭体系中。这类染料的特点是具有单偶氮染料那样的较浅而鲜艳的色光，而染色条件和湿牢度与分子量较高的双偶氮和多偶氮染料相似。

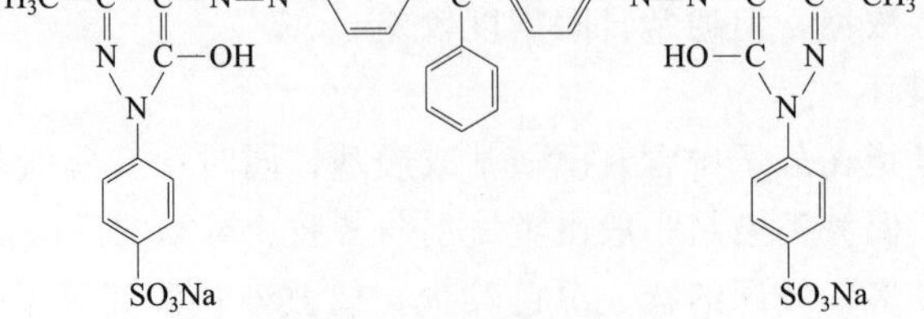

弱酸性嫩黄G(C.I.酸性黄17)

多偶氮类酸性染料，由于其分子量大，染色湿牢度提高，但匀染性变差，色光较暗淡，因此实际应用的三偶氮类酸性染料很少。

在双偶氮和多偶氮染料中，两个偶氮基与苯环只有在对位相连时才能产生最大的深色效应，而邻位相连时，则由于位阻效应而产生浅色效应。因此，一般均以对位相连来增加共轭链长度，这样可得到较深的色泽并保持较好的直线性。

对于偶氮型染料，由于分子中具有可参与氧化和还原反应的偶氮基团，能够在不同的环境下发生偶氮键断裂，破坏染料分子结构中的共轭体系。偶氮类酸性染料中庞大的磺酸基团的空间位阻效应可有效阻滞氧化剂对偶氮基团的进攻，提高染料在纤维上的牢度。

偶氮结构的染料在酸性染料中最多，都含有磺酸基等水溶性基团。由于需要在酸性介质中染色，就要求染料具有良好的耐酸牢度，通常需要将染料分子中不成氢键的氨基酰化，这样不但可提高染料的耐酸稳定性，还可提高日晒牢度。

酸性染料主要通过库仑引力与纤维结合，不需要染料分子太大，否则会造成匀染性下降。因此酸性染料以单偶氮类为主，分子量大多在 $300\sim800$，磺酸基在分子中所占比例高。

偶氮类深色色谱品种较少，尤其是鲜艳的蓝色与绿色。主要因为深色偶氮染料必须具有多个偶氮基，合成复杂，并且耐晒性能不佳。

2. 蒽醌类酸性染料

蒽醌结构酸性染料一般以深色居多，尤其是蓝、绿、紫、红、黑等品种，以蓝色最多。蒽醌结构容易得到深色，主要是由于蒽醌的 α 位含有强烈深色效应的孤对电子对的供电子基团，以 1,4 两个位置为氨基及取代氨基的深色效应最为显著。

蒽醌类染料中以 1,4-二氨基蒽醌的衍生物最多。大都由溴氨酸（1-氨基-4-溴蒽醌-2-磺酸）、1-氨基-4-溴蒽醌及 1,4-二羟基蒽醌等合成。代表性的是酸性蓝 A 和弱酸性蓝 PR。

酸性蓝A(C.I.酸性蓝25)   弱酸性蓝PR(C.I.酸性蓝129)

弱酸性蓝 PR 由溴氨酸和 2,6-二取代苯胺缩合，由于苯胺环上邻位上有两个甲基，阻碍了苯环和蒽醌环的共平面性，因此深色效应降低，显示出鲜艳的红光蓝色，并具有较好的日晒牢度。

1,4-二羟基蒽醌还原后和芳胺反应，可制得一系列对称的 1,4-二芳氨基蒽醌酸性染料，如酸性直接绿 G，其亲和力和湿牢度较好。如果在其苯环上再增加两个甲基，可得到弱酸性艳蓝 RAW，其湿牢度更好，可在弱酸性染液中染色，并且由于两个甲基的存在而显示浅色效应。

酸性直接绿G   弱酸性艳蓝RAW

蒽醌结构的酸性染料湿处理牢度随结构变化很大。与偶氮酸性染料类似，分子中含有脂肪链和环烷基等疏水性基团的染料具有较好的湿处理牢度。在酸性蓝 A 基础上引入烷基得到湿处理牢度高的酸性蓝 N-GL。含有咔唑结构的蒽醌类酸性染料各项牢度均较好，如酸性蒽醌耐晒棕 BL。

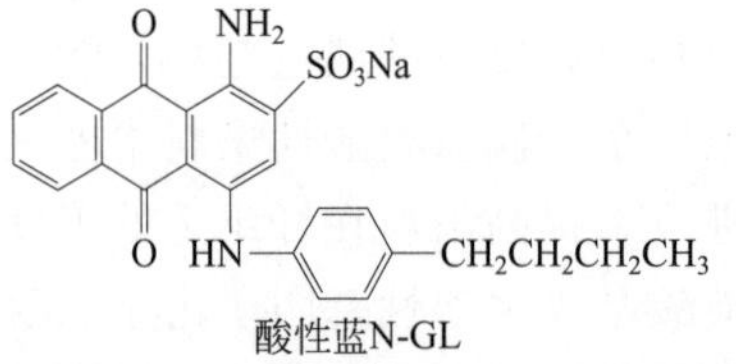

酸性蓝N-GL

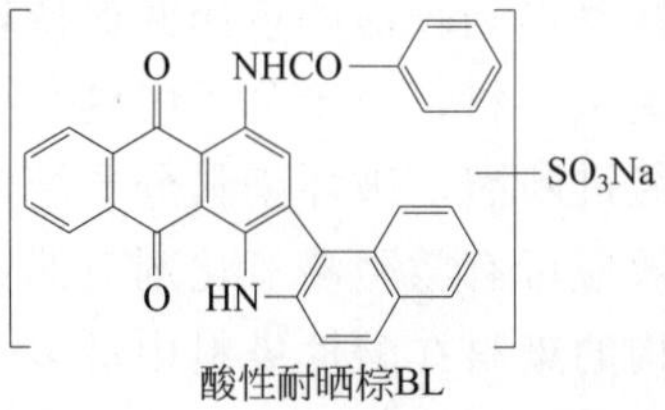

酸性耐晒棕BL

蒽醌结构的酸性染料在色谱上弥补了偶氮结构的不足，并且有良好的日晒牢度。氧化蒽类酸性染料的色泽和应用性能与三芳甲烷类相似，一般不单独使用，用于拼色增艳。

3. 三芳甲烷类酸性染料

甲烷分子中的三个氢原子被苯基、取代苯基或其他芳香基所取代生成的染料称为三芳甲烷染料。实际上染料分子中这个碳原子不具有真正的甲烷分子构造，而是形成醌型结构。通常是在三芳基甲烷结构的碱性染料基础上经磺化而成，或者在缩合剂的存在下将芳醛与芳叔胺反应生成无色的三芳甲烷结构，这种隐色体经氧化而成。

三芳甲烷本身来说并无颜色，因此称之为隐色体。只有当分子中引入羟基、氨基与烷氨基等极性基团，并使其形成某种程度的共轭体系（如形成醌式结构）时才显示出颜色。要使这类染料具有实用性能，在分子结构中至少要引入两个磺酸基。其中一个磺酸基以其本身的负电荷来平衡氮原子上的正电荷，与氨基以离子键结合形成内盐使整个染料呈电中性。另一个磺酸基则以其钠盐的形式使染料具有一定的水溶性，并且在染色时与纤维形成离子键。

三芳甲烷类分为三氨基三芳甲烷和二氨基三芳甲烷两大类，典型染料有弱酸性艳蓝 G 和酸性艳绿 B。

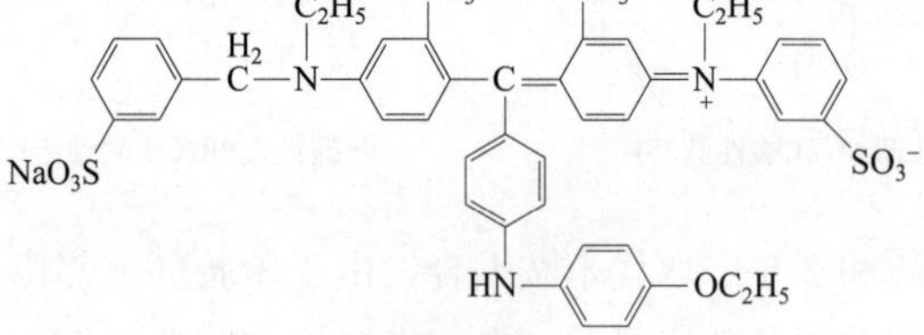

弱酸性艳蓝G

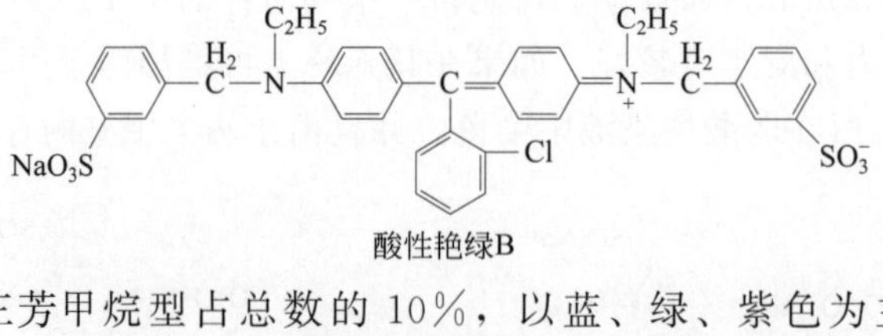

酸性艳绿B

在酸性染料中，三芳甲烷型占总数的 10%，以蓝、绿、紫色为主。特点是色泽浓艳，着色力高，湿处理牢度较好，但一般日晒牢度较差，部分艳蓝不耐氧漂，溶解度也较低。三芳甲烷类酸性染料一般不单独使用，主要用于酸性染料的拼色增艳。

三、染色特点

用典型的强酸浴酸性染料染锦纶时，染液的 pH 值在等电点以下，纤维带正电，染料阴离子仅靠库仑力被纤维吸附。扩散进入纤维后，与纤维中的氨基正离子以离子键结合。染色饱和值与纤维中氨基的含量相当，由于纤维中氨基含量较低，所以饱和值相当低。染料分子中含的磺酸基数目越多，则一个染料离子占据的氨基正离子位置可能也多，则染色饱和值越低，很难染深浓色，而且湿牢度也不好。如果染色时 pH 值很低，则分子链中的亚氨基也可正离子化而与染料阴离子结合，且 pH 值越低，吸收染料量越大，这就是所谓的超当量吸附。但在这种情况下，锦纶纤维容易水解损伤，而且这样的结合很不牢固，当 pH 值升高时，和亚氨基结合的氢离子脱落后，染料也就随之解吸下来，使其染色牢度下降，所以不采用。

用弱酸性或中性浴染色的酸性染料染色时，氢键和范德华力也起着很重要的作用，中性盐则起促染作用，它们的染色饱和值往往超过按氨基含量计算的饱和值。这是因为锦纶为线型分子，分子链上没有支链和大的侧基，染料分子容易和纤维分子靠拢，具有较大的范德华力，锦纶分子中有许多可以形成氢键的基团，染料与纤维之间容易形成氢键，因此酸性染料与锦纶的亲和力较高。所以染锦纶时常用弱酸性染料，借助于氢键和范德华力提高染料的上染率，尤其是中色、深浓色。

酸性染料对聚氨酯也可以上染，因为聚氨酯分子结构中存在氨基甲酸酯基、脲基等，结合形式为范德华力、氢键和离子键，但染色效果不理想。尤其是强酸性染料，染料几乎会全部固着于纤维表面，很少能够渗入到纤维内部，皂洗褪色严重，固色牢度很差。弱酸性染料比强酸性染料的上染百分率稍高，水洗牢度也好些，但皂洗牢度依然不理想，染料同样不能渗入纤维内部，耐光牢度差。

选择染料时，还应综合考虑染料的匀染性、亲和力和湿牢度等性能。染料的分子量在 400～500 的单磺酸偶氮染料和分子量在 800 左右的二磺酸偶氮染料，匀染性及湿处理牢度均较好。若分子量太大，不能匀染；分子量过小，湿牢度下降。

由于锦纶末端氨基含量比较少，染色饱和值很低，所以当使用两个或两个以上染料拼色染色时，往往会发生竞争染位的问题。随着染色时间的延续，染色的色泽、色光不断变化，难以获得满意的拼色效果。如选用的拼色各染料上染速率和亲和力相差较大时，在不同的染色时间内，所染的纤维的色泽就不相同。严重时，一种染料可以把已上染在纤维上的另一种染料取代下来。如酸性红 J 和酸性蓝 BN 拼色时，酸性红 J 亲和力高，酸性蓝 BN 亲和力低，最后主要是酸性红 J 上染纤维，酸性蓝 BN 则很少上染，成品的色相与设计值偏差很大。因此，在拼色时应注意选择配伍性较好的染料，并要控制好染料的用量。

酸性染料染锦纶时，上染速率受染色温度影响较大。锦纶 6 的玻璃化转变温度较低，始染温度可控制在 30℃以下。若要使染料扩散到纤维的无定形区内，就要提高染色温度，使纤维分子链绕动，增大分子内的自由体积。染料体积大，需要的温度就高（超过玻璃化转变温度也多）；染料体积小，温度可以低些。随着温度的升高，纤维大分子链段开始运动，染料开始扩散上染。一般升温至 60℃时，弱酸性染料开始解聚，纤维大分子链段运动也加强，染料上染迅速，这时应严格控制升温速度。弱酸性及中性染色的酸性染料通常在近沸的情况下染色。染浅色时，温度可略低一些。

酸性染料染锦纶上染速度较快，初染率高，扩散性和移染性差，不易染匀。除了控制加工条件、选择遮盖性较好的染料外，选择适当的性能较好的匀染剂也是锦纶染色过程中的一个相当重要的因素。

第三节 酸性络合染料和中性染料

金属络合染料和中性染料属于酸性含媒染料，是在酸性媒染染料基础上发展起来的。偶氮染料分子中所含的偶氮双键对光很敏感，长时间照射后会慢慢断裂以致褪色或变浅，将某些金属离子以配位键形式引入酸性染料母体中，形成金属络合物，可使其化学结构稳定，故称为酸性含媒染料。

根据染料和金属的络合比例及络合工艺不同，可分为1:1型和1:2型。前者需要在强酸条件下染色，国内通常称为酸性络合染料或金属络合染料。后者一般在中性或弱酸性介质中染色，国内通常称为中性染料。

一、酸性络合染料

1. 酸性络合染料的结构

酸性络合染料通常指1:1型酸性含媒染料，即一个染料分子与一个金属原子的络合物，是离子型的水溶性络合物，通常以甲酸铬为络合剂，与偶氮染料在酸性介质中反应生成。基本结构为：

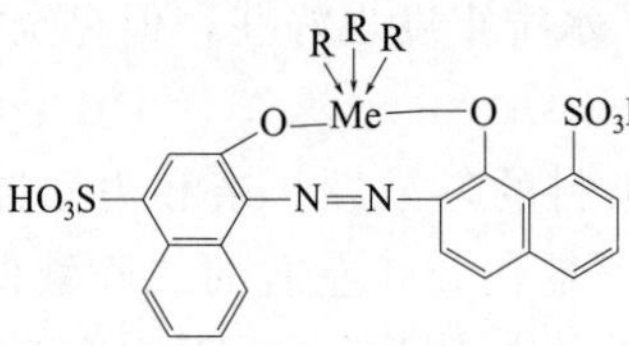

酸性络合染料基本结构

染料结构中带有无色配位体，常用的无色配位体是水杨酸及其衍生物。由于良好的染色性能，染料的中心离子以Cr居多，其次为Fe、Co等。单偶氮酸性金属络合染料色谱齐全，我国均有生产；双偶氮酸性金属络合染料色谱仅限于棕色和黑色，以棕色为主；多偶氮型酸性金属络合染料色谱只有棕色，且品种少。

酸性络合染料分子中一般含有一到两个磺酸基。含一个磺酸基的染料成为内盐，在溶液中以两性离子的形式存在；含两个磺酸基的染料在溶液中以阴离子状态存在。单磺酸基染料溶解度较高，匀染性一般，深色性能较好，适合染棕色、深黄等中等浓度的颜色。双磺酸基中性染料分子结构中含有两个磺酸基，溶解度高，深色性能好，但匀染性较差，适合于染黑色、军绿、藏青等深色品种。

酸性媒介黄GR(C.I.酸性黄99)

酸性媒介蓝GGN(C.I.酸性蓝158)

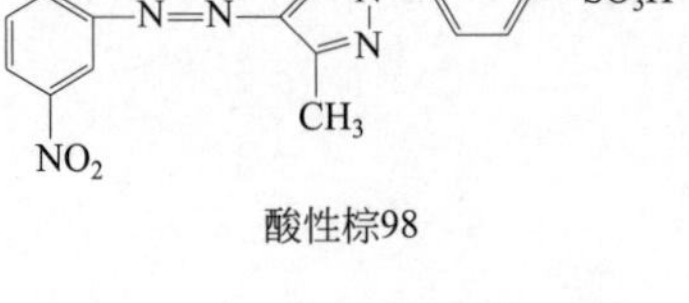

酸性棕98

铬络合染料最为常见，铬的1∶1络合物由黄至黑，色谱齐全。铬络合时所用的铬盐大致有氧化铬、甲酸铬、硫酸铬、碱式硫酸铬。铬的1∶1络合反应要求在强酸性条件下反应，以避免或减少1∶2铬络合反应的发生。进行络合的偶氮化合物，一般含有水溶性基团，可以增加在水介质反应时的溶解度，提高反应速率。

2. 酸性络合染料染色特点

酸性络合染料分子内具有磺酸基，易溶于水，染色方法类似酸性染料。其与纤维的结合方式主要是以下几种：

① 染料分子中所含磺酸基（—SO_3^-）与纤维上的离子化氨基（—NH_3^+）形成离子键结合。

② 染料分子中的铬离子与纤维上尚未离子化的氨基（—NH_2）形成配位键结合。

③ 纤维上离子化羧基（—COO^-）与染料分子中铬离子形成共价结合。

酸性络合染料和普通酸性染料有所不同，纤维上的氨基除与染料分子中的磺酸基形成离子键结合外，还与金属原子形成配位键结合。结合方式以哪种为主，主要取决于各种染料的结构和染色条件。

染料的染色条件非常重要，同样都是酸性络合染料，由于不同的产品结构和性质不同，在染色时需要加入的酸剂有别，因此不能完全照搬某一种酸性络合染料的染色方法进行染色，而是需要根据产品进行条件选择，找出最佳的染色条件，才能得到较高的上染率。

酸性络合染料的颜色较鲜艳，耐晒牢度一般为5～6级。湿处理牢度大部分优于酸性染料而稍低于酸性媒染染料。上染速度快，移染性较低，匀染性较差。

含铜、铬和镍的金属络合染料是用特定结构的染料与金属络合剂预先制成金属络合物。欧盟规定，使用的每一种金属络合染料染色后，被排放到废水中进行处理的染液量应小于7%，即金属络合染料的上色率要超过93%。与此同时，铜或镍应不超过75mg/kg纤维，铬应不超过50mg/kg纤维，因此所选染料需要一定的纯度。

二、中性染料

1. 中性染料的结构

中性金属络合染料是在1∶1型酸性金属络合染料基础上发展起来的。该染料由两个相同或不同分子结构的母体偶氮染料与一个金属离子（金属铬、钴等）络合，形成1∶2型对称或不对称的金属络合染料。由于染色时在接近中性的介质中进行，因此习惯上称为中性染料，在染料索引中仍归属于酸性染料。典型结构有中性灰2BL与中性橙RL：

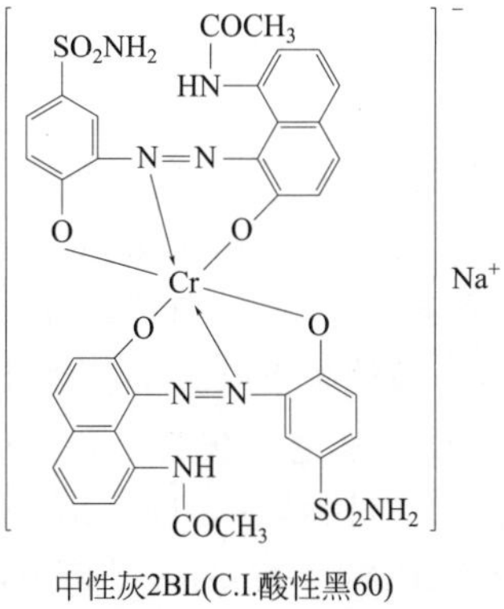

中性灰2BL(C.I.酸性黑60) 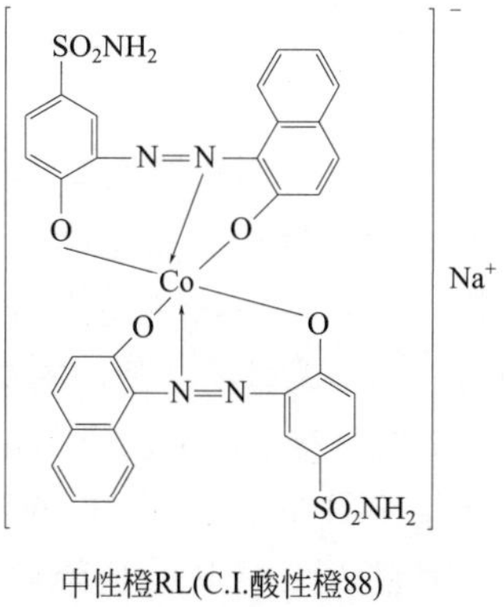   中性橙RL(C.I.酸性橙88)

中性染料由络合的金属原子、染料母体和染料母体上的亲水性基团三部分组成，因此染料的色光、染色性能和各项色牢度都直接与这三个组成部分有关。

① 染料母体。有单偶氮、双（多）偶氮及甲亚胺（—N＝CH—）等结构，以单偶氮为主。偶氮基的邻位多含有羟基、羧基或氨基，重氮组分都是邻氨基酚或邻氨基羧酸芳香化合物。偶合组分有乙酰苯胺类、吡唑啉酮类、苯酚、萘酚及萘胺等。

络合的两个染料母体可以相同，称为对称型 1：2 金属络合染料；母体也可以不同，称为不对称型 1：2 金属络合染料。

② 金属原子。染料的中心金属离子大多是 Cr^{3+}，少数为 Co^{3+}，位于配位体中心，与母体染料上四个羟基键合，又与两个偶氮基配位结合成螯环形配位体，这种金属络合染料大都是八面体的立体构型。在母体相同而中心金属离子不同时，Cr^{3+} 比 Co^{3+} 的络合物颜色深。中性染料中的磺酰氨基的位置对染料的颜色有影响，一般磺酰氨基在偶氮基对位比间位颜色深。

③ 亲水基团。中性染料分子中不含有磺酸基等水溶性基团，而只含有水溶性较低的亲水性基团，主要是磺酰氨基（—SO$_2$NH$_2$），少数是磺酰烷基（—SO$_2$CH$_3$）。它们可连接在重氮组分上，也可连接在偶合组分上，多数是作重氮组分。中性染料的磺酰氨基的位置对染料的颜色有一定影响，一般在偶氮基对位的比间位的深。

从染料的结构模型可看出，三价正电荷的金属铬与染料的四个羟基结合，形成了带有一价负电荷的螯形络合物离子，它的外配位层与钠离子成盐结合，加上染料中的非水溶性的亲水基团，因此中性染料一般能溶于水，但溶解度较低。络合物离子能与水中任何带正电荷的离子（Ca^{2+}、Mg^{2+}）结合，从而影响染料的溶解性能与上染性能，因此很多中性染料对水质比较敏感。染色用水硬度最好小于 $100\sim150mg/kg$，如果水质硬度偏高，可添加 $0.5\sim2g/L$ 螯合剂以改善水质。但磷酸盐类或表面活性剂之类的螯合剂会不同程度地破坏染料本身的螯合作用，影响色泽鲜艳度和色牢度。

目前已有少量带磺酸基的 1：2 型金属络合染料，使染料的溶解度有所改进，同时有较好的染深色性能，扩大了中性染料的应用范围，在应用方法上也有新的发展。

2. 中性染料染色特点

中性染料的上染过程与弱酸性染料十分相似，带负电荷的金属络合离子能与纤维上已离子化的氨基正离子产生电荷引力成盐式键结合。在染液中加入适量酸或中性电解质可以增加单位时间内氨基的离子化量，起到促染的作用。由于中性染料本身已有相当大的亲和力，为避免上染太快造成不匀，染色 pH 值常控制在中性或近中性，用铵盐调节染浴 pH 值至 6～7。中性染料的分子量较大，在弱酸和中性浴中借助氢键、范德华力与纤维结合，这与 1：1 型酸性络合染料的性能不同，中性染料中金属铬与纤维之间不像酸性络合染料那样容易生成配位键的结合。

中性染料有较高的上染率和湿处理牢度，匀染性与日晒牢度特别优越。染料之间的拼色性能好，竞染现象较少，染料利用率高，染色工艺相对简单。由于染料分子中含有金属离子，色泽不够鲜艳，尤其是 1：2 型色泽不及 1：1 型鲜艳，价格也相对较高。

中性染料也可以用于聚氨酯染色，主要通过氢键、范德华力以及库仑力结合。选择合适的中性染料品种用于聚氨酯染色，可以得到足够的饱和值。染色须在低张力下进行，必要时还要经过热定型。中性染料在聚氨酯上的吸附表现为二元吸附特征，即 Langmuir 型和 Nernst 型吸附同时存在，且随着染料 IOB 值降低（即疏水性增大），Nernst 吸附的贡献增大，亲和力提高，上染率明显增加。中性染料对聚氨酯的染色比一般的酸性染料效果要好。

第四节 分散染料

一、分散染料的特点

分散染料是一类分子结构简单、几乎不溶于水的非离子型染料，染色时依靠分散剂的作用以微小颗粒状态均匀地分散在染液中，因此被称为分散染料。主要用于涤纶及混纺织物的印染。

分散染料结构简单，分子量小。一般为含有两个苯环的单偶氮染料，或者是比较简单的蒽醌衍生物，杂环结构很少。分散染料是一种疏水性强的非离子染料，结构中没有磺酸基、羧酸基等水溶性基团，但含有一定数量的极性基团，如$-NO_2$、$-NH_2$、$-CN$、$-OH$、$-NR_2$、$-Cl$等，这些基团可与聚酯纤维中的羰基形成氢键结合。

分散染料水溶性极小，在水中呈溶解度极低的非离子状态。为了使染料在溶液中能较好地分散，需加入大量的分散剂。分散剂被吸附在染料颗粒的表面，形成双电层，阻止染料颗粒之间的碰撞和结晶增长，使染料以悬浮体稳定地分散在溶液中。

分散染料以细小晶粒分散在染液中，染料的结晶状态、分散稳定性与染色性能十分密切，因此在生产分散染料时，染料加工具有十分重要的地位。染料加工中最主要的是将染料充分研磨，并选择适当的助剂。最常用的分散剂是萘磺酸与甲醛的缩合物，如扩散剂 N、扩散剂 NNO、木质素磺酸钠等阴离子分散剂，润湿剂最常用的是拉开粉 BX。助剂在分散染料中占比非常高，所以分散染料本身是非离子型的，而它的商品染料因含大量阴离子分散剂，染液呈阴离子型。

分散染料按应用时的耐热性能可分为低温型、中温型和高温型。用分散染料染色时，需按不同染色方法对染料进行选择。

① E 型。低温固着型或低温吸附型，分子量小，低温时固着率高，随温度上升固着率下降。匀染、移染及覆盖性好，但升华牢度低，适用于高温高压染色。

② S 型。也称高温固着型，分子量大，低温固着率很差，随温度上升其固着率也升高，220℃达到最高。但匀染、移染及覆盖性均不如 E 型，耐升华牢度较高，适用于热溶染色。

③ SE 型。中温固着型，分子量中等，性能介于上述两者之间，200℃达到最高固着率。受温度影响较小，不会因温度波动而造成色差。

二、分散染料的结构

分散染料品种很多，按化学结构可分为偶氮类、蒽醌类、苯并咪唑类、苯乙烯类等。其中以偶氮和蒽醌类为主，占 85% 以上，单偶氮类主要有黄、红、蓝及棕色等品种；蒽醌类主要有红、紫和蓝等品种。其他类主要是黄、橙和红色品种。杂环结构的品种色泽鲜艳，近年来增长较快。

1. 偶氮型分散染料

偶氮型分散染料结构简单，分子量小，价格低廉，符合分散染料所要求的结构特点。其中单偶氮染料约占全部分散染料的 50%，而且给色量高，升华牢度好，色谱较齐，缺绿色，以黄、橙、红等中浅色为主，也有部分蓝、棕、黑色。

偶氮型分散染料的化学结构中，重氮组分具有吸电子基，偶合组分具有供电子基。这样有利于染料的合成，也使染料激发态能级降低，发生深色效应。基本结构如下：

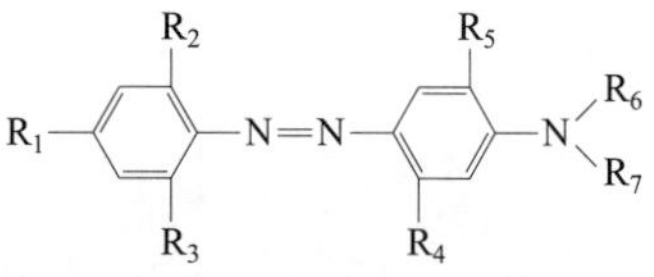

偶氮型分散染料基本结构

R_1—吸电子基团；R_2、R_3—H 或吸电子基团；R_4、R_5—H 或供电子基团；R_6、R_7—H 或烷基或烷基衍生物

偶合组分中的氨基或氨基衍生物中氮原子上的孤电子对可组成非键轨道，电子激发将由能级较高的非键轨道激发到激发态，能级差减小，因此氨基或衍生物作为供电子基有很强的深色和浓色效应。作为重氮组分的芳伯胺中具有吸电子基，使染料具有极性，因此激发态的正负电荷将更加分散，容易导致负电荷转移激化，激发态能级更低，深色和浓色效应更加显著。

改变染料分子的重氮组分和偶合组分中芳胺上的取代基，可以改进染料的染色性能。通常采用环氧乙烷使偶合组分芳胺烷基化，引入一个或两个亲水性羟乙基来改善其在水中的分散程度，引入一个或两个氰乙基改善色泽鲜艳度和耐光牢度。

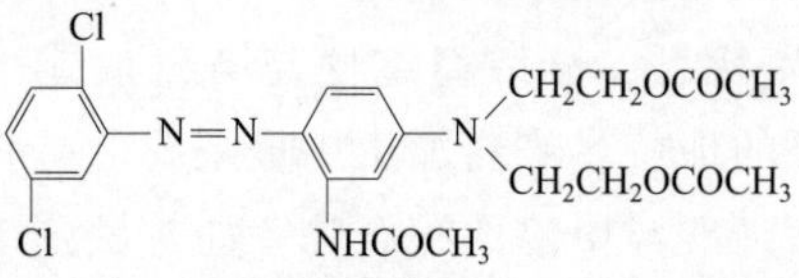

分散黄3RS

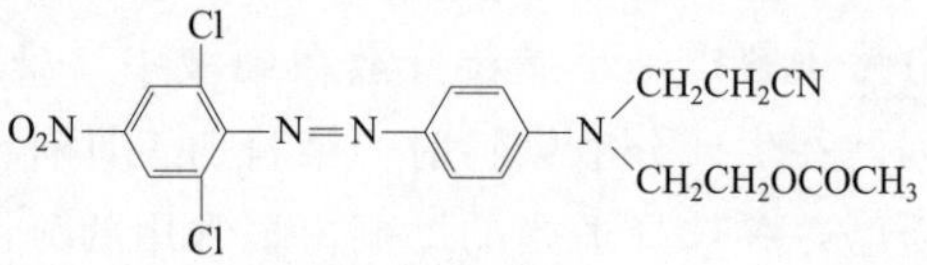

分散黄棕S-2RFL

单偶氮黄色分散染料的结构中，偶合组分以吡唑啉酮的衍生物为主，重氮组分的偶氮基对位没有取代基或吸电子基。纯净的单偶氮黄色染料很少，牢度也相对较差。

黄棕色分散染料的重氮组分大部分为 2,6-二卤代对硝基苯胺，偶合组分为 N,N-二烷基取代苯胺。分散黄棕 S-2RFL 很少单独使用，主要用于拼色，各项牢度好，升华牢度优异，为热溶染色常用染料。

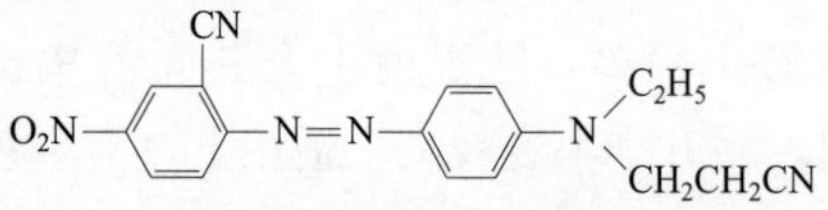

分散红玉SE-GFL(C.I.分散红73)

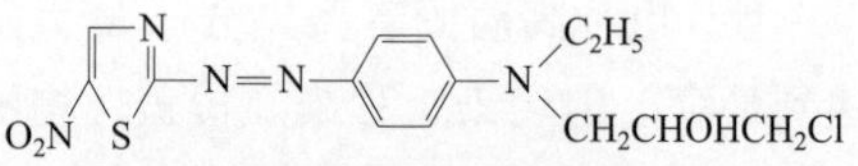

分散蓝GFD(C.I.分散蓝82)

分散红玉的重氮组分为 2-氰基对硝基苯胺，或 2-卤代对硝基苯胺，偶合组分为间酰氨基-N,N-取代烷基苯胺。分散红玉 SE-GFL 是 SE 系列的重要的三原色染料。

分散蓝 GFD 为杂环类蓝色分散染料，重氮组分为杂环，偶合组分为间酰氨基-N,N-取代烷基苯胺。杂环类的引入不仅使颜色加深，而且颜色更为鲜艳，亲和力大，但成本较高。

双偶氮染料品种很多，占分散染料的 10%。色谱有黄、橙、红、紫、蓝色等，具有较好的各项牢度，取代基的影响与单偶氮类似，偶合组分有酚类和芳香胺类。如卡亚隆黄 5R-SE，提升率与匀染性好，由于分子量的加大，升华牢度明显增加，可与其他 SE 型染料配伍，用于热溶染色工艺。

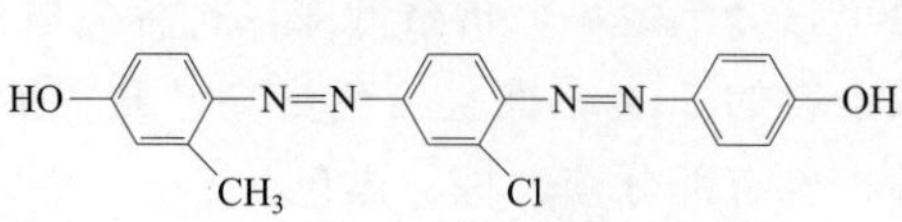

卡亚隆黄5R-SE(C.I.分散黄104)

2. 蒽醌型分散染料

蒽醌型分散染料约占整个分散染料品种的 25%，主要是红、紫、蓝、翠蓝等深色品种。色泽鲜艳，遮盖性及匀染性较好，在染色条件下对还原和水解反应较稳定，具有较高的耐晒、耐酸碱、耐皂洗等牢度，但升华牢度较差。

蒽醌型分散染料的结构中只有单蒽醌环，发色系统以蒽醌的 α 位最为显著。α 位上引入两个供电子基，深色效应加深，尤其是当两个取代基在同一苯环上时。全部四个 α 位都引入供电子基，深色效应更显著。在 β 位引入取代基，对发色影响不大，基本色调不变。引入供电子基时略微发生浅色效应，引入吸电子基则发生深色效应。随着取代基的变化，染料的色泽、牢度和染色性能均会发生变化。结构通式如下：

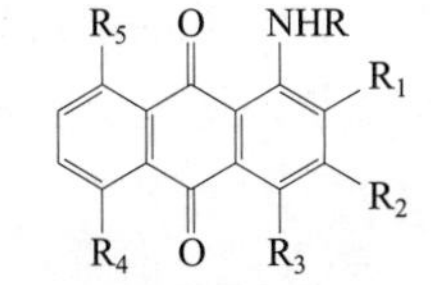

蒽醌型分散染料基本结构

分散红 3B 是三原色品种之一，色光鲜艳，日晒牢度、匀染性和提升率均较好，但升华牢度很差。适用于高温高压染色，主要用于拼色。分散红 3B 与 N-羟甲基苯二甲酰亚胺作用，可得到分散红 11，升华牢度可达 4～5 级。

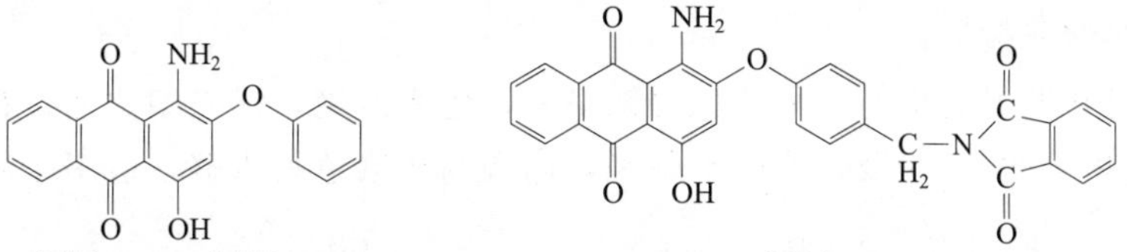

分散红3B(C.I.分散红60)

分散红11

色光鲜艳的蓝色分散染料基本都具有 1,5-二氨基-4,8-二羟基蒽醌 β-取代基衍生物结构。引入取代基目的是为了改变色光及增强升华牢度。

分散蓝 2BLN 是三原色的老品种，是国内大量生产的品种，日晒、气候牢度优良，升华牢度尚可，属 E 型染料，但可作为 S 型染料应用，可用于热溶法染色。

分散蓝 BGL 作为单色和拼色使用均可，与分散黄棕 S-2RFL 和红玉 2GFL 可拼得深色品种，升华牢度高，为热溶染色中优秀的蓝色品种。缺点是上色率曲线陡，热溶染色中的固色率为 70% 左右，适合中浅色。

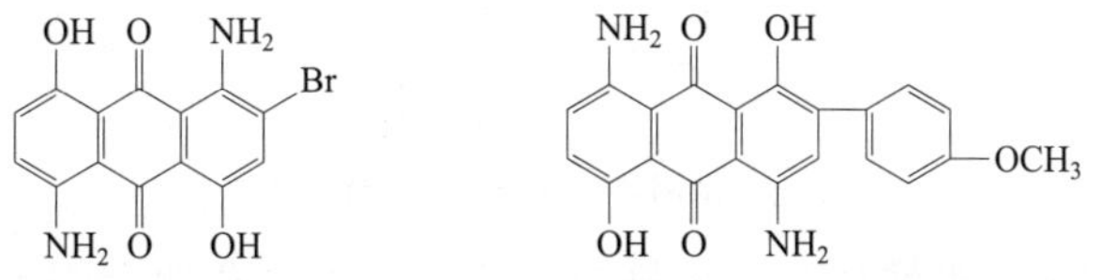

分散蓝2BLN(C.I.分散蓝56)

分散蓝BGL(C.I.分散蓝73)

3. 其他类型分散染料

（1）二苯胺类分散染料

这类染料大多是黄、橙色。该染料具有优良的各项牢度，并且制造简单，价格低廉。缺点是上染率较低。

二苯胺类分散染料的对位引入取代磺酰氨基，有利于提高升华牢度；在 2 位引入硝基，可与亚氨基形成氢键而提高耐晒牢度，如分散黄 SE-FL。如果增大分散黄 SE-FL 的分子量可得到分散黄 S-FL，有利于提高升华牢度，但给色量会因此降低。

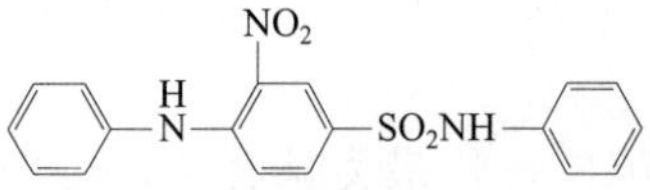

分散黄SE-FL 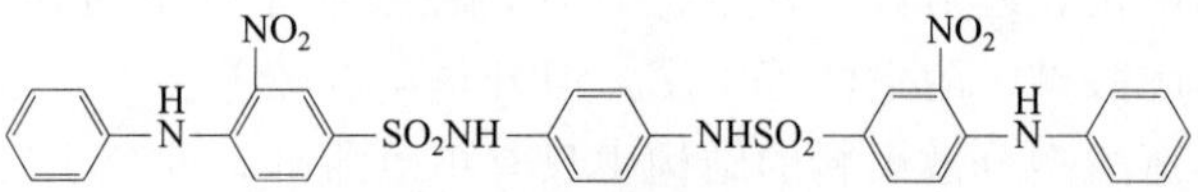　　　　　　　　　　分散黄S-FL

（2）苯并咪唑类分散染料

苯并咪唑类分散染料都是带有绿光的黄色品种，色泽鲜艳。由邻硝基对甲苯胺或邻硝基对甲氧基苯胺的硝基还原成氨基，再与 1,8-萘酐缩合，可制得分散荧光染料。该品种荧光不够强，升华牢度及提升率均不佳，在萘环引入极性基可以改善升华牢度。

由萘四甲酸与二胺类缩合，得到具有萘四甲酰亚胺的苯并咪唑结构，色光鲜艳，在紫外光下有强烈的荧光。

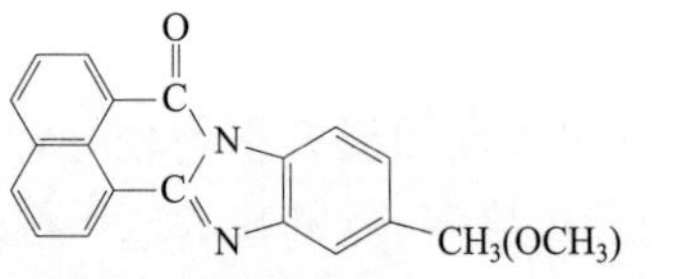

分散荧光I(II) 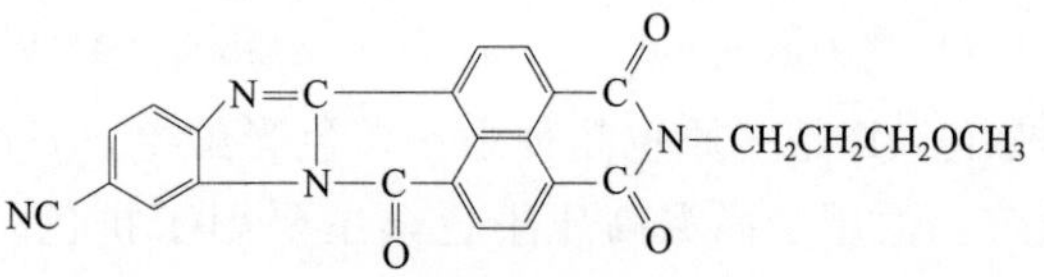　　　　　　　　　　分散黄-H7GL(C.I.分散黄63)

（3）苯乙烯型分散染料

苯乙烯型是新发展起来的一种黄色分散染料，色光鲜艳，绿光型黄色染料。日晒牢度可达 6～7 级，升华牢度 3～5 级，耐酸不耐碱，高温高压染色易水解，适用于热溶染色。

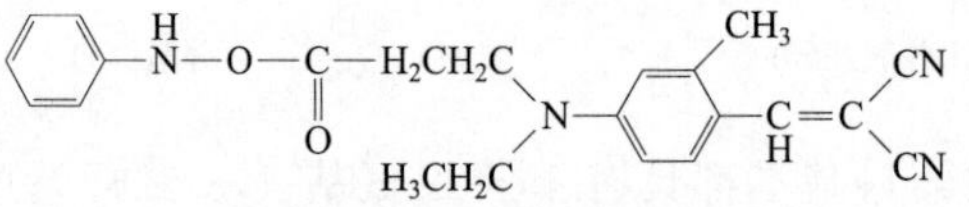

分散黄SE-6GFL(C.I.分散黄49)

（4）吡啶酮类分散染料

吡啶酮衍生物是一种新型的偶合组分，由它合成的嫩黄色的分散染料吸收强度很高，为吡唑啉酮的 1.5 倍，以 2,6-二羟基-3-氰基-4-甲基吡啶为代表。通过吡啶酮进行偶合可得到分散染料，如分散嫩黄 H4GL：

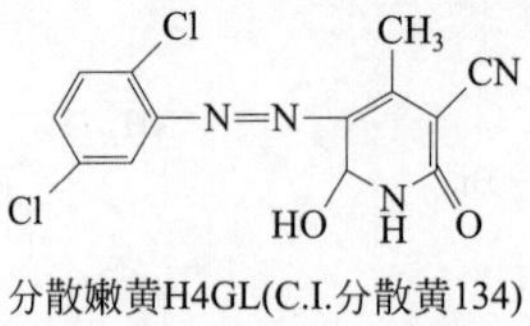

分散嫩黄H4GL(C.I.分散黄134)

这类分散染料的分子极性较小，重氮组分的吸电子基和偶合组分的供电子基都相当弱，所以都是黄色。日晒牢度可达 6～7 级，对碱稳定性差，染色需控制在弱酸条件下。

三、分散染料的染色性能

分散染料主要用于聚酯纤维染色。聚酯纤维具有疏水性强、结晶度高、纤维间隙小和不易润湿膨化等特性，与分散染料的强疏水性相近似。要使染料以单分子形式顺利进入纤维内部完成染色，常规方法是难以进行的，需要在有载体、高温或热溶作用下使纤维膨化，增大分子间的空隙，同时加入助剂以提高染料分子的扩散速率，染料才能进入纤维并上染。

高温高压染色法是分散染料最常用的方法，在高温有压力的湿热状态下进行。为防止分散染料及涤纶在高温及碱作用下产生水解，分散染料的染色常需在弱酸性条件下进行，染色pH 值一般控制在 5～6，常用醋酸和磷酸二氢铵来调节。为使染浴保持稳定，染色时需加入分散剂和高温匀染剂。染料在 100℃ 以内上染速率很慢，即使在沸腾的染浴中，上染速率和上染百分率也不高，所以必须加压，染浴温度可提高到 120～130℃。由于温度提高，纤维分子的链段剧烈运动，产生的瞬时孔隙也越多和越大，染料分子的扩散也会加快，从而增加了染料向纤维内部的扩散速率，直至染料被吸尽而完成染色。但温度过高会降低分散剂对染料的吸附，染料颗粒之间碰撞、凝聚的机会增加。

分散染料是 PU 使用的主要染料类型，这与 PU 的自身分子结构和发泡结构有关。PU在基布表面和内部形成不完全连贯的高分子膜，其结构由软链段和硬链段组成。软链段部分结构疏松，是分散染料上染的主要位置。分散染料对 PU 有较好的上色，在一定范围内，随着染色温度的提高，吸收量增大，染液中残留量较少，这对选用高力份的染料染制深色品种时是非常重要的。

分散染料的染液是悬浮液，其稳定性高低与染色质量有很大关系。分散染料结构简单，在水中呈溶解度极低的非离子状态，为了使染料在溶液中能较好地分散，需加入大量的分散剂。分散剂被吸附在染料颗粒的表面，形成双电层，阻止染料颗粒之间的碰撞和结晶增长，使染料成悬浮体稳定地分散在溶液中。如果染料颗粒相互碰撞而凝聚成大颗粒，当直径超过 $5\mu m$ 染色时易造成染色不匀，甚至产生色点。

分散染料的溶解度随染液温度提高而提高，在超过 100℃ 时作用更明显。但商品染料中加有大量分散剂，如调制染液温度过高反而会使染料凝聚成块，实际调制温度一般不超过 45℃。

分散染料的染色速度因染料品种不同而有较大差别，拼色时应尽量选用上染速度相近或配伍性较好的染料。分散染料可以和弱酸性染料或中性染料拼混染色，以调整色光并增进匀染度，达到取长补短的目的。色光近似的多组分分散染料混合的染料，其性能优于组分中任一组分，混合后牢度改善，色泽增加，上染率增加，可产生混合增效作用，染色性能获得明显改进。

在染色时，大多数偶氮型分散染料的初染率较高，杂环型分散染料的初染率最低，而最终竭染率又以杂环型高而偶氮型低。有些初染率高的分散染料，匀染性就差；有些分散染料初染率较低，竭染率较高，匀染性也好。

分散染料的热迁移问题一直影响其在合成革领域广泛应用。涤纶纤维经分散染料染色后，经过高温处理，由于助剂等的影响，分散染料会产生一种热迁移，这种现象在长期存放过程中也会产生。热迁移的原因是纤维表面的助剂在高温时能溶解染料，热又使纤维内部的染料逐步向纤维表面积聚，其实质是分散染料在两相中的分配现象引起的。纤维表面助剂对热迁移的影响，与它对分散染料的溶解性有关。目前主要是以非离子表面活性剂作为乳化剂，配制的乳液残留在纤维表面。

分散染料的热迁移与染料化学结构有一定关系，新出现的防热迁移的分散染料，它的分子量较大，其偶合组分含邻苯二甲酰亚胺，与涤纶纤维的亲和力较大，因此在高温时染料也较难从纤维内部迁移到表面。

第五节 匀染剂

匀染剂就是在染色过程中能够增强移染或延缓染色速度而获得均匀染色效果的助剂。在染色过程中不同的染料和染色工艺需要不同的匀染剂。

一、匀染原理

匀染剂通过降低染料的上染速度或增进染料的移染性来达到匀染和透染的目的。在染色刚开始，匀染剂通过延缓染料的吸附速率、减慢上染速率使纤维均匀地吸附染料，提高染色均匀性；在出现染色不匀时，通过移染作用进行纠正。

匀染剂延缓染料吸附速率和减慢上染速率的作用原理主要有两种形式：一是匀染剂与染料对纤维表面染座的竞争；二是匀染剂与染料的作用。匀染剂大多数是水溶性的表面活性剂，根据匀染剂对染料扩散与聚集度的影响，主要分为亲纤维型与亲染料型两大类。

（1）亲纤维型匀染剂

亲纤维型匀染剂在化学结构上与染料有相似的性质。它对染料的聚集度几乎没有影响，但对纤维的亲和力要大于染料对纤维的亲和力。

在染色初期，匀染剂会先与纤维结合，此时染料没有染座可结合，从而降低了染料上染速率。但随着温度逐渐升高，匀染剂与纤维结合力渐渐变弱，染料会逐渐代替匀染剂固着在纤维上，达到逐步上色的效果。否则染料将抢占最容易接触的染座，因为基布有充分接触液面的区块，也有互相重叠区块，在重叠区块如果没有缓慢释放出染座就会导致染色不均，因此这类匀染剂只具有缓染的作用。

（2）亲染料型匀染剂

亲染料型匀染剂对染料有亲和力，在染浴中能与染料分子形成某种稳定的聚集体，显著提高染料聚集度。由于匀染剂对染料的亲和力大于染料对纤维的亲和力，染色初期匀染剂首先与染料结合，从而降低了染料的扩散速率。随着染色过程的进行，匀染剂与染料结合力渐渐变弱，染料缓慢释放，逐步与纤维的染座结合，获得匀染效果。

由于匀染剂对染料的亲和力强，当染色不匀时，匀染剂还可以将染料从纤维色泽较深处剥离下来，重新上染到色泽浅的地方，因此这类匀染剂不仅具有缓染作用，而且具有移染作用。

由于匀染剂能与染料形成聚集体，如果用量过大，在染色平衡时会仍有部分染料以聚集体形式存在，而未与纤维结合，造成染料的浪费。因此应根据不同纤维和染料选择合适的匀染剂种类及用量。

二、阴离子型匀染剂

阴离子型匀染剂属于亲纤维型，利用阴离子型匀染剂同染料争夺染位，然后在染色过程中随温度升高再逐渐被染料所替代，从而减缓染料上染纤维的速度，达到匀染目的。

以最常用的聚酰胺（锦纶）为例。聚酰胺具有两性性质，在酸性条件下纤维表面带正电荷，可采用酸性染料染色，但竞染明显，染色均匀性差。由于锦纶的正电荷染座非常少，用较少浓度的阴离子表面活性剂就能与酸性染料产生竞染作用，因此亲纤维型的匀染剂通常采用一些烷基萘磺酸、土耳其红油、脂肪烷基硫酸盐、烷基苯磺酸盐、聚乙二醇烷基醚硫酸盐、萘磺酸-甲醛缩合物等阴离子表面活性剂。生产中常用的匀染剂有扩散剂 NNO、净洗剂

LS、I.C.I.公司的阿泰克索（Atexal）LS-NS、山德士公司的柳津 Lyogen P。阴离子表面活性剂如胰加漂 T、雷米邦 A，也可作为匀染剂使用。

Lyogen P 是蓖麻油酸丁酯的深度磺化物，用于酸性染料染锦纶时，对条花的盖染性极为优异。其结构为：

$$C_6H_{13}\overset{\overset{\displaystyle H}{|}}{\underset{\underset{\displaystyle OSO_3Na}{|}}{C}}\overset{\displaystyle H_2}{C}-CH=C-(CH_2)_7-COOC_4H_9$$

Lyogen P

净洗剂 LS 的化学名称是 5-油酰氨基-2-甲氧基苯磺酸钠，由油酰氯与邻甲氧基间氨基苯磺酸缩合而成，是一类结构中含有芳香环的酰胺磺酸盐，通常作为染色后的净洗剂，也可作为还原染料和酸性染料的匀染剂。

$$C_{17}H_{33}-\overset{\overset{\displaystyle H}{|}}{\underset{\underset{\displaystyle O}{\|}}{C}}-N-\underset{}{\bigcirc}\overset{SO_3Na}{\underset{OCH_3}{}}$$

净洗剂LS

净洗剂 LS 制备包括三部分：油酰氯的制备；邻甲氧基间氨基苯磺酸的制备；两部分的缩合反应。油酰氯由油酸与三氯化磷反应制备；邻甲氧基间氨基苯磺酸由对甲氧基苯胺与发烟硫酸反应制备。合成反应式如下：

$$C_{17}H_{33}COOH + PCl_3 \longrightarrow C_{17}H_{33}COCl + H_3PO_3$$
油酰氯

$$H_2N-\bigcirc-OCH_3 + H_2SO_4 \cdot SO_3 \longrightarrow H_2N-\bigcirc\overset{SO_3H}{\underset{OCH_3}{}}$$

对甲氧基苯胺　　　　　　　　　　　邻甲氧基间氨基苯磺酸

$$H_2N-\bigcirc\overset{SO_3H}{\underset{OCH_3}{}} + C_{17}H_{33}COCl \xrightarrow{NaOH} C_{17}H_{33}OCHN-\bigcirc\overset{SO_3Na}{\underset{OCH_3}{}}$$

杂环阴离子化合物或聚氧乙烯阴离子化合物对纤维的亲和力比对染料强，既具有匀染作用，还可改进染深色时的摩擦牢度，同时可使基布在染色后获得柔软和富有弹性的手感。代表性产品是脂肪醇聚氧乙烯醚硫酸盐，亲水基是硫酸酯基（—OSO₃Na），由脂肪醇醚经硫酸酯化后得到。

$$R-O-(CH_2CH_2O)_n-H + SO_3 \longrightarrow R-O-(CH_2CH_2O)_n-SO_3H \xrightarrow{NaOH} R-O-(CH_2CH_2O)_n-SO_3Na$$

胰加漂 T 化学名称油酰基-N-甲基牛磺酸钠，由油酰氯与 N-甲基牛磺酸钠反应制得，属于酰胺磺酸盐，磺酸基通过酰氨基与疏水基相连。胰加漂 T 为阴离子型白色粉末，易溶于水呈中性，在酸、碱、硬水、氧化剂中都比较稳定，可作为直接染料、酸性染料的匀染剂。

胰加漂 T 的制备过程主要包括油酰氯的制备、羟乙基磺酸钠的制备、甲基牛磺酸的制备、油酰氯和甲基牛磺酸的缩合四部分。

$$C_{17}H_{33}COOH + PCl_3 \longrightarrow C_{17}H_{33}COCl + H_3PO_3$$
油酰氯

$$H_2C\!-\!CH_2 + NaHSO_3 \longrightarrow HO\!-\!CH_2CH_2\!-\!SO_3Na$$

羟乙基磺酸钠

$$HO\!-\!CH_2CH_2\!-\!SO_3Na + H_3C\!-\!NH_2 \longrightarrow H_3C\!-\!\overset{H}{N}\!-\!CH_2CH_2\!-\!SO_3Na + H_2O$$

甲基牛磺酸

$$H_3C\!-\!\overset{H}{N}\!-\!CH_2CH_2\!-\!SO_3Na + C_{17}H_{33}COCl \longrightarrow C_{17}H_{33}\overset{O}{\overset{\|}{C}}\!-\!\overset{CH_3}{\underset{}{N}}\!-\!CH_2CH_2\!-\!SO_3Na$$

胰加漂T

烷醇酰胺磺基琥珀酸单酯盐 MS 是新型的阴离子表面活性剂。这类表面活性剂表面活性好，其分子中的酰氨键—CONH—与皮肤及毛发中蛋白质肽键相似，因此对人体皮肤及眼睛刺激小，易生物降解，且工业生产无三废污染，符合环保要求。MS 作为匀染剂可用于羊毛染色，其匀染效果优于平平加 O（一种传统匀染剂）。

阴离子型还可与非离子型配合使用。非离子型表面活性剂通过聚氧乙烯键上的氧原子与染料分子结合而获得缓染效果；阴离子表面活性剂既具有亲纤维性，又具有分散性能，和非离子表面活性剂对染料的亲和性相互配合，两者复配可达到匀染的效果。如内含醇醚硫酸钠、脂肪酸与二乙醇胺缩合物，低级醇胺、低级脂肪醇和在一定温度下可释放氯化氢的卤代烷基衍生物的混合物组成的匀染剂，用于酸性染料染色时，可得到均匀的色泽。

三、非离子型匀染剂

弱阳/非离子型匀染剂属于亲染料型。在染浴中阳离子同染料阴离子形成结合物，然后在染色过程中逐渐分解释放出染料，并被纤维所吸附。为防止结合物沉淀，一般还需要复配或者在结构中带有一定亲水性的非离子型表面活性剂。该类匀染剂主要是脂肪胺聚氧乙烯醚及叔胺类阳离子表面活性剂与非离子表面活性剂的复配物。

脂肪胺聚氧乙烯醚由高级脂肪胺与环氧乙烷加成反应得到。脂肪胺聚氧乙烯醚的制备分两个阶段，第一阶段在 $100℃$ 无催化条件下加成反应；第二阶段在 $150℃$ 催化条件下进行氧化乙烯的链增长反应。

$$R\!-\!NH_2 + H_2C\!-\!CH_2 \longrightarrow R\!-\!N\!\begin{matrix}CH_2CH_2OH\\ \\CH_2CH_2OH\end{matrix} \xrightarrow[\text{催化}]{H_2C\!-\!CH_2} R\!-\!N\!\begin{matrix}(CH_2CH_2O)_mH\\ \\(CH_2CH_2O)_nH\end{matrix}$$

脂肪胺　　环氧乙烷　　　　　　　　　　　　　　　　脂肪胺聚氧乙烯醚

这类表面活性剂在聚氧乙烯基个数较少时，体现出一定的阳离子（叔胺盐）性质。当烷基胺的碱性过大时，由于缓染效果增强，最终染色效果较差。随着聚氧乙烯链的增长，阳离子性下降，体现出非离子表面活性剂的性质。脂肪胺聚氧乙烯醚可溶于酸性介质，聚氧乙烯链较长时可溶于中性和碱性溶液中。

在水溶液中，阴离子染料上的磺酸基和表面活性剂分子中的带弱阳电荷的氨基发生相互作用。由于一定长度的聚氧乙烯亲水链的存在，当表面活性剂达到一定值时，生成的染料-表面活性剂聚集体是亲水性的，不会产生沉淀。在媒介染料、中性染料、弱酸性染料及金属络合染料的染色中，其都具有优良的匀染效果。匀染剂 AN、匀染剂 NFS、匀染剂 AC 均属此类。

代表性产品为烷基二胺聚氧乙烯醚，如 N-烷基-1,3-丙二胺的聚氧乙烯醚，广泛用于锦纶的染色匀染剂。其结构式为：

$$R-N-H_2CH_2CH_2C-N \begin{matrix} (CH_2CH_2O)_aH \\ (CH_2CH_2O)_bH \end{matrix}$$
$$(CH_2CH_2O)_cH$$

N-烷基-1,3-丙二胺聚氧乙烯醚

分子中烷基链为 $C_{12} \sim C_{22}$ 无环烃基，聚氧乙烯链总量 $a+b+c$ 为 $45 \sim 80$。

其制备过程分两步。首先由脂肪胺和丙烯腈反应制得 N-烷基-1,3-丙二胺；再与环氧乙烷加成得到 N-烷基-1,3-丙二胺的聚氧乙烯醚。

$$R-NH_2 + H_2C=C-CN \longrightarrow R-\overset{H}{N}-CH_2CH_2-CN \overset{H^+}{\longrightarrow} R-\overset{H}{N}-CH_2CH_2CH_2-NH_2$$

脂肪胺 丙烯腈 N-烷基-1,3-丙二胺

$$R-\overset{H}{N}-CH_2CH_2CH_2-NH_2 + H_2C-CH_2 \longrightarrow R-N-H_2CH_2CH_2C-N \begin{matrix} (CH_2CH_2O)_aH \\ (CH_2CH_2O)_bH \end{matrix}$$

N-烷基-1,3-丙二胺 N-烷基-1,3-丙二胺聚氧乙烯醚

聚乙烯吡咯烷酮简称 PVP，是一种非离子型高分子表面活性剂。它具有良好的溶解性、相容性及复配能力，可作为多种纤维染色的匀染剂。PVP 是由 N-乙烯基吡咯烷酮经聚合而成的线型高分子聚合物，结构式如下：

PVP

分子结构中有一个极性较大的内酰氨基，具有亲水性；分子环上及长链中又具有非极性的亚甲基和次亚甲基，具有亲油性。酰氨基的氧原子一端是裸露的，而氮原子一端处于甲基和亚甲基的包围中，与染料分子中的羟基、氨基、羧基结合，特别是对酸性、直接、还原、硫化染料有很强的结合能力，所以常用于改进疏水纤维的可染性。PVP 的这种结构使其带有表面活性，对固体表面的吸附作用及亲水性能所形成的立体屏蔽能力，使固体离子具有良好的分散稳定性。PVP 同时具有高分子化合物的特性，有广泛的调节分散体系或溶液流变性的能力。

当采用酸性和金属络合染料染锦纶时，PVP 有明显的缓染作用，可使染料初期上染速率降低，上染过程变缓，达到匀染目的。PVP 作为改性聚酯用阳离子染料的匀染剂，不仅色泽均匀，而且日晒牢度和抗静电性也大大增加。PVP 具有优异的胶体保护作用和增溶作用，可作为分散染料高温染色用结构型匀染剂，来提高分散染料的稳定性和染色速率。

四、两性离子型匀染剂

部分两性离子结构的表面活性剂也具有类似的亲染料的匀染性能。代表性的为磺基甜菜碱型两性表面活性剂，它具有良好的分散性、配伍性与化学稳定性，对酸碱度适应性好，常用于酸性、直接、还原染料染色时的匀染剂，与非离子表面活性剂复配后效果更佳。

磺基甜菜碱可采用丙烷磺内酯与长链烷基叔胺进行反应，但由于丙烷磺内酯易爆易致癌，因此目前普遍采用叔胺与丙烯氯反应，再通过亚硫酸氢钠引入磺酸基，反应式如下：

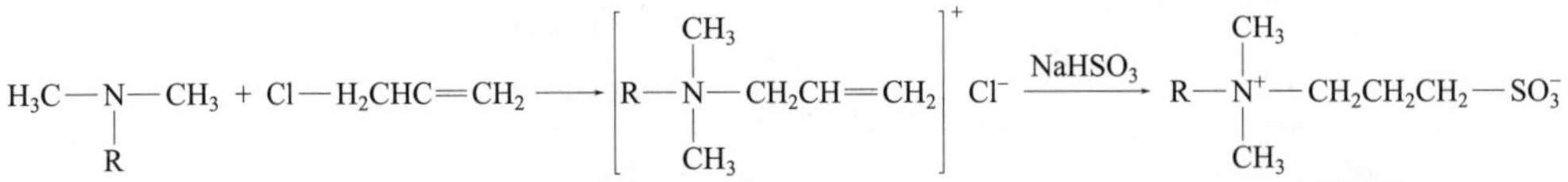

$$H_3C - \overset{\underset{\displaystyle |}{R}}{\underset{\displaystyle |}{N}} - CH_3 + Cl - H_2CHC = CH_2 \longrightarrow \left[R - \overset{\underset{\displaystyle |}{CH_3}}{\underset{\displaystyle |}{N}} - CH_2CH = CH_2 \right]^+ Cl^- \xrightarrow{NaHSO_3} R - \overset{\underset{\displaystyle |}{CH_3}}{\underset{\displaystyle |}{N^+}} - CH_2CH_2CH_2 - SO_3^-$$

叔胺　　　　　丙烯氯　　　　　　　　　　　　　　　　　　　　　　　　　磺基甜菜碱

采用 3-氯-2-羟基丙磺酸钠与长链烷基叔胺进行季铵化反应，可得到高纯度的含羟基的磺基甜菜碱。3-氯-2-羟基丙磺酸钠可由环氧氯丙烷与亚硫酸氢钠反应制得。

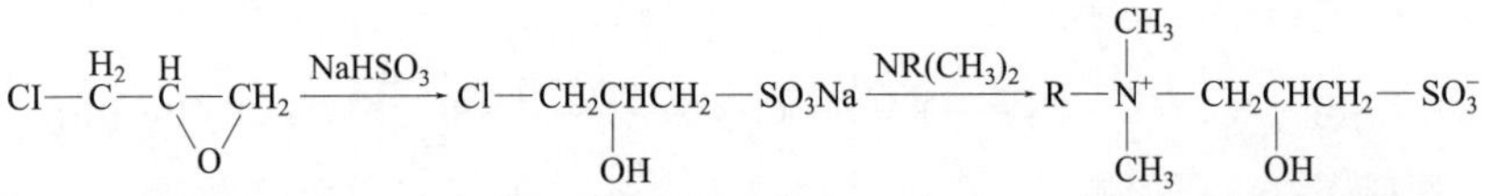

$$Cl - \overset{\underset{\displaystyle |}{H_2}}{\underset{\displaystyle O}{C}} \overset{\underset{\displaystyle |}{H}}{\underset{\displaystyle O}{C}} - CH_2 \xrightarrow{NaHSO_3} Cl - CH_2\overset{\underset{\displaystyle |}{OH}}{\underset{\displaystyle }{CH}}CH_2 - SO_3Na \xrightarrow{NR(CH_3)_2} R - \overset{\underset{\displaystyle |}{CH_3}}{\underset{\displaystyle |}{CH_3}}{N^+} - CH_2\overset{\underset{\displaystyle |}{OH}}{\underset{\displaystyle }{CH}}CH_2 - SO_3^-$$

环氧氯丙烷　　　　　　　　3-氯-2-羟基丙磺酸钠　　　　　　　　　羟基磺基甜菜碱

新型的两性匀染剂是在其分子结构中引入聚醚，形成两性聚氧乙烯醚或其季铵化产物，不需要复配即可作为匀染剂使用。如匀染剂 A，是由高碳脂肪胺与环氧乙烷反应，然后用卤代烷季铵化，最后酯化得到的甜菜碱型两性表面活性剂。

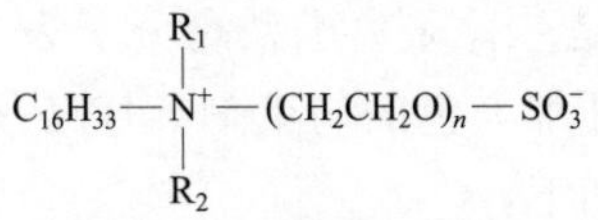

$$C_{16}H_{33} - \overset{\underset{\displaystyle |}{R_1}}{\underset{\displaystyle |}{R_2}}{N^+} - (CH_2CH_2O)_n - SO_3^-$$

匀染剂A

该表面活性剂可与染料阴离子形成复合物吸附在纤维的表面，对纤维具有亲和力，使染料分子吸附于纤维表面，并向纤维内部渗透和扩散。随着染色的进行，结合体逐渐分离，以利于染料的上染，匀染剂本身再与染料分子结合。如此不断循环，直至达到平衡，从而降低染料在纤维上的吸附差异，产生较好的匀染性。分子结构中的聚氧乙烯链增加了两性离子表面活性剂在水中的溶解度。匀染剂 A 在锦纶染色时加入，可与染料形成络合物，抑制上染速率，是较温和的低泡匀染剂。

第六节　固色剂

一、固色机理

当纤维和染料的亲和力弱时，为使染料更加有效的固着于纤维，增加染色坚牢度而所使用的助剂称为固色剂。

固色剂的固色机理，即提高染料在纤维上的染色牢度，主要有以下几个途径：

① 利用固色剂分子中的季铵盐或叔铵盐等阳离子基团与染料结构中的阴离子基团形成离子键结合，使染料与固色剂形成不溶性的色淀，降低染料的水溶性，从而提高牢度。可以把水溶性染料看作是一种活性的阴离子，它可以与固色剂的阳离子基团在纤维上进行离子交换生成微溶或不溶于水的盐类。

② 利用固色剂分子中的反应性基团如羟基、环氧基与染料或纤维上的可反应基团交联，降低染料的水溶性。在固色剂分子中引入反应性基团，利用其交联作用提高固色性能，是目前固色剂发展的重要方向。如使二亚乙基三胺和双氰胺反应得到多胺类树脂，再与环氧氯丙烷反应，可得到含反应性环氧基的固色剂。

③ 利用固色剂的成膜性提高其染色牢度。固色剂上的反应性交联基团在烘干过程中自行交联成大分子，在纤维表面形成一层具有一定强度的保护膜，把染料包覆在纤维上使其不易脱落，增加染料的溶落难度。由烯烃聚合而成的高聚物，即使不含有反应性基团或阳离子基团，利用其成膜性，也能提高染色牢度。多胺固色剂的分子量提高后，其固色牢度也随之提高。如果在成膜材料上引入反应性基团或阳离子基团，其固色效果更佳。

④ 固色剂分子上的亲染料的基团，可使固色剂与染料之间形成氢键和范德华力结合。

⑤ 固色剂分子中所含的基团，如亚氨基等，可与染料分子上的羟基、氨基等形成配合物结构。

⑥ 利用固色剂与纤维间的分子引力（主要是氢键力）增加固色剂的固着强度，从而提高染色牢度。如用多乙烯多胺与环氧氯丙烷制成的固色剂，其牢度优于用二甲胺与环氧氯丙烷合成的固色剂，原因就是前者与纤维的氢键引力更大。

固色剂除可提高染色牢度外，还可以提高其他牢度。分子结构中具有氮结构的固色剂如多元醇胺缩合物，具有一定的 pH 缓冲能力，通过其较强的吸酸能力可提高染色物的汗渍牢度。利用固色剂中的平滑组分可使纤维表面平滑柔软，从而提高染色物的摩擦牢度。利用接枝方法将紫外线吸收剂引入到固色剂分子中，可提高日晒牢度。

综上所述，不同固色剂的结构与性质的不同，其固色原理也不尽相同，这也为开发新型固色剂提供了理论依据。新型固色剂应该是综合利用分子间引力、阳离子基团、反应性基团、成膜性等性质，提高固色性能。

二、固色剂种类

1. 阳离子固色剂

含有磺酸盐的染料在水中会离解成染料阴离子，阳离子化合物固色剂对染料阴离子有较大的反应性，依靠阳离子基团与染料分子的阴离子基团以离子键结合，使染色物上的染料分子增大，形成不溶性的高分子色淀而沉积在纤维内外，达到封闭染料分子中的水溶性基团，降低染料水溶性的目的，从而提高基布的染色牢度。

阳离子聚合物固色剂是带有正电荷的烯烃化合物通过一定方法聚合得到的阳离子线型聚合物。季铵盐聚合物是广泛使用的固色剂，采用含氮碱或其盐类与芳基或杂环基（而不是与高分子烷基）相结合，起到固色作用。如 N-聚乙烯咪唑啉季铵盐、聚乙烯亚胺季铵化合物、二甲基二烯丙基季铵盐、聚丙烯酸酯季铵化合物、聚丙烯酰胺季铵化合物、环氧氯丙烷与三甲胺反应物等。

二甲基二烯丙基季铵盐是一种水溶性极强的含有两个不饱和键的季铵盐，其均聚物属于树脂型的固色剂，聚合物中的阳离子基团可与染料的阴离子基团进行离子键合形成色淀，提高染料与固色剂的结合力，加上其高效无毒，已成为近年来国内外开发的重点。代表性产品为聚二甲基二烯丙基氯化铵（PDMDAAC），为自由基聚合反应。

聚二甲基二烯丙基氯化铵

从合成结构式可以看出，PDMDAAC 固色剂为均聚物，分子的环状结构与染料结构相似，分子量很大，可保证固色剂在纤维和染料表面形成一层致密的保护膜。分子链中有许多季铵阳离子基，可与染料的阴离子基团进行离子键合形成色淀，又可与纤维的活性基团键合附着在纤维上，但它们分子中均不具有反应性基团，与纤维结合主要靠分子间作用力，属于吸附型阳离子固色剂。此类固色剂可以提高染色的耐洗、耐摩擦、耐氯牢度，特别对耐洗牢度提高显著。同时，聚合物的分子量越大、分布越均匀，固色效果越好。

二甲基二烯丙基季铵盐与二氧化硫在自由基引发剂下聚合而成的聚胺砜（PAS）类固色剂，固色机理与 PDMDAAC 类似，由于聚合物分子中含有砜基，具有非常优异的稳定性，可实现低温固色的效果，不含甲醛和重金属，符合环保要求，但耐热水洗涤性较差，可以代替固色剂 Y、固色剂 M 等。

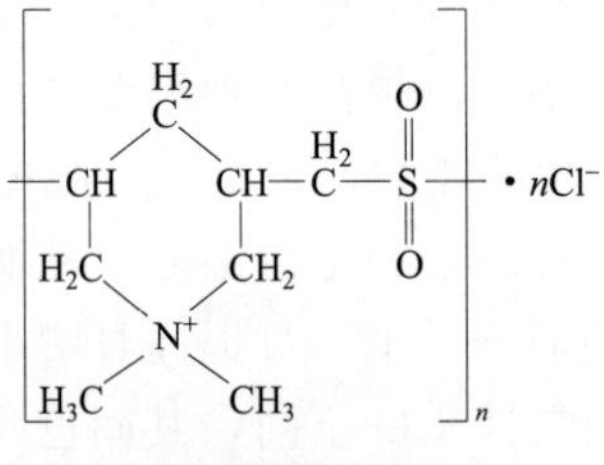

聚胺砜类固色剂

利用乙烯基进行聚合反应的季铵盐可以合成很多种类的阳离子固色剂。如二烷基氨基甲基丙烯酸乙酯季铵盐在引发剂作用下可以聚合成带阳离子基团的无醛固色剂，类似于烯丙基季铵盐高聚物。乙烯铵盐、丙烯铵盐在引发剂作用下聚合成固色剂。铵盐可以是弱阳离子性，也可以是经过环氧氯丙烷反应而生成较强的阳离子。

聚二烷基氨基甲基丙烯酸乙酯季铵盐　　　　聚丙烯铵盐

甲基丙烯酰氧乙基三甲基氯化铵（DMC）以及二甲基二烯丙基氯化铵（DMDAAC）是水溶性极强、含有不饱和键的季铵盐单体，他们对环境友好且高效无毒，既可进行本体聚合，也可和许多带有双键官能团的活性单体进行共聚。采用两种阳离子单体 DMC 及 DMDAAC 进行自由基共聚合成 P（DMC-DMDAAC），可作为高效无醛固色剂。

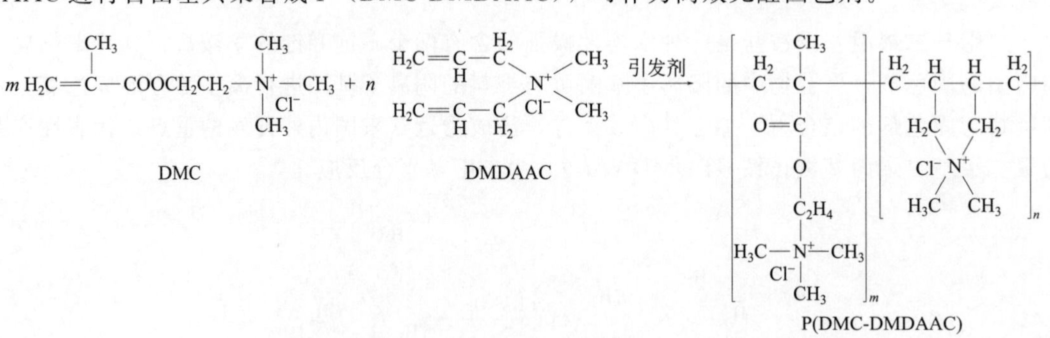

P(DMC-DMDAAC)

壳聚糖也是一种含氮的阳离子聚合物，可以和各类阴离子染料产生不溶性沉淀，一方面封闭了染料的亲水基团，另一方面增大了染料的分子，从而降低染料的水溶性，大大提高了水洗牢度。将壳聚糖的氨基季铵化或在氨基上引入反应性基团，则可提高其固色效果。壳聚糖作为新型的环保型固色剂目前已经在推广。

2. 树脂型固色剂

树脂型固色剂是利用固色剂在染物上的成膜性能以提高其染色牢度。干燥时随着温度升高，固色剂分子的活性反应基团与纤维的活性基团发生交联反应，同时固色剂的活性反应基团也自行交联反应形成具有一定强度的保护膜，把形成了色淀的染料和没形成色淀的染料固着在纤维表面使其不易脱落。现在的新型固色剂大多通过这个途径提高固色性能。

固色剂 Y，也称为白色固色剂，是较早使用的一种树脂型阳离子固色剂，是双氰胺和甲醛缩合的树脂水溶性初缩体，加醋酸水解而生成可溶性阳离子固色剂，反应式为：

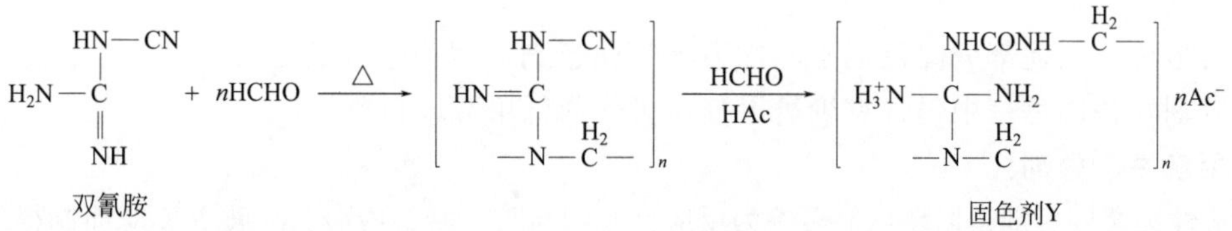

固色剂 Y 为无色透明黏稠液体，经干燥可制成固体。可与阴离子染料生成不溶性高分子沉淀物，本身在一定条件下发生缩合反应，在纤维表面形成透明立体网状结构，不仅可提高染色牢度，还能有效改善皂洗、水洗、汗渍等牢度，对色光影响小，但固色后日晒牢度有所下降。固色剂 Y 含有一定的游离甲醛，对人体有一定危害，目前已逐渐被淘汰。

阳离子树脂型固色剂可采用双氰胺、二乙烯三胺与羟甲基尿素反应，生成的咪唑啉具有阳电荷，可作为固色剂使用，其结构式为：

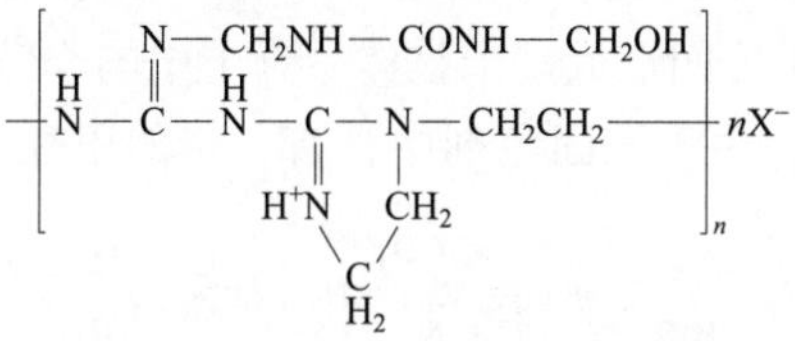

由乙烯多胺与双氰胺缩合再环构化，可制成咪唑啉结构的树脂固色剂（841），合成时还可根据要求添加尿素、乙二醇等化合物，提高固色效果。用 2D 树脂或羟甲基脲作交联剂可进一步生成新的树脂交联剂（842），多胺型固色剂自身具有网状结构，与染料结合形成大分子，有效提高湿处理牢度。841 初缩体与环氧氯丙烷反应可得到具有反应性基团的固色剂，可进一步提高固色牢度。

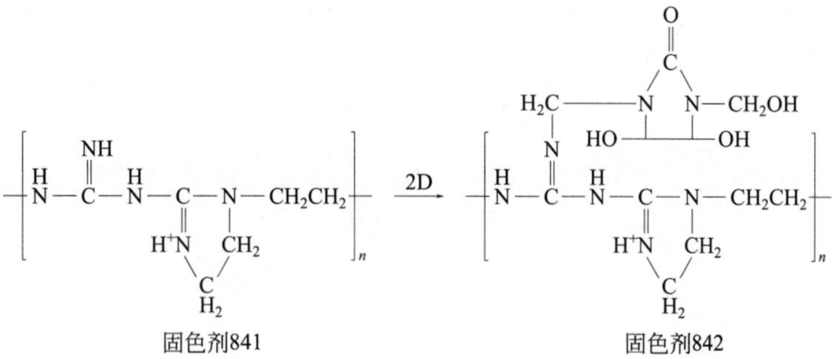

固色剂841　　　　　　　　固色剂842

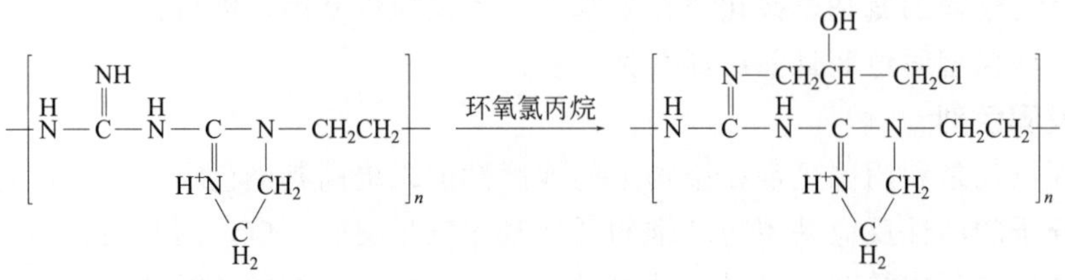

固色剂841　　　　　　　　　　　　固色剂851

以上固色剂含有咪唑啉阳离子基团，可与染料阴离子结合形成色淀。分子中的羟甲基、氨基可作为反应基团，与染料或纤维的氨基、羟基等进行交联，从而提高染色牢度。上述固色剂缺点是有色变现象，用双氰胺做原料的固色剂都有色变现象，故需控制使用量，以减少其色变程度。

严格地说，上述部分固色剂不能称为无醛固色剂，因为它们还是要用 2D 树脂或羟甲基脲作交联剂，该固色剂中仍含有少量甲醛，可作为低甲醛固色剂。

3. 反应性固色剂

反应性无醛固色剂是以环氧氯丙烷为反应性基团与胺、醚、羧酸、酰胺等反应而制得的固色剂。大多数为聚合物，为了提高固色效果，有些固色剂既具有活性反应基团又有具有阳离子基团，最常用的反应性基团为环氧基。反应性固色剂不但能与染料和纤维"架桥"，树脂自身也可交联成大分子网状结构，从而与染料一起构成大分子化合物，使染料与纤维结合得更牢固。阳离子基团还可以与染料阴离子形成色淀，从而提高染料的染色牢度。代表性的结构有如下几种：

（1）反应性固色交联剂

代表性产品有固色剂 DE，其结构为环氧丙基二甲基铵基亚甲基苯酚的甲醛缩合物。该固色剂在碱性条件下可与纤维上的羟基、氨基等反应，又可以与染料分子中的氨基、酰氨基、羟基、磺酰氨基等反应，使染料与纤维之间形成一个整体。分子中的季铵盐还可与染料阴离子以离子键结合，使染色牢度进一步提高。由于该固色剂中含有一定的甲醛，目前应用受到一定的限制。

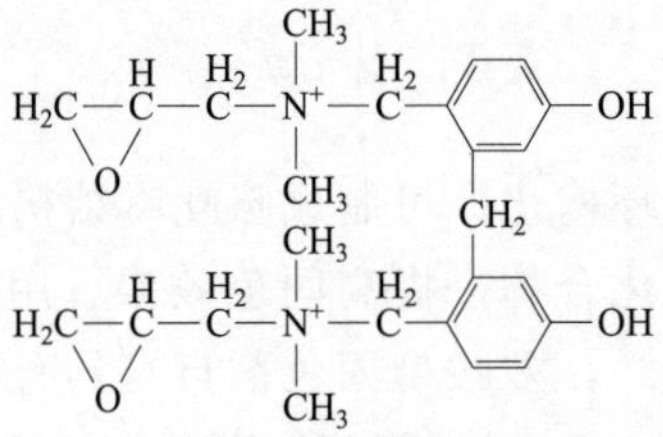

固色剂DE

固色剂 P 也是常用的固色剂，其分子中有双键，除了可以与已上染的染料形成交联外，还能与未反应的染料和水解染料进行交联。此外，分子中的阳离子基团还能与染料中的磺酸基形成离子键结合，提高染色牢度。

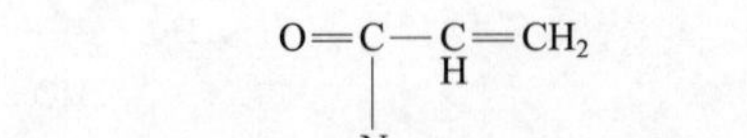

固色剂P

二甲基二烯丙基氯化铵（DMDAAC）和烯丙基缩水甘油醚（AGE）进行聚合，可得到双活性基固色剂 P（DMDAAC-AGE）。含季铵盐阳离子基和环氧基的双活性固色剂具有较好的反应性，在纤维表面有较好的成膜性。

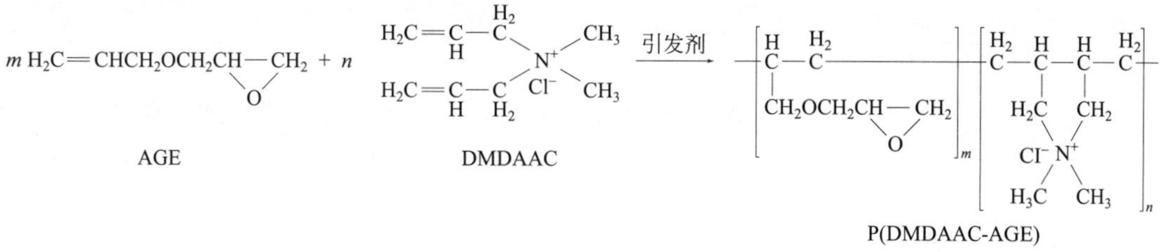

$$m\ H_2C=CHCH_2OCH_2CH-CH_2 + n$$

AGE　　　　　DMDAAC　　　　　　　引发剂　　　　　P(DMDAAC-AGE)

（2）胺与环氧氯丙烷缩合物

这类固色剂主要为甲胺、二甲胺、乙二胺、二乙烯三胺等胺类化合物与环氧氯丙烷的缩合物，再用盐酸酸化得到。如二甲胺与环氧氯丙烷缩合物的结构如下：

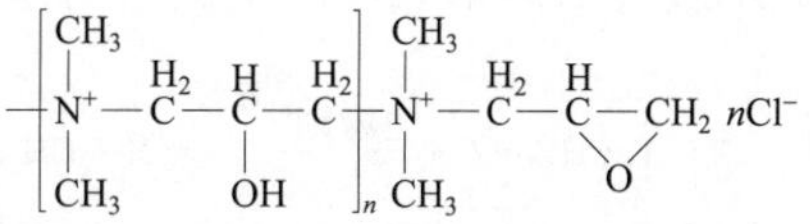

这是目前国内市场使用最多、制造最方便的无醛固色剂。使用氨、一甲胺、二甲胺与环氧氯丙烷缩合得到的固色剂，成本便宜，且大多数为无色液体。使用二乙烯三胺与环氧氯丙烷缩合得到的固色剂成本较高，且大多为淡黄至黄色液体。若经过环构化，则可提高其染色牢度，但也增加了成本。为平衡成本与效果，市场上大多数采用混合胺。

代表性产品为无甲醛型固色剂 KS。在分子中引入环氧基反应性交联基团，可与纤维分子上的羟基或染料上的仲胺反应形成共价键，分子中的季铵盐可与染料阴离子形成色淀而固着在纤维上，在染料与纤维间"架桥"形成化合物，形成高度多元化的交联体系，从而使染料与纤维更牢固地结合，防止染料从纤维上脱落，提高染色牢度。固色剂中的活性物质可以相互缩合，在纤维表面形成立体网状薄膜，把染料封闭，增加平滑度，减少摩擦系数，进一步防止在湿摩擦过程中发生染料的溶胀、溶解、脱落，提高湿擦牢度。

二乙烯三胺与环氧氯丙烷的缩合物若经过高温环构化，可生成具有反应性基团的咪唑啉结构，这是目前国内无醛固色剂的主流结构。其缩合物还可以用醚化剂如 3-氯-2-羟丙基氯化铵进行醚化从而引入季铵盐，增加固色剂的阳离子性进而提高固色牢度。

（3）聚醚与环氧氯丙烷缩合物

含两个或两个以上羟乙基及羟基的化合物，如多乙醇胺、多羟基萘，在催化剂存在下缩合成聚醚，再与环氧氯丙烷反应可得到反应性固色剂。例如二乙醇胺或三乙醇胺于催化剂存在下缩合成聚醚，再与环氧氯丙烷缩合可制得固色剂。

由二乙醇胺缩合的聚醚与环氧氯丙烷反应，得到的固化剂结构如下：

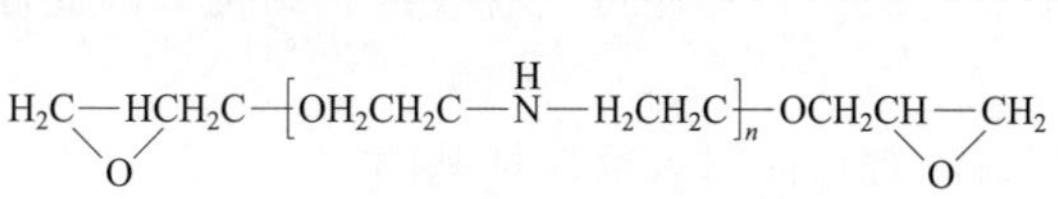

$$H_2C-HCH_2C-[OH_2CH_2C-N-H_2CH_2C]_n-OCH_2CH-CH_2$$

以 1,5-二羟基萘在催化剂下进行缩合，再与环氧氯丙烷进行反应得到聚醚型反应固色剂，结构如下：

$$H_2C - \overset{H}{\underset{O}{C}} - \overset{H_2}{C} - O - \left[\begin{array}{c} \end{array} \right]_n O - \overset{H_2}{C} - \overset{H}{\underset{O}{C}} - CH_2$$

三、固色剂制备

不同结构的固色剂都具有不同的特点和作用效果，在生产中常将两种或两种以上不同结构的固色剂进行复配使用，以获得更佳的效果。以下为较典型的固色剂的合成方法及工艺路线。

1. 阳离子型固色剂

阳离子型固色剂中代表性产品为二甲基二烯丙基氯化铵的聚合物。它可与染料生成色淀，也可自交联成膜固色，具有牢度高、用量少的特点。在合成和使用过程中无游离甲醛的产生，属于环保型固色剂。

① 合成原理。第一步由二甲胺与烯丙基氯反应生成中间体二甲基二烯丙基氯化铵；

$$\overset{H_3C}{\underset{H_3C}{\diagdown}} NH + Cl-H_2CHC=CH_2 \xrightarrow{NaOH} \overset{H_3C}{\underset{H_3C}{\diagdown}} N-CH_2CH=CH_2$$

$$\overset{H_3C}{\underset{H_3C}{\diagdown}} N-CH_2CH=CH_2 + Cl-H_2CHC=CH_2 \longrightarrow \overset{H_3C}{\underset{H_3C}{\diagdown}} \overset{CH_2CH=CH_2}{\underset{CH_2CH=CH_2}{\diagup}} N^+ \quad Cl^-$$

第二步是二甲基二烯丙基氯化铵在引发剂作用下发生聚合反应：

$$\overset{H_3C}{\underset{H_3C}{\diagdown}} \overset{CH_2CH=CH_2}{\underset{CH_2CH=CH_2}{\diagup}} N^+ \quad Cl^- \longrightarrow \left[\begin{array}{c} {}^*\overset{H_2}{C} - \overset{H}{C} - \overset{H_2}{C}{}^* \\ H_2C \quad CH_2 \\ \overset{N^+}{\underset{H_3C}{\diagup}} \overset{}{\underset{CH_3}{\diagdown}} \end{array} \right]_n Cl^-$$

② 合成工艺：

a. 中间体合成。二甲胺溶液在搅拌下慢慢控制温度在 10～18℃，缓慢加入氢氧化钠和氯丙烯。加热并在 40～45℃下回流 5～6h，pH=4～6 时停止加热。

将析出的氯化钠滤掉，加少量水稀释后减压蒸馏，去除未反应的物料和杂质，得到二甲基二烯丙基氯化铵水溶液。

b. 成品合成。将中间体在氮气保护下缓慢滴加过硫酸铵，加入量为中间体的 0.5%～2%。在 50～80℃下聚合 6h，添加助剂即得到固色剂。

2. 反应性固色剂

反应性固色剂结构中含有活性基团，与纤维与染料上的极性基团以共价键结合。分子中的阳离子与染料阴离子形成色淀，自身还可交联成网状结构，因此固色牢度高。

① 合成原理：

a. 二乙烯三胺与环氧氯丙烷反应引入反应性基团；

$$H_2N-H_2CH_2C-\overset{H}{\underset{}{N}}-CH_2CH_2-NH_2 + Cl-\overset{H_2}{\underset{O}{C}}-CH_2 \longrightarrow H_2N-H_2CH_2C-\overset{H}{\underset{}{N}}-CH_2CH_2-\overset{H}{\underset{}{N}}-\overset{H}{\underset{OH}{C}}-\overset{H_2}{C}-Cl$$

b. 与丙烯酰氯反应得到具有反应性基团的丙烯酰胺衍生物，即聚合单体；

$$H_2N—H_2CH_2C—N\overset{H}{|}—CH_2CH_2—N\overset{H}{|}—C\overset{H}{|}—C\overset{H_2}{|}—CH_2 + H_2C=C\overset{H}{|}—C—Cl \longrightarrow$$

$$H_2C=C\overset{H}{|}—C—N\overset{H}{|}—H_2CH_2C—N\overset{H}{|}—CH_2CH_2—N\overset{H}{|}—C\overset{H_2}{|}—C\overset{H}{|}—CH_2$$

c. 在引发剂作用下，丙烯酰胺衍生物发生聚合反应，得到含有反应性基团的阳离子聚合物固色剂。

$$n\left[H_2C=C\overset{H}{\underset{H}{|}}\right]—C—N\overset{H}{|}—H_2CH_2C—N\overset{H}{|}—CH_2CH_2—N\overset{H}{|}—C\overset{H_2}{|}—C\overset{H}{|}—CH_2 \xrightarrow{引发剂}$$

$$\left[\overset{H_2}{\underset{|}{C}}—\overset{H}{\underset{|}{C}}\right]_n—C—N\overset{H}{|}—H_2CH_2C—N\overset{H}{|}—CH_2CH_2—N\overset{H}{|}—C\overset{H_2}{|}—C\overset{H}{|}—CH_2$$

② 固色原理：

a. 分子量较大，烘干过程中能自交联成膜，将染料分子包覆在纤维上。

b. 分子中的阳离子可与染料中的阴离子以离子键结合，形成难溶性的色淀，封闭了染料分子中的水溶性基团。

c. 分子中的亚氨基可与金属络合染料形成配位键。

d. 固色剂分子中的活性基团可与染料及纤维上的极性基团反应，形成共价键结合。

③ 合成工艺：

a. 中间体的合成。在 $50\sim60℃$ 下，将环氧氯丙烷滴加进二乙烯三胺，恒温反应 3h，得到淡黄色黏稠液体。冷却，在冰水浴条件下边搅拌边滴加丙烯酰氯，得到淡黄色液体。原料的摩尔比二乙烯三胺 : 环氧氯丙烷 : 丙烯酰氯 $=1:1:1$。

b. 固色剂合成。用蒸馏水调整中间体浓度，升温至 $50℃$，加入引发剂，在 $70\sim80℃$ 下聚合反应 5h，冷却，得到固色剂。聚合温度过高易引起暴聚或生成的聚合物分子量较大，不易渗透到纤维中。温度过低则聚合速率慢，生成低分子量聚合物，固色效果不好。

3. 非离子型固色剂

非离子型固色剂主要用于强酸性染料的固色处理，酸性染料结构简单，色泽鲜艳，匀染性好，但色牢度较差，必须采用固色处理，并且不能影响其色光。非离子固色剂中含有环氧基团，可与纤维或染料的活泼氢反应，有很好的固色效果且不影响色光。

① 合成原理：

$$HO—\langle\bigcirc\rangle—OH + 2Cl—C\overset{H_2}{|}—\overset{H}{C}\diagdown_O\diagup CH_2 \longrightarrow H_2C—C\overset{H_2}{|}—\overset{H}{C}—O—\langle\bigcirc\rangle—O—C\overset{H_2}{|}—\overset{H}{C}—CH_2$$
$$\qquad\qquad Cl\ OH \qquad\qquad\qquad OH\ Cl$$

$$\longrightarrow H_2C\diagdown_O\diagup\overset{H}{C}—C\overset{H_2}{|}—O—\langle\bigcirc\rangle—O—C\overset{H_2}{|}—\overset{H}{C}\diagdown_O\diagup CH_2 + 2HCl$$

② 合成工艺

a. 将对苯二酚、环氧氯丙烷、催化剂依次加入，升温至 80℃ 反应 2h。

b. 在所得产物中加入乙醇，使其全部溶解，再缓慢加入一定量的固体氢氧化钠，至反应完全。

c. 过滤，蒸馏去除乙醇，得到黄棕色黏稠液体固色剂。

第七节 其他染色助剂

一、渗透剂

合成革基布厚度大，结构特殊，要做到透染，除了通过工艺调节增强其渗透效果外，还可以通过添加渗透剂进行改善。染液在进入基布时，要通过纤维和 PU 之间的毛细管进入，首先对毛细管壁进行润湿。基布湿润就是指染液沿着纤维和 PU 的表面展开，将空气-纤维（PU）界面变为染液-纤维（PU）界面的过程，而促进这种取代过程的助剂即为渗透剂。

渗透剂是一类能使液体迅速而均匀渗透到某种固体物质内部的表面活性剂。合成革中使用渗透剂是为了加快染料向革内渗透，来达到匀染和透染的目的。在染液中加入渗透剂，可以改变体系的润湿性质，主要体现在两个方面：

① 降低染液的表面张力，提高染液的湿润能力。由于染液的表面张力比纤维临界表面张力高，因此不能在纤维表面铺展，加入表面活性剂后就能很好地润湿纤维；

② 在纤维表面吸附，改变纤维的润湿性质。

常用的渗透剂为阴离子或非离子表面活性剂。主要有烷基磺酸钠、烷基苯磺酸钠、烷基硫酸酯钠、仲烷基磺酸钠、仲烷基硫酸酯钠、α-烯基磺酸钠、烷基萘磺酸钠、琥珀酸烷基酯磺酸钠、胰加漂 T、氨基磺酸钠、脂肪醇聚氧乙烯醚、烷基酚聚氧乙烯醚、聚醚、磷酸酯类化合物等。

在使用过程中，带酯基的渗透剂（渗透剂 T 等）不能用于碱性溶液中，以避免酯键水解；而在酸性溶液中则不能使用硫酸酯盐类。通常在中性至碱性环境中使用阴离子型渗透剂，在中性至酸性环境中使用非离子型渗透剂。

（1）萘磺酸盐

烷基萘磺酸盐的结构以烷基萘为疏水基，以磺酸盐为亲水基。目前应用较多的为拉开粉 BX，即二异丁基萘磺酸钠。

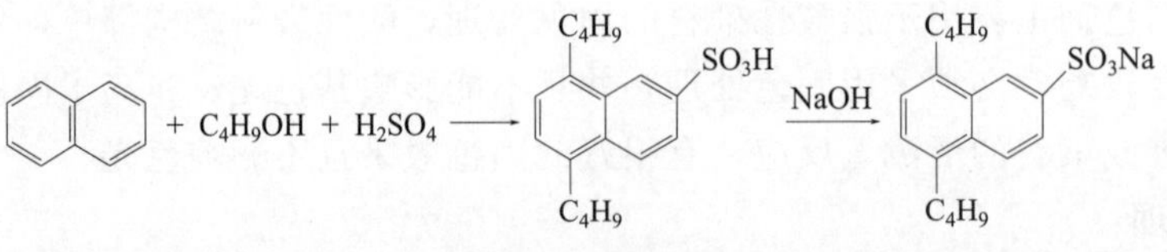

拉开粉 BX 易溶于水，能显著降低水的表面张力，具有很好的润湿、扩散和乳化能力。对酸、碱、硬水都比较稳定。由萘和异丁醇在浓硫酸作用下生成二异丁基萘磺酸，碱中和后得到磺酸盐。通常是经过沉淀过滤后喷雾干燥得到粉体。

（2）脂肪醇聚氧乙烯醚

聚氧乙烯型非离子表面活性剂是以含有活泼氢原子的疏水基原料与环氧乙烷进行加成反

应而制得。高级脂肪醇与环氧乙烷反应生成脂肪醇聚氧乙烯醚。合成通式如下：

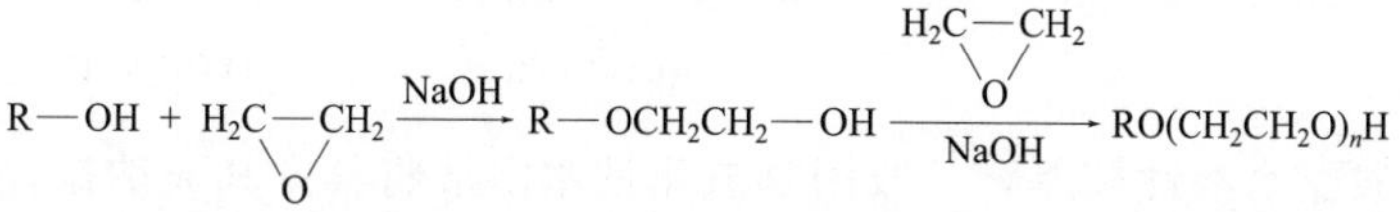

$$R\text{—}OH + H_2C\text{—}CH_2 \xrightarrow{NaOH} R\text{—}OCH_2CH_2\text{—}OH \xrightarrow[NaOH]{\overset{H_2C\text{—}CH_2}{\underset{O}{}}} RO(CH_2CH_2O)_nH$$

通过调节疏水基的烃链（R）长度和聚氧乙烯基的个数，可以制备不同 HLB 值的表面活性剂。通常加成 5 个环氧乙烷的产品是油溶性的，7~10 个环氧乙烷的产品能在水中溶解，产品的水溶性随加成的环氧乙烷数的增加而提高。在脂肪醇醚类非离子表面活性剂的疏水基结构中，以脂肪醇的碳数在碳八左右醇醚的渗透性能比较好。以具有相同环氧加成数的同分异构体醇醚的疏水基结构中，以具有支链结构的异构醇比具有直链结构的伯仲醇的渗透性能要好。

脂肪醇聚氧乙烯醚的代表性产品有 JFC 和平平加。平平加是 $C_{10\sim20}$ 的脂肪醇与不同量的环氧乙烷加成的系列产品的总称；JFC 是 $C_{10\sim20}$ 是脂肪醇与环氧乙烷（$n=6$）的加成物。这类表面活性剂有良好的水溶性和生物降解性，对酸、碱、硬水都比较稳定，具有很好的润湿分散性能。

（3）Gemini 表面活性剂

Gemini 表面活性剂也称双子表面活性剂，是一种新型表面活性剂，其结构较为特殊，分子中至少含有两条疏水链，在亲水基或靠近亲水基处，由连接基团通过化学键连接在一起。因此 Gemini 表面活性剂可以看作是几个经典表面活性剂的聚合体，具有更高的表面活性。

Gemini 表面活性剂更容易吸附在气-液表面，而且降低水溶液表面张力的倾向远大于聚集生成胶团的倾向，降低水溶液表面张力的能力和效率是相对突出的，是一种很好的渗透剂和润湿剂。目前作为渗透剂的主要是阴离子型，如硫酸盐、磺酸盐、羧酸盐、磷酸盐等。

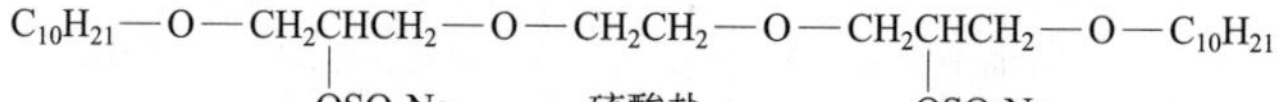

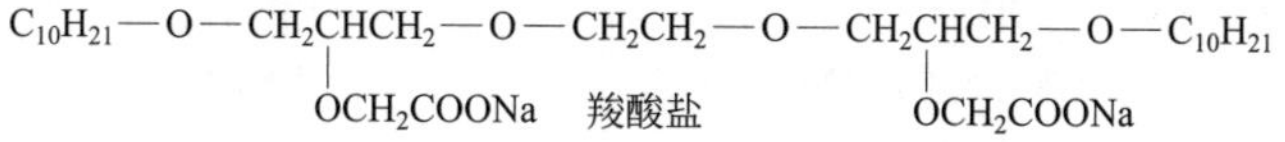

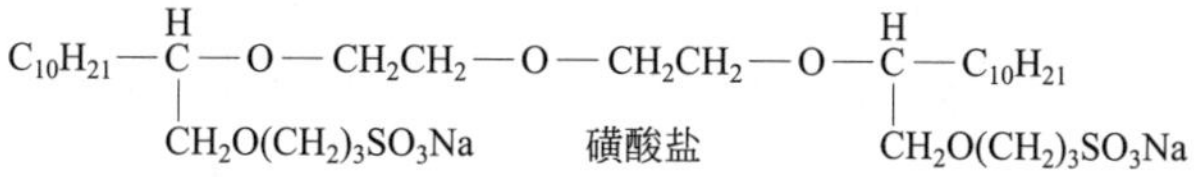

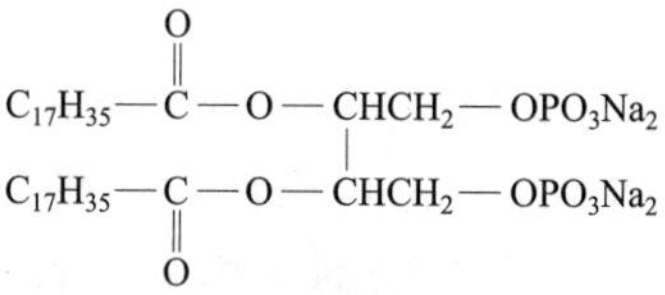

（4）磷酸酯

辛醇磷酸酯钠盐是一种新型阴离子型表面活性剂，因为溶解度高、耐硬水、耐酸、耐碱、耐高温，乳化、分散性能强，能促进纤维表面快速被水润湿并向纤维内部渗透，广泛应用于前处理、印染和后整理工序。

$$CH_3(CH_2)_7—OH + P_2O_5 \longrightarrow HO—\overset{\overset{O}{\|}}{P}—O(CH_2)_7CH_3 + HO—\overset{\overset{O}{\|}}{P}—OH$$

由于辛醇磷酸酯水溶性较差，一般用氢氧化钠水溶液将其中和成钠盐，该产品是传统渗透剂 JFC 的替代品。一般情况下其反应物主要为单酯和双酯混合物，单酯耐碱性好，渗透性差，而双酯耐碱性差，渗透性好。

二、增深剂

基布的渗透不良有时并不是因为染液的渗透能力不够，而是因为 PU 或纤维的上色不足，宏观显示好像是染液没有渗透，这就需要对被染物首先进行一定的增深整理。

增深的方法很多，合成革染色常用的方法是对被染物进行表面处理，在染浴中添加带电荷或带有较强极性的促染剂，先于染料与纤维结合，降低染料与纤维间的斥力，提供更多的染座，从而提高染料与纤维间的亲和力，提高染深性。

1. 阳离子增深剂

合成革染料中以阴离子型染料居多，因此一般使用阳离子增深剂，使纤维带有一定正电荷，改善对阴离子染料的直接性，提高染深性能。

用于使纤维阳离子化的材料大致可分为有机金属离子化合物和含氮阳离子化合物两大类。有机金属离子化合物类一般为多价金属盐，如二价铜盐、三价铝盐、三价铬盐和氯化稀土等。含氮阳离子化合物一般都含有阳离子性基团，如氨基、季氨基等，并且大部分分子结构中含有反应性基团，包括带氯醇基的季铵盐化合物或氯代均三嗪基季铵盐、有机胺与环氧氯丙烷的反应产物以及壳聚糖等。

常用的阳离子改性剂主要含氮阳离子类，代表性的有以下几种：

3-氯-2-羟基丙基三甲基氯化铵 DMAC 氯化胆碱 双聚氧乙烯基烷基甲基季铵盐

3-氯-2-羟基丙基三甲基氯化铵、DMAC 等在一定条件下可与纤维素反应生成醚键，从而使纤维带有正电荷，提高对阴离子染料的可染性。一些带有羟基的季铵盐，如氯化胆碱、双聚氧乙烯基烷基甲基季铵盐等，可在交联剂作用下固着在纤维表面，添加于树脂整理浴中，可提高整理后的可染性。

2. 非离子增深剂

涤纶纤维结构上基本没有活性基团，上染位置少且结晶度高，因此较难染深色。通常使用一些低 HLB 值的非离子表面活性剂作为涤纶的增深剂。这类表面活性剂中常用的有脂肪醇或烷基酚的低分子聚氧乙烯醚、脂肪酸酯的聚氧乙烯加成物等。增深剂 HDF 为油酸乙酯的三分子聚氧乙烯加成物，主要用于分散染料染涤纶时的增深，结构如下：

$$C_{17}H_{33}-\overset{\overset{\displaystyle O}{\|}}{C}-O-(CH_2CH_2O)_3-C_2H_5$$

这类增深剂的作用主要体现在两个方面：使纤维膨胀松弛，帮助染料向纤维内部扩散；提高染料的溶解度，加速染料在纤维表面的吸附。表面活性剂的 HLB 值越低，溶解度参数越接近涤纶，对涤纶的亲和力越大，越容易吸附在纤维上，提高其膨润性，降低其玻璃化转变温度，加速染料向纤维内部扩散。另外，由于表面活性剂的增溶作用，加大染料在浴中的溶解度，使染料在纤维表面的浓度梯度增加，有助于纤维获得很高的得色量。

三、剥色剂

染色过程中，色差是不可避免的，出现色差后要积极应对。如果染色质量达不到要求就需要进行修色处理。色泽较浅或光头不足，需要加色处理；色泽过深过暗或光头过足，需要减色处理；色光严重不符或色泽不匀，则只能进行剥色处理。

1. 加色修色

当基布颜色色浅、太暗或仅有色头差异时，可采用直接加料法进行修色。有以下几种方法，各有利弊。

① 将染液全部排出，并重新配染液。此方法加料少，易命中，但时间长。

② 排液一半，并加新染液。此方法省水、省时，也可节约一些化工料，但颜色不易命中，而且内外色差较大，又易造成色花。

③ 直接加染料和助剂溶解入染液中。

④ 将染液升温到80℃之后（或者再加染液），再保温，此方法简单，但不能通用，难保证颜色。

当颜色太深或色光相差太远时，就需进行剥色重染。剥色方法可分为两种：部分剥色，用于将颜色剥浅10%～20%；全部剥色，主要用于染不匀之时。弱酸性染料出现色差色花时，可进行回修，回修工艺如下：匀染剂 0.3%～0.8%，元明粉 10%，HAC 0.5%～2%，快速升温100℃，保温30min，根据情况添加染料调整色光。该工艺适合于染花及轻微色差。

2. 减色修色

水洗法是色光回修最简单的方法，主要适用于中、深色品种。一般在染色成品色光略深、浮色较多、水洗不充分、皂洗效果较差的情况下回修基布修色。通过水洗、皂洗，达到去除浮色、修正产品色光的目的。

如果发现染样色泽太深、太暗或太红，超出调色允许范围，则要以纯碱（烧碱）法、双氧水法或保险粉法处理，进行减色修色。

① 移染法剥色处理。用非离子表面活性剂 2%～4%，元明粉 10%～15%，浴比 1：20，在 90～100℃下处理 40～60min，然后降至 70℃核对原样。如不符合要求，可加染料和酸进行复染；也可在剥色后取出清洗，再根据色泽进行复染。

② 保险粉法剥色处理。用保险粉 2%～4%，甲酸 1%～2%，浴比 1：20，在 95～100℃下处理 30～60min，取出清洗后，再根据色泽进行复染。

烧碱、保险粉的用量可按所需剥色的程度、所需重染的颜色的深浅及色光鲜艳度而定。所需剥色程度高，重染的颜色浅或色光鲜艳时，则用量加大，反之可相应减少。

这种方法应用的是"补色"原理，是一种常用的修色方法，复杂且难度大，对回修前的准备工作要求严格。特别是回修用的染料的选择应特别注意，要防止回修后的产品色光萎暗。实施回修过程中的各工艺参数，必须严格把关和认真执行。

3. 剥色复染

染色太深或发生显著色差（或色斑）时，需剥色后再染色。

① 完全剥色：烧碱 4～8g/L，保险粉 6～10g/L，渗透剂 1.0g/L。90℃处理 1h，热水洗净，冷水清洗。

② 基本剥色：非离子渗透剂 2g/L，纯碱 5g/L，剥色剂 2～3g/L。80℃处理 20min 后，热水洗两道。

使用阳离子型固色剂时，达到能进行复染的标准是有一定困难的。可使用阴离子型掩蔽剂封锁固色剂的阳离子基团，然后进行复染。

为达到更好的剥色效果，在剥色后要用次氯酸钠进行漂色：次氯酸钠用量为 10g/L，冷溶液处理 20min，再以 2.5g/L 亚硫酸钠的冷溶液处理 15min，即可除去残余氯。重染前，先进行温和皂洗和清洗较好。

经过剥色处理的基布色光发生很大改变。复染时宜采用大浴比，减少基布容量约 1/3，采取全溢流（或称充满式）的染色工艺，这样既可提高染料的溶解度，还可以使染料充分移染，提高染色的均匀性。

四、染色用水的要求

通常将钙、镁盐类含量高的水称为硬水（硬水中钙镁盐类含量用硬度表示），钙、镁盐类含量低的水称为软水。硬水对染整加工的影响如下：

① 染色时与阴离子染料生成沉淀，消耗染料，造成色斑，降低摩擦牢度；

② 染色用水中的金属（铁锈等）或金属离子如果含量超标，金属离子-染料的结合引起色相变化，色光改变，导致色相达不到规定的要求。如蒽醌类鲜红色染料，由于金属离子-染料的结合，使色相由红转为红中带蓝。金属离子-染料结合程度与金属离子的种类有关，Fe^{2+}、Fe^{3+}、Cu^{2+} 对染料影响较大。Mg^{2+}、Ca^{2+} 对染料的影响虽然较小，但当浓度较高时也会对染色产生不良影响；

③ 基布上的钙、镁影响手感、白度和色泽；

④ 长期积累形成水垢，消耗热能，腐蚀设备，恶化染色环境。

染色用水的要求：透明度>30；色度≤10（铂钴度）；无异味；pH=6.5～7.4；铁、锰离子含量<0.1μg/g；硬度<36μg/g。

硬水的软化一般有化学法和离子交换法，化学法又可分为纯碱-石灰法和磷酸三钠与六偏磷酸钠法。化学法简单易行成本低，对于要求较高的软水，用化学法软化常有残余硬度，不能达到软化目的。也可采用离子交换法除去水中的钙、镁、铁等离子，但离子交换法设备投资大，运行费用高。硬水软化的具体介绍如下：

（1）纯碱-石灰法

以钙盐中的碳酸氢钙代表硬水中的钙镁盐类，硬水中的碳酸氢钙易溶解于水，加热时容易分解成碳酸钙而从水中析出，也称为暂时硬质。硬水中硫酸钙在水煮沸时并不析出，称为永久硬质。软化作用可以下列化学反应式代表：

$$Ca(HCO_3)_2 + Ca(OH)_2 \longrightarrow 2CaCO_3 \downarrow + 2H_2O$$

$$CaSO_4 + Na_2CO_3 \longrightarrow CaCO_3 + Na_2SO_4$$

（2）磷酸三钠与六偏磷酸钠法

$$3Ca(HCO_3)_2 + 2Na_3PO_4 \longrightarrow Ca_3(PO_4)_2 \downarrow + 6NaHCO_3$$

$$3CaSO_4 + 2Na_2PO_4 \longrightarrow Ca_3(PO_4)_2 \downarrow + 3Na_2SO_4$$

六偏磷酸钠与钙盐或镁盐起化学作用生成可溶性复盐，复盐内的钙、镁成分不易分解出来，因此降低了水的硬度，反应如下所示：

$$Na_2[Na_4(PO_3)_6] + 2CaSO_4 \longrightarrow Na_2[Ca_2(PO_3)_6] + 2Na_2SO_4$$

$$Na_2[Na_4(PO_3)_6] + 2MgSO_4 \longrightarrow Na_2[Mg_2(PO_3)_6] + 2Na_2SO_4$$

（3）离子交换法

用无机或有机物组成混合凝胶，形成交换剂核，四周包围两层不同电荷的双电层，水通过时可发生离子交换。分为阳离子交换剂和阴离子交换剂。

阳离子交换剂：含 H^+、Na^+ 的固体，能与 Ca^{2+}、Mg^{2+} 等发生离子交换；

阴离子交换剂：含碱性基团，能与水中阴离子交换。

五、染整助剂检测项目

1. 常用检测项目

① 芳香胺。GB 18401—2010 和 Oeko-Tex Standard 100—2019 对纺织品所用染料中不能含有的 24 种禁用芳香胺作了明确的规定，合成革中同样不能含有这些禁用物。

② 重金属。重金属对人体的累积毒性相当大，一旦为人体吸收，就累积于肝、骨骼、肾、心及脑中，积累到某一程度，便会对健康造成无法逆转的巨大损害。此种情形对儿童尤为严重。Oeko-Tex Standard 100—2019 严格规定了各种重金属在不同纺织品上的限制值，合成革也必须符合该标准。

③ 游离甲醛量。甲醛对生物细胞的原生质是一种毒性物质，它可与生物体内的蛋白质结合，改变蛋白质结构并使其凝固，对人体呼吸道和皮肤产生强烈的刺激，引发呼吸道炎症和皮肤炎。此外，甲醛也是多种过敏症的引发剂。GB 18401—2010 和 Oeko-Tex Standard 100—2019 严格规定了不同对象纺织品所含游离甲醛的限制值。其中 Oeko-Tex Standard 100—2019 规定婴幼儿类不含游离甲醛；直接接触皮肤类不超过 75mg/kg；不直接接触皮肤类不超过 150mg/kg。

④ 五氯苯酚/四氯苯酚。五氯苯酚（PCP）是传统防霉防腐剂，动物试验证明 PCP 是一种毒性物质，对人体具有致畸和致癌性。PCP 十分稳定，自然降解过程漫长，对环境有害，因而在纺织品、皮革及合成革制品中受到严格限制。2,3,5,6-四氯苯酚是合成过程中的副产物，对人体和环境同样有害。

⑤ 铬（Ⅵ）。Oeko-Tex Standard 100—2019 对铬（Ⅵ）在纺织品上的限定值有明确的规定，合成革助剂也必须符合该标准，检测方法可采用 DIN 53314：199《皮革中铬的测定》。

⑥ 含溴阻燃剂。溴化阻燃剂是永久性环境有机污染物之一，欧洲已经禁止使用含溴的阻燃剂，欧盟指令 2003/11/E《关于全面禁用部分含溴阻燃剂的指令》有明确规定，采用形式审查由生产商或供应商提供承诺的方式来确认。

⑦ 气味。GB 18401—2010 和 Oeko-Tex Standard 100—2019 对纺织品上的气味同样作了明确的规定，合成革可参照执行，检测方法可参照 GB 18401—2010。

2. 禁用染料

禁用染料指含有致癌芳香胺结构的原料和能直接致癌的染料。1992 年 4 月德国立法提出了有关禁用染料的内容。VCI（德国化学工业协会）与 Bayer 公司提出的禁用染料共有 146 支，其中直接染料 84 支，酸性染料 29 支，分散染料 9 支，碱性染料 7 支，冰染料色基 5 支，氧化色基 1 支，媒染染料 2 支，溶剂染料 9 支。禁用染料以致癌芳香胺作为中间体合成的染料为主，包括偶氮染料和其他染料，同时禁用染料也不局限于偶氮染料，在其他结构的染料中，如硫化染料、还原染料及一些助剂中也可能因隐含有这些有害的芳香胺而被禁用。被这些法令所禁止使用的偶氮染料为通过还原裂解产生致癌性胺类物质的染料，除此以外的大部分偶氮类染料不属禁止使用范围。偶氮类染料的还原裂解之所以成为问题，是因为染料被人体吸收时，体内所含的还原性酶会引起染料的还原裂解，此时，有可能产生致癌性的芳香胺，所以被列为禁用对象。

根据 2000 年所发布的 Eco-Tex Standard 100 新版测试纺织品中有毒物质的标准，涉及到的禁用染料还包括过敏性染料、直接致癌染料和急性毒性染料，另外还包括含铅、锑、铬、钴、铜、镍、汞等重金属超过限量指标，甲醛含量超过限量指标，有机农药超过限量指标的染料，以及含有环境激素、含有产生环境污染的化学物质、含有变异性化学物质、含有持久性有机污染物的染料等。

① 直接染料。直接染料是禁用染料最多的一类，以联苯胺、二甲基联苯胺等作为中间体合成的直接染料最多。我国生产的直接染料中属于禁用染料的达 37 支。

② 酸性染料。禁用酸性染料涉及的有害芳胺品种较多，主要有联苯胺、二甲基联苯胺、邻氨基苯甲醚、邻甲苯胺、对氨基偶氮苯、4-氨基-3,2-二甲基偶氨苯等。色谱主要集中于红色和黑色，其他分布于橙、紫、棕等色谱。包括：弱酸橙 R，弱酸大红 H，酸性黑 NT29 等。2000 年，Eco-Tex Standard 100 新增了 5 种禁用酸性染料：直接致癌性的 C.I. 酸性红 26 和 C.I. 酸性紫 49；过敏性染料 C.I. 酸性黑 48；急性毒性染料 C.I. 酸性橙 156 和 C.I. 酸性橙 165。

③ 分散染料。主要是 C.I. 分散黄 23，它是红光黄色双偶氮分散染料，我国商品名称为分散黄 RGFL。其他还有分散黄 E-5R、分散橙 2G、C.I. 分散橙 149、C.I. 分散红 151、C.I. 分散蓝 1 等。Eco-Tex Standard 100 中，过敏性分散染料有 26 种，致癌性分散染料有 C.I. 分散黄 3 和 C.I. 分散蓝 1。

④ 碱性染料。碱性棕 4、碱性红 42 和碱性红 111 因为含有有害芳香胺而被禁用。其中，C.I. 碱性红 111 含有对氨基偶氮苯；C.I. 碱性红 42 含有邻氨基苯甲醚；C.I. 碱性棕 4 含有 2,4-二氨基甲苯。另外如 C.I. 碱性黄 82 含有对氨基偶氮苯；C.I. 碱性黄 103 含有 4,4-二氨基二苯甲烷；C.I. 碱性红 76 含有邻氨基苯甲醚；C.I. 碱性红 114 含有邻氨基苯甲醚。

急性毒性染料中碱性染料有 6 种：C.I. 碱性黄 21、C.I. 碱性红 12、C.I. 碱性紫 16、C.I. 碱性蓝 3、C.I. 碱性蓝 7、C.I. 碱性蓝 81。已知能直接致癌的碱性染料有 C.I. 碱性红 9。

⑤ 活性染料及还原染料。禁用染料中没有活性及还原两大类染料，但从 22 种有害芳香胺出发，个别品种需要注意，如活性黄 K-R、活性蓝 KD-7G、活性黄棕 K-GR、活性黄 KE-4RNI 等。另外还原染料中如还原艳桃红 R、还原红紫 RH 是以邻苯胺作为原料，也需要注意。

⑥ 其他类型染料。由于染料中使用了某些芳香胺中间体而成为禁用染料，如硫化黄棕 5G、硫化黄棕 6G、硫化淡黄 GC、硫化还原黑 CLG 以及硫化草绿 ZG、硫化墨绿 GH 等拼混硫化染料。因采用含偶氮染料结构为固体制造的染料也受到禁用，包括永固橙 G、8205 染料金黄 FGRN、6103 染料金黄 FG 以及 8111 染料大红 FFG 等。

随着生态合成革的要求，环保染料已成为印染行业发展的重点。环保染料除了要具备必要的染色性能以及使用工艺的适用性、应用性能和牢度性能外，还需要满足环保质量的要求。环保型染料应包括以下的内容：

不含欧盟及 Eco-Tex Standard 100 明文规定的在特定条件下会裂解释放出 22 种致癌芳香胺的偶氮染料，无论这些致癌芳香胺是游离于染料中或是由染料裂解所产生；不是过敏性染料；不是致癌性染料；不是急性毒性染料；可萃取重金属的含量在限制值以下；不含环境激素；不含会产生环境污染的化学物质；不含变异性化合物和持久性有机污染物；甲醛含量在规定的限值以下；不含被限制农药的品种且总量在规定的限值以下。

第九章

功能整理助剂

后整理是赋予合成革以形态效果和实用效果的处理过程，通过化学或物理的方法改善其外观和手感，增进应用性能或赋予特殊功能。可分为物理机械整理和化学整理两大类。

根据后整理的目的以及产生的效果，可分为基本整理、外观整理和功能整理。本章重点介绍后整理化学品和功能整理，通过功能整理，提高基布的使用性能，使基布具有柔软性、弹性和良好的手感，赋予基布特殊的功能性，如阻燃、抗菌、拒水、拒油、防紫外线和抗静电等。

合成革后整理技术的发展方向是产品功能化、差别化、多样化、深度化，强调提高产品的应用性能，增加产品的附加值。近几年来，合成革行业不断从其他技术领域引进借鉴各种新技术，如超声波技术、电子辐射处理、微胶囊技术、纳米技术等，以提高加工深度，获得良好的整理产品。随着人类对环境保护的关注，对健康越来越重视，合成革后整理对"绿色"加工和"清洁"生产的要求也越来越高，化学品要求安全、易降解及环境友好。

第一节　柔软整理剂

为了使合成革具有柔软、滑爽或丰满的手感，除了机械整理外，主要采用柔软剂进行整理。柔软剂一般是具有油脂类的平滑性和手感的物质，附着在纤维表面能降低纤维间的摩擦阻力，使纤维产生润滑、柔软的作用。柔软剂不仅能赋予合成革柔软舒适的手感，而且还有抗静电、防再污染、提高平滑性、提高撕裂强度等效果。

一、柔软剂概述

1. 主要分类

柔软剂是后整理助剂中品种最多、用量最大的一类助剂。根据柔软剂的化学结构，可分为长链脂肪烃化合物的衍生物和高分子聚合物两大类。

① 长链脂肪族类柔软剂。分子结构中的碳氢长链能呈无规则排列的卷曲状态，使分子具有柔曲性，柔曲的分子吸附在纤维表面，起到润滑作用，降低了纤维与纤维的动、静摩擦系数。天然油脂及石蜡类柔软剂也归为此类。长链脂肪族类柔软剂一般均有较好的柔软作用，不仅品种多，而且在柔软剂中用量较大，如软片、软油精、脂肪酰胺类、特殊的脂肪酸酯、特殊烷基氨基甜菜碱类、高级脂肪酰胺类季铵化合物。根据其离子性可分为阴离子型、阳离子型、非离子型和两性型，其中阳离子型柔软剂的柔软性能最优。

② 高分子聚合物类柔软剂。以有机硅类为主，其分子结构中的聚硅氧烷主链是螺旋状直链结构，可以360°自由旋转，很易挠曲，甲基定向排列，犹如直链饱和烷烃。有机硅类柔软剂不仅能降低纤维间的静、动摩擦系数，而且其分子间作用力很小，能降低纤维的表面张

力，是柔软整理剂的理想材料。有机硅类柔软剂主要包括二甲基硅油乳液、羟基硅油乳液、环氧和聚醚改性硅油等，特别是氨基改性有机硅柔软剂，性能优异，是近年来发展最快的柔软剂品种。

柔软剂除了要具有优良的柔软性、平滑性与手感外，还要求工作液稳定，处理后不降低基布的白度和染色牢度，不易受热变色，人体皮肤接触后无不良影响。每种柔软剂所具有的性能总是有限的，如果想要获得多项性能叠加的效果，可以用两种或更多种柔软剂复合使用。如有机硅柔软剂和长链脂肪族类柔软剂复配应用，能获得手感柔软、丰满、滑爽的效果；将柔软剂与机械柔软整理结合，也往往可以获得很好的效果。

目前合成革中常用的柔软剂有长链脂肪族中的阳离子型柔软剂和有机硅柔软剂两大类。

2. 作用机理

柔软剂一般是具有油脂类的平滑性和手感的物质，附着在纤维表面能降低纤维间的摩擦阻力，使纤维产生润滑、柔软的作用。

（1）降低摩擦系数

表面活性剂在纤维表面定向吸附，形成疏水基向外整齐排列的一层薄膜。疏水基的亲油性使纤维间的摩擦系数大大降低。以氨基聚硅氧烷为例，氨基的极性强，与纤维的羟基、羧基等相互作用，在纤维表面形成非常牢固的取向和吸附。Si—O键主链的柔顺性和硅原子上的甲基使纤维之间的静摩擦系数下降，用很小的力就能使纤维之间产生滑动，从而产生柔软、平滑和丰满等丰富的触感。

摩擦系数的降低很大程度上影响着基布的弯曲和压缩等性质，当人体接触纤维时，弯曲模量和压缩力降低，纤维与人体间的摩擦阻力也下降，从而获得柔软的手感。当基布受到外力时，摩擦系数的降低还能有利于纤维的滑动，从而使应力分散，撕裂强度得到提高。

柔软作用与降低纤维摩擦系数虽属两种概念，但密切相关。降低纤维之间的摩擦系数能获得柔软的手感，因此摩擦系数可以作为评定纤维柔软程度的主要因素，但不能作为唯一的因素。摩擦系数分动摩擦系数和静摩擦系数。静摩擦系数低就意味着基布握在手中时，用很小的力就能使纤维之间产生滑动，以致感到柔软。动摩擦系数是指用微弱的力压在一起的纤维，在缓慢滑动时的数值。当改变动摩擦系数时，纤维与纤维之间的微细结构易于相互滑动，也就是纤维或织物易于变形。二者的综合感觉就是柔软。在柔软整理中要求静、动摩擦系数都降低，但柔软感和静摩擦系数的关系更大。

（2）降低表面张力

纤维是由线型高分子构成的比表面积很大的物质，形状细长，分子链的柔顺性也较好。当整理液中加入表面活性剂（或柔软剂）后，由于表面活性剂在界面（纤维与整理液）上发生定向吸附，从而降低了纤维的界面张力，纤维扩大表面积所需的功减少，因此纤维容易扩展其表面，伸展其长度，基布变得蓬松、丰满，从而产生柔软手感。

3. 柔软效果评价

柔软的手感是通过手触摸织物而得到的一种综合性的主观感觉。手感和柔软性与纤维的摩擦系数有一定的关系。基布表面纤维蓬松丰满，也会产生柔软的手感，说明手感与纤维的表面积有关。

对于柔软效果的评定方法，通常是采用主观评价法（用手触摸）和客观评价法（仪器测试）。主观评定是依靠感觉器官获得的感觉效果，对织物的柔软性作出评价；客观评定则是通过仪器取得与织物柔软性有关的物理量和几何量，通过这些参数评价织物的柔软性，目前尚没有比较理想的测试仪器。常用评价方法如下：

① 人工评定。实物手感能较好地反映整理基布的滑爽、刚柔和抗皱性能，故手感的人工评定仍是目前评价柔软效果最常用的方法。一般由几个熟练的操作者根据柔软整理物的实际手触感觉，对样品的柔软性、滑爽性和丰满度评定，用适当的文字表述手感情况。

② 弹性、悬垂性、压缩性、弯曲硬度等指标在一定程度上能反映基布的刚柔性，因此也可以作为测试柔软效果的主要指标之一。

③ 柔软度也可用测试硬挺度的方法进行表征。需要注意的是，抗弯曲硬挺度与柔软度是倒数关系，即抗弯曲长度越短，表示柔软性越好；反之，则相对较差。

④ 风格仪测试。样品的手感是通过手的摸、挤、压、捏等作用，将样品的力学性能反映到大脑，并由大脑感知，做出心理判断。风格仪就是将手对样品的物理作用分解成一些基本的力学作用，如拉伸、弯曲、压缩、剪切、摩擦等，通过适当的测量方法来测量以上力学性能，将样品手感的感官测量变成客观的定量测定。

二、阳离子型柔软剂

阳离子型柔软剂是目前使用最普遍的品种。大多数纤维在水中带有负电荷，阳离子型柔软剂有自乳化和表面吸附性能，结合能力较强，用量较少就能达到较好的柔软效果。整理后的基布丰满滑爽，基布的撕裂强度提高，还具有一定的抗静电效果。

工业上使用的阳离子表面活性剂都是长链脂肪酸有机氮的化合物及其衍生物，它们大致分为两类：一类是脂肪胺本身，使用过程能吸收氢原子生成铵盐；另一类是季铵盐，其最大特征是分子结构上带有正电荷，这种特征使得阳离子表面活性剂具有一系列特征用途。阳离子型柔软剂一般是十八胺或二甲基十八胺的衍生物、脂肪酸与多乙烯多胺的缩合物，根据其结构又可分为铵盐类柔软剂与季铵盐类柔软剂。

1. 铵盐类

铵盐类柔软剂是脂肪胺与酸反应生成的盐，能溶于水，具有优良的表面活性。脂肪铵盐在酸性介质中呈阳离子性，但阳离子性较弱，因此通常称为弱阳离子型柔软剂；在碱性环境下将转化为游离胺从溶液中析出，失去表面活性。

脂肪酰氯和低碳胺缩合可得到亲水基和疏水基通过酰氨基连接的铵盐。代表性产品为 Sapamine 类，其基本结构为 N,N-二乙基-2-油酰氨基乙胺，如下所示：

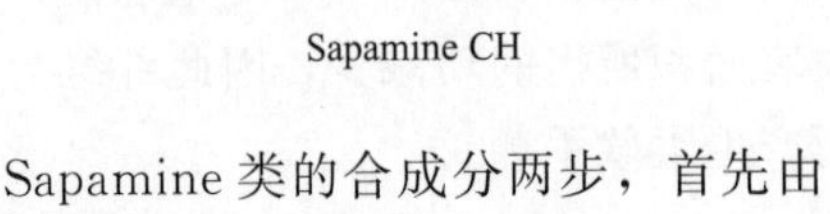

Sapamine CH

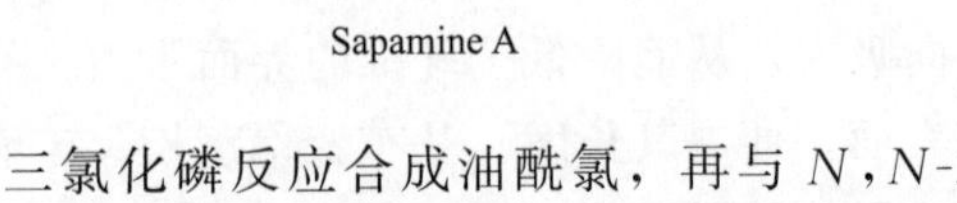

Sapamine A

Sapamine 类的合成分两步，首先由油酸与三氯化磷反应合成油酰氯，再与 N,N-二乙基乙二胺缩合。反应式如下：

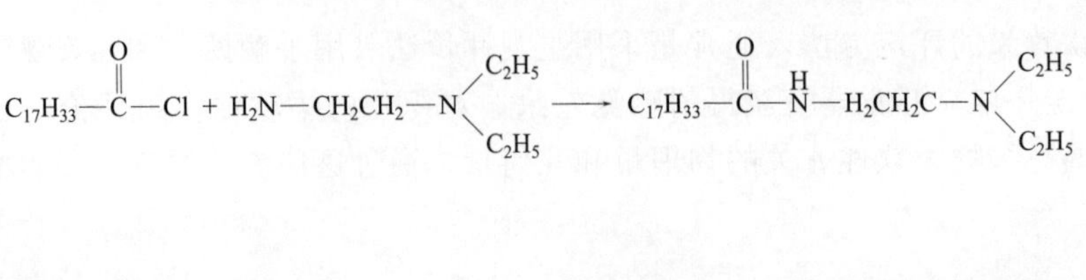

脂肪酰氯或脂肪酸与含有羟基的低碳胺反应，则可得到亲水基和疏水基通过酯基连接的表面活性剂，代表性产品为索罗明（Soromine）系列。Soromine A 阳离子表面活性剂是典型的酯基铵盐，由脂肪酸与三乙醇胺在 160～180℃下加热缩合得到中间体脂肪酰氧乙基二乙醇胺，再经季铵化来制取得到。

$$RCOOH + N(CH_2CH_2OH)_3 \xrightarrow{对甲苯磺酸} R-\overset{O}{\underset{}{C}}-OH_2CH_2C-N(CH_2CH_2OH)-CH_2CH_2OH$$

$$\xrightarrow{HCOOH} R-\overset{O}{\underset{}{C}}-OH_2CH_2C-\overset{CH_2CH_2OH}{\underset{H}{N^+}}-CH_2CH_2OH \cdot HCOO^-$$

Soromine A

在索罗明疏水基的另一端引入羟基，可增加分子的亲水性。亲水、疏水两部分分离，保持了分子的整体结构，增加亲水性的同时不破坏疏水基链的分子层，避免了柔软性下降。分子结构中含有酯基的柔软剂易于水解，因此使用范围受到限制。

脂肪酸与二乙烯三胺或三乙烯四胺缩合，可得到含有酰胺结构的表面活性剂，进一步反应可合成阳离子型柔软剂。如硬脂酸与二乙烯三胺先进行酰胺化反应生成中间体，再与氯乙醇反应引入羟乙基，形成胺盐，其反应如下：

$$2C_{17}H_{35}-COOH + H_2N-CH_2CH_2-N(H)-CH_2CH_2-NH_2 \longrightarrow C_{17}H_{35}-\overset{O}{C}-N(H)-CH_2CH_2-N(H)-CH_2CH_2-N(H)-\overset{O}{C}-C_{17}H_{35} + 2H_2O$$

脂肪酸　　　　　　　二乙烯三胺　　　　　　　　酰胺中间体

$$\xrightarrow{Cl-CH_2CH_2-OH}$$

$$C_{17}H_{35}-\overset{O}{C}-N(H)-H_2CH_2C-N(CH_2CH_2-OH)-CH_2CH_2-N(H)-\overset{O}{C}-C_{17}H_{35} \cdot HCl$$

含酰氨基的单烷基、双烷基阳离子型柔软剂是目前发展的重点品种，脂肪酰胺的刚性较强，双烷基长链的柔软效果更佳，处理后的基布手感丰满、厚实，回弹性好。

脂肪酸与多元胺经缩合得到含有酰胺结构的中间体，继续对中间体进行脱水闭环可得到烷基咪唑啉类柔软剂，这也是目前应用的重要品种。其基本反应分两步，第一步生成酰胺中间体，与上面反应相同；第二步是脱水闭环反应，生成咪唑啉，反应如下：

$$C_{17}H_{35}-\overset{O}{C}-N(H)-CH_2CH_2-N(H)-CH_2CH_2-N(H)-\overset{O}{C}-C_{17}H_{35} \xrightarrow[\text{[H}^+\text{]}]{-H_2O} C_{17}H_{35}-\overset{O}{C}-N(H)-H_2CH_2C-N \cdots C_{17}H_{35}$$

酰胺中间体　　　　　　　　　　　　　　　咪唑啉

2. 季铵盐类

长碳链脂肪酸（如硬脂酸）与二乙烯三胺反应，可合成得到以双酰胺为主体并含有单酰胺和少量咪唑啉结构的混合体。聚酰胺结构中含有叔胺部分，可通过烷基化剂，如环氧氯丙烷、硫酸二甲基（或二乙酯）等进行季铵化反应，制备出聚酰胺季铵盐阳离子柔软剂。

季铵盐类柔软剂在酸性和碱性环境中均呈阳离子性，是品种最多的一类。聚酰胺类季铵盐、咪唑啉型季铵盐、长碳链季铵盐，均是脂肪酰胺或咪唑啉结构进一步烷基化的产品。

季铵盐阳离子本身的亲水性要比脂肪伯胺、仲胺和叔胺大得多，它足以使表面活性剂作用所需的疏水端溶于水中。季铵盐阳离子带有正电荷，因此它能够牢固地吸附在带负电荷的纤维上。应用相当于纤维质量 $0.1\%\sim0.2\%$ 的阳离子柔软剂，就能在纤维表面形成 $5\sim10\mu m$ 厚的吸附层，产生足够的柔软作用，增加纤维的柔软、膨松感，显著降低纤维静摩擦系数。另外，这类柔软剂对纤维的吸附力强，因此处理后的基布有较强的拨水性、突出的耐水洗和干洗性。

（1）单烷基季铵盐

单烷基季铵盐含有一个长链疏水基团，柔软效果低于双烷基产品，分子的亲水、疏水平衡性好，可配制成高浓度产品，对纤维的吸水性影响小，整理后的产品不易黄变。单烷基季铵盐由于毒性大、生物降解性差等已逐渐被淘汰。

代表性产品有 Sapamine MS 和 Aerosol SE，结构如下：

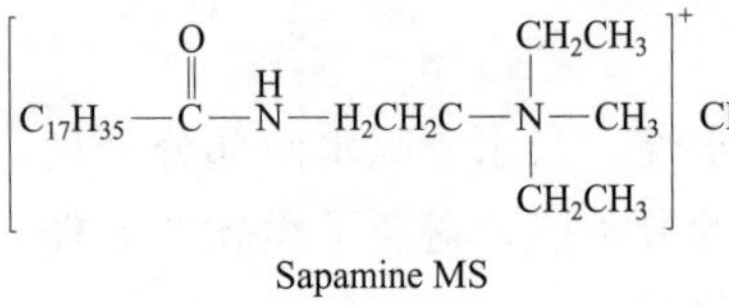

Sapamine MS 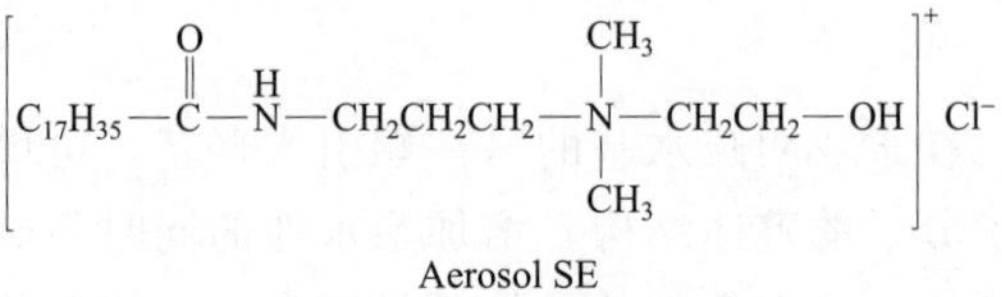　　　　　　　　　　Aerosol SE

单烷基季铵盐的合成方法大致相同，先由硬脂酰氯与二烷基二胺进行缩合反应，然后再用季铵化试剂进行季铵化反应。以 Sapamine MS 为例，其合成反应为：

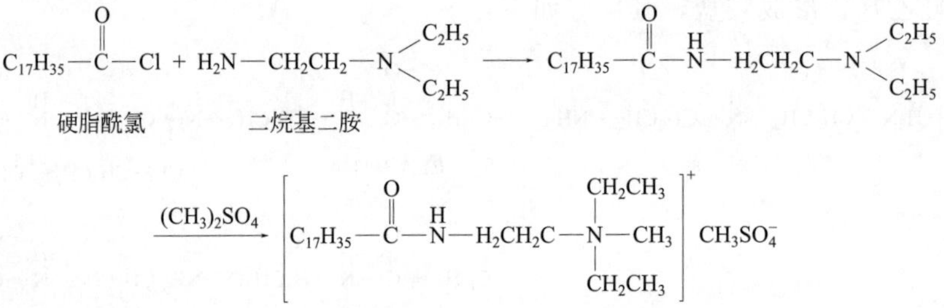

硬脂酰氯　　　二烷基二胺

（2）双烷基季铵盐

双烷基季铵盐的柔软效果优于单烷基季铵盐，得到了广泛应用。随着碳链长度的增加，其吸附程度也相应增加，柔软作用相应得到提高，C_{12} 以下碳链排列不整齐，影响吸附及柔软性，作为柔软剂的碳链以 $C_{16\sim18}$ 直链烷基为主。

双烷基季铵盐柔软效果好，但也存在一些固有缺陷。双疏水链的存在导致双烷基季铵盐在水中的溶解度很低，通常有效成分只有 $4\%\sim8\%$，不易制得高浓度产品。柔软剂处理后的纤维在获得柔软性的同时也增加了疏水性，使基布吸湿性降低。在浅色革上易泛黄，也容易引起染色革出现变色，尤其是使用阴离子型染料的染色产品。烷基长链可以是脂肪长链，也可以含有酯基、酰氨基，代表性产品是双十八烷基二甲基氯化铵（DODMAC）和双酰胺烷基二甲基氯化铵。

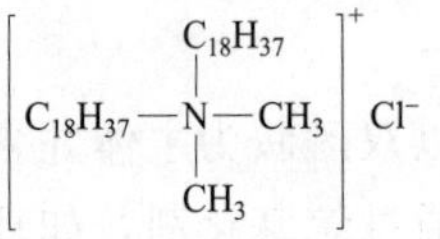

双十八烷基二甲基氯化铵 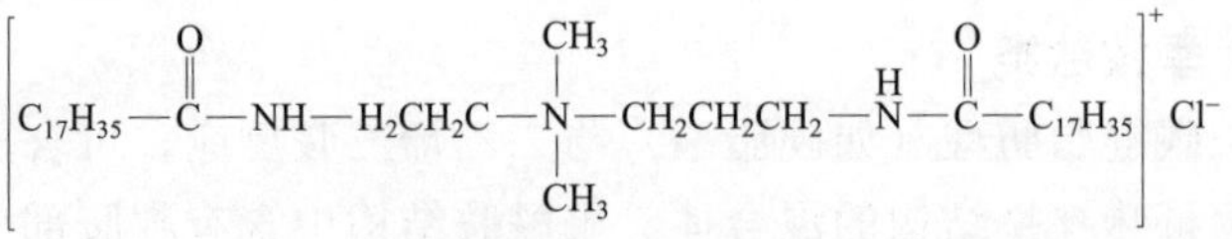　　　　　　双酰胺烷基二甲基氯化铵

双十八烷基二甲基季铵盐在水中的状态是非常特殊的，不像其他离子型表面活性剂以胶束形式存在，而是以液晶状态存在。因此当它的浓度增加时，会引起黏度急剧上升，这也是它不能制成高浓度水溶液的原因。双十八烷基二甲基季铵盐在水中以液晶状态存在时，其熔

点约为 37℃，与人体体温相近，这被认为是它具有蜡状感的原因。

硬脂酸 N-甲基二乙醇胺酯盐柔软剂（软片）属低成本、低黄变产品，该产品由酯化反应和季铵化反应两步合成。硬脂酸与 N 甲基二乙醇胺的摩尔比为 2∶1，以亚磷酸为催化剂，产物是单、双酯混合物。

$$RCOOH + N\begin{matrix}CH_2CH_2OH\\CH_3\\CH_2CH_2OH\end{matrix} \xrightarrow{\text{亚磷酸}} R-\overset{O}{\overset{\|}{C}}-OH_2CH_2C-\overset{CH_3}{\underset{}{N}}-CH_2CH_2O-\overset{O}{\overset{\|}{C}}-R$$

$$\xrightarrow{(CH_3)_2SO_4} \left[R-\overset{O}{\overset{\|}{C}}-OH_2CH_2-\overset{CH_3}{\underset{CH_3}{N}}-CH_2CH_2O-\overset{O}{\overset{\|}{C}}-R\right]^+ \cdot CH_3SO_4^-$$

双烷基季铵盐和烷基酰基季铵盐的毒性虽比单烷基季铵盐低，但其生物降解性很差，并且黄变严重，随着环保质量要求的提高，此类产品已不能满足社会发展的需求。欧盟在 2002 年 5 月 15 日发布的 Eco-Label 中明确禁止使用双（氢化牛油烷基）二甲基氯化铵、双（硬脂酰基）二甲基氯化铵与双（牛油烷基）二甲基氯化铵及由它们组成的制剂或配方。

二脂肪酰氨基乙氧基化季铵盐是一类新型的柔软剂，双脂肪链结构使其柔软效果好，铵盐使其与纤维的结合力好，为保证水溶性，通常引入一定的聚醚基团。

$$R-\overset{O}{\overset{\|}{C}}-\overset{H}{\underset{}{N}}-H_2CH_2C-\overset{CH_3}{\underset{(CH_2CH_2O)_nH}{N^+}}-CH_2CH_2-\overset{H}{\underset{}{N}}-\overset{O}{\overset{\|}{C}}-R \cdot Cl^-$$

二脂肪酰氨基乙氧基化季铵盐

（3）咪唑啉型季铵盐

咪唑啉型柔软剂是杂环中的主要品种，与长碳链季铵盐不同，咪唑啉最常见的负离子是甲基硫酸盐负离子（或乙基盐负离子），这类产品除柔软作用外，还具有抑制金属腐蚀作用和良好的静电消除作用。另外，还有优良的乳化、分散、起泡、杀菌和高生物降解性。烷基咪唑啉季铵盐可形成高浓度、低黏度乳液，其乳液稳定性好且具有极强的渗透作用，在整理过程中易被基布吸收，虽其柔软性稍弱，但产品具有较好的抗静电性和再润湿性。

烷基咪唑啉季铵盐由脂肪酸与羟乙基乙二胺或二乙烯三胺发生缩合反应得到叔胺，经环构化，再用烷基化试剂季铵化得到烷基咪唑啉型活性物。常用结构如下：

$$\left[\begin{matrix}R-C\overset{N-CH_2}{\underset{N-CH_2}{<}}\\H_3C\quad CH_2CH_2-\overset{H}{\underset{}{N}}-\overset{}{\underset{O}{C}}-R\end{matrix}\right]^+ CH_3SO_4^-$$

咪唑啉型季铵盐

咪唑啉型季铵盐合成通常分酰化、闭合和烷基化三步。首先将脂肪酸与多烯多胺缩合脱水，在 N_2 保护下胺类被酰化；在 200℃ 以上高温完成闭环得到咪唑胺盐；采用季铵化试剂（硫酸二甲酯等）进一步反应制得咪唑啉型季铵盐。在制备咪唑啉季铵盐阳离子时，为了改善使用性能常常加入 AEEA，可在咪唑啉环上带上 β-羟乙基。

例如，由脂肪酸与 N-羟乙基乙二胺经缩合得到酰胺，然后脱水闭环得到烷基 N-羟乙基咪唑啉，进一步季铵化得到季铵盐表面活性剂。方程式如下：

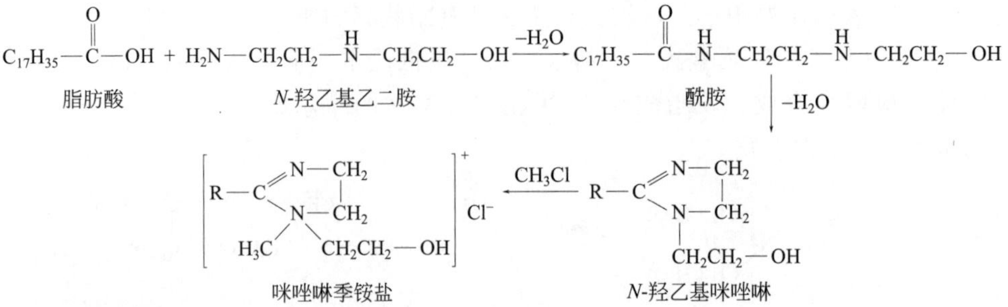

（图略：脂肪酸 + N-羟乙基乙二胺 反应生成酰胺，再经脱水、与CH₃Cl反应生成咪唑啉季铵盐的反应式）

脂肪酸　　　　N-羟乙基乙二胺　　　　　酰胺

咪唑啉季铵盐　　　　　　　N-羟乙基咪唑啉

（4）酯基季铵盐

酯基季铵盐阳离子表面活性剂除了具有烷基类季铵盐表面活性剂的特点外，其很大优势在于生物降解性，酯基的引入使其在废水处理中极易微生物分解而迅速降解为脂肪酸和较小的阳离子代谢物，对环境损害小，是环境友好型表面活性柔软剂。另外酯基季铵盐的柔软剂还具有高浓度、柔软效果好、抗静电、蓬松、抗黄变、杀菌消毒等多项功能，将会替代传统的双长链烷基季铵盐如双十八烷基氯化铵，是今后柔软剂行业的一种发展趋势。

酯基季铵盐有单酯产品、二酯产品和三酯产品。单酯产品可以通过油酸和硬脂酸分别与环氧丙基三甲基氯化铵反应制备。二酯类产品以脂肪酸和三乙醇胺为主要原料，在160～180℃下加热缩合得到二酯中间体，再经季铵化制取得到。如双脂肪烷基酯基羟乙基甲基硫酸甲酯铵（TEAQ）：

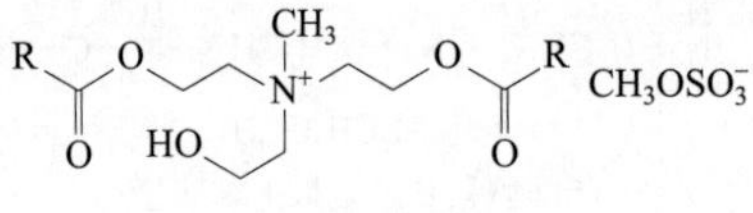

（图略：TEAQ 结构式）

TEAQ

三酯类产品中间体反应与二酯类似，但为了平衡亲水性，通常进行乙氧基化反应。脂肪酸和三乙醇胺制备三酯的反应一般分为三步：脂肪酸与多醇酯化；乙氧基化；季铵盐反应。

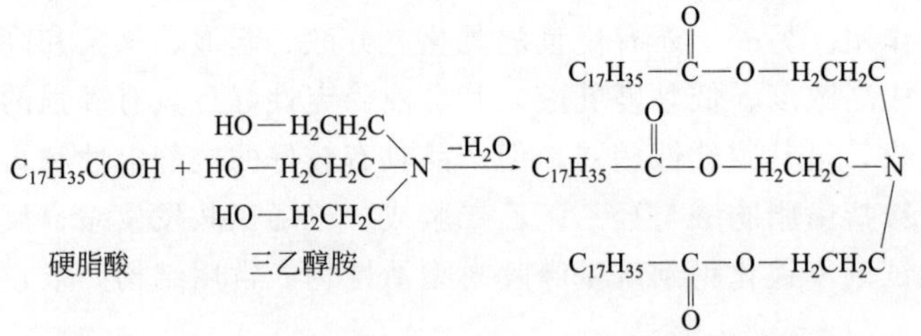

（图略：硬脂酸 + 三乙醇胺 脱水反应生成硬脂酸三乙醇胺三酯的反应式）

硬脂酸　　　　三乙醇胺　　　　　　　　　　硬脂酸三乙醇胺三酯

（图略：乙氧基化反应生成乙氧基化硬脂酸三乙醇胺三酯的反应式）

乙氧基化硬脂酸三乙醇胺三酯

（图略：与(CH₃)₂SO₄反应生成乙氧基化三硬脂酸乙酯基甲基硫酸甲酯铵的反应式）

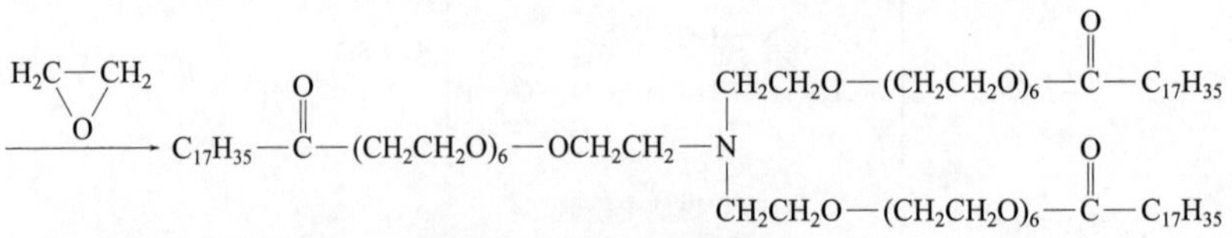

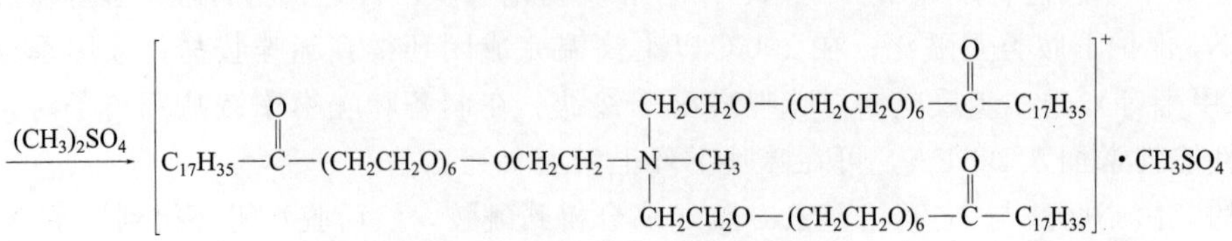

乙氧基化三硬脂酸乙酯基甲基硫酸甲酯铵

（5）阳离子 Gemini 柔软剂

阳离子型 Gemini 表面活性剂的双亲水基及双亲油基通过化学键连接而成。这种结构能够有效减弱表面活性剂因有序聚集而引起的头基分离力，两个阳离子头基具有相同的电性，使得静电斥力减弱，水化层阻碍减小，可使 Gemini 在溶液表面吸附层紧密排列，易聚集生成胶团，吸附在气/液表面，更好地降低表面张力，促进表面活性。另外阳离子 Gemini 表面活性剂也显示出更好的复配协同效应、更低的 Krafft 点及更好的湿润性，柔软性好、抗静电、抗黄变等，这些优越特性是传统表面活性剂无法比拟的。

阳离子型 Gemini 表面活性剂研究较多且技术相对成熟，主要包括季铵盐、酰胺盐及含杂环等类型。

含酯基的季铵盐 Gemini 表面活性剂除了具有一般阳离子 Gemini 表面活性剂的特性外，由于分子结构中含有酯基，因此在环境中更易降解，是一类环境友好的表面活性剂。含酯基的双季铵盐型阳离子 Gemini 表面活性剂显示出优良的表面活性，CMC 很低，乳化性能良好，同时兼具优越的柔软性能。其合成过程化学反应如下：

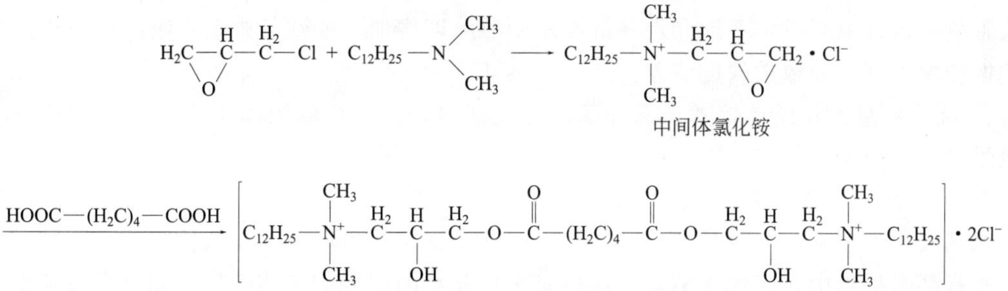

中间体氯化铵

含酯基 Gemini 季铵盐

与季铵盐型相比，以酰氨基作为亲油基团的 Gemini 阳离子表面活性剂除了具有良好的生物降解能力外，还具有更好的柔软效果及润湿性。以硬脂酰胺丙基二甲基胺和双（2-氯乙基）醚为原料，可合成得到硬脂酰氨基 Gemini 阳离子表面活性剂，其水溶性较好（Krafft 点为 35.2℃），而且有很好的柔软性和亲水性。合成路线如下：

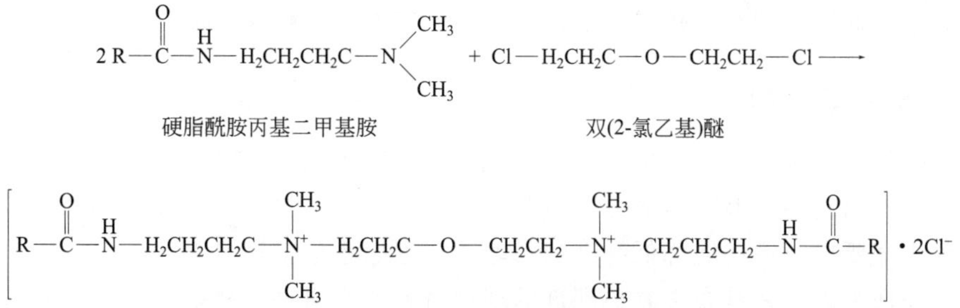

硬脂酰胺丙基二甲基胺　　　　　双(2-氯乙基)醚

硬脂酰胺基 Gemini 阳离子表面活性剂

在含杂环的阳离子 Gemini 表面活性剂中，一个连接基团将两个含杂环的亲水头基或传统表面活性剂连接起来，分子中的杂环头基赋予了 Gemini 更多新功能。以双子型阳离子表面活性剂 1,3-双（N-十二烷基苯并咪唑)-丙烷为例，其临界胶束浓度比传统表面活性剂低 2～3 个数量级，对水的表面张力降低效果非常突出，并且具有较好的乳化能力。

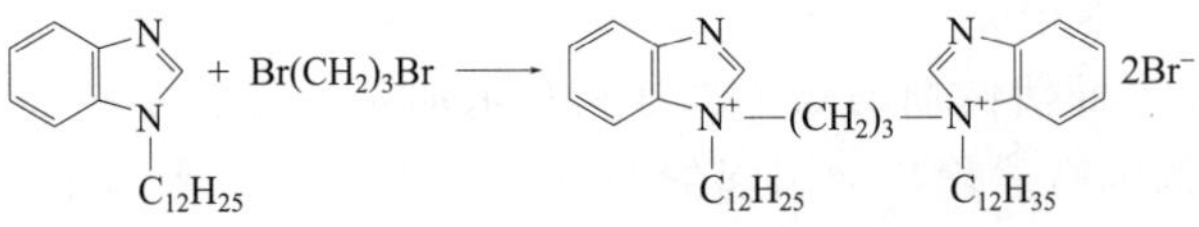

1,3-双(N-十二烷基苯并咪唑)-丙烷

3. 结构与性能的关系

碳氢长链的分子结构柔软效果机理是：C—C 单键能在保持键角 $109°28'$ 的情况下绕单键内旋转，使长链成无规则排列的卷曲状态，形成了分子的柔曲性。其柔曲的分子吸附在纤维表面起润滑作用，降低了纤维和纤维之间的摩擦系数。影响其润滑性能的最根本因素是分子结构，大致有以下规律：

① 烷基链长度。烷基链的长度较长，其摩擦系数越小，柔软效果越好。但随着碳链增长，拒水性增强，即吸水性变差，因此柔软剂一般选用 $C_{16}\sim C_{18}$ 疏水基碳链。

② 直链与支链。亲油基以直链烷基最好。若烷基链上有支链、苯环等结构，其柔软性降低。因此疏水基碳链为 $C_{16}\sim C_{18}$ 的直链或接近直链的长链脂肪烃。

③ 烷基链的饱和度。饱和脂肪酰胺、脂肪酸的摩擦系数要比不饱和脂肪酰胺、脂肪酸摩擦系数小，这主要由于不饱和烷基链在水中溶解度增加，导致纤维上的吸附量减小。烷基链的饱和度下降会导致柔软度变差。

④ 烷基数量。长链单烷基、二烷基、三烷基中，二烷基的阳离子表面活性剂具有更好的效果。

⑤ 亲水性。阳离子柔软剂的水溶性较差，为增加亲水性，可在长链亲油基上引入较弱的亲水基或增加亲水基的数目，亲水性增大则其摩擦系数也增大，柔软性降低。同时，增加的亲水基都必须集中在亲水一侧，以保持亲水、疏水两部分的整体结构。如分布在疏水链段中则分子层会受到破坏，柔软性下降。

⑥ 油膜厚度。阳离子表面活性剂常以单分子或几个分子层在纤维表面成膜，形成垂直定向吸附层。柔软剂的用量直接影响纤维表面润滑油膜的厚度。流体润滑是摩擦的两个表面完全被连续的流体隔开，边界润滑则流体膜非常薄，甚至部分表面还未被覆盖。一般来说，纤维的润滑大多属于流体润滑，柔软剂用量一般在 0.3% 以上，油膜最佳厚度在 $5\sim10\mu m$。

在纤细表面形成油膜的厚度不但与柔软剂的用量有关，还与纤维的细度或比表面有关。同样质量的柔软剂施加到纤维较细的织物上，则由于比表面较大，成膜厚度一定较薄。

三、有机硅柔软剂

有机硅柔软剂的主体结构为聚二甲基硅氧烷。聚硅氧烷主链是很易挠曲的螺旋状直链结构，可以 $360°$ 自由旋转，旋转所需的能量几乎为零。因此，聚硅氧烷高聚物的分子结构符合基布的柔软机理要求，不仅能降低纤维间的静、动摩擦系数，而且其分子间作用力很小，能降低纤维的表面张力，是基布柔软整理剂的理想材料。有机硅柔软剂，特别是氨基改性有机硅柔软剂是近年来发展最快的柔软剂品种。

有机硅类柔软剂在国内的生产和应用可以说经历了四代：

第一代是端羟基的高分子量聚硅氧烷乳液（羟乳）。由八甲基环四硅氧烷（D_4）、水、乳化剂、催化剂等原料在一定条件下乳液聚合而成。这是我国 20 世纪 80 年代使用最广的有机硅类柔软剂。其分子量一般为 6 万~8 万，分子量越大，柔软性和滑爽感越好。有机硅羟乳亲水稳定性不好，在应用时易出现漂油及油斑现象。

第二代是聚醚改性硅油，由甲基含氢硅油与末端带有不饱和键的聚乙二醇、聚丙二醇等聚醚进行硅氢加成反应制成。通过改变硅油链节数或改变聚醚 EO 与 PO 之配比及改变其链节数和末端基团可获得性能各异的有机硅表面活性剂。具有较好的柔软特性及抗静电性能。由于呈非离子性，能与各种助剂混合应用。

第三代是带活性基团的聚硅氧烷乳液。为了适应各类整理的需要，在有机硅分子上可引入其他活性基团如氨基、酰氨基、酯基、氰基、羧基、环氧基等，这些官能团的引入极大地改善了整理后织物的柔软性、平滑性、弹性以及整理效果的耐久性。

在聚硅氧烷的大分子链上引入氨基，不仅能与纤维形成牢固的取向、吸附作用，使纤维之间的摩擦系数下降，而且能与环氧基、羧基、羟基发生化学反应。引入酰氨基后的聚硅氧烷适于防污整理，柔软性也大有提高。引入氰基耐油性好。聚氧化乙烯醚和有机硅的共聚物防静电效果良好。有机氟改性的有机硅具有拒油、防污、防静电、拒水等许多优点。

第四代是以氨基硅油为代表的改性硅油，是目前市场上最具代表性的有机硅柔软剂品种。通常我们把氨乙基氨丙基聚二甲基硅氧烷叫做标准氨基硅油，而把其他的氨取代基聚硅氧烷叫作改性氨基硅油。

常用的双氨基有机硅柔软剂虽然有很好的柔软效果，但白度、吸水性、易去污性都较差，为了改善这些缺点，可以通过氨基官能团的类型和数量的变化来实现，主要是将伯氨基变成仲氨基或叔氨基，这样不仅在干燥时可以减少泛黄，且比伯胺官能团的有机硅具有较少的疏水性。将二甲基硅氧烷大分子的两端用氨基改性封端，在纤维上可以形成非常整齐的定向排列，从而获得优异的平滑手感。如果将聚硅氧烷的部分侧链基和两端基均用氨基改性取代，可使基布获得更好的柔软性。

第三代与第四代产品没有明显界限，可以根据实际要求改变官能团的种类，达到生产的实际需求。

1. 聚二甲基硅氧烷乳液

聚二甲基硅氧烷（PDMS）是有机硅柔软剂中最早应用的产品。液态时的聚二甲基硅氧烷为一黏稠液体，称做硅油，是一种具有不同聚合度的链状结构的有机硅氧烷混合物。硅原子上可以结合很多侧基团，PDMS 的端基和侧基全为甲基，聚合度不高，分子量为 6 万～7 万。它必须在乳化剂的作用下制备成硅油乳液后才能用于柔软整理，所用的乳化剂多为非离子型表面活性剂。PDMS 的结构如下：

$$H_3C-\underset{\underset{CH_3}{|}}{\overset{\overset{CH_3}{|}}{Si}}-O-\left[\underset{\underset{CH_3}{|}}{\overset{\overset{CH_3}{|}}{Si}}-O\right]_n\underset{\underset{CH_3}{|}}{\overset{\overset{CH_3}{|}}{Si}}-CH_3$$

整理后可赋予合成革滑、挺、爽的手感，降低摩擦系数，并提高耐磨性。整理后的基布耐热性和白度较好，但因 PDMS 分子链上没有反应性基团，故不能与纤维发生反应，也不能自身交联，而只是靠分子引力附着在纤维表面，因此整理后的基布耐洗性较差，弹性提高也有限。

2. 羟基硅油乳液

羟基硅油乳液是将二甲基聚硅氧烷线型结构的两端用羟基封端，使其具有一定的亲水性和反应性，改善其应用性能。通常由八甲基环四硅氧烷单体（D_4）、水、乳化剂、催化剂等在一定条件下进行乳液聚合而成，或者由二甲基二氯硅烷在碱性介质中水解缩合而成：

$$n/4[(CH_3)_2SiO]_4 + H_2O \xrightarrow{催化} HO-\underset{\underset{CH_3}{|}}{\overset{\overset{CH_3}{|}}{Si}}-O-H$$

D4 　　　　　　　　　羟基硅油

$$n\ Cl-\underset{\underset{CH_3}{|}}{\overset{\overset{CH_3}{|}}{Si}}-Cl + NaOH \longrightarrow HO-\underset{\underset{CH_3}{|}}{\overset{\overset{CH_3}{|}}{Si}}-O-H + NaCl$$

二甲基二氯硅烷　　　　　羟基硅油

　　羟基硅油分子量一般为 6 万～8 万，单独使用在纤维表面不成膜，一般与聚甲基氢基硅氧烷混合使用，发生交联而形成有一定弹性的高分子薄膜，或者利用硅羟基的反应性，与纤维的反应性基团如纤维素的醇羟基脱水形成醚，因此具有良好的成膜性结合牢度，可赋予基布柔软滑爽感，不降低纤维强力。

含氢硅油　　　　　　羟基硅油　　　　　　含氢硅油

交联结构

　　有机硅羟乳根据其使用的乳化剂离子性的不同可分为阳离子、阴离子、非离子和复合型乳液。阳离子型羟乳主要用于柔软整理，整理后的基本手感滑爽，并具有良好的拒水性，但也存在分子量偏小，稳定性较差易破乳的问题，一般通过加入非离子表面活性剂或加入季铵盐制成复合柔软剂的方法加以解决。阴离子型羟乳分子量大，一般稳定性较好，能与其他整理剂配伍使用，能在纤维表面形成一定的有机硅薄膜，不仅可提高手感，还可提高基布的强度，其中以加入少量三甲氧基甲基硅烷效果更好。

　　有机硅羟乳一般以水包油型的细小颗粒分散于水相中，为乳白色略带蓝光的液体。虽然羟乳分子链的末端存在羟基，对提高其亲水性和乳液稳定性有一定帮助，但由于有机硅羟乳的乳液颗粒很难控制到细小均一，因此乳液的稳定性也很难掌握，在应用时易出现漂油现象，出现难以去除的油斑等瑕疵。因此有机硅羟乳类柔软剂的乳液稳定性也是评定其质量的重要指标。

3. 聚醚改性聚硅氧烷

　　聚醚改性聚硅氧烷是采用聚醚与二甲基硅氧烷接枝共聚而成的一种性能独特的有机硅非离子表面活性剂。它兼具水溶性和油溶性，既有传统硅氧烷类的优异性能，如耐高低温、不易老化、疏水、低表面张力等，同时聚醚基团是非常有效的亲水性基团，不会与纤维形成盐式结构，因此提高了产品亲水性、铺展性和乳化性能，赋予基布好的吸湿、抗静电和防污性能。由于属非离子性，在工艺上聚醚改性聚硅氧烷有时还可与染色同浴，能与各种助剂混合应用。

聚醚改性有机硅可分为嵌段共聚型和侧链型。嵌段共聚型可由分子量较低的烷氧端基有机硅与羟基端基共聚醚、硅氢端基有机硅与不饱和双键端基共聚醚聚合而制得；侧链型可由含氢、环氧、羧基、氨基、烷氧基等的改性硅油制得。目前，合成革行业中应用的主要是侧链型。在氯铂酸催化下，烯丙基聚醚与含氢硅油通过硅氢加成反应的方法合成聚醚改性聚硅氧烷。代表性结构：

$$
\begin{array}{c}
\underset{CH_3}{\overset{CH_3}{H_3C-Si-O}}-\left[\underset{CH_3}{\overset{CH_3}{Si-O}}\right]_x\left[\underset{R}{\overset{CH_3}{Si-O}}\right]_y\underset{CH_3}{\overset{CH_3}{Si-CH_3}}
\end{array}
$$

$$(CH_2CH_2O)_a-(CH_2CHO)_bH$$
$$CH_3$$

聚醚改性聚硅氧烷

调节共聚物中硅氧烷段的分子量，可以突出或减弱共聚物中有机硅的特性，如滑爽性、柔软性。由于环氧乙烷具有很好的亲水性，而环氧丙烷亲水性相对较差，可通过调节他们的比例控制有机硅的亲水亲油平衡性，从而使合成的产品比甲基或羟基硅油更易溶解或乳化。当聚醚与聚硅氧烷的比例大于 1.5 时，改性硅油本身就可以溶于水，不需要加任何乳化剂乳化；即使小于 1.5 时，也只需加入少量乳化剂就可将其乳化。但是亲水性和耐久性是一对矛盾因素，亲水性过大必将导致整理基布的耐久性下降。

聚醚改性硅油的最大缺点之一是没有活性基团，与纤维结合力较弱，耐洗性较差。为了改善此缺点，使聚醚改性硅氧烷具有更好的使用效果，可在分子结构中引入反应性基团，利用氨基、环氧基等功能官能团对其进行再改性，得到氨基、环氧基、两性聚醚改性聚硅氧烷。

$$
\begin{array}{c}
\underset{CH_3}{\overset{CH_3}{H_3C-Si-O}}-\left[\underset{CH_3}{\overset{CH_3}{Si-O}}\right]_x\left[\underset{R}{\overset{CH_3}{Si-O}}\right]_y\left[\underset{R}{\overset{CH_3}{Si-O}}\right]_p\underset{CH_3}{\overset{CH_3}{Si-CH_3}}
\end{array}
$$

$$HC-CH_2 \quad (CH_2CH_2O)_a-(C_3H_6O)_bR$$
$$O$$

环氧聚醚改性聚硅氧烷

典型产品为环氧基和聚醚改性的聚硅氧烷。混合改性使分子中含有两种基团，EO 基和 PO 基可提高产品亲水性，使合成的产品比甲基或羟基硅油更易溶解或乳化。环氧基可提高产品活性，分子中的环氧基能与纤维发生反应，提高耐久性。除了具有耐洗涤、柔软作用外，整理后成革的亲水、吸湿、抗静电和防污等性能都有很大改进，但手感不够滑爽柔软，若与氨基改性有机硅并用，可起到非常理想的柔软效果。

4. 环氧改性有机硅

环氧改性有机硅柔软剂是在聚硅氧烷的分子上引入具有反应性的环氧基团。由于环氧基团反应活性高，能与纤维表面的羟基、氨基或羧基等反应，同时其本身可自交联成膜，提高柔软处理的耐久性，使整理后的基布呈现膨松柔软手感，并且消除了泛黄现象。

环氧改性聚硅氧烷根据反应类型，主要有两种合成方法：一种是含氢硅油与端烯基环氧化合物等的硅氢化加成反应；另一种是八甲基环四硅氧烷（D₄）与含环氧基取代的环四硅氧烷或含环氧基的低聚硅氧烷等的聚合反应。

环氧改性最常采用的是第一种方法，此法简便直接，但在反应时须控制反应温度和添加低级醇，以防止反应单体中的环氧基开环。反应式及结构如下：

$$H_3C-\underset{\underset{CH_3}{|}}{\overset{\overset{CH_3}{|}}{Si}}-O-\left[\underset{\underset{CH_3}{|}}{\overset{\overset{CH_3}{|}}{Si}}-O\right]_n\left[\underset{\underset{H}{|}}{\overset{\overset{CH_3}{|}}{Si}}-O\right]_m\underset{\underset{CH_3}{|}}{\overset{\overset{CH_3}{|}}{Si}}-CH_3 + H_2C=CHCH_2OCH_2CH-CH_2 \longrightarrow$$

含氢硅油 　　　　　　　　　　　　端烯基环氧化合物

$$H_3C-\underset{\underset{CH_3}{|}}{\overset{\overset{CH_3}{|}}{Si}}-O-\left[\underset{\underset{CH_3}{|}}{\overset{\overset{CH_3}{|}}{Si}}-O\right]_n\left[\underset{\underset{(CH_2)_3}{|}}{\overset{\overset{CH_3}{|}}{Si}}-O\right]_m\underset{\underset{CH_3}{|}}{\overset{\overset{CH_3}{|}}{Si}}-CH_3$$

环氧改性聚硅氧烷

环氧改性有机硅吸湿性差，通过对环氧基进行改性，接枝上亲水基团，可提高环氧基改性聚硅氧烷的亲水性。采用低含氢硅油与烯丙基缩水甘油醚在铂催化剂作用下进行硅氢加成反应制备环氧改性硅油，在氯铂酸催化下，通过低含氢硅油与不饱和缩水甘油醚、烯丙基聚醚的硅氢加成反应，可制得环氧改性水溶性硅油。

5. 氨基改性聚硅氧烷

在聚硅氧烷的大分子链上引入氨基，氨基的极性和结合作用可以使有机硅的性能得到很大改善。氨基不仅能与纤维形成牢固的取向、吸附作用，使纤维之间的摩擦系数下降，而且能与环氧基、羧基、羟基发生化学反应，使基布整理后获得优异的柔软性、回弹性，手感软而丰满，滑而细腻。

氨基改性硅油是侧链或端基带有氨基的聚硅氧烷，可以是伯胺、仲胺、叔胺或铵盐，也可以是芳香族胺。氨基改性硅油的合成方法主要有催化平衡法和硅氢加成法。

催化平衡法是氨基硅烷单体与硅氧烷（主要指 D_4）在催化剂存在下进行的平衡反应，利用此法可制备大多数氨基改性硅油，如单端和双端型、端基和侧基型、混合型等。在实际生产中主要采用碱催化平衡法，但存在合成时间长、反应温度高、过滤中和催化剂产生的盐等缺点。

硅氢加成法是通过含氢硅油与烯胺等在催化作用（氯铂酸催化剂）下反发生硅氢加成反应制备氨基改性硅油，硅氢加成反应简便直接，在室温或稍高一些温度就能进行，反应条件温和且产率高，最常用的制备方法。缺点是所采用的催化剂为重金属，制得的氨基硅油的平均聚合度也较小。

氨基改性聚硅氧烷通常为侧链引入氨基，有单胺和二胺两种结构。

单胺改性结构一般由含氢聚硅氧烷与烯丙基胺或 *N*-取代烯丙基胺反应，反应式及结构如下：

$$H_3C-\underset{\underset{CH_3}{|}}{\overset{\overset{CH_3}{|}}{Si}}-O-\left[\underset{\underset{CH_3}{|}}{\overset{\overset{CH_3}{|}}{Si}}-O\right]_n\left[\underset{\underset{H}{|}}{\overset{\overset{CH_3}{|}}{Si}}-O\right]_m\underset{\underset{CH_3}{|}}{\overset{\overset{CH_3}{|}}{Si}}-CH_3 + m\,H_2C=CHCH_2-NH_2 \longrightarrow H_3C-\underset{\underset{CH_3}{|}}{\overset{\overset{CH_3}{|}}{Si}}-O-\left[\underset{\underset{CH_3}{|}}{\overset{\overset{CH_3}{|}}{Si}}-O\right]_n\left[\underset{\underset{(CH_2)_3}{|}}{\overset{\overset{CH_3}{|}}{Si}}-O\right]_m\underset{\underset{CH_3}{|}}{\overset{\overset{CH_3}{|}}{Si}}-CH_3$$

　　　　　　　　　　　　　　　　　　　　烯丙基胺　　　　　　　　　　　　　　　　　　　　　　　　　　　　　　NH_2

含氢聚硅氧烷 　　　　　　　　　　　　　　　　　　　　　　　　　　　　　　　单胺改性聚硅氧烷

双胺结构由偶联剂在碱催化下水解，与 D_4 和六甲基二硅氧烷开环聚合重排，这是氨基聚硅氧烷最主要的合成方法。主体为二甲基硅氧烷，通过控制偶联剂量和聚合物分子量，可得到不同氨值和不同分子量的产品。以 *N*-β 氨乙基-γ-氨丙基甲基二甲氧基硅氧烷为偶联剂，其反应和结构为：

$$H_3C-\overset{\underset{\displaystyle CH_3}{|}}{\underset{\underset{\displaystyle CH_3}{|}}{Si}}-O-\overset{\underset{\displaystyle CH_3}{|}}{\underset{\underset{\displaystyle CH_3}{|}}{Si}}-CH_3 + [(CH_3)_2SiO]_4 + H_3C-O-\overset{\underset{\displaystyle CH_3}{|}}{\underset{\underset{\displaystyle C_3H_6-N-C_2H_4-NH_2}{|}}{Si}}-O-CH_3 \longrightarrow$$

双胺改性聚硅氧烷

传统的氨基改性硅油柔软剂都属于上述两类共聚物，并且只含氨基活性基团。目前商品化的氨基硅油中 90% 以上都是氨乙基氨丙基硅油（双胺型氨基硅油），调整聚合物的分子量和氨基含量可以得到不同风格的成品。通常氨基含量越高柔软度越好，但较高的氨基含量也意味着较大的泛黄性。因为聚硅氧烷侧链上引入两个氨基（伯氨基和仲氨基）后，共有三个活泼氢原子，容易氧化形成发色团，双胺结构更是具有加速氧化的协同作用。

为了保持双胺改性聚硅氧烷优异的柔软性并解决黄变现象，需要开发低黄变氨基改性产品，减少或抑制黄变的方法有降低氨值法、环氧化改性、酰化改性、季铵化改性和加入抗氧化剂等。改变氨基官能团的类型和数量是主要方法，改变氨基官能团类型主要是将伯氨基变成仲氨基或叔氨基，如 N-丙基环己胺（仲胺）和 N-丙基哌嗪（叔胺）改性有机硅。

仲氨基改性聚硅氧烷可以改善双胺改性聚硅氧烷的黄变现象，同时提高亲水性和去污性，得到综合的处理效果。仲胺改性的方法有两种。一种是在双胺型的基础上对伯氨基进行酰化保护，减少活泼氢，酰化剂有乙酸酐和丁内酯，酰化度不要超过 70%，否则将影响柔软效果。另一种是在合成时引入新的硅偶联剂，如采用 γ-环己基氨丙基二甲氧基偶联剂改性，改性后的结构为：

仲氨基改性聚硅氧烷

采用叔氨基偶联剂可以合成叔胺聚硅氧烷。以 γ-2,2,6,6-四甲基-吗啉基丙基甲基二甲氧基硅烷为偶联剂得到的改性产品，结构如下：

叔氨基改性聚硅氧烷

叔胺型不会发生黄变，因为其分子结构中引入了一个高位阻的叔氨基，两端又存在两个位阻很大的甲基，破坏其结构需要很大的能级。叔胺改性产品的白度、吸水性和易去污性最佳，但是手感低于双胺型和仲胺型，需要通过提高分子量来提高手感。

为了获得超平滑的手感，将二甲基硅氧烷大分子的两端用氨基改性封端，而使主链中的硅全部连甲基，可在纤维上形成非常整齐的定向排列，从而获得优异的平滑手感。端氨基聚硅氧烷通常由二氨丙基四甲基二硅氧烷与 D_4 在碱催化下开环聚合得到。

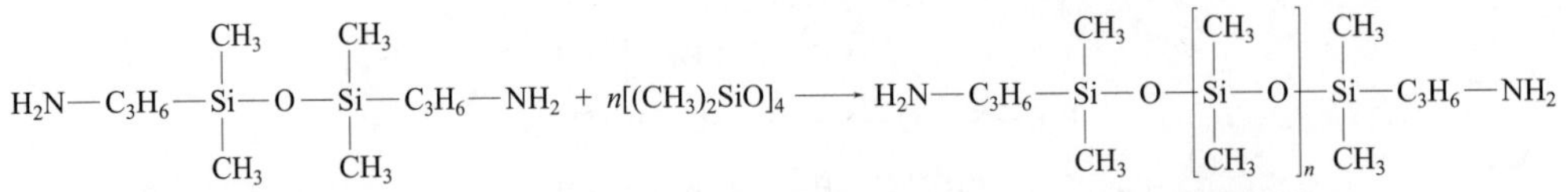

$$H_2N-C_3H_6-\overset{\overset{\displaystyle CH_3}{|}}{\underset{\underset{\displaystyle CH_3}{|}}{Si}}-O-\overset{\overset{\displaystyle CH_3}{|}}{\underset{\underset{\displaystyle CH_3}{|}}{Si}}-C_3H_6-NH_2 + n[(CH_3)_2SiO]_4 \longrightarrow H_2N-C_3H_6-\overset{\overset{\displaystyle CH_3}{|}}{\underset{\underset{\displaystyle CH_3}{|}}{Si}}-O-\left[\overset{\overset{\displaystyle CH_3}{|}}{\underset{\underset{\displaystyle CH_3}{|}}{Si}}-O\right]-\overset{\overset{\displaystyle CH_3}{|}}{\underset{\underset{\displaystyle CH_3}{|}}{Si}}-C_3H_6-NH_2$$

二氨丙基四甲基二硅氧烷　　　　　　　　　　D_4　　　　　　　　　　　　　　端氨基聚硅氧烷

为了改善氨基硅油的亲水性，通常利用氨基与含有反应性基团（例如烯丙基、环氧基和异氰酸酯基等）的聚醚反应从而引入亲水性聚醚基团。将氨基基团的柔软性和亲水基团的亲水相结合，可以赋予基布柔软滑糯的手感，实现手感和功能性的结合，这是目前研究的重点。采用的改性方法主要有两种：

一种是在氨基改性的基础上再引入聚醚基团。如用端基为环氧基的聚醚与硅油分子中的氨基加成，形成含有氨基及聚醚链段的改性硅油。原分子中的伯胺或仲胺可使环氧化合物开环，形成含有羟基的氨烃基取代基，减少活泼氢，从而改善泛黄现象，并赋予其亲水性。基本结构为：

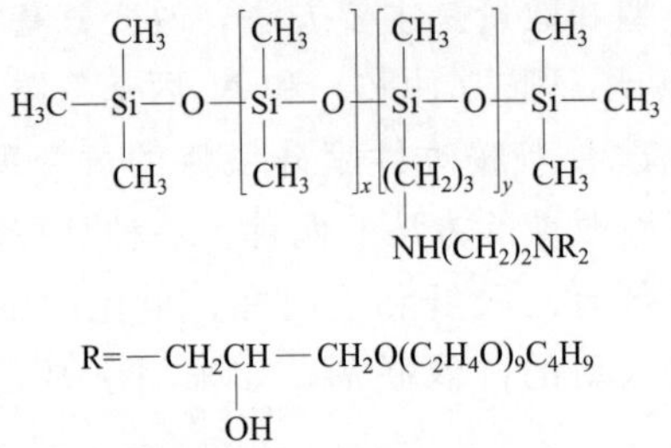

$$H_3C-\overset{\overset{\displaystyle CH_3}{|}}{\underset{\underset{\displaystyle CH_3}{|}}{Si}}-O-\left[\overset{\overset{\displaystyle CH_3}{|}}{\underset{\underset{\displaystyle CH_3}{|}}{Si}}-O\right]_x\left[\overset{\overset{\displaystyle CH_3}{|}}{\underset{\underset{\displaystyle (CH_2)_3}{|}}{Si}}-O\right]_y\overset{\overset{\displaystyle CH_3}{|}}{\underset{\underset{\displaystyle CH_3}{|}}{Si}}-CH_3$$

$$NH(CH_2)_2NR_2$$

$$R=-CH_2\underset{\underset{\displaystyle OH}{|}}{CH}-CH_2O(C_2H_4O)_9C_4H_9$$

另外一种是通过对聚醚改性硅进行氨基改性，达到主链中同时含有氨基基团和聚醚基团的目的，典型的结构如下：

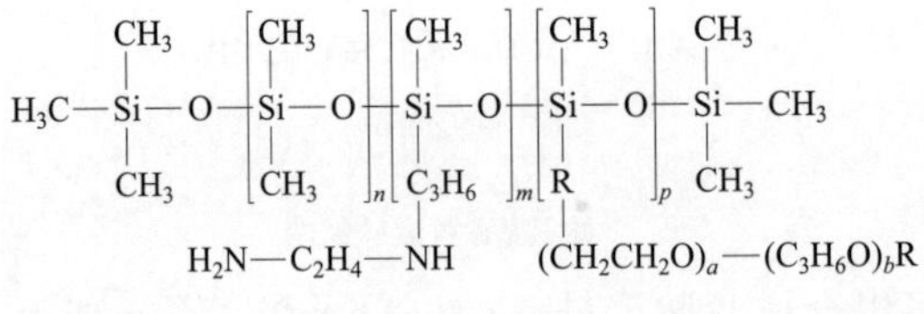

$$H_3C-\overset{\overset{\displaystyle CH_3}{|}}{\underset{\underset{\displaystyle CH_3}{|}}{Si}}-O-\left[\overset{\overset{\displaystyle CH_3}{|}}{\underset{\underset{\displaystyle CH_3}{|}}{Si}}-O\right]_n\left[\overset{\overset{\displaystyle CH_3}{|}}{\underset{\underset{\displaystyle C_3H_6}{|}}{Si}}-O\right]_m\left[\overset{\overset{\displaystyle CH_3}{|}}{\underset{\underset{\displaystyle R}{|}}{Si}}-O\right]_p\overset{\overset{\displaystyle CH_3}{|}}{\underset{\underset{\displaystyle CH_3}{|}}{Si}}-CH_3$$

$$H_2N-C_2H_4-NH\qquad (CH_2CH_2O)_a-(C_3H_6O)_bR$$

将氨基改性有机硅制成微乳液这一方法近年来发展很快。通常用四个特性参数表示：氨值、黏度、反应性和粒度。这四个参数基本反映了氨基硅油的品质，并且体现在基布的手感、白度、色光以及乳化效果上。

① 氨值。氨基硅油的柔软度、滑度、丰满度主要是氨基带来的，氨值就越高则柔软性越好。氨基的增加使柔软剂对纤维的亲和力增加，在纤维表面形成更规整的分子排列。但是氨基中的活泼氢易于氧化形成发色团，造成基布泛黄。

② 黏度。黏度与聚合物分子量及分子量分布有关。黏度与分子量成正比，分子量大的氨基硅油在纤维表面的成膜性好，处理后的基布手感柔软滑爽。黏度过低柔软效果不佳，但黏度过高不易制成微乳液。

③ 反应性。具有反应性的氨基硅油在整理时可以产生自交联。交联度的提高将增加基布的滑爽感、柔软度和丰满度，尤其是可明显提高弹性。

④ 粒径。当氨基硅油乳液粒径在 $0.15\mu m$ 以下时，是热力学稳定的分散状态。微小的粒径使颗粒表面积增大，从而提高了氨基硅油与纤维的接触概率，使吸附量增大且均匀性、渗透性提高，易形成连续膜，提高处理后基布的柔软滑爽性和丰满感。

四、其他类型柔软剂

1. 阴离子型柔软剂

阴离子型柔软剂应用较早，通常是硫酸酯或磺酸盐化合物，如琥珀酸酯磺酸钠、植物油的硫酸化物、脂肪酸硫酸酯盐或硫酸化物等带长链烷烃的阴离子化合物或阴离子/非离子化合物。代表性产品为双十八烷基琥珀酸磺酸盐，其合成分两步：首先制备马来酸酯，然后在其基础上合成磺化琥珀酸酯钠盐。

$$C_{18}H_{37}OCO-\underset{H_2}{C}-\underset{\underset{H}{|}}{\overset{\overset{SO_3Na}{|}}{C}}-OCOC_{18}H_{37}$$

酯化终点判断：酸价（mg KOH/g）$\leqslant 5$。磺化终点判断：采用埃普通法（Epton），测定阴离子活性物有效物含量$\geqslant 60\%$。双酯转化率：$\geqslant 96\%$。

单酯和双酯的亲水亲油平衡值（HLB值）：磺化琥珀酸单酯 33.2；磺化琥珀酸双酯 10.9。磺化琥珀酸酯钠盐在常温下不易溶解和稀释，应配以乳化分散性好的非离子表面活性剂，并配以阴离子平滑剂改善吸水性和平滑性，才能获得优异的性能。

阴离子型柔软剂末端基团为羧基、硫酸酯基或磺酸基等，具有良好的润湿性和热稳定性，能与荧光增白剂同浴使用，对色光、白度及色牢度影响小，可作为特白基布的柔软剂。润湿性好，因此可渗透到基布内部，给予基布较好的吸水性和回弹性。主要缺陷是对纤维的吸附比较弱，故柔软效果较差，且易被洗去，持久效果较差，一般不单独做基布后处理柔软剂使用。

2. 非离子型柔软剂

非离子型柔软剂包括脂肪酸多元醇酯、烷醇酰胺和聚氧乙烯脂肪酰胺、聚醚类柔软剂等。

与离子型柔软剂相比，非离子型柔软剂对纤维的吸附能力差，对合成纤维不起柔软作用，但可起平滑作用。对电解质稳定性好，并且没有使基布黄变的缺点，但吸水性不如阴离子柔软剂。非离子型柔软剂，特别是醚基或酯基产品，在水中溶解度会随温度升高而降低，开始混浊时的温度称为浊点，这与醚基、酯基与水分子形成的氢键随温度的升高逐渐断开有关，这是非离子活性剂的重要特征。

脂肪酸多元醇酯对降低纤维的静摩擦系数效果优良，脂肪酸二乙醇酰胺在溶液中有很好的稳泡和平滑作用，聚醚类柔软剂具有优良的耐高温性能。

脂肪酸聚氧乙烯醚柔软剂有两条合成路线：一是硬脂酸与环氧乙烷反应；二是硬脂酸与聚乙二醇酯化产物，产品是单酯和双酯的混合物，如十酸（或醇）的聚氧乙烯酯（或醚）。

$$C_9H_{19}-COOH + n\,H_2C\underset{O}{\overset{}{\diagup\!\!\!\diagdown}}CH_2 \longrightarrow C_9H_{19}-COO(CH_2CH_2O)_nH$$
十酸聚氧乙烯酯

季戊四醇和硬脂酸反应生成的单酯和双酯也是非离子型柔软剂的重要品种，对降低纤维的静摩擦系数也有优良效果，是一种使用范围较大的通用性柔软剂，手感特征是软而涩。制备方法有两种，一种是硬脂酸与季戊四醇，在酸性催化剂催化下进行酯化反应；另一种采用硬化油与季戊四醇在碱性催化剂作用下进行酯交换反应。相比之下，后者效果更为理想。

$$C_{17}H_{35}-COOH + HOH_2C-\underset{\underset{CH_2OH}{|}}{\overset{\overset{CH_2OH}{|}}{C}}-CH_2OH \xrightarrow{\text{酸催化}} C_{17}H_{35}-\overset{\overset{O}{\|}}{C}-O-\overset{H_2}{C}-\underset{\underset{CH_2OH}{|}}{\overset{\overset{CH_2OH}{|}}{C}}-CH_2OH$$

硬脂酸季戊四醇单酯

$$HOH_2C-\underset{\underset{CH_2OH}{|}}{\overset{\overset{CH_2OH}{|}}{C}}-CH_2OH + \underset{\underset{H_2C-CH_2OOCR}{}}{\overset{\overset{H_2C-CH_2OOCR}{}}{C}} \xrightarrow{\text{碱催化}} HC-CH_2OOCR + HOH_2C-\underset{\underset{CH_2OOCR}{}}{\overset{\overset{CH_2OH}{}}{C}}-CH_2OH + \cdots\cdots$$

硬脂酸季戊四醇单酯

聚醚类非离子表面活性剂是非离子活性剂中的重要品种，它是以环氧乙烷（EO）和环氧丙烷（PO）为主体，以某些活泼氢化合物为引发剂的嵌段共聚物。引发剂种类不同（如各种醇类、胺类等），共聚形式、次序不同，嵌段聚醚的性能也各不相同。在聚醚产品中，烯丙醇聚醚占据重要地位，它是制备聚醚有机硅非离子柔软剂和聚醚-氨基共聚（或嵌段）改性硅油的主要原料之一。非离子聚醚改性硅油虽然可改善吸水性和解决黄变问题，但柔软效果不理想。引入有机胺链节后，柔软效果明显提高，并延伸开发出许多性能优异的聚醚-氨基共聚改性硅油。

烯丙醇聚醚是以烯丙醇为引发剂，对 EO 和 PO 进行聚合，这种聚合方式可分为整嵌、杂嵌和全嵌三种类型。整嵌型聚醚是在引发剂上先加成一种氧化烯烃，然后再加成另一种氧化烯烃的产物。杂嵌型聚醚有两种，一种是在引发剂上先加成两种或多种氧化烯烃的混合物，然后再加成某种单一的氧化烯烃；第二种方法次序正好相反。全嵌型聚醚是在引发剂上先加成按某一给定比例的两种或多种氧化烯烃的混合物，然后再加成比例不同的同样混合物，或比例相同而氧化烯烃种类不同的混合物。整嵌聚醚在嵌段聚醚中有重要地位，反应方程式如下：

$$H_2C=CH-CH_2OH \xrightarrow{\overset{O}{\underset{H_2C-CH_2}{}}} H_2C=\overset{H}{\underset{H}{C}}-\overset{H_2}{C}-(CH_2CH_2O)_n-H \xrightarrow{H_3C-\overset{O}{CH-CH_2}} H_2C=\overset{H}{\underset{H}{C}}-\overset{H_2}{C}-(CH_2CH_2O)_n-(\overset{\overset{CH_3}{|}}{C}-CHO)_m-H$$

通过选用不同 n 值的单端烯丙基聚氧乙烯与环氧丙烷（PO）反应，以及控制两者配比，可制得多种具有不同 n、m 值的聚醚。单端烯丙基聚醚的结构中含有两个活性基，即不饱和键和羟基，聚醚结构上的活性基可与含有活性基团的有机硅（包括含有氨基活性基）加成共聚，得到性能优良的柔软剂品种。

非离子型柔软剂与阴离子和阳离子型柔软剂的兼容性好，在实际生产中，为了改善非离子型的柔软性，常适量加入一些不改变非离子特性的弱阳离子柔软剂。为了改善阳离子柔软剂的平滑性和分散性等，也常在配方中加入非离子柔软剂。对于阴离子柔软剂，在主体原料磺化琥珀酸酯盐在水中的分散性不太理想的情况下，为改善其乳化及分散性，又不降低自身的柔软性，也常加入多元醇型非离子柔软剂。

3. 两性柔软剂

两性柔软剂是为了改进阳离子型柔软剂易泛黄等不足而发展的一类柔软剂。对合成纤维亲和力较强，没有泛黄和使染料变色等弊病。两性柔软剂能在广泛的 pH 范围内使用，无皮肤刺激性且生物降解性好，但柔软效果略逊于阳离子型，通常与阳离子型柔软剂一起使用，起协同增效作用。

两性表面活性剂是在同一分子内兼有阴离子性、阳离子性和非离子性亲水基中的任意两个亲水基的化合物。常用的两性表面活性剂大多是在阳离子部分具有铵盐或季铵盐的亲水基，在阴离子部分具有羧酸盐、磺酸盐和磷酸盐型的亲水基。两性表面活性剂的最大特征是既能给出质子，又能接受质子，以 β-N-烷基氨基酸型两性表面活性剂为例，它在酸性及碱性介质中呈现以下平衡：

$$RNHCH_2CH_2COO^- \xrightleftharpoons{H^+} R^+NHCH_2CH_2COO^- \xrightleftharpoons{H^+} R^+NHCH_2CH_2COOH$$
$$pH>4 \qquad\qquad pH=4 \qquad\qquad pH<4$$

当 pH>4 时呈现阴离子特性；当 pH<4 又显阳离子特征；而在 pH=4 附近时，都以内盐的形式存在。对于两性表面活性剂而言，由于所含阴离子基团及阳离子基团的种类、数量和位置的不同，它们的等电点也有很大区别。当其呈现阳离子性特征时，作为柔软剂使用时，更能发挥性能上的优势。

两性柔软剂一般是烷基胺内酯型结构，常用的有甜菜碱型、氨基羧酸型以及咪唑啉型，下面重点介绍甜菜碱型和咪唑啉型。

① 甜菜碱型柔软剂。由季铵盐型阳离子部分和羧酸盐型阴离子部分所构成，一般由脂肪叔胺与氯乙酸钠反应而成。这类柔软剂产品较多，如咪唑啉甜菜碱、酰胺甜菜碱、磺酸甜菜碱等两性活性剂都是较为理想的柔软剂。

两性甜菜碱制备分两步，首先由氢氧化钠溶液中和氯乙酸至 pH 值为 7，制得氯乙酸钠盐，再加入等量的烷基二甲基胺反应即可得到羧基甜菜碱。

$$C_{17}H_{35}-N\begin{smallmatrix}CH_3\\ \\CH_3\end{smallmatrix} + Cl-CH_2COONa \longrightarrow C_{17}H_{35}-N^+\begin{smallmatrix}CH_3\\ \\CH_3\end{smallmatrix}-CH_2COO^-$$

烷基二甲基胺　　　　氯乙酸钠　　　　　　羧基甜菜碱

三乙醇胺硬脂酸类甜菜碱也是比较好的柔软剂品种。硬脂酸与三乙醇胺的投料比为 2:1（摩尔比），催化剂为对甲苯磺酸，用量为 0.2%，反应温度控制在 148~166℃，反应 6h。用氯乙酸钠季铵化剂与酯化物进行季铵化反应。氯乙酸用量与三乙醇胺的摩尔比为 1:1，加入 15% 浓度的 NaOH 中和至 pH 值为 7~8。向反应器中加入适量水，并打开回流装置，加热升温至 70℃时，滴加已配好的氯乙酸钠，反应温度控制在 70~80℃，搅拌反应 4~6h 即可。在加热熔融状态下用水洗除未反应的氯乙酸钠和氯化钠。其反应式如下：

$$2\ RCOOH + N\begin{smallmatrix}CH_2CH_2OH\\ \\CH_2CH_2OH\\ \\CH_2CH_2OH\end{smallmatrix} \xrightarrow{\text{对甲苯磺酸}} R-\overset{O}{\overset{\|}{C}}-OH_2CH_2C-N-CH_2CH_2O-\overset{O}{\overset{\|}{C}}-R$$

$$\xrightarrow{ClCH_2COONa} R-\overset{O}{\overset{\|}{C}}-OH_2CH_2C-\underset{CH_2COO^-}{\overset{CH_2CH_2OH}{N^+}}-CH_2CH_2O-\overset{O}{\overset{\|}{C}}-R + NaCl$$

三乙醇胺硬脂酸类甜菜碱

磷酸单-2-(2-硬脂酰氧基乙基) 氨基乙酯钾盐为两性表面活性剂，它的柔软性在酸性状态下最为突出，pH 值一般控制在 6~7，在实际应用中具有柔软和抗静电双重功效。其合成分三步：硬脂酸与二乙醇胺反应，生成硬脂酸（2-羟基）氨基乙酯；与磷酸化剂反应，生成磷酸单 2-(2-硬脂酰氧基乙基) 氨基乙酯；与 KOH 反应，生成磷酸单-2-(2-硬脂酰氧基乙基) 氨基乙酯钾盐。

$$R-COOH + HN \begin{matrix} CH_2CH_2OH \\ CH_2CH_2OH \end{matrix} \longrightarrow R-COOCH_2CH_2-\overset{H}{N}-CH_2CH_2OH \overset{H_3PO_4}{\longrightarrow} R-COOCH_2CH_2-\overset{H}{N}-CH_2CH_2OPO_3H_2$$

$$\downarrow KOH$$

$$R-COOCH_2CH_2-\overset{H}{N}-CH_2CH_2O-\overset{O}{\underset{OK}{\overset{\|}{P}}}-OK$$

磷酸单-2-(2-硬脂酰氧基乙基)氨基乙酯钾盐

② 咪唑啉型柔软剂。咪唑啉型两性表面活性剂是近几十年开发的一类性能优异的表面活性剂，其分子中同时含有阴、阳两种离子基团，是改良型和平衡型的两性表面活性剂。咪唑啉化合物的稳定性与溶液的 pH 有关，通常在酸性条件下是稳定的，而在碱性条件下则易水解，形成线状产物，当 pH>10 以后，咪唑啉环的开环率迅速增大。

咪唑啉型柔软剂的合成分三步，第一步由脂肪酸和羟乙基乙二胺进行脱水缩合反应，形成酰胺结构；第二步脱水环化形成咪唑啉中间体，前两步反应与阳离子型相同；第三步是将咪唑啉环与氯乙酸钠或其他能引入阴离子基团的烷基化剂进行季铵化反应。引入羧基阴离子常用的烷基化剂为氯乙酸钠，引入磺酸基阴离子常用2,3-环氧丙磺酸。咪唑啉环在碱性条件下与羧基化试剂氯乙酸钠反应，得到两性表面活性剂。

咪唑啉中间体　　　　氯乙酸钠　　　　咪唑啉型柔软剂

咪唑啉及其衍生物能有效降低纤维间摩擦系数，表现出良好的柔软效果，也不会引起基布的疏水性。如与阳离子柔软剂复配，可增加渗水性和透水性；与阴离子和非离子型柔软剂复配，可达到良好的协同效应。由于突出的性能，咪唑啉型柔软剂在两性活性剂中占据重要地位。

4. 反应性柔软剂

反应性柔软剂是一种自身带有活性基团的烷基长链化合物，通过酸、碱、催化剂或加热作用，能与纤维上的活性基团如羟基、氨基、羧基等发生反应，生成醚键、酯键等共价键结合，赋予纤维永久性的柔软、耐磨、耐洗的性能，又称为耐久性柔软剂。代表性产品有乙烯亚胺型和吡啶季铵盐型。

① 乙烯亚胺型。这类化合物中最重要的是波力明托 VS（Primeit，VS），国内称柔软剂 VS。它能与纤维素、蚕丝、锦纶、黏胶、羊毛等纤维发生反应性结合，可单独使用或与树脂整理剂合用，使纤维耐洗涤性好并获得良好的柔软和防水效果。但因近年来发现乙烯亚胺化合物具有致癌性，这类产品的生产和使用受到了限制。

② 吡啶季铵盐型柔软剂。硬脂酰胺吡啶氯化物是一种阳离子型反应性柔软剂，其分子中的活性基团能与纤维上的羟基或氨基发生化学键合。PF 是一种耐久性透气防水剂，也是耐久性柔软剂。

$$C_{16}H_{33}-C(=O)-N(CH_3)-CH_2-\overset{+}{N}C_5H_5\ Cl^-$$

$$C_{16}H_{33}-C(=O)-N(H)-CH_2-\overset{+}{N}C_5H_5\ Cl^-$$

反应性柔软剂在整理过程中，需经一定条件的高温焙烘处理，以促进与纤维分子间的化学反应，这样能显著提高其耐洗性能。反应性柔软剂还有二烯酮型、羧甲基型、异氰酸酯型、环氧型等产品。

第二节 拒水和拒油整理剂

拒水和拒油整理是染色基布经常要做的特殊整理。在基布纤维表面施加一种具有特殊分子结构的整理剂，改变纤维表面层组成，并以物理、化学或物理化学的方式与纤维结合，从而使基布不再被水所润湿，这种整理称为拒水整理。若整理后纤维的表面张力下降到一定值，油类物质也不能在表面上湿润，称为拒油整理。所用的整理剂分别称为拒水剂和拒油剂。

一、拒水和拒油整理原理

防水整理按整理后织物的透气性能可分为两类：第一类是不透气的防水整理（water proofing），俗称涂层整理；第二类是透气的防水整理（water repellency），俗称拒水整理。因此拒水和防水整理是有区别的。

① 涂层整理。通常在基布表面涂布一层不透气的连续薄膜，如 PU、PA、PVC 等树脂，堵塞基布上的孔隙，借物理方法阻挡水的通过，有抗高水压渗透能力，属涂层整理。此方法在防水的同时，也阻止了水蒸气的通过，防水而不透湿，卫生性能不佳。

② 拒水整理。利用具有低表面能的整理剂沉积于纤维表面，使纤维表面的亲水性变为疏水性，目的是阻止水对基布的润湿。利用基布毛细管的附加压力，阻止液态水的透过，内部仍保持着大量孔隙，使基布具有良好的拒水性，又具有透气和透湿性，手感和风格不受影响，但在水压相当大的情况下也会发生透水现象。

根据润湿理论，若使液体（水、油）不能润湿固体（纤维）的表面，固体的湿润临界表面张力必须小于液体的表面张力。水的极性很强，表面张力 $\gamma_水 = 72.6\,\text{mJ/m}^2$。当物体的表面张力与 $\gamma_水$ 十分接近时，水便能很好地润湿该物体。反过来，该物体的表面张力与 $\gamma_水$ 的差值越大，越难被水润湿，也就是说拒水性越好。

拒水整理就是利用一些特殊的整理剂，使纤维的表面性能发生变化，即疏水性增强，表面张力减小，从而产生拒水作用。

目前普遍采用接触角 θ 来评定润湿程度。从润湿角度考虑，$\theta < 90°$，且越小润湿效果越好；从拒水作用考虑，$\theta > 90°$，且越大拒水效果越好；当 $\theta = 0°$ 时，液滴在固体表面铺平，为固体表面被润湿的极限状态；当 $\theta = 180°$ 时，液滴在固体表面上呈球状，是一种理想的不润湿状态。接触角并非润湿的原因，而是结果。

由于固体的表面张力难以测定，为了了解固体表面的可润湿性，通过测定固体的临界表面张力 γ_C 来表述固体的表面性能。所谓 γ_C 是用不同表面张力的液体来测定在某一固体上的接触角，通过外延法求得接触角 θ 恰好为 0° 时的液体的表面张力。

水的表面能比较高，为 $72.6\,\text{mJ/m}^2$，雨水为 $53\,\text{mJ/m}^2$，拒水材料的表面能必须比此值小；油类的表面能一般在 $20\sim40\mathrm{mJ/m^2}$，如液体石蜡为 $33\mathrm{mJ/m^2}$，汽油为 $22\mathrm{mJ/m^2}$，拒油材料的表面能必须比此值小。所以油的润湿能力远大于水，拒油的物质一定拒水，而基布纤维的表面能远大于水和油的表面能。因此，为了使基布拒水、拒油，就要在其表面涂覆一层低表面能的材料。如氟化脂肪酸的表面能约为 $6\mathrm{mJ/m^2}$，是比较理想的拒油材料。

表 9-1 部分物质的临界表面张力

基本组成	临界表面张力/$(\mathrm{mJ/m^2})$	基本组成	临界表面张力/$(\mathrm{mJ/m^2})$
$-CH_2-$	31	$-CF_2-CF_3$	17
$-CF_2-CH_2-$	25	$-CF_3$	6
$-CH_3$	23	纤维素	>72
$-CH_2-CH_3$	20	水	72
$-CF_2-$	18		

由表 9-1 可看出，除纤维素外，其他物质的临界表面张力都比水小，都具有一定的拒水性，其中以 $-CF_3$ 最大，$-CH_2-$ 最小。采用较大接触角或较小临界表面张力的物质做拒水整理剂，都可获得一定的拒水效果。

影响拒水效果的因素很多，包括基材本身的特性、整理剂的性能、操作工艺条件及环境因素等，但最主要的是拒水剂的选择和在纤维上的排列情况。一般纤维既不能拒油也不能拒水，拒水剂和拒油剂为具有低表面能基团的化合物，由它们的低表面能原子团组成新的表面。此外，拒水剂和拒油剂要有相应基团使其能牢固附着于纤维表面，能在纤维表面聚合成膜，拒水、油基团有规则地向外整齐排列。

从工艺原理看来，拒水和拒油整理属于纤维表面化学改性的范畴。因此，它必然要求整理的基布前处理要充分，使之具有良好的吸收性能。同时，要尽可能地减少基布上的表面活性剂、助剂和盐类等残留物，基布表面应呈中性或微酸性，为拒水和拒油整理取得良好效果准备条件。此外，整理时要使拒水剂和拒油剂能在织物或纤维表面均匀分布，并与纤维产生良好的结合状态，其官能团以密集定向的分布形式为宜。

二、拒水整理剂

根据拒水整理后基布的耐洗性，可将拒水整理分为不耐久、半耐久和耐久三种，耐洗性主要取决于所用拒水剂本身的化学结构。

不耐久：耐 5 次以下洗涤；

半耐久：耐 5～30 次以下洗涤；

耐久：耐 30 次以上洗涤。

按标准方法洗涤，耐 20 次洗涤的拒油整理称为耐久性拒油整理。

由拒水拒油整理的机理可以看出，在纤维表面吸附一层物质，使其原来的高能表面变为低能表面，就可以获得具有拒水效果的织物，且表面能愈小拒水整理效果愈好。拒水剂主要有以下几种：石蜡-金属盐类、吡啶季铵盐类、羟甲基三聚氰胺衍生物、硬脂酸铬络合物、有机硅型、含氟类。常用拒水剂主要有有机硅和含氟化合物，常用的拒油剂是含氟化合物。

1. 石蜡-金属盐类

石蜡-金属盐类拒水剂是最古老的拒水剂之一，主要有铝盐和锆盐。

铝皂　　　　　　　　　锆皂

以铝化合物应用较多，加工方法有单独醋酸铝法和铝皂法等。铝盐拒水剂的拒水原因是它经加热后在基布上产生了具有防水性的氧化铝。单独醋酸铝法的反应过程如下：

$$Al(CH_3COO)_3 + 3H_2O \longrightarrow Al(OH)_3 + 3CH_3COOH$$

$$2Al(OH)_3 \longrightarrow Al_2O_3 + 3H_2O$$

铝皂法是将铝盐与肥皂及石蜡一起使用，采用铝皂法整理后的基布不耐水洗和干洗，手感硬，且带有酸味。但当拒水效果降低后，可经过再处理而使其得到恢复。铝皂法按铝皂的形成步骤可分为一浴法和二浴法。

① 二浴法。先将基布在以肥皂为乳化剂的石蜡乳液中 80～85℃ 浸轧，烘干，使肥皂和石蜡沉积在织物上，再以醋酸铝溶液在 60～65℃ 浸轧，基布上的肥皂与醋酸铝反应生成不溶性的铝皂。干燥后在纤维上得到的是石蜡和铝皂的涂层。

$$Al(CH_3COO)_3 + 3C_{17}H_{35}COONa \longrightarrow Al(C_{17}H_{35}COO)_3 \downarrow + 3CH_3COONa$$

多余的醋酸铝在烘干过程中会发生水解和脱水反应，生成不溶性的碱式铝盐或氧化铝等化合物，并和铝皂、石蜡共同沉积在基布上而起拒水作用。氧化铝还有阻塞基布中部分孔隙的作用。二浴法乳液容易制得，但过程比较复杂，目前已较少使用。

② 一浴法。将醋酸铝和石蜡肥皂乳液混合在一起使用，但如直接混合，将发生破乳现象，因此需要预先在乳液中加入适当的保护胶体，如明胶等，才能使乳液稳定。

在常温或 55～70℃，调节 pH 值至 5 左右，先用稀释后的乳液浸轧基布，再经烘干即可。其反应机理与两浴法相同，只是加入了保护胶体明胶。值得注意的是，明胶是亲水性蛋白质，用量越多乳液越稳定，但会使整理后的基布拒水性降低，所以用量要适当。

石蜡乳液和铝盐拒水剂由于使用方便、价格低廉，符合环保要求，迄今仍在使用，特别适用于不常洗的工业用布。但它们没有明显的拒油性能，整理后的基布不耐洗，手感粗硬，整理的耐久性较差。

2. 吡啶季铵盐类

吡啶季铵盐类拒水剂主要是硬脂酸酰胺亚甲基吡啶氯化物，它是由硬脂酰胺、盐酸吡啶和多聚甲醛反应而成的一种阳离子表面活性剂，属长链脂肪烃的铵化合物。代表性的产品为防水剂 PF，是最早由英国 ICI 公司发明的吡啶季铵盐类拒水整理剂，化学名称为硬脂酸酰胺亚甲基吡啶氯化物，结构式为：

$$C_{17}H_{35}-\overset{\overset{\displaystyle O}{\|}}{C}-\overset{H}{N}-\overset{H_2}{C}-N^+\!\!\!\left\langle\!\!\!\bigcirc\right. \cdot Cl^-$$

防水剂PF

防水剂通过溶液浸渍吸附于纤维上，在高温干燥时，能与纤维素发生反应，形成醚键结合，也可自身发生缩合成为二聚体沉积在纤维表面。整理时，不可避免地会生成副产物亚甲基二硬脂酸酰胺，附着在纤维上，使拒水耐久性受到影响。

PF 防水剂有较耐久的拒水性，没有明显的拒油性能。在干燥时释放出气味强烈的吡啶和氯化氢，而且整理后容易产生黄变和变色，不符合目前的环保要求，目前仅用于纤维素纤维的防水整理。

3. 羟甲基三聚氰胺衍生物

多羟甲基三聚氰胺初缩体中含有羟甲基，使用硬脂酸、十八醇、三乙胺等与其反应，得到酯化或醚化的羟甲基三聚氰胺衍生物，主要用于纤维素纤维的拒水整理。代表性结构为乙醚化六羟甲基三聚氰胺与硬脂酸、十八醇、三乙胺反应的混合物，主要的化学结构为：

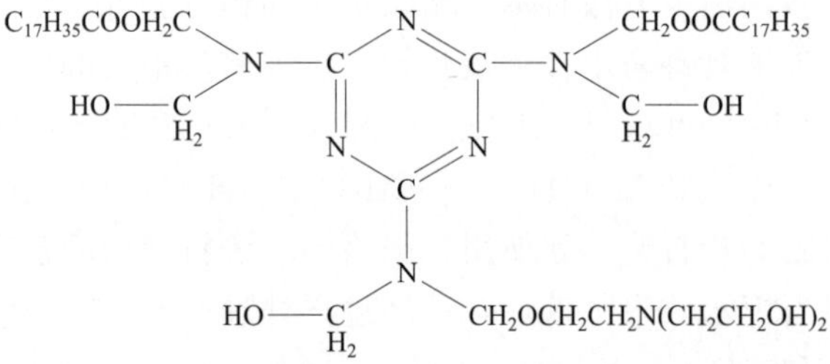

$$C_{17}H_{35}COOH_2C$$

羟甲基三聚氰胺衍生物

使用时，将羟甲基三聚氰胺衍生物与石蜡混合配制成乳浊液，浸轧织物，烘干，然后155～160℃焙烘 3min 左右。在这个过程中，羟甲基三聚氰胺衍生物与纤维素反应生成共价键结合，也能发生自身缩合，排列于纤维表面形成拒水层。硬脂酸中长链烷基的疏水性赋予了整理剂拒水性，羟甲基能够与纤维上的基团发生反应或者自身缩合，形成网状交联，产生耐久性拒水效果。这类防水剂耐洗涤性好，整理后的基布手感丰满并具有一定的柔软性能，可单独作为防水剂使用，也可与其他助剂配合使用，但羟甲基类整理剂没有明显的拒油性能。

羟甲基类整理剂以往主要作为氟碳类的添加剂使用，整理过程中无有害物质释放，但存在降低撕裂强度和改变色光等问题，并且被整理基布中会残留甲醛，不符合环保要求，目前逐渐被封端型异氰酸酯交联剂所取代。

4. 硬脂酸金属络合物

硬脂酸金属络合物主要是硬脂酸的铬络合物。用铬络合物处理后的基布于 150～170℃干燥，干燥时络合物进一步聚合。同时，该络合物也可与纤维表面的羟基、羧基、酰氨基或磺酸基反应形成共价键。络合物的无机部分与纤维表面产生共价键结合，有机疏水部分则垂直于纤维表面排列，从而赋予基布拒水性。

硬脂酸氯化铬防水剂是借助于醇溶液中氯化铬与硬脂酸盐之间的交换反应而制取的络合物，它的憎水性来源于它的水解氯离子。整理过程中，当溶液 pH 提高时，分子中的氯化铬水解形成羟基，高温下脱水形成—Cr—O—Cr—键而聚合，从而在纤维表面形成耐久性的防水膜。

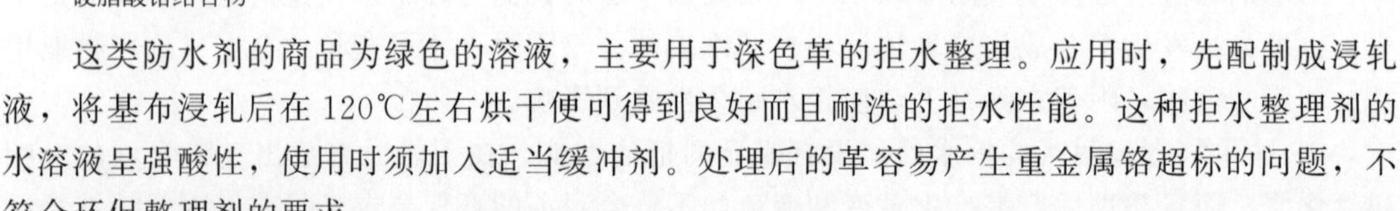

硬脂酸铬络合物

这类防水剂的商品为绿色的溶液，主要用于深色革的拒水整理。应用时，先配制成浸轧液，将基布浸轧后在 120℃左右烘干便可得到良好而且耐洗的拒水性能。这种拒水整理剂的水溶液呈强酸性，使用时须加入适当缓冲剂。处理后的革容易产生重金属铬超标的问题，不符合环保整理剂的要求。

5. 有机硅型防水剂

有机硅是以—O—Si—O—为主链的聚合物，其主链十分柔顺，是一种易挠曲的螺旋形结构。硅氧链为极性部分，与硅原子剩余两键相连的有机基团为非极性部分。在高温和催化剂作用下，硅氧主链发生极化，极性部分向纤维上的极性基团接近。主链上的氧原子可与纤维形成氢键，羟基硅油上的羟基可与纤维上的某些基团发生缩合反应形成共价键，将有机硅固定在纤维的表面。极性基团定位的同时，非极性部分的甲基定向旋转，连续整齐地排列在纤维的表面，使纤维疏水化，改变其表面能，产生拒水效果。

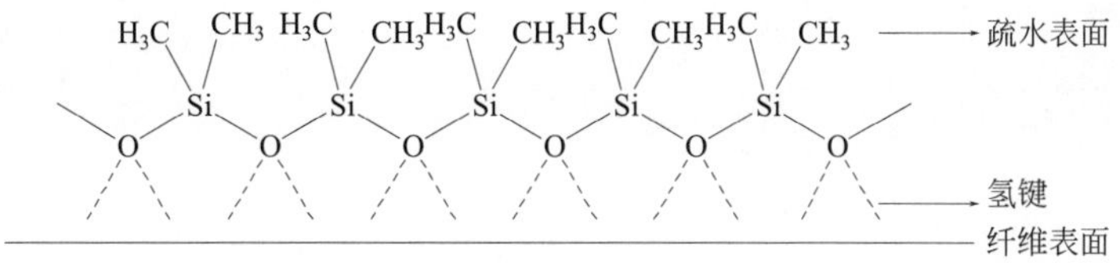

为使整理效果具有一定的耐久性，作为拒水整理剂用的有机硅通常由三种组分组成，聚甲基氢基硅氧烷（含氢硅油）、聚二甲基羟基硅氧烷（羟基硅油）及催化剂。

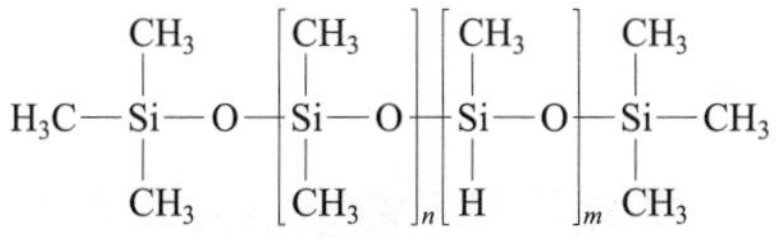

含氢硅油的 Si—H 键具有较大的活性，在催化剂的作用下，甲基含氢聚硅氧烷（HMPS）发生水解反应，水解形成的 Si—OH 键可自身脱水缩合交联成膜，也可与羟基硅油中的羟基缩合交联，形成不溶于水和溶剂的聚有机硅氧烷树脂膜，分子变得更大，更柔软，可增加拒水性，提高有机硅膜的弹性和柔韧性。弹性膜覆盖在纤维的表面，硅烷结构中甲基朝外，产生拒水性，赋予基布优良的拒水性能。反应式为：

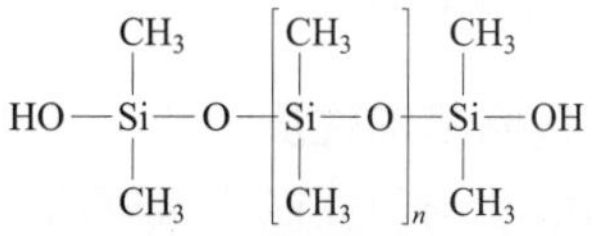

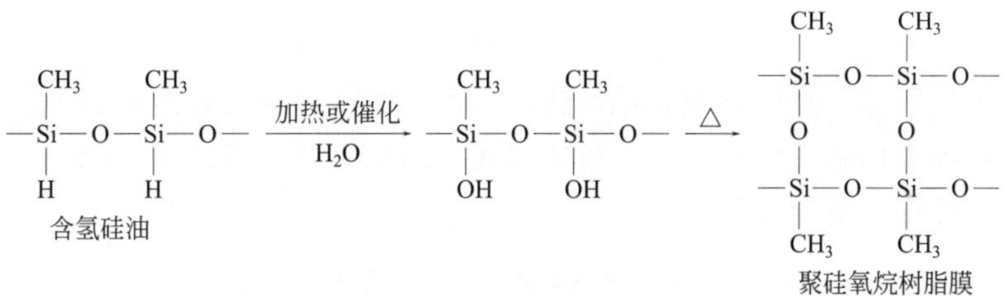

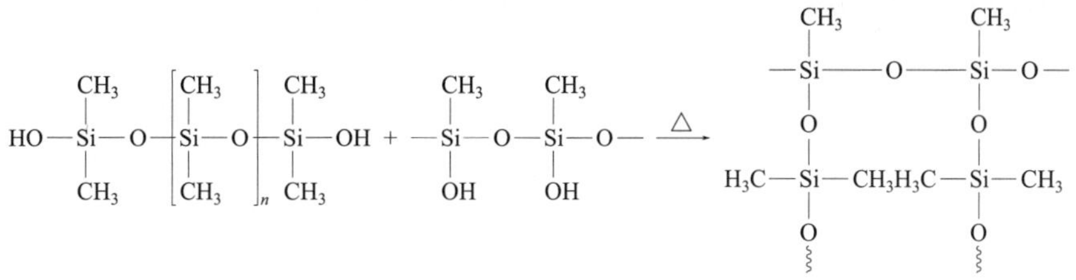

金属羧酸盐、有机钛酸酯等是硅氢键（Si—H）水解和硅醇键（Si—OH）缩合的有效催化剂，在金属盐催化作用下，可使交联在较低温度下发生，形成防水膜。另外，催化剂还能促进有机硅在纤维表面的定向排列，使纤维产生拒水性。

HMPS 的最大优点是防水效果好，但处理后的膜硬而脆，手感变差且不耐洗涤。通常采用 HMPS 与羟基硅油配合使用，可在提高防水性的同时保持原有的透气性和柔软性。另外，乳液中氢含量直接影响拒水效果，羟基硅油乳液与含氢硅油乳液的用量一般是 7∶3。

有机硅树脂只需较低用量就有很好的拒水效果。如果用量过多，会在极性表面形成双层有机硅树脂膜，反而降低拒水性。有机硅拒水剂的另一个缺点是增加纤维的起球和脱缝性，整理后的基布仅具有中等的耐水洗性，不拒油和固体污垢。

有机硅拒水剂整理工艺实例如下：

浸轧液组成：

甲基含氢硅烷乳液	30g/L
羟基硅烷乳液	70g/L
胺化环氧交联剂	14.2g/L
结晶醋酸锌	10.8g/L
氢氧化锆	5.4g/L
乙醇胺	4.5g/L

整理工艺：三浸三轧（轧余率70%）→烘干（120～130℃）

三、拒油整理剂

1. 含氟聚合物基本性质

氟碳表面活性剂的性能常被概括为"三高""两憎"，"三高"指高表面活性、高耐热稳定性及高化学稳定性，"两憎"指它的氟烃基既憎水又憎油。

氟原子的电负性大，直径小，C—F键键能很高，可使水的表面张力显著降低，一般含氟均聚物的临界界面张力为$10.4mJ/m^2$，因而表现出优异的疏水疏油性。与氢原子相比，氟原子更容易将C—F键屏蔽，因此能保持高度的稳定性。含氟整理剂可以将纤维表面能降低到油、水、和污渍不能浸润和穿透的程度，与其他类型的整理剂相比，在憎水憎油性、防污性、耐洗性、耐摩擦性、耐腐蚀性等各方面都具有不可比拟的优势，因而得到迅速发展，成为当今憎水憎油整理剂的主流。

含氟聚合物的主链是聚烯烃，侧链是含有氟碳链的酯基。侧链一般包括端基、含氟碳链和连接基，其中端基是三氟甲基或其他取代基，以三氟甲基做端基效果最佳。含氟组分中氟被氢取代后的临界表面张力稍有增加，被氯取代后增加更多。侧链中氟原子的存在形式对含氟聚合物临界表面张力的影响见表9-2。

表 9-2 不同含氟基团对临界表面张力的影响

含氟基团	临界表面张力/(mJ/m^2)	含氟基团	临界表面张力/(mJ/m^2)
—CF_3	6	—$CFHCH_2$—	28
—CF_2H	16	—CH_2CFH—	31
—CF_2CF_2—	18.5	—CH_3	24
—CH_2CF_2—	20	—CH_2CH_2—	31
—CF_2CFH—	22	—CCl_2CH_2—	40
—CF_2CH_2—	25		

含氟聚合物中除氟碳链的组成对其有直接影响外，氟碳链的长度也会引起其性能的差异。随着氟烷基侧链的增长，拒油性逐步提高，拒水性增加不多。欲使含氟聚合物具有很高的拒水拒油性能，R_f的最短链长应在C_7以上，大多在C_8～C_{10}。

将氟烷基与可聚性基团连接起来的部分称为连接基，常见的连接基为磺酰氨基、酰氨基、亚烷基。连接基影响聚合物中氟烷基的排列，对酯基有屏蔽保护作用。

目前应用的含氟聚合物一般会进行多方面的改性，引入第二单体、第三单体于含氟单体中形成多元共聚物。

① 第一单体为含氟单体，是聚合物的主体，提供疏水疏油的关键组分，通常为甲基丙烯酸氟烷基酯、丙烯酸氟烷基酯、全氟烷基磺酰胺衍生的丙烯酸类、含叔胺或芳环的含氟单

体等，含量一般在 $60\%\sim75\%$，含量偏低会直接影响耐洗涤次数。

② 第二单体主要有 $CH_2=C(CH_3)COOC_8H_{17}$、$CH_2=CHCOOC_8H_{17}$、$CH_2=CHCl$、$CH_2=CCl_2$。第二单体主要是调节整理剂的性能，在一定程度上提高拒水性而拒油性不变，调节膜的柔性及玻璃化转变温度。

③ 第三单体主要是含反应性基团的不饱和单体，带有交联基团或能与纤维和交联剂反应，包括丙烯酰胺或其羟甲基化合物、甲基丙烯酸羟乙酯、二丙酮丙烯酰胺及其羟基化合物等，提高整理剂与纤维的结合牢度。

根据使用方法，含氟织物整理剂有溶剂型和胶乳型两类。根据其功效有憎水憎油剂、防污整理剂和易去污整理剂等。早期含氟整理剂商品的主要成分是含氟羧酸络合物，后来是含氟聚合物。

2. 低分子氟碳整理剂

低分子氟碳憎水憎油剂与疏水性烃类憎水剂相似，这类产品是全氟羧酸铬络合物或锆盐，或是它的季铵化合物。

全氟辛酸铬络合物　　　　　　　　　氟季铵化合物

氟羧酸铬络合物含氟织物整理剂中典型的是全氟辛酸与铬的络合物，是以全氟辛酸（$C_7F_{15}COOH$）在甲醇中经铬化合成的。全氟辛酸与铬络合物的商品如 3M 公司的 Scotchguard FC-805 产品，它能与纤维素纤维形成共价键结合，因此耐洗性优良。全氟烷基排列在外，末端的 CF_3 均匀致密地覆盖在最外层，因此具有良好的拒水拒油效果，但需要与铝、锆类防水剂混用，否则铬离子的存在会使基布呈绿色。由于全氟羧酸铬络合物使用性能不佳，已逐渐被全氟烷基类聚合物所取代。

3. 高分子含氟整理剂

将含氟单体与丙烯酸酯类单体或其他乙烯类单体共聚，即可得到含氟聚合物。含氟单体中的含氟烷基键合在聚合物主链上，称为含氟侧链（基）。由于含氟侧链有向表面富集的取向，聚合物含氟侧链取向向外，氟原子的电子云把 C—C 主链很好地屏蔽起来，对主链和内部分子形成"屏蔽保护"，保证了 C—C 链的稳定性，从而使得含氟类聚合物的物理性能稳定，耐久性及化学惰性都较好。

含氟侧链导致长侧链丙烯酸聚合物具有有序的"梳状"结构，在纤维表面成膜时，不同结构侧链端基定向排列在固/气界面上，形成固/气界面上的低能表面，极大地降低了纤维的表面自由能，因而具有良好的拒水、拒油和防污性。含氟烷基所提供的低表面能作用与其空间结构、氟烷基链长短和氟含量大小等有关。

高分子含氟整理剂主要为含 $C_7\sim C_{10}$ 的全氟烷基丙烯酸酯或甲基丙烯酸酯的聚合物。含氟整理剂工业上最常用并大规模生产的是含氟烷基的丙烯酸酯类化合物，包括含氟丙烯酸酯或含氟甲基丙烯酸酯类聚合物，是通过含有碳氟链的丙烯酸单体与其他单体（乙烯基系单体）反应共聚而成。通式可表示为：

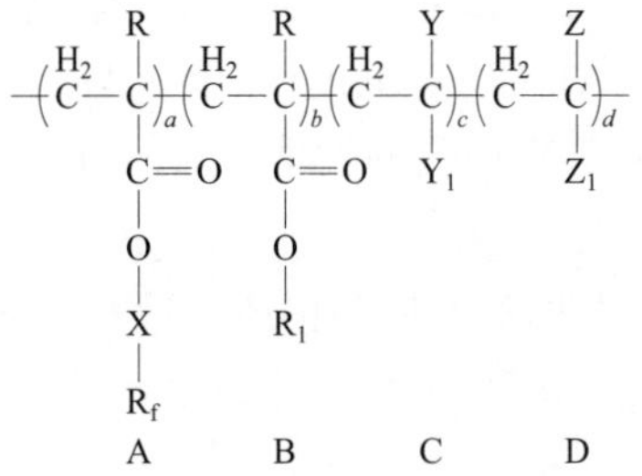

$$\left(C{-}C\right)_a\left(C{-}C\right)_b\left(C{-}C\right)_c\left(C{-}C\right)_d$$

（化学结构式）

$$
\begin{array}{cccc}
\underset{\text{A}}{\begin{matrix}H_2\\C{-}C\\C{=}O\\O\\X\\R_f\end{matrix}} &
\underset{\text{B}}{\begin{matrix}H_2\\C{-}C\\C{=}O\\O\\R_1\end{matrix}} &
\underset{\text{C}}{\begin{matrix}Y\\C{-}C\\Y_1\end{matrix}} &
\underset{\text{D}}{\begin{matrix}Z\\C{-}C\\Z_1\end{matrix}}
\end{array}
$$

其中，R——H，CH_3；

R_f——含氟烷基，如 C_nF_{2n+1}，$C_nF_{2n+1}(CH_2)_m$，$n=4\sim10$，$m=1$，2；

X——连接基，如 $SO_2N(R')CH_2CH_2$，$CNO(R')CH_2CH_2$，$R'=H$，CH_3，C_2H_5；

R_1——C_nH_{2n+1}，$n=1\sim12$；

Y，Y_1，Z——H，CH_3，Cl，OH 等；

Z_1——如 NHR 等。

从分子结构上看，含氟整理剂可分为以下几个部分：

A 为碳氟链部分。长度大于 7 就足以使未氟代的链段屏蔽在氟碳链段之下，长度为 10 可达到最大拒水拒油性能，最常见的主要有 C_nF_{2n+1} 和 $C_nF_{2n+1}(CH_2)_m$（$n=4\sim10$，$m=1$，2）等。含氟烷基可能是单一组分，也可能是不同碳数含氟烷基的混合物。

X 为缓冲链节，由于氟碳链容易使分子内部发生强烈极化，造成分子稳定性降低。各种含氟整理剂之间的差异，主要在于含氟单体中连接全氟烷基与聚合物丙烯酸酯基或甲基丙烯酸酯基的主链之间的连接基（X）各有不同，常增加—CH_2—、—$SO_2NHCH_2CH_2$—等缓冲链节。

B 为共聚单体。长链的丙烯酸脂肪醇酯，如丁酯、月桂酯、十八烷酯等，它们与含氟单体共聚，可以调节膜的刚柔性和共聚物的玻璃化转变温度，从而提高聚合物分子链的柔顺性、降低聚合物的结晶度。还可提高氟碳聚合物的拒水性，但不降低拒油性，赋予整理剂良好的成膜性及柔软性。

目前最主要的聚合物主链分别基于聚丙烯酸酯和聚甲基丙烯酸酯。在共聚组分相同时，以聚丙烯酸酯为主链时其拒油效果比聚甲基丙烯酸酯好，但拒水性以聚甲基丙烯酸酯为主链的聚合物更优。

C 为硬性单体。一般为含氯的不饱和单体，如氯丙烯、偏氯丙烯、氯丁二烯等，起缓冲作用，赋予纤维黏合性、耐磨性、耐溶剂性及耐洗涤性。

D 为功能性单体。含反应基团的不饱和单体（如甲基丙烯酰胺及其羟甲基化合物、甲基丙烯酸羟乙酯、二丙酮丙烯酰胺及其羧甲基化合物等）可以自身交联或与纤维之间发生交联，加强共聚物成膜性能、与纤维的黏合性能，提高整理后基布的耐磨性能以及耐洗涤性能等。这些与聚合物主链相连接的反应性侧基在一定条件下能把聚合物牢固地结合在基体上。

一些功能性单体可以赋予含氟整理剂一些新功能。如聚氧乙烯醚、磺酰基、$CH_2{=}CHCOOCH_2CH_2N^+(CH_3)_3Cl^-$ 或 $CH_2{=}CHCOOC_{14}H_{28}N^+(CH_3)_3Cl^-$ 等亲水性基团的引入可增强整理剂的去污的功能，尤其是在分子中引入聚氧乙烯醚或嵌段共聚物链，可增加整理剂抗静电、易去污的功能。氟烷基在纤维表面定向密集排列，其低表面张力产生拒油性；在水中时处于中间部位的亲水性链段又会在纤维表面定向排列，使其亲水化产生易去污和防止再沾污的作用。

　　丙烯酸或甲基丙烯酸含氟聚合物是憎水憎油剂的主体，也是起主要作用的组分，疏水基碳链上的氢原子全部被氟原子所置换。全氟烷基分子中的碳原子数在 $7\sim10$ 时表面活性最为显著，一般以辛基（C_8）居多。丙烯酸含氟聚合物有四种结构：

　　① 全氟烷基醇的丙烯酸酯类

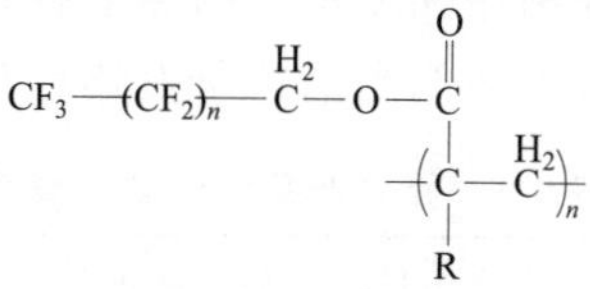

全氟烷基丙烯酸酯

　　由全氟醇类与（甲基）丙烯酸酯化制得。R 为 H 时，得到的产品有利于憎油性的提高；R 为—CH_3 时，得到的产品可改善憎水性能。若要平衡整理后的性能和手感，可将以上两类产品按一定比例混合使用，这类全氟烷主链的稀释水溶液的表面张力可降至 $20mJ/m^2$ 以下。

　　全氟辛酸（PFOA）作为疏水基碳链全氟化的含氟表面活性剂，用于制造丙烯酸全氟辛醇聚合物。鉴于其有高持久环境稳定性和高生物累积性的有毒化学物质，且环境迁移能力很强，污染范围很广，联合国环境保护署已将其列入持久性有机污染物清单中，禁止使用。

　　② 全氟烷基磺酰胺衍生物的（甲基）丙烯酸酯类。以全氟烷基磺酰氟与乙二胺、乙醇胺等氨基衍生物反应得到全氟烷基磺酰胺，再引入（甲基）丙烯酸酯制得。

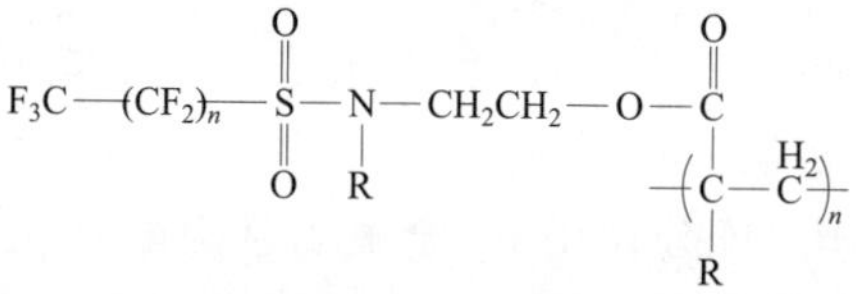

　　全氟烷基磺酰胺衍生物是结构最常见、品种最多的含氟整理剂。这类单体分子结构中含有磺酰氨基、羟基等亲水基团，具有防水、防油和易去污性能，0.1% 水溶液的表面张力为 $10mJ/m^2$。

　　全氟辛烷磺酰胺衍生物整理剂（PFOS）是迄今发现的最难降解的有机污物之一，它在环境中具有高持久稳定性，会在环境、人体及物组织中强烈累积，造成人体呼吸系统疾病，产生多种毒性，目前已基本被限制或禁用。

　　③ 全氟含叔氨基的（甲基）丙烯酸酯类。可通过全氟烷基碘化物与卤代烷、乙醇胺在碱性介质中缩合，再与（甲基）丙烯酸酯化得到。

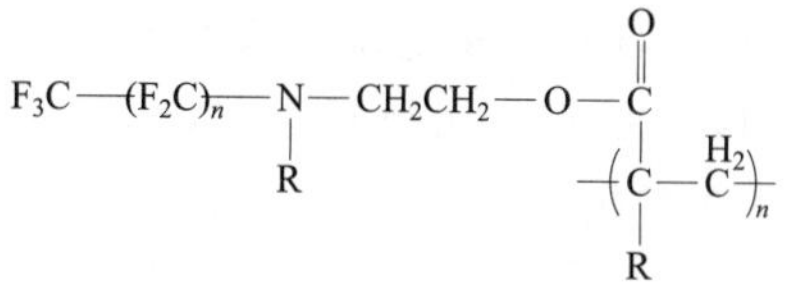

　　④ 全氟含芳环的（甲基）丙烯酸酯类。通常是在芳烃上接入含氟部分，再与丙烯酸类进行第二次酯化，引入可聚合的双键部分。

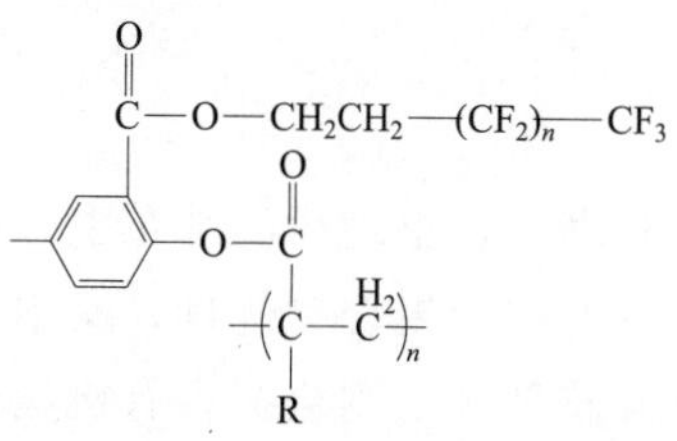

4. 短碳氟链含氟整理剂

传统的氟碳整理剂中碳氟链基本是碳原子为 8 的全氟辛基，合成原料为全氟辛烷磺酰氟/全氟辛烷磺酸及其盐类（PFOS）和全氟辛酸及其盐类（PFOA）。PFOS 是一种化学稳定性高，可在环境和生物体内聚集并具有高持久性的潜在的有毒物质，分解半衰期需 3600h，见表 9-3，欧盟于 2008 年已经限制销售和使用，国际上各企业都作出了逐步停止生产这两种有机氟化物的承诺，因此氟碳拒水拒油剂当前的研发热点是 PFOS 的代用问题。

表 9-3　氟碳产品的分解半衰期

防水剂种类	含有物质	分解半衰期/h	防水剂种类	含有物质	分解半衰期/h
C_8 防水剂	PFOS	3600	C_6 防水剂	PFHA	5.3
C_8 防水剂	PFOA	502	C_4 防水剂	PFBS	15

全氟己烷磺酸盐或磺酰化物（PFHS）是近年来用于替代 PFOS 的最常使用的全氟表面活性剂。含氟单体化学品研发方向有两个：含有 4 个或 6 个较短氟烷基侧链；C_{10} 或 C_{12} 等更长的氟烷基侧链。其中主要是 C_4 和 C_6 的短碳氟链产品。

$$C_4F_9-\underset{\underset{O}{\parallel}}{\overset{\overset{O}{\parallel}}{S}}-\underset{CH_3}{N}-CH_2CH_2-O-\underset{O}{\overset{\overset{O}{\parallel}}{C}}-\underset{CH_3}{C}=CH_2 \qquad C_6F_{13}-CH_2CH_2-O-\overset{\overset{O}{\parallel}}{C}-\underset{CH_3}{C}=CH_2$$

$$C_4类 \qquad\qquad\qquad\qquad\qquad\qquad C_6类$$

前者降解后生成全氟己酸（PFHA），后者生成全氟丁烷磺酸盐或磺酰化物（PFBS）。C_4 碳氟链短，所以无明显生物累积性，毒性低，短时间内能随人体代谢排出体外，其降解物目前未发现环境危害。美国 3M 公司用 C_4 全氟丁基磺酰基化合物作为 PFOS 的替代品研发了新一代产品，获得各国环保机构的批准。大金公司、旭硝子、克莱恩、杜邦、巴斯夫等公司也已纷纷推出了新一代的短链型产品。

短碳氟链产品的性能还有不少缺点，主要是没有 C_8 类含氟产品具有的最佳防水、防油性，以及无法为工业洗涤提供良好的牢度和柔软的手感。由于侧链较短，作为短碳氟链的 C_6 产品对纤维的包覆作用相对较弱，无法获得 C_8 产品在纤维表面形成的致密保护膜，C_4 产品的性能比 C_6 更差一些。针对短碳氟链聚合物不具有所期望的低表面能性质，目前提出了降低临界表面张力的三种途径：增加侧链上氟烷基含量；提高侧链的支化度；使含氟侧基垂直聚合物分子主链、直立于材料表面产生氟屏蔽效应。

除了短碳氟链替代品，还可考虑采取非全氟链段代替全氟链段的产品，这也是一种有效避免产生 PFOA 或 PFOS 的手段，杜邦公司以 $C_6F_{13}(CH_2CF_2)_2CH_2CH_2OCOCH=CH_2$ 为含氟单体制备出了与 C_8 类产品性能相当的拒水拒油多功能整理剂。新型单体如下：

$$C_6F_{13}I \xrightarrow{H_2C=CF_2} C_6F_{13}CH_2CF_2I \xrightarrow{H_2C=CH_2} C_6F_{13}CH_2CF_2CH_2CH_2I \xrightarrow[H_2SO_4(SO_3)]{H_2O} C_6F_{13}CH_2CF_2CH_2CH_2OH$$

$$\downarrow{H_2C=CHCOOH}$$

$$C_6F_{13}CH_2CF_2CH_2CH_2OOCCH=CH_2$$

5. 氟硅共聚整理剂

有机氟聚合物用于拒水拒油整理时，整理后的基布手感偏硬。有机硅化合物的柔软性和平滑性较好，但拒水整理效果不及有机氟聚合物优良，又不具备拒油作用。如果在有机氟聚合物整理过程中加入少量的有机硅整理剂，则会损害有机氟优良的拒水拒油性，两种整理剂拼用有相互抵消的作用。

当有机硅化合物与有机氟化合物形成一个分子时，则表现出有机氟的特性，氟硅材料作为防水防油剂作用于基材表面，利用含硅活性官能团与基材表面通过化学吸附或化学反应，形成自组装分子膜。借助含氟基团 R_f 的低表面能特性，基材最外层表面的氟原子或原子团的化学力使油、水不能润湿。

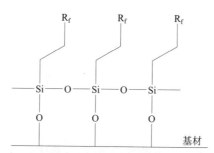

氟硅防水防油剂在基材表面的状态

氟硅共聚整理剂有支链型和嵌段共聚型两种。支链型是聚硅氧烷在氟聚合物链侧上以化学键连接，可赋予基布优良的拒水拒油性和柔软性。但支链型结构复杂，聚合过程难以控制，聚硅氧烷链段易发生链转移。嵌段共聚型是氟碳链段与硅氧烷链段形成嵌段共聚结构，分子主链既含有分子骨架柔软的硅氧烷链段（PDMS），又含有低表面能的含氟链段（PF），如 PF-PDMS-PF 的三嵌段共聚物。

目前合成氟硅聚合物的路线主要有：含氟单体、含硅单体及其他丙烯酸酯类或乙烯类单体共聚；含氟单体与聚烷基氢硅氧烷聚合；含氟硅单体均聚；含氟硅单体与其他硅氧烷或丙烯酸酯类共聚。合成方法可以是硅氢加成反应，但更多的是自由基聚合反应。

氟硅整理剂兼具含氟和含硅整理剂的优点，同时具有优异的憎水、憎油、憎污、抗静电性能和良好的手感、柔软性。

6. 复配型含氟整理剂

含氟整理剂与其他整理剂（石蜡类、烃类、有机硅类等）复配，能减少 PFOS 和 PFOA 的污染，使它们在最终产品中的含量低于限制值，同时可大大减少含氟化合物的用量，降低成本，通过复配增效还能提高整理剂的性能。

近年来国内外对含氟表面活性剂与碳氢表面活性剂的混合体系进行了研究，结果发现，有机氟与其他组分混合时，表现出良好的联合增效效应。在碳氢表面活性剂中只要加入很少量的含氟表面活性剂，其降低水表面张力的能力就大幅提高，而且可以大大降低油/水界面张力，同时还能发挥含氟表面活性剂的独特性能。将含氟表面活性剂和碳氢表面活性剂复配，有可能大大减少含氟表面活性剂的用量，降低成本，这种复配型氟整理剂将为今后含氟整理剂发展的新方向。

防水剂 PF 和烃类羟甲基三聚氰胺衍生物本身不具有防油性，防水剂 PF 属长碳链吡啶阳离子化合物，由于 PF 上释放的吡啶基团可以催化交联，同时 PF 长碳链与有机氟产品在结构上具有良好的互补性，两者具有良好的协同增效作用，不仅不影响整理后的基布的拒油效果，还可提高其防水性和耐洗性，减少 PFOS 或 PFOA 含量。

7. 含氟亲水整理剂

经过含氟整理剂处理后的纤维表面自由能极低，即使在表面活性剂存在时也很难被水润湿，为使含氟整理剂具有拒污和易去污双重功能，通常采取加入改性基团或改性共聚物的方法，将亲水基团引入或将含氟链段引入亲水高分子中。

若在含氟整理剂分子结构中引入聚氧化乙烯等亲水性高分子基团，或者将含氟链段引入到高分子亲水整理剂（如强亲水的二甲基二烯丙基氯化铵聚合体）中，可使含氟聚合物结构中既有含氟链段，同时又含有羟基、羧基、聚醚基等亲水性链段，从而具有与其他含氟整理剂完全不同的界面行为。

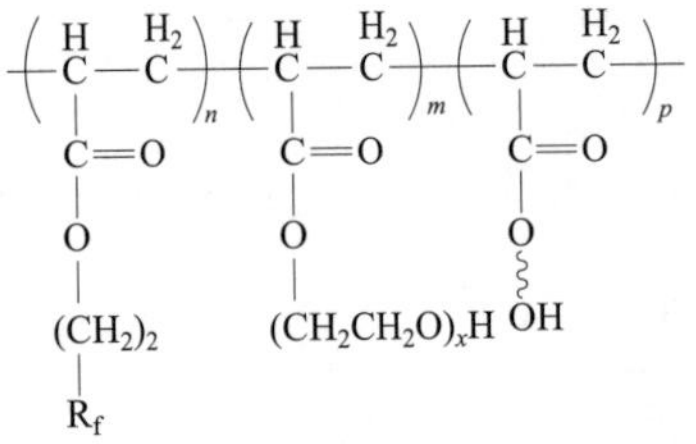

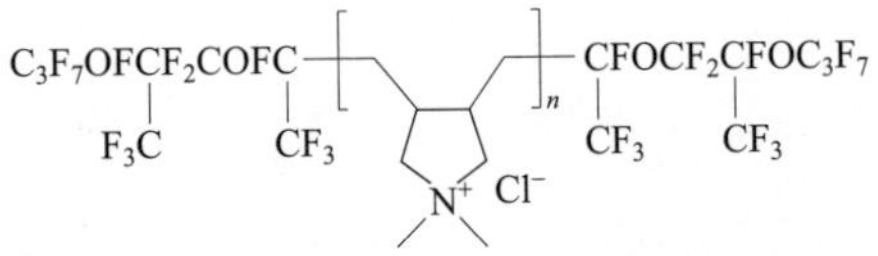

将其用于整理后，当暴露在空气介质中（固/气界面上）时，其含氟链段 R_f 定向分布于纤维表面上，亲水链段干态时成螺旋形在表面下，从而形成固/气界面上的低能表面，表现出防水、拒油和防污性；当转入水中后，在固/液界面上，由于聚氧乙烯的亲水性，亲水链段分布于表面上，不同结构的疏水侧链将分布在表面下，从而改善润湿性，在水或表面活性剂水溶液（洗涤剂）作用下，表面易于润湿，变为易去污型界面；烘干后，两种链段的分布位置又转换过来。近年来出现的新产品有含硅氧烷基团的聚氧乙烯氟碳系整理剂，可自乳化或自分散的含脲-交联的烷氧基聚氧乙烯氟代氨基甲酸酯等。

四、拒水拒油性能的测试

（1）沾水试验

沾水试验是模拟样品暴露于雨中，从一定高度和角度向待测样品连续滴水或喷水，可测定水从样品被淋一侧浸透到另一侧所需的时间，也可测定经过一定时间后试样吸收的水量或观察试样的水渍形态。具体方法可参考 AATCC 22、ISO 4920 及 GB/T 4745—2012《纺织品　防水性能的检测和评价　沾水法》等。

原理：将试样安装在环形夹持器上，保持夹持器与水平呈 45°，试样中心位置距喷嘴下方一定的距离。用一定量的蒸馏水或去离子水喷淋试样。喷淋后，通过试样外观与沾水现象描述及图片的比较，确定织物的沾水等级，并以此评价织物的防水性能。评级分 1～5 级，1级最低，5 级最高。

1 级：表面全部湿润；

2 级：表面有一半湿润，通常指小块不连接的润湿面积的总和；

3 级：表面仅有不连接的小面积湿润；

4 级：没有湿润，但表面沾有小水珠；

5 级：没有润湿，表面未沾有小水珠。

（2）拒水滴性能

在静态条件下，将水滴滴于样品上，观察样品抗水滴渗透的能力。通常应用一系列不同比例、表面张力均衡降低的蒸馏水/异丙醇来测定样品的拒水滴性能，以在规定时间内能保留于样品表面上（无润湿和渗透现象发生）的表面张力最低的蒸馏水/异丙醇所对应的级别来表示样品的拒水性能，如 AATCC 193 等。

（3）静水压试验

GB/T 4744—2013《纺织品　抗渗水性测试　静水压实验》以样品承受的静水压来表示水透过样品时所遇到的阻力。在标准大气压下，涂层面接触水面承一个持续上升的水压或规定的水压，测量渗出水珠的压力值，并以此压力值表示涂层的抗渗水性。测试方法分为动态法和静态法两种。

动态法：在标准大气压下，在样品一侧不断增加水压，测定直至样品另一侧出现规定数量水滴时样品所承受的静水压。

静态法：在样品一侧维持一定的水压，测定从这一面渗透到另一面所需的时间。

试验数据主要有三个：所有试样三处出现水珠时的压力值（Pa）；所有试样在出现第一滴水珠时的压力值（Pa）；预定压力值（Pa）和从预定压力值起直到试样出现第一滴水珠止所需时间（s）。

所测结果不仅与防水剂有关，也与样品自身的性质有关。

（4）拒油性能测试

拒油性能测试通常应用一系列表面张力均衡降低的烃类同系物，将规定时间内保留于样品表面上的表面张力最低的烃类化合物所对应的级别表示该样品的拒油性能，相关的标准有AATCC 118，见表 9-4。

表 9-4　AATCC 118 拒油试验油滴组成

油滴组分	拒油级别	表面张力(25℃)/(mJ/m²)
白矿物油	1	31.45
65％白矿物油/35％十六烷	2	29.60
十六烷	3	27.30
十四烷	4	26.35
十二烷	5	24.70
癸烷	6	23.50
辛烷	7	21.40
庚烷	8	19.75

拒油性能测试：GB/T 19977—2014《纺织品 拒油性 抗碳氢化合物试验》

原理：将选取的不同表面张力的一系列碳氢化合物标准试液滴加在试样表面，然后观察润湿、芯吸和接触角的情况。润湿等级以没有润湿试样的最高试液编号表示。

第三节　阻燃整理剂

一、燃烧与阻燃机理

合成革阻燃是指纤维和聚氨酯经过阻燃处理后，可燃性得到不同程度的降低，在燃烧过程中其燃烧速率显著降低，并在离开火源后能迅速自熄，从而具有不易燃烧的性能。高分子类材料按燃烧性能可分为：不燃烧，难燃烧，可燃烧，易燃烧。锦纶、涤纶及聚氨酯都属于可燃烧类物质，并且燃烧时产生熔融滴落。

燃烧主要由同时存在的四个步骤循环进行：热量传递给基布；纤维热裂解；裂解产物扩散与对流；空气中的氧和裂解产物的动力学反应。要达到阻燃效果，必须切断可燃物、热和氧气三要素构成的燃烧循环。

可燃性通常用极限需氧指数（LOI）来表示。LOI 是指样品在氮、氧混合气环境中保持烛状燃烧所需的氧气最小体积分数。LOI 值越大，说明燃烧时所需氧气的体积分数越大，越不易燃烧。作为阻燃基布，一般要求其 LOI 值大于 27，否则就不是阻燃产品。具体测试方法见国家标准 GB 2406.1—2008 和 GB 2406.2—2009。

1. 阻燃机理

材料的阻燃机理一般有气相阻燃、凝聚相阻燃及中断热交换阻燃等。通过抑制促进燃烧反应链增长的自由基而发挥阻燃功能的属于气相阻燃；在固相中延缓或阻止高聚物热分解起阻燃作用的属于凝聚相阻燃；将聚合物燃烧产生的部分热量带走的属于中断热交换阻燃。但阻燃和燃烧都是十分复杂的过程，涉及很多因素，实际上很多阻燃体系是同时以几种阻燃机理起作用。

① 气相阻燃。气相阻燃指在气相中使燃烧中断或延缓链式燃烧的阻燃作用，包括以下几种情况。

a. 阻燃材料受热或燃烧时能产生自由基抑制剂，从而使燃烧链式反应中断。

b. 阻燃材料受热或燃烧时生成细微粒子，它们能促进自由基相互结合从而终止链式燃烧反应。

c. 阻燃材料受热或燃烧时释放出大量惰性气体或高密度蒸气，前者可稀释氧气和气态可燃物，并降低可燃气体的浓度，后者可覆盖于可燃气上形成隔离使燃烧停止。

② 凝聚相阻燃。指在凝聚相中延缓或中断阻燃材料热分解而产生的阻燃作用，包括以下几种情况。

a. 阻燃剂在凝聚相中延缓或阻止可燃气体的产生和自由基的热分解。

b. 阻燃材料中比热容大的无机填料，通过蓄热和导热使材料不易达到热分解温度。

c. 阻燃剂受热分解吸热，使阻燃材料升温减缓或终止。

d. 阻燃材料燃烧时在其表面生成多孔炭层，既可起到隔热、隔氧作用，又可阻止可燃气进入燃烧气相，使燃烧终止。

③ 中断热交换阻燃。指将阻燃材料燃烧产生的部分热量带走，使材料不能维持热分解温度，或不能持续产生可燃性气体，燃烧自动熄灭。

2. 阻燃剂的作用

因阻燃剂的种类和基布种类不同，阻燃剂的作用机理也不同，有时单独作用，有时协同作用，主要有以下几种。

（1）覆盖层作用

阻燃剂受到高温后，在燃烧体表面形成一层不易燃烧、不易挥发的玻璃状或稳定泡沫覆盖层，成为凝聚相和火焰之间的一个屏障，既可阻止可燃性气体向外扩散，又可阻挡热传导和热辐射，减少反馈给纤维材料的热量，从而达到阻燃目的。

无机磷阻燃剂的阻燃机理就以凝聚相机理为主。在燃烧时，磷化合物逐步分解成磷酸、偏磷酸，最后生成玻璃体状的聚偏磷酸，覆盖于燃烧体的表面，隔绝空气。硼砂-硼酸混合阻燃剂也可在高温下形成不透气的玻璃层。

（2）气体稀释作用

阻燃剂吸热分解后释放出不燃性气体、高沸点液体或大量水蒸气，如氮气、二氧化碳、氨、二氧化硫、氯化氢等，将可燃性气体的浓度冲淡或使燃烧过程供氧不足。此外，不燃性气体还有使纤维散热降温的作用，使基布达不到燃烧温度。

（3）吸热作用

任何燃烧在较短的时间所放出的热量都是有限的，如果能在较短的时间吸收火源所放出的一部分热量，那么火焰温度就会降低，辐射到燃烧表面的热量以及用于将已经气化的可燃分子裂解成自由基的热量就会减少，燃烧反应就会得到一定程度的抑制。

某些热容高的阻燃剂在高温下发生相变（如熔融和升华）、脱水或脱卤化氢等吸热分解反应，吸收燃烧放出的部分热量，降低可燃物表面的温度，减缓热裂解反应速度，抑制可燃性气体的生成，从而阻止燃烧蔓延。水合氧化铝和硼砂阻燃剂的阻燃机理就是通过提高聚合物的热容，发挥其结合水蒸发时大量吸热的特性，使其在达到热分解温度前吸收更多的热量，从而提高其阻燃性能。

（4）熔滴作用

在阻燃剂作用下，纤维材料发生解聚，熔融温度降低，增加了熔点和着火点之间的温差，纤维材料在裂解之前软化、收缩、熔融，成为熔融液滴滴落，热量被带走，从而中断了热反馈到纤维材料上的过程，使火焰自熄。

（5）控制纤维热裂解

即转移效应，其作用是改变高聚物材料的热分解模式，从而抑制可燃性气体的产生。阻燃剂的存在改变了纤维的热裂解机理，使纤维在裂解温度前大量脱水或发生交联作用，使可燃性气体和挥发性液体的量大大减少，而使固体碳量大大增加，这样火焰就会得到抑制。或者在纤维大分子中引入芳环或芳杂环，或通过大分子链交联环化，与金属离子形成络合物等方法，改变大分子链的热裂解历程，促进其发生脱水、缩合、环化、交联等反应，增加炭化残渣，减少可燃性气体的产生。

例如利用酸碱使纤维素产生脱水反应而分解成炭和水，因为不产生可燃性气体，也就不能着火燃烧。氯化胺、磷酸胺、磷酸酯等能分解产生这类物质，催化材料稠环炭化，达到阻燃目的。

（6）气相阻燃

根据燃烧的链反应理论，高聚物的燃烧主要是自由基的连锁反应。阻燃剂可作用于气相燃烧区，在火焰区大量地捕获反应活性强的羟基自由基和氢自由基，抑制或中断燃烧的连锁反应，在气相发挥阻燃作用，从而阻止火焰的传播，使燃烧区的火焰密度下降，最终使燃烧反应速度下降直至终止。

合成纤维用阻燃剂大多是卤素和磷系阻燃剂，它的蒸发温度和聚合物分解温度相同或相近，当聚合物受热分解时，阻燃剂也同时挥发出来，受热分解生成卤化氢等含卤素气体，此时含卤阻燃剂与热分解产物同时处于气相燃烧区，卤素一方面捕获自由基，另一方面含卤素气体密度比较大，生成的气体覆盖在燃烧物表面，起隔绝作用。磷系阻燃剂对含碳、氧元素的合成纤维具有良好的阻燃效果，主要通过促进聚合物炭化，减少可燃气体生成量，起凝聚相阻燃作用。

二、磷系阻燃剂

1. 磷系阻燃剂的特点

磷系阻燃剂是以磷为主体的化合物，磷及磷化合物很早就被用作阻燃剂。磷系阻燃剂的一个突出优点是防熔滴、发烟少。

磷系阻燃剂的阻燃作用主要体现在火灾初期高聚物的分解阶段。在燃烧时，磷化合物分解生成磷酸的非燃性液态膜，其沸点可达 300℃。同时，磷酸又进一步脱水生成偏磷酸，偏磷酸聚合生成聚偏磷酸。在这个过程中，不仅磷酸生成的覆盖层能起到覆盖效应，而且由于生成的聚偏磷酸是强酸，是很强的脱水剂，使聚合物脱水而炭化，从而减少了聚合物因热分解而产生的可燃性气体的数量，改变了聚合物燃烧过程的模式，并在其表面形成碳膜，隔绝外界空气和热，从而发挥更强的阻燃效果。

含磷阻燃剂也是一种自由基捕获剂。任何含磷化合物在聚合物燃烧时都有 PO· 形成，PO· 可以与火焰区域中的 H· 结合，起到抑制火焰的作用。另外，磷系阻燃剂在阻燃过程中产生的水分，一方面可以降低凝聚相的温度，另一方面可以稀释气相中可燃物的浓度，从而更好地起到阻燃作用。

含磷阻燃剂对含氧高聚物能提高材料的成炭率，作用效果最佳，而且可与其他添加型阻燃剂协同使用。主要被用在含羟基的纤维素、聚氨酯、聚酯等聚合物中。对于不含氧的烃类聚合物，磷系阻燃剂的作用效果就比较小。磷系阻燃剂的特点是阻燃效力高，但由于它对高聚物的机械加工性能影响较大，因而不如卤系阻燃剂使用广泛。

磷系阻燃剂包括无机磷阻燃剂和有机磷阻燃剂两大类。有机磷阻燃剂是人工合成的磷酸衍生物，主要是以磷作为支架，并结合其他一些部分如链烃或者卤代烃而组成。根据其结构组成可分为亚膦酸酯阻燃剂、膦酸酯阻燃剂和磷酸酯阻燃剂。依照有机磷酸酯类阻燃剂的用途大致可分为：卤代有机磷阻燃剂和非卤代有机磷阻燃剂。

2. 无机磷阻燃剂

常用的无机磷阻燃剂有红磷、聚磷酸铵、磷酸铵盐、磷酸盐、聚磷酸盐等。

（1）聚磷酸铵

聚磷酸铵类阻燃剂简称为 APP，1965 年美国孟山都公司首先开发成功。聚磷酸铵无毒无味，不产生腐蚀气体，吸湿性小，热稳定性高，是一种性能优良的非卤阻燃剂。

APP 是一种含 N 和 P 的聚磷酸盐，为无分支的长链聚合物。结晶态聚磷酸铵为长链状水不溶性盐，按其聚合度可分为低聚、中聚以及高聚三种，其聚合度越高水溶性越小，反之则水溶性越大，在潮湿的空气中易吸潮。热稳定性高，长链 APP 在 300℃ 以上才开始分解成磷酸和氨。基本结构为：

$$H_4NO-\overset{\overset{\displaystyle O}{\|}}{P}-O-\left[\overset{\overset{\displaystyle O}{\|}}{\underset{ONH_4}{P}}-O\right]_n\overset{\overset{\displaystyle O}{\|}}{\underset{ONH_4}{P}}-ONH_4$$

聚磷酸铵

APP 可单独使用，阻燃机理为吸热降温和稀释可燃气体，最突出的特征是燃烧时的生烟量极低，不产生卤化氢。APP 由于分子内含有磷和氮，含磷量高达 30%～32%，含氮量为 14%～16%，具有很好的协同作用，因此更多是作为膨胀型阻燃剂中的酸源，与炭源、气源共同使用。

聚磷酸铵单独使用或与卤代物并用时，阻燃效果不大，当同其他磷化物或氯化物并用时，阻燃效能明显提高。在燃烧时，会发生以下变化：磷化合物→磷酸→偏磷酸→聚偏磷酸，聚偏磷酸玻璃体能覆盖于燃烧体表面，隔绝空气。对于含氧的高聚物，聚偏磷酸还具有脱水作用，使高聚物脱水分解，生成致密的炭化层，使燃烧终止。

聚磷酸铵化学性质稳定，产品近乎中性，可与其他阻燃剂和整理剂混合使用，分散性较好，同时具有低毒性、使用安全等特点。聚磷酸铵的聚合度是决定其作为阻燃剂产品质量的关键，聚合度越高，阻燃防火效果越好。

（2）无机磷酸盐

无机磷酸盐系阻燃剂主要包括磷酸铵、磷酸氢二铵、磷酸二氢铵、磷酸氢二钠、磷酸锂、磷酸钠、磷酸镁和磷酸锑等。单独使用或与其他阻燃剂混合使用都有比较好的阻燃效果。成本低，效果好，应用广。如磷酸二氢铵与硫酸氢钛配合使用，可获得较耐久的阻燃效果。

$$Cell-OH + PO_4^{3-} \longrightarrow Cell-O-\overset{\displaystyle O}{\underset{\displaystyle O^-}{P}}-O^- \overset{Ti^{4+}}{\longrightarrow} Cell-O-\overset{\displaystyle O}{\underset{\displaystyle O}{P}}\underset{\displaystyle O}{\overset{\displaystyle O}{\diagup\diagdown}}Ti(OH)_2$$

无机磷酸盐阻燃

无机系阻燃剂在高分子材料中添加量大，与有机材料的相容性不好，易导致材料的加工性能和物理性能下降。通常采用偶联剂对其进行表面改性，粒子的超细化与纳米化是其重要的发展方向。

3. 含卤有机磷阻燃剂

含卤有机磷阻燃剂主要增加了卤代物，由于磷-卤的协同作用，阻燃效率高。这类阻燃剂分子中的卤原子一般是 Cl 和 Br。磷-卤系阻燃剂存在环境不友好、释放有毒气体的问题，但是它有高效的阻燃性，因此目前仍有应用，大多数为同时含氯、溴的磷酸酯、高卤含量的磷酸酯或含氟的磷酸酯。

（1）含卤磷酸酯类

含卤磷酸酯类是含卤磷系阻燃剂的基础品种，主要包括磷酸三（2-氯乙基）酯（TCEP）、磷酸三（2-氯丙基）酯（TCPP）、磷酸三（1,3-二氯-2-丙基）酯（TDCPP）、磷酸三（2,3-二溴-1-丙基）酯（TDBPP）等。

TCEP

TDCPP

卤代磷酸酯类因其本身的磷氯协效作用，具有阻燃效率高、热稳定性适中、黏度低、与多元醇相容性好、抗"焦化"、成本低廉等优点。卤代磷酸酯类结合了卤系阻燃剂和磷系阻燃剂的特性，卤素的存在延长了含卤磷系阻燃剂在最终产品中的存在时间，从而减缓了燃烧速率，阻止了火势的扩散。TCEP、TCPP 等氯代磷酸酯因分子量小，会慢慢挥发。为了减少液体阻燃剂的长期挥发损失，可选用较高分子量的卤代多磷酸酯，如二聚及多聚卤代磷酸酯。

多卤代磷卤并用可以提高阻燃剂的阻燃效果。美国 Great Lakes 公司推出了一种含 Br 和 Cl 的阻燃剂，用二醇得到一种多卤代（含溴及氯）烷基磷酸酯，得到同时兼有溴、磷和氯三种阻燃元素的阻燃剂。卤-磷协同可形成卤化磷或卤氧化磷，溴-磷阻燃配方不仅具有在气相中捕获自由基的功能，而且具有膨胀成碳能力。基本合成路线：

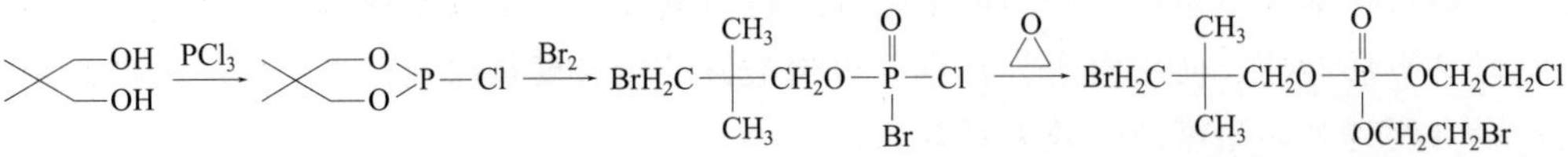

多卤代烷基磷酸酯

在以上合成路线的基础上，可以变化得到不同结构的阻燃剂。如用 Cl 和环氧氯丙烷分别代替 Br 和环氧乙烷合成得到一种只含有 Cl 的无色或黄色的透明液体阻燃剂，Cl 在体系中含量很高。以二溴新戊二醇代替新戊二醇可得到另外一种高含量多卤代（同时含溴及氯）烷基磷酸酯。

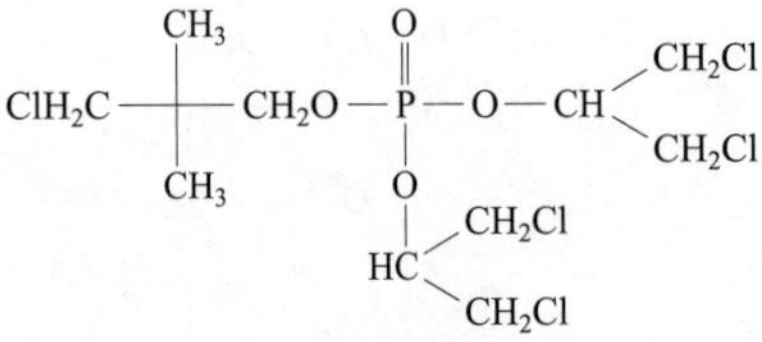

氯代烷基磷酸酯

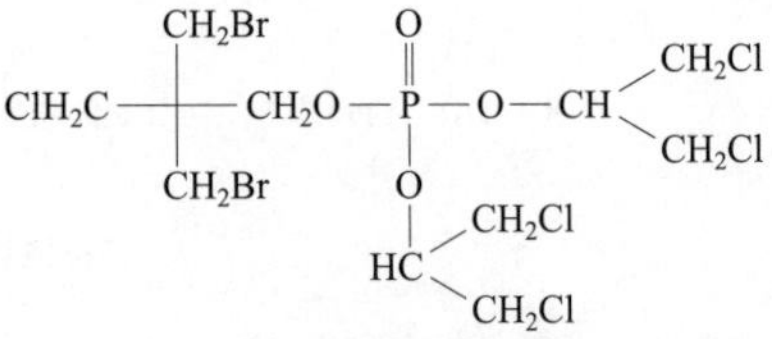

氯溴代烷基磷酸酯

多卤代烷基磷酸酯是磷酸酯产品的一个重要发展方向，其发展趋势是由技术开发向生产大型化、产品专用化发展：一方面是新类型磷酸酯的合成，另一方面是开发磷酸酯的新用途。

（2）四羟甲基氯化磷

四羟甲基氯化磷简称 THPC，由磷化氢、甲醛和盐酸反应制得，是一种高效环保的永久性阻燃剂。

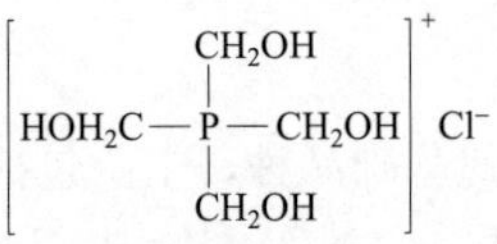

THPC

THPC 通常为 80% 的水溶液，呈弱酸性，略有刺激性气味，易于生物降解。THPC 主要用于纤维素纤维的阻燃整理，该阻燃剂可与纤维发生交联反应，产生较耐久性的阻燃效果。

以 THPC 为中心已经发展出多种阻燃技术，包括 THPC-酰胺法、四羟甲基氯化磷脲缩体法、THPOH（四羟甲基氢氧化膦)-酰胺法等。对 THPC 制备过程加以改进，还可制备出类似性能的有机磷盐 THPS（四羟甲基硫酸磷）和 THPA（四羟甲基醋酸磷）。

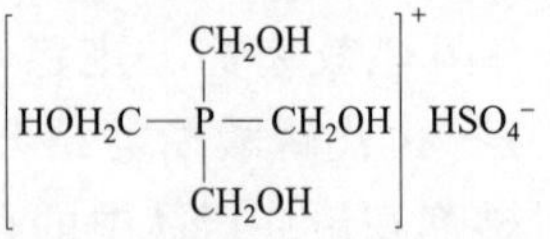

THPS

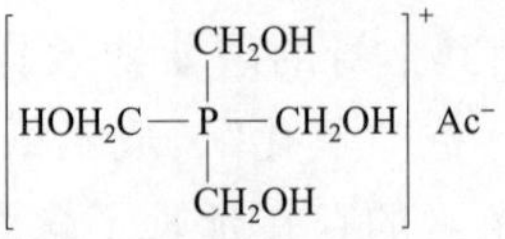

THPA

THPC 与羟甲基三聚氰胺等混合使用可提高耐洗性；THPC 加入尿素后可合成含量＞70% 的四羟甲基氯化磷脲缩体（THPC-U），极大增加纤维素纤维的耐洗次数。

THPC-酰胺法是目前耐久棉纤维阻燃整理的重要方法。将 THPC 与酰胺、羟甲基酰胺混合形成低分子预聚体，处理后的预聚体进入纤维的非晶区或间隙，后经 NH₃ 与预缩体中的羟甲基交联，在纤维内部形成不溶性阻燃聚合体，经氧化稳定，耐洗可达 200 次以上，而且对手感和强力的影响小。

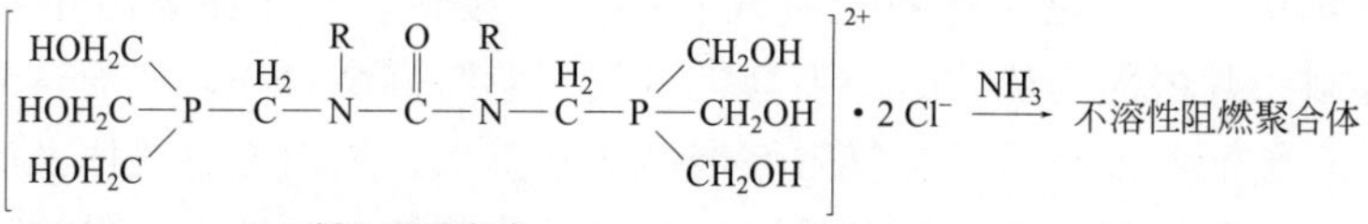

低分子预聚体 ·2 Cl⁻ $\xrightarrow{NH_3}$ 不溶性阻燃聚合体

（3）环状及螺环型磷酸酯

具有季戊四醇骨架的磷酸酯在聚合物燃烧时，能形成一层焦炭层保护膜，阻燃性能良好。最初开发的双环笼状阻燃剂 PEPA，可作为一种膨胀型的添加阻燃剂使用，也可作为中间体进一步反应。在 PEPA 基础上可以合成一系列含溴笼状磷酸酯，代表性化合物为 PTDP、TDPP 等。

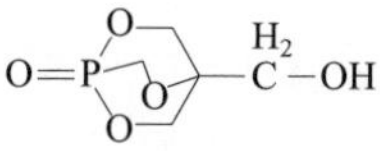

PEPA 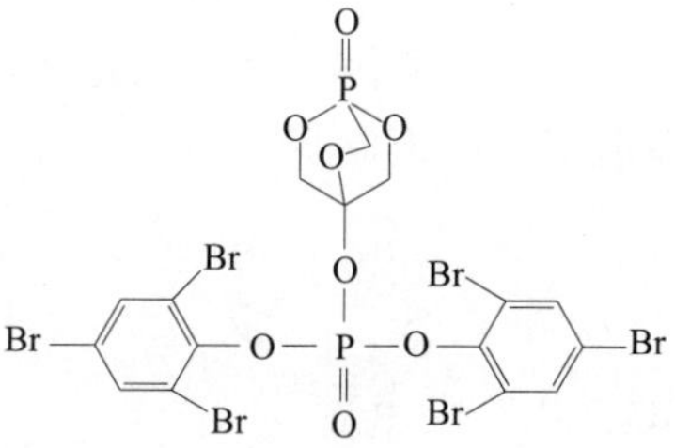   PDTP 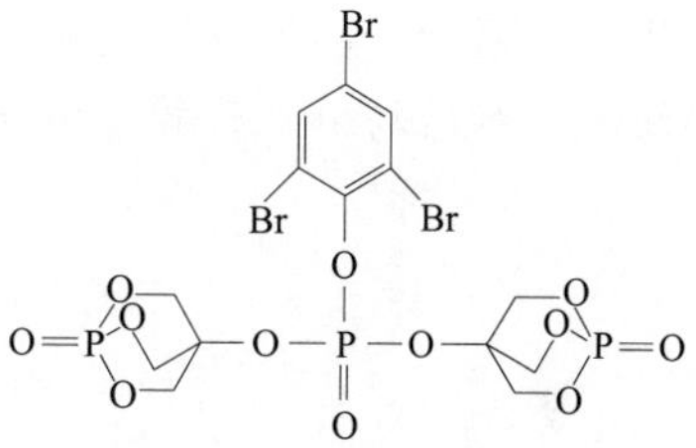   TDPP

如果控制季戊四醇和三氯氧磷的物质的量比为 1∶2，则可以合成螺环季戊四醇磷酸酯。

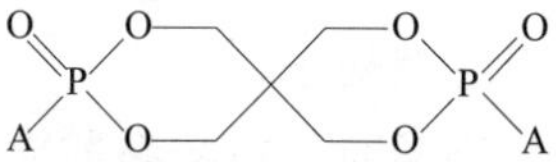

螺环季戊四醇磷酸酯

其中，A 为（卤代）芳氧基、卤素或 C_{10} 以下的烃基。当 A 为卤素时，即为氯化螺环磷酸酯，是双官能团的反应型阻燃剂，可与含—OH、—NH$_2$ 等基团的化合物作用，得到一系列膨胀型阻燃添加剂。受到季戊四醇的启发，以此为基础，开发出了大量含环结构的阻燃剂：

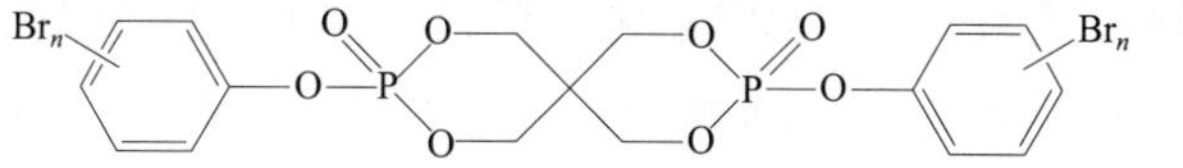

多溴芳香螺环磷酸酯

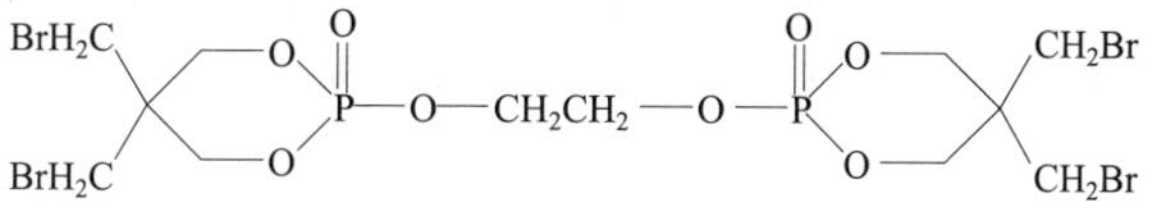

环状磷酸酯

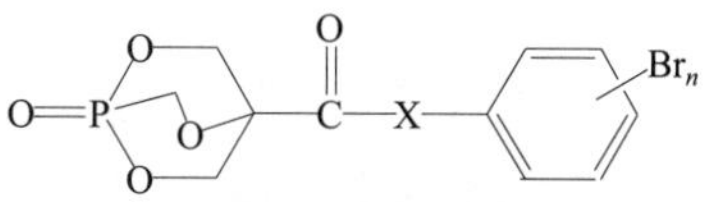

多溴双环芳香磷酸酯

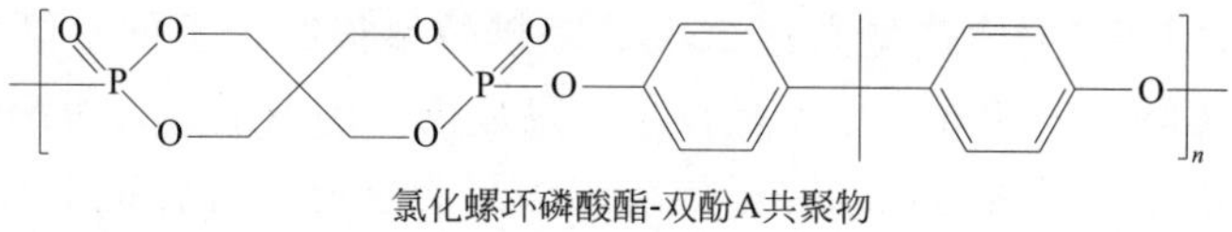

氯化螺环磷酸酯-双酚A共聚物

4. 无卤有机磷阻燃剂

该类阻燃剂不含卤原子，阻燃剂受热时能形成一种磷酸聚合物，产生结构更加稳定的交联状固体物质或炭化层。炭化层能断绝氧气和物品的接触，一方面能阻止聚合物进一步热解；另一方面能阻止其内部的热分解产生物进入气相参与燃烧过程，从而达到阻燃的目的。

无卤有机磷阻燃剂不仅克服了含氯阻燃剂燃烧烟雾大、放出有毒气体及腐蚀性气体的缺陷，同时改善了无机阻燃剂高添加量严重影响材料的物理性能的缺点，做到了高阻燃性、低烟、低毒害、无腐蚀性气体产生。

无卤有机磷阻燃剂包括以下三种常见结构：有机磷酸酯、膦酸酯和亚磷酸酯。另外还包含部分磷酸酰胺的羟基化合物。

（1）亚磷酸酯

亚磷酸酯主要作为抗氧剂使用，但有的也具有一定的阻燃作用。主要品种有亚磷酸三苯酯、亚磷酸二苯异辛酯、亚磷酸三（2,4-二叔丁基苯基）酯等。

代表性阻燃产品为双环亚磷酸酯。由三羟甲基丙烷和三氯化磷反应生成一种环状亚磷酸酯中间体，然后与甲基磷酸二甲酯在高温下反应而制得。

双环亚磷酸酯

代表性的如美国 Mobil 公司的 Anfiblaze-19T，是涤纶纤维的优良阻燃剂。该阻燃剂可使纤维在高温下脱水炭化，减少可燃性气体产生。在燃烧的同时产生磷酸酐，使部分分解物氧化为二氧化碳，冲淡氧气成分，阻止燃烧进行。

阻燃整理时可采用浸渍干燥法处理基布，将阻燃剂固定在涤纶纤维上。处理后的基布经50 次以上水洗仍具有很好的阻燃性和耐久性。

（2）膦酸酯

膦酸酯的通式为 $RP(O)(OR)_2$，具有类似亚磷酸酯的性质，伯膦酸酯和仲膦酸酯为结晶状物质，绝热时形成膦酸酐，但它们的热稳定性很高，只有在很高温度下碳磷键才能断裂。常用的有甲基膦酸二甲酯（DMMP）、乙基膦酸二甲酯（DEEP）、N,N-双（2-羟乙基）氨甲基膦酸二乙酯（BHAPE）、二（聚氧亚乙基）羟甲基膦酸酯（HMP）等，另外还有一种含氯的乙烯基膦酸二（2-氯乙基）酯（CEVP）。

阻燃剂甲基膦酸二甲酯（DMMP）是国际上 20 世纪末期开发出来的一种较突出的新型环保无卤内添加型含磷阻燃剂。甲基膦酸二甲酯以亚磷酸三甲酯为原料，在催化剂的作用下发生异构化反应，经过分子重排而生成。

DMMP

DMMP 最显著的特点是含磷量高达 25%，阻燃效率很高，添加量仅为常用阻燃剂的一半甚至更少就能发挥同样的功效。分子量较小，黏度低，沸点适宜，溶解性好。以甲基膦酸二甲酯作为芯材，以聚乙烯醇与戊二醛反应所得缩醛为壁材，可合成 DMMP 微胶囊，扩大了其应用领域。

部分膦酸酯含有羟基、乙烯基等活性反应官能团。BHAPE 采用 N、P 协同阻燃原理，具有羟甲基活性基团，可作为单体参与聚合反应，在不影响材料性能的前提下，达到较好的阻燃效果。BHAPE 合成时首先用甲醛水溶液与二乙醇胺反应生成中间体，减压蒸馏后在强酸阳离子树脂催化作用下与亚磷酸二乙酯反应制得。

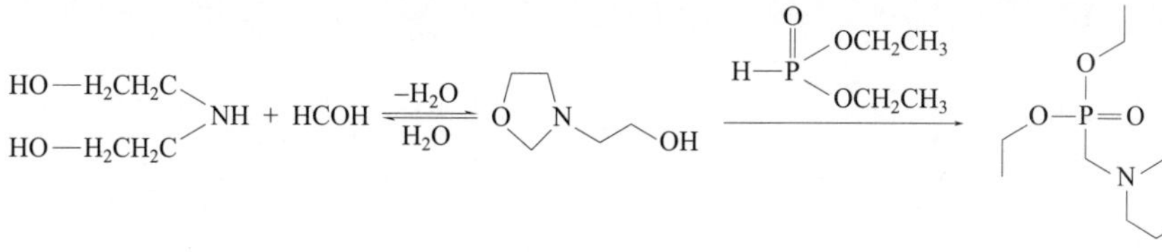

二乙醇胺　　　　　　　3-(2-羟乙基)-1,3-氧氮杂环环戊烷　　　　　　　　　　BHAPE

乙烯基膦酸酯是代表性的反应性产品，主要化学组分为乙烯基膦酸酯与五价膦酸酯的低聚物，代表性产品为美国 Stauffer 公司的 Fyrol 76。阻燃整理时可采用浸渍-蒸气干燥法及浸渍-辐射干燥法，双键存在使整理剂具有一定的反应性，能与纤维发生接枝交联反应，获得良好的耐久性阻燃效果，而且还具有良好的手感和压烫性能。

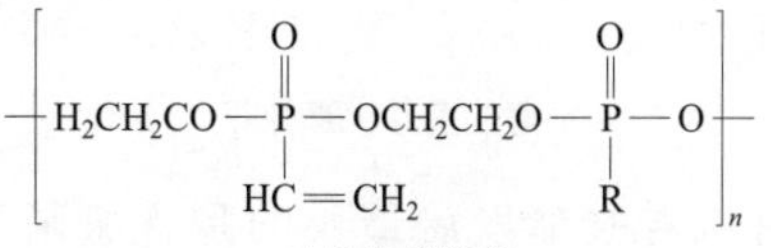

乙烯基膦酸酯

乙烯基膦酸酯可单独使用或与羟甲基丙烯酰胺及自由基型催化剂（如过硫酸钾）一起使用。与羟甲基丙烯酰胺交联剂使用会有一定的甲醛释放问题，低聚物单独使用时一般采用电子束辐照法，可获得良好的阻燃效果。

（3）有机磷酸酯

磷酸酯系列资源丰富，品种很多，价格较廉，用途广泛，是阻燃剂的主要系列。大多数为酚类的磷酸酯，也有少量的烷基磷酸酯。广泛使用的非卤磷酸酯有磷酸三乙酯、磷酸三丁酯、磷酸三辛酯、磷酸三苯酯、磷酸二甲苯酯、磷酸二甲苯二苯酯等。常规磷酸酯兼具阻燃及增塑作用，可称为阻燃型增塑剂。

① 只含磷的磷酸酯阻燃剂。传统磷酸酯系列阻燃剂虽然品种多、用途广，但大多数都为液体，耐热性差，挥发性大，相容性差。由于阻燃剂中含磷量与阻燃效果呈正比，因此开发高含磷量化合物及高分子量的磷化合物成是必然趋势。现在已经研发了一些高分子量缩聚磷酸酯化合物。该类化合物的结构如下：

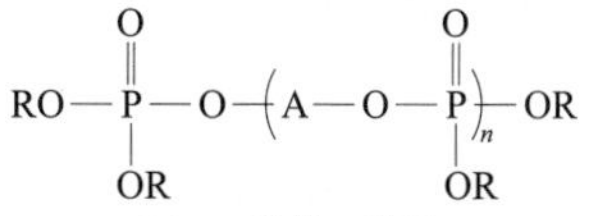

R/A：烷基，芳基
缩聚型磷酸酯

芳香族缩聚磷酸酯是一类很有发展潜力的新型阻燃剂，其主链中有较多苯环，刚性大，故耐热性高、阻燃性持久，可克服低分子量磷酸酯普遍存在的不足。缩聚磷酸酯包括芳基二磷酸酯类、聚苯基磷酸酯类等。

芳基二磷酸酯类主要有四-（2,6-二甲苯基）间苯二酚二磷酸酯和四-（2,6-二甲苯基）对苯二酚二磷酸酯。该类阻燃剂与成炭剂复配可以促进成炭，磷残留于炭层中，有利于阻燃。

残炭余量越大，碳层越稳定，阻燃效果越好。

聚苯基磷酸酯类的代表产物有四苯基间苯二酚二磷酸酯（RDP）和四苯基双酚 A 二磷酸酯（BDP），具有分子量大、蒸气压低、热稳定性高等优点，能赋予材料较好的阻燃效果和阻燃持久性。与有机蒙脱土共混使用时，能大大降低材料的热释放速率。

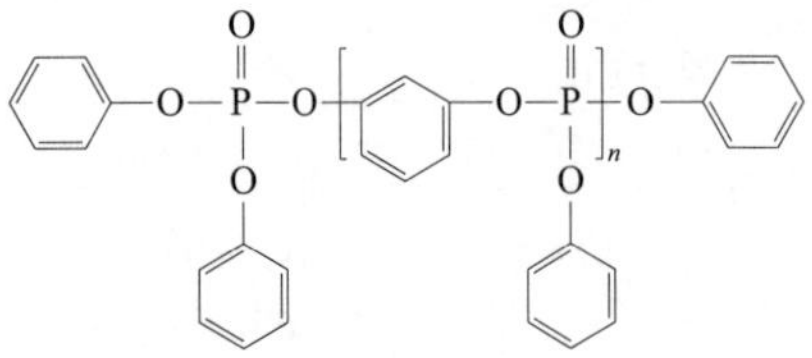

RDP

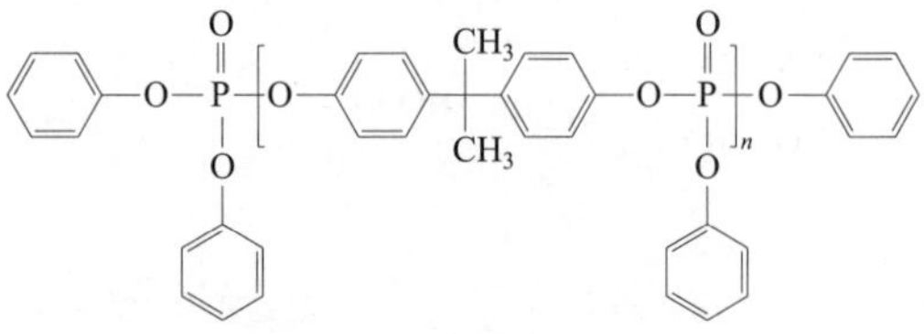

BDP

Akzo Nobel 公司研制出了一种醇烷基芳基磷酸酯，即 $n=1$ 的磷酸酯阻燃剂，它可用于高聚物的阻燃，阻燃效果显著。它的结构式如下：

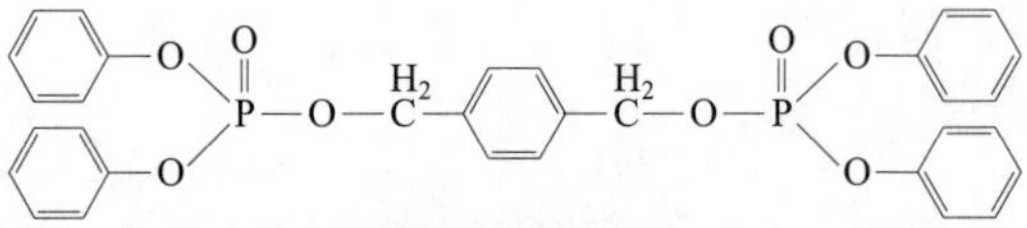

醇烷基芳基磷酸酯

② 含氮磷酸酯阻燃剂。有机磷酸酯发展最快的是含氮磷酸酯阻燃剂。含氮磷酸酯由于同时含有氮、磷两种元素，可发挥磷氮协同作用，其阻燃效果比只含磷的化合物要好，因而越来越受到人们的重视。

膨胀型阻燃剂是发展极快的一类环保型阻燃剂，它不是单一的阻燃品种，而是以氮、磷、炭为主要组分的无卤复合阻燃剂。其体系自身具有调通作用，在受热时发泡膨胀，因此称为膨胀型阻燃剂。一般由炭源（成炭剂）、酸源（脱水剂）及气源（发泡源）组成。它以磷、氮为主要活性组分，不采用卤化锑作为协效剂。

气源膨胀型阻燃体系的阻燃机理被普遍认为是凝聚相阻燃。首先聚磷酸胺受热分解，生成具有强脱水作用的磷酸和焦磷酸，使季戊四醇酯化，进而脱水炭化，反应形成的水蒸气及三聚氰胺分解产生的氨气使炭层膨胀，最终形成一层多微孔炭质泡沫层，该泡沫层能起到隔热、隔氧、抑烟作用，并能防止熔滴，具有高效的阻燃性能。

含氮磷酸酯阻燃剂中的氮元素主要来自化合物中的胺、二胺和三聚氰胺。三聚氰胺及其衍生物作为一类无卤阻燃剂，在大于 250℃升华吸热、燃烧释放的不燃性含氮气体可以稀释基体热解产生的可燃物或在聚合物表面形成膨胀炭层，常被用作氮源。目前研究较多的是三聚氰胺聚磷酸盐自膨胀阻燃剂，该阻燃剂具有无卤、低烟、低毒、相容性好的特点。

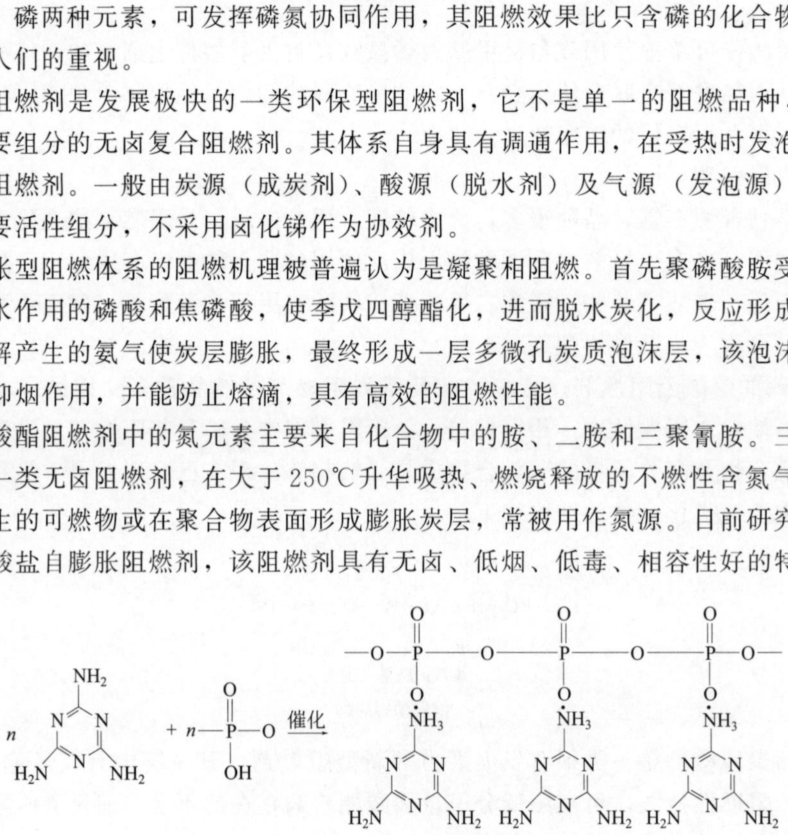

三聚氰胺聚磷酸盐是一种白色粉末状固体，含磷 15%，含氮 40.7%。工业品往往是三聚氰胺聚磷酸盐、双三聚氰胺焦磷酸盐、三聚氰胺磷酸盐等的混合物。三聚氰胺聚磷酸盐的

主要分解产物是三聚氰胺与聚磷酸，并有水蒸气、氨气等不燃性气体放出，放出的气体能起阻火作用，并发生 P-N 协同阻燃效应。

双环笼状磷酸酯衍生物膨胀型阻燃剂具有丰富的炭源和酸源，改善了炭源、酸源和气源三者的比例，同时由于磷原子上的羟基受到两个庞大的笼型磷酸酯基的空间作用，其吸潮性也明显减轻。该阻燃剂具有极佳的阻燃性，而且不含卤素，燃烧时生烟量低，产生的腐蚀性气体少。以 1-氧基磷杂-4-羟甲基-2,6,7-三氧杂双环［2,2,2］辛烷（PEPA）为原料，可以合成分别含有 1 个、2 个或 3 个双环笼磷酸酯的新型阻燃剂，其中含有 2 个双环笼状磷酸酯结构的阻燃剂结构如下：

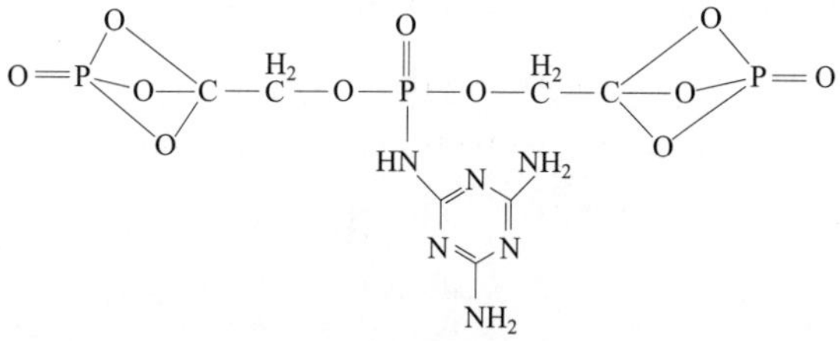

膨胀型双环笼磷酸酯

除胺类外，还有以哌嗪为氮源的化合物。如用哌嗪和 $PhO_2P(O)Cl$ 在三乙胺存在下制备得到的哌嗪阻燃剂，具有阻燃、耐热和耐水性能。

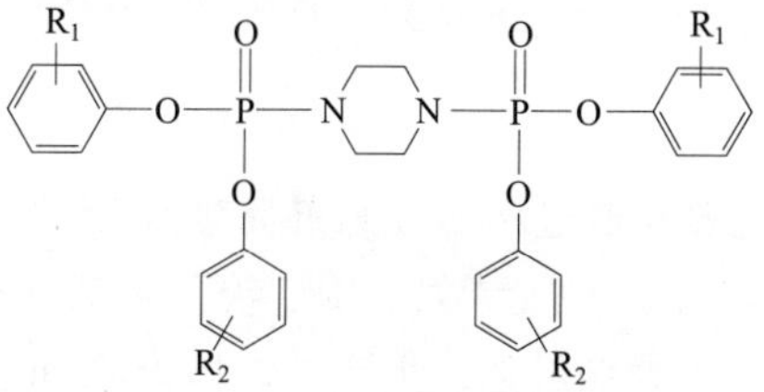

哌嗪阻燃剂

目前，通过各种协效剂来提高膨胀型阻燃剂的阻燃效果取得了一定的成果。目前的主要研究方向有：开发新型、单一、高效的膨胀型阻燃剂；开发融合酸源、碳源和气源的新型阻燃剂（即"三合一"型）。

如 N-二氨基硫脲，是由三氯硫磷、缚酸剂和新戊二醇制成的阻燃剂，它结合了氮、磷、硫的共同优点，不含卤素，具有良好的阻燃性能。其分子结构：

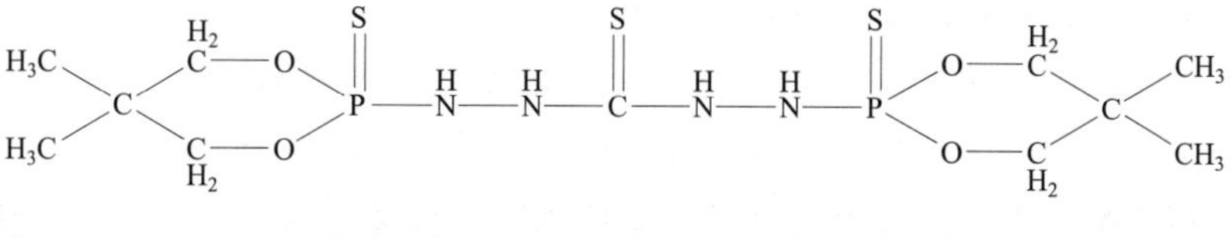

以三氯氧磷、二乙烯三胺和季戊四醇为原料，合成的膨胀阻燃剂，其氨基可与封端异氰酸酯交联反应，提高与纤维的结合度，因此被广泛应用在纤维阻燃中。

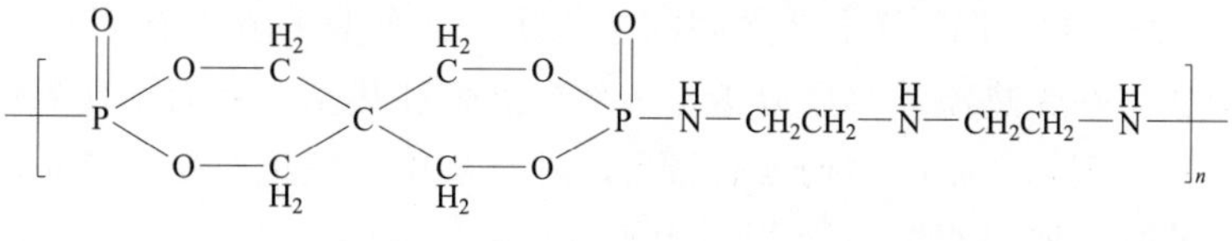

采用超细纳米化、表面改性、微胶囊化等技术对膨胀型阻燃剂进行加工处理，可以提高

阻燃剂与高分子材料的兼容性，改善复合材料的热稳定性和吸湿性，提高材料的力学性能和阻燃效率等。将来，膨胀型阻燃剂会在材料阻燃研究领域占据重要位置。

（4）磷酸酰胺的羟基化合物

含活性基的有机磷阻燃剂单体可通过共聚、接枝或表面成膜，而使基材具有较好的阻燃耐久性，因而被认为是最理想的阻燃剂。反应性基团主要有丙烯酰基、三聚氯腈基、氯代环三磷氰基、羟基烷基、氨基烷基、环氧基、羧基等。这些有机磷阻燃剂单体的活性基团可以通过加聚、缩聚、取代或与交联剂反应接枝等方式赋予基材阻燃性能。

此类阻燃剂的典型代表为阻燃剂 CP，即 N-羟甲基二甲氧基磷酰基丙酰胺，由亚磷酸二甲酯与丙烯酰胺在醇钠作用下缩合，再经甲醛羟甲基化而成。

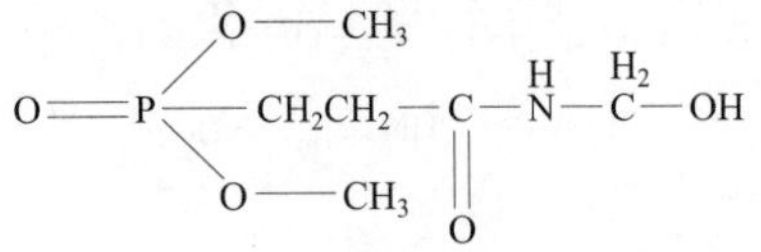

阻燃剂 CP

阻燃剂 CP 中含有 N-羟甲基，在催化剂作用下可与纤维上的活性基团发生交联反应。通常在整理液中添加部分羟甲基三聚氰胺树脂，进一步提高其阻燃的耐久性。此类阻燃剂会引起部分色变，降低基布强度，并且有甲醛释放，所以要谨慎使用。

三、卤系阻燃剂

1. 卤系阻燃剂的特点

卤系阻燃剂是含有卤素元素并通过卤素元素起阻燃作用的一类阻燃剂，是目前世界上产量最大的有机阻燃剂之一。卤族的 4 种元素氟、氯、溴、碘都具有阻燃性，阻燃效果按 F、Cl、Br、I 的顺序依次增强，以碘系阻燃剂最强。生产上，以溴系和氯系阻燃剂为主，而氟类和碘类阻燃剂少有应用。这是因为含氟阻燃剂中的 C—F 键太强而不能有效捕捉自由基，而含 I 阻燃剂中的 C—I 键太容易被破坏，影响了聚合物性能，阻燃性能在降解温度以下就已经丧失。

卤系阻燃剂的阻燃机理可以解析为阻隔降温、终止链反应、切断热源三个方面：

① 卤系阻燃剂在燃烧过程中受热分解成卤素离子，活泼的卤素离子与高聚物反应产生卤化氢 HX，HX 可以与聚合物燃烧分解的自由基 HO· 反应，生成卤系自由基 X·，X· 又可以与高分子链反应生成 HX，如此循环，从而切断了 HO· 与氧的反应，起到抑制高分子材料燃烧的连锁反应，起到清除自由基的作用。

② 卤系阻燃剂的 C—X 的键能低，它的分解温度基本与材料的热分解温度一致。在受热条件下，卤系阻燃剂发生热分解，吸收部分热量，可达到降低温度的目的。

因为卤化物分解产生的卤化氢气体是不燃性气体，有稀释效应，能使燃烧速度减缓或使燃烧熄灭，从而起到气相阻燃效果。另外卤化氢气体的密度较大，可在高分子材料固相表面形成一层气膜，隔绝空气和热，起覆盖效应。

③ 阻燃剂的存在减弱了高分子链之间的范德华力，使材料在受热时处于黏流态，此时的材料具有流动性，在受热流动时可以带走一部分火焰和热量，从而实现阻燃的效果。

目前，氯系阻燃剂和溴系阻燃剂已有很多品种，其中以氯化石蜡等氯系阻燃剂和十溴二苯乙烷、十溴二苯醚、四溴双酚 A 等溴系阻燃剂应用广泛。

卤系阻燃剂特别是溴系阻燃剂的最大优点是阻燃效率高、用量少、相对成本较低。但也存在着许多不可忽视的缺点：首先，卤系阻燃剂在高温、明火情况下会放出有毒的卤化氢气体并伴有浓烟；其次，卤系阻燃剂（特别是多溴苯醚）大多可以分解产生可萃取性有机化合物，具有亲脂疏水、难降解、在人体中富集等特点，对人体健康危害极大。因此，许多国家通过了禁用多溴苯醚的相关法律法规，多溴联苯、五溴二苯醚、八溴二苯醚已被欧盟列为禁品。

在日益严格的环保法规的压力下，卤系阻燃剂的发展面临重大挑战。未来的研发方向包括调整现有的卤系阻燃剂产品结构，开发多溴二苯醚的替代品、功能型卤系阻燃剂、复合型卤系阻燃剂剂以及非卤素阻燃剂。

2. 溴系阻燃剂

卤系阻燃剂中的大部分是溴系阻燃剂。工业生产的溴系阻燃剂可分为添加型、反应型及高聚物型三大类。添加型阻燃剂主要有十溴二苯醚（DBDPO），四溴双酚 A 双（2,3-二烷丙基）醚（TBAB）、八溴二苯醚（OBDPO）等；反应型阻燃剂主要有四溴双酚 A（TBBPA）、2,4,6-三溴苯酚等；高分子型阻燃剂主要有溴化聚苯乙烯、溴化环氧、四溴双酚 A 碳酸酯齐聚物等。

溴系阻燃剂的阻燃效率高，而且价格适中。由于 C—Br 键的键能较低，大部分溴系阻燃剂的分解温度在 200～300℃，此温度范围正好也是常用聚合物的分解温度范围。所以在高聚物分解时，溴系阻燃剂也开始分解，并能捕捉高分子材料分解时的自由基，从而延缓或抑制燃烧的链反应，同时释放出 HBr，HBr 本身是一种难燃气体，可以覆盖在材料表面，起到阻隔与稀释氧气浓度的作用。这类阻燃剂可与锑系（三氧化二锑或五氧化二锑）复配使用，通过协同效应使阻燃效果得到明显提高。

溴系阻燃剂常用的有脂肪族、脂环族和芳香族溴化物，阻燃效果为脂肪族＞脂环族＞芳香族，而耐热性恰好相反。常用的脂肪族阻燃剂有四溴乙烷、四溴甲烷、四溴丁烷等，但由于其热稳定性差，耐候性、持久性不好，已被脂环族和芳香族溴化物取代。脂环族溴化物常用的有六溴环十六烷（HBCD）、三（二溴丙基）异氰酸酯等。芳香族常用的有十溴二苯醚（DBDPO）、四溴双酚 A（TBBPA）和四溴苯酐等。另外随着环保要求的提高，一些新型溴阻燃剂逐渐发展起来。

（1）芳香族溴化物

十溴联苯醚（DBDPO）为代表性的芳香族溴化物，白色或淡黄色粉末，不溶于水和有机溶剂。含溴量 83%，阻燃效果好，具有良好的热稳定性和水解稳定性。十溴联苯醚分解的 HBr 可与自由基反应，捕获自由基，从而达到阻燃灭火的目的。通常与氧化锑配合（2：1）使用，燃烧时产生溴化氢，生成三溴化锑，破坏气相中的可燃性气体，提高阻燃效果。

十溴联苯醚由二苯醚和溴素在催化剂作用下反应制得。

十溴联苯醚

近些年随着在环境样品中 PBDEs 的不断检出，该类化合物所造成的环境问题也越来越受到大家特别是环境科学家的关注。多溴联苯醚在环境中可以自行分解，半衰期平均在 2 年半左右。针对多溴联苯醚的动物实验表明，它具有肝脏毒性、神经毒性、生殖毒性、发育毒性等，但是目前缺乏针对人体的研究。根据 2017 年世界卫生组织国际癌症研究机构公布的致癌物清单，十溴二苯醚在 3 类致癌物清单中。欧盟规定，产品中十溴二苯醚和 1～9 溴二苯醚的加和不得超过 $1000\mu g/g$。

四溴双酚 A、四溴二乙醇醚双酚 A、四溴双酚 A 双烯丙基醚及 1,2-双（四溴邻苯二甲酰亚胺）乙烷等芳香族溴化物，都是常用的纤维阻燃整理剂。

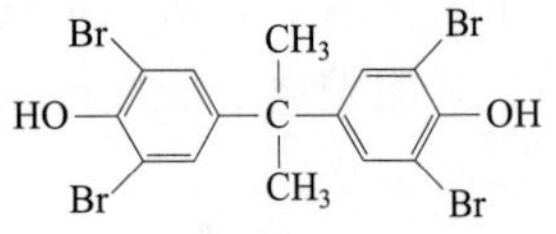

四溴双酚A

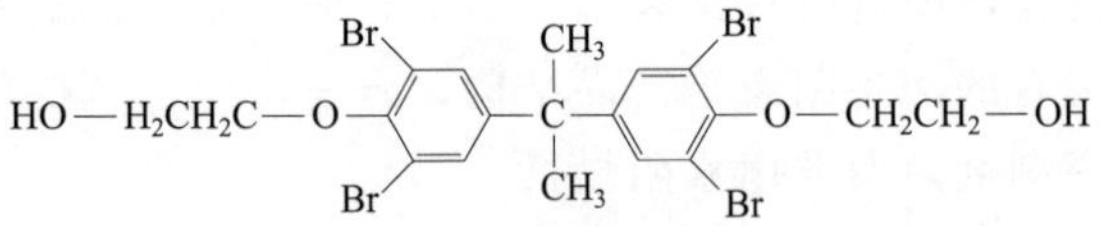

四溴二乙醇醚双酚A

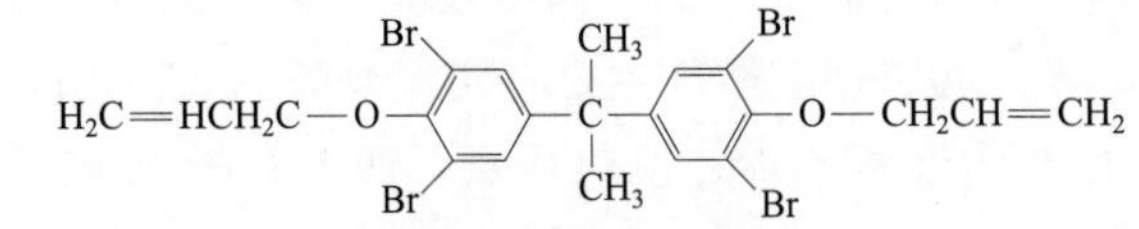

四溴双酚A双烯丙基醚

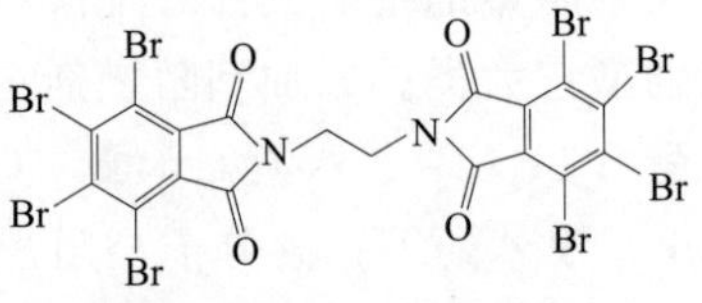

1,2-双(四溴邻苯二甲酰亚胺)乙烷

四溴双酚 A（TBBPA）是一种应用广泛性能优良的溴系阻燃剂，同时也是合成其他阻燃剂的中间体。由于具有生物富集和亲脂特点，因此 TBBPA 对生物体和人体健康产生危害。研究表明，四溴双酚 A 具有甲状腺毒性、神经毒性、肝脏和肾脏毒性、免疫毒性、内分泌干扰、雌激素干扰效应。四溴双酚 A 涵盖在世界卫生组织国际癌症研究机构公布的 2A 类致癌物清单中，被列入欧盟 REACH 法规中的附录 14 高关注物质 SVHC 授权候选清单。

四溴双酚 A 双（2,3-二溴烯丙基）醚（BDPP）是一种既含有芳香族溴又含有脂肪族溴的高效阻燃剂，溴含量高达 68%，添加量少，阻燃效果好，熔点适中，有很好的热稳定和光稳定性。

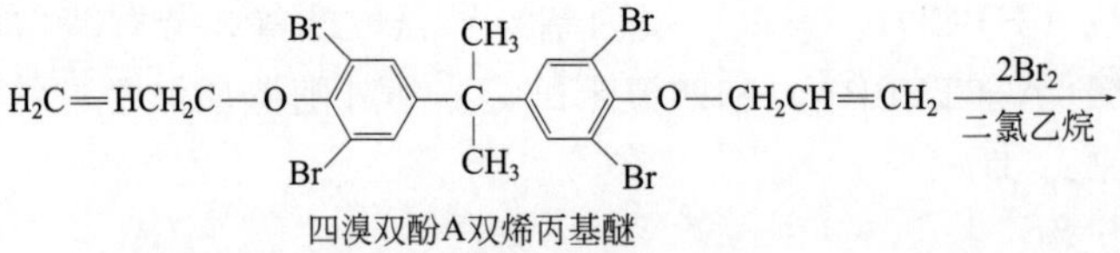

四溴双酚A双烯丙基醚

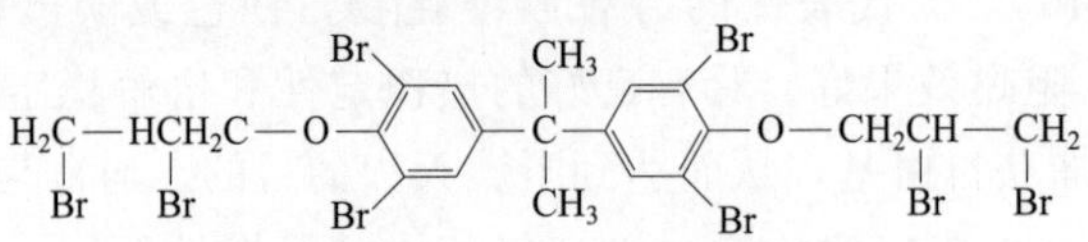

四溴双酚A双(2,3-二溴烯丙基)醚

（2）脂环族溴化物

脂环族溴化物的代表性产品为六溴环十二烷（HBCD）：

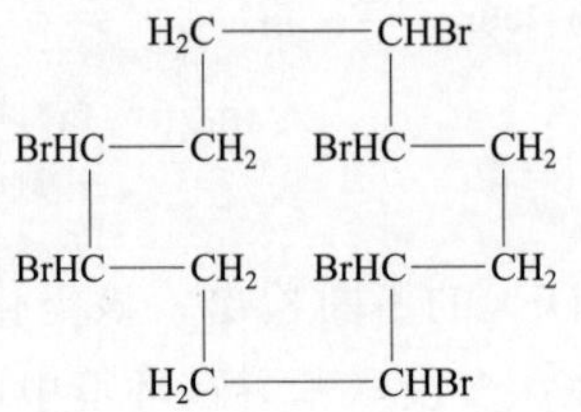

六溴环十二烷（HBCD）是一种高含溴量的添加型阻燃剂，阻燃效率较高。HBCD 在高温下产生溴化氢气体，冲淡氧气，产生气体屏蔽作用，达到阻燃的目的。在 PBB/PBDE 被限制后，HBCD 作为替代物被大量应用。

处理时可采用浸轧烘焙的方法，也可在染色时同浴进行，工艺简单，对基布的色光、手感影响较小，耐久性好。

尽管具有优良的阻燃效果，但燃烧时六溴环十二烷脱溴化氢变得剧烈，产生有毒有害的 HBr 烟雾，会对人类和环境会构成潜在的长期的危害。国际环保组织已将其列入《关于持久性有机污染物的斯德哥尔摩公约》（POPs）名单，目前世界各国特别是发达国家也都在自觉控制 HBCD 的产量和排量，挪威 PoHS 和欧盟 REACH 都将其列为管控物质。

（3）新型溴阻燃剂

由于多溴二苯醚等一些传统的溴系阻燃剂受到严格限制，芳香族溴化物的主要方向是开发新型阻燃体系替代多溴二苯醚。溴化环氧树脂、十溴二苯乙烷、溴代三甲基苯基氢化茚等环境友好型溴系阻燃剂产品发展起来。

十溴二苯基乙烷

十溴二苯基乙烷是为替代十溴二苯醚而开发的新产品，是一种使用范围广泛的广谱添加型阻燃剂。其分子量、热稳定性（熔点 345℃）和溴含量（82%）与 DBDPO 相当，但不属于多溴二苯醚系统的阻燃剂。十溴二苯基乙烷分子结构中没有醚键，在燃烧和热裂解时不产生有毒的多溴代二苯并二噁烷（PBDD）及多溴代二苯并呋喃（PBDF），用它作为阻燃材料完全符合欧盟条例的要求，不受 RoHS 指令限制，对环境不造成危害。另外它还具有白度好、抗紫外线性能佳的优点。

卤-磷阻燃剂也是一种新型阻燃剂，它利用阻燃剂不同的作用机理，取长补短，互相补充，借以协同增强阻燃效果，并使阻燃改性材料的机械强度、实用性能和成型加工等方面的技术指标得到改善和增益。主要产品品种包括二溴辛戊二醇、二溴辛戊二醇磷酸酯以及二溴辛戊二醇磷酸酯氰胺盐类等。

二溴辛戊二醇磷酸酯

这类阻燃剂的特征是：分子中同时兼有溴和磷或溴、磷和氮原子，在阻燃性能方面彼此起协同增效作用。分子中的溴含量较低，燃烧过程伴随较少的发烟量，有害性的气体挥发物较少，一定程度的溴含量可改善一般磷酸酯类阻燃剂挥发性大、抗迁移性差和抗热老化性欠佳的缺点。卤-磷系阻燃剂通过利用不同的作用机理，互相补充，达到协同增效的结果。

3. 氯系阻燃剂

氯系阻燃剂与溴系同属卤系阻燃剂，阻燃机理相同，但阻燃效率一般仅有溴系的一半。氯系阻燃剂有脂肪族、脂环族和芳香族含氯化合物以及含氯磷酸酯等，主要产品有氯化石蜡、氯化聚乙烯、四氯邻苯二甲酸酐、四氯双酚 A、六氯环戊二烯及六氯环戊二烯衍生物等。

氯系阻燃剂虽然受到一定限制，但新品种的开发与应用为氯系阻燃剂赢得了一定的市场地位。如氯系阻燃中的氯桥酸酐、得克隆均属于高效阻燃剂。

（1）氯化石蜡

氯化石蜡是石蜡经氯化而制得的产品。按含氯量不同，一般有 42%、52%、70% 等品种。

含氯 40%～50% 的氯化石蜡主要作为 PVC 阻燃增塑剂使用。目前氯系阻燃增塑剂正向无污染、高纯度、高热稳定性、高氯含量的方向发展，其代表性品种即为氯化石蜡-70，可作为添加型阻燃剂使用，有较大的抗压强度、较好的阻燃性能，还有润滑、防滑等特点以及增韧、增黏、抗辐射和抗氧化作用。

氯系阻燃剂价格低廉，与树脂相容性好，阻燃效果优良，与三氧化二锑有良好的协同作用，但耐热性差，在使用上受到限制。

（2）四氯邻苯二甲酸酐

四氯邻苯二甲酸酐（TCPA）又称 4,5,6,7-四氯-1,3-异苯并呋喃，为白色结晶或无色棱型针状晶体。TCPA 与树脂相容性好，阻燃效率高，成本低，广泛用于合成材料中。

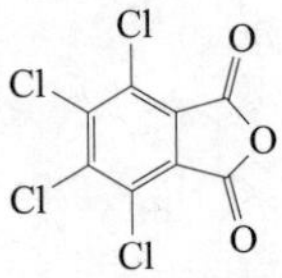

四氯邻苯二甲酸酐

TCPA 阻燃剂遇火受热会发生分解反应，分解出的氯自由基与合成材料反应产生 HCl，HCl 与 HO· 反应使活性很强的游离 HO· 的浓度减少，燃烧速度减慢，直到火焰熄灭，是一种反应性阻燃剂。

（3）双（六氯环戊二烯）环辛烷

双（六氯环戊二烯）环辛烷是六氯环戊二烯的衍生物，中文名为"得克隆"，它是一种添加型阻燃剂，是十溴联苯醚的替代物之一，其外观为白色流散性固体，含脂环族氯，含氯量 65.1%。得克隆合成时一般以二甲苯为溶剂，由六氯环戊二烯与环辛二烯进行 Diels-Alder 反应制得。

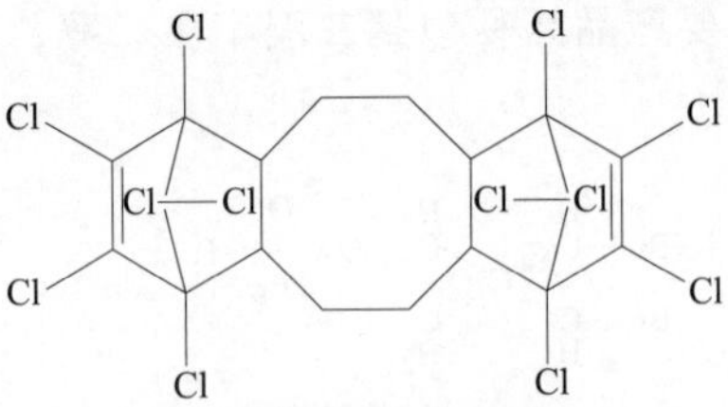

双(六氯环戊二烯)环辛烷

得克隆有良好的性能：着色性和热稳定性好；能促进绝缘炭层的生成，不仅能防止熔滴，降低火焰传播速度，还可抑制生烟量，比一般阻燃剂可减少烟量在 95% 以上；协效体系种类多，如氧化锑、硼酸锌、氧化锌、氧化铁等，被视为一种很有发展前途的氯系阻燃剂。

（4）氯桥酸酐和氯桥酸

氯桥酸酐，化学名称为六氯内次甲基四氢邻苯二甲酸酐，也称海特（HET）酸酐，是一种反应性阻燃剂，由六氯环戊二烯与顺酐反应而得。含氯量 54.5%，由于含有大量氯的二元酸的酸酐，具有极强的阻燃性，还可与树脂反应。

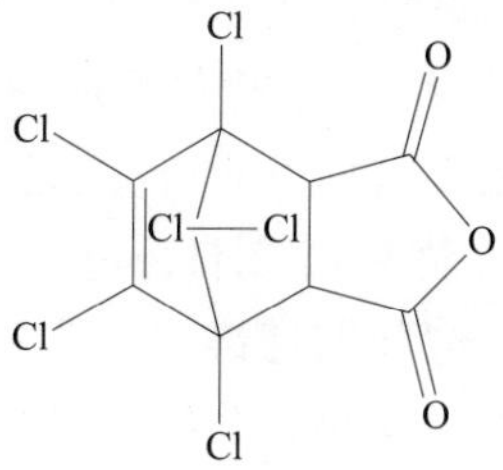

氯桥酸酐

（5）全氯五环癸烷

全氯五环癸烷为添加型阻燃剂，分子式 $C_{10}Cl_{12}$，分子量 545.50。以六氯环戊二烯为原料，无水三氯化铝为催化剂，通过聚合反应合成。

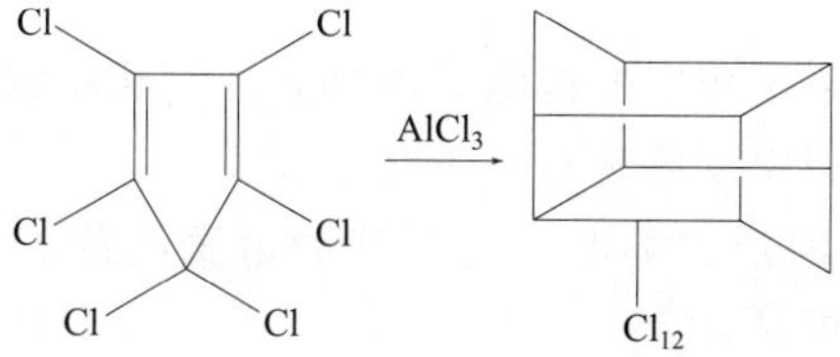

全氯五环癸烷

全氯五环癸烷应用于塑料、纤维等高分子材料的阻燃，此阻燃剂为白色结晶，氯含量极高，可达到 78.6%，热稳定性极佳，溶于苯、甲苯、二甲苯、二氯乙烯。它有良好的着色性、热稳定性、优异的电气性能以及低生烟量等。

四、其他类型阻燃剂

1. 金属化合物

金属氢氧化物在受热分解时仅放出水蒸气，不会产生有毒、可燃性或有腐蚀性的气体，具有填充、阻燃和消烟三重功能，是典型的无卤阻燃剂。

氢氧化铝是最常见的无机阻燃剂，其阻燃机理是：由于受热分解吸收大量燃烧区的热量，使燃烧区的温度降低到燃烧临界温度以下，燃烧自熄；分解后生成的金属氧化物大多熔点高、热稳定性好，覆盖于燃烧固相表面阻挡热传导和热辐射，从而起到阻燃作用；同时分解产生大量的水蒸气，可稀释可燃气体和氧气浓度，阻止燃烧进行。但缺点是添加量大。

水合氧化铝热稳定性好，在 300℃下加热 2h 可转变为 AlO（OH），与火焰接触后不会产生有害的气体，并能中和聚合物热解时释放出的酸性气体，发烟量少，价格便宜等，是无机阻燃剂中的重要品种。水合氧化铝受热释放出化学结合水，吸收燃烧热量，降低燃烧温度。发挥阻燃作用时，主要是两个结晶水在起作用，另外，其失水产物为活性氧化铝，能促进一些聚合物在燃烧时的稠环炭化，因此具有凝聚相阻燃作用。其缺点也是添加量较大。

草酸铝是氢氧化铝衍生的结晶状物，碱含量低。含有草酸铝的高聚物在燃烧时，放出 H_2O、CO 及 CO_2，而不生成腐蚀性气体。草酸铝还能降低烟密度和生烟速度。

氢氧化镁在 340℃左右开始进行吸热分解反应生成氧化镁，在 423℃时失重达最大值，490℃时分解反应终止。其反应吸收大量热能（44.8kJ/mol），生成的水也吸收大量热能，从而降低温度，达到阻燃的效果。氢氧化镁的热稳定性和抑烟能力都比水合氧化铝好，但由于氢氧化镁的表面极性大，与有机物相容性差，所以需要经过表面处理后才能作为有效的阻燃剂。另外，它的热分解温度偏高，适宜热固性材料等分解温度较高的聚合物的阻燃。

三氧化二锑为白色粉末，它不能单独作为阻燃剂，与卤类阻燃剂复合并用有很大的阻燃增强效应（又称协同效应）。它在高聚物中的阻燃机理一般认为：三氧化二锑在卤化物存在的情况下，燃烧时生成挥发性的卤化锑（如 SbBr）或卤化氧锑（SbOBr）。三卤化锑气体进入气相燃烧区，并分解成各种锑化合物和卤素自由基。含锑化合物起到消耗燃烧能量的作用，而卤素自由基能够捕捉自由基，抑制燃烧链式反应的进行。

在高温下，可膨胀石墨中的嵌入层受热易分解，产生的气体使石墨的层间距迅速扩大到原来的几十倍至几百倍。当可膨胀石墨与高聚物混合时，在火焰的作用下，可在高聚物表面生成坚韧的炭层，从而起到阻燃作用。

2. 硼系阻燃剂

偏硼酸铵、偏硼酸钠、偏硼酸钡、硼酸锌等是常用的无机硼系阻燃剂，其中用量最大的是硼酸锌。

无机硼系阻燃剂主要在凝聚相中发挥阻燃作用，在气相中仅对某些化学反应和卤化物才表现出阻燃作用。其阻燃作用主要体现在以下几个方面：

① 硼酸盐熔化、热裂解时形成类似于玻璃状的熔融物覆盖在燃烧物表面，隔绝氧气和热的传播以及可燃气体向外扩散；

② 在燃烧温度下释放出结合水，起冷却、吸热作用；

③ 改变某些可燃物的热分解途径，抑制可燃性气体生成。

硼酸锌在 300℃ 开始释放出结晶水。在卤素化合物的作用下，生成卤化硼、卤化锌，抑制和捕获游离的羟基，阻止燃烧连锁反应，同时形成固相覆盖层，隔绝周围的氧气，阻止火焰继续燃烧并具有抑烟作用。硼酸锌可以单独使用，与卤素化合物配合使用效果更佳。

将硼砂与硼酸按照 7∶3 比例混合溶解于水，基布浸渍干燥后，增重 6%～10% 就可获得阻燃效果。磷酸氢二铵、硼砂、硼酸按照 5∶3∶7 比例混合应用有同样的效果。基布在这两种阻燃剂溶液中浸渍烘干后，受热燃烧时，会熔融形成薄膜包覆在纤维表面，将纤维与火源、空气隔离，阻止燃烧进行，达到阻燃目的。铵盐受强热分解放出难燃的氨气，可冲淡受热分解放出的可燃气。但此类阻燃剂不耐水洗。

有机硼系阻燃剂具有优良的低毒、抑烟阻燃特性。目前国内比较成熟的有机硼阻燃剂是硼酸三（2,3-二溴）丙酯。

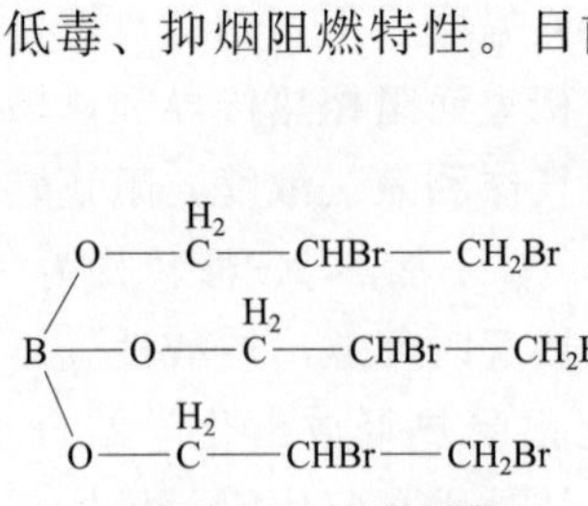

$$
\begin{array}{c}
\quad\quad\quad\quad \overset{H_2}{O-C}-CHBr-CH_2Br \\
B \overset{H_2}{-O-C}-CHBr-CH_2Br \\
\quad\quad\quad\quad \overset{H_2}{O-C}-CHBr-CH_2Br
\end{array}
$$

硼酸三(2,3-二溴)丙酯

硼酸三（2,3-二溴）丙酯分子中同时含有硼和溴两种阻燃元素，具有良好的阻燃效果和抑烟作用。有机硼系阻燃剂在燃烧过程中产生的硼酸酐或硼酸能起到隔离作用。另外，硼酸与纤维素纤维的羟基能反应生成硼酸酯，从而抑制了左旋葡萄糖的形成，使纤维素直接氧化成二氧化碳，减少了一氧化碳的生成。燃烧时产生的溴化氢可稀释空气中氧的浓度，但会对环境产生不良影响。

协同体系是硼系阻燃剂的发展方向。硼-氮协同阻燃体系和硼-硅协同阻燃体系是将硼和氮两种元素或硼和硅两种元素引入同一分子结构中，由于取代基团中氮原子上的孤对电子可以与硼原子的空轨道配位形成 N→B 配位键，通过硼和氮两种元素之间的相互作用产生较好的协同效应，从而提高硼酸酯的水解稳定性。例如，用苯基三氯硅烷与硼酸反应得到的含硅和硼的环状结构低聚物阻燃剂，有较好的阻燃效果。

3. 氮系阻燃剂

含氮阻燃剂的特点是：毒性低，含氮化合物阻燃剂，如聚磷酸氨、双氰胺、蜜胺、胍及其盐，其本身毒性很小，且燃烧时释放出的气体的毒性也很小；燃烧时发烟率低；具有相当好的阻燃效果；燃烧过程中基本不产生腐蚀性气体；对环境友好，废弃物不会造成二次污染。含氮阻燃剂目前只是一个小品种，但阻燃剂市场最具发展潜力的品种。含氮阻燃剂受热时放出 CO_2、NH_3、N_2、H_2O 等气体，降低了空气中氧和高聚物受热分解时产生的可燃气体浓度；生成的不燃性气体能带走一部分热量，降低聚合物表面的温度；生成的 N_2 能捕获自由基，抑制高聚物的连锁反应，从而阻止燃烧。

常用的氮系阻燃剂有有机氮阻燃剂和铵盐阻燃剂。

（1）有机氮阻燃剂

有机氮阻燃剂包括三大类：双氰胺、三聚氰胺（三聚氰胺氰尿酸和三聚氰胺磷酸酯）、胍盐（包括碳酸胍、磷酸胍、缩合磷酸胍和氨基磺酸胍）。

三聚氰胺常用于作为膨胀型阻燃剂中的发泡成分，其发泡效果好，成炭致密。除单独作阻燃剂外，常用的阻燃品种是与酸反应产生的衍生盐。双氰胺主要用于制造胍盐阻燃剂，可以代替三聚氰胺，或者与三聚氰胺结合。胍盐常用作纤维素基质材料的阻燃剂，阻燃效果好，性能持久，还可以在膨胀型阻燃剂中作为发泡剂组分。

基于三聚氰胺开发的阻燃剂很多，主要是三聚氰胺磷酸盐类。如三聚氰胺尿酸盐（MCA）、三聚氰胺多聚磷酸酯、三（2,3-二溴丙基）异三聚氰酸酯（TBC）、季戊四醇双磷酸酯三聚氰胺盐（MPP）等。

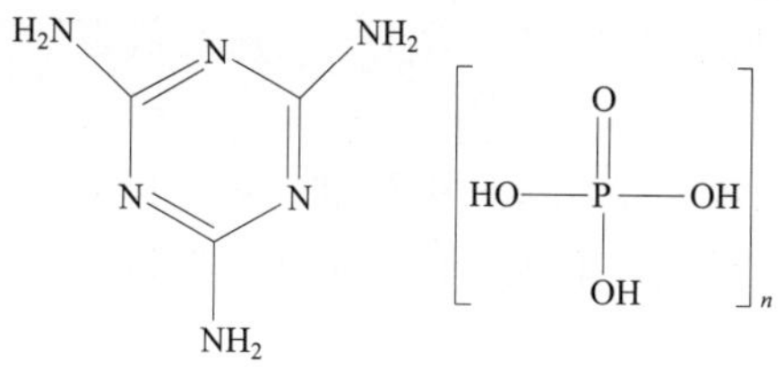

三聚氰胺多聚磷酸酯 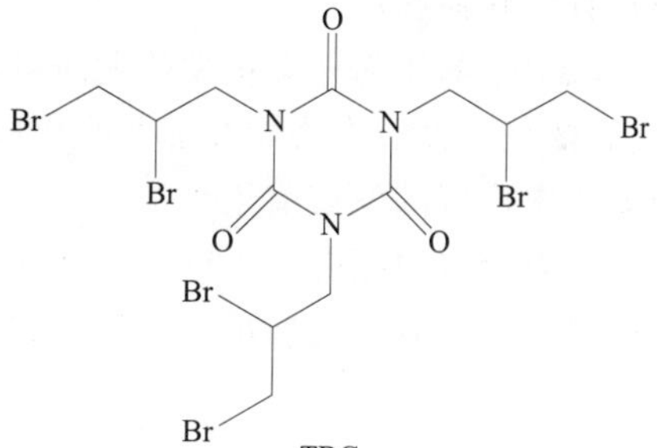   TBC

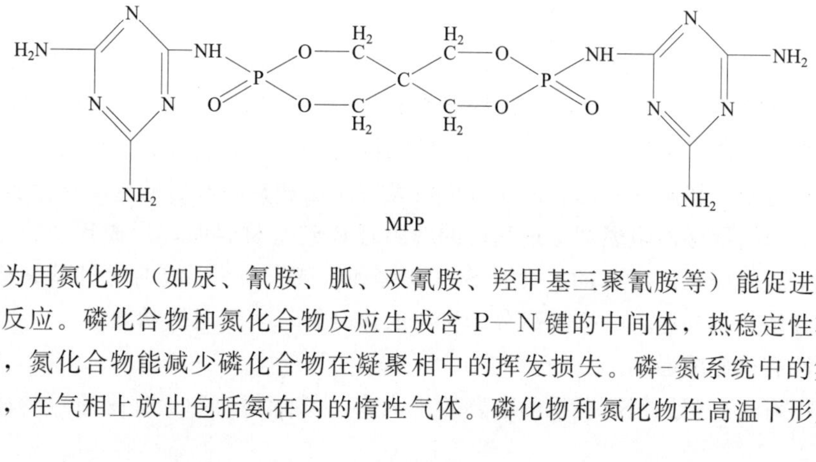

MPP

一般认为用氮化物（如尿、氰胺、胍、双氰胺、羟甲基三聚氰胺等）能促进磷酸与纤维素的磷酰化反应。磷化合物和氮化合物反应生成含 P—N 键的中间体，热稳定性较磷酸酯的热稳定性好，氮化合物能减少磷化合物在凝聚相中的挥发损失。磷-氮系统中的氮化合物加强磷的氧化，在气相上放出包括氨在内的惰性气体。磷化物和氮化物在高温下形成膨胀性焦炭层，含有 P—NH 键化合物有助于更快成碳和使更多的磷保留于碳层中，含氮化合物起着发泡剂和焦炭增强剂的作用。

（2）铵盐阻燃剂

氮系阻燃剂还可以铵盐形式如磷酸氢铵、磷酸二氢铵、硫酸铵等出现。铵盐的热稳定性较差，受热时释放出氨气，如 $(NH_4)_2SO_4$，其分解过程如下：

$$(NH_4)_2SO_4 \longrightarrow NH_4HSO_4 \longrightarrow H_2SO_4 + NH_3 \uparrow$$

分解释放出的氨气为难燃性气体，它稀释了空气中的氧。更主要的是，形成的 H_2SO_4 可起到脱水炭化催化剂的作用。还有实验表明，NH_3 可在火中发生下列反应：

$$NH_3 + O_2 \longrightarrow N_2 + H_2O$$

从中可看出，NH_3 不仅有物理阻燃作用，而且还消耗氧气，生成不燃的氮气和水，有化学阻燃作用。

4. 硅系阻燃剂

硅系阻燃剂主要包括无机硅及有机硅两大类。

（1）无机硅阻燃剂

无机硅包括二氧化硅、硅胶、硅酸盐和滑石粉等，常用作填料使用。无机硅阻燃剂资源丰富，大多无毒少烟、燃烧值低、火焰传播速度慢，因此很早就被应用。无机硅阻燃剂主要有二氧化硅、玻璃纤维、微孔玻璃和低熔点玻璃、二氧化硅/氯化锡、硅凝胶/碳酸钾、硅酸盐/聚磷酸铵、水合硅化合物/APP、硅氧烷/硼等。

一般认为无机硅系阻燃剂的阻燃作用是通过形成的无定形硅保护层的屏蔽作用来实现的。纳米硅酸盐等作为无机硅系阻燃剂，具有较好的阻燃效果。阻燃聚合物/无机物纳米复合材料是目前阻燃研究的一个重要方向。

（2）有机硅阻燃剂

有机硅阻燃剂作为一类新型的无卤阻燃剂，以其优异的阻燃性（低燃速、低释热及防滴落）、良好的加工性、高力学性能及突出的环境友好（低烟、低 CO 生成量及低毒）及耐热性能而显示出广阔的发展前景。

有机硅阻燃剂包括硅油、硅酮、硅树脂、硅橡胶、带功能团的聚硅氧烷、硅氧烷复合材料以及硅凝胶等。其中发展最迅速的是聚硅氧烷，目前已有大量的商业化产品问世。

美国 Dow Corning 公司推出的"D. C. RM"系列阻燃剂，它们是带有环氧基、甲基丙烯酸酯基和氨基等不同活性官能团的硅树脂微粉。日本 NEC 与 GE-东芝有机硅公司共同研究开发的硅酮阻燃剂，是带有芳香基的、支链结构的特种聚硅氧烷。一般认为，有机硅阻燃剂的作用机理是凝聚相阻燃机理，即通过生成裂解炭层和提高炭层的抗氧化性实现其阻燃功效。燃烧时，开始熔融的阻燃剂穿过基材的缝隙迁移到基材表面，形成致密稳定的保护层。即通过燃烧生成聚硅氧烷特有的、含有 Si—O 键和（或）Si—C 键的无机隔氧绝热保护层，既阻止燃烧分解产物外逸，又抑制高分子材料的热分解，实现阻燃功效。

（3）改性有机硅阻燃剂

单独使用有机硅阻燃剂所获得的阻燃效果大多不够理想，一般都是通过磷硅协同效应，即同时将磷和硅两种元素引入同一分子当中。这样一方面可以降低有机硅阻燃剂的价格，另一方面还可以降低有机磷阻燃剂的毒性，获得阻燃效果更佳的磷硅型阻燃剂。

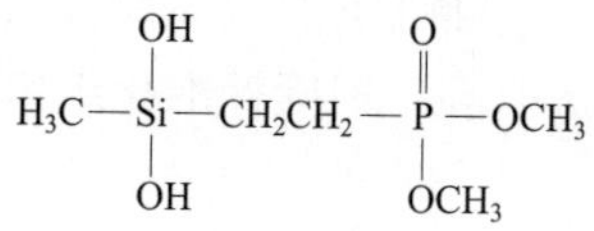

磷硅型阻燃剂

通过对有机硅阻燃添加剂进行改性，可以改善其阻燃性能、基材的加工性能和物理力学性能。如二甲基硅氧胺衍生物代磷酸酯阻燃剂，同时含有硅、磷、氮元素，阻燃效果良好。

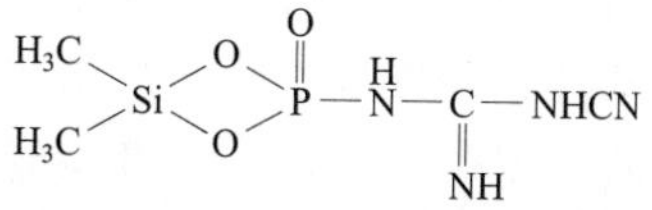

笼状硫代磷酸酯阻燃剂，如丙基硅酸三-1-硫基磷杂-2,6,7-三氧杂双环辛基-4-甲酯（PSTSPE），具有良好的热稳定性、阻燃及成炭、防滴落效果，与 MPP 具有协同效应。

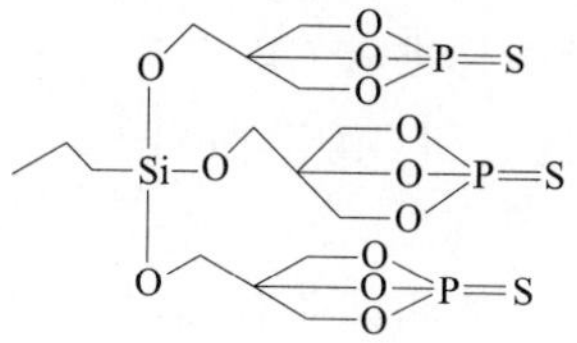

笼状硫代磷酸酯

倍半硅氧烷是一类有机-无机杂化材料，主要有无规结构、梯形、笼型三种结构，其中笼型倍半硅氧烷不但能提高材料的阻燃性能，还能改善材料的力学、耐热和表面等性能，因此笼型倍半硅氧烷是目前研究最多的一种。主要品种有含有 9,10-双氢-9-乙二酸-10-磷杂菲-10-氧化物的笼型倍半硅氧烷、八聚四甲基铵基笼型倍半硅氧烷、乙烯基倍半硅氧烷等。

虽然硅系阻燃剂的发展比卤系阻燃剂和磷系阻燃剂晚，但是硅系阻燃剂燃烧后无毒、生烟量少、对环境危害小、燃烧热值低，还能改善基材的力学性能和耐热性能，能满足现在人们对阻燃剂的严格要求，因此具有广阔的发展前景。无机硅系阻燃剂中纳米硅酸盐阻燃效果较好，是重要的研究方向。有机硅系阻燃剂则可以通过引入带有特殊功能的基团，提高其阻燃性能。

五、阻燃性能测试

阻燃剂的阻燃性能可以通过测试阻燃基布的阻燃效果来判断，一般可通过测试其防余燃、防阴燃能力及被燃焦的长度（炭长）来衡量。具体的测试方法很多，代表性的有垂直测量法和氧指数法。

（1）极限氧指数的测定

极限氧指数（LOI）表征的是样品燃烧所需的氧气量，故通过测定氧指数可判定材料的阻燃性能。此方法是一种比较简单的燃烧性能测试，尤其适合测试化纤产品。氧指数指样品在 N_2、O_2 混合气体中恰好保持燃烧状态所需的氧的最低浓度。根据国家标准，试样恰好燃烧 2min 自熄或损毁长度恰好为 40mm 时所需氧的百分含量即为试样的极限氧指数值。

氧指数值越大，说明样品燃烧时所需氧气的体积分数越大，越不易燃烧，阻燃效果就好。根据氧指数的大小，通常分为易燃（LOI＜20%）、可燃（LOI＝20%～26%）、难燃

（LOI＝26％～34％）和不燃（LOI＞35％）四个等级。

目前已颁布的有关氧指数法的国家标准有 GB 2406.2—2009《塑料　用氧指数法测定燃烧行为》、GB/T 8924—2005《纤维增强塑料燃烧性能试验方法　氧指数法》和 GB/T 5454—1997《纺织品　燃烧性能试验　氧指数法》等。国际标准化组织制订的相应标准为 ISO4589。

（2）垂直测量法

垂直测量法是燃烧试验法中最常用的方法。一般用垂直燃烧试验仪测试，在燃烧试验箱中规定的实验条件下，将火焰直接施加于垂直悬挂的试样下端，测量样品燃烧后的最大损毁长度及续燃、阴燃时间。

由于对流传热方向和火焰蔓延方向一致，燃烧条件较为苛刻。该方法对点火时间、引燃火源的性质、火焰的高度、材料条件化程度等进行了严格规定。该方法可测得试样燃烧后最大损毁长度和面积，以及续燃时间、阻燃时间，作为评定燃烧性能的依据。

国家 B1 级的标准是：损毁长度≤150mm，续燃时间≤5s，阴燃时间≤5s。国家 B2 级的标准是：损毁长度≤200mm，续燃时间≤15s，阴燃时间≤10s。

垂直燃烧实验又分垂直损毁长度法、垂直向火焰蔓延性能测定法、垂直向试样易点燃性测定法和表面燃烧性能测定法。相关标准有 GB/T 5455—2014《纺织品　燃烧性能　垂直方向损毁长度、阻燃和续燃时间的测定》和 GB/T 2408—2008《塑料　燃烧性能的测定　水平法和垂直法》。

根据与火焰的相对位置，燃烧性能测试还有倾斜法和水平法。如 45°方向燃烧速率测定（GB/T 14644—2014）。

第四节　其他整理剂

一、抗静电整理剂

1. 抗静电原理

纤维材料相互之间或纤维材料与其他物体摩擦时，往往会产生正负不同、电荷量不同的静电。合成纤维由于吸湿性较低、结晶度高等特性易产生静电。空气的相对湿度越低，纤维的吸湿率越低，即使像锦纶这样的亲水性纤维，也由于回潮率低而易产生静电。纤维表面越粗糙，则摩擦系数越大，接触点越多，越容易产生静电。相对摩擦速度越快，则点接触的概率越大，电荷密度越大，电位差也越高。摩擦时，纤维间的压力越大，摩擦面积越大，带电量也就越大。

防止合成纤维产生静电的途径有两条：抑制静电的产生；利用静电的传导泄露和放电作用，加快静电荷的逸散速率，消除静电的积累。合成革一般使用化学抗静电方法，即通过抗静电剂进行整理来消除静电。

抗静电剂能够在纤维上形成电导性的连续膜，赋予纤维表面一定吸湿性与离子性，由于分子中的亲水基都向着空气一侧排列，因此抗静电剂易吸收环境水分，或通过氢键与空气中的水分相结合，形成一个单分子导电层，使产生的静电荷迅速泄漏而达到抗静电的目的。

① 提高纤维的吸湿性。用亲水性的非离子表面活性剂或高分子物质进行整理。水具有相当高的导电性，所以只需吸收少量的水，就能明显改善聚合物材料的导电性。因此，抗静

电整理的作用主要是提高纤维材料的吸湿能力，改善导电性能，减少静电现象。

表面活性剂的抗静电作用是由于它能在纤维表面形成吸附层，在吸附层中表面活性剂的疏水端与疏水性纤维相吸引，而极性端则指向外侧，使纤维表面亲水性加强，因而容易因空气相对湿度的提高而在纤维表面形成水的吸附层，使纤维表面比电阻降低。但这类整理剂会因空气中湿度的降低而影响其抗静电性能。

② 表面离子化。用离子型表面活性剂或离子型高分子物质进行整理。这类离子型整理剂受纤维表层含水的作用，发生电离，具有导电性能，从而能降低静电的积聚。这种整理剂也具有吸水性能，因此，其抗静电能力与它的吸湿能力及空气中的相对湿度也有关系。

2. 抗静电整理剂种类

（1）非耐久性抗静电整理剂

非耐久性抗静电整理剂对纤维的亲和力小，不耐洗涤，常用于不常洗基布的非耐久性抗静电整理，如窗帘、软包、包装、装饰等品种。这类整理剂主要是表面活性剂，分为阴离子型、阳离子型、两性型和非离子型。

① 阴离子型表面活性剂。阴离子抗静电整理剂一般是含有羟基的有机化合物。在这类抗静电整理剂中，分子的活性部分是阴离子，其中包括烷基磺酸盐、硫酸盐、磷酸衍生物、高级脂肪酸盐、羧酸盐及聚合型阴离子抗静电整理剂等。阳离子部分多为碱金属或碱土金属的离子、铵、有机胺、氨基醇等。

阴离子表面活性剂中，烷基磺酸钠、烷基苯磺酸钠、烷基硫酸酯、烷基磷酸酯类化合物等都有抗静电作用。其中烷基磷酸酯和烷基苯酚聚氧乙烯醚硫酸酯的效果最好，在很低浓度时就有很好的抗静电作用。代表性产品抗静电剂 P，为磷酸酯的二乙醇胺盐，结构式为：

$$R{-}O{-}\overset{\displaystyle O}{\underset{}{\overset{\|}{P}}}\genfrac{}{}{0pt}{}{OH\cdot NH(CH_2CH_2OH)_2}{OH\cdot NH(CH_2CH_2OH)_2}$$

抗静电剂P

阴离子表面活性剂的抗静电作用是由于它在纤维表面的定向吸附，其中亲油基朝向纤维，而亲水基朝向空气，与水结合后可改善表面的电导率，使积累的电荷迅速逸散，达到抗静电的目的。

$$R{-}O{-}\overset{\displaystyle O\cdots H{-}O{-}H}{\underset{\displaystyle OH}{\overset{\|}{P}}}{-}OH$$

② 阳离子型表面活性剂。阳离子型抗静电剂主要包括胺盐、季铵盐、烷基氨基酸盐等，其中季铵盐最为重要。阳离子型抗静电剂的活性离子带有正电荷，对纤维的吸附能力较强，具有优良的柔软性、平滑性、抗静电性，因此既是抗静电剂，又是柔软剂，并且具有一定的耐洗性。

小分子阳离子抗静电剂一般由含有长碳链的伯胺或叔胺经过季铵化制备，季铵化试剂一般有卤代烃、硫酸二甲酯或乙酯、碳酸二甲酯和磷酸三甲酯等。作为抗静电剂使用的季铵盐品种很多，代表性品种有以下几类：

a. 烷基叔胺氯化物。代表品种有硬脂酰三甲基氯化铵和硬脂酰二甲基戊基氯化铵。

b. 烷基叔胺硝酸盐。代表品种有抗静电剂 SN，是带有酰胺结构的阳离子季铵盐抗静电剂。

c. 烷基叔胺硫酸酯盐。代表性品种有三羟乙基甲基季铵硫酸甲酯盐（抗静电剂 TM）、*N*, *N*-十六烷基乙基吗啉硫酸乙酯盐、（月桂酰胺丙基三甲基铵）硫酸甲酯盐。

d. 烷基叔胺磷酸盐。这类阳离子型抗静电剂有硬脂酰胺丙基二甲基-β-羟乙基铵二氢磷酸盐。

$$H_3C \overset{CH_2CH_2OH}{\underset{CH_2CH_2OH}{-N^+-CH_2CH_2OH}} \cdot CH_3SO_4^-$$

抗静电剂TM

$$C_{17}H_{35}OCHNH_2CH_2CH_2 \overset{CH_3}{\underset{CH_3}{-N^+-CH_2CH_2OH}} \cdot NO_3^-$$

抗静电剂SN

$$C_{16}H_{33}-N^+ \cdot NO_3^-$$

N-十六烷基吡啶硝酸盐

对于季铵盐抗静电剂，具有两个长链烷基的比三个长链烷基的抗静电效果要好。当取代烷基的链长少于 C_8 时，抗静电效果较差。有机酸季铵盐的抗静电效果优于无机酸类。

除了季铵盐外，阳离子型抗静电剂还包括烷基胺、环胺、酰氨基胺的盐、咪唑啉盐乙基丙烯酰胺盐等。

③ 两性表面活性剂。两性抗静电剂主要是指在分子结构中同时具有阴离子亲水基和阳离子亲水基的一类离子型抗静电剂。分子结构中的亲水基在水溶液中产生电离，在某些介质中表现为阴离子表面活性剂特征，而在另一些介质中又表现为阳离子表面活性剂特征。

主要品种有氨基酸型、甜菜碱型及咪唑啉型，作为抗静电剂使用的主要有季铵羧酸内盐、咪唑啉金属盐等。两性表面活性剂中的阴离子基团主要是羧酸基、硫酸基或磺酸基。pH 值对其离子性影响很大：氨基酸型与咪唑啉型在 pH 低于等电点时呈阳性，高于等电点时呈阴性；甜菜碱型在 pH 低于等电点时呈阳性，高于等电点时形成"内盐"，不表现阴离子性。

小分子两性抗静电助剂一般是由脂肪叔胺与氯乙酸钠或氯磺酸钠反应制得，另外，还可以由脂肪叔胺与氯丁醇反应，先引入羟基，再用三氯氧磷等酯化制得。

$$R_2-\overset{R_1}{\underset{R_3}{N}} + Cl-CH_2COONa \longrightarrow \left[R_2-\overset{R_1}{\underset{R_3}{N}}-CH_2CH_3 \right]^+ COO^-$$

两性离子抗静电助剂

④ 非离子型表面活性剂。非离子型抗静电剂分子一般含有氧乙烯结构，以及羟基、羧基或氨基等极性基团。本身不带电荷，具有孤对电子，表现出弱极性，极性较离子型抗静电剂较小，因此抗静电效果没有离子型好。这一类抗静电剂主要有聚乙二醇酯或醚类、多元醇脂肪酸酯、脂肪酸烷醇酰胺、脂肪胺乙氧基醚等化合物。

小分子非离子型抗静电剂一般是由含长碳链胺化合物与环氧乙烷加成制得，或与含多极性官能团的羧基酰胺化。与环氧乙烷加成合成脂肪胺聚氧乙烯醚的反应方程式如下：

$$R-NH_2 + H_2C \overset{}{\underset{O}{\diagup}} CH_2 \longrightarrow R-N \overset{(CH_2CH_2O)_m-H}{\underset{(CH_2CH_2O)_n-H}{}}$$

脂肪胺聚氧乙烯醚

它有两个抗静电途径：一是亲水性基团如—OH、—$CONH_2$ 和聚醚基等，与水形成氢键，从而降低纤维表面电阻，通常要求空气有足够的湿度，湿度越大效果越明显；二是在纤维表面形成吸附膜，通过降低纤维摩擦系数减少起电量。该类化合物分子中，烷基链长以及极性集团的数量对发挥最佳抗静电效果至关重要。

非离子型抗静电剂的耐洗性要比离子型差，通常与离子型拼混使用。

（2）耐久性抗静电整理剂

亲水性高分子是近年来研究开发的一类新型抗静电剂。亲水性高分子是指分子内含有聚环氧乙烷、聚季铵盐结构等导电性单元的高分子聚合物。一般利用聚合物合金化技术形成共混结构，均匀分散在基础树脂之中，呈线型或网状"导电通道"，或者在纤维表面形成永久性的膜结构，具有永久性抗静电作用。永久性抗静电剂通过降低材料体积电阻率来达到抗静电效果，不完全依赖表面吸水，所以受环境的湿度影响比较小。代表性的类型有以下几种。

① 聚对苯二甲酸乙二酯和聚氧乙烯对苯二甲酸酯的嵌段共聚物。主要用于涤纶的抗静电整理。聚酯聚醚型亲水抗静电整理剂是一种低分子量的嵌段共聚物，引入的分子量 1500～4000 的聚乙二醇结构，是主要的亲水基团，其中氧原子可以与水形成氢键而呈强亲水性。对苯二甲酸乙酯链节与涤纶大分子结构相似，当其进入聚酯的微软化纤维表面时，能与聚酯大分子产生共结晶作用而固着在涤纶上。整理剂分子中的聚氧乙烯基团可在纤维表面形成连续性的亲水薄膜，以获得耐久的吸湿性、抗静电性。

$$\left[-OH_2CH_2COC-\underset{\overset{\parallel}{O}}{}\!\!\!\!\!\!\!\!\!\!\!\!-\!\!\!\bigcirc\!\!\!-\overset{O}{\overset{\parallel}{C}}-O-CH_2CH_2O\right]_{m}_{n}$$

整理工艺流程为：浸轧整理剂→烘干→高温处理（180～190℃，30s）。高温处理的目的是促进共结晶作用，可与热定型同时进行。

若采用磺化单体，如 5-磺酸钠间苯二甲酸、磺酸钠邻苯二甲酸等，在聚酯部分引入磺酸基芳香族二羧酸，则能增加整理剂的亲水性，使其后分散处理更容易。

② 丙烯酸系共聚物。非离子型丙烯酸系共聚物具有与涤纶相似的酯基，同属疏水基结合，其羧酸基定向排列，形成阴离子型亲水性薄膜，赋予纤维表面亲水性和导电性。其化学结构式如下：

$$\left(\!\!\begin{array}{c}H_2\\C\end{array}\!\!-\!\!\begin{array}{c}H\\C\\|\\COOH\end{array}\!\!\right)_{\!m}\!\!\left(\!\!\begin{array}{c}H_2\\C\end{array}\!\!-\!\!\begin{array}{c}H\\C\\|\\COOCH_3\end{array}\!\!\right)_{\!n}$$

丙烯酸抗静电整理剂一般是共聚物乳液，且具有良好的低温成膜性，可通过改变共聚物组分来调节膜的硬度。

丙烯酸酯与亲水单体的共聚物抗静电性主要取决于亲水单体的性质及其在高分子聚合物中占有的比例。耐洗牢度取决于皮膜的坚牢度。通常在甲基丙烯酸、甲基丙烯酸甲酯共聚中加入羟甲基丙烯酰胺制成自交联抗静电剂。

阳离子型抗静电剂有聚丙烯酸和丙烯酸酯的阳离子衍生物。其本身不溶于水，需要制成乳液使用。用其处理纤维后，再用烷基硫酸酯钠盐（$C_{12}H_{25}OSO_3Na$）在第二浴中处理而固着，生成薄膜抗静电剂。

$$\left(\!\!\begin{array}{c}H_2\\C\end{array}\!\!-\!\!\begin{array}{c}CH_3\\|\\C\\|\\COO(C_2H_4O)_n-C_2H_4-\overset{R_1}{\underset{R_3}{N^+}}-R_2\ X^-\end{array}\!\!\right)_{\!n}$$

③ 含聚氧乙烯基团的多羟多胺类化合物。含聚氧乙烯基团的多羟多胺类化合物是较早在化纤上应用的抗静电整理剂。该类抗静电整理剂的分子结构中都含有吸湿性的聚氧乙烯基团和可以进行交联的氨基、羟基基团，如多羟多胺类整理剂 PHPA：

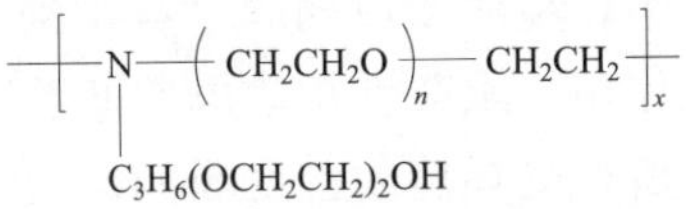

$$\left[-N-\left(CH_2CH_2O\right)_n-CH_2CH_2\right]_x$$
$$C_3H_6(OCH_2CH_2)_2OH$$

通过交联成膜作用在纤维表面形成不溶性的聚合物导电层，其中羟基和氨基能与多官能度交联剂反应生成线型或三维空间网状结构的不溶性高聚物薄膜，以提高其耐洗性能。所用的交联剂可以是在酸性条件下反应的六羟甲基三聚氰胺树脂（HMM）和二羟甲基二羟基乙烯脲（DMDHEU），也可以是在碱性条件下反应的三甲氧基丙酰三嗪（TMPT），它的抗静电性由聚醚的亲水性产生。

二、抗菌整理剂

1. 抗菌基本原理

合成革属于多孔性材料，容易吸附各种各样的细菌、真菌等微生物。这些微生物在外界条件合适时，会迅速繁殖，并通过接触等方式传播，影响人们的身体健康及正常的工作和生活。

通过抗菌整理可使织物具有抑制菌类生长的功能。不同抗菌剂的作用单元和作用对象不尽相同，其机理可总结为两类：

一种是利用抗菌剂中的阳离子基团通过静电作用吸附到带负电的细菌细胞壁，它们能够破坏细胞壁结构，抑制蛋白合成，使各种代谢酶失活，还可通过改变细胞壁的通透性，使细胞内溶物渗出达到抗菌效果；

另一种是利用纳米材料的小尺寸效应和光化学活性，在光催化条件下产生强氧化基团与微生物反应导致细菌死亡。

2. 抗菌整理剂种类

抗菌整理剂主要可以分为无机类、有机类和天然抗菌整理剂三种。有机类大多是含氮、硫、氯等元素的各类复杂化合物，如季铵盐类、双胍类、醇类、酚类、醛类、有机金属类、砒啶类、噻吩类等。无机抗菌整理剂中的纳米系抗菌剂具有耐热性高、抗菌性强、安全可靠等特点，是当前研究较广的绿色抗菌剂。另外，由于回归自然和环境意识的增加，天然抗菌剂成为另一种环保型整理剂，具有广泛的开发前景。典型的抗菌剂有以下几种。

（1）烷基季铵盐

季铵盐化合物是最常用的抗菌剂，主要有烷基二甲基苄基氯化铵、十八烷基三甲基氯化铵、聚烷氧基三烷基氯化铵等。这类季铵盐的抗菌机理利用的是表面静电吸附原理，抗菌剂吸附到细菌细胞表面，穿过细胞壁扩散进入细胞，使微生物细胞的组织发生变化，如酶障碍、损伤细胞膜等，从而使酶蛋白质与核酸变性，使菌体死亡。

季铵盐化合物按结构可分为单长链季铵盐、双长链季铵盐和复合季铵盐。影响季铵盐抗菌性能的因素主要是分子量和烷基链长度。季铵盐分子量增大，电荷密度增加，抗菌活性也随之增加。氮的 4 个支链中至少有一个支链的长度在 $C_8 \sim C_{18}$ 之间，季铵盐才能具有较好的抗菌活性。无活性基的季铵盐类与纤维是靠静电结合的，易洗脱并在人体富集，影响抗菌效果，因而具有一定局限性。

最早研究的烷基季铵盐抗菌剂是单链季铵盐和双链季铵盐。单链季铵盐以新洁尔灭、度米芬（十四烷基二甲基吡啶溴化铵）为代表，属于低效消毒剂；双链季铵盐以百毒杀（双十烷基二甲基氯化铵）为代表，可杀灭多种微生物，包括某些真菌和病毒。混合季铵盐通过功能互补达到亲水亲油平衡，杀菌性比单一季铵盐明显增强，如含双癸基氯化铵和正 12～16 烷基苄基氯化铵的混合季铵盐。

季铵盐抗菌剂经过多代发展，新型的阳离子表面活性剂不断出现，如 β-羟基十二烷基二甲基苄基氯化铵，本身具有很高的溶解性和表面活性，对蛋白质有很好的络合能力，显示出极广的抗菌活性和杀菌力。

$$\left[C_{10}H_{21}-\underset{\underset{H}{\overset{OH}{|}}}{C}-\underset{H_2}{C}-\underset{\underset{CH_3}{|}}{\overset{\overset{CH_3}{|}}{N}}-\underset{H_2}{C}-C_6H_5 \right]^+ Cl^-$$

β-羟基十二烷基二甲基苄基氯化铵

（2）有机硅季铵盐化合物

有机硅季铵盐化合物是一类在硅原子上连有链状有机季铵基团的化合物，兼具有机物和无机物的特性，并且具有季铵盐的抗菌、抑菌和表面活性等特性。普通季铵盐表面活性剂由于化学活性低，使用时呈游离态，且毒性和刺激性相对较大，因而其应用受到限制。将有机硅基团引入季铵盐后形成的有机硅季铵盐表面活性剂具有表面张力小、安全性好和生理惰性等优点。

有机硅季铵盐抗菌剂合成路线和品种很多，代表产品是道康宁公司的 DC-5700。它是用硅氧烷替代烷基季铵的烷基，从而使化学活性大大提高，可与基质的活性基团发生反应，与之密切结合形成牢固膜。其有效成分为 42% 的甲醇溶液，可以任何比例溶于水。主要成分为 3-（三甲氧基硅烷基）丙基二甲基十八烷基氯化铵，结构式为：

$$\left[H_3CO-\underset{\underset{OCH_3}{|}}{\overset{\overset{OCH_3}{|}}{Si}}-CH_2CH_2CH_2-\underset{\underset{CH_3}{|}}{\overset{\overset{CH_3}{|}}{N}}-C_{18}H_{37} \right]^+ Cl^-$$

从结构上看，该化合物既具有季铵盐的杀菌效果，又有有机硅的耐久性。三个甲氧基水解形成硅醇基，在一定条件下可与纤维上的羟基进行脱甲醇反应，高温下还可以水解聚合，在纤维表面形成聚硅氧烷薄膜而坚固地附着在表面。阳离子部分能与纤维表面的负电荷产生相互吸引，形成离子键结合。

道康宁公司的 DC-5700 具有广谱抗菌作用，对革兰氏阴性细菌、革兰氏阳性细菌、霉菌、藻类等都有很好的杀菌作用。其抗菌机理是，季铵盐分子中阳离子通过静电作用吸附至微生物细胞表面的阴离子部位，以疏水性相互作用，破坏细胞表层结构，使细胞内物质泄漏，呼吸机能停止而达到杀灭的目的。

DC-5700 具有很好的安全性，因此广泛应用在纤维素纤维及合成纤维上。通常采用浸轧法和浸渍法，在低于 120℃ 条件下烘干，即可获得中高度的抑菌效果，并且具有很好的耐洗性和柔软手感。

（3）烷基季鏻盐

季铵盐的大量使用导致细菌、真菌等对其逐渐产生了耐药性，影响抗菌效果。新一代广谱、高效的烷基季鏻盐有机杀菌剂出现。季鏻盐抗菌剂的结构与季铵盐类似，是季铵盐结构中的 N 被 P 取代所得到。带有三苯基鏻基团的季鏻盐抗菌剂结构如下：

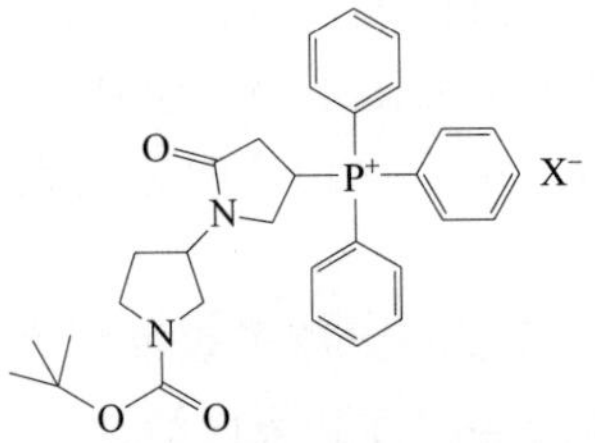

烷基季鏻盐

复合季鏻盐的制备过程如下：首先利用叔膦-三苯基膦的亲核性，使其与卤代烃 4-硝基氯化苄发生双分子亲核取代反应，再利用反应物和产物溶解性的区别，采用丙酮作为反应溶剂，得到氯化 4-硝基苄基三苯基季鏻盐。在含过量盐酸的甲醇中，使得到的季鏻盐中间产物与二水氯化铜浓缩结晶得到目标产物四氯合铜酸-4-硝基苄基三苯基季鏻盐。合成路线如下：

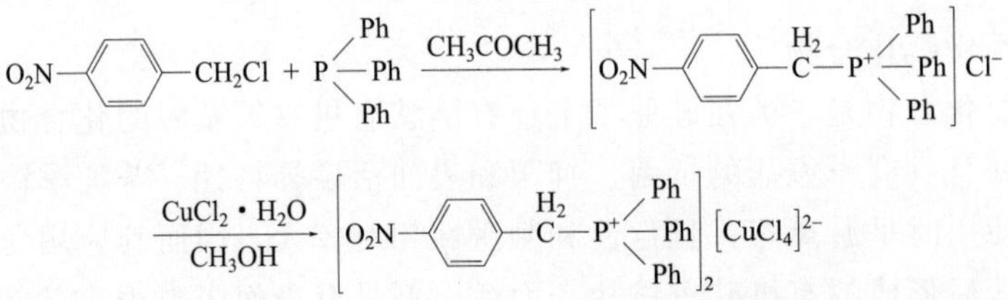

复合季鏻盐的合成路线

季鏻盐类杀菌剂是新一代阳离子表面活性杀菌剂的代表，其抗菌活性比相同结构的季铵盐聚合物高出两个数量级，具有高效、广谱、低剂量、低毒、配伍性好和化学稳定性好等优点。带有长烷基链的季鏻盐具有更佳的抗菌活性，最具代表性的是带有长烷基链的三丁基膦化合物。当三丁基膦化合物长链烷基的碳数为 12、14、16、18 时，对大肠杆菌及金黄色葡萄球菌均有高效、快速的杀菌活性；单、双长烷基链的碳数分别为 10、14、18 时，这些季鏻盐对 11 种典型的微生物均有较好的抑制活性作用。而且单长烷基三甲基季鏻盐对大肠杆菌及金黄色葡萄球菌抗菌活性随烷基链增长而增加，十八烷基三甲基季鏻盐活性最强。

（4）高分子有机抗菌剂

普通表面活性剂类杀菌剂虽然表现出杀菌速度快、抗菌效能高等优异特性，但是也存在耐热性能差、容易析出等缺点，并且分解产物常带有毒性。带有抗菌基团的有机高分子抗菌剂不但可以克服上述缺点，而且同样具有很好的抗菌性能。

目前的研究主要集中于高分子季铵盐、季鏻盐及胍类等，其抗菌性能主要通过引入抗菌官能团获得。如聚 4-乙烯基-N-吡啶溴季铵盐、季鏻盐接枝聚苯乙烯氯甲基化合物等，具有很好的抗菌效果，且可重复使用。

树形分子结构致密，有很多有效的端基，如果其中一个官能团能与目标相互作用，那么这个官能团附近的其他官能团也可能会产生协同作用。例如，表面有多个季铵基团的树形分子杀菌剂对大肠杆菌的杀菌功效比单一官能基的杀菌剂高两个数量级。含季铵基团的树形分子的一个优势是它的聚阳离子型结构，它通过加快初期吸附过程，干扰细胞膜和增强细胞的渗透性来促进灭菌过程。

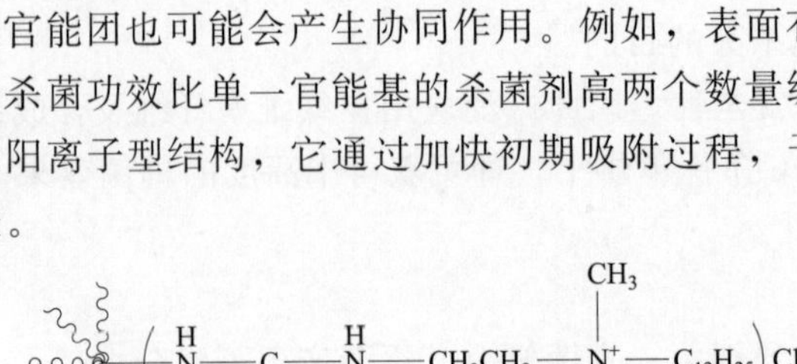

树形大分子杀菌剂

（5）聚六亚甲基双胍盐酸盐

聚六亚甲基双胍盐酸盐（PHMB）是一种多分散性混合物，其分子量约为2500，具有高效、广谱的抗菌性能，且对人体安全无刺激。PHMB的化学结构如下：

$$\left[\!-\!(CH_2)_6\!-\!\underset{H}{\overset{NH}{N}}\!-\!\underset{H}{\overset{}{C}}\!-\!\underset{H}{\overset{}{N}}\!-\!\underset{H}{\overset{NH_2^+Cl^-}{C}}\!-\!\underset{H}{\overset{}{N}}\!-\!(CH_2)_6\!-\!\right]_n \quad n=11\sim15$$

PHMB

PHMB的抗菌机理的核心是静电吸附，即带正电荷的阳离子吸附带有负电荷的细菌细胞膜，从而破坏细胞正常生理活动致其死亡。该整理剂的抗菌活性随着分子聚合度的增加而增加。

PHMB类抗菌整理剂抗菌效果好，可对革兰氏阴性菌、革兰氏阳性菌等广谱抗菌，且具有较高的热稳定性及安全性，但对白色念珠菌等真菌的抗菌性能有待提高，另外PHMB类抗菌整理剂在光照条件下易分解，且抗菌耐久性差，易使微生物产生耐药性。

（6）无机抗菌剂

金属离子负载型抗菌剂是指通过物理吸附、多层包覆与离子交换等不同技术，将具有抗菌活性的成分同载体结合起来，制得的具备抑菌能力的化学物质。通常采用的抗菌活性成分包括Ag^+、Zn^{2+}等金属离子及其金属盐化合物，使用的载体有沸石、硅胶、磷酸盐、高岭土等。

大多数金属离子都具备抑菌或杀菌能力，杀菌力最强的金属离子是银离子。银系抗菌整理剂的作用机理一般分为以下两种：

① 接触杀菌。抗菌整理剂缓慢释放出少量Ag^+，它们依靠库仑力击穿细胞壁后进入细胞内部抑制其分裂增殖活动，除此之外，Ag^+也可对微生物的各种生命传输系统造成破坏，而后从中游离出来继续杀菌，因此Ag^+具有较强的抗菌耐久性。

② 光催化杀菌。在光的照射下，空气中的O_2会被Ag^+激活产生·OH和O_2^-，抑制细菌繁殖。

常用的光催化型抗菌剂包括ZnO、TiO_2、SiO_2以及Fe_2O_3等半导体氧化物。TiO_2的抗菌作用机理如下：在光作用下TiO_2被激活，在其表面产生大量·OH与·O，这些自由基具有较强的化学活性，当它们与细菌接触时，与其内部有机物发生反应生成CO_2与H_2O，从而杀灭微生物。

无机抗菌整理剂发展迅速，但也存在众多缺陷，因此有机/无机型与金属离子/光催化型等复合抗菌整理剂应运而生，成为现今无机抗菌剂研究领域的热点。

纳米无机抗菌剂也是当下的研究热点。纳米材料以其独特的表面效应、尺寸效应和光化学活性等特性被应用于诸多领域。纳米级的无机抗菌剂具有耐热性高、抗菌性强、安全可靠等特点。纳米氧化锌和纳米载银无机抗菌剂是当前研究应用较为活跃的绿色抗菌剂。

纳米载银无机抗菌剂是银离子和纳米级无机化合物载体的复合体，它是利用纳米载体微粒表面含有许多纳米级微孔的特殊结构特征，采用离子交换的方法，将银离子固定在诸如沸石、硅胶、膨润土等疏松多孔的纳米载体材料的微孔中而获得的。纳米银的抗菌机理是金属离子溶出机理和光催化机理的共同作用。

无机纳米氧化锌抗菌剂的抗菌反应条件是"绿色"的，它是通过光反应使有机物分解来达到抗菌效果的。在阳光尤其是紫外线的照射下，粒子中的价带电子被激发跃迁到导带，形成光生电子-空穴对，并在空间电荷层的电场作用下，发生有效分离。这种粒子光催化对细菌的作用表现在两个方面：一方面光生电子及光生空穴与细胞膜或细胞内组分反应而导致细胞死亡；另一方面，光生电子或光生空穴与水或空气中的氧反应，生成活性氧类，这些氧化能力极强的活性氧类进攻细胞内组分，与之发生生化反应而导致细胞死亡。

（7）天然抗菌剂

随着人们环保意识的增强和对"绿色"纺织品的渴望，天然抗菌剂越来越引起人们的关注。天然抗菌剂中，从动物中提取的主要有甲壳素、壳聚糖和昆虫抗菌性蛋白质等，从植物中提取的主要有棕榈油、椰子油、桧柏、艾蒿、芦荟等。

在天然抗菌剂中应用较为广泛的为壳聚糖，其资源丰富，生物可降解，吸收性能好，安全无毒。壳聚糖对大肠杆菌、枯草杆菌、金黄色葡萄球菌和绿脓杆菌等均有抑制能力。最简单的壳聚糖抗菌整理方法是将壳聚糖溶解在各种有机酸稀溶液中，然后均匀地施加在基布上烘干即可。该整理方法不能使壳聚糖与纤维发生牢固的化学键结合，所以耐洗性有限，遇到碱后会生成游离的壳聚糖，从而失去抗菌性。由于其耐久性不好，因此需要进行改性，季铵化是一个主要途径，方法如下：

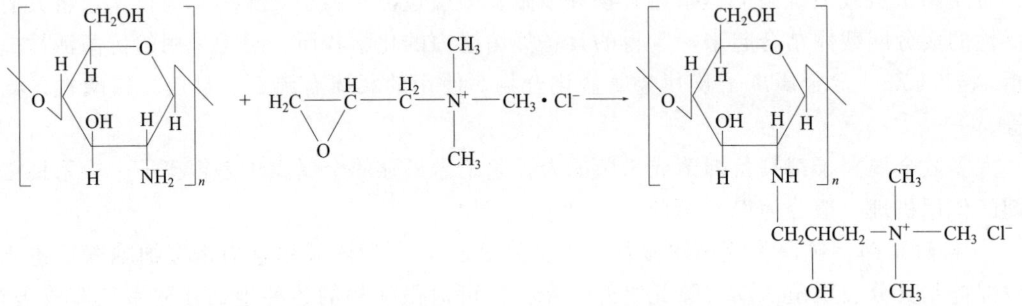

目前提出的壳聚糖的抗菌整理机理大致有两种：一种是壳聚糖的氨基阳离子与构成微生物细胞壁的阴离子相互吸引，束缚微生物的自由度，阻碍其代谢和繁殖；另一种是大量低分子量的壳聚糖侵入微生物细胞内，阻碍微生物的遗传密码由 DNA 向 RNA 复制，由此阻碍微生物的繁殖。

三、抗紫外线整理剂

紫外线是太阳辐射的一种电磁波。根据紫外线波长，国际照明委员会将紫外光谱区分为三个不同波段：近紫外线 UVA（$315\sim400$nm）、远紫外线 UVB（$280\sim315$nm）和超短紫外线 UVC（$100\sim280$nm）。太阳光中波长在 300nm 以下的电磁波几乎都被大气中的臭氧吸收，很难到达地面，到达地面的大多数是近紫外线和远紫外线。

过量的紫外线照射会引起身体不适，甚至会导致很多疾病，因此对人体进行紫外线辐射防护很有必要，抗紫外线整理剂通常通过以下几种途径起作用。

① 屏蔽作用。对紫外线无吸收作用，主要通过对入射紫外线的反射或折射，而达到防紫外线辐射的目的。大多是金属、金属氧化物及盐类，对波长在 $310\sim400$nm 的紫外线反射率可高达 95%。

② 吸收作用。主要是吸收紫外线并进行能量转换，将紫外线变成低能量的热能、化学能或长波光能，从而达到防紫外线辐射的目的。

③ 能迅速使已被紫外线激发的高分子激发态淬灭返回基态。

④ 高效捕捉高聚物因紫外线辐射而产生的自由基。

合成革行业中应用较多的是有机类紫外线吸收剂。有机类紫外线吸收剂种类繁多，可设计性强。常用的有机紫外吸收剂有以下几种。

（1）水杨酸酯类

水杨酸酯类本身不吸收紫外线，但其分子中有内在氢键，在紫外线照射下可发生分子重排形成紫外线吸收能力强的二苯甲酮结构，主要吸收 280～330nm 的紫外线。

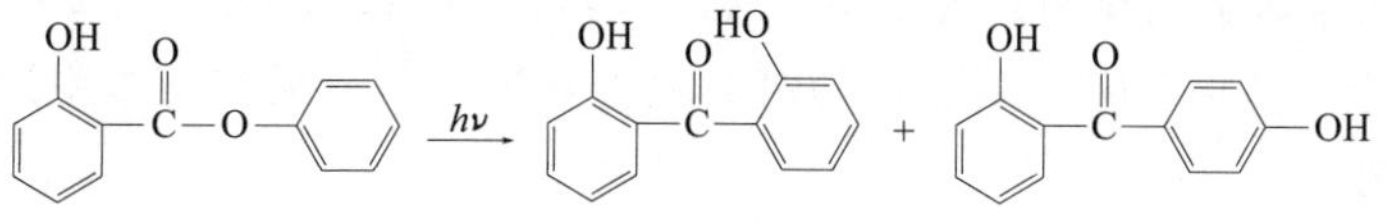

水杨酸酯类紫外线吸收机理

水杨酸酯类抗紫外线整理剂主要有水杨酸苯酯（PHB）、水杨酸-4-叔基苯酯（TBPHB）、4,4′-异亚丙基双酚双水杨酸酯、水杨酸戊酯、水杨酸盐等。

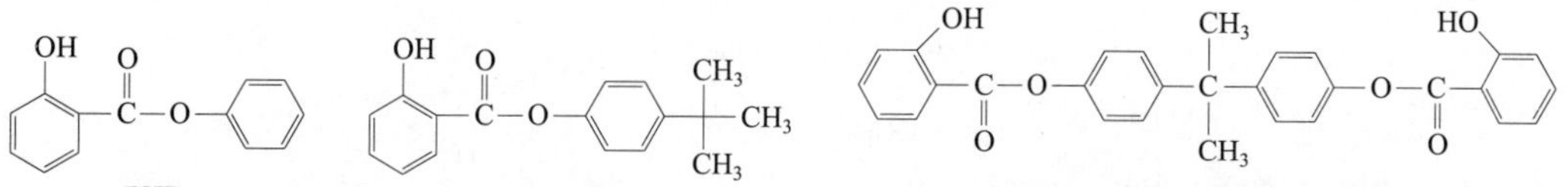

PHB   TBPHB   4,4′-异亚丙基双酚双水杨酸酯

水杨酸酯重排后生成的双羟基二苯甲酮及其衍生物可吸收部分可见光而呈现黄色，从而导致整理后的基布泛黄。另外这类吸收剂熔点较低，易升华，吸收系数低，吸收波段偏向近紫外区，目前应用正在逐渐减少。

（2）二苯甲酮类化合物

二苯甲酮类化合物分子中的羰基与羟基形成分子内氢键，构成一个螯合环结构。在吸收紫外线后，内氢键发生振荡，稳定的螯合环打开，将吸收的能量以热能、荧光等形式释放出来，这种结构能够吸收光能而不导致链断裂。另外分子中的羰基会被吸收的紫外线所激发，生成烯醇式结构的互变异构，这也消耗了一部分能量。

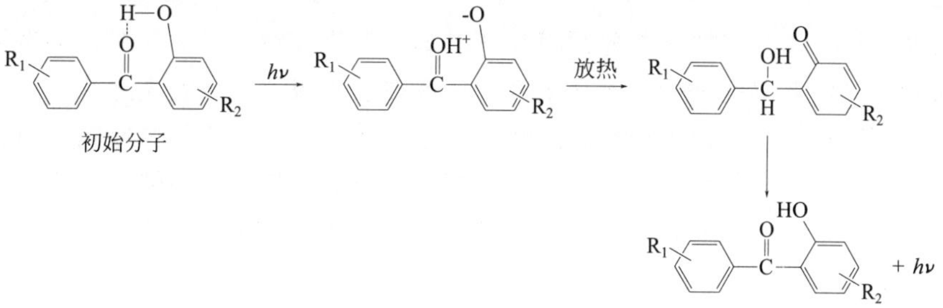

二苯甲酮类是较早使用的紫外吸收剂，产量和品种仅次于苯并三唑。这类化合物分子结构中具有共轭结构和氢键结构。早期使用的产品主要是 2,4-二羟基二苯甲酮（DHPPM），目前使用较多的是 BP-3 和 BP-6。

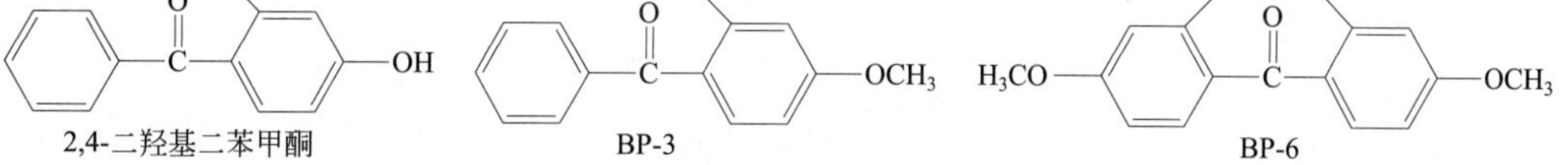

2,4-二羟基二苯甲酮   BP-3   BP-6

二苯甲酮类在整个紫外区都有较强的吸收作用，同时具有吸收长波和中波的功能，但对280nm以下波长的紫外线吸收较少。具有多个羟基的二苯甲酮衍生物还可与纤维形成较强的氢键结合。二苯甲酮类使用的安全性很高，但是二苯甲酮类存在光稳定性低、易被氧化变色的缺陷，长时间防晒效果不好。

以二苯甲酮为基础，可以衍生出多种产品。二苯甲酮类化合物磺化后，就具有酸性染料的性质，可用于锦纶等的防紫外线整理剂，如2-羟基-4-甲氧基-磺基二苯甲酮。以2,4-二羟基二苯甲酮为原料，引入反应性双键，与丙烯酰胺共聚，可合成含二苯甲酮结构的水溶性高分子紫外线吸收剂。

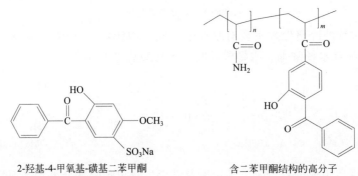

2-羟基-4-甲氧基-磺基二苯甲酮　　　　含二苯甲酮结构的高分子

（3）苯并三唑类

苯并三唑类紫外吸收剂的作用原理与二苯甲酮类相似，分子内存在着分子内氢键螯合环，当吸收紫外线后，氢键断裂或形成光致变互变异构体，将有害紫外线变为无害的热能释放。

初始分子　　　　　　　　　　　　　　　　　　　　　　　　　　初始分子

在吸收光之前，苯并三唑类紫外线吸收剂以苯酚类化合物的形式存在，因为氧原子上的电子密度远大于三唑环氮原子上的电子密度，呈现较强的碱性；吸收光之后，电子密度从氧原子移向三唑环氮原子上，使苯酚更具酸性，氮原子更富碱性，质子快速转移到氮原子上形成互变异构体。这种互变异构体是不稳定的，能将多余的能量安全地转化为热能，从而回复到更稳定的基态。整个互变过程效率极高，几乎可以无限地重复，这就是化合物具有光稳定性的原因。

苯并三唑类紫外线吸收剂的紫外线吸收效果要优于二苯甲酮类，可吸收300~400nm的光，且不吸收400nm波长以上的光，所以不会使整理后的制品泛黄，并且具有耐挥发性、耐油等优点。由于邻羟基取代的苯并三唑类化合物本身具有非常好的毒理学数据，所以应用广泛且安全，基本结构：

苯并三唑类基本结构

苯并三唑类因为水溶性低，结构与分散染料相近，又有一定的升华牢度，故应用范围有限，可在涤纶高温高压同浴染色时用于紫外线防护整理。若要应用于锦纶、羊毛、蚕丝和棉织物上，需要在分子中接枝适当数量的磺酸基。

苯并三唑类紫外线吸收剂分子量较小，在高分子材料加工过程中容易因为向表面迁移、挥发而引起损失。在苯并三唑分子中引入可聚合的基团，再聚合成带有苯并三唑的高分子化合物。这种高分子化合物既有吸收紫外线的性能，又可防止在高分子材料中的迁移和挥发等问题。

（4）三嗪类

三嗪类是一种新型的紫外线吸收剂，与二苯酮类和苯并三唑类化合物的机理相似，吸收紫外线范围较宽（280～380nm）。

三嗪类紫外吸收剂含有 N，依靠 N、H 形成的分子内氢键及烯醇式和酮式结构的转换来有效吸收紫外线，对 280～380nm 的紫外线有较高的吸收能力，常用的有 2-(2-羟基苯基)-1,3,5-三嗪。

这类化合物的紫外吸收效果与邻羟基的个数有关，邻羟基个数越多，吸收紫外线的能力越强，因此其紫外吸收能力比苯并三唑类强。三嗪类的缺点是与高聚物的相容性差，使用时需要先制成稳定的分散液。通过引入不同的取代基，可降低三嗪环的碱性，提高化合物的耐光坚牢性，同时提高与树脂的相容性。三嗪类吸收剂能吸收一部分可见光，因此易使制品泛黄，羟苯基取代数目是影响三嗪类紫外线吸收剂致色的主要因素，含两个或两个以上羟苯基取代基的三嗪类化合物，整理后的制品颜色较重。

参考文献

[1] 蔡再生. 纤维化学与物理 [M]. 北京：中国纺织出版社，2009.

[2] 沈新元. 化学纤维手册 [M]. 北京：中国纺织出版社，2010.

[3] 陈日藻，丁协安，华伟杰. 复合纤维 [M]. 北京：中国石化出版社，1995.

[4] 周晓沧，肖建宇. 新合成纤维材料及其制造 [M]. 北京：中国纺织出版社，1998.

[5] 陈衍夏. 纤维材料改性 [M]. 北京：中国纺织出版社，2009.

[6] 闫承花，王利娜. 化学纤维生产工艺学 [M]. 上海：东华大学出版社，2018.

[7] 裴继诚. 植物纤维化学 [M]. 北京：中国轻工业出版社，2012.

[8] 朱昌民. 聚氨酯合成材料. [M]. 南京：江苏科学技术出版社，2004.

[9] 刘益军. 聚氨酯原料及助剂手册 [M]. 北京：化学工业出版社，2013.

[10] 朱昌民. 聚氨酯泡沫塑料 [M]. 北京：化学工业出版社，2005.

[11] 刘益军. 聚氨酯树脂及其应用 [M]. 北京：化学工业出版社，2012.

[12] 刘厚钧. 聚氨酯弹性体手册 [M]. 北京：化学工业出版社，2012.

[13] 邴涓林. 聚氯乙烯树脂及其应用 [M]. 北京：化学工业出版社，2012.

[14] 许建雄. 聚氯乙烯和氯化聚乙烯加工与应用 [M]. 北京：化学工业出版社，2016.

[15] 丁双山，王凤然，王中明. 人造革与合成革 [M]. 北京：轻工业出版社，1998.

[16] 黄毅萍，许戈文，等. 水性聚氨酯及应用 [M]. 北京：化学工业出版社，2015.

[17] 罗运军，顾丽敏，柴春鹏. 阻燃水性聚氨酯材料及应用 [M]. 北京：化学工业出版社，2017.

[18] 厉蕾，颜悦. 丙烯酸树脂及其应用 [M]. 北京：化学工业出版社，2012.

[19] 陶子斌. 丙烯酸生产与应用技术 [M]. 北京：化学工业出版社，2007.

[20] 马占镖. 甲基丙烯酸酯树脂及其应用 [M]. 北京：化学工业出版社，2002.

[21] 项爱民，田华峰，康智勇. 水溶性聚乙烯醇的制造与应用技术 [M]. 北京：化学工业出版社，2015.

[22] Milton J. Rosen、Joy T. Kunjappu. 表面活性剂和界面现象 [M]. 崔正刚，蒋建平等译. 北京：化学工业出版社，2015.

[23] 金谷. 表面活性剂化学 [M]. 合肥：中国科学技术大学出版社，2018.

[24] 肖进新，赵振国. 表面活性剂应用原理 [M]. 北京：化学工业出版社，2015.

[25] 吕彤. 表面活性剂合成技术 [M]. 北京：化学工业出版社，2016.

[26] 颜鑫，卢云峰，等. 轻质系列碳酸钙关键技术 [M]. 北京：化学工业出版社，2016.

[27] 颜鑫，王佩良. 纳米碳酸钙关键技术 [M]. 北京：化学工业出版社，2007.

[28] 陈嘉川，谢益民，李彦春. 天然高分子科学 [M]. 北京：科学出版社，2007.

[29] 周强. 涂料调色 [M]. 北京：化学工业出版社，2008.

[30] 李路海. 印刷油墨着色剂 [M]. 北京：印刷工业出版社，2008.

[31] 林宣益、倪玉德. 涂料用溶剂与助剂 [M]. 北京：化学工业出版社，2012.

[32] 朱万章，刘学英. 水性涂料助剂 [M]. 北京：化学工业出版社，2011.

[33] 林宣益. 涂料助剂 [M]. 北京：化学工业出版社，2006.

[34] 闫福安. 涂料树脂合成及应用 [M]. 北京：化学工业出版社，2008.

［35］　韩长日，宋小平. 颜料生产技术［M］. 北京：科学出版社，2014.

［36］　崔春芳，项哲学. 化工产品手册·颜料［M］. 北京：化学工业出版社，2016.

［37］　来国桥，幸松民. 有机硅产品合成工艺及应用［M］. 北京：化学工业出版社，2010.

［38］　张招贵，刘峰，余政. 有机硅化合物化学［M］. 北京：化学工业出版社，2010.

［39］　范雪荣. 纺织品染整工艺学［M］. 北京：中国纺织出版社，1999.

［40］　阎克路. 染整工艺学教程［M］. 北京：中国纺织出版社，2005.

［41］　宋心远. 新型纤维及织物染整［M］. 北京：中国纺织出版社，2006.

［42］　王祥荣. 纺织印染助剂生产与应用.［M］. 南京：江苏科学技术出版社，2003.

［43］　陆大年. 表面活性剂化学及纺织助剂［M］. 北京：中国纺织出版社，2009.

［44］　郭腊梅. 纺织品整理学［M］. 北京：中国纺织出版社，2005.

［45］　陈国强. 纺织品整理加工用化学品［M］. 北京：中国纺织出版社，2009.

［46］　田俊莹. 纺织品功能整理［M］. 北京：中国纺织出版社，2015.